生物炭与农业

孟　军　韩晓日　陈温福　等著

中国环境出版集团・北京

图书在版编目（CIP）数据

生物炭与农业/孟军等著. -- 北京：中国环境出版集团，2022.2

ISBN 978-7-5111-4751-6

Ⅰ. ①生… Ⅱ. ①孟… Ⅲ. ①秸秆还田—研究 Ⅳ. ①S141.4

中国版本图书馆 CIP 数据核字（2021）第 119013 号

出 版 人　武德凯
责任编辑　孟亚莉
封面设计　岳　帅

出版发行　中国环境出版集团
（100062　北京市东城区广渠门内大街 16 号）
网　　址：http://www.cesp.com.cn
电子邮箱：bjgl@cesp.com.cn
联系电话：010-67112765（编辑管理部）
010-67112735（第一分社）
发行热线：010-67125803，010-67113405（传真）

印　　刷　玖龙（天津）印刷有限公司
经　　销　各地新华书店
版　　次　2022 年 2 月第 1 版
印　　次　2022 年 2 月第 1 次印刷
开　　本　787×1092　1/16
印　　张　27.5
字　　数　560 千字
定　　价　160.00 元

《生物炭与农业》

著者名单

孟　军　韩晓日　陈温福

兰　宇　刘赛男　杨劲峰　张伟明

韩　杰　黄玉威　鄂　洋　赫天一

杨　旭　刘遵奇　曹　婷　牛卫生

序

农业，尤其是种植业的可持续发展，是确保国家粮食安全、促进社会和谐进步与可持续发展的基础。自新中国成立以来，我国粮食生产取得了举世瞩目的成就，用世界9%的耕地养活了占世界22%的人口，为世界和平与发展作出了巨大贡献。2019年10月14日发布的《中国的粮食安全》白皮书中的数据表明，我国粮食产量稳步增长，人均占有量稳定在世界平均水平以上，单产显著提高，总产量连上新台阶。但随着人口数量的持续增长和资源环境约束的不断增强，我国的粮食安全将长期保持在紧平衡状态。放眼未来，如何在有限的耕地上持续、稳定地生产出更多、更安全的粮食，将是我们面临的严峻挑战。

农业发展的可持续，归根结底是耕地的可持续，既要保证面积，又要提升质量。近年来，随着耕地保护工作的深入推进，我国的耕地质量已呈现稳中有升的良好态势。2019年全国耕地质量等级调查评价结果显示，我国20.23亿亩* 耕地的平均等级为4.76等，较2014年提升了0.35个等级。但我们也看到，其中有9.47亿亩的四至六等地，还有4.44亿亩的七至十等地。耕地提等是落实“藏粮于地”战略的有力抓手，也是今后粮食增产的重要突破口。

“用养结合”是提升耕地质量的主要方式，增加土壤输入是养地的可行途径之一。作为农业生产系统的当然产出，以秸秆为代表的废弃生物质在农田生

---

* 1 亩=0.066 7 hm^2。

态系统物质循环中具有重要作用。当前，我国秸秆综合利用率已超过 85%，以秸秆还田为主要方式的肥料化利用量占可收集资源量的比例已超过 50%，但秸秆季节性、区域性过剩问题仍存在。因此，如何进一步提高秸秆综合利用率，尤其是强化农业应用，将秸秆等废弃生物质资源返还给农田，增加土壤输入，强化农田物质与能量的循环，已成为我国农业绿色发展、高质量发展、可持续发展过程中必须解决的重要问题。

谋一域，更要谋全局。发展绿色农业需要绿色的产地环境、农业投入品、耕作栽培技术，稳定和恢复农田生态系统，在稳产前提下不断提高农产品绿色化水平。在宏观与长期尺度上，更要系统构建绿色农业技术体系，充分发挥农业的生态功能、改善农村人居环境、增加农民收入、促进乡村振兴。近年来兴起的生物炭技术极有可能成为支撑“三农”绿色发展的重要平台技术之一。

生物炭源于农作物秸秆等废弃生物质，富含稳定性有机碳，孔隙丰富、吸附能力强，以其为载体生产炭基肥料或土壤改良剂返还给农田，可同时实现秸秆利用、农田培肥、化肥减量、固碳减排等多重目标，其显著的环境效应更是近年来全球资源与环境领域的研究热点与前沿。生物炭可用于制备生物炭基肥料，提高化学养分利用效率，加速畜禽粪便、沼渣等有机废弃物好氧发酵；可用于污水处理、土壤改良、农田面源污染治理，甚至直接用作能源；生物炭制备过程中联产的混合可燃气可用于并网发电，可直燃供暖，可为冷库供能服务于果蔬保鲜，可为有机废弃物厌氧或好氧发酵、粮食烘干、各类村镇工业企业提供热源。可以预期，随着技术的不断进步，生物炭将显著促进农工结合、三产融合，越来越多地参与到国民生活的方方面面。

基于国情和对生物炭技术的理解，沈阳农业大学陈温福院士于 2005 年提出了“秸秆炭化还田”理念，全面启动了“生物炭暨秸秆炭化综合利用技术”研究。2010 年，“沈阳农业大学生物炭工程技术研究中心”正式成立，并于 2011

年晋升为我国首家省级生物炭专门研发机构，同年获得辽宁省高校重大科技平台建设计划支持，2016 年获得省发改委“辽宁省生物炭技术工程实验室”建设立项，2018 年获评辽宁省农业科技创新团队，2020 年正式成立“沈阳农业大学国家生物炭研究院”。

15 年来，在陈温福院士的带领下，项目团队先后承担了公益性行业（农业）科研专项、国家重点研发计划项目、国家自然科学基金项目、中国工程院产业发展战略咨询项目，以及多项省部级项目，在生物炭应用基础研究、核心技术创新和多元产品开发等方面做了大量工作。同时，为促进产业发展，发起成立了“国家生物炭科技创新联盟”，密切产学研协作；创办了英文学术季刊 *BIOCHAR*，入选“中国科技期刊卓越行动计划”高起点期刊；开设了“炭索未来”微信公众号，将科学普及（学习园地）、专业文献（*BIOCHAR* 期刊）和市场推广（炭索商城）融合在一起，为国内生物炭产业群体提供“一站式”服务；承办了“第一届生物炭研究与应用国际研讨会”，来自全球 19 个国家的 641 位同行与会。

15 年来，“秸秆炭化还田”由理念不断充实为理论、炭化综合利用技术日益丰富、生物炭产业实践日趋活跃，但我们也深刻感受到科技与产业发展的艰难。温故而知新，我们总结过去，将成功与失败、经验与教训集结成册，阐述我们对生物炭技术的理解，梳理思路，细化、明确下一步的工作重点，为刚进入生物炭领域的学生提供参考，更希望能借此机会深化与同行专家的沟通和交流。

15 年来，我们最大的收获是遇见了很多志同道合的朋友，他们有知识、有技术、有经验、有热情，更有朴素的善良。感谢所有为本书提供素材与资料的师生和同行，感谢生物炭学术与产业群体内的专家学者和企业家，感谢所有关注、支持生物炭产业发展的人们，感谢你们所有的勉励与批评。本书的出版得到了国家重点研发计划项目“生物炭基肥料及微生物肥料研制”（2017YFD0200800）、国家水稻产业技术体系秸秆与副产物利用岗位、创新人才支持计划（2017RA2211）和兴辽英才计划（XLYC1802094）的支持，在此一并致谢！

本书是陈温福院士领导下沈阳农业大学生物炭团队师生共同努力的结果，由孟军、韩晓日、陈温福、兰宇、刘赛男、杨劲峰、张伟明、韩杰、黄玉威、鄂洋、赫天一、杨旭、刘遵奇、曹婷、牛卫生等主笔完成，由孟军统稿并审核定稿，修立群、李无双在书稿编辑阶段做了大量工作。感谢团队教师苗微、江琳琳、徐凡、程效义、孟凡彬、战秀梅、李娜、刘宁、安宁等提供的资料，感谢历届研究生的工作积累。面对生物炭这样一个新兴的交叉学科领域，我们既激动兴奋，又深感力有不及，受限于项目团队的学科背景与专业水平，书中的错漏之处在所难免，敬请读者批评指正。

笔　者

2020 年 11 月于沈阳

目　录

第一篇　生物炭概述

第二篇　生物炭对土壤的影响

第三篇 生物炭的农业应用

第一篇

生物炭概述

第一章　生物炭暨秸秆炭化还田理论

一、生物炭的概念

《说文解字》中写道“炭，烧木余也”“从火”。《释名》提到“火所烧余木曰炭”。在《康熙字典》以致现代的《辞源》《辞海》等经典字典上均将此字放在“火”部。按照最通俗的《新华字典》的释义，炭是把木材和空气隔绝、加高热烧成的一种黑色燃料——木炭。从上述的解释中不难看出，首先，炭来源于木材；其次，炭是一种燃料。那么，什么是“生物炭”呢？

生物炭的英文是 Biochar，而 Biochar 的中文却有多种，包括生物炭、生物焦、生物质炭、生物质焦等，还有学者曾使用生物黑炭、生物黑碳、生物质黑碳等名词。在本书中，除特殊说明以外，统一使用“生物炭”这一术语。当然，生物炭并不意味着要把有生命的生物做成炭。

生物炭最早是用来描述一种由高粱制备的、用于有害气体吸附的活性炭（Bapat et al., 1999）。近年来，随着粮食安全、环境安全和固碳减排需求的不断发展，生物炭的内涵逐渐与土壤管理、农业可持续发展和碳封存等相联系。2009 年，Lehmann 在其所著的 *Biochar for Environmental Management：Science and Technology* 一书中，将生物炭特指为生物质在缺氧或有限氧气供应条件下，在相对较低温度下（≤700℃）热解得到的富碳产物，而且以施入土壤、进行土壤管理为主要用途，旨在改良土壤、提升地力、实现碳封存。2013 年，国际生物炭倡导组织（International Biochar Initiative，IBI）再次完善了生物炭的概念和内涵，指出生物炭是生物质在缺氧条件下通过热化学转化得到的固态产物，它可以单独使用或者作为添加剂使用，能够改良土壤、提高资源利用效率、改善或避免特定的环境污染，以及作为温室气体减排的有效手段。

当前，难以对生物炭做出一个更加明确、数量化的定义，其原因在于：

（1）在国际上，生物炭的生物质原料来源极为广泛，不仅包括常见的陆生植物源生物质，还包括动物残骸、藻类、甚至污泥等。加之制备技术工艺种类繁多，导致生物炭的理化性质差异巨大。又如，秸秆在田间焚烧后形成的草木灰，主要由钙、镁等碳酸盐构成。但如果燃烧不彻底，局部的燃烧导致另一部分氧气亏缺，在客观上形成了一个缺氧和高温并存的区域，符合生物炭的制备条件，也就会有生物炭的形成。焚烧秸秆、林火都会导致生物炭的产生。

（2）生物炭的理化性质决定了其除还田以外还在很多领域具有应用潜力，尤其是改性生物炭材料，例如，用于水体污染治理、制造电极材料、储氢材料等。即便与用于能源的“炭”相比，因为在制备方法上有许多类似之处，所以二者在理化性质上有时也难以区分。在市场上，木炭或活性炭往往因为其碳元素含量高、孔隙更丰富而被视为“优质”生物炭。

可见，生物炭的概念不能脱离生物质原料类别、生物炭的形成过程及其应用背景。在“秸秆炭化还田”理论与技术体系中，生物炭特指来源于农林业植物源生物质废弃物，在缺氧或有限氧气供应和相对较低温度下（≤700℃）热解得到的，以返还农田提升耕地质量、实现碳封存为主要应用方向的富碳固体产物。

二、生物炭研究的兴起与发展

“炭”对于我们并不陌生，千百年前人们就开始将其应用在燃料、防腐剂、火药等诸多领域，它曾出现在唐代诗人白居易的诗中，现身于长沙马王堆汉墓里，素描在先民的壁画上。现代生物炭研究的兴起源于对古老的、有意识或无意识采取的生物炭农业应用技术的现代化认知，并在全球变化大背景下被赋予了更丰富的含义。

生物炭在土壤环境中的应用研究最早见于南美亚马孙流域的黑土 Terra Preta（Glaser et al.，2001）。20 世纪 60 年代，荷兰土壤学家 Wim Sombroek 在巴西亚马孙流域进行土壤考察时发现，该地区有一种富含黑色物质的土壤，其有机质和氮、磷、钾等植物营养元素含量极其丰富，该类土壤被称为 Terra Preta，意思为印第安人的黑土壤（Harder，2010；Tenenbaum，2009；Marris，2006）。考古学家通过对这些土壤成分分析后发现，其中含有人类放火烧毁木材和制陶的含碳残余物、农作物残余，以及各种动物的骨头残渣（Sombroek et al.，2002）。木炭中黑色的碳被认为是组成黑土的重要成分（Young，1804），它可以在土壤中存在 1 000 年或者更长时间，且它的孔洞结构十分容易聚集营养物质和有益微生物，从而使土壤变得肥沃，有利于植物生长（Cheng et al.，2008；Shindo，1991）。一些考古学家认为，这种“人类活动产生的黑土”解开了一个旷日持久的谜团，即在哥伦布发现新大陆之前，亚马孙河地区的大量人口是如何在贫瘠的丛林土壤中获取到充足的粮食供给的（Petersen et al.，2011；Lehmann，2009）。

直到近现代，随着农业、工业的快速发展，古老的碳平衡被打破，以化石能源和有机质为代表的、原本封存于土地的碳被大量释放，所导致的温室气体增加、土壤退化、耕地质量下降等一系列生态环境问题共同奠定了全球变化的基调。将碳重新输入并封存于土地是应对全球气候变化的根本途径。在诸多碳封存技术中，生物炭技术得到了越来越多的关注，并被寄予厚望。

生物炭含碳量高且理化性质稳定，是实现碳固定和碳封存的理想选择。美国康奈尔大学教授 Lehmann 曾在 *Nature* 杂志上撰文指出，植物通过光合作用吸收 CO_2，合成并转化为碳水化合物储存在植物体内，如果在无氧或缺氧条件下将这些植物体热解处理，炭化后得到的生物炭可重新施入并封存于土壤中，以达到固碳的目的（Lehmann，2007）。这是一个净的“负碳”过程，可以大大降低大气中 CO_2 的含量，进而解决因温室气体排放所引起的全球气候变暖问题。

因此，在国际上，现代生物炭技术在发展之初就明确指出用于可持续的土壤管理、应对气候变化。在近 20 年时间里，相关研究受到广泛关注并迅速升温，研究领域也不断拓展，但其主线仍是通过农田土壤碳封存和能源替代实现固碳减排。由于国际上对生物炭的原料来源没有明确界定，在初始阶段曾有关于生物炭技术大力发展可能诱发伐木毁林导致生态灾难的担忧。但是，随着研究的发展，研究水平不断提高，研究区域不断扩大，生物炭还田在固碳减排中的积极作用已逐渐成为共识。在联合国政府间气候变化专门委员会（IPCC）2019 年召开的第四十九次全会（IPCC-49）上，通过了《IPCC 2006 年国家温室气体清单指南 2019 年修订版》，标志着生物炭技术在国际上已被正式认定为有效的固碳减排技术。

此外，生物炭可通过沉淀、络合、氧化还原反应、离子交换和静电相互作用等机制钝化土壤重金属、降低其生物有效性，也可吸附、催化降解农药、石油烃等有机污染物。因此，生物炭在污染场地修复方面的研究日趋成为当前国内外农业环境领域的研究热点之一。在中国科学院科技战略咨询研究院、中国科学院文献情报中心和科睿唯安等单位联合发布的《2019 研究前沿》报告中，“生物炭对农田土壤重金属镉污染的修复作用”在农业、植物学和动物学领域 Top10 热点前沿中位列第一，相关的研究工作颇为丰富。

生物炭的原料来源多样、用途广泛，被誉为应对全球性粮食、能源、环境危机的“黑色黄金”。在我国，耕地是第一稀缺资源，粮食安全是重中之重，生物炭在农业领域的应用必然成为优先发展方向。

目前，农学领域下设 9 个一级学科，分别是作物学、园艺学、农业资源环境、植物保护、畜牧学、兽医学、林学、水产、草学。就目前所了解的正式或非正式情况而言，除兽医学以外，其余 8 个一级学科都或多或少与生物炭有关联（如做饲料添加剂、做农药、林业碳汇等）。同时，生物炭技术发展还需要理学（生态学、化学）、工学（机械工程、材料科学与工程、水利工程、农业工程、环境工程）等学科的配合与支持。放眼未来，生物炭的发展必将以农业为主战场，成为一门新兴交叉学科。生物炭研究体系架构见图 1-1（修改自 Chen et al.，2019）。

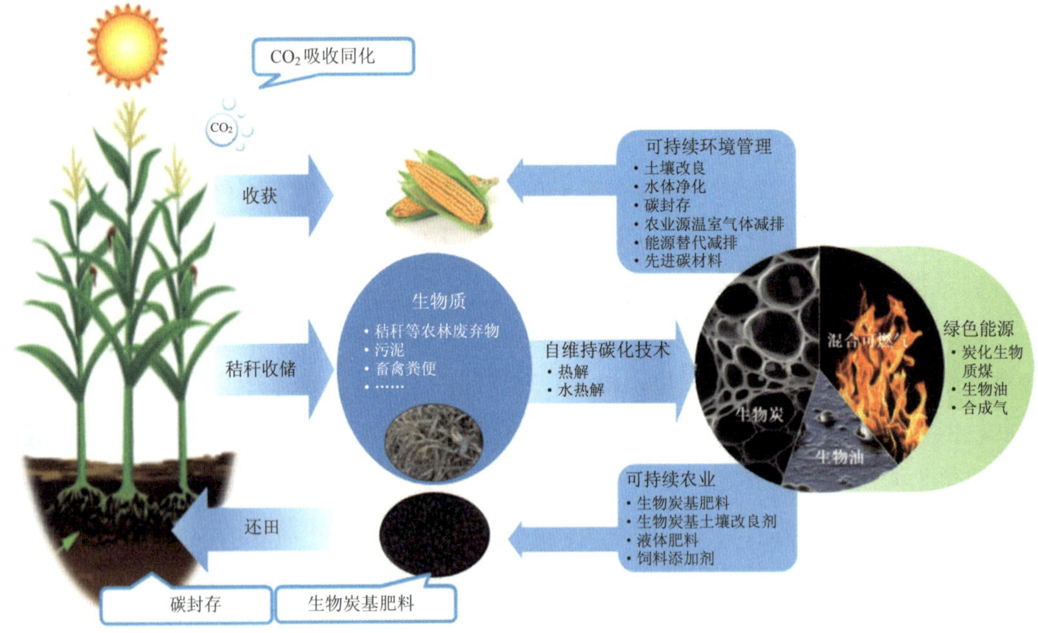

图 1-1 生物炭研究体系架构

三、生物炭对我国农业的独特价值

相对而言，发达国家农业综合生产水平高、耕地质量好、秸秆问题不突出，因此其生物炭相关研究主要集中在农田固碳减排、污染场地和水体修复等生态环境领域。在我国，生物炭技术则是农业生产领域的一种刚性需求，有其独特价值。

（一）补充土壤碳库，提升耕地质量

人多地少是我国的基本国情。中华人民共和国成立以来，70 余年的努力取得了巨大的成绩，我国粮食产量已经连续多年保持在 6 亿 t 以上，为稳定粮食价格、维护社会安定做出了突出贡献。但在这连年丰收的背后，不仅有强大的政策保障、巨大的生产投入和领先的行业科技，还有用量超过全世界 1/3 的化肥，以及不得不面对的土壤酸化板结、土层变薄、有机质含量下降、水体富营养化等问题。未来，随着气候变化的日趋剧烈和人口数量的持续增长，我国粮食安全将在相当长一段时间内处于高压状态。2021 年中央“一号文件”明确指出，提升粮食和重要农产品供给保障能力，要确保粮食产量稳定在 1.3 万亿斤*以上。但是，耕地已不堪重负，未来的粮食生产形势堪忧，提升耕地质量迫在眉睫！

保障国家粮食安全、不断提升绿色化水平、支撑农业可持续发展是我国生物炭技术

* 1 斤=0.5 kg。

的出发点。从元素的角度来看，如果说氮、磷、钾等养分是作物生产木桶的各个板条，那么碳就是木桶的底。生物炭富含碳元素、理化性质稳定，还田后可有效扩充土壤碳库，促进土壤团聚体形成，提高团聚体稳定性，从根本上提升耕地质量。

（二）扩充农业碳汇，减少农业源温室气体排放

随着经济的持续、快速发展，二氧化碳等温室气体排放量的增加难以避免。2020 年 9 月 22 日，中华人民共和国主席习近平在第七十五届联合国大会一般性辩论上发表重要讲话，“中国将提高国家自主贡献力度，采取更加有力的政策和措施，二氧化碳排放力争于 2030 年前达到峰值，努力争取 2060 年前实现碳中和”。如何在经济高速增长的同时找到有效的节能减排技术措施，缓解减排压力，促进经济与环境的全面、协调、可持续发展，是当今我国乃至全世界面临的重要问题。因此，作为一项规模宏大的基础产业，农业固有的碳汇能力得到了越来越多的重视。发展能源作物、以生物质能替代化石能源实现替代减排是当前的热点研究方向。考虑到耕地资源的稀缺性和粮食安全压力的持续性，生物炭还田可能是更符合我国国情的农业减排技术之一。

研究表明，在长期、复杂的土壤环境或地质变迁的作用下，施入土壤中的生物炭可能会发生一定程度的物理迁移并在土壤垂直方向上重新分配（Dai et al.，2005；Bird et al.，1999），但不会发生明显的化学变化（张旭东等，2003）。即使在适宜条件下，微生物会使生物炭表面发生一定程度的分解，但分解速度缓慢，而且会因此形成一个保护壳，使表面以下的绝大部分生物炭维持稳定的氧碳比（O/C），从而继续保持其稳定性。研究者普遍认为，生物炭在土壤中的稳定性很强，周转过程可能长达数百年甚至更久。随着时间的推移，生物炭最终有可能被矿化，但缓慢的矿化过程为其持续发挥改土增产作用和固碳减排作用奠定了基础，是平复剧烈气候变化的重要机制。

（三）综合利用秸秆，提高农业产值

秸秆全量综合利用，尤其是在农业领域的应用，是农业绿色发展不可回避、不能逾越的重要问题。秸秆还田（包括直接还田、离田堆肥还田和做饲料过腹还田）即秸秆的肥料化利用是改造中低产田的最佳途径之一。为此，国家出台各种补贴政策，千方百计地引导、激励农民将秸秆肥料化利用。但是，秸秆问题复杂、禁烧任务艰巨。虽然目前我国的秸秆综合利用率已超过 85%，但由于基数大，每年仍有数以亿吨计的秸秆被废弃或焚烧，不仅导致农村环境脏、乱、差，还造成了严重的面源污染，且最终仍将碳释放于大气中。

在已得到利用的秸秆中，直接还田量与离田利用量之比为 13∶12，“农用优先”原则得到了良好体现，但产业化、高值化利用技术仍亟待突破。目前，除秸秆造纸和编织外，新型能源化、原料化和工厂化堆肥等秸秆离田新型产业化利用方式仅占秸秆可收集利用

量的 5.33%～5.78%，占我国秸秆机械打包作业能力的 1/10（毕于运等，2019）。高值利用难，没有产业支撑的秸秆综合利用工作很可能长期依赖财政补贴。

生物炭技术在农业、环境、能源领域拥有广阔的应用前景，以秸秆炭化综合利用技术为支撑的生物炭产业发展将有助于延伸农业产业链条、提高附加值，并将在这一链条上实现工业对农业的反哺（图 1-2）。实现秸秆综合利用向培育秸秆产业的观念转变，变输血为造血，是彻底解决秸秆问题的出路之一。这是生物炭技术的前景所在，也是其使命所在。

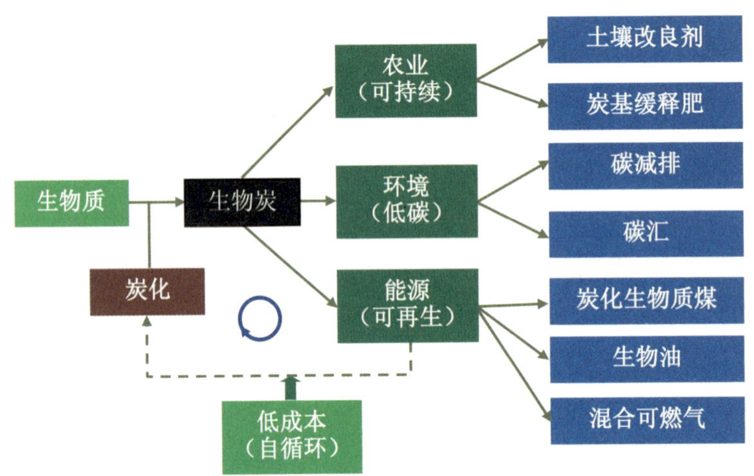

图 1-2 以生物炭为核心的农林废弃物综合利用技术体系

四、“秸秆炭化还田”理论与技术体系的内涵

现代生物炭研究的启动源于对亚马孙流域先民无意间留下的“黑土”（Terra Preta）所具有的增产作用的观察。它一经出现，便引起全世界的广泛关注。在人类聚居的各主要大洲，几乎都有有意识或无意识使用生物炭或类似技术的历史。作为一项来源于实践的技术，生物炭的改土增产作用已被国内外大量研究所证实。在我国，“炭”有着厚重的历史。在低碳经济盛行的今天，以废弃生物质为原料制备的生物炭带来了农业低碳、循环、可持续发展的美好愿景。在农业领域，将秸秆转化为生物炭后返还农田，是衔接农业循环链条首尾两端、实现废弃生物质资源化高效利用的重要途径，对农业低碳、循环、可持续发展具有重要意义。

2005 年，陈温福院士提出了“秸秆炭化还田”理论，以及“以生物炭为核心，以炭化技术为基础，以生物炭基肥料和土壤改良剂为主要发展方向，兼顾能源化应用”的技术路线。2011 年，《中国工程科学》刊发的《生物炭应用技术研究》详细阐述了生物炭在粮食安全、环境安全、农业可持续发展及固碳减排中的作用（陈温福等，2011）。随后，

《农林废弃物炭化还田技术的发展与前景》（孟军等，2011）、《农用生物炭研究进展与前景》（陈温福等，2013）、《中国生物炭研究及其产业发展趋势》（孟军等，2013）、《生物炭与农业环境研究回顾与展望》（陈温福等，2014）、*Past,present,and future of biochar*（Chen et al.，2019）、*Development of the straw biochar returning concept in China*（Meng et al.，2019）等系列论文不断充实并逐步完善"秸秆炭化还田"理论。目前，相关理论要点主要涉及以下 5 个方面。

（1）面向秸秆等农林废弃生物质利用。

生物炭技术提出伊始，国际上就不乏反对的声音。究其原因，大多是担心在生物炭产业市场化过程中有可能出现伐木取炭导致毁林而破坏生态平衡等不合理开发方式。因此，在"秸秆炭化还田"理论中，生物炭特指来源于农林业生物质废弃物，在缺氧或有限氧气供应和相对较低温度下（≤700℃）热解得到的，以返还农田提升耕地质量、实现碳封存为主要应用方向的富碳固体产物。这不仅是为了避免在市场化过程中可能出现的伐木取炭等不合理开发方式，更是秸秆综合利用的需要，是改良中低产田、维持农田生态系统稳定平衡、确保粮食安全的需要。

在现行土地管理制度和现有技术手段下，能够且已经被利用的秸秆不是废弃生物质（如生物质发电、沼气等所利用的部分），即使在秸秆还田技术不适用的地区，秸秆也难以完全划归为废弃物（例如，为防止土壤侵蚀而必需的覆盖残茬不是废弃物）。只有确实没有被利用而被大量焚烧或废弃的秸秆才能视为废弃生物质。菌渣、蔗渣等同样如此。因此，生物炭技术的适用范畴与区域经济、技术发展水平和生态气候条件等息息相关。

（2）面向产品化应用。

前已述及，生物炭是以还田为主要应用方向的，但如何"还"呢？国内外诸多学者分析了条施、穴施、表土层掺混等多种具体的还田方法，但大多是将生物炭直接返还农田。由于生物炭密度低、质量轻，在运输和使用过程中易形成粉尘污染。因此，最好将生物炭加工后以产品的形式应用，例如，生物炭颗粒、生物炭基肥料等。将生物炭塑造成颗粒还可以更好地和播种机、深松犁等农机具配合，在不大幅增加劳动力投入的情况下完成生物炭还田。同时，受不同气候条件和成因等的影响，我国中低产田类型多样，将生物炭直接还田难以很好地满足不同类型土质改良和作物高产栽培的需求。以生物炭为载体，因地制宜，有针对性地设计、生产和应用不同配方的炭基专用肥料和土壤改良剂将有利于解决上述问题。

（3）面向提升耕地质量。

根据收益递减原则，生物炭应优先用于改造中低产田，尤其以克服土壤酸化、板结等土壤障碍为主攻方向。虽然有研究表明，生物炭还田有可能产生激发效应，刺激肥沃土壤中有机质的分解，但对于我国占总耕地面积 70%的中低产田而言，尤其是对于那些因理化性质恶化导致的障碍型土壤而言，废弃生物质炭化还田应该是一个值得引起高度重视的发展方向。

另外，生物炭应用于农田，不仅可以固持养分、减少养分流失、缓解水体富营养化，还能应用于修复受重金属、有机污染物等污染的土壤或水体，通过吸附、钝化、固持等方式降低污染物的生物有效性，对粮食安全、食品质量安全保障能力的提升具有重要意义。

（4）面向“三农”。

生物炭暨“秸秆炭化还田”具有显著的平台技术特征。秸秆等废弃生物质炭化后，不仅可以得到生物炭，还可以得到清洁的能源，能够为农业生产和生活提供肥料、土壤改良剂、热能、电能等多元化的产品，全面服务农业生产和农村人居环境治理，并通过延伸产业链条增加农民收入。就能量产出而言，相对于生物质直燃，虽然炭化过程不是充分燃烧，能量产出率低，但从减排的角度综合分析，生物炭还田所实现的碳封存带来的减排效益要高于其能源化利用（Woolf et al.，2010）。

（5）面向产业。

受气候、技术、机械、比较效益等因素的制约，进一步加强秸秆直接还田的空间有限。而生物炭源于秸秆，将秸秆变为生物炭基农业投入品返还农田，不仅可以规避气候条件制约、促进秸秆利用、提高比较效益，其产业化生产与规模化应用将更有效地衔接第一、二产业，通过产业化发展拉动秸秆综合利用。生物炭技术链条长、生态效益高，秸秆炭化还田正是推进秸秆产业化利用、加速农业绿色化发展的最有力抓手。

综上所述，为了促进秸秆利用，规避“伐木取炭”风险，必须坚持以秸秆为生物炭的主要原料；为了便于推广，减少对环境或健康可能产生的负面影响，应固化造粒还田；为了因地制宜，需要制备多种多样的炭基肥料和土壤改良剂。因此，炭化技术、设备、工艺，生物炭理化性质，炭基产品的设计、生产与作用机理等多个方面构成了“秸秆炭化还田”理论的技术内涵。

参考文献

毕于运，高春雨，王红彦，等. 2019. 我国农作物秸秆离田多元化利用现状与策略[J]. 中国农业资源与区划，40（9）：1-11.

陈温福，张伟明，孟军. 2013. 农用生物炭研究进展与前景[J]. 中国农业科学，46（16）：3324-3333.

陈温福，张伟明，孟军. 2014. 生物炭与农业环境研究回顾与展望[J]. 农业环境科学学报，33（5）：821-828.

陈温福，张伟明，孟军，等. 2011. 生物炭应用技术研究[J]. 中国工程科学，13（2）：83-89.

孟军，陈温福. 2013. 中国生物炭研究及其产业发展趋势[J]. 沈阳农业大学学报（社会科学版），15（1）：1-5.

孟军，张伟明，王绍斌，等. 2011. 农林废弃物炭化还田技术的发展与前景[J]. 沈阳农业大学学报，47（4）：387-392.

张旭东，梁超，诸葛玉平，等. 2003. 黑碳在土壤有机碳生物地球化学循环中的作用[J]. 土壤通报，(4)：349-355.

Bapat H，Manahan S E，Larsen D W. 1999. An activated carbon product prepared from milo（Sorghum vulgare）grain for use in hazardous waste gasification by ChemChar cocurrent flow gasification[J]. Chemosphere，39（1）：23-32.

Bird M I，Moyo C，Veenendaal E M，et al. 1999. Stability of elemental carbon in a savanna soil[J]. Global Biogeochemical Cycles，13（4）：923-932.

Chen W，Meng J，Han X，et al. 2019. Past，present，and future of biochar[J]. Biochar，1（1）：75-87.

Cheng C H，Lehmann J，Thies J E，et al. 2008. Stability of black carbon in soils across a climatic gradient[J]. Journal of Geophysical Research Biogeosciences，113：G02027.

Dai X，Boutton T W，Glaser B，et al. 2005. Black carbon in a temperate mixed-grass savanna[J]. Soil Biology and Biochemistry，37（10）：1879-1881.

Glaser B，Haumaier L，Guggenberger G，et al. 2001. The "Terra Preta" phenomenon：a model for sustainable agriculture in the humid tropics[J]. Naturwissenschaften，88（1）：37-41.

Harder B. 2010. Smoldered-Earth policy：Created by ancient amazonian natives，fertile，dark soils retain abundant carbon[J]. Science News，169（9）：133.

Lehmann J. 2007. A handful of carbon[J]. Nature，447（7141）：143-144.

Lehmann J. 2009. Terra preta Nova—where to from here？ [M] // Woods W I，Teixeira W G，Lehmann J，et al. Terra Preta Nova：a tribute to Wim Sombroek. Berlin：Springer：473-486.

Marris E. 2006. Black is the new green[J]. Nature，442（10）：469-624.

Meng J，He T，Sanganyado E，et al. 2019. Development of the straw biochar returning concept in China[J]. Biochar，1（2）：139-149.

Petersen J B，Neves E，Heckenberger M J. 2001. Gift from the past：Terra Preta and prehistoric Amerindian occupation in Amazonia[M] // McEwan C，Barreto C，Neves E. Unknown Amazonia. London：British Museum Press：86-105.

Shindo H. 1991. Elementary composition，humus composition，and decomposition in soil of charred grassland plants[J]. Soil Science and Plant Nutrition，37（4）：651-657.

Sombroek W，Kern D，Rodriques T，et al. 2002.Terra preta and terra mulata：pre-columbian amazon kitchen middens and agricultural fields，their sustainability and their replication[C]. Paper No. 1935，17th World Congress of Soil Science，Bangkok，Thailand.

Tenenbaum D J. 2009. Biochar：carbon mitigation from the ground up[J]. Environmental Health Perspectives，117（2）：70-73.

Woolf D，Amonette J E，Street-Perrott F A，et al. 2010. Sustainable biochar to mitigate global climate change[J]. Nature，1：1-9.

Young A. 1804.The farmer's calendar[M]. London：Richard Philips.

第二章　生物炭的制备与性质

在我国，炭的生产与应用历史悠久。其中，既有河姆渡遗址出土的 7 000～5 000 年前的炭化米粒和夹炭黑陶等文物，也有一千多年前唐代诗人白居易的传世佳作《卖炭翁》。生物质转变为生物炭的过程是为“炭化”，这同时也是碳元素含量提高的过程，是为“碳化”。本文使用“炭化”统称生物炭的生产过程，用“碳化”描述炭化过程中的特定反应阶段。

生物质原料来源多种多样，不仅包括各种农林业废弃生物质，还可以利用厨余、生活垃圾、污泥、禽畜粪便制作生物炭。加之炭化工艺不尽相同，生物炭的理化性质千差万别。在实际生产中，即便是同一种生物质原料，在同一种炭化装置中，采用同一种炭化工艺，也可能因为原料形状、粒度的不同而导致炭化程度不同。为此，本研究在相对可控的实验室条件下，以 31 种常见农林业植物源生物质废弃物为原料，配合 9 种不同炭化工艺，制备出 274 种生物炭。本章以这 274 种生物炭组成的样品库为基础，结合部分前期工作和参考文献，分析生物质原料种类、炭化工艺参数对生物炭基础理化性质的影响。

一、生物质炭化过程

从技术层面看，生物质的炭化主要包括热解和水热两个过程。其中，在“秸秆炭化还田”体系中，现阶段多以热解炭化为主。热解（Pyrolysis），或称热裂解、高温裂解，指无氧气或有限氧气存在下有机物质的高温分解反应，制备生物炭所要求的热解温度一般不高于 700℃。

对秸秆等植物源生物质而言，炭化过程主要是细胞壁的炭化。植物细胞壁主要由纤维素、半纤维素和木质素等高分子有机物紧密结合而成。其中，纤维素是 D-葡萄糖以β-（1,4）糖苷键连接形成的直链高分子聚合物，基本结构单元为 D-葡萄糖基；半纤维素是一类由两种或两种以上糖单体构成的具有分支结构的高聚糖，糖单体通常包括 D-木糖、L-阿拉伯糖、D-葡萄糖、D-甘露糖、D-半乳糖，木糖含量最高；木质素是一类由苯基丙烷结构以 C—C 键和醚键连接形成的芳香族聚合物。

纤维素、半纤维素和木质素等各组分的基本单元与空间结构不同，热稳定性差别较大。单组分热重分析结果显示，木质素热稳定性高于纤维素，半纤维素热稳定性最差。其中，半纤维素分解主要发生在220～315℃，纤维素分解主要发生在315～400℃，木质素分解温度为 160℃，但其分解速度非常缓慢，直到 900℃时仍有约 40%木质素未分解（Yang et al.，2007）。

炭化过程中，半纤维素的热解产物包括 CO、CO_2、H_2和 CH_4，低分子量有机化合物如羧酸、乙醛、烷类和醚类，以及一些水，相对纤维素和木质素热解产物而言，大分子量的有机化合物（焦油类）较少。除了生物炭，纤维素热解可产出醛、酮、羧酸、醇、糖苷等物质和 CO_2，以及少量的 CO、CH_4 和 H_2O。木质素热解的产物包括 CO、CH_4 和 C_2H_4 等气体、木醋和不溶的焦油。其中，木醋由甲醇、乙酸、丙酮和溶解的焦油构成，不溶的焦油中则包括由醚和 C—C 键断裂而形成的苯的同系物。木质素比纤维素或半纤维素更难以脱水，也产出更多的固体炭化产物。

生物质成分复杂，其真实的炭化过程可能包括若干沿着不同路线的一次、二次乃至高次反应，难以用单一的化学方程式来解释说明，不同的反应路径可得到不同的产物，不同的产物间也会发生相互交叉的化学反应。因此，生物质热解过程并非其主要成分热解过程的简单叠加，其中涉及热量传递和气液固三相产物的相变及转化，是复杂的多相热反应过程。

在实际的热解过程中，生物质的转化是在单个颗粒的水平上发生化学反应并与反应环境热质传输。当生物质暴露于高温环境中时，最初会受到瞬态热传导的影响强烈吸热蒸发水分。自由水通过孔隙形成的毛细管流动，结合水的扩散以及水蒸气的对流和扩散传输相对有限。接着，在受热表面附近已经干燥的部分热解，挥发性物质逸散后形成炭层。因此，在瞬态过程中会出现以下空间区域：惰性炭层、热解区、干燥区和原始湿固体。水蒸气和挥发性热解产物部分通过受热表面，也可能向低温区域迁移发生再冷凝。产物的流动主要发生在被加热的表面，并且由于高温，可能发生焦油降解等二次反应。除了热量、质量转移，反应固体的物理结构也同时发生变化，包括在已经热解的区域形成裂纹网络，表面退化，内部收缩和/或溶胀，在某些情况下会破碎。在足够高的温度和停留时间的情况下，初级焦油蒸气会在生物质颗粒之外发生次级反应。

有学者将炭化过程分为脱水、热解、石墨化、碳化 4 个阶段，间隔温度点分别为250℃、350℃和 600℃。在第一阶段，主要是脱水过程和纤维素的轻度解聚。温度在 250～350℃时，纤维素完全解聚，伴随着物质损失和无定形碳阵列的形成，其中温度在 330℃时可观察到芳香碳。当温度高于 350℃时，多聚芳香环构成的类石墨片层结构开始在无定形碳阵列的基础上生长。当温度高于 600℃时，碳化开始，非碳原子开始析出片层，石墨结构继续侧向生长。

生物质三组分的热稳定性和不同生物质中三组分含量的差异在一定程度上影响了炭化过程物质损失率，即炭化过程中生物质原料质量损失量与生物质原料质量的百分数。根据反应温度的不同，结合炭化过程中物质损失率的变化情况、细胞壁三组分热稳定性、生物炭外观形貌、生物炭微观结构、主要理化性质的变化规律，以及对制炭过程的观察，也可以经验性地将生物质炭化过程简单地分为脱水、热解和炭化三个阶段（图 2-1）。

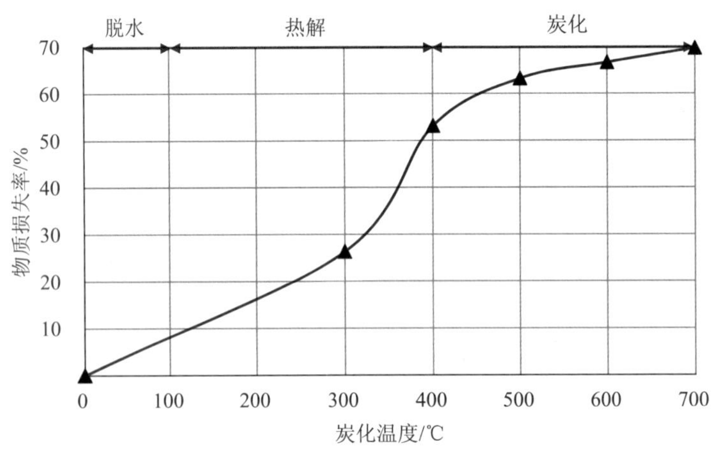

图 2-1 生物质炭化过程物质损失率变化趋势

注：31 种生物质原料，升温速率 15℃/min，停留时间 30 min，炭化温度 300～700℃。

脱水阶段（室温至 100℃），物质损失率逐渐提高、生物质含水量降低，外观形貌和反应过程未见明显变化，物质损失主要来自生物质原料内结合水的蒸发。

热解阶段（100～400℃），物质损失率迅速提高，在 300～400℃物质损失率增幅最大，反应过程产生大量烟气，生物炭外观形貌、微观孔隙结构、含碳量、pH 等主要性质处于生物质原料向生物炭过渡的状态，可视为发生热解反应的主要阶段。

炭化阶段（400～700℃），物质损失率缓慢增加，烟气减少，生物炭外观颜色以黑色或黑褐色为主，微观多孔结构明显，含碳量、pH 等主要性质与生物质原料存在显著性差异，是炭化的主要阶段。当反应温度超过 700℃时，生物炭灰分含量显著提高，含碳量降低。

图 2-2 和图 2-3 为不同最高热解温度（简称炭化温度）与反应停留时间（简称停留时间）对玉米秸秆和水稻壳炭化程度的影响。

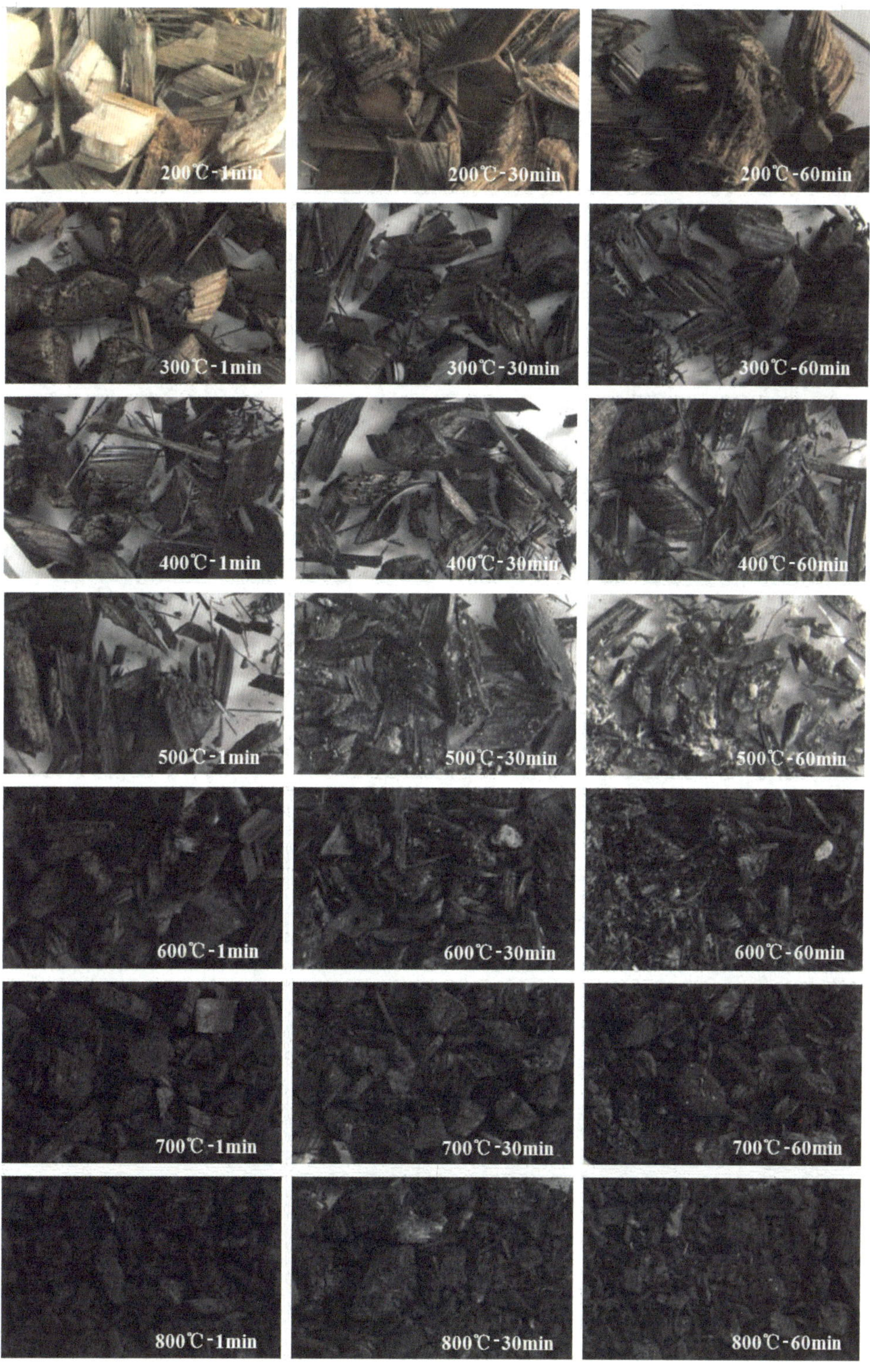

图 2-2　不同最高热解温度与反应停留时间对玉米秸秆炭化程度的影响

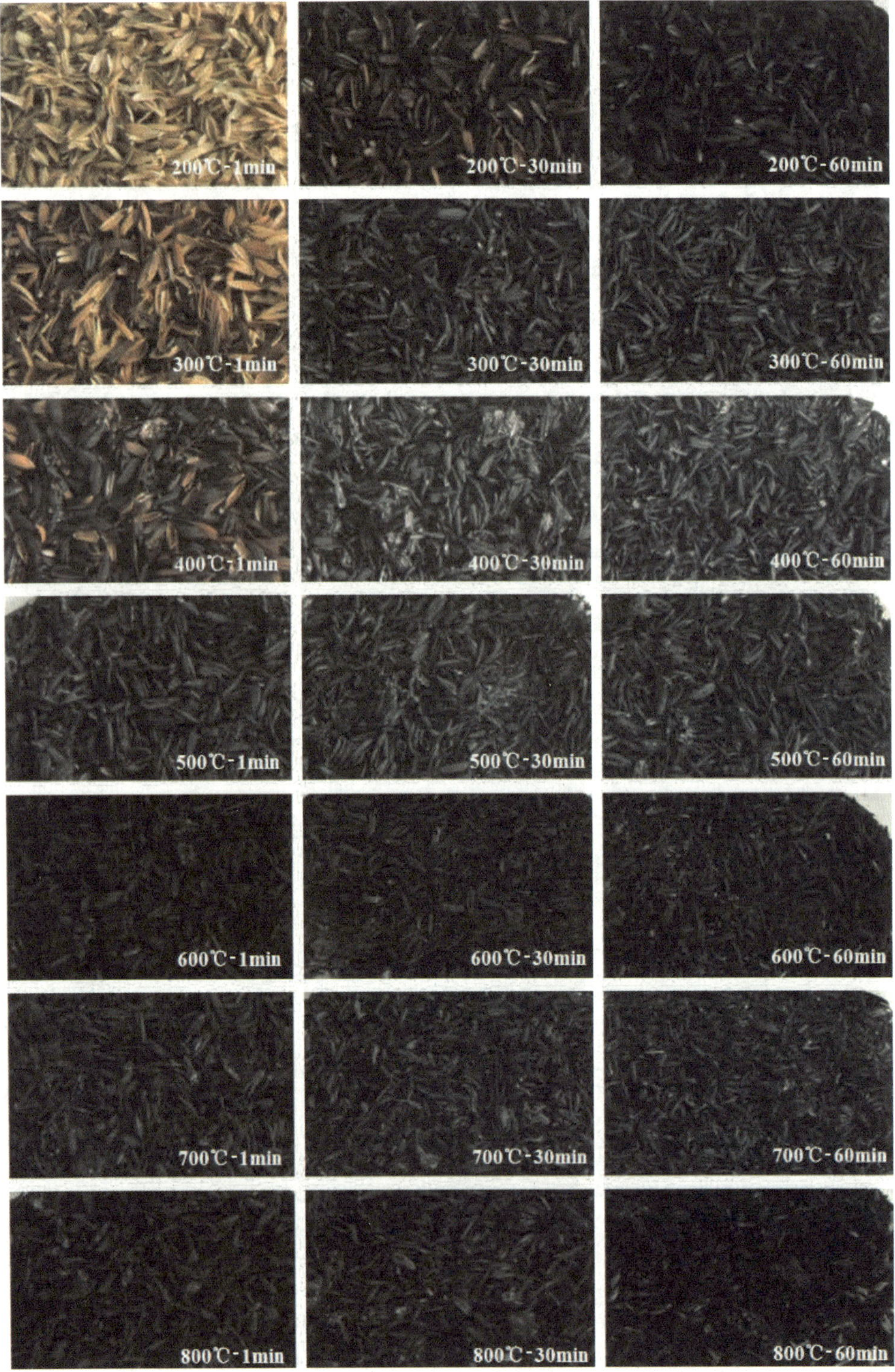

图 2-3 不同最高热解温度与反应停留时间对水稻壳炭化程度的影响

二、生物质炭化过程中的主要影响因素

在炭化过程中，生物质原料种类、预处理方法、炭化温度、升温速率、停留时间、压力，以及反应釜规格、气氛控制、后处理过程等工艺或参数都将对生物炭的理化性质产生显著影响，其中生物质原料种类、预处理方法、炭化温度、升温速率、停留时间是影响生物炭理化性质最主要的因素。

（一）生物质原料种类

国际生物炭倡导组织（IBI）将生物质原料划分为未加工原料和加工原料。未加工原料指直接取自自然界或仅被机械处理过，而未经过动物体或人为化学处理过的生物质，如木屑、作物秸秆等农林业废弃物。加工原料指经过人类或生物加工改造过的化学性质发生改变的生物质原料，如畜禽粪便、生活垃圾、造纸垃圾和市政污泥等城市有机固体废物。

生物质原料的基本化学组成和物理结构存在很大差别。即使未加工原料，根据其植物类型也可以分为木本植物和草本植物，有机成分和无机成分的相对质量比也随生长环境和收获时间而变化。每种成分的热解均具有独特的反应途径和热化学特性，并产生不同的产物。纤维素和半纤维素有助于提高生物油的产量，而木质素可产生更大比例的固体碳；较高的木质素含量可能会增加平均分子量和黏度，降低生物油的含水量。生物质各组分的结构组合通常不同，这使得组分之间的相互作用随生物质类型而变化，并随后影响热裂解性能。

（二）预处理方法

生物质原料在热解之前通常需要某种形式的预处理，以改变甚至破坏木质纤维素结构，从而可以提高热裂解效率。生物质预处理技术可分为五个主要类别，包括：

（1）物理预处理，如粉碎和挤压；

（2）加热预处理，如烘焙、蒸汽爆破、水热预处理、超声/微波辐射；

（3）化学预处理，如酸、碱和离子液体处理；

（4）生物预处理，如真菌、微生物菌剂和酶促；

（5）以上各种方式的联合预处理。

最常见的生物质预处理方法是物理预处理。由于生物质原料流动性较差，容易产生架桥现象，所以通常要将其粉碎成小颗粒以提高流动性。同时，较小的颗粒也有助于热解过程中热量和质量的传递。但是，粒径减小意味着预处理能耗增加。

（三）炭化温度

温度是影响生物质热解产物分布和特性的最关键因子。一般来说，当温度低于 400℃时，生物质热解反应进行得很慢，产物主要是炭和不可冷凝气体；当温度为 450～600℃时，生物油的产量先随温度的升高而增加，达到最大值后又随温度的继续升高而减少。当温度高于 600℃时，生物油和炭产物二次裂解，产率下降，气体成为主要产物。

（四）升温速率

升温速率是指热解过程中反应器内部温度变化的剧烈程度。升温速率的变化范围很大，以℃/s 或℃/min 为单位，是划分反应器类型的一个重要标志。升温速率主要是由反应器类型和反应温度决定的，也受到生物质颗粒粒径的影响。要达到较高的升温速率，需要较高的反应温度、短的气相停留时间和细小的生物质颗粒粒径。快速升温有利于产生更多的气体和更少的焦炭，反之，则有利于炭的生成。

（五）反应停留时间

反应停留时间也叫滞留期，是指物料在热解最高反应温度时的反应时间。由于生物质的导热性较差，物料必须在热解反应器里停留一定的时间，否则可能无法充分热解。同时，气相产物的停留时间也值得关注。挥发性物质可以在气相中进行均相反应或通过与固体生物质或炭反应进行非均相的进一步反应。气相停留时间越长，发生二次分解反应的程度就越严重。一般来讲，延长停留时间可以使生物质热解炭化更充分。

三、产炭率

产炭率用于表征生物质向生物炭的转化效率。通常认为，炭化工艺类型、炭化温度、停留时间等炭化工艺参数和生物质原料组成是影响生物质向生物炭转化效率的关键因素。对某一种生物质原料而言，炭化温度（HTT）被认为是最主要的影响因素，其次是升温速率，因为它们将影响热解挥发分的传质过程。

实验室制备生物炭产炭率为 23%～97%，平均值为 40.66%（图 2-4）。随着炭化温度的升高和反应停留时间的延长，产炭率逐渐降低（图 2-5）。产炭率与炭化温度呈显著负相关（Zhu et al.，2019）。对比慢速热解、中速热解、快速热解和气化四种不同炭化工艺类型发现，慢速热解产炭率最高，约高生物质原料质量的 35%（Bridgwater et al.，2000）。

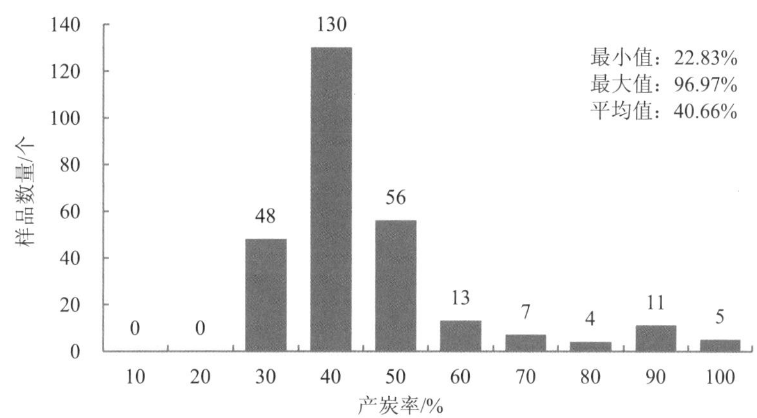

图 2-4 生物炭产炭率分布情况（n=274）

注：炭化温度为 300～700℃，停留时间为 1～240 min。

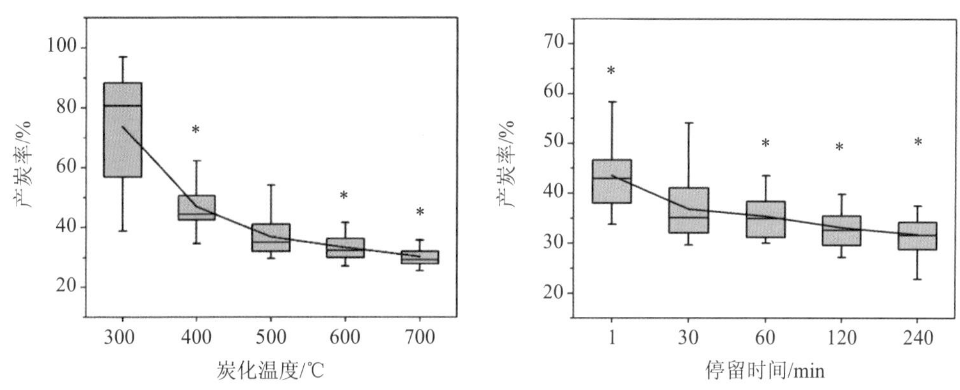

图 2-5 炭化温度和停留时间对生物炭产炭率的影响

注：灰色方框内的横线和折线的起点或拐点表示数据的中位数和均值；灰色方框的底部和顶部分别表示数据的下四分位数和上四分位数；灰色方框上面和下面的“T”形横线分别表示数据的上边缘数和下边缘数，*表示异常值，下同。

产炭率与生物质原料的半纤维素含量负相关，与木质素含量正相关，与纤维素含量无关（图 2-6）。Yang 等（2007）将纯化纤维素、半纤维素和木质素热解到 900℃时发现，半纤维素和木质素热解分别产生 20%和 40%的固体残渣，而纤维素热解无固体残渣产生。可见，生物炭主要来源于生物质原料中的半纤维素和木质素。由于木质素热解的固体产物炭的得率高于半纤维素，所以木质素是生物炭的主要来源。通常，木质素含量高、纤维素含量低的生物质产炭率较高，如核桃壳、榛子壳等，不同生物质原料组成见表 2-1。

表 2-1 生物质原料组成 单位：%干基

生物质	纤维素	半纤维素	木质素	灰分
苹果树枝	34.19	26.73	24.05	3.36
大豆秸秆	56.92	15.39	18.68	2.27
苘麻秆	51.92	16.85	16.40	2.90

生物质	纤维素	半纤维素	木质素	灰分
竹子	46.82	21.45	26.76	0.88
松塔	53.24	8.76	30.67	2.47
小麦秸秆	47.72	19.02	16.72	9.16
糠醛渣	32.41	1.26	60.87	6.69
谷子壳	44.18	22.90	17.44	8.03
核桃壳	24.89	32.47	38.28	0.75
榛子壳	26.73	31.14	41.34	1.18
花生秸秆	44.99	18.23	11.76	5.44
豆角秸秆	58.03	14.79	17.51	4.97
水稻秸秆	47.27	18.86	14.05	10.86
杨树枝	40.01	23.16	22.90	2.67
荞麦壳	51.73	16.52	28.67	2.43
松木屑	48.79	18.72	25.72	4.59
松针	37.40	11.09	26.38	6.11
高粱秸秆	34.83	16.35	13.04	4.94
大豆荚	48.81	20.18	11.38	7.41
线麻秆	55.90	18.78	21.65	3.02
棉花秸秆	46.64	17.92	22.58	5.65
葡萄树枝	49.08	21.65	24.73	3.07
瓜子壳	52.38	23.51	19.28	2.22
玉米芯	36.67	22.48	13.93	2.58
谷子秸秆	41.24	21.08	16.42	12.30
甘蔗渣	43.51	24.72	24.02	1.86
小麦壳	37.16	22.34	16.27	9.50
稻壳	36.70	16.00	21.30	14.82
玉米秸秆表皮	41.40	25.00	17.60	8.77
花生壳	31.10	16.00	27.43	11.33
烟梗	21.60	23.20	7.70	18.43

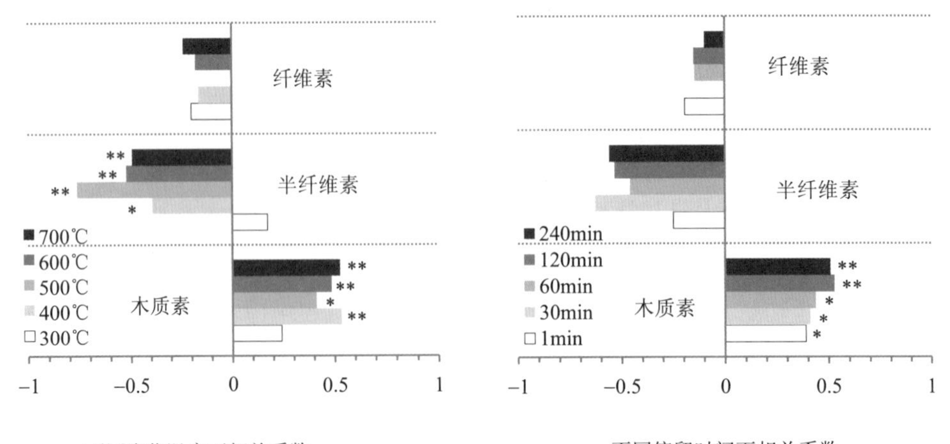

图 2-6 不同炭化工艺条件下生物质原料组成与产炭率的相关分析

注：* 表示在 $P<0.05$ 水平下显著相关；**在 $P<0.01$ 水平下显著相关。

四、生物炭的主要理化性质

（一）感官性质

生物质原料含水量较高、韧性强，呈现多种颜色，而生物炭则脆且易碎，以黑色为主。随着炭化温度的升高和反应停留时间的延长，生物炭外观逐渐由生物质原色变为褐色、深褐色、黑色，也可被灰分覆盖而呈现灰色（图 2-7）。生物质在炭化过程中逐步脱水、脱羧，形成高度芳香化的共轭体系（吴伟祥，2015），进而形成许多新的离域π键，由于离域π键的π-π轨道间的能量差极大，电子跃迁时吸收光谱波长增大，进而导致生物炭的颜色加深（舒新兴等，2005）。

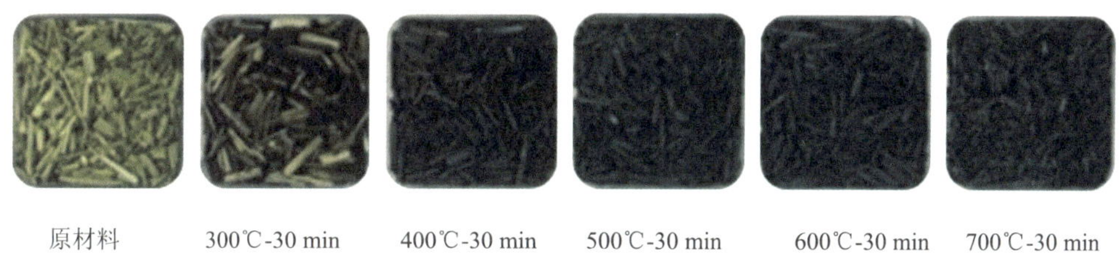

图 2-7　水稻秸秆及水稻秸秆炭外观形貌

若无外力影响，生物炭几乎可以完整地保留生物质原料的外观形态，此时可以肉眼判断大颗粒生物炭的生物质原料种类（图 2-8）。在炭化过程中，生物质原料内分布不均

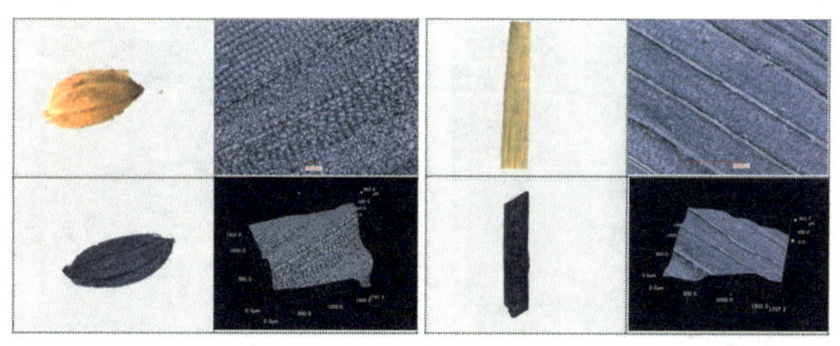

（a）稻壳及稻壳炭外观形貌　（b）水稻秸秆及水稻秸秆炭外观形貌

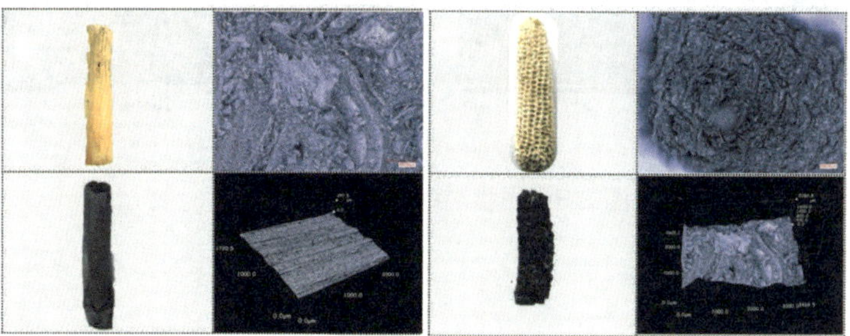

（c）玉米秸秆及玉米秸秆炭外观形貌　（d）玉米芯及玉米芯炭外观形貌

图 2-8　生物质及生物炭外观形貌组图

匀的结合水和一些易挥发有机物等不稳定组分的挥发，可导致生物炭体积出现非比例收缩。因此，虽然外观变化不大，但是体积逐渐减小。不过，烟梗是经过烘烤后的烟叶的叶脉，含水量很低，体积收缩，炭化后其体积反而会增大。

在生物质炭化过程中，长链的纤维素结构被破坏，逐渐形成类石墨片层，因此生物质的韧性逐步演变为生物炭的脆性。同时，挥发分逐渐形成并释放，但受炭化工艺条件的影响，挥发分可能难以完全逸散或部分凝结在生物炭表面，散发出明显的焦油味。因此，经验上可以通过颜色、气味、脆性、手上焦油残留情况等感官性质直观判断生物质的炭化程度和炭化工艺水平。虽然目前尚无生物炭感官性质标准，但是一般认为，黑色、味淡、脆而不黏手的生物炭品质较好。

（二）孔隙结构

在生物质炭化过程中，细胞内容物受热分解、蒸发，与细胞壁组分的气态热解产物一起形成挥发分逸散，而以细胞壁为主的分室结构则在生物炭中保留下来，形成大小不一的孔隙，构成了生物炭显著的多孔结构特征。使用扫描电子显微镜可以很容易地观察到生物炭的微米级孔隙，木质部、韧皮部、薄壁组织等结构痕迹清晰可见，导管侧壁上的次生加厚或机械组织的次生壁形态完整（图 2-9，图 2-10）。可见，生物炭在很大程度上保留了生物质原料的细胞分室结构特征，这一特点可粗略地用于生物炭的定性鉴别。

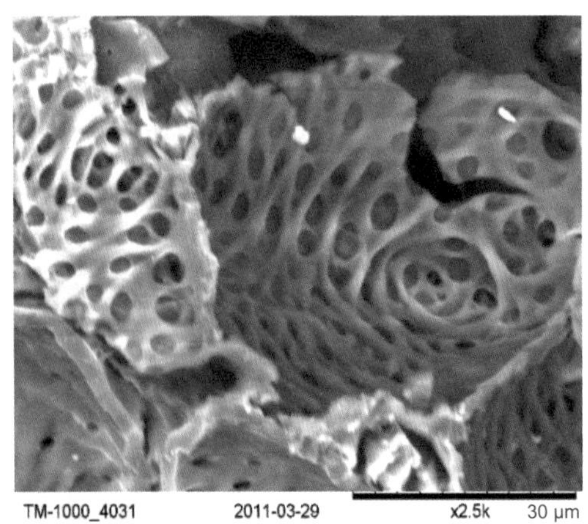

图 2-9 生物炭维管组织微观结构

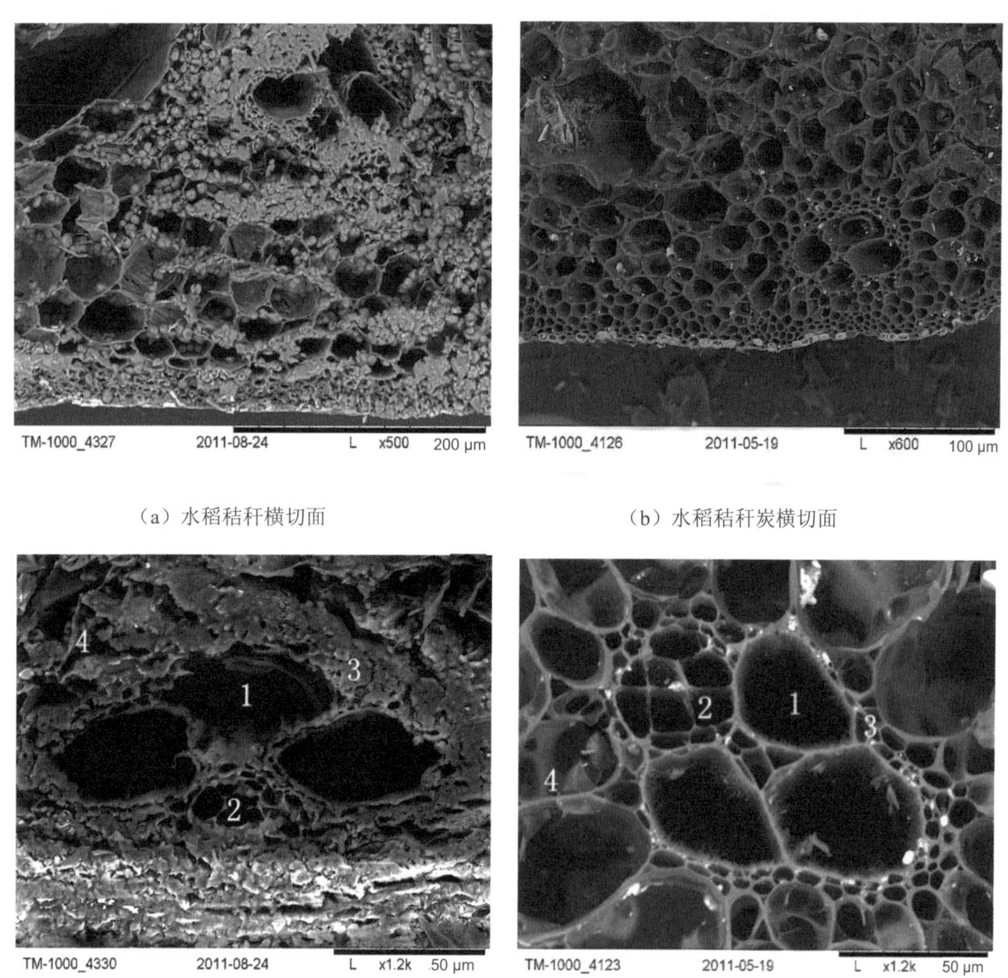

（a）水稻秸秆横切面　　（b）水稻秸秆炭横切面

（c）水稻秸秆维管束　　（d）水稻秸秆炭维管束

图 2-10　水稻秸秆与水稻秸秆炭微观结构

注：1—木质部；2—韧皮部；3—维管束鞘；4—薄壁细胞

生物炭含有高度共轭的芳香族化合物微晶结构，由堆叠平整的芳香族薄片随机交联在一起。这使得生物炭硬度提高、韧性下降，因此在利用显微镜观察时可以看到光滑平整的断面。其中，可以或多或少地观察到晶体（图 2-11）。

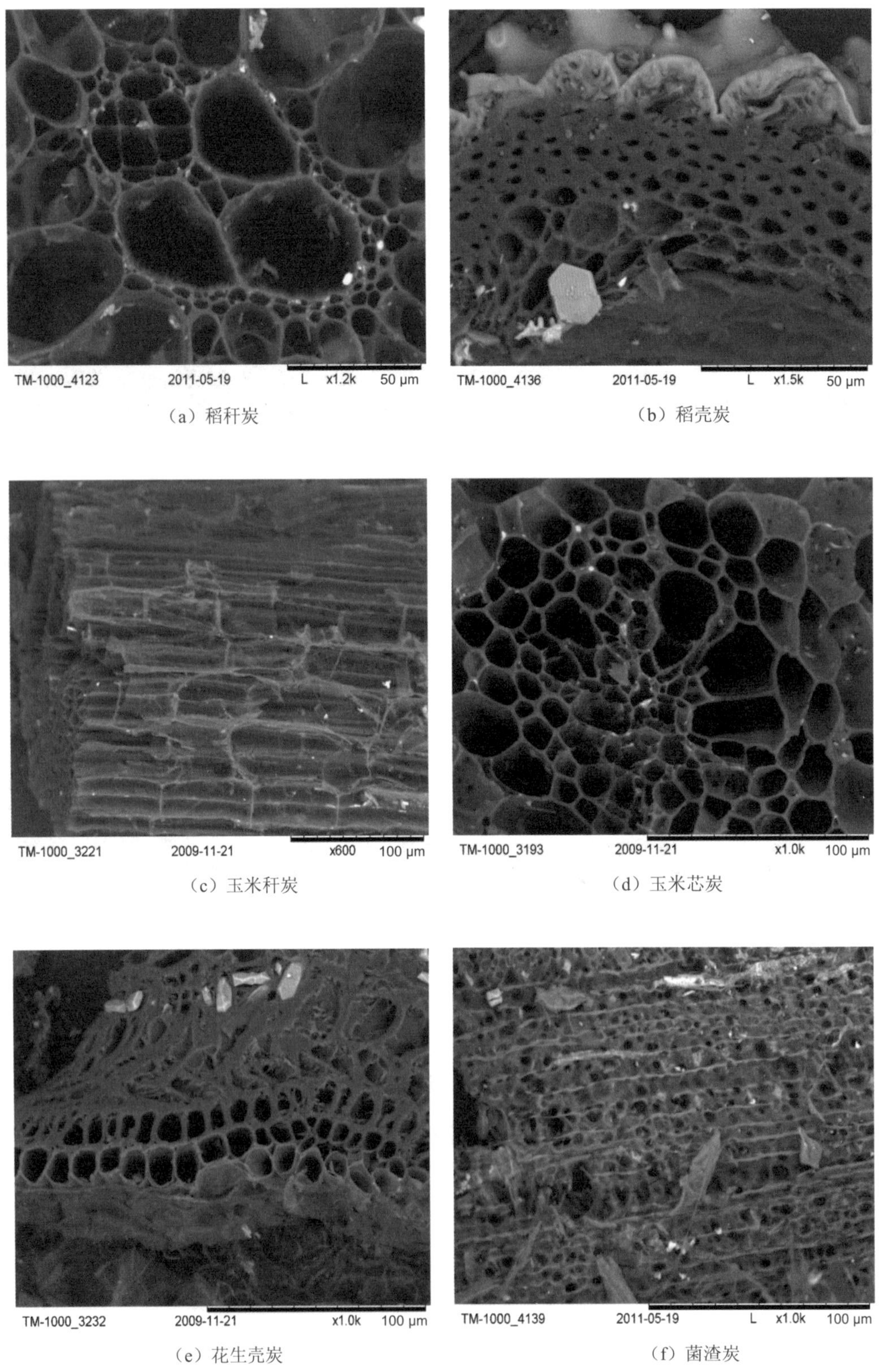

（a）稻秆炭 （b）稻壳炭

（c）玉米秆炭 （d）玉米芯炭

（e）花生壳炭 （f）菌渣炭

图 2-11 不同生物炭微观结构

生物质原料中细胞、组织、器官的多样性决定了生物炭中孔隙的多样性，既有微米级孔隙，也有纳米级孔隙。微米级孔隙源于细胞分室结构，而纳米级孔隙更多地来源于细胞壁结构的变化。

在生物质炭化过程中，能量的输入（温度提高）打破了生物质原料的结构及不同组分间的连接，使生物质原料发生一系列脱水和裂解反应，形成气泡、气孔，孔隙结构逐渐发育，孔径逐渐增大，孔数量逐渐增多，孔体积增大。在某一温度条件下，反应停留时间的延长将为孔隙形成提供更加充足的时间，孔隙发育更加完全。当停留时间延长到一定程度，或随着热解反应继续进行而炭化温度不断升高时，已形成的孔隙结构将在表面张力作用下坍塌或贯通，生物炭的体积变小、孔径减小、孔数量减少、孔体积变小。受传热和传质过程的影响，生物质（生物炭）内部的温度不是绝对一致的，焦油可能堵塞孔隙，致使孔径和孔体积减小，即孔隙结构没有被破坏，却会被封闭，但可以通过其他过程打开。

具体到分子结构上，随着炭化温度的升高，非碳元素逐渐析出，石墨片层结构逐渐形成。但由于炭化过程是在相对较低温度下进行的，仍有大量的氧原子等其他原子以官能团的形式得以保留，并夹杂在片层之间，进而形成大量的微小孔隙，这可能是纳米级孔隙形成的主要原因。随着炭化温度的进一步升高，原材料原有的结构复杂性逐渐消失，细胞壁分层网状结构被规则的石墨结构代替，灰分元素被烧结。同时，碳元素自身的消耗也可能会使微孔直径增加而进入中孔或其他尺度范畴，反而使微孔减少。

综上所述，生物炭中纳米孔隙和微米孔隙交织在一起，形成了生物炭的多孔结构，不同直径的孔结构为生物炭与土壤的充分融合及相互间的物质转移提供了重要的反应空间。炭化条件是影响生物炭孔隙结构的关键因素，在生物炭的概念范畴内（≤700℃），通常随着炭化温度的升高和停留时间的延长，生物炭孔径逐渐增大、孔隙数量逐渐增多、孔体积逐渐增大。

1. 微米级孔隙

生物炭的分室结构形成了大量微米级孔隙，是细胞壁框架构成的空间，孔径大多为5～200 μm。虽然这些巨大孔隙的吸附性能也许不及纳米级孔隙，但对土壤的水、气条件具有重要影响。同时，也和根系生长、微生物定植密切相关。图 2-12 为玉米芯炭的孔隙结构测量图。

从土壤的角度来看，直径小于 2 μm 的孔隙都属于无效孔隙，2～20 μm 为持水孔隙，大于 20 μm 为通气孔隙。生物炭的微米级孔隙直径近似于土壤细砂粒和粉粒粒径，施入土壤可作为土壤通气孔道，提高土壤透气性。其中，生物炭中孔径在 40～50 μm 的孔隙最多，该孔径范围正处在土壤通气作用明显的区间。另外，生物炭中还含有一定量的孔径在 2～20 μm 的孔隙，该孔径范围正处于毛管水活动强烈区间，有助于提高土壤保水性。

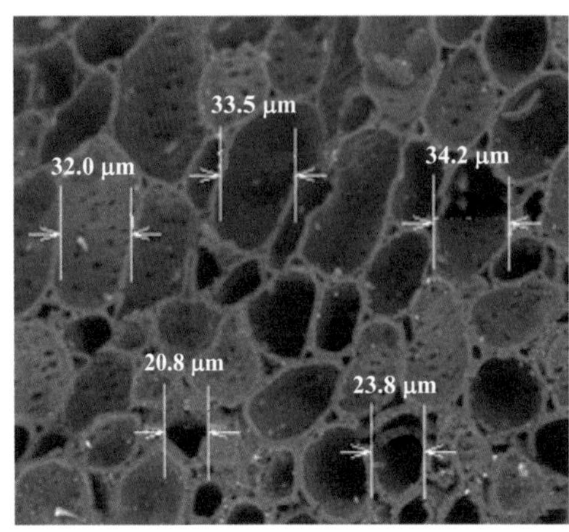

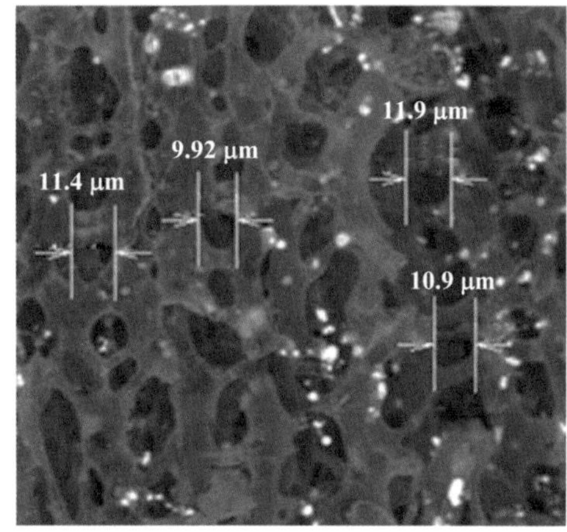

图 2-12 玉米芯炭的孔隙结构测量图

土壤微生物的尺寸一般为 0.15～21 μm（表 2-2），生物炭微米级孔隙的孔径分布范围大于土壤微生物直径，可为细菌、真菌等土壤微生物提供合适的庇护所，减少其面对掠食者的风险（Thies et al.，2009）。有研究表明，微生物可在直径大于 0.45 μm 的生物炭孔隙内生长（卿敬等，2017）。因此，这些微米级大孔隙对土壤功能的作用可能远胜于单纯的比表面积的增加，生物炭的孔径分布也可能是其还田后影响土壤微生物群落结构的原因之一。

表 2-2 生物炭孔径与土壤微生物直径、土壤粒级、土壤团聚体直径、毛管孔隙的比较

生物炭孔径	
微米级孔径	5～200 μm
土壤微生物直径（周德庆，2011）	
细菌	0.5～5 μm
蓝细菌	3～10 μm
支原体	0.15～0.3 μm
衣原体	0.4～1.5 μm
立克次氏体	0.3～2 μm
酵母菌	2.5～21 μm
丝状真菌	3～10 μm
土壤粒级（熊毅等，1987）	
石砾	＞1 mm
砂粒	粗：250～1 000 μm；细：50～250 μm
粉粒	粗：10～50 μm；中：5～10 μm；细：2～5 μm
黏粒	粗：1～2 μm；细：＜1 μm
土壤团聚体直径（易秀等，2008）	
大团聚体	＞250 μm
微团聚体	＜250 μm
毛管孔隙（吕贻忠，2006）	
毛管作用明显	＜60 μm
毛管水活动强烈	2～20 μm

以烟梗为例，通过图像分析（图 2-13、图 2-14），可以看到生物炭（烟梗炭）的微米级孔径基本分布在 100 μm 以内，其中大部分孔隙直径大于 20 μm，属于通气孔隙，为气体、水分及其溶质运移提供通路，植物根系和各类原生动物及菌类可以进入。因此，在黏重土壤改良中，生物炭可以发挥重要作用。烟梗生物炭还含有 4.38%的小于 20 μm 的孔隙，属于毛管孔隙，有助于增加土壤有效水含量，植物细根、原生动物和真菌不能进入，但根毛和细菌可以进入。生物炭的孔隙大小不一，可为不同类型的微生物提供生存空间，减少竞争和掠食。小于 2 μm 的非活性孔隙，根毛和微生物均不能进入。但是，这类孔隙有利于提高吸附作用，吸附矿质养分供给进入微米孔隙的根毛、微生物利用。因此，生物炭的复杂孔隙结构是其还田提高土壤微生物丰度的重要结构基础。

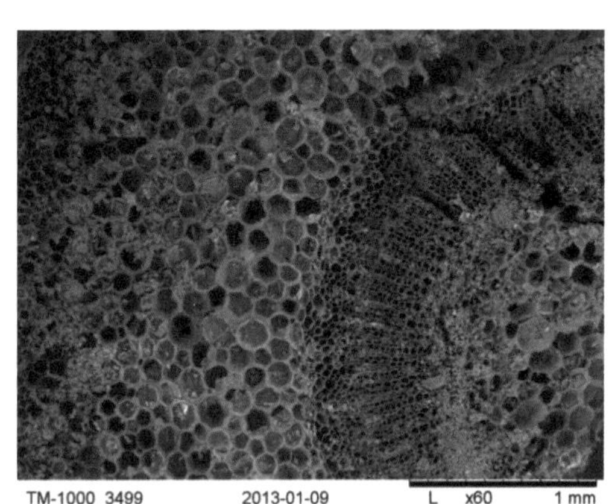

图 2-13　烟梗生物炭横切面扫描图像

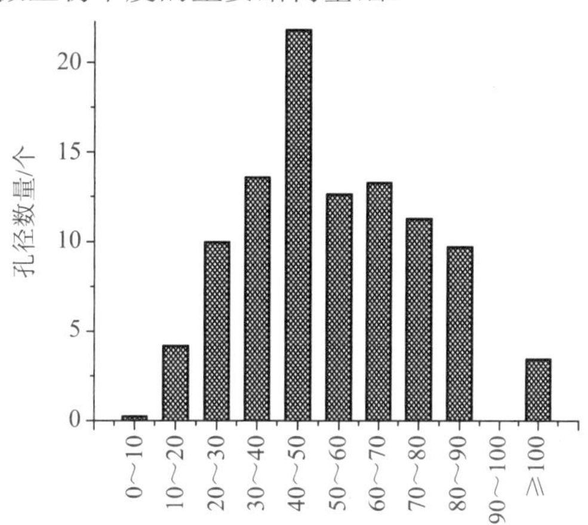

图 2-14　烟梗生物炭微米级孔径分布

2. 纳米级孔隙

生物质炭化过程中发生的碳损失以及碳骨架断裂收缩在细胞壁上形成了诸多纳米级孔隙（Wildman et al.，1991），按孔径大小可分为大孔（＞50 nm）、中孔（2～50 nm）、微孔（＜2 nm）（Rouquerol et al.，2014）。

在常见的 6 种 400～600℃制备的生物炭中，平均孔径分布在 11～37 nm。其中，玉米芯、玉米秸秆和稻壳三种材料炭化后，平均孔直径显著增加，而水稻秸秆、花生壳、蘑菇盘（废弃基质）等其余三种材料炭化后平均孔直径显著下降。但是，对应的孔体积却只有花生壳在炭化后变小，而其他材料在炭化后总孔体积都不同程度的提高（图 2-15）。在样品库中，部分生物炭的平均孔径分布范围为 1.6～237.8 nm，变化幅度很大，但其中 94%的孔径分布在中孔和大孔范围。

烟梗生物炭的纳米孔隙主要分布在 6 nm 以下和 10 nm 以上，并受炭化温度的显著影响。在室温至 300℃区间，2～4 nm 内的孔隙数量下降，而 40～50 nm 的孔隙数量增加。孔径越小，传热和传质过程越慢。因此，不能排除烟梗液态热解产物在生物炭表面吸附凝聚导致孔隙堵塞的可能。温度在 300～500℃时，BJH 累积孔体积没有显著变化。当温度进一步升高到700℃时，2～4 nm孔隙的增加速度明显低于20～50 nm孔隙。总体上，在6～20 nm区域都少有孔隙存在；在小于6 nm的区域，孔体积表现为逐渐降低的趋势，在大于10 nm的区域，孔体积随炭化温度的升高缓慢增加；在300～500℃区间表现为平台期，在700℃时表现为显著提高。BJH 累积孔体积也呈现相同趋势，表现为随炭化温度的升高而升高（图2-16）。

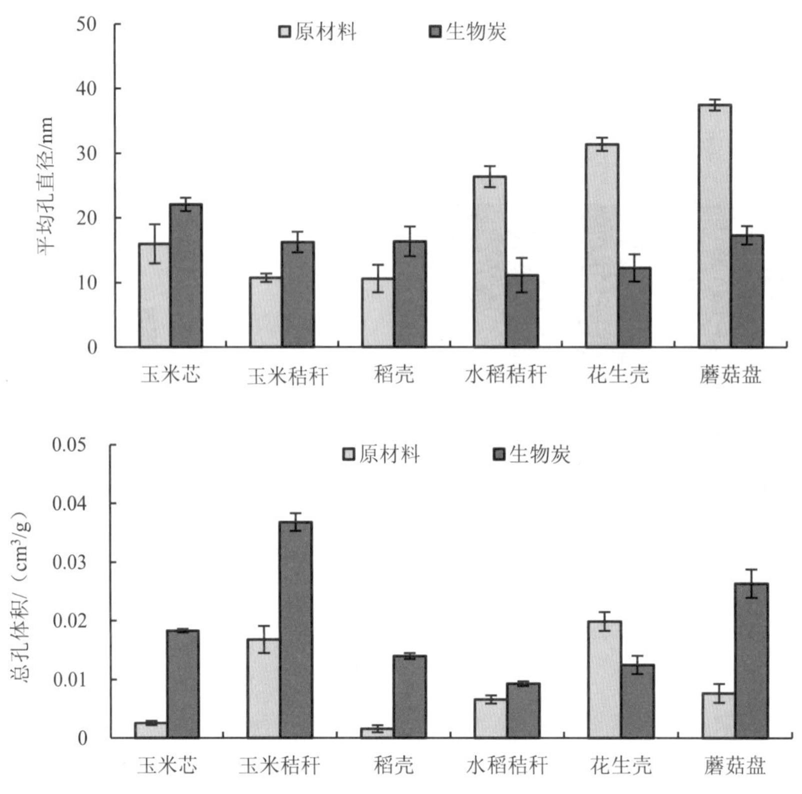

图2-15　不同材质生物炭及其原材料平均孔直径与孔体积的比较

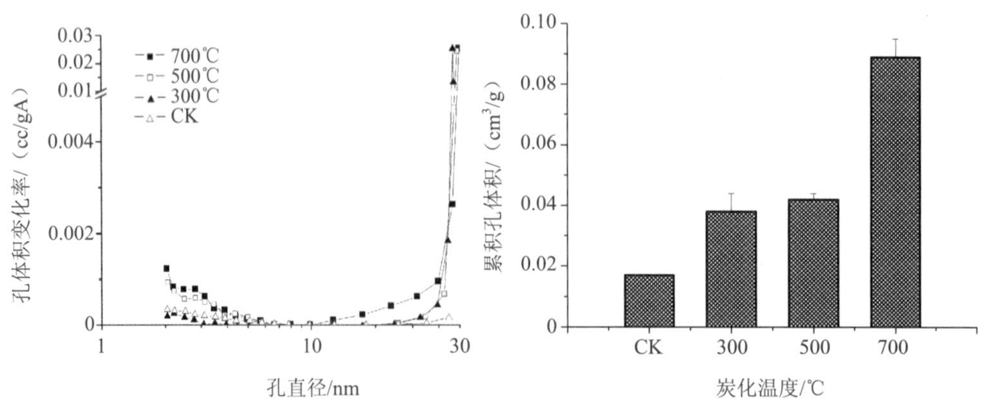

图2-16　炭化温度对生物炭纳米孔体积变化率和BJH累积孔体积的影响

（三）BET 比表面积

孔隙结构改变势必会影响生物炭的比表面积。炭化初期，随着生物炭内部孔隙结构的逐渐发育，孔数量增多，生物炭比表面积逐渐增大。随着炭化程度的逐步提高，在表面张力的作用下，生物炭的孔隙结构可能会坍塌或贯通，或者生物炭内部受热不均可能发生焦油堵塞孔隙的现象，这些现象都会导致生物炭比表面积受到较大影响。

以常见的几种生物质原料为例，炭化后，各类生物炭的 BET 比表面积都有所增加，除玉米秸秆以外，其余 5 种生物炭的 BET 比表面积均显著高于其原材料。样品库中，烟梗、玉米芯、玉米秸秆、水稻壳、水稻秸秆、花生壳、苹果树枝、蘑菇盘在热解温度为 300～700℃和停留时间为 1～240 min 条件下制备的 46 份生物炭材料的 BET 比表面积为 0.06～77.73 m^2/g，其中 89%的生物炭比表面积分布在 10 m^2/g 以内（图 2-17、图 2-18）。

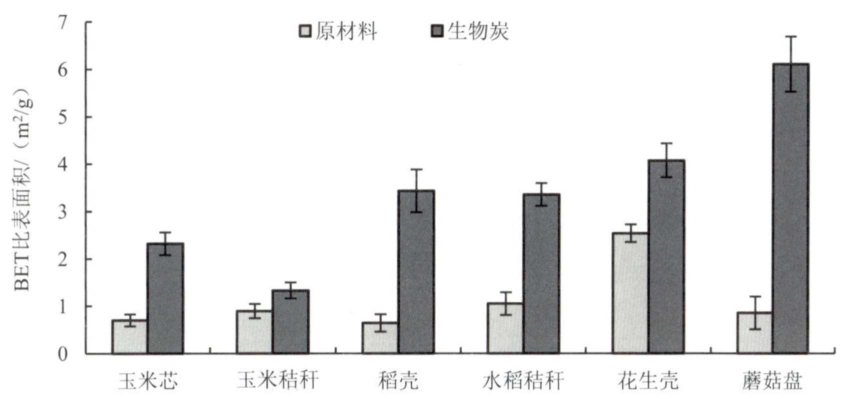

图 2-17　不同材质生物炭及其原材料 BET 比表面积的比较

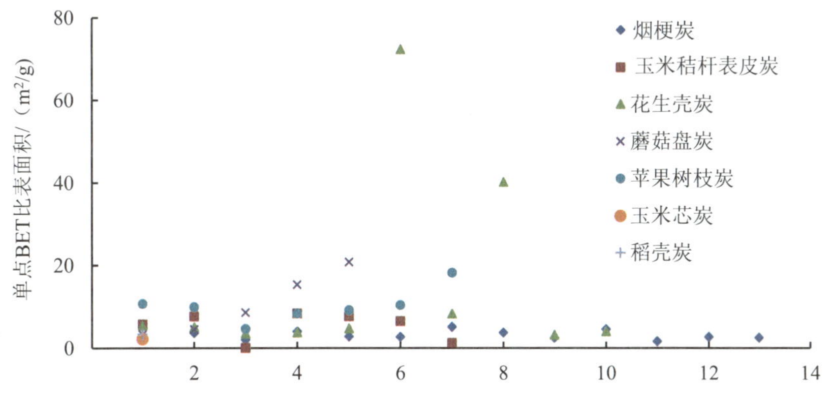

图 2-18　常见生物炭比表面积分布

在烟梗生物炭中，BET 比表面积随炭化温度的升高而线性提高，分别比烟梗原料（CK）提高了 77.35%、169.64%和 283.39%。Langmuir 比表面积也表现出类似的趋势，比

CK 分别提高了 105.24%、204.73%和 293.5%（图 2-19）。Langmuir 模型代表的是单层吸附，而 BET 主要用于多层吸附的模拟，所以，Langmuir 比表面积一般均高于 BET。在烟梗生物炭中，前者趋势线斜率高于后者，表明吸附层厚度或单层饱和吸附量随温度的升高而逐渐增加。但多点 BET 比表面积与 Langmuir 比表面积的比例未随炭化温度的升高发生显著变化。

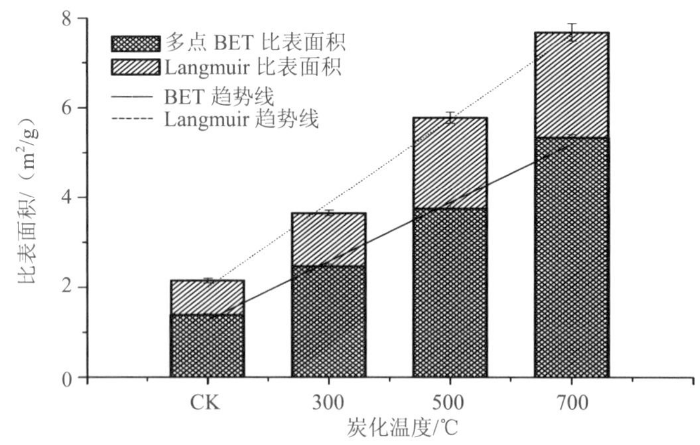

图 2-19　炭化温度对生物炭 BET 与 Langmuir 比表面积的影响

常规条件下制备的秸秆生物炭比表面积较小，但以生物炭为前体，通过物理、化学等活化可将其扩大数十倍至数百倍。就活性炭而言，微孔体积与 BET 为正向线性相关。换言之，微孔的形成是 BET 增加的主要原因。高炭化温度和较长的反应停留时间是促进微孔形成的重要因素。但从生物炭的定义上看，炭化是在不高于 700℃的较低温度下进行的，与制备活性炭所需要的温度差异较大，且没有后处理过程。在炭化温度范围内，低温生物炭以中孔隙和大孔隙为主，高温生物炭以微孔的增加最为显著。在超出炭化温度后，可能会因熔融作用而使微孔减少，而中孔或大孔增加。平均孔直径与单点 BET 之间无明确的关联（图 2-20）。

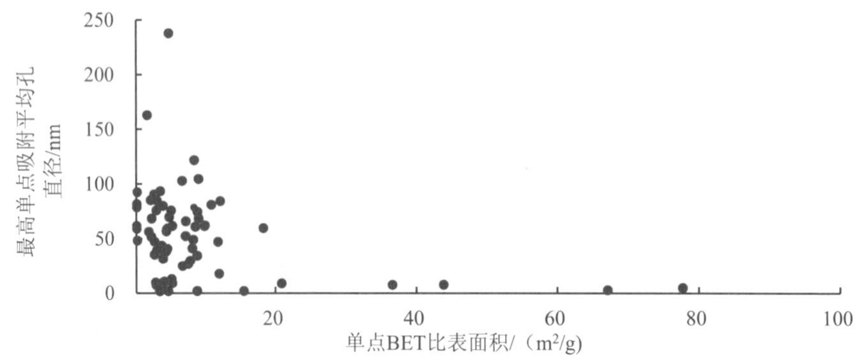

图 2-20　生物炭最高单点吸附平均孔直径与单点 BET 分布图（n=75）

注：原料为烟梗、玉米秸秆、稻壳、花生壳、蘑菇盘、苹果树枝，炭化温度为 200～700℃，停留时间为 1～240 min，用氮吸附法测定最高单点吸附平均孔直径及单点 BET 比表面积。

（四）pH

在样品库中，生物炭的 pH 为 3.18～12.71，平均值为 9.06（*n*=274），其中 96%的生物炭 pH＞7，大多呈碱性（图 2-21）。从生物炭的组成成分来看，生物炭含有的弱酸根离子（Yip et al.，2010）、灰分（Enders et al.，2012）、碳酸盐和表面含氧官能团是其呈碱性的重要原因（Yuan et al.，2011）。

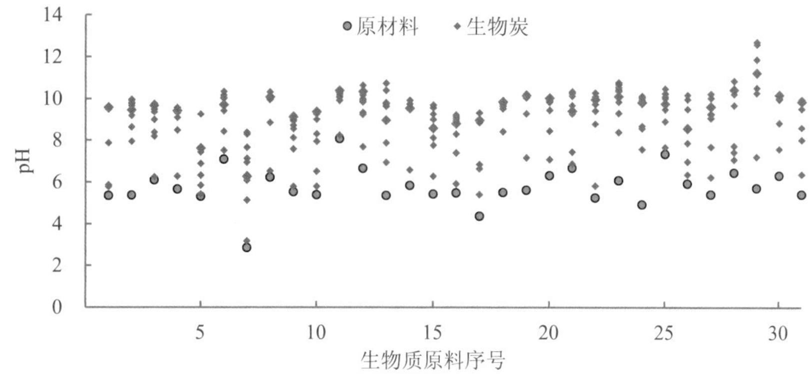

图 2-21　原材料及生物炭 pH 分布图（*n*=274）

从炭化工艺的角度来看，炭化温度和停留时间是影响生物炭 pH 的重要因素。提高炭化温度和延长停留时间均能提高生物炭的 pH。当炭化温度大于或等于 500℃和停留时间大于或等于 30 min 时，生物炭 pH 的增幅逐渐减小并趋于稳定（图 2-22）。

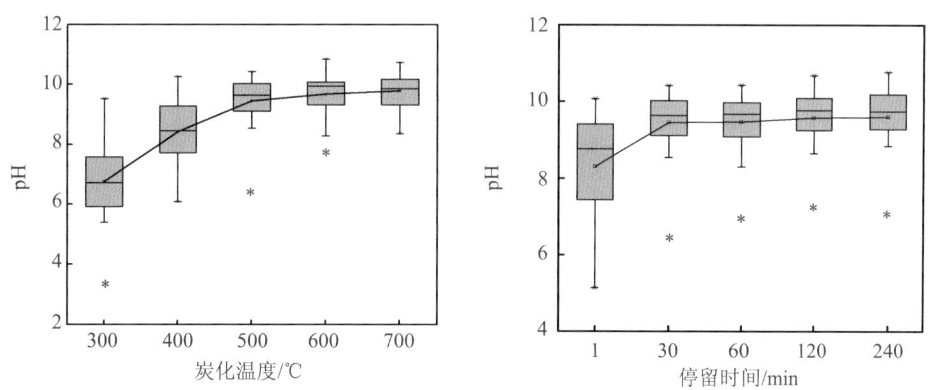

图 2-22　炭化温度和停留时间对生物炭酸碱度的影响

注：*表示异常值。

从原料种类来看，生物质中的木质素含量是影响生物炭 pH 的关键因素。一般而言，木质素含量低的生物质制备的生物炭 pH 较高，且随着炭化温度的升高而逐渐提高（图 2-23）。在低温炭化阶段（炭化温度=300℃），木质素含量低的生物质制备的生物炭表面酸性含氧官能团数量丰富，这些官能团与 H^+结合使生物炭呈碱性；在高温炭化阶段（炭化温度＞300℃），生物炭中的碱式碳酸盐含量较高，其水解使得生物炭呈碱性（图 2-24、图 2-25）。

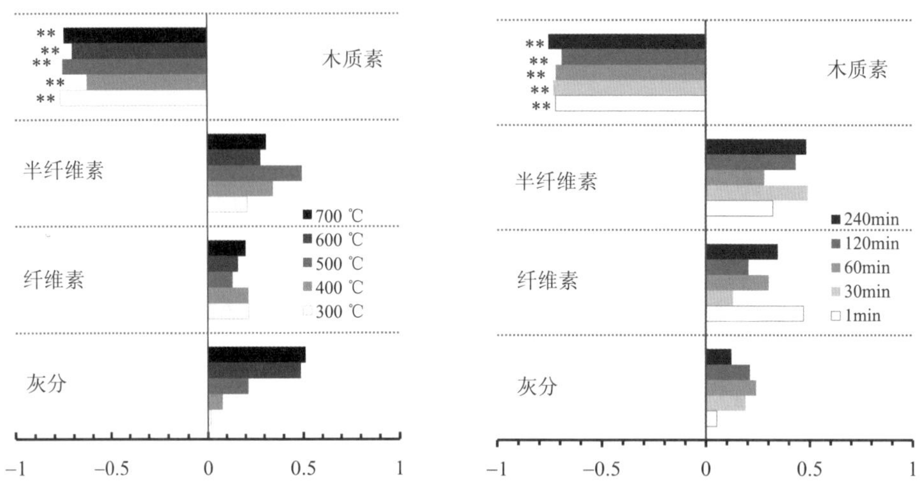

图 2-23 原料组成与不同温度和停留时间制备生物炭 pH 相关分析

注：**表示在 $P<0.01$ 水平下显著相关。

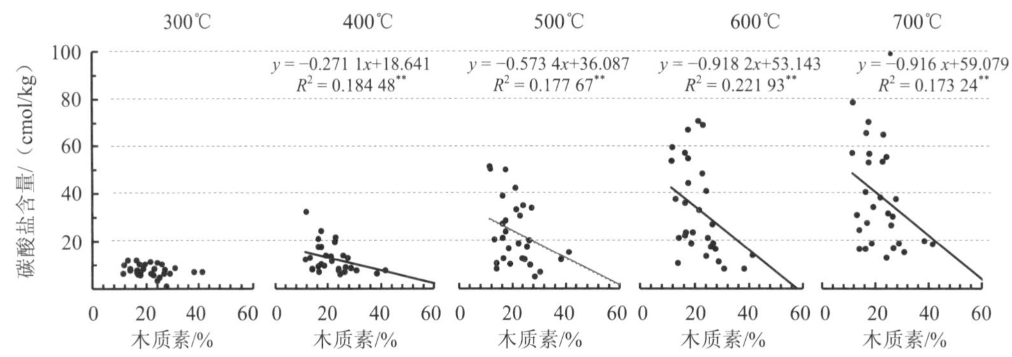

图 2-24 原料木质素含量与生物炭中碳酸盐含量相关分析

注：**表示在 $P<0.01$ 水平下显著相关。

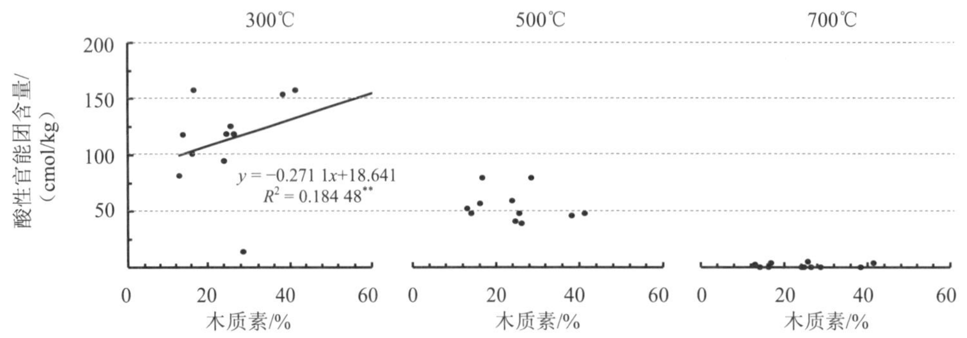

图 2-25 原料木质素含量与生物炭中总酸性官能团含量相关分析

注：**表示在 $P<0.01$ 水平下显著相关。

样品库中，300℃-30 min 和 500℃-1 min 条件制备的生物炭 pH 较低。在该条件下，以苹果树枝、松塔、糠醛渣、榛子壳、松针为原料制备的生物炭的 pH＜7，呈弱酸性或酸性。

综上所述，选择木质素含量低的生物质，如花生秸秆、高粱秸秆，在 500℃-30 min 炭化条件下制备的生物炭通常碱性较强；相反，选择木质素含量较高的生物质，如核桃壳、榛子壳，在低温条件下制备的生物炭碱性较弱。

（五）碳氢氧

1. 碳元素

碳是生物炭中含量最多的元素，样品库中，274 种生物炭的碳元素含量分布范围为 43.40%～85.90%，其平均值为 64.60%（图 2-26）。但是，不同生物质在炭化前后碳元素含量的变化幅度是显著不同的。以玉米芯、玉米秸秆、水稻秸秆、水稻壳、花生壳和蘑菇盘为例，在 400～600℃条件下制备生物炭，虽然碳元素含量均高于原材料，但其增幅在不同生物质原料间表现出显著差异（图 2-27）。

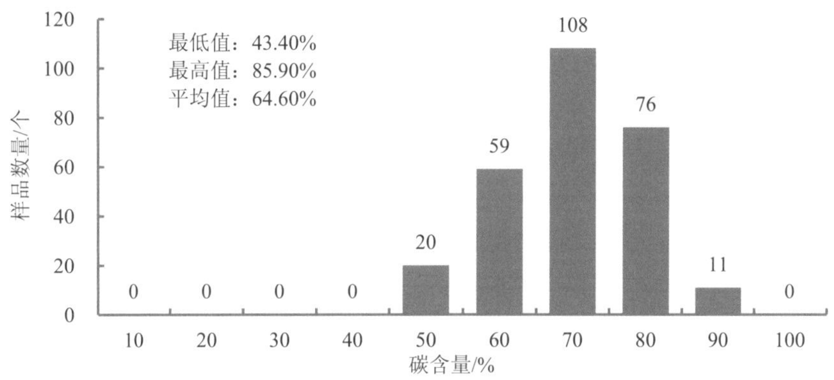

图 2-26　生物炭中碳含量分布情况

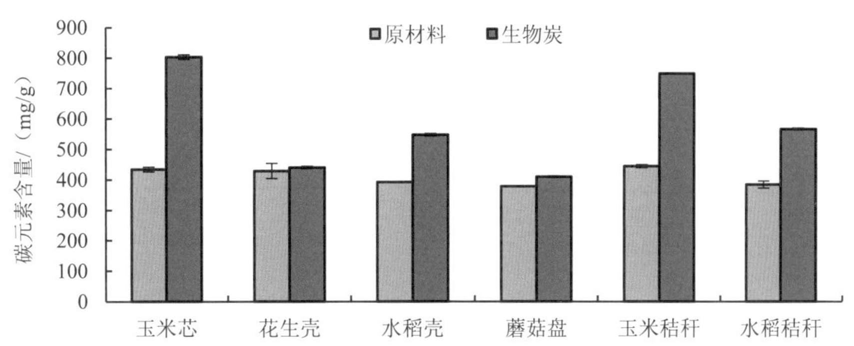

图 2-27　不同材质生物炭及其原材料碳元素含量比较

生物质原料中的木质素含量是影响生物炭中碳元素含量的关键因素，且随着木质素含量的升高生物炭的碳含量逐渐增加。炭化温度越高、停留时间越长，这种相关性也越发明显（图 2-28）。

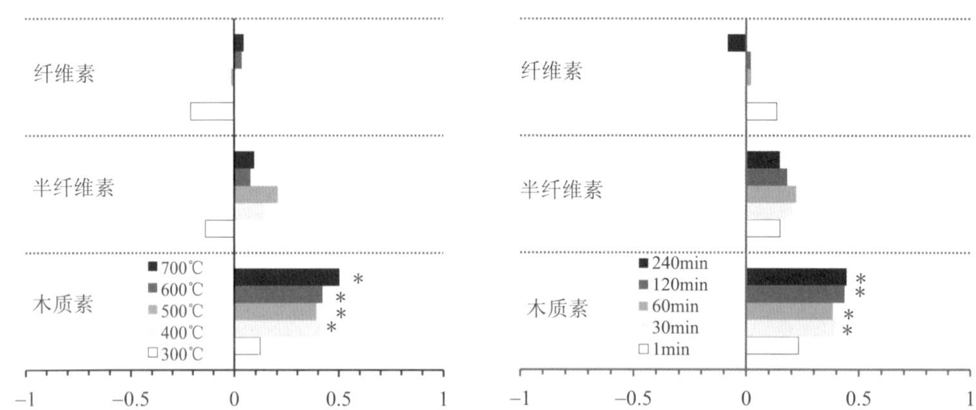

图 2-28 不同炭化温度和停留时间条件下生物质原料组成与总碳含量的相关分析

注：*在 $P<0.05$ 水平下显著相关。

炭化温度对生物炭的碳含量的影响是显著的。随着炭化温度的升高，生物炭的总碳含量平均值逐步提高，在炭化温度低于 400℃的低温炭化阶段，生物炭的总碳含量增幅较大，当炭化温度超过 400℃时，增幅较小。相对而言，停留时间对生物炭的总碳含量影响较小，整体上表现为随着停留时间的延长而总碳含量略有增加（图 2-29）。

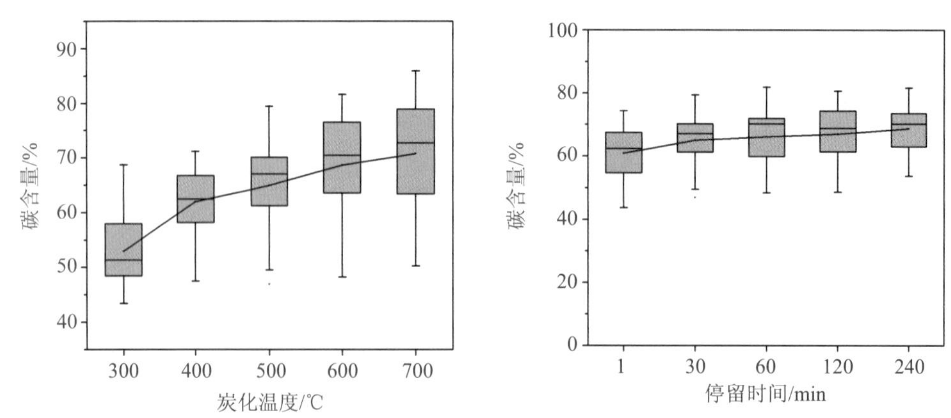

图 2-29 不同炭化温度和停留时间对生物炭中碳含量的影响

虽然在制备生物炭时，较高的炭化温度、较长的停留时间往往意味着生物炭中的碳含量较高。但是，如果排除产炭率的影响考虑碳元素的得率，即从生物质原料出发，评价炭化过程中碳元素的实际保留率，则可以发现，随着炭化程度的不断提高，碳得率逐渐下降，当炭化温度升高至500℃时碳得率趋于稳定（图2-30）。

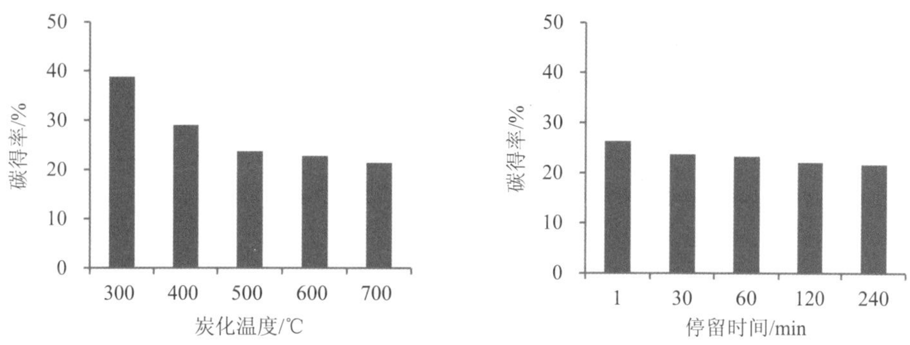

图2-30　炭化温度和停留时间对生物炭碳得率的影响

2．氧元素

在热解过程中，氢和氧元素主要以水、碳氢化合物、焦油、H_2、CO、CO_2的形式损失，其损失率大于碳损失率，导致生物炭中氧、氢含量较低，且随着炭化温度的升高，生物炭中氧、氢含量逐渐降低。

样品库中生物炭的总氧含量分布范围为6.94%～43.48%，其平均值为17.74%，其中62.77%的生物炭氧含量分布在10%～20%（图2-31）。

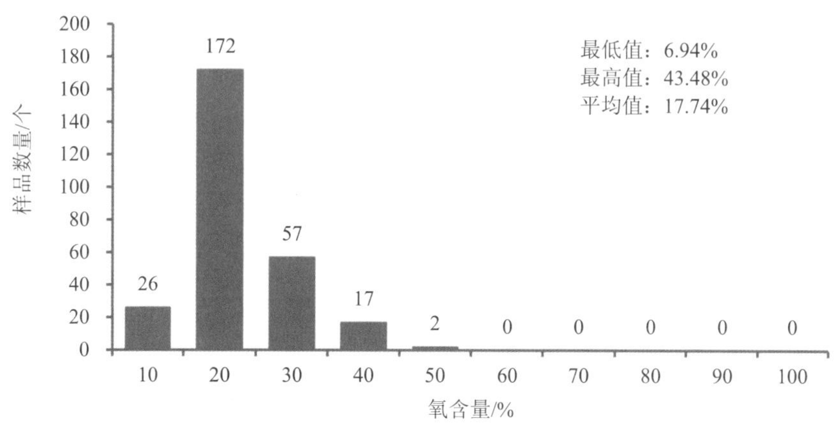

图2-31　生物炭中氧含量分布情况

随着炭化温度的升高，生物炭中氧含量逐渐降低，原料差异未对生物炭中氧含量产生规律性影响。当炭化温度达到500℃时，随着停留时间的延长生物炭的总氧含量逐渐降低，原料差异同样未对生物炭的氧含量产生规律性影响（图2-32）。

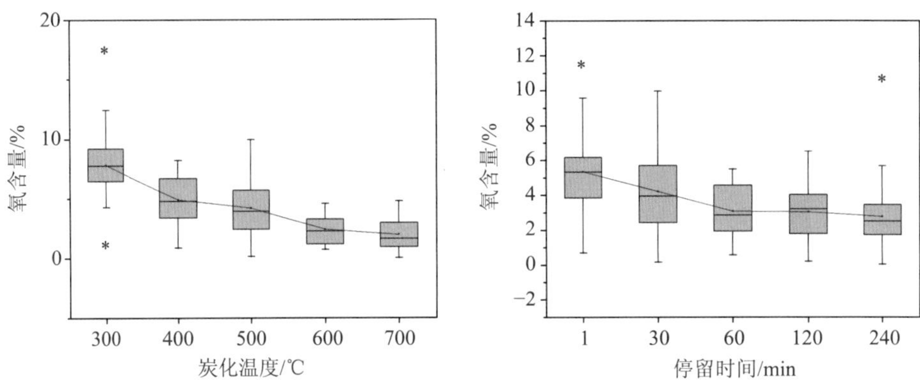

图 2-32 炭化温度和停留时间对生物炭中氧含量的影响

注：*表示异常值。

去除产炭率的影响后，可以看到氧得率随炭化程度的提高而逐渐降低，尤其在炭化温度从 300℃升高至 400℃的热解阶段降幅最大，在超过 400℃时，氧得率的下降速度明显放缓。当炭化温度升高至 500℃时，延长停留时间，氧得率略有降低（图 2-33）。

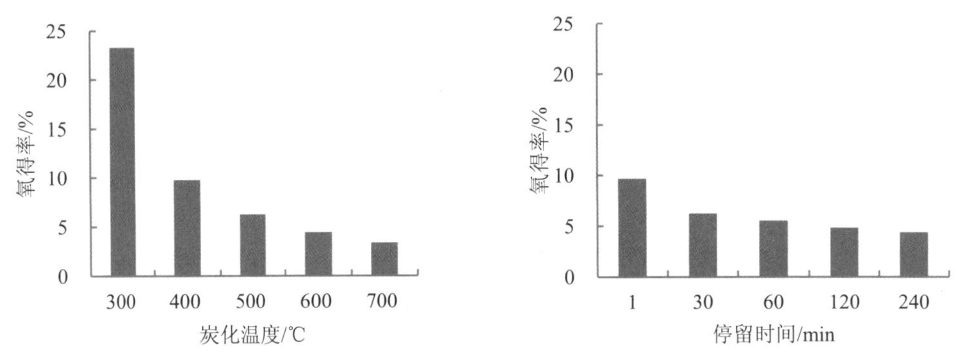

图 2-33 炭化温度和停留时间对生物炭中氧得率的影响

3. 氢元素

样品库中生物炭的氢元素含量介于 0.03%～17.30%，平均值为 3.91%，其中 82.79%的生物炭中氢含量分布在 0.03%～6%（图 2-34）。

随着炭化温度的升高生物炭氢含量逐渐降低，当达到 600℃时趋于稳定，约为 2.32%，未观测到原料差异对生物炭氢含量的规律性影响。随着停留时间的延长，生物炭氢含量逐渐降低，当炭化温度达到 500℃停留时间为 60 min 时，氢含量趋于稳定，约为 3.04%（图 2-35）。

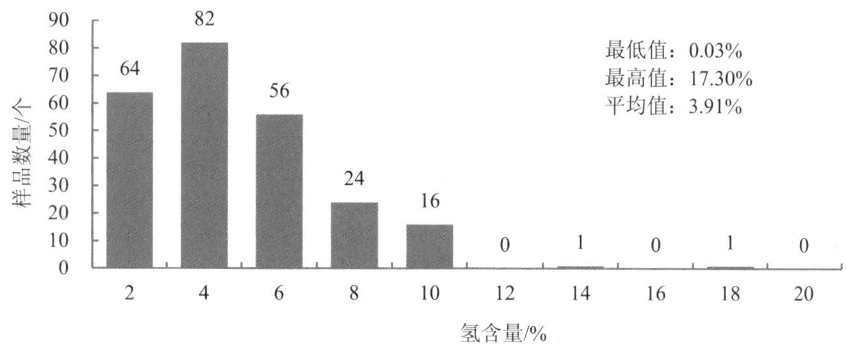

图 2-34　生物炭中氢含量分布情况

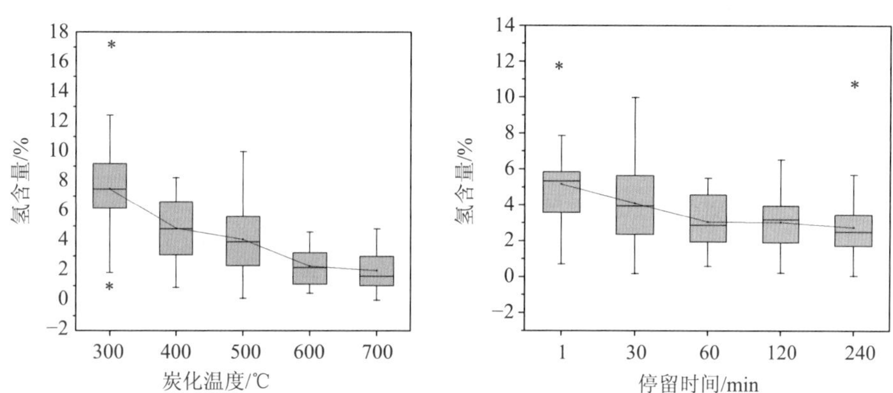

图 2-35　炭化温度和停留时间对生物炭中氢含量的影响

注：*表示异常值。

与氧得率的变化趋势相似，当去除产炭率的影响后，氢得率也随着炭化程度的提高而逐渐降低，炭化温度的作用明显强于停留时间对氢得率的影响（图 2-36）。

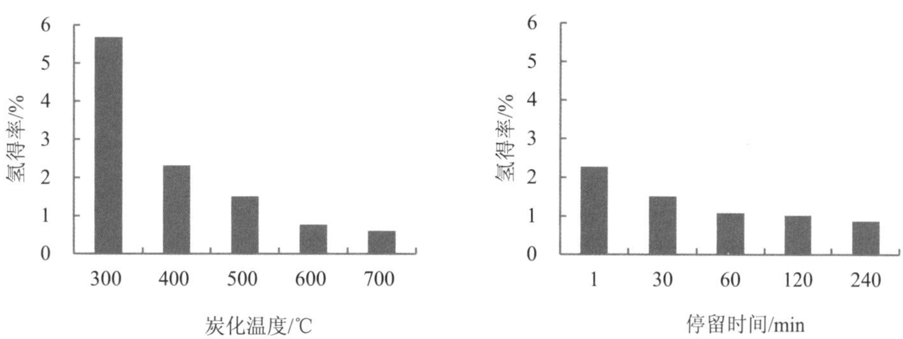

图 2-36　炭化温度和停留时间对生物炭中氢得率的影响

氢碳摩尔比（H/C）和氧碳摩尔比（O/C）是经常用作评价生物炭芳香化程度和稳定性的重要指标。随着炭化温度的升高，生物炭 H/C 和 O/C 逐渐减小，生物炭芳香性和稳定性逐渐增强（图 2-37）。

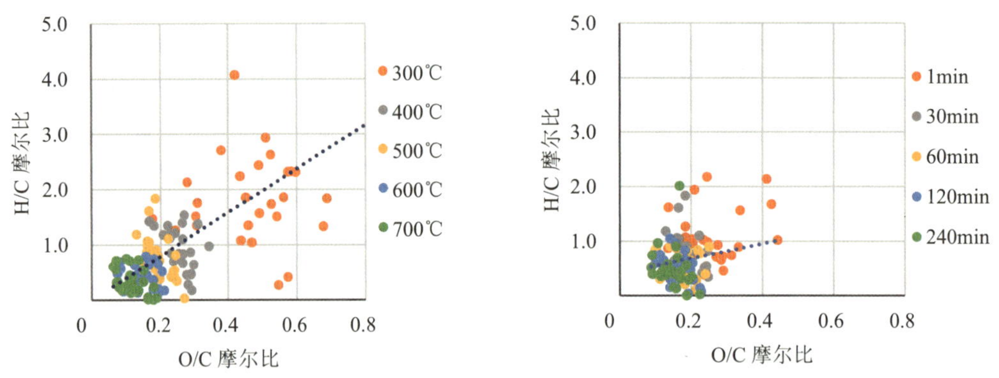

图 2-37 炭化过程中 H/C 和 O/C 变化图

综上所述，炭化温度和停留时间对碳、氢、氧元素得率的综合影响见图 2-38。

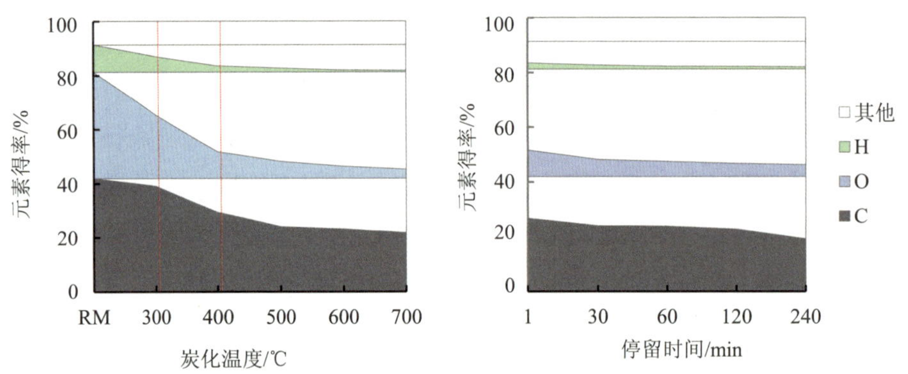

图 2-38 炭化温度和停留时间对碳、氢、氧元素得率的综合影响

（六）氮磷钾

1. 氮

氮素是影响作物生长的重要营养元素，大量存留在秸秆等生物质中。在样品库中，生物炭的氮含量分布范围为 3.9～36.8 g/kg，平均值为 13.5 g/kg，生物质原料中约有 40%的氮素保留在生物炭中（图 2-39）。但是，生物炭中可被作物利用的矿物质氮含量为 7.32～819.36 mg/kg，平均值为 72.24 mg/kg，仅占总氮含量的 0.5%，还有 99.5%的氮素不能被植物直接吸收利用（图 2-40）。

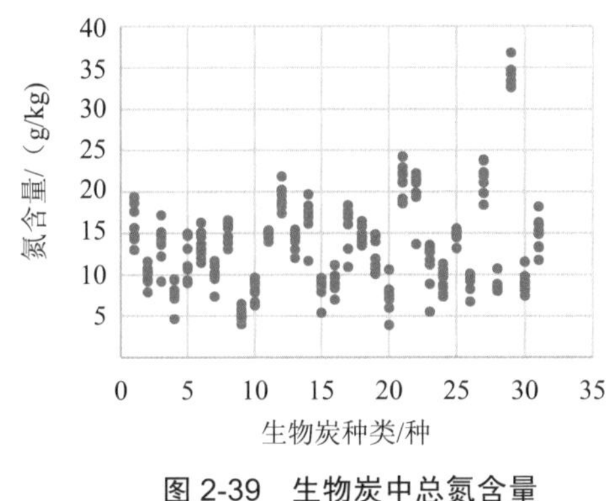

图 2-39 生物炭中总氮含量

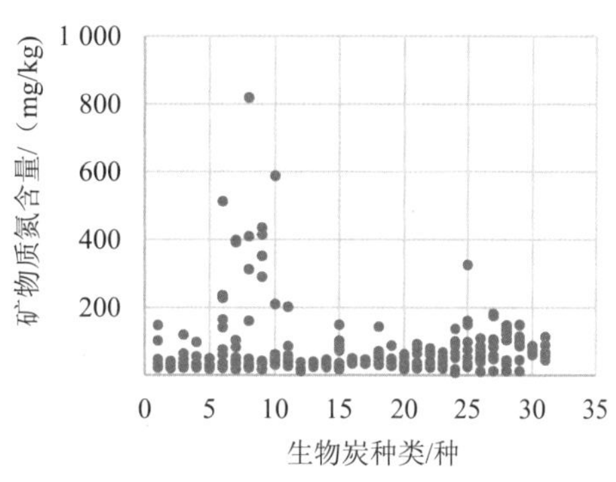

图 2-40 生物炭中矿物质氮含量

2. 速效磷

常见生物炭中含有 0.2～73 g/kg 的磷，其平均值约为 11.8 g/kg（吴伟祥，2015）。样品库中，274 份生物炭速效磷含量范围为 0.02～3.9 g/kg，平均值为 0.43 g/kg，仅占常见生物炭总磷含量的 3.6%。随着炭化程度的提高，生物炭中速效磷含量未见规律性变化，原料差异同样未对速效磷含量产生规律性影响（图 2-41）。

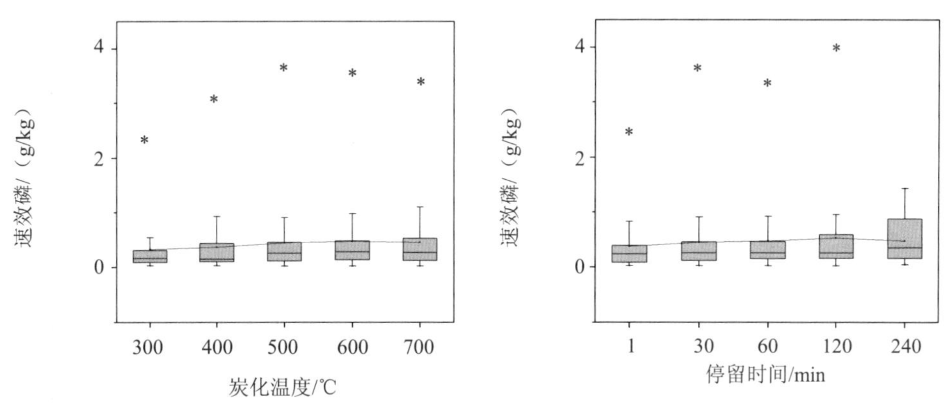

图 2-41 炭化温度和停留时间对生物炭速效磷含量的影响

注：*表示异常值。

3. 速效钾

常见生物炭的钾含量为 0.9～58 g/kg（吴伟祥，2015）。样品库中生物炭的速效钾含量范围为 5～59 g/kg，平均值为 15.38 g/kg，其含量分布范围与总钾含量分布范围相接近。可见，生物炭含有的钾几乎都可以被植物吸收利用，该结论与 Lehmann 等（2005）的结论一致。不同原料生物炭速效钾含量差异较大，受炭化温度和停留时间的影响较小（图 2-42）。

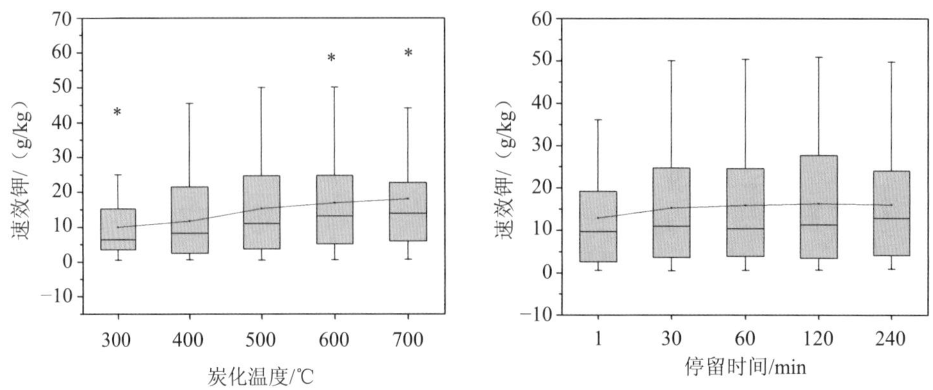

图 2-42 炭化温度和停留时间对生物炭速效钾含量的影响

注：*表示异常值。

总体上讲，生物炭含有一定数量的可被作物吸收利用的有效态养分，参照样品库相关数据，约有 0.01%的 N、0.10%的 P_2O_5 和 1.79%的 K_2O。如果以辽宁省玉米生产中肥料氮 234.4 kg/hm^2、磷 104.8 kg/hm^2、钾 53.5 kg/hm^2 的平均用量为参考（邢月华等，2009），若完全依靠生物炭中的有效养分来替代，则分别需要生物炭 4 688 t/hm^2、105 t/hm^2 和 3 t/hm^2。可见，仅从所能提供的养分量来看，用生物炭替代部分钾肥是有可能的。

（七）灰分、挥发分和固定碳

生物炭的工业分析包括灰分、挥发分和固定碳 3 个指标。其中灰分可用于评估生物炭中的矿物质含量，同时还与生物炭的酸碱度有关；挥发分可用于评估生物炭中有机碳的热分解特性；固定碳与生物炭的稳定性有关。

1．灰分

样品库中生物炭的灰分含量范围为 1.29%～43.69%，平均为 13.24%，表现出随炭化温度升高和停留时间延长而逐渐增加的趋势（图 2-43）。相对而言，生物质原料种类对灰分含量的影响较大，因此可能在汇总分析时掩盖了炭化工艺的作用。

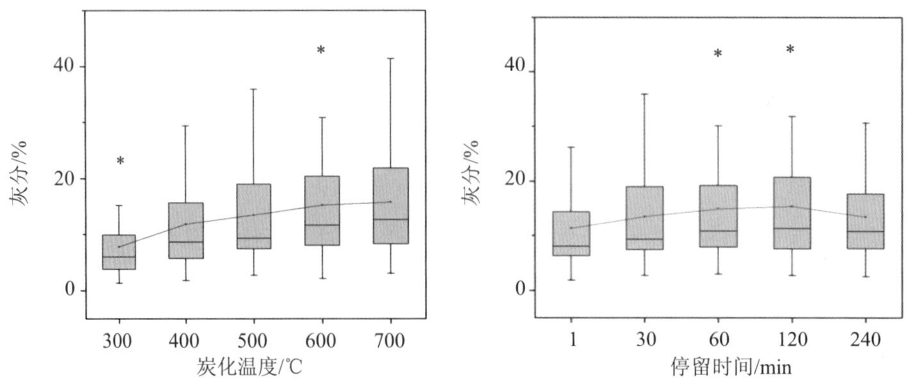

图 2-43 炭化温度和停留时间对生物炭中灰分含量的影响

注：*表示异常值。

木质素是影响生物炭灰分含量的关键因素，通常木质素含量高的生物质制备的生物炭灰分含量较低（Crombie et al.，2015）（图 2-44）。因此，相对于木质类生物质制备的生物炭而言，作物秸秆类生物质制备的生物炭灰分含量更高。

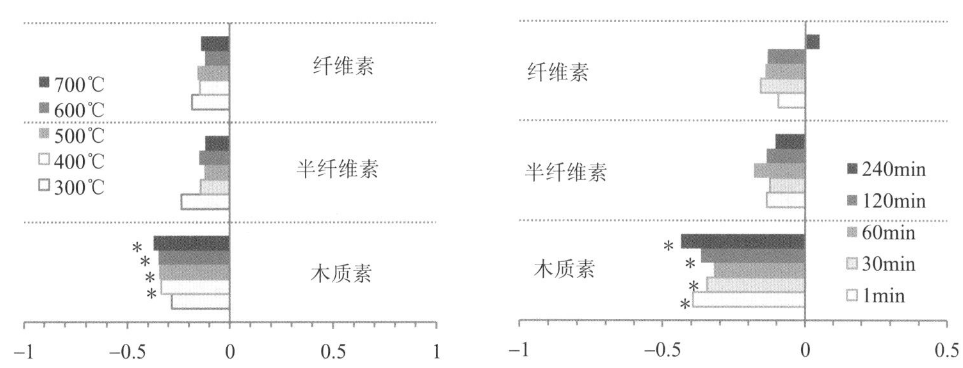

图 2-44　不同炭化温度和停留时间条件下生物质原料组成与灰分的相关分析

注：*在 $P<0.05$ 水平下显著相关。

2. 挥发分

虽然在生物质炭化过程中已有大量挥发分损失，但生物炭中的挥发分含量仍很高，含量分布范围为 9.94%～76.43%，平均为 35.52%。随着炭化温度的升高和停留时间的延长，生物炭中挥发分含量逐渐降低（图 2-45）。

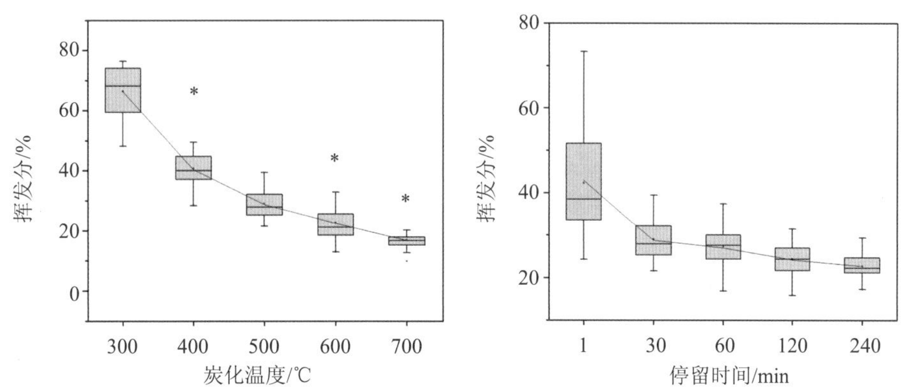

图 2-45　炭化温度和停留时间对生物炭中挥发分含量的影响

注：*表示异常值。

生物质原料主要成分热稳定性的差异在不同炭化温度条件下制备的生物炭中得到了充分体现。通常，纤维素和半纤维素含量高的生物质制备的生物炭挥发分含量较高；低温条件下制备的生物炭的挥发分含量主要与半纤维素含量有关；高温条件下制备的生物炭的挥发分含量主要与纤维素含量有关（图 2-46）。

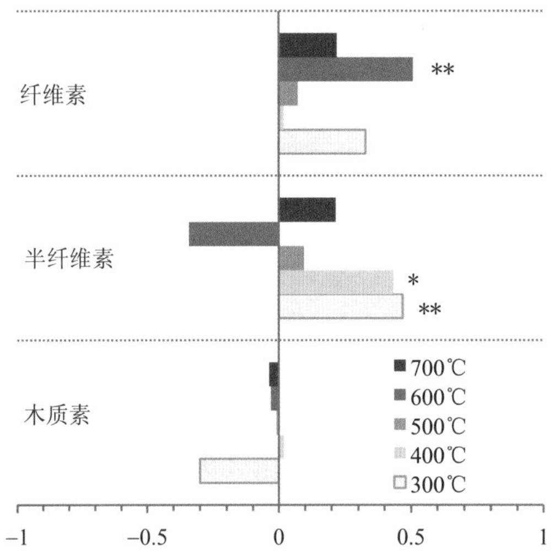

图 2-46 不同炭化温度条件下生物质原料组成与挥发分含量的相关分析

注：* 在 $P<0.05$ 水平下显著相关，**在 $P<0.01$ 水平下显著相关。

3. 固定碳

生物炭的固定碳含量由物质总量减去水分含量、灰分含量和挥发分含量计算得出。样品库中的生物炭固定碳含量为 15.77%～80.96%，平均值为 54.24%。由于原料种类差异对固定碳含量影响较大，导致炭化工艺对生物炭的固定碳含量无显著的整体影响（图 2-47）。

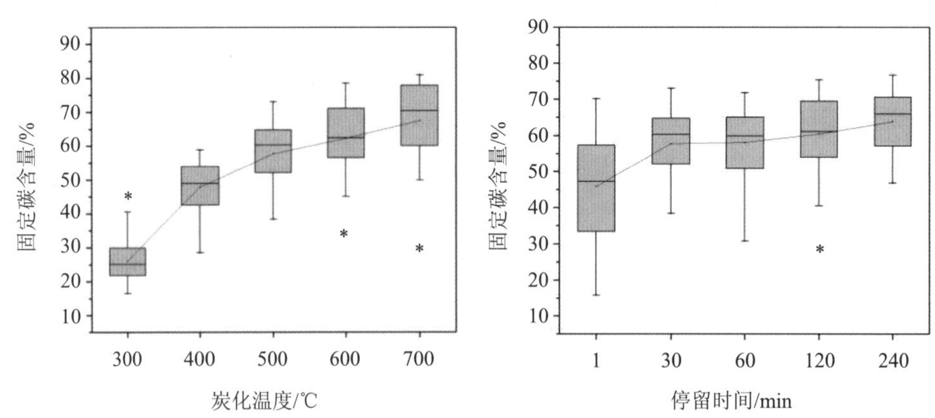

图 2-47 炭化温度和停留时间对生物炭中固定碳含量的影响

注：* 表示异常值。

通常木质素含量高的生物质制备的生物炭固定碳含量较高（图 2-48）。因此，木质类生物质制备的生物炭的碳元素稳定性要强于草本类生物质。显然，如果以土壤碳封存为主要应用目标，则木质素含量高的生物质（如树枝、木屑等）更为适用。

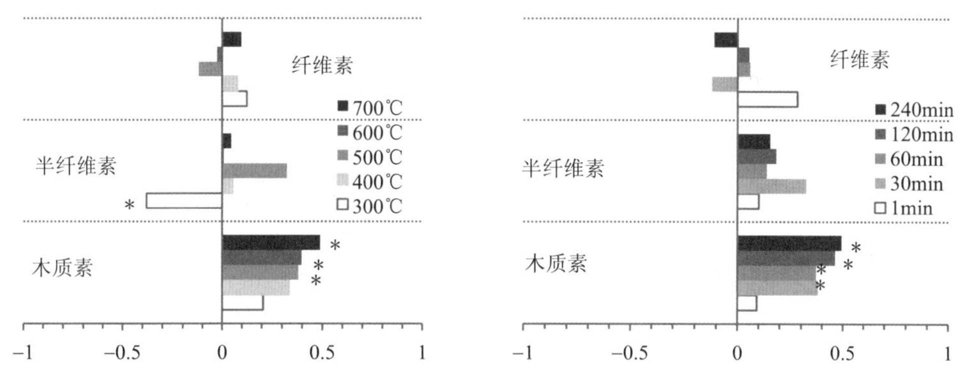

图 2-48　不同炭化温度和停留时间下生物质原料组成与固定碳含量的相关分析

注：*在 $P<0.05$ 水平下显著相关。

总体上，随着炭化温度的升高和停留时间的延长，生物炭中灰分和固定碳逐渐增多，挥发分逐渐减少（图 2-49）。相对于生物质原料，灰分和固定碳的绝对量无明显变化，因此炭化过程同时也是挥发分形成与损失的过程。相对而言，木质素含量高的生物质制备的生物炭灰分含量较低，固定碳含量较高；纤维素和半纤维素含量高的生物质制备的生物炭挥发分含量较高（图 2-50）。

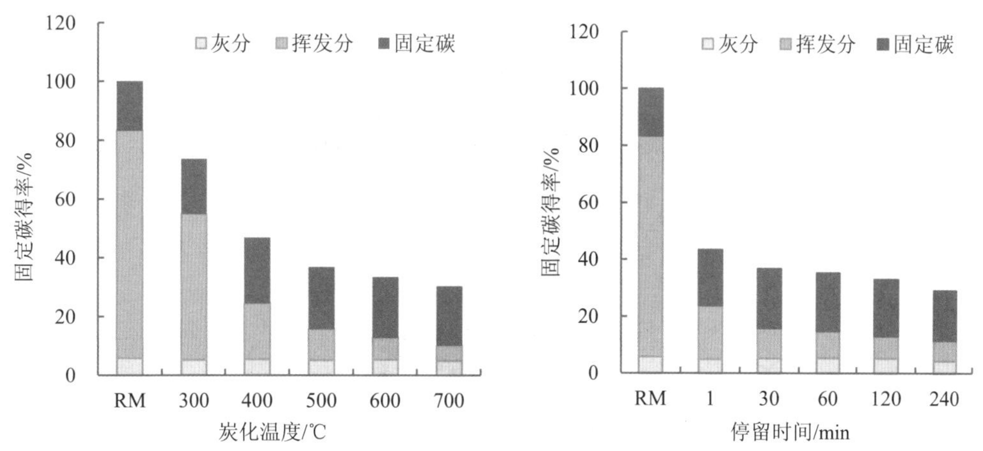

图 2-49　炭化温度和停留时间对生物炭炭化过程中灰分、挥发分和固定碳得率的影响

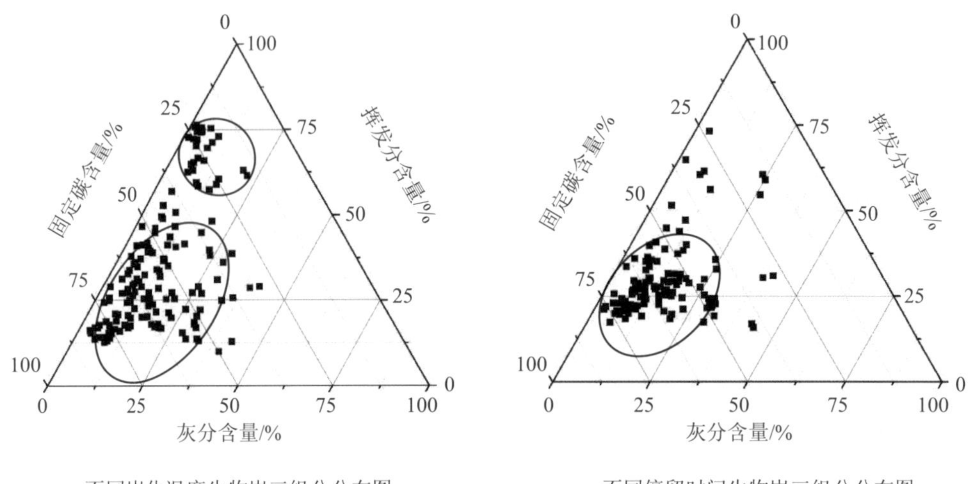

图 2-50 在不同炭化温度和停留时间下生物炭三组分分布图

（八）表面官能团

在生物质炭化过程中，类石墨结构表面暴露出来的活性位点因发生氧化、取代等化学反应而形成了各种各样的官能团，主要包括羟基、羧基、羰基、酯基、酰胺基、环氧基、氨基等（图 2-51），生物炭表面展现出的亲/疏水性、酸碱性、表面电性、阳离子交换能力等都与表面官能团有关。

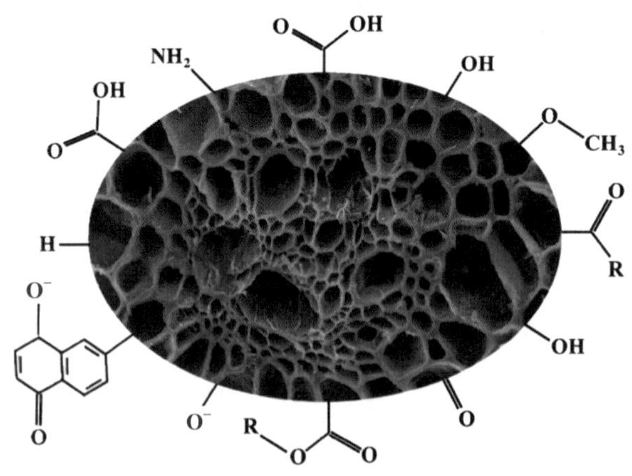

图 2-51 生物炭表面结构示意图

研究表明，木质纤维素基生物炭表面含氧官能团的种类相似，但各官能团的数量差异较大（表 2-3）。通常情况下，炭化温度是影响生物炭表面官能团种类和数量的关键因素，随着炭化温度的升高，生物炭红外光谱随之发生变化，表面酸性基团数量减少，碱性基团数量呈先增加后降低的趋势（图 2-52 和图 2-53）。

表 2-3　不同来源生物炭的官能团含量　　单位：mmol/g

官能团	花生壳炭	玉米秸秆炭	玉米芯炭
羰基	0.225 0	0.330 0	0.310 0
内酯基	—	0.003 0	0.004 0
酚羟基	0.009 5	0.015 0	—
酸性官能团	0.017 0	0.002 0	0.005 0

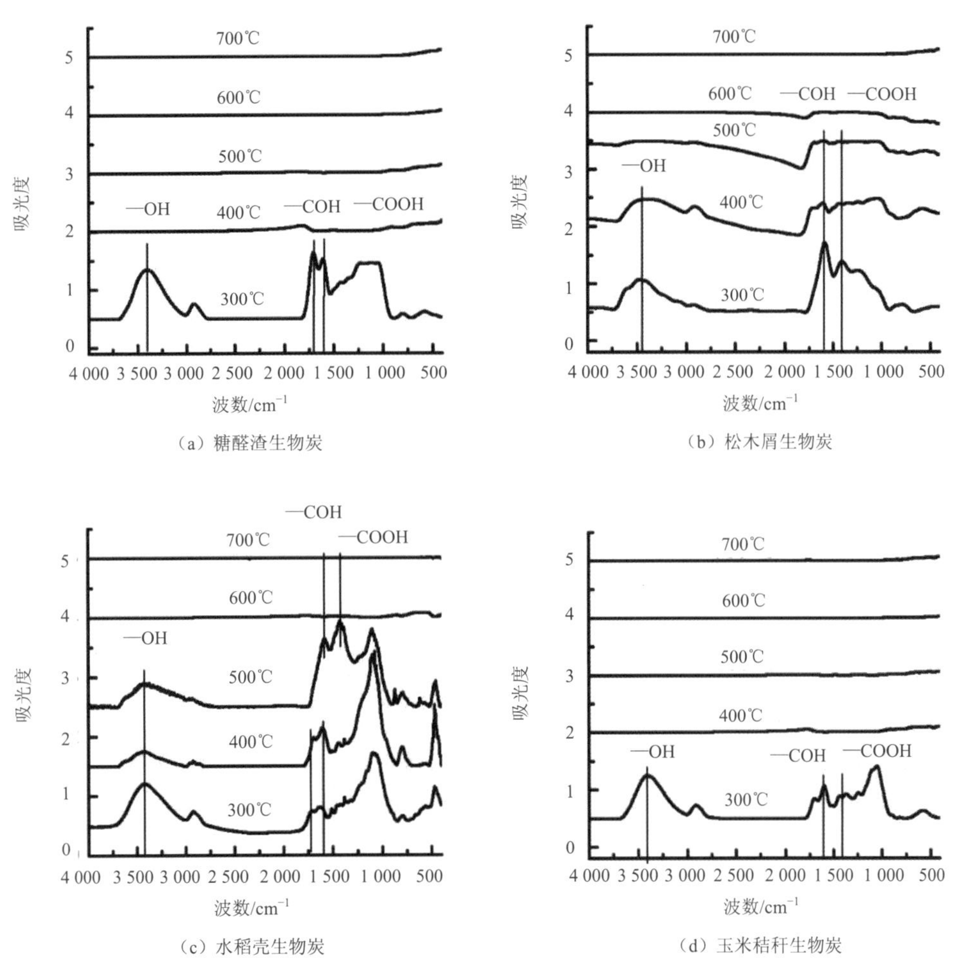

图 2-52　不同炭化温度生物炭红外光谱

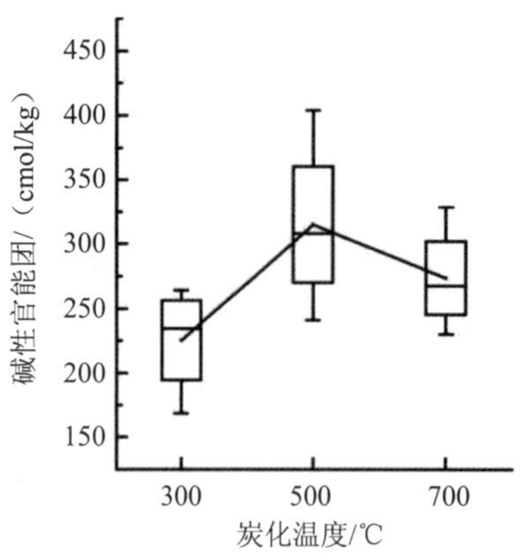

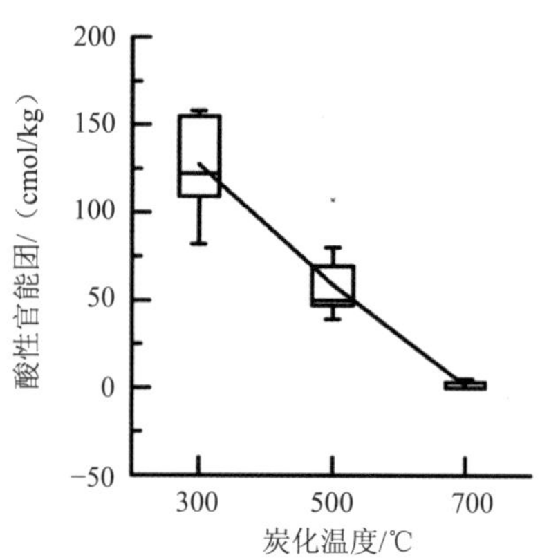

图 2-53 炭化温度对生物炭表面碱性官能团和酸性官能团总量的影响

注：以玉米秸秆、花生壳、稻壳和烟梗为原料，在炭化温度分别为 300℃、500℃、700℃，停留时间为 30 min 条件下制备生物炭，采用 Boehm 滴定法测定生物炭表面碱性官能团和酸性官能团总量的箱形分布图。

五、热解炭化技术

在“秸秆炭化还田”体系中，热解是当前生产中较为常见的生物炭制备技术。根据升温速率和停留时间，热解炭化技术可分为慢速热解和快速热解等不同类型，但“快”和“慢”是相对的，没有明确的界限，还可在二者之间更加细化地分出常速热解类别。此外，根据热解过程中是否加入介质还可以分为干馏和气化。热解技术由来已久，在可燃气、生物油制备中多有应用，生物炭往往作为副产物存在，因此在技术分类中互有联系，难以完全分开。近年来，微波、等离子体技术在热解制备生物炭中也有研究。

（一）慢速热解

慢速热解是指生物质以一个相对较低的升温速率（5～7℃/min）加热，经过较长时间制备生物炭的过程，固相停留时间一般为半小时至数天，历史上主要用于生产木炭。因此，慢速热解法也称为传统炭化法，对设备条件要求不高，反应条件较为温和，在固定床或移动床上就可以进行反应，通过普通的马弗炉控制温度就可以制备。

相比于快速热解，慢速热解的生物炭产率较高、生物炭稳定性较好。Brewer 等（2010）使用速热解、快速热解、气化 3 种方式制备了玉米秸秆和柳枝稷生物炭，发现低温热解生物炭的芳香化程度远高于快速热解或气化处理，且官能团的组成也有明显差异，生物炭施入土壤后的碳损失相对较低。Bruun 等（2012）研究了快速热解和慢速热解得到的生物炭施入土壤后对土壤碳、氮动态的影响，发现慢速热解和快速热解后以 CO_2 的形式产生的碳损失分别为 2.9%和 5.5%，而原料的碳损失高达 53%。上述研究表明，热解过程对生物炭性质的影响在很大程度上决定了其还田后自身的矿化量，慢速热解生物炭的炭化程度较高，还田后其矿化量较低。

慢速热解对生物炭性质的影响是多方面的。Han 等（2013）以柳枝稷、硬木和软木等为原料对比研究了慢速热解和快速热解对生物炭表面积的影响，发现慢速热解生物炭的表面积分别为 3.62 m^2/g、111.98 m^2/g、94.74 m^2/g，而快速热解生物炭的表面积分别仅为 3.07 m^2/g、5.50 m^2/g、6.72 m^2/g。Kizito 等（2015）以混合木条和稻壳为原料在 600℃下热解 10 h 制得生物炭，发现混合木条炭的表面积、固定碳含量、电导率和 pH 均高于稻壳炭。这是因为稻壳炭中灰分、挥发分、硫和氮的含量都高于混合木条。在实际应用中，生物炭的制备一般采用慢速热解法。这不仅因为该方法通常会表现出较高的生物炭产率，较长的炭化时间也为生物质炭化程度和生物炭产品的均匀性提供了保障。

（二）快速热解

快速热解法是生物质在无氧或限氧条件下快速（1 000℃/s）加热到较高反应温度（400～700℃）从而使生物质大分子发生热解转化，生成气体小分子、挥发分和焦油等产物的过程。快速热解法往往要求生物质原料粒度小（1～2 mm）、含水量低（一般要求含水率小于或等于 10wt%），以保障迅速升温，气体停留时间较短（最长为 5 s）。

与慢速热解法相比，快速热解法所得到的生物炭产率较低，约为 12%。Azargohar 等（2014）采用移动式热解装置在 3 种不同温度（400℃、475℃和 550℃）下对小麦秸秆、锯末、亚麻秸秆和禽畜粪便 4 种生物质废料进行快速热解处理，发现随着温度的升高，麦秸秆和禽畜粪便热解液体产物中生物油的收集量也随之增加，气相中 CH_4 和 H_2 的浓度均升高，生物炭得率则大幅降低，但生物炭的含碳量较高，为 70%～81%。

快速热解过程通常在流化床中进行，生产上常见的反应温度一般为 400～550℃，目标产物以生物油为主，因此该方法常见于生物质热解液化，生物炭得率低，作为副产物存在。

（三）气化

气化是指在限氧条件下，通过热化学转化的方法，利用气化设备将固体生物质转化为燃气的一种方法，可分为使用气化介质和不使用气化介质等两种工艺类型。相对来说，流化床气化工艺适宜的反应温度在 600～800℃，固定床气化工艺适宜的反应温度在 800～1 000℃。理论上，气化反应的温度区间与炭化有重叠，在现阶段的实践中，调整气化工艺实现气炭联产往往会取得更好的综合效益。

使用气化介质的气化技术包括干燥、热解、氧化燃烧、气化四个阶段，最终生成混合气体（包含 CO、CH_4、H_2、C_nH_m）、焦油以及少量的生物炭。目前常用的气化介质主要有空气、氧气、水蒸气、氢气以及复合气等。当气化温度大于 700℃，且气相驻留时间足够长时，主要产物是气体，固液产物极少，生物炭产率一般在 10%左右。整体而言，气化与炭化的实际过程基本一致，但气化往往要加入气化剂，有严格的进气量要求才能控制燃气品质，以产气为主。

气化法制得的生物炭芳香化程度较高，芳香环数目可达 17 环，而热解法一般为 7～8 环。目前，关于生物质气化炭的研究相对较少，因为其产率较低，且大多被看作副产物，往往被再次投入气化炉中以强化水汽转换反应。

经过多年发展，气化技术相对成熟。虽然气化法可通过改变反应温度、颗粒大小、停留时间、压力、气体组成、催化剂等调整各产物的比例，可用于生产生物炭，但 Lehmann 等（2009；2015）、IBI（国际生物炭倡导组织）和 EBC（欧洲生物炭组织）认为利用气化技术生产的生物炭需要谨慎评估。相对而言，热解炭化技术在盈利能力和应对气候变化方面更具优势。

（四）微波热解

微波是指波长为 0.01～1 m，频率为 0.3 G～300 GHz 的电磁波（Li et al.，2016）。家用微波炉和大多数微波反应器采用的频率都是 2.45 GHz，对应的波长为 12.25 cm。采用微波加热技术进行生物质热处理始于 20 世纪 90 年代中期。在较低的整体温度下，大量的热量可以通过电磁波传递至材料，从样品内部到样品表面的巨大热梯度下快速有效地进行微波诱导反应，降低反应过程中的能耗和缩短升温时间，是一种非接触炭化技术（Li et al.，2016）。

Budarin 等（2010）在研究小麦秸秆低温热解时发现，使用微波热解方法在 180℃时即可得到生物油，而常规热解法则需要在 350℃时才能产生生物油。此外，微波热解得到的生物油中碳含量较高且氧含量较低，具有作为生物质油燃料的潜力。相比于常规热解，微波热解得到的生物质气体中 H_2 和 CO 含量较高且 CO_2 含量较低。

不同热解技术的原理基本一致，但工艺条件不同，对应的产品也会表现出不同的产率与性质，并在应对气候变化方面体现出不同的价值（表 2-4）。

表 2-4 生物炭生产技术及其评估

技术类型	技术成熟度	技术盈利能力	气候影响
热解	2	7	6
气化	7	2	1
水热炭化	2	0	0

注：部分引自 Meyer 等，2011。

六、小结

生物炭的理化性质由生物质原料种类和炭化工艺共同决定，这为因地制宜地生产与使用生物炭奠定了基础。然而，现有的研究结果多是对生物炭理化性质变化趋势的定性描述，距离生产实践需求仍有很大差距，亟须进一步明确生物质原料种类、炭化工艺参数与生物炭理化性质之间的关系，建立精确的生物炭理化性质调控模型。这应该是短期内生物炭基础研究的重要内容之一。

就设备而言，对生物质热解过程的调控能力是有限的，以常见的慢速热解炭化工艺为例，一般仅涉及炭化温度、升温速率、停留时间等常见条件的控制。因此，除设备的进一步优化以外，学者们尝试从生物炭改性的角度强化其性能，或赋予生物炭材料新的特性。例如，气体活化，即使用高温气体（如水蒸气、CO_2、空气等）与生物炭反应，通过开孔、扩孔等方式提高生物炭的孔隙度和比表面积，同时在生物炭表面引入含氧官能团；酸改性，用有机酸或无机酸去除生物炭表面的杂质，在表面引入更多的羧基，增强生物炭表面酸性；氧化改性，用 H_2O_2、$KMnO_4$ 作为氧化剂增加生物炭表面含氧官能团的数量；磁改性，将铁、钴化合物负载于生物炭，在增强其吸附性能的同时赋予其磁性。

炭化技术，尤其是当前秸秆炭化还田体系中普遍采用的热解炭化技术源于生物质能源化利用的产业基础，能源产率、生物炭产率，以及生物炭的碳含量、比表面积等是生产实践中人们普遍关注的核心指标。显然，上述有限的指标难以满足生物炭多元化应用的需求，针对不同应用场景的生物炭的个性化指标要求有待进一步明确，分类、分级方法乃至标准的空缺亟待填补。无论研发炭化设备还是研究生物炭改性技术，都需要明确的目标导向，有的放矢。

参考文献

吕贻忠. 2006. 土壤学[M]. 北京：中国农业出版社.

卿敬，张建强，关卓，等. 2017. 农田土壤中生物质炭的老化及其对有机污染物吸附-解吸影响的研究进展[J]. 土壤，49（5）：859-867.

舒新兴，张文广. 2005. 大 Π 键的离域效能[J]. 景德镇高专学报，（4）：50-51.

吴伟祥. 2015. 生物质炭土壤环境效应[M]. 北京：科学出版社.

邢月华，韩晓日，汪仁，等. 2009. 平衡施肥对玉米养分吸收、产量及效益的影响[J]. 中国土壤与肥料，（2）：27-29.

熊毅，李庆逵. 1987. 中国土壤[M]. 北京：科学出版社.

易秀，杨胜科，胡安焱. 2008. 土壤化学与环境[M]. 北京：化学工业出版社.

周德庆. 2011. 微生物学教程[M]. 北京：高等教育出版社.

Azargohar R，Nanda S，Kozinski J A，et al. 2014. Effects of temperature on the physicochemical characteristics of fast pyrolysis bio-chars derived from Canadian waste biomass[J]. Fuel，125：90-100.

Brewer C E，K Schmidt - Rohr，Satrio J A，et al. 2010. Characterization of biochar from fast pyrolysis and gasification systems[J]. Environmental Progress & Sustainable Energy，28（3）：386-396.

Bridgwater A V，Peacocke G. 2000. Fast Pyrolysis Processes for Biomass[J]. Renewable and Sustainable Energy Reviews，4（1）：1-73.

Bruun E W，Ambus P，Egsgaard H，et al. 2012. Effects of slow and fast pyrolysis biochar on soil C and N turnover dynamics[J]. Soil Biology and Biochemistry，46（1）：73-79.

Budarin V L，Clark J H，Lanigan B A，et al. 2010. Microwave assisted decomposition of cellulose：A new thermochemical route for biomass exploitation[J]. Bioresource Technology，101（10）：3776-3779.

Crombie K，Masek O. 2015. Pyrolysis biochar systems，balance between bioenergy and carbon sequestration[J]. Global Change Biology Bioenergy，7（2）：349-361.

Enders A，Hanley K，Whitman T，et al. 2012. Characterization of biochars to evaluate recalcitrance and agronomic performance[J]. Bioresource Technology，114：644-653.

Han Y，Boateng A A，Qi P X，et al. 2013. Heavy metal and phenol adsorptive properties of biochars from pyrolyzed switchgrass and woody biomass in correlation with surface properties[J]. Journal of Environmental Management，118：196-204.

Kizito S，Wu S，Kirui W K，et al. 2015. Evaluation of slow pyrolyzed wood and rice husks biochar for adsorption of ammonium nitrogen from piggery manure anaerobic digestate slurry[J]. Science of the Total Environment，505：102-112.

Lehmann J，Liang B，Solomon D，et al. 2005. X-ray absorption fine structure（NEXAFS） spectroscopy for mapping nano-scale distribution of organic carbon forms in soil：Application to black carbon particles[J]. Global Biogeochemical Cycles，19（1）：GB1013.

Lehmann，J，M Kleber. 2015. The contentious nature of soil organic matter[J]. Nature，528（7580）：60-68.

Lehmann J，Joseph S. 2009.Biochar for environmental management：an introduction [M]// Lehmann J，Joseph Earthscan S. Biochar for Environmental Management Science and Technology. London：Earthscan.

Li J，Dai J，Liu G，et al. 2016. Biochar from microwave pyrolysis of biomass：a review[J]. Biomass and Bioenergy，94：228-244.

Meyer S，Glaser B，Quicker P. 2011. Technical，economical，and climate-related aspects of biochar production technologies：a literature review[J]. Environmental Science & Technology，45（22）：9473-9483.

Rouquerol J，Sing K S，Rouquerol F，et al. 2014. Adsorption by Powders and Porous Solids[M]. Amsterdam：Elsevier.

Thies J E，Rillig M C. 2009. Characteristics of biochar：biolog-ical properties（Ch. 6）[M]// Lehmann J，Joseph S. Biochar for Environmental Management，Gateshead：Earthscan，85-105.

Wildman J，Derbyshire F. 1991. Origins and functions of macroporosity in activated carbons from coal and wood precursors[J]. Fuel，70（5）：655-661.

Yang H，Yan R，Chen H，et al. 2007. Characteristics of hemicellulose，cellulose and lignin pyrolysis[J]. Fuel，86（12-13）：1781-1788.

Yip K，Tian F，Hayashi J I，et al. 2010. Effect of alkali and alkaline earth metallic species on biochar reactivity and syngas compositions during steam gasification[J]. Energy & Fuels，24：173-181.

Yuan J H，Xu R K，Hong Z. 2011. The forms of alkalis in the biochar produced from crop residues at different temperatures[J]. Bioresource Technology，102（3）：3488-3497.

Zhu X，Wang X，Ok Y S. 2019. The application of machine learning methods for prediction of metal sorption onto biochars[J]. Journal of Hazardous Materials，378：120727.1-120727.9.

第三章　生物质热解液的成分与功能

生物炭是秸秆、稻草、稻壳或花生壳等农林废弃物在限氧或缺氧环境下经过高温裂解之后的产物（陈温福等，2011；Lehmann et al.，2009），不但常用来作为土壤碳封存的媒介，也因其具有的多孔性、稳定性等特点而广泛应用于改良土壤 pH、持水性、酸碱性等方面（Chan et al.，2008，2007）。

一般认为，生物炭的还田改土机制主要归纳为以下 5 个方面：①本身含有部分速效养分，可被植物吸收利用；②通过其巨大的表面积及表面官能团提高土壤中阳离子交换能力，减少养分淋溶损失；③降低土壤容重，丰富土壤孔隙，改善土壤水气条件；④为土壤微生物提供“庇护所”；⑤提高 pH 以改良酸化土壤等。但是，有些试验现象难以用上述机制解释，很可能还有暂未被人们发现的其他原因。

在生物质炭化过程中，除生物炭以外，还将生成气态产物、水、焦油和挥发物等副产物（Mansur et al.，2013）。受传热和传质过程影响，这些伴生的副产物不可避免地会存在于生物炭结构内部或凝结于其表面。原材料以及不同的生物炭制备工艺条件，如热解温度、驻留时间及升温速率等因素，导致生物炭理化性质差异显著，同时也影响生物炭表面小分子有机物的组成与数量。目前，这些小分子有机物经常被视为水溶性有机碳或易分解有机碳，为微生物提供可利用碳源，其在改变土壤碳源结构进而影响微生物群落结构中的作用已得到普遍认可。

但是，无论对于生物炭自身还是小分子有机物，研究者关注的重点多集中于其对土壤、微生物的间接作用，生物炭本身含有的可被植物所利用的有机化合物对植物的直接影响尚未引起普遍重视。这些小分子有机物组分复杂，其中很可能包含某些特殊种类能直接参与植物生长代谢，虽然含量不一定很高，但有可能像植物生长调节剂一样发挥“四两拨千斤”的作用。

为此，本章主要围绕生物炭副产物中小分子有机物的组分分析和功能挖掘展开论述。

一、热解挥发分的组成

一般来说，农林生物质主要由 40%～50%的纤维素、20%～30%的半纤维素和 10%～25%的木质素三组分组成（Mungkunkamchao et al.，2013），还包括少量无机物和其他类型的有机物。生物质三组分之间相互结合形成复杂的超分子化合物，并进一步形成各种各样的植物细胞壁结构。其中，生物炭主要源自木质素，半纤维素热解对固体残留物和挥发分产物的贡献差异不显著，纤维素则是挥发分的主要贡献者（Ivan et al.，1995）。

在热解炭化过程中，纤维素首先经历解聚、水解、氧化、脱水和脱羧（Shafizadeh et al.，1982），然后进一步分解产生水和羧酸类、醇类、醛类、酮类、脱水糖类化合物，最终形成焦油和炭，并且加热速率越快，生成的炭越少，焦油的产量越多（Funaoka et al.，1990）。半纤维素在植物中以戊聚糖的形式存在，在加热过程中比纤维素更容易发生热解反应（Hosoya et al.，2007），在分解产物中很容易产生呋喃衍生物，以及其他一系列气体，如一氧化碳、二氧化碳、氢气和甲烷等，还包含一些低分子量有机物和水等，如羧酸类、醛类和醚类化合物（Shen et al.，2010）。木质素热解产物主要为焦炭（Mukkamala et al.，2012）和含苯化合物（Fan et al.，2017），还可以获得其他含氧化合物，包括左旋葡萄糖聚糖、酸、酮、呋喃、甘油和甾醇等（Trinh et al.，2013）。在不同的热解温度、升温速率、停留时间的条件下，纤维素、半纤维素和木质素的热解产物都将有所变化（Ghalibaf et al.，2017）。对不同生物质来说，这些组分种类大致相同，但含量有所差异。

鄂洋（2015）采用 Py-GC/MS 方法研究了稻壳在 300～800℃条件下热解挥发分的组成，通过系统自带软件自动识别，共分辨出 81 种化合物。按照官能团不同，可以分为醇类、脂类、烯烃类、羧基类、氨基类、烷烃类、醚类、醛类及酚羟基类化合物等（图 3-1）。在不同热解温度条件下，苯环和酚羟基含量普遍较高，羟基随着温度升高逐渐消失，温度较低时（300℃），挥发分中的官能团种类最丰富。

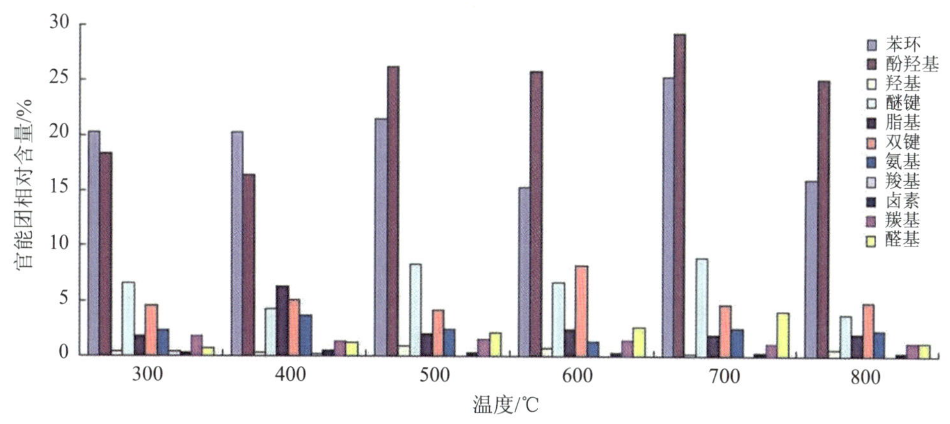

图 3-1　不同热解温度下挥发分中的官能团

进一步将挥发分与植物代谢网络数据库（PMN data）进行比对，结果发现 14 种候选有机物在植物代谢通路中起重要作用（表 3-1）。例如，水杨醇、丁子香酚及 4-羟基苯甲醛在抵御害虫入侵方面起重要作用。当昆虫食入大量水杨醇时可能导致胃部不适而放弃入侵，当外源水杨醇进入植物体内时可导致安息香酸盐大量积累，帮助植物抗击霉菌及细菌的入侵。与花香相关的丁子香酚是一种低分子量有机物（Dudareva et al.，2004），植物可以通过释放丁子香酚吸引天敌，以防止昆虫入侵。另外，丁子香酚也可以刺激相邻植株防御基因表达以抵抗虫害。4-羟基苯甲醛是一种位于细胞壁的酚酸类化合物，影响植物防御应激作用。

表 3-1 对植物具有潜在影响的候选有机化合物

化合物	分子式	分子量	植物学功能	分子结构
水杨醇	$C_7H_8O_2$	124.14	水杨苷的生物合成	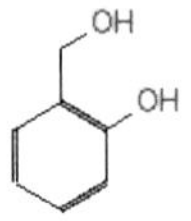 OH OH
3-甲氧-5-苄	$C_8H_{10}O$	138.16	3-甲氧-5-苄醇的生物合成	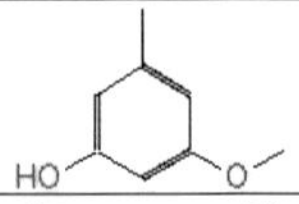 HO
苔黑素	$C_7H_8O_2$	124.14	3,5-二苄基甲基醚的生物合成	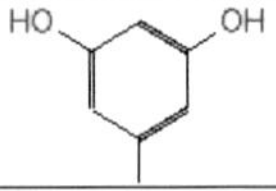 HO OH
3,5-双苄醇	$C_7H_8O_3$	140.14	1,3,5-三甲氧基苯的生物合成	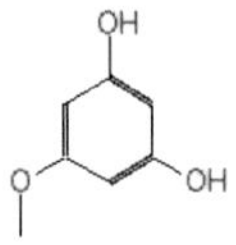 OH OH
橙花醇	$C_{10}H_{18}O$	154.25	亚油酸酯的生物合成Ⅰ（植物） 谷胱甘肽氧化还原反应Ⅰ 角质的生物合成	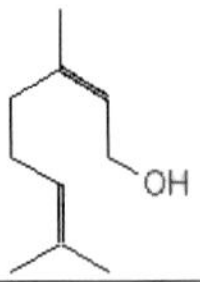 OH
丁子香酚	$C_{10}H_{12}O_2$	164.20	亚油酸酯的生物合成Ⅰ（植物） 丁香酚和异丁子香酚的生物合成	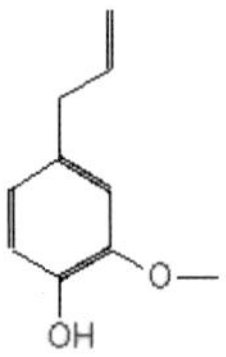 O— OH
4-羟基苯甲醛	$C_7H_6O_2$	122.12	4-羟苯酸盐的生物合成Ⅳ 香草精的生物合成 紫杉氰醣甘生物活性	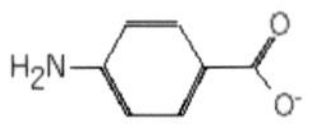 H_2N O O^-
3,4-羟基苯乙醛	$C_8H_8O_3$	152.15	未知的代谢通路	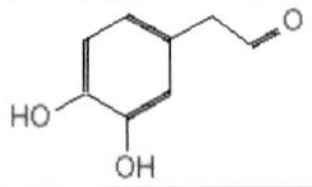 O HO OH
松香基季铵盐	$C_{20}H_{28}O$	284.44	脱氢枞酸的生物合成 亚油酸酯的生物合成Ⅰ 脱氢枞酸的生物合成 神经酰胺降解 谷胱甘肽氧化还原反应Ⅰ	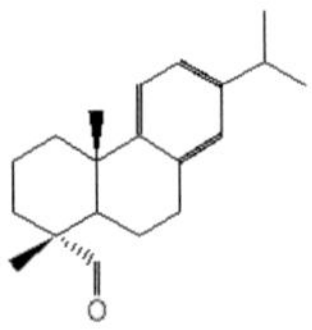 O

化合物	分子式	分子量	植物学功能	分子结构
吡哆醇	$C_8H_{11}NO_3$	169.18	未知的代谢通路	
3-甲氧-4-羟基苯羟乙醛	$C_9H_{10}O_4$	182.18	未知的代谢通路	
酰苯	$C_{10}H_{12}O_4$	196.20	草酮的生物合成	
睾丸素	$C_{19}H_{28}O_2$	288.43	未知的代谢通路	
香草醛	$C_8H_8O_3$	152	辣椒素的生物合成 香草醛的生物合成	

利用对接软件（AutoDock Tools V1.5.5 和 AutoDock V4.2）将水杨醇、丁子香酚及4-羟基苯甲醛 3 种有机分子与生物体内蛋白（RCSB）进行盲接，发现水杨醇和丁子香酚可以与植物应激防御机制中的两种重要蛋白受体 3SOE 和 3VIL 牢固地结合在一起，表明稻壳热解挥发分有可能在植物防御机制中发挥作用（图 3-2）。

林利（2019）同样采用 Py-GC/MS 方法研究了稻壳在热解过程中产生的挥发分的组成，并与稻秆进行了对比。在手动检索条件下，在炭化温度分别为 300℃、500℃、700℃时，稻秆分别产生 76 种、199 种、206 种化合物，以醇羟基类化合物为主；稻壳分别产生 85 种、138 种、252 种化合物，主要为羰基类化合物。根据化合物官能团的不同可将挥发分主要分为脂类、醚类、氨基类、烷烃类、烯烃类、羧酸类、羰基类、呋喃类、苯酚类和醇羟基类等 10 种（图 3-3）。随着热解温度的升高，热解挥发分中化合物的种类逐渐增多，不同生物质原料在热解产物中的相同组分也越多。虽然乙酸、糠醛、酰胺类化合物和苯酚类化合物在挥发分中始终存在（图 3-4），但是每种组分的含量随热解温度的变化不尽相同，可能传热、传质过程是重要的影响因素。

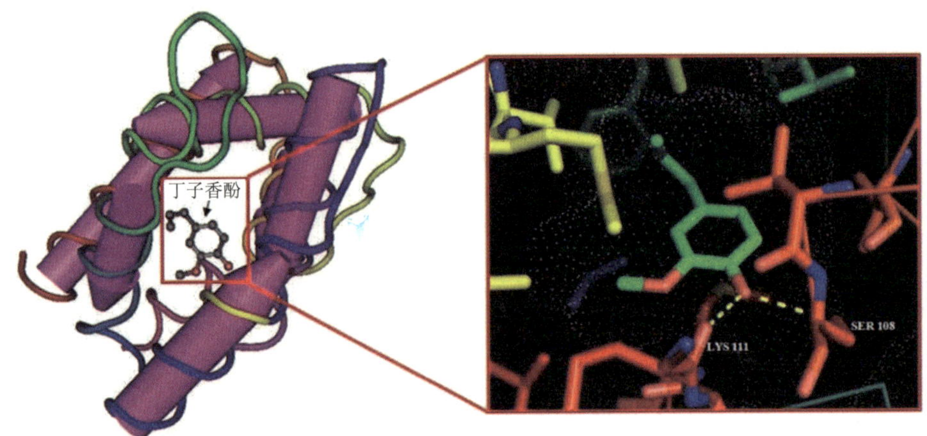

（a）丁子香酚

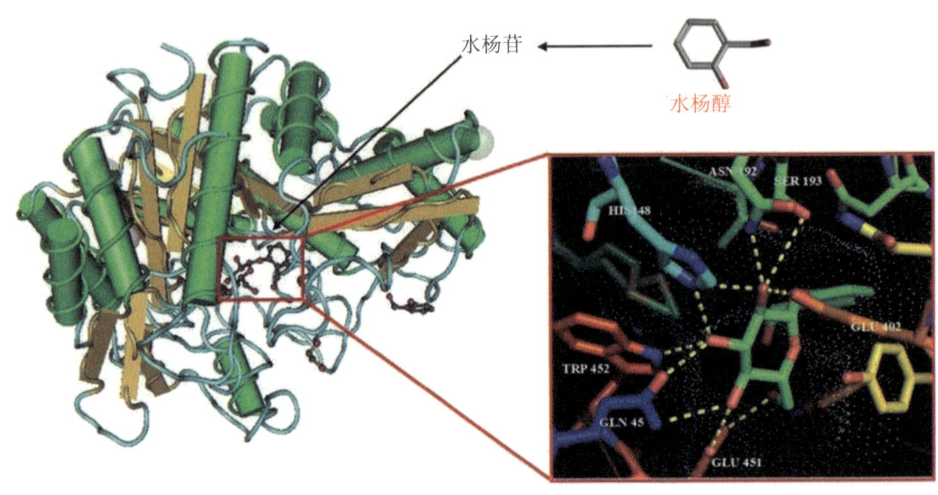

（b）水杨醇

图 3-2 水杨醇及丁子香酚与 3SOE 和 3VIL 蛋白的对接结果

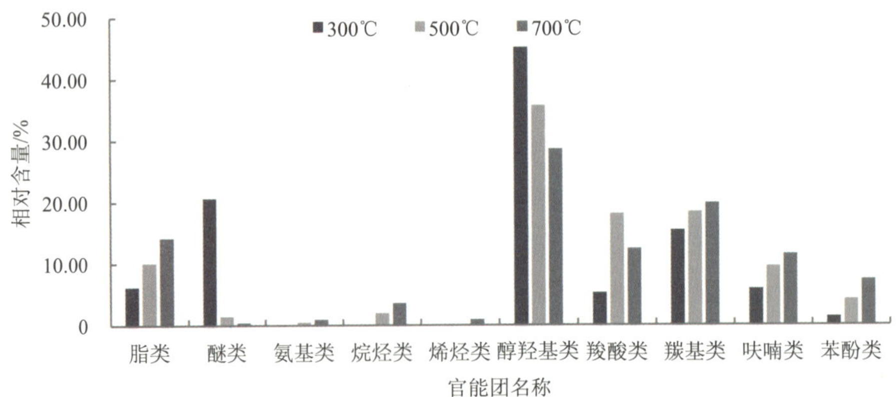

图 3-3 稻秆在不同热解温度下产生的化合物官能团

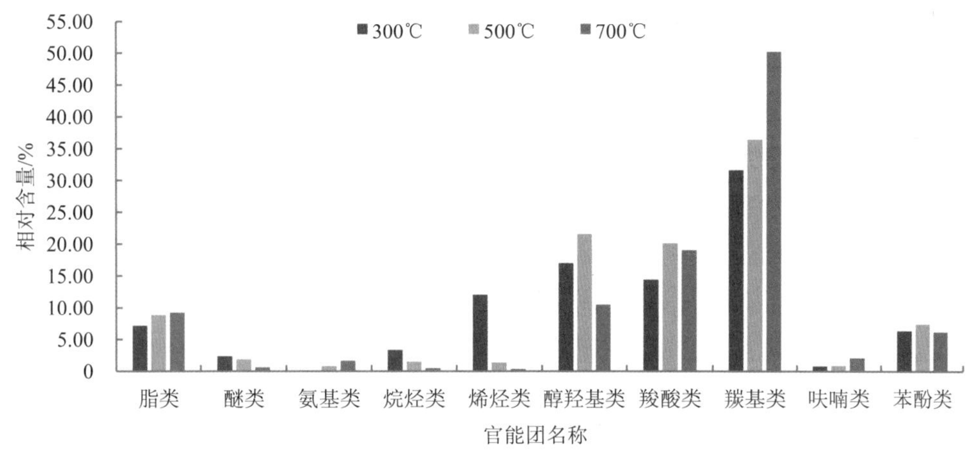

图 3-4 稻壳在不同热解温度下产生的化合物官能团

经过热解的生物质气态产物进入气相色谱与质谱联用仪后，熔点、沸点低（易挥发）的物质进入色谱柱分离，最终被质谱检测；而分子量大、难挥发性物质则被滞留在气质联用仪的衬管中，从而会在一定程度上影响成分分析结果的准确性。

二、热解液的组成

生物质热解形成的挥发物中不仅包括混合可燃气等不可冷凝组分，还有很大一部分可以冷凝的组分也在炭化过程中以气体形式逸散，除焦油以外，只有少部分能够保留在热解液中，形成醋（酢）液。

木材、竹材等热解制备的热解液分别称为“木醋”“竹醋”液，常统称为木醋。木醋液大部分由水组成（90%），并含有不同种类的有机化合物。目前，已检测出的组分超过 500 种，包含羧酸类、醇类、酯类、呋喃类、酚羟基类化合物及苯的同系物等。其中，羧酸类化合物占总有机物含量的 50%以上，导致木醋液呈酸性。

一般认为，木醋的组成主要取决于热解温度。Oramahi 等（2018）利用油桐制作木醋，在 350℃热解条件下产生的木醋的主要组分是 1-羟基丙酮、3-羟基-2-丁酮、乙酸、丙酸和苯酚，在 400℃和 450℃热解条件下产生的木醋中，主要组分是 1-羟基-2-丙酮、乙酸和苯酚 3 种化合物，而且 3 种温度条件下木醋中的总酸含量也不同。Hou（2018）研究发现，在 450℃条件下产生的木醋中的酚类含量远高于 350℃。随着热解温度从 250℃上升到 550℃，酸的相对含量从 19.31%下降到 6.64%，木醋中酸与总有机化合物的比例随温度的升高而降低。在木醋的生产过程中，热解系统的升温速率和最高温度时的停留时间也会影响木醋的化学组分（Mathew et al.，2015）。

不同生物质原料制备的木醋液组成差别较大。张文标等（2003）对竹醋液组分进行分析，发现共有 80 多种有机组分，其中酸类 32.61%、酚类 40.04%、醛类 3.04%、酮类 4.55%、醇类 5.12%、脂类 4.06%、其他类 10.58%。尉芹等（2008）研究发现杨树木醋液中约含有 41 种有机组分，酸类 21.96%、酚类 37.25%、酮类 18.79%、呋喃类衍生物 8.88%，还有少量的醇类、酯类和醛类。Wu 等（2015）以冷杉木材、棉花秸秆和竹子为原材料制取木醋并分析其化学成分，发现其中酸的相对含量是竹醋＞棉花秸秆醋＞冷杉醋，酚的相对含量是棉花秸秆醋＞竹醋＞冷杉醋，酮的相对含量是冷杉醋＞棉花秸秆醋＞竹醋。即使是同属植物（如赤栎与白栎），其木醋组分也存在较大差异。由赤栎制得的木醋液中有机物含量为 3.57%、pH 为 3.05，而白栎的木醋液中有机物含量为 6.12%、pH 为 3.49。

与经常使用的木质原料不同，在秸秆炭化还田理论中，秸秆、农产品加工剩余物等是生物炭的主要原料，相应热解液的组成也必将有所不同。

鄂洋等（2015）采用 N,O-双（三甲基硅烷基）乙酰胺（BSTFA）将老化 40 个月的花生壳醋液进行衍生化，继而使用气相色谱—离子阱质谱联用的方法检测其组成，经与 NIST MS 谱库进行比对后鉴定出 50 种有机物，碳原子数为 4～36。其中，羰基类化合物占木醋液总有机物含量的 0.68%，酚羟基类化合物占 3.68%，二者共同作用使醋液呈酸性。此外，醇羟基类化合物占 7.90%～9.00%，醛基类化合物占 13.62%。进一步通过 BioCyc 数据库比对分析发现，花生壳醋液中的对甲酚（4-methylphenol）对微生物的代谢具有潜在的生物学活性，可能抑制大肠杆菌及肠道沙门氏菌的生长。

林利（2019）采用四级杆质谱在静置了 12 个月的稻壳醋（500℃，回转窑）中识别出 87 种化合物。其中，使用衍生化方法识别了 73 种，比 500℃条件下稻壳热解挥发分中的化合物种类少 51 种。包含脂类、醚类、氨基类、羟基类、羧酸类、羰基类、呋喃类和苯酚类 8 大类，相对含量最高的为乙酸（9.66%），其次为邻苯二酚（8.76%）、1,2-丁二醇（8.30%）、正丁醇（7.53%）、1,3,5-戊三醇（7.04%）、1，6-脱水-β-D-葡萄糖（6.78%）、草酸（5.02%）和鼠李糖（4.94%）。在所有检出的组分中，有 10 种可能具有生物学活性（表 3-2）。相比之下，使用非衍生化法只检测到 20 种化合物，其中含量最多的分别是乙酸（50.27%）、苯酚（22.83%）、2-环戊烯酮（3.48%）、愈创木酚（3.30%）。乙酸、苯酚、愈创木酚、邻甲酚、对甲酚和间甲酚 6 种化合物可同时被两种方法检测到。挥发分中只有熔点、沸点较高的化合物易于液化，熔点、沸点低的化合物则不易形成液体。

表 3-2 对植物具有潜在影响的有机化合物

化合物	分子式	分子结构式	生物学功能
甲醇	CH_4O	HO—	在 26,27-脱氢甾醇代谢通路中，甲醇与 S-腺苷-L-甲硫氨酸、26,27-脱氢甾醇和一个氢离子作为反应物生成 24-烷基甾醇 2 和 S-腺苷-L-高半胱氨酸

化合物	分子式	分子结构式	生物学功能
丁酸	$C_4H_8O_2$	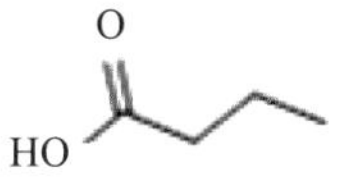	脂肪酸α-氧化Ⅰ和脂肪酸β-氧化Ⅱ途径中，丁酸被氧化为过氧化丁酸和脂肪-乙酰-环氧合酶
草酸	$C_2H_2O_4$	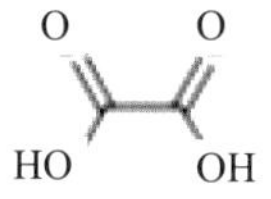	草酸盐、ATP 和辅酶 A 反应产生草酸辅酶 A
甘油	$C_3H_8O_3$	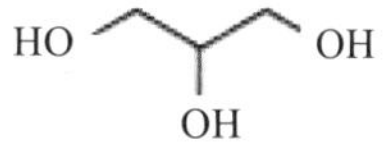	甘油通过甘油激酶磷酸化为甘油-3-磷酸
儿茶酚	$C_6H_6O_2$	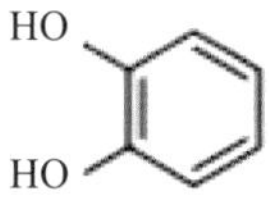	儿茶酚被儿茶酚氧化酶氧化为 1，2-苯甲酮
琥珀酸	$C_4H_6O_4$	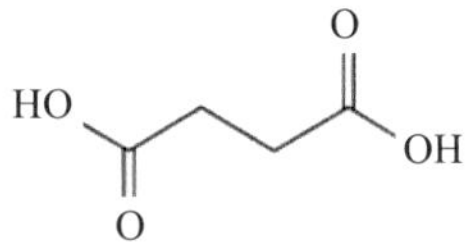	有氧呼吸Ⅰ（细胞色素 c）和有氧呼吸 III（替代氧化酶途径）中，琥珀酸作为电子供体将电子传递到电子供体
对二苯酚	$C_6H_6O_2$	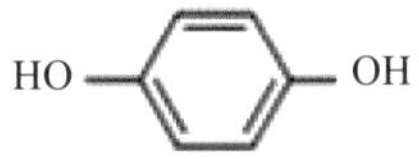	UDP-α-D-葡萄糖与对二苯酚反应生成熊果苷和 UDP
己酸	$C_6H_{12}O_2$	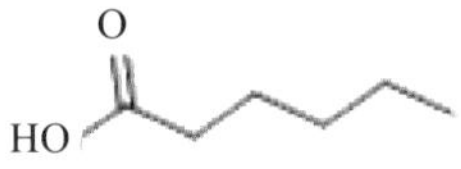	脂肪酸α-氧化Ⅰ和脂肪酸β-氧化Ⅱ途径中，己酸被氧化为过氧化丁酸和脂肪-乙酰-环氧合酶
对羟基苯乙醇	$C_8H_{10}O_2$	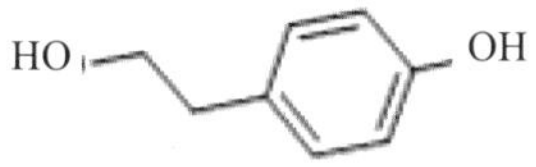	红景天苷生物合成途径中，对羟基苯乙醇与 UDP-α-D-葡萄糖产生红景天苷和 UDP
α-酮戊二酸	$C_5H_6O_5$	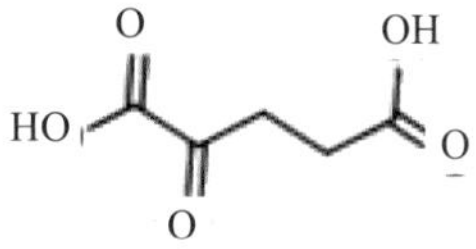	α-酮戊二酸是 l-谷氨酸生物合成、花青素合成、叶黄素合成和赤霉素合成途径的重要反应物

热解过程中形成的小分子物质可能会在老化或静置过程中发生某种变化。例如，在实验室温度为 500℃条件下，稻壳快速热解形成的挥发分与工厂实践中在相近温度区间生产出的静置 12 个月后的稻壳醋相对比，仅有 8 种化合物相同，分别为糠醛、甲醇、乙酸、苯酚、对苯酚、4-羟基丁酸乙酰酯、愈创木酚、2,6-二甲氧基苯酚（林利，2019）。生产上所用产品化的醋液和热解过程中新制备的醋液在本质上的不同可能源于热解条件的差异，例如，实验室条件下热解器中的无氧条件与生产实践中的有限氧气条件的差别，以及升温速率和反应停留时间等。

稻壳醋液在静置 12 个月后表现出一定的热稳定性。当使用常压蒸馏法收集馏分时（100℃、105℃、110℃、130℃、160℃），在各组馏分中共检测到 64 种化合物，碳原子数主要为 2～13，其种类构成基本不受蒸馏温度的影响，仅部分化合物含量有变化。其中，随蒸馏温度的上升，乙酸相对含量增加，苯酚、甲醇、琥珀酸的相对含量减少，甘油和四氢呋喃相对含量基本保持不变。

三、生物炭表面附着物的组成

生物质热解形成的挥发分大多进入气相或液相产物中，但受传热、传质过程的影响，仍可能有部分存留于生物炭结构内部或沉降、凝结于生物炭的内外表面。Lehmann 等（2009）认为，当热解温度为 400℃时，生物炭中各类物质的含量及种类最多。E 等（2015）以稻壳炭（400℃，30 min）为试材，仔细分析其组分构成，发现仅有 21 种化合物可通过 NIST MS 谱库识别。这 21 种化合物主要是由 20 种极性化合物及 1 种非极性化合物组成（表 3-3）。

表 3-3 通过气相色谱与质谱联用仪分析得到生物炭提取液的主要组成

溶剂	化合物名称	分子式	分子量	相对百分含量/%
二氯甲烷	吡咯[1, 2-a]喹啉-1-乙醇，十二氢-6-（2, 4-戊二烯基）	$C_{19}H_{31}NO$	289	49.163
	戊酰胺, 2-（二甲氨基）-4-甲基-（2-甲基-1-[（3a, 11, 12, 13, 14, 15, 15a-八氢-12, 15 -二氧代基-13 -（苯基甲基）-5 -[3, 2-b][1, 5, 8]-1（2H）-基）丁基]羰基	$C_{36}H_{49}N_5O_5$	631	42.492
	吡啶	C_5H_5N	79	0.022
	6-（甲硫基）六-1, 5-二烯-3-醇	$C_7H_{12}OS$	144	0.118
	甲酰胺, *N*, *N*-二乙基	$C_5H_{11}NO$	101	0.177
	N-亚戊基-乙胺	$C_7H_{15}N$	113	0.170
	反式-2, 4- 二甲基, S, S-二氧化物	$C_7H_{14}O_2S$	162	0.076
	乙酰胺, *N*, *N*-二乙基	$C_6H_{13}NO$	115	0.111
	2, 2-二乙基	$C_6H_{13}NO$	115	0.040
	2-（1-甲基丙基）-环戊酮	$C_9H_{16}O$	140	0.014
	2-乙酰基-5-甲基呋喃	$C_7H_8O_2$	124	0.018
	四十三烷	$C_{43}H_{88}$	604	0.012
甲醇	戊酰胺, 2-（二甲胺基）-4-甲基-*N*-[2-甲基-1-[（3, 3a, 11, 12, 13, 14, 15, 15a-八氢-12, 15-二氧-13-苯甲酯）-5, 8-亚乙烯基吡咯[3, 2-b][1, 5, 8]-1（2H）-yl]羰基]丁基	$C_{36}H_{49}N_5O_5$	631	79.126
	吡咯烷-2-酮, 1- [1-（4-甲氧羰基苯基）丁-1-醇-2-基]	$C_{15}H_{12}C_{12}O_3$	310	0.230
	6-（甲硫基）六-1, 5-二烯-3-醇	$C_7H_{12}OS$	144	0.518
	N-亚戊基-乙胺	$C_7H_{15}N$	113	0.116

溶剂	化合物名称	分子式	分子量	相对百分含量/%
乙醇	（1R, 2R, 4S）-2-（6-氯吡啶-3-基）-7-氮杂双环[2,2,1]庚烷	$C_{11}H_{13}ClN_2$	208	1.556
	6-（甲硫基）六-1, 5-二烯-3-醇	$C_7H_{12}OS$	144	1.871
	N, *N*-二乙基甲酰胺	$C_5H_{11}NO$	101	1.725
	1, 2-二甲基氮丙啶	C_4H_9N	71	2.151
	N, *N*-二乙基乙酰胺	$C_6H_{13}NO$	115	0.912
	吡咯，2-（4-甲基-5-顺式-苯基-1, 3-恶唑烷-2-基）	$C_{14}H_{16}N_2O$	228	1.027
三氯甲烷	4, 6-二甲基-2-硫代-1, 2-二氢-3-吡啶腈	$C_{14}H_{22}N_2SSi$	278	48.326
	戊酰胺，2-（二甲胺基）-4-甲基-*N*-[2-甲基-1-[（3, 3a, 11, 12, 13, 14, 15, 15a-八氢-12, 15-二氧-13-苯甲酯）-5, 8-亚乙烯基吡咯[3, 2-b][1, 5, 8]-1（2H）-yl]羰基]丁基	$C_{36}H_{49}N_5O_5$	631	42.529
	6-（甲硫基）六-1, 5-二烯-3-醇	$C_7H_{12}OS$	144	0.146
	N, *N*-二乙基甲酰胺	$C_5H_{11}NO$	101	0.213
	1-氧杂-4-氮杂螺[4.5]癸-4-氧基, 3, 3-二甲基-8-氧代	$C_{10}H_{16}NO_3$	198	0.191
	N, *N*-二甲基-2-丙胺	$C_5H_{13}N$	87	0.113
乙腈	6-（甲硫基）六-1, 5-二烯-3-醇	$C_7H_{12}OS$	144	1.160
	N, *N*-二乙基甲酰胺	$C_5H_{11}NO$	101	1.455
	N-亚戊基-乙胺	$C_7H_{15}N$	113	2.480
	N, *N*-二乙基乙酰胺	$C_6H_{13}NO$	115	1.036
	2, 2-二乙基	$C_6H_{13}NO$	115	1.544
	2-（1-甲基丙基）-环戊酮	$C_9H_{16}O$	140	6.247
乙酸乙酯	6-（甲硫基）六-1, 5-二烯-3-醇	$C_7H_{12}OS$	144	2.424
	N, *N*-二乙基甲酰胺	$C_5H_{11}NO$	101	2.005
	N-亚戊基-乙胺	$C_7H_{15}N$	113	3.018
	N, *N*-二乙基乙酰胺	$C_6H_{13}NO$	115	1.089
正己烷	环戊烷, 1, 2, 3-三甲基	C_8H_{16}	112	100
正庚烷	—	—	—	—

根据相似相溶原理，可利用不同极性的有机溶剂提取生物炭中的有机物质，示例如下：

利用精度 0.01%天平称取 1.5 g 生物炭样品置于 250 mL 烧杯中，分别加入 100 mL 的非极性有机溶剂（庚烷及正己烷）及极性有机溶剂（甲醇、乙醇、乙腈、三氯甲烷、乙酸乙酯及二氯甲烷），震荡混匀（通常震荡 24 h）。气相色谱与质谱联用仪及高分辨液相色谱与质谱联用仪常用作生物炭有机物质的分析设备。气相色谱与质谱联用时，常规 VF-5MS 等非极性色谱柱不适于分析生物炭中的极性有机物，需在样品中加入 *N*,*O*-双(三甲基硅烷基）乙酰胺（*N*,*O*-Bis(trimethylsilyl) trifluoroacetamide，BSTFA）等衍生化试剂对极性提取液衍生化后进行检测。

5 μL 提取液通过进样针直接注入气相色谱与质谱联用仪中进行分析。推荐设置参数为氦气（99.999%），流速 1.0 mL/min，分流比 75∶1，进样口温度 280℃，炉温起始温度 40℃，并以 8℃升温速度到达 295℃，保持 4 min。离子源温度 200℃，谱图延迟 3 min，质量检测范围 *m/z* 为 10～1 000，每秒扫描 10 张图，检测电压为 1 600 V，EI 电子轰击能力 70 eV。由于液相色谱与质谱联用仪的原理不尽相同，在此不做参数推荐。

利用质谱公司自带 AMDIS 软件对总离子流图去卷曲，使用 Wiley 6.0 软件（Wiley，New York，NY，USA）和质谱谱库（Version 2.0 National Institute of Standards and Technology，NIST/EPA/NIH，USA）进行识别比对，使用面积归一化法对挥发分进行半定量分析。

生物炭制备过程中产生的热解气经过冷凝装置收集形成的液体，通常称为“烟醋”。生物炭表面有机小分子是生物炭达到制备温度后，经过自然或加入水冷却到室温后形成的。生物炭的自然冷却过程会导致热能持续积累，或与水分子作用，均可能导致生物炭继续发生二次反应。所以，生物炭表面的有机小分子并非热解气的简单凝集。这可能是醋液与生物炭表面有机物质提取液成分差异的重要原因之一。

以上述在稻壳生物炭表面检测到的有机小分子为基础，使用植物代谢数据库（www.plantcyc.org）进行功能预测，发现了 14 种具有潜在生物学功能的有机物（表 3-4）。其中，虽然某些化合物确实存在于植物或动物体内，可能具有某些生物学功能，但仍缺乏充分证明，其功能未见报道，可视为候选的活性分子。

表 3-4 生物炭提取液中 14 个候选有机分子及其生物学功能

序号	名称	作物体内存在途径或生物学功能	分子结构
1	6-(甲硫基)六-1,5-二烯-3-醇	功能未见报道	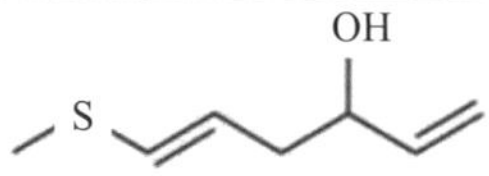 OH S
2	甲酰胺, *N*,*N*-二乙基	功能未见报道	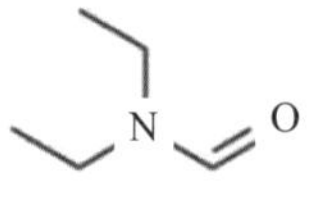 N O
3	1-二乙酸-4-氮亲旋[4.5]-4-烃氧基, 3,3-二甲基-8-氧络	功能未见报道	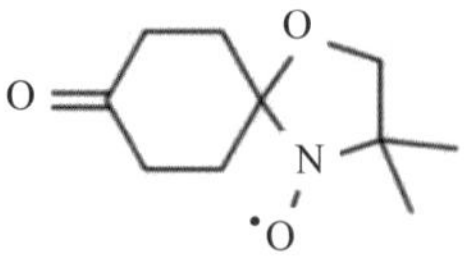 O O N •O

序号	名称	作物体内存在途径或生物学功能	分子结构
4	2-丙酰胺, *N*,*N*-二甲基	参与酶补偿系统反应	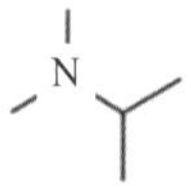 N
5	乙醇胺, *N*-戊二烯	参与一些化学反应	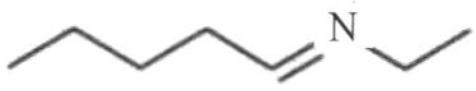 N
6	乙酰胺, *N*,*N*-二乙基	参与酶补偿系统反应	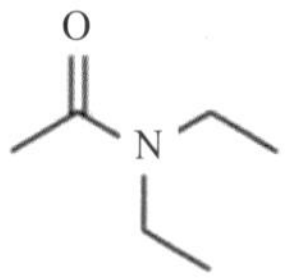 O N
7	环戊酮, 2-(1-十九烷)	功能未见报道	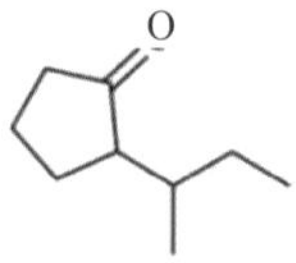 O
8	环戊烷, 1,2,3-三甲基	参与茉莉酸的生物合成	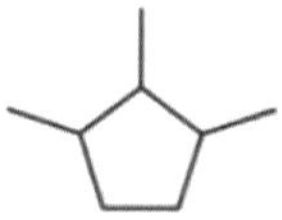
9	吡咯, 2-(4-甲基-5-顺式-苯基-1,3-唑烷)	四吡咯合成途径 四吡咯降解途径	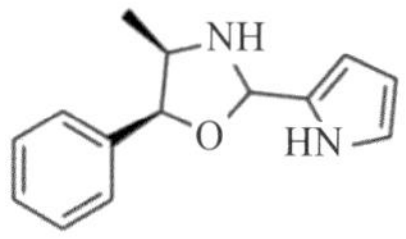 NH O HN
10	1,2-氮丙啶	功能未见报道	 N
11	(1R,2R,4S)-2-(6-氯吡啶-3-硼酸)-7-氮杂双环[2.2.1]庚烷	参与作物体内大多数化学反应	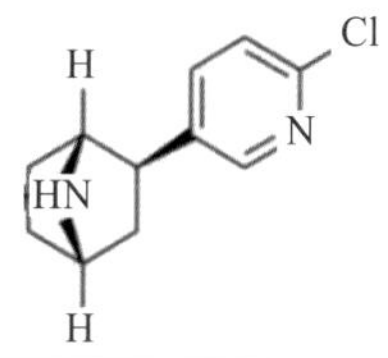 H Cl N HN H
12	2-乙酰-5-甲基呋喃	功能未见报道	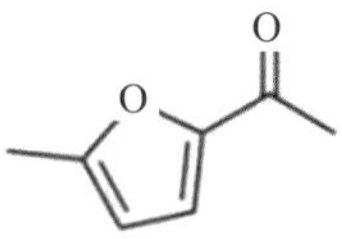 O O
13	吡啶	参与一些常规化学反应	 N
14	反式-2,4-二甲胺, S,S-二氧化物	参与酶补偿系统反应	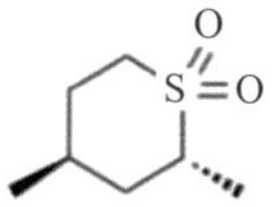 O S O

四、生物炭表面有机小分子的生物学功能

生物炭表面存在的有机物质分子量较小（500 Da 以内），推测其中某些种类有可能直接吸收或通过某些运输蛋白转运的方式进入植物或微生物体内，参与生理生化过程，促进相关基因表达或与特定蛋白相互作用，进而影响植物或微生物的生长（图 3-5）。

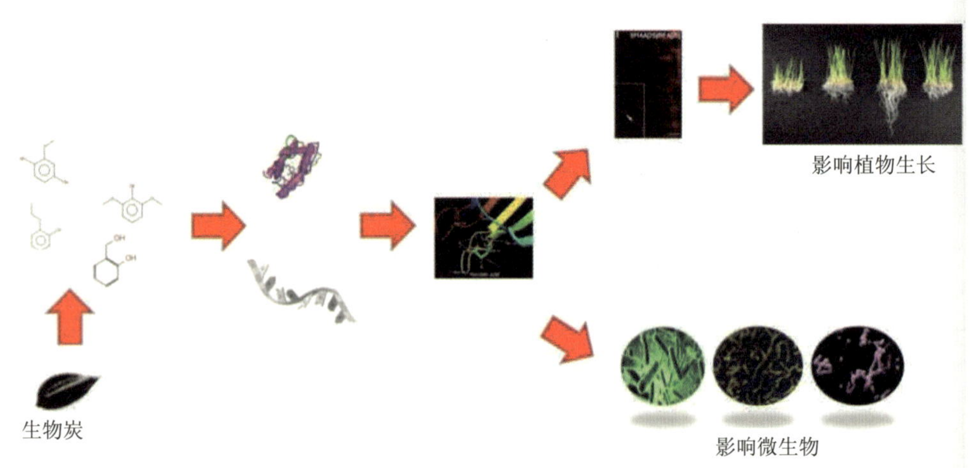

图 3-5 生物炭表面有机小分子作用机制的假设

（一）2-乙酰-5-甲基呋喃

生长素结合蛋白是重要的生长素共同受体蛋白（Tan et al.，2007），其下游调控机制为 Aux/IAA 和 ARF 转录调节器（Dharmasiri et al.，2004）。目前，尚未见水稻中的 ABP1 蛋白的氨基酸序列报道。但是，通过对已克隆的 ABP1 基因序列进行同源比对，可以认为 ABP1 序列均具有高度的保守序列，且在与 IAA 作用的过程中，均是与 403 位上的精氨酸、438 位上的色氨酸及 439 位上的异亮氨酸间形成氢键，以形成稳定的结构。E 等（2019）将生物炭表面有机小分子与已克隆的生长素蛋白受体 ABP1（蛋白质数据库的 ID 号为 2P1M）进行虚拟对接筛选，发现 2-乙酰-5-甲基呋喃可与 2P1M 蛋白在能量最低的环境下相互作用，与 IAA 的作用类似，均靠氢键结合成相对稳定状态，活性口袋也相同。说明 2-乙酰-5-甲基呋喃可能与 IAA 具有相似的功能，可能具有植物生长促进作用（图 3-6）。

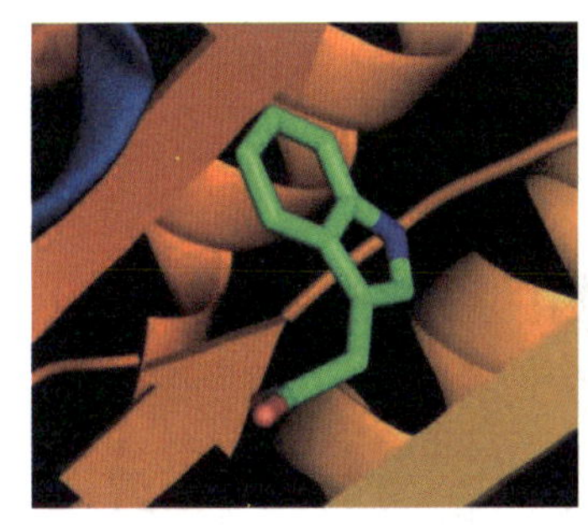

(a) 分子对接阐明了 ABP1 蛋白与 IAA 间的相互关系

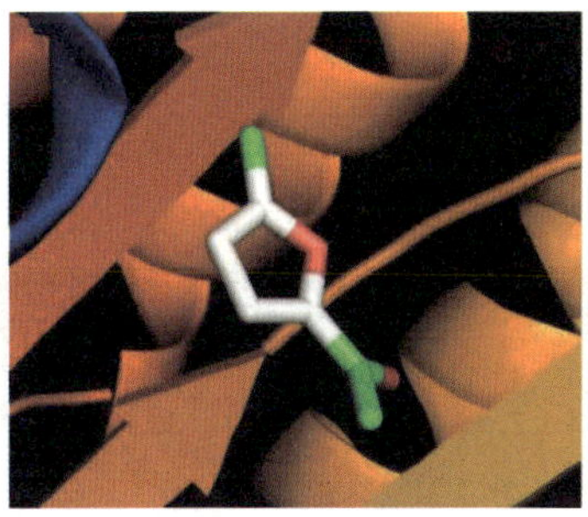

(b) 分子对接阐明了 ABP1 蛋白与 2-乙酰-5-甲基呋喃相互关系

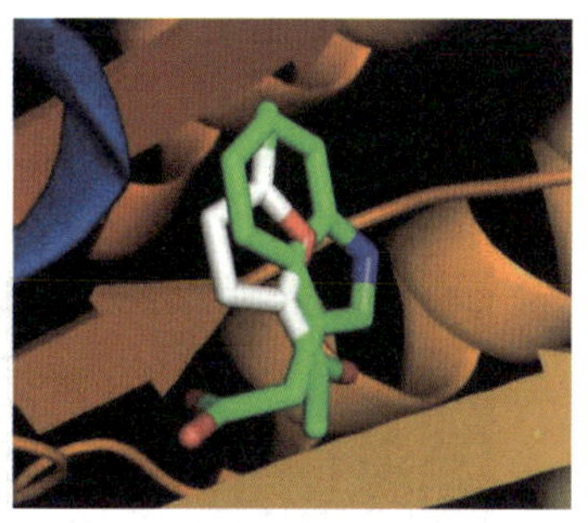

(c) 分子对接阐明了 ABP1 蛋白与 IAA 及 2-乙酰-5-甲基呋喃相互关系

图 3-6　气相色谱与质谱联用仪分析出的类激素物质的分子对接分析

水稻苗期培养试验证实了上述预测的可能性，即在 1%、3%及 5%生物炭提取液处理下，水稻苗期根系长度均优于空白对照，尤其以 3%添加量处理的效果最为明显，当浓度提高到 5%后，根系生长受到相对抑制。

生长素信号转导包含依靠 TIR1 受体蛋白与 ABP1 受体蛋白调控的两条信号通路（图 3-7）。利用荧光定量 PCR 技术分析不同提取液（0、1%、3%和 5%）处理水平下 TIR1 与 ABP1 基因表达上的差异（19 d 水稻苗），可以发现 TIR1 基因在不同浓度生物炭提取液处理下均比对照表达量低。在 5%生物炭提取液处理条件下，TIR1 表达最低。然而，ABP1 基因在不同浓度生物炭提取液处理下均出现过度表达。3%生物炭提取液使 ABP1 基因表达量达到峰值，远高于其他生物炭提取液处理水稻苗。

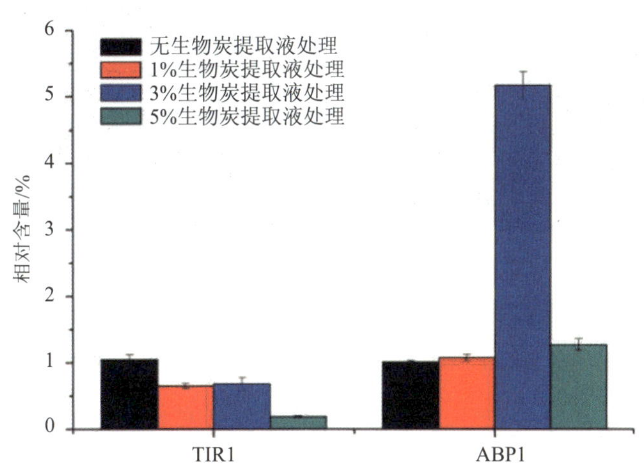

图 3-7　水稻苗期生长素受体蛋白 TIR1 和 ABP1 基因表达差异分析

ABP1 蛋白位于细胞膜上（Henderson et al., 1997）。使用免疫组织化学技术进行 ABP1 蛋白定位、定性及定量分析，可以看到随着生物炭提取液浓度（0～5%）的升高，免疫染色的荧光强度也逐渐增强。空白对照及 1%生物炭提取液处理的水稻苗根部细胞中 ABP1

免疫蛋白荧光强度较弱，5%处理下水稻苗根部 ABP1 蛋白表达量明显少于 3%处理。该结果进一步验证了生物炭提取液可以通过 ABP1 信号通路影响水稻根系及植株生长(图 3-8)，与生物信息学预测结果一致。

图 3-8 不同浓度生物炭淋洗液对水稻苗期生长的影响

（19 d，0、1%、3%、5%，wt：wt）

注：上图表示形态；中图表示根系细胞形态；下图表示免疫染色荧光强度。

（二）6-（甲硫基）六-1,5-二亚乙基三胺-3-开环和 Cyah

ZAP1（PDB ID：2AYD）是 WRKY 家族成员之一，在植物响应脱水、低温和高温胁迫的过程中发挥重要作用（Duan et al.，2007）。琥珀酸是 ZAP1 蛋白的原始配体，可以作为信号分子或代谢指示物（Tretter et al.，2016），以氢键方式与 ZAP1 内多个氨基酸残基相连，如 ARG-311、SER-334 和 ARG-313。袁珺（2018）开展的模拟对接结果表明，在生物炭表面检测到的有机小分子中，6-（甲硫基）六-1,5-二亚乙基三胺-3-开环可结合在 ZAP1 的活性口袋上，与琥珀酸的结合区域相同，而且也是通过氢键连接氨基酸残基 HIS-363 和 SER-334，说明其有可能作为配体与 ZAP1 结合并发挥与琥珀酸相似的功能（图 3-9）。

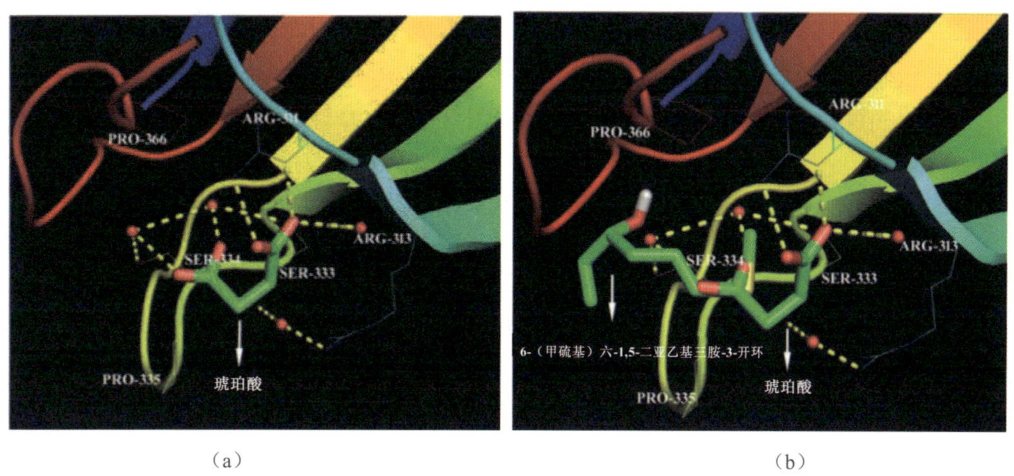

（a）　　　　（b）

图 3-9 ZAP1 与 6-（甲硫基）六-1,5-二亚乙基三胺-3-开环和琥珀酸的分子对接

OsPYL2（PDB ID：4OIC）（He et al.，2014）来自水稻，通过氨基酸残基 LYS-74 以氢键的形式连接其原始配体 ABA，在水稻胁迫响应中发挥作用。模拟对接结果表明，在生物炭浸提液中，（1R，2R，4S）-2-（6-氯吡啶-3-硼酸）-7-氮杂双环[2.2.1]庚烷（简写为 Cyah）能够与 OsPYL2 内的氨基酸残基 SER-107 以氢键相连（袁珺，2018）。虽然 Cyah 和 ABA 与 OsPYL2 的结合位点有所区别，但均处于相同的结构域中，可能发挥类似的功能（图 3-10）。

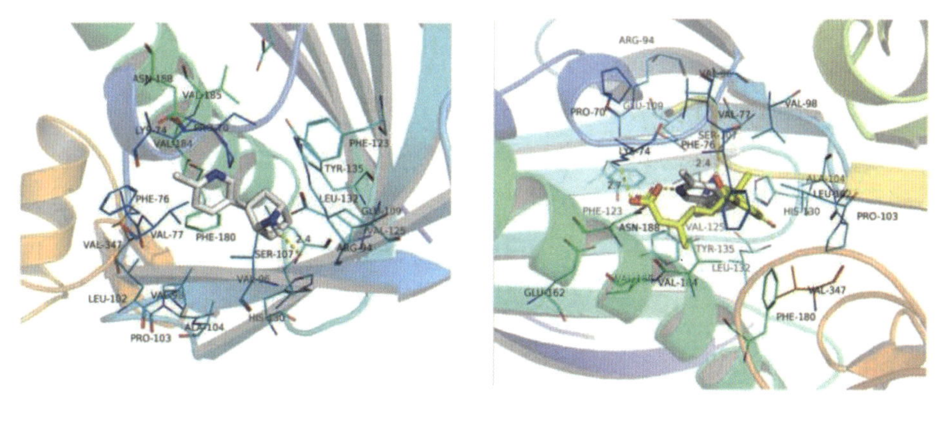

（a）Cyah　　　　（b）ABA

图 3-10 OsPYL2 与 Cyah 和 ABA 的分子对接

五、小结

在生产实践中，生物质热解炭化所形成的挥发分大部分以混合可燃气的形式被燃烧，只有较少部分以液态热解产物或醋液的形式被收集，或存在于生物炭的结构内部或表面，二者在有机物种类和数量方面差异显著。无论是醋液还是生物炭提取液，其正向的开发利用与负向的环境风险同样都是秸秆炭化还田须关注的问题。

醋液由生物质热解气体冷凝收集而来，通常呈棕黑色，称为粗醋液，其中含有焦油，大多通过静置分离法、蒸馏法、活性炭吸附法、组合法、有机溶剂萃取法、装置法、分配法等进行精制。吴哲洙等（2003）发现粗木醋液静置后可以分为 3 层，上层为低沸点化合物组成的不稳定木醋液，占 10%～15%；下层为大量木焦油和聚合物组成的毒木醋液，占 20%～30%；中间澄清层是有效木醋液。许英梅等（2015）利用减压蒸馏法处理松木醋液，发现蒸馏精制可除去木醋中相对分子量大、结构复杂的焦油类有色有害物质，有机物质量分数减少 4%，酸类相对含量有所增加，颜色由红褐色变为浅黄色。

通过上述方法精制后的醋液可用作叶面肥，对植物生长的促进作用多有报道，包括水稻（Masum，2013）、高粱和甘薯（Shibayama et al.，1998）、番茄（Mungkunkamchao et al.，2013）、大豆（Zulkarami et al.，2011），甚至木耳（高方等，2019）等；也可用于抑制病原菌，对农杆菌和黄单胞菌（Mmojieje，2015）、根癌农杆菌（Mahmud et al.，2016）、根腐长蠕孢菌、禾旋孢腔菌、苹果腐烂病菌、炭疽杆菌（Wei，2010）、苹果炭疽病菌和隐孢壳霉菌（Jung，2007）等都有积极的抑制作用；还可用于驱虫，例如，桃蚜和红蜘蛛（Mmojieje，2015）、蚜虫（Lindqvist et al.，2010）、白蚁（Yatagai，2002）等。有机酸（Chalermsan et al.，2009）、糠醛和酚类化合物是主要的抗菌、驱虫活性组分（Lee et al.，2011）。

与醋液类似，生物炭表面小分子种类繁多，有的可以发挥积极的生物学功能，例如，文中述及的 2-乙酰-5-甲基呋喃等，但也有些可能蕴含潜在风险，例如，多环芳烃（PAHs）。PAHs 是指具有两个或两个以上苯环的低相对分子质量的有机化合物，它的最大特点是有毒且持久性强，随着苯环数的增加，其致癌性也增强（吴健等，2016）。有研究表明，生物炭中所含有的 PAHs 足以对土壤造成伤害，威胁土壤中的生命有机体（Koltowski et al.，2015），影响植物生长（Buss et al.，2014）。但是，也有一些研究指出，生物炭中 PAHs 含量极低，对土壤及其生物链的影响微乎其微（Buss et al.，2015；2014），而且生物炭有很强的吸附能力，不仅对于自身生产过程中产生的 PAHs 有极强的黏附能力（Hilber et al.，2017），还能吸收土壤环境中的 PAHs（Hale et al.，2015）。因此，生物炭中 PAHs 的环境风险需因地制宜地评估判断。

此外，也可以通过多种方法减少生物炭中 PAHs 的含量以尽量降低潜在风险，例如，尽量选用植物类废弃物、采用慢速裂解工艺并适当提高制炭温度，也可在制炭时加入稀土元素镧（Li et al.，2017）。在后处理阶段，可采用热处理与淋洗，或在湿润与光照条件下将生物炭放置一段时间再使用，都可以有效降低 PAHs 的风险（Sigmund et al.，2017；Li et al.，2011）。

综上所述，关于生物炭生产过程中伴生小分子有机物的研究进一步丰富了对秸秆炭化还田改土机制的理解。虽然这些小分子有机物中可能含有潜在的风险物质，但随着我国农资标准体系、土壤环境质量标准体系的不断完善，肥料等的有机污染物检测、管控的进一步规范，在标准框架下深入挖掘小分子有机物的生物学功能，将是下一阶段趋利避害地开发新型生物炭基农业投入品的重要方向之一。

参考文献

陈温福，张伟明，孟军，等. 2011. 生物炭应用技术研究[J]. 中国工程科学，13（2）：83-89.

鄂洋. 2015.生物炭表面有机小分子及其活性研究[D]. 沈阳：沈阳农业大学.

高方，刘彬昕，于学军. 2019. 木醋液复配基料对黑木耳产量的影响[J]. 中国林副特产，（1）：29-30.

林利. 2019.水稻秸秆稻壳热解液态副产物初步研究[D]. 沈阳：沈阳农业大学.

尉芹，马希汉，徐明霞，等. 2008. 木醋液的化学成分分析及抑菌试验[J]. 林业科学，44（10）：98-102.

吴健，王敏，靳志辉，等. 2016. 土壤环境中多环芳烃研究的回顾与展望——基于 Web of Science 大数据的文献计量分析[J]. 土壤学报，53（5）：1085-1096.

吴哲洙，王思宏. 2003. 木醋液精制方法的探讨[J]. 延边大学学报，29（3）：204-207.

许英梅，高连连，朴永哲，等. 2015. 不同精制法松树木醋液中的生物活性组分的富集[J]. 大连民族学院学报，17（3）：207-210.

袁珺. 2018. 生物炭表面有机分子对水稻幼苗抗寒性的影响[D]. 沈阳：沈阳农业大学.

张文标，华毓绅，士伟龙，等. 2003. 高纯度竹醋液生产和加工工艺的研究[J]. 林产化学与工业，23（3）：46-50.

Buss W，Masek O. 2014. Mobile organic compounds in biochar-a potential source of contamination -phytotoxic effects on cress seed（Lepidium sativum） germination[J]. Journal of Environmental Management，137：111-119.

Buss W，Mašek O，Graham M，et al. 2015. Inherent organic compounds in biochar-their content，composition and potential toxic effects[J]. Journal of Environmental Management，156：150.

Chalermsan Y，Peerapan S. 2009. Wood vinegar：by-product from rural charcoal kiln and its role in plant protection[J]. Asian Journal of Food and Agro-Industry，53（14）：5866-5872.

Chan K Y，Van Zwieten L，Meszaros I，et al. 2007. Agronomic values of greenwaste biochar as a soil amendment[J]. Australian Journal of Soil Research，45（8）：629-634.

Chan K Y，Van Zwieten L，Meszaros I，et al. 2008. Using poultry litter biochars as soil amendments[J]. Australian Journal of Soil Research，6（5）：437-444.

Dharmasiri N，Estelle M. 2004. Auxin signaling and regulated protein degradation[J]. Trends in Plant Science，9（6）：302-308.

Duan M R，Nan J，Liang Y H，et al. 2007. DNA binding mechanism revealed by high resolution crystal structure of Arabidopsis thaliana WRKY1 protein[J]. Nucleic Acids Research，（4）：1145-1154.

Dudareva N，Pichersky E，Gershenzon J. 2004. Biochemistry of plant volatiles[J]. Plant Physiology，135（4）：1893-1902.

E Y，Meng J，Hu H，et al. 2019. Effects of organic molecules from biochar-extracted liquor on the growth of rice seedlings[J]. Ecotoxicology and Environmental Safety，170：338-345.

E Y，Meng J，Hu H，et al. 2015. Chemical composition and potential bioactivity of volatile from fast pyrolysis of rice husk[J]. Journal of Analytical & Applied Pyrolysis，112：394-400.

Fan L L，Chen P，Zhang Y N，et al. 2017. Fast microwave-assisted catalytic co-pyrolysis of lignin and low-density polyethylene with HZSM-5 and MgO for improved bio-oil yield and quality[J]. Bioresource Technology，225：199-205.

Funaoka M，Kako T，Abe I. 1990. Condensation of lignin during heating of wood[J]. Wood Science Technology，24（3）：277-288.

Ghalibaf M，Lehto J，Alén R. 2017. Fast pyrolysis of hot-water-extracted and delignified silver birch（Betula pendula） sawdust by Py-GC/MS[J]. Journal of Analytical and Applied Pyrolysis，127：17-22.

Hale S E，Cornelissen G，Werner D. 2015. Sorption and remediation of organic compounds in soils and sediments by（activated） biochar[M]. // Biochar for environmental management：science，technology and implementation. London and New York：Routledge：625-655.

He Y，Hao Q，Li W，et al. 2014. Identification and Characterization of ABA Receptors in Oryza sativa[J]. Plos One，9（4）：e95246.

Henderson J，Bauly J M，Ashford D A，et al. 1997. Retention of maize auxin-binding protein in the endoplasmic reticulum：quantifying escape and the role of auxin[J]. Planta，202（3）：313-323.

Hilber I，Mayer P，Gouliarmou V，et al. 2017. Bioavailability and bioaccessibility of polycyclic aromatic hydrocarbons from（post-pyrolytically treated） biochars[J]. Chemosphere，174：700-707.

Hosoya T，Kawamoto H，Saka S. 2007. Pyrolysis behaviors of wood and its constituent polymers at gasification temperature[J]. Journal of Analytical and Applied Pyrolysis，78（2）：328-336.

Hou X，Ling Q，Luo S，et al.，2018. Chemical constituents and antimicrobial activity of wood vinegars at different pyrolysis temperature ranges obtained from Eucommia ulmoides Olivers branches[J]. RSC Advances，8：40941.

Ivan M，Eric M S. 1995. Cellulose Thermal Decomposition Kinetics：Global Mass Loss Kinetics[J]. Industrial & Engineering Chemistry Research，34（4）：1081-1091.

Jung K H. 2007. Growth inhibition effect of pyroligneous acid on pathogenic fungus，Alternaria mali，the agent of Alternaria blotch of apple[J]. Biotechnology and Bioprocess Engineering，12（3）：318-322.

Koltowski M，Oleszczuk P. 2015. Toxicity of biochars after polycyclic aromatic hydrocarbons removal by thermal treatment[J]. Ecological Engineering，（75）：79-85.

Lee S H，H'ng P S，Chow M J，et al. 2011. Effectiveness of pyroligneous acids from vapour released in charcoal industry against biodegradable agent under laboratory condition[J]. Journal of Applied Polymer Science，11（24）：3848-3853.

Lehmann J，Joseph S. 2009.Biochar for environmental management：an introduction [M]// Lehmann J，Joseph Earthscan S. Biochar for Environmental Management Science and Technology. London：Earthscan.

Li D，Hockaday W C，Masiello C A，et al. 2011. Earthworm avoidance of biochar can be mitigated by wetting[J]. Soil Biology and Biochemistry，43（8）：1732-1737.

Li Y，Yang Y，Shen F，et al. 2017. Mitigating biochar phytotoxicity via lanthanum（La） participation in pyrolysis[J]. Environmental Science & Pollution Research，24（4）：1-12.

Lindqvist I，Lindqvist B，Tiilikkala K. 2010. Birch tar oil is an effective mollusc repellent：field and laboratory experiments using Arianta arbustorum（Gastropoda：Helicidae） and Arion Lusitanicus（Gastropoda：Arionidae）[J]. Journal of the Science of Food and Agriculture，19（1）：830-832.

Mahmud K N，Yahayu M，Sarip S H M，et al. 2016. Evaluation on efficiency of pyroligneous acid from Palm kernel Shell as antifungal and solid pineapple biomass as antibacterial and plant growth promoter[J]. Sains Malaysiana，45（10）：1423-1434.

Mansur D，Yoshikawa T，Norinaga K，et al. 2013. Production of ketones from pyroligneous acid of woody biomass pyrolysis over an iron-oxide catalyst[J]. Fuel，103：130-134.

Masum S，Malek M，Mandal M，et al. 2013. Influence of plant extracted pyroligneous acid on transplanted aman rice[J]. Journal of Experimental Biosciences，4（6）：31-34.

Mathew S，Zakaria Z A. 2015. Pyroligneous acid-the smoky acidic liquid from plant biomass[J]. Applied Microbiology and Biotechnology，99（2）：611-622.

Mmojieje J，Hornung A. 2015. The potential application of pyroligneous acid in the UK agricultural industry[J]. Journal of Crop Improvement，（29）：228-246.

Mukkamala S，Wheeler M C，Heiningen A R，et al. 2012. Formate-assisted fast pyrolysis of lignin[J]. Energy and Fuel，26（2）：1380-1384.

Mungkunkamchao T，Kesmala T，Pimratch S. 2013. Wood vinegar and fermented bioextracts：Natural products to enhance growth and yield of tomato（Solanum lycopersicum L.） [J]. Scientia Horticulturae，154（2）：66-72.

Oramahi H A，Yoshimura T，Diba F. 2018. Antifungal and antitermitic activities of wood vinegar from oil palm trunk[J]. Journal of Wood Science，64（4）：311-317.

Shafizadeh F. 1982. Introduction to pyrolysis of biomass[J]. Journal of Analytical & Applied Pyrolysis，3（4）：283-305.

Shen D K，Gu S，Bridgwater A V. 2010. Study on the pyrolytic behaviour of xylan-based hemicellulose using TG-FTIR and Py-GC-FTIR[J]. Journal of Analytical & Applied Pyrolysis，87（7）：199-266.

Shibayama H，Mashima K，Mitsutomi M，et al. 1998. Effects of application of pyroligneous acid solution produced in Karatsu city on growth and free sugar contents of storage roots of sweet potato[J]. Marine and Highland Bioscience Center Report-Saga University（Japan），7：15-23.

Sigmund G，Bucheli T D，Hilber I，et al. 2017. Effect of ageing on the properties and polycyclic aromatic hydrocarbon composition of biochar[J]. Environmental Science：Processes & Impacts，19（5）：768-774.

Tan X，Cal deron-Villalo bos L I A，Sha ron M，et al. 2007. Mechanism of auxin perception by the TIR1 ubiquitin ligase[J]. Nature，446：640-645.

Tretter L，Patocs A，Chinopoulos C. 2016. Succinate，an intermediate in metabolism，signal transduction，ROS，hypoxia，and tumorigenesis[J]. Biochimica et Biophysica Acta，1857（8）：1086-1101.

Trinh T N，Jensen P A，Sárossy Z，et al. 2013. Fast pyrolysis of lignin using a pyrolysis centrifuge reactor[J]. Energy Fuels，27（3）：3802-3810.

Wei Q，Ma X，Dong J. 2010. Preparation，chemical constituents and antimicrobial activity of pyroligneous acids from walnut tree branches[J]. Journal of Analytical & Applied Pyrolysis，87（1）：24-28.

Wu Q，Zhang S，Hou B，et al. 2015. Study on the preparation of wood vinegar from biomass residues by carbonization process [J]. Bioresource Technology，179：98-103.

Yatagai M，Nishimoto M，Hori K. 2002. Termiticidal activity of wood vinegar，its components and their homologues[J]. Journal of Wood Science，48（4）：338-342.

Zulkarami B，Ashrafuzzaman M，Husni M. 2011. Effect of pyroligneous acid on growth，yield and quality improvement of rockmelon in soilless culture[J]. Australian Journal of Crop Science，5（5）：1508-1514.

第四章　生物炭的稳定性及其在土壤中的变化

1973 年，广东省曲江县石峡遗址被发现。在诸多出土物中，有距今 4 020～4 330 年的炭化稻米、稻谷壳、掺和稻谷壳和稻草秣的红烧硬土（图 4-1）。2011 年，在湖南常德临澧县杉龙岗遗址考古发掘现场，发现 6 粒距今 8 000～9 000 年的炭化稻谷。2004 年 12 月，湖南省道县玉蟾岩出土的 5 粒炭化稻谷则可以追溯到 12 000 年前，它们被誉为世界上最古老的稻谷。这些炭化稻谷可能是在炊事过程中产生的，也可能是在土块烧制过程中掺杂的，也可能存在我们还不了解的形成过程，但这些炭化物（或其中的部分）都是生物炭。

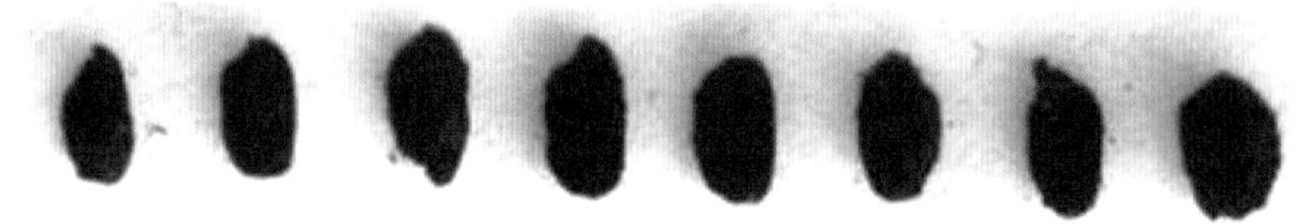

图 4-1　石峡遗址的炭化稻米（张文绪等，2006）

自然状态下储存的生物炭非常稳定。作为现代生物炭研究的源头，亚马孙黑土中的生物炭可追溯至 500～7 000 年前（Glaser et al.，2002），甚至在海洋沉积物中也可以发现生物炭的存在（Forbes et al.，2006）。生物炭的理化稳定性也正是其被视为碳封存技术载体的重要原因之一。但是，生物炭的稳定性是相对的，有可能通过生物（微生物掺入或氧化呼吸）和非生物（化学氧化、光氧化或增溶）方式降解（Major et al.，2010），其理化性质会在百年甚至千年尺度上缓慢变化。

在地球化学风化过程中，生物炭发生的物理化学变化一般称为陈化（Aging）。具体而言，是指存在于变动环境（如温度、湿度等）中的生物炭的物理性质和化学性质随时间延长而改变的过程，例如，生物炭在土壤环境中的生物和非生物的氧化还原作用，微生物的溶解作用，土壤中的有机质、矿物质和溶质的相互作用等（鞠文亮等，2016）。在秸秆炭化还田技术体系中，生物炭的稳定性，抑或陈化，不仅影响了其实现碳封存的潜力，而且影响了土壤改良效果的持续性与累加性。

需要注意的是，生物炭在土壤中发生的垂直和水平方向的移动（Lehmann et al.，2007）必然导致特定点位生物炭数量的下降，侵蚀可以从表面土壤去除生物炭（Hilscher et al.，

2006）并可能成为生物炭的主要损失机制之一（Masek et al.，2013）。这些过程都可能对生物炭的陈化过程产生影响。本节将主要针对土壤中生物炭自身理化性质的变化展开讨论。

一、陈化处理方法

生物炭的稳定性决定了难以在短期内完整地分析其自然陈化过程。因此，现有报道主要采用了两类方法分析生物炭的稳定性：一是研究土壤样本中生物炭的理化性能并进行对比分析（Glaser et al.，2002）；二是采用人工处理模拟陈化过程以尽可能缩短研究周期。综合国内外有关文献，生物炭陈化处理方法可以归结为以下 3 类（鞠文亮，2016）。

（1）物理陈化。即在不同温度、湿度和光照等物理条件下对生物炭进行一定时间的培养处理，主要包括避光培养（Mukherjee et al.，2014）、恒湿和（或）恒温（Guo et al.，2014）、冻融循环、干湿交替（苗微，2014）等处理方式，多用于模拟存在明显季节性气候变化区域中生物炭的陈化过程。此类方法处理简便、成本低廉、可操作性较强，温度、周期水量等具体参数的选择因人而异。

（2）化学陈化。即利用自然环境条件、化学试剂等对生物炭进行氧化、还原等反应处理。例如，在一定温湿度条件下的自然氧化培养（Cheng et al.，2009）、浸入酸溶液中培养（Qian et al.，2014）等。化学陈化处理简便易行、效果较显著，有助于在短时间内达到处理效果。

（3）微生物陈化。即在营养液中培养微生物，再将生物炭与微生物培养液混合放置在适宜的环境中培养一段时间的处理（Hale et al.，2011）。微生物陈化处理法受温度、pH 和营养条件等因素的影响较大，同时也将受到生物炭自身性质的显著影响。微生物的生存环境一旦控制不好就会导致微生物失去活性，难以达到预期效果。

物理、化学、微生物陈化因素都将不同程度地影响生物炭的理化性质，绝大多数生物炭陈化试验处理也事实上反映了上述各种因素的综合作用。为了尽可能地模拟现实情况，生物炭通常会与土壤一起培养陈化，土壤环境的复杂性及其与生物炭的交互作用大幅提升了陈化试验的难度，试验条件与真实环境的巨大差异也提醒研究者慎重对待试验结果。

二、陈化条件对生物炭的影响

为了聚焦生物炭自身理化性质的变化，研究者往往使用纯生物炭进行陈化培养（Mukherjee et al.，2014；Hale et al.，2011），或将生物炭与石英砂等易分离的材料（Guo et al.，2014）共同培养。也有与土壤共同陈化培养的报道，例如，Cao（2017）将土壤样品风干后，用带有静电的无纺布吸出生物炭进行研究。

（一）生物炭不与土壤接触

在剧烈变化的环境条件中，例如，冻融，即使没有土壤和作物，生物炭的性质仍将发生显著变化。在外观方面，随着冻融循环和淋溶的进行，其结构的破坏十分明显（图 4-2）。在微观结构上，可以看出不同稻壳炭内表层有脱落，且到后期更为显著。结构上的变化使更多更细碎的生物炭颗粒堆积，显示出平均孔径增大的趋势（图 4-3）。

图 4-2　冻融循环 25 个周期前后生物炭形貌的变化

注：土柱培养试验（PVC 圆管），土柱半径 1.2 cm，高 60 cm。底层 5～35 cm 装入正常土壤，35～65 cm 装入生物炭，上端和底端分别用玻璃纱网布隔开，装石英砂 2 cm。在人工气候箱中进行冻融循环，20 d 为一个周期（35℃/10 d，−25℃/10 d），每周期淋溶一次，淋溶量按照沈阳地区年降水量计算。

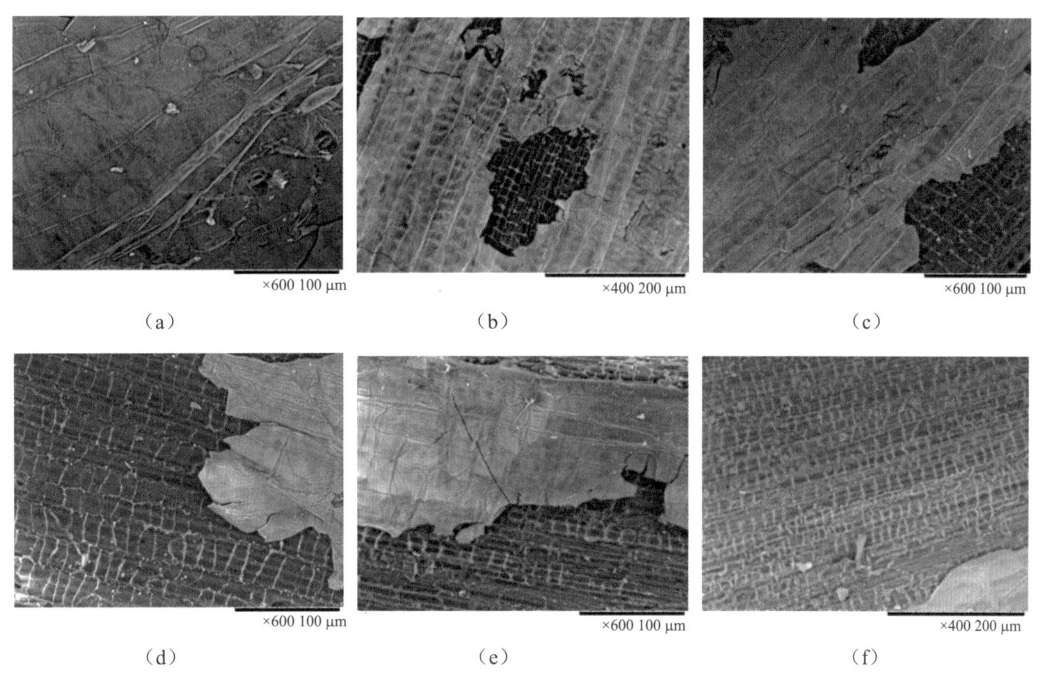

图 4-3　不同冻融循环周期生物炭扫描电子显微镜（SEM）

注：（a）～（f）分别为 0、5、11、15、20、25 个循环。

生物炭的破碎暴露出更多表面，也使其更容易发生表面氧化，但并未对生物炭整体的碳元素含量产生显著影响。生物炭表面氧碳原子比值（O/C 比值）呈现先增加后降低又趋于稳定的趋势。傅立叶变换红外吸收光谱仪（FTIR）检测结果中未观察到脂肪族 C—C 峰面积的显著变化，但—OH 和 C=C 减少而 C—O 增加（图 4-4）。

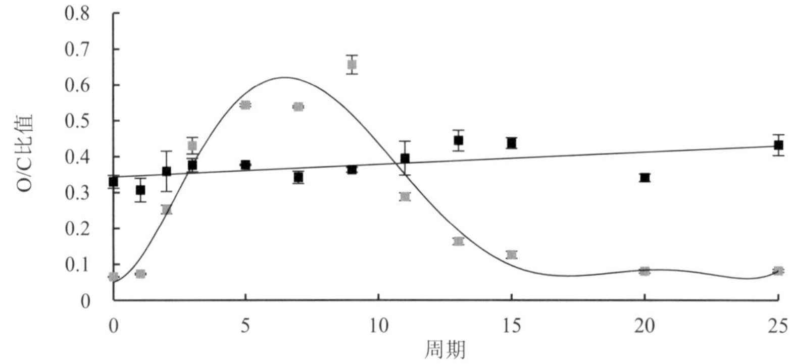

图 4-4 冻融循环不同周期生物炭 O/C 比值的影响

注：灰色正方形为稻壳炭表面 O/C 比值（能谱仪分析得出），黑色正方形为稻壳炭组成元素 O//C 比值。

有研究显示，生物炭的碱性取决于碳酸盐含量（Yuan et al.，2011），但是在冻融循环过程中 pH 的变化与碳酸盐含量的变化规律并不一致，关于碳酸盐主导生物炭 pH 之说显然不足以说明生物炭 pH 先降低再升高的变化（图 4-5、图 4-6）。在全部 25 个周期中，生物炭的 pH 始终保持在 7 以上，说明其碱性不仅与碳酸盐含量有关，更可能与官能团种类和含量相关。

随着冻融循环的不断进行，生物炭逐渐崩解，增加了生物炭的比表面积和孔隙度，进而增强了生物炭的吸附能力（图 4-7）。以对苯二酚为例，可以看出生物炭经过冻融循环后吸附能力缓慢上升，趋势明显。

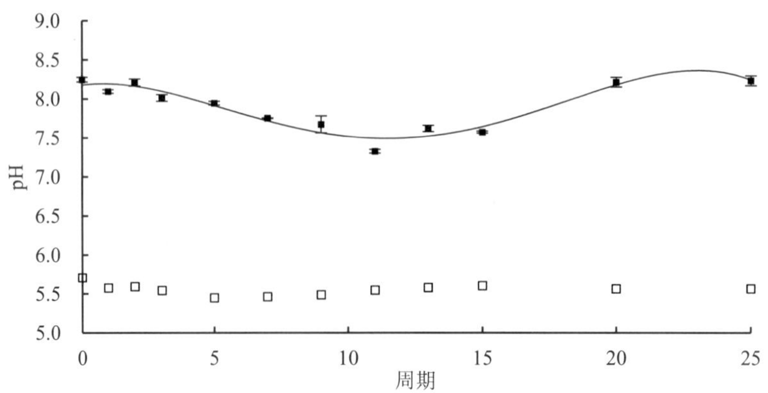

图 4-5 不同周期生物炭 pH 变化

注：黑色实心正方形为蒸馏水浸提 pH，空心正方形为 1 mol/L KCl 浸提 pH。

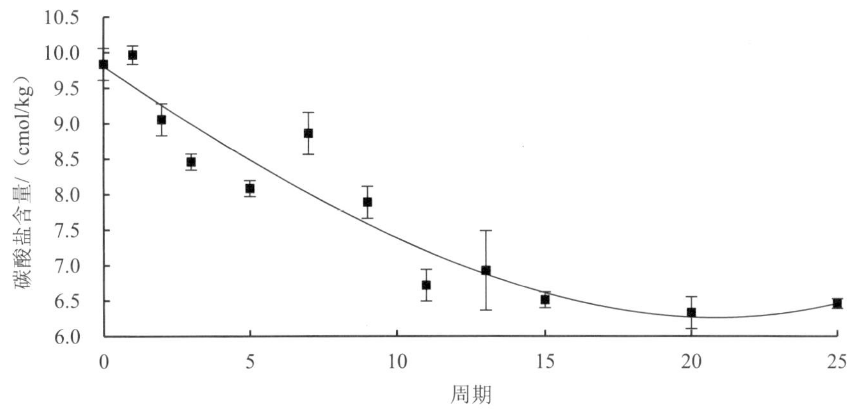

图 4-6　不同周期生物炭碳酸盐含量变化

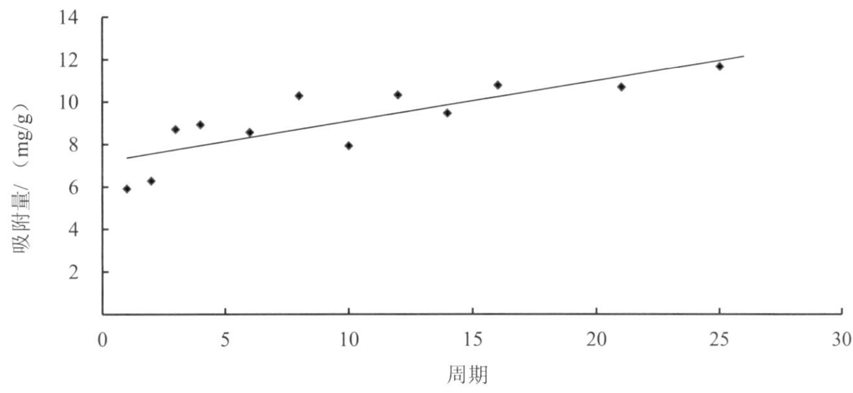

图 4-7　冻融循环不同周期对生物炭吸附能力的影响

（二）生物炭与土壤有限接触

当生物炭与土壤接触时（在土壤中埋放炭袋），微生物的作用和生物炭自身对土壤胶体的吸附可能导致其在很多方面发生变化。干湿交替处理对生物炭 pH 的影响如图 4-8 所示。

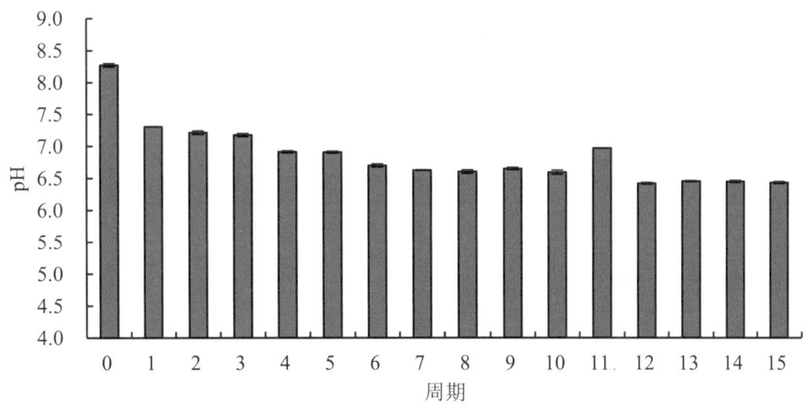

图 4-8　干湿交替处理对生物炭 pH 值的影响

由图 4-8 可见，例如，在经历了 15 个周期的干湿交替陈化后，生物炭整体碳、氮元素的含量未见显著变化，但 pH 迅速降低并逐渐稳定，而表面积、孔径和孔体积均呈上升趋势，单点比表面积提高了 44.5%，总孔体积增加 233%，平均孔直径则呈先升高又下降、之后又升高的反复螺旋上升趋势。孔隙结构的变化，包括孔径、孔体积等指标，直接影响了陈化生物炭的吸附能力，并使之同样表现出螺旋式上升的趋势（图 4-9）。

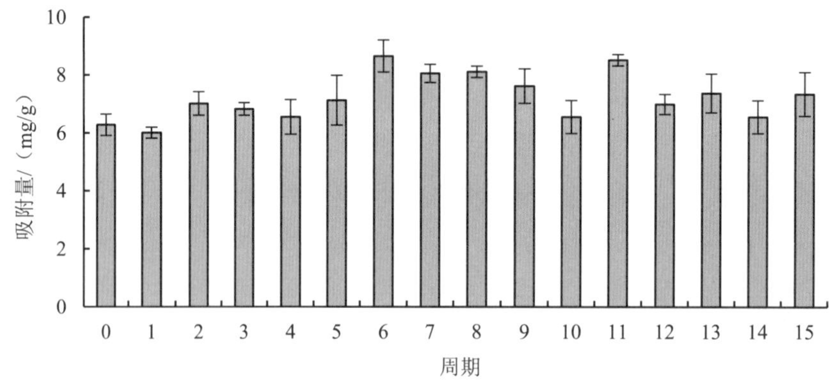

图 4-9 干湿交替处理对生物炭吸附性能的影响

在干湿交替条件下，与土壤接触的生物炭的速效磷含量也呈现出一定的周期性变化（图 4-10）。虽然不能确定速效磷含量与生物炭吸附性能之间是否有联系，但二者都呈现出往复波动。孔隙结构的封闭与开放、磷素的吸附与释放，既说明了微生物活动可能存在干扰，又在一定程度上说明生物炭吸附土壤游离有机碳供给微生物活动的可能性。

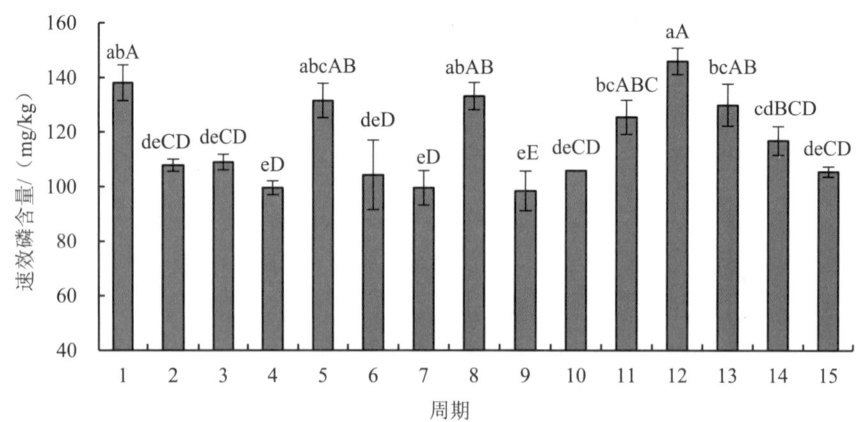

图 4-10 干湿交替处理对生物炭速效磷含量的影响

（三）与土壤混合

生物炭与土壤混合后，即使经历了 25 个周期的冻融与淋溶，其体积（炭土柱高度）也没有发生显著变化，仅随着下层土壤整体沉降。因此，在经历炭土混合培养后，生物炭的结构强度有所下降，取样观察时可以看到破碎的生物炭，但在没有根系作用、动物扰动的土壤中，生物炭结构的破坏并不显著。

生物炭破碎形成的细小颗粒可能随水流横向扩散或向下层运移。但是，在淋溶试验中（图 4-11），移出该层次的炭并未积聚到土壤下层，没有观察到底层土壤中碳元素含量与纯土之间的显著差异。因此可以推测，一种可能是碳元素移动到下层土壤，且被淋溶出土柱，而且淋溶损失量和上层迁入量基本相等；另一种可能是上层炭土混合物中的碳元素被微生物分解，以 CO_2 的形式逸散了，而没有迁移到下层土壤。关于碳元素累积淋洗率的试验结果说明，即便存在第一种可能性，其作用效果也是非常有限的。

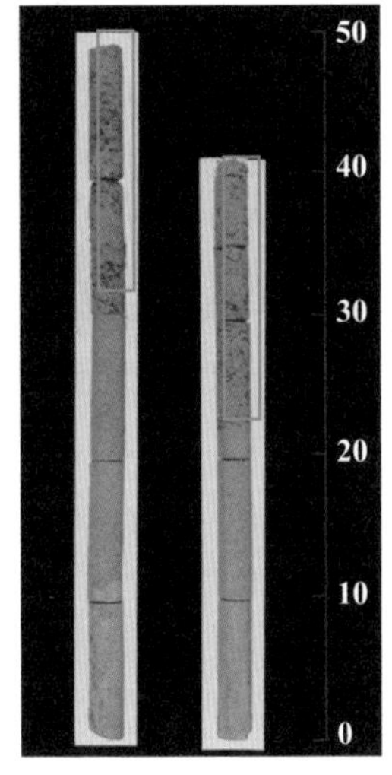

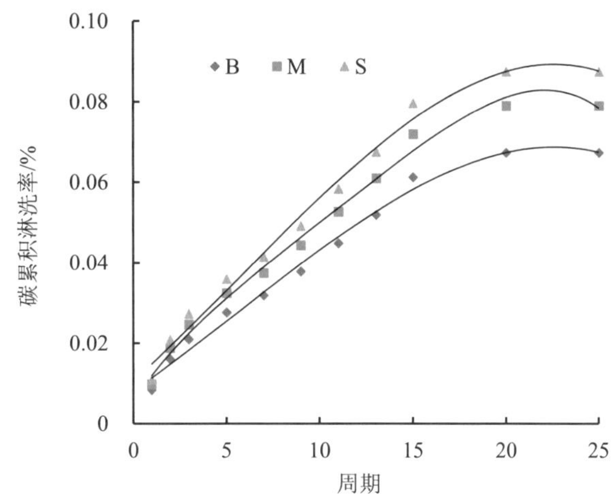

图 4-11　不同处理冻融-淋溶碳累积淋洗率

（四）与不同土壤混合

在生物炭和土壤经历了 13 个月的混合培养后，陈化生物炭表面附着了大量的土壤颗粒。在红壤、风沙土和滨海盐土中，滨海盐土陈化的生物炭表面附着的土壤颗粒最多（图 4-12）。土壤颗粒会堵塞孔隙，导致炭-土复合体比表面积、总孔体积和平均孔直径等指标显著降低（Cao et al.，2017）。相反，当陈化时未与土壤混合，生物炭的总孔体积和平均孔直径会随陈化时间的延长而增加，这可能是由培养过程复合的淋溶处理引发的生物炭表面灰分和矿物质淋失所致。

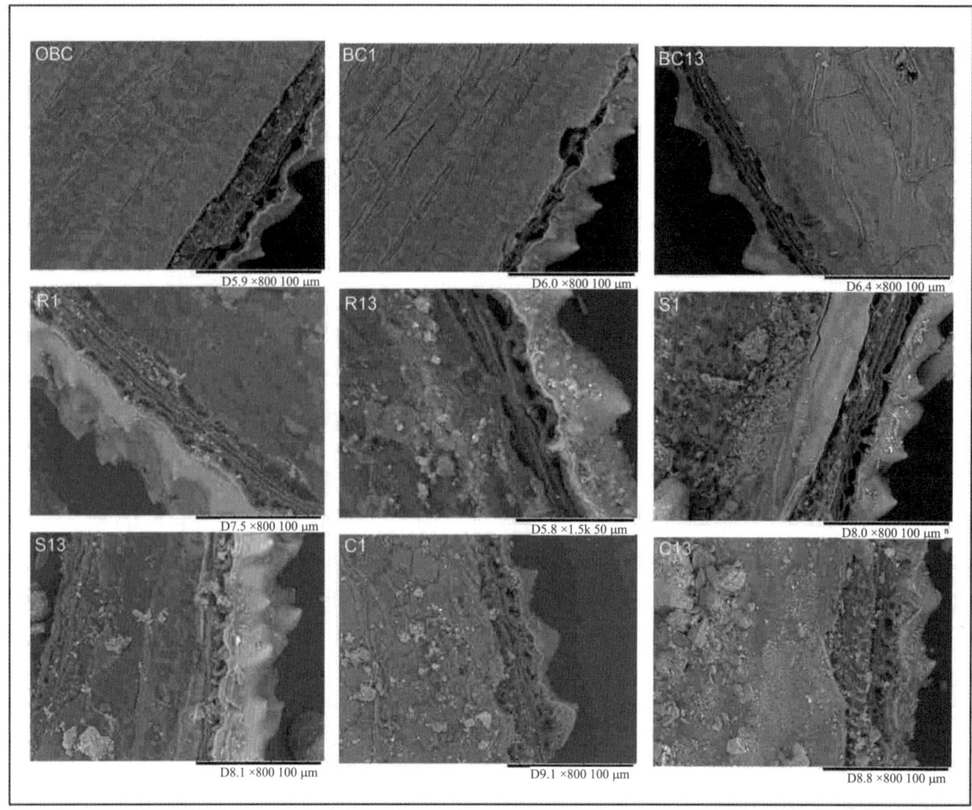

图 4-12 陈化生物炭的扫描电子显微镜图片

注：OBC—新鲜生物炭；BC—陈化生物炭；R—红壤陈化；S—风沙土陈化；C—滨海盐土陈化；数字代表陈化培养时间，月；土柱填装 200 g 土壤加 30 g 生物炭，32℃，80%湿度培养。每 15 天淋溶一次，共 27 个周期。

陈化生物炭孔隙度的降低势必影响其吸附能力（de la Rosa et al.，2018；Mukherjee et al.，2014）。另外，陈化生物炭的活性位点与土壤矿物质发生的相互作用也会防止其进一步矿化形成含氧官能团（Nguyen et al.，2010）。换言之，这也是生物炭自我保护的物理途径之一。

三、生物炭的陈化过程

生物炭中含有少量无机碳（≈4%）以及大量的有机碳（OC），前者在陈化过程中主要表现为淋溶损失，后者将发生生物和非生物氧化。包括可溶性有机碳在内的不稳定有机碳的分解、无机碳的释放导致生物炭含量，以及碳元素含量的降低（Dong et al.，2017；Nguyen et al.，2010）。

矿化（生物氧化）是微生物驱动的生物炭陈化的重要过程。生物炭进入土壤后，不稳定OC快速矿化，96天后生物降解接近2%。另有研究表明，在2年以上的土壤中，生物炭OC的平均矿化率为6.74%，比1年以下土壤的平均值（1.62%）高出约4倍，也有报道显示生物炭的矿化量可高达 15%～20%。相对短期的快速矿化后，矿化速率将明显下降，并在较长时间内保持在0.001%～0.003%/天，主要表现为稳定性有机碳的表面氧化。

包括生物和非生物氧化在内，生物炭的表面氧化是苯环结构大小和表面官能团氧含量改变的过程（Koltowski et al.，2017），也是由外及内、不稳定的脂肪族和稳定的芳香族组分此消彼长的过程。生物炭中的有机碳大多以链或环的形式存在。其中，脂肪族碳通常与芳香环相连或存在于芳香环侧链中，或作为芳香基团或芳香层之间的桥梁（Mia et al.，2017）。

在陈化初期（0～25年），脂肪族碳会被微生物矿化（Bird et al.，1999），造成芳香族碳的暴露进而被氧化，键的断裂位置会出现羧基、羰基和羟基等官能团（Cheng et al.，2009）并释放挥发性有机物（吡嗪类、吡啶类、吡咯类和呋喃类化合物）（Fang et al.，2014），生物炭表面碳含量降低而氧含量增加。脂肪族碳分解、断裂和芳香基团不完整，就可能通过土壤和微生物相互作用而加快生物炭的氧化分解（Shi et al.，2015）。

进入陈化中期（25～1 000年），芳香结构开始被破坏，生物炭进一步降解（Hockaday et al.，2007）。边缘的苯环由于与中心芳香簇相连的化学键少，容易被剥离，生物炭随之变小，并继续在断键位置产生含氧官能团。相比前期氧化过程中的不稳定组分，后期形成的氧化生物炭越来越稳定，越来越难以降解（Bird et al.，1999）。在长期陈化（＞1 000年）过程中，生物炭的降解逐渐从表面转移到内部，生物炭结构会变得越来越小，甚至变为只有6个共轭苯环的芳香簇。

四、陈化生物炭的性质

大量研究表明，生物炭陈化的结果是pH和碳含量降低、表面酸性官能团、含氧官能团增加（Cheng et al.，2008）、极性和亲水性提高（Fang et al.，2014）。

在陈化过程中，生物炭表面部分芳香碳结构被（含氧）烷基碳取代，羧基、羰基等酸性官能团增多，进而可能与阳离子结合形成羧酸盐和酚盐，释放出H^+，从而导致陈化生物炭的 pH 降低（Yadav et al.，2019；Mukherjee et al.，2014）。炭-土复合体颗粒中土壤的存在使pH表现出更显著的降低趋势，在酸性红壤、弱碱性风沙土、碱性滨海盐土和空气4种条件下陈化生物炭的pH范围分别为6.20～7.82、6.56～8.05、7.38～8.28、7.82～8.18。生物炭灰分的淋失可能是pH下降的原因之一，但与生物炭相比，炭-土复合体颗粒的灰分含量并不低。

表面氧化导致生物炭的H/C、O/C和（O+N）/C原子比提高，对芳香性的影响较弱，但极性和亲水性明显增加。Cheng 等（2006）观察到，一种新制备的生物炭在培养 1 年后，其表面显著氧化，羧基和酚类官能团增加，氧元素增加，表面正电荷消失，并在培养12个月后产生负电荷。而且，与新鲜或人工陈化的生物炭相比，自然陈化的生物炭表现出更高的负电荷（陈颖等，2018）。与明显的表面氧化不同，陈化生物炭的氧元素含量整体上变化很小，有机物、黏土颗粒和孔隙水导致的生物炭孔隙堵塞可能是内部氧化较少的主要原因（Inyang et al.，2015）。

比表面积是影响生物炭吸附能力（Rajapaksha et al.，2016）、持水能力和微生物生境（Ng et al.，2014）的重要物理性质之一。陈化可以增加生物炭表面的孔隙数量，进而增加生物炭的比表面积。在土壤中，生物炭的孔隙与表面处在一个动态平衡中，一方面，堵塞在孔隙中的挥发性有机化合物和灰分被洗涤，生物炭孔隙度和比表面积可能会增加（Suliman et al.，2016）；另一方面，土壤中的有机物可能会堵塞孔隙进而抵消或掩盖生物炭比表面积的真实变化（Li et al.，2019）。土壤中的水的侵蚀、溶解和运输有可能加速两方面作用的往复交替（de la Rosa et al.，2018）。除了比表面积，不断丰富的表面官能团还为陈化生物炭提供了更多吸附位点。Yao 等（2010）和 Joseph 等（2010）都验证了在陈化过程中生物炭表面羰基、羧基官能团含量的增加。

表面极性官能团的增加使陈化生物炭对水合离子具有较强的亲和能力（Fang et al.，2014），生物炭也进而由疏水向亲水转变。亲水作用力通常可以通过增强生物炭上富电子官能团（尤其是羰基）与有机碳上的羟基或氨基之间的氢键作用来增加生物炭对有机碳的吸附量（Chen et al.，2015）。随着时间的推移，生物炭的比表面积最终会逐渐降低，吸附力减弱。

五、影响生物炭陈化的因素

不同条件下（如生物质来源和热解温度）制备的生物炭具有不同的化学组成和结构（如芳香性和聚合程度），并表现出不同的抗矿化能力（Han et al.，2016; Singh et al.，2012）。相对而言，源于作物秸秆的生物炭的矿化要比用木本植物制备的生物炭更迅速，矿化量随热解温度的升高而降低，这可能是因为后者芳香碳的比例更高、聚合程度更高（Han et al.，2017）。

在真实的土壤环境中，生物炭的陈化会更显著，并与土壤类型相关。例如，滨海盐碱土和风沙土的作用效果类似，且均比红壤更显著。土壤质地和矿物是主要的影响因素。又例如，黏土中的活性矿物（如叶状硅酸盐和氧化铁）可通过与生物炭相互作用形成生物炭-矿物复合物来提高生物炭的稳定性。氧化土中不同电荷的矿物可以强有力地稳定生物炭，从而使生物炭中有机碳的氧化程度显著低于始成土、新成土或变性土（Han et al.，2016；Yang et al.，2016；Fang et al.，2014；Kuzyakov et al.，2014）。

高温（Cheng et al.，2006）和高湿（Leng，2018）会加速生物炭的陈化。在30℃下陈化的生物炭，只有其表面发生了陈化反应，而当温度升高到 70℃时，生物炭的内部也将发生变化（Cheng et al.，2006）。例如，Fang 等（2015）发现，随着培养温度从 20℃提高到 40～60℃，生物炭的矿化速率从每天 0.001%～0.005%增加到每天 0.002%～0.01%和 0.001%～0.022%。Nguyen 等（2010）发现，随着培养温度从 4℃提高到 60℃，生物炭的矿化 OC 量从 2%增加到 20%。相对而言，湿度对生物炭比表面积及微孔体积的影响效果大于温度。在土壤中，除了温度和湿度，pH 还将影响生物炭的矿化。Luo 等（2011）研究表明，高 pH 土壤中生物炭的矿化度高于低 pH 土壤。上述研究结果可以说明，生物炭的稳定性是其制备条件、土壤特性和环境条件共同作用的结果。也就是说，低热解温度下制备的生物炭施用于低黏土含量的土壤时，生物炭的 OC 矿化量可能是高的（Han et al.，2020）。

在更长的时间尺度上，生物炭的陈化最终可能都会走向类似的结果。事实上，很难区分陈化生物炭不同官能团的 FTIR 图谱的波段分布。在不同土壤类型、不同时间条件下培养的陈化生物炭差异不大。而且，随着陈化的推进，官能团的吸收峰可能会逐渐降低甚至消失（Cheng et al.，2006）。

六、陈化对生物炭改土培肥作用的影响

在短期内，数日、数月、数年，随着陈化的进行，生物炭表面含氧官能团的增加提高了其表面活性，促进了生物炭与土壤矿物、植物营养元素和污染物的相互结合，对营养元素和污染的固定、生物可利用性和迁移性都有明显的作用（Mia et al.，2018；Alozie et al.，2018；van de Voorde et al.，2014），生物炭改土培肥的效果以及效果的持续性也将随之变化。

一旦暴露于存在氧气和水的土壤环境中，新鲜生物炭就会发生表面氧化反应，导致净负电荷增加，从而 CEC 增加（Joseph et al.，2009）。生物炭对阴离子交换能力的积极影响也有报道（Inyang et al.，2010）。除了对矿质营养的直接吸附，陈化生物炭表层的不稳定有机碳还可能会诱导微生物固定 N 或捕获 NO_3^-（Borchard et al.，2019；Hagemann et al.，2017a，2017b；Clough et al.，2013）。整体上，生物炭的陈化有助于提高其保肥能力（Agegnehu et al.，2017）。

陈化生物炭表面的含氧官能团（羰基、羧基等）增强了其亲水性，亲水作用力通常可以通过促进生物炭上富电子官能团（尤其是羰基）与有机碳上的羟基或氨基之间的氢键作用来增加生物炭对有机碳的吸附量（Chen et al.，2015）。这种作用可更加细化到生物炭表面官能团与有机物之间的静电作用、分散作用、π-π 电子供受体作用和氢键作用等方面（Villacanas et al.，2006）。

除吸附不稳定的有机物以外，生物炭的多孔结构将为土壤微生物创造有利的栖息地，这些微生物是影响生物炭稳定性的重要因素（Ameloot et al.，2013）。微生物可以同化吸

附在生物炭表面的土壤有机质、生物炭中的不稳定碳，甚至难降解碳。在有机质含量较高和微生物活性较强的土壤中，生物炭的分解速度将加快（Kuzyakov et al.，2014）。

生物炭与土壤矿物、离子和腐殖质之间的相互作用促进了有机-无机复合体不断形成（Kookana，2010；Yang et al.，2003），并可能在微生物的作用下进一步促进土壤团聚化，像滚雪球一样以生物炭为内核逐渐形成肥力聚集区。反过来，复合体对有机质和生物炭自身也将发挥保护作用，使得结构稳定性不断提高（陈颖等，2018）。有研究表明，施用3年后的陈化生物炭依然显著提高了稻麦轮作系统的土壤肥力，增加作物产量，而且比新鲜生物炭更能显著降低该系统的综合温室效应（吴震等，2018）。

生物炭的稳定性是相对的，并非在土壤中一成不变，随着时间的推移，在风化作用的影响下，生物炭的比表面积和吸附能力在经历了一定程度的提高后将不断减弱（Liu et al.，2018）。此外，作为土壤改良的因素之一，生物炭对土壤 pH 的影响和生物炭自身携带的磷、钾等养分进入土壤后就不断降低。在实地应用的第 3 年，生物炭就可能失去大部分阳离子（K^+、Na^+和 Ca^{2+}）（Guo et al.，2020）。

七、小结

综上所述，生物炭的陈化在一定时间内对其还田改土发挥的作用是积极的。在更长的时间尺度上，陈化对生物炭改土培肥作用的影响有可能呈现螺旋式快速上升（数年），而后又螺旋式缓慢下降（数十年、数百年）的过程。因此，当秸秆炭化还田成为一项常规的种植业技术措施时，无论是直接的生物炭还田还是以炭基农业投入品的形式还田，周期性、重复性的作业过程都有助于其改土效果的持续性和累加性。

随着生物炭的深度陈化或风化，生物炭与有机质或者无机矿物所形成的复合体稳定结构终将被破坏，有机物和无机矿物会被释放出来，进而形成一定的环境影响，并随着生物炭应用目标的不同而呈现出不同的重要性。

当以碳封存为主要目标时，土壤环境因素和微生物可能加速生物炭转化为气态二氧化碳，这需要在生物炭的碳排放预算研究中予以考虑（Kuppusamy et al.，2016）。同时，生物炭深度陈化后形成的微小颗粒（如生物炭纳米颗粒）将不可避免地进入土壤底层、地下水，甚至沉积物中，其环境效应还有待观察。与之相比，当以钝化重金属为主要目标时，炭土复合体的最终崩解将导致污染物向土壤的二次释放（Hussain et al.，2017）。当以降解有机污染物为目标时，生物炭微小颗粒可能携带未完全分解的污染物扩散到生物圈的其他地方。

上述问题已经得到诸多学者的关注，并逐渐成为生物炭安全性的重要议题之一。针对不同的应用场景，应当分门别类有序地推进生物炭技术发展与应用，既不能忽视风险，更不能以偏概全、因噎废食。在后续工作中，生物炭的陈化，或者说是生物炭的稳定性及其在土壤中的变化仍然需要给予足够重视，并须争取在以下几个方面寻求进展。

（1）提高陈化条件与现实土壤环境的拟合度

鉴于生物炭的长期稳定性，模拟陈化是当前最主要的研究手段，但其陈化条件，尤其是极端的温湿度、频繁的冻融与淋溶，可能难以客观反映土壤环境，试验结果的科学价值与指导意义有待提升。

（2）关注生物炭在土壤中的运移

现有的土柱或模拟多孔介质等研究方法为深入理解生物炭纳米颗粒在土壤中的运移等环境行为与效应提供了很多参考。但需要注意的是，土壤动物活动形成的大量孔隙难以在模拟环境中反映，而这可能是生物炭运移的重要途径之一。

（3）加强实证研究

秸秆炭化还田源于古老经验的现代认知。在百年甚至千年尺度上，各大洲均不乏相关的实践案例，即使是在生物炭研究兴起之后，生物炭还田的定位试验也有逾十年之久。因此，已具备加强实证研究的条件，其结果必然更有助于客观真实地理解生物炭陈化的生态环境效应。

参考文献

陈颖，刘玉学，陈重军，等. 2018. 生物炭对土壤有机碳矿化的激发效应及其机理研究进展[J]. 应用生态学报，29（1）：314-320.

鞠文亮，荆延德，刘兴. 2016. 生物炭陈化的研究进展[J]. 土壤通报，47（3）：751-757.

苗微. 2014.生物炭陈化对土壤养分和水稻生长的影响[D]. 沈阳：沈阳农业大学.

吴震，董玉兵，熊正琴. 2018. 生物炭施用3年后对稻麦轮作系统 CH_4 和 N_2O 综合温室效应的影响[J]. 应用生态学报，29（1）：141-148.

张文绪，向安强，邱立诚，等. 2006. 广东曲江马坝石峡遗址古稻研究[J]. 作物学报，32（11）：1695-1698.

Agegnehu G，Srivastava A K，Bird M I. 2017. The role of biochar and biochar-compost in improving soil quality and crop performance：A review[J]. Applied Soil Ecology，119：156-170.

Alozie N，Heaney N，Lin C. 2018. Biochar immobilizes soil-borne arsenic but not cationic metals in the presence of low-molecular-weight organic acids[J].Science of the Total Environment，630：1188-1194.

Ameloot N，Neve S D，Jegajeevagan K，et al. 2013. Short-term CO_2 and N_2O emissions and microbial properties of biochar amended sandy loam soils[J]. Soil Biology and Biochemistry，（57）：401-410.

Bird M I，Moyo C，Veenendaal E M，et al. 1999. Stability of elemental carbon in a savanna soil[J]. Global Biogeochemical Cycles，13（4）：923-932.

Borchard N，Schirrmann M，Cayuela M L，et al. 2019. Biochar，soil and land-use interactions that reduce nitrate leaching and N_2O emissions：a meta-analysis[J]. Science of the Total Environment，651：2354-2364.

Cao T，Chen W，Yang T，et al. 2017. Surface characterization of aged biochar incubated in different types of soil[J]. Bioresources，12（3）：6366-6377.

Chen C，Zhou W，Lin D. 2015. Sorption characteristics of N-nitrosodimethylamine onto biochar from aqueous solution.[J]. Bioresour Technology，179：359-366.

Cheng C H，Lehmann J，Engelhard M H. 2008. Natural oxidation of black carbon in soils：Changes in molecular form and surface charge along a climosequence[J]. Geochimica Et Cosmochimica Acta，72：1598-1610.

Cheng C H，Lehmann J，Thies J E，et al. 2006. Oxidation of black carbon by biotic and abiotic processes[J]. Organic Geochemistry，37（11）：1477-1488.

Cheng C H，Lehmann J. 2009. Ageing of black carbon along a temperature gradient[J]. Chemosphere，75（8）：1021-1027.

Clough T，Condron L，Kammann C，et al. 2013. A review of biochar and soil nitrogen dynamics[J]. Agronomy，3（2）：275-293.

de la Rosa J M，Rosado M，Paneque M，et al. 2018. Effects of aging under field conditions on biochar structure and composition：implications for biochar stability in soils[J]. Science of the Total Environment，613-614：969-976.

Dong X，Li G，Lin Q，et al. 2017. Quantity and quality changes of biochar aged for 5 years in soil under field conditions[J]. CATENA，159：136-143.

Fang Y，Singh B，Singh B P，et al. 2014. Biochar carbon stability in four contrasting soils[J]. European Journal of Soil Science，65（1）：60-71.

Fang Y，Singh B，Singh B P. 2015. Effect of temperature on biochar priming effects and its stability in soils[J]. Soil Biology and Biochemistry，80：136-145.

Forbes M S，Raison R J，Skjemstad J O. 2006. Formation，transformation and transport of black carbon（charcoal） in terrestrial and aquatic ecosystems[J]. Science of the Total Environment，370（1）：190-206.

Glaser B，Lehmann J，Zech W. 2002. Ameliorating physical and chemical properties of highly weathered soils in the tropics with charcoal - a review[J]. Biology and Fertility of Soils，35（4）：219-230.

Guo X X，Liu H T，Zhang J. 2020. The role of biochar in organic waste composting and soil improvement：A review[J]. Waste Management，102：884-899.

Guo Y，Tang W，Wu J，et al. 2014. Mechanism of Cu（II） adsorptioninhibition on biochar by its aging process [J]. Journal of Environmental Sciences，26（10）：2123-2130.

Hagemann N，Joseph S，Schmidt H P，et al. 2017a. Organic coating on biochar explains its nutrient retention and stimulation of soil fertility[J]. Nature Communications，8（1）：1089.

Hagemann N，Kammann C，Schmidt H P，et al. 2017b. Nitrate capture and slow release in biochar amended compost and soil[J]. Plos One，12（2）：e0171214.

Hale S E，Hanley K，Lehmann J，et al. 2011. Effects of chemical，biological，and physical aging as well as soil additionon the sorption of pyrene to activated carbon and biochar [J].Environmental Science & Technology，45（24）：10445-10453.

Han L，Ro K S，Yu W，et al. 2017. Oxidation resistance of biochars as a function of feedstock and pyrolysis condition.[J]. Science of the Total Environment，616-617：335-344.

Han L，Sun K，Jin J，et al. 2016. Some concepts of soil organic carbon characteristics and mineral interaction from a review of literature[J]. Soil Biology and Biochemistry，94：107-121.

Han L F，Sun K，Yang Y，et al. 2020. Biochar's stability and effect on the content，composition and turnover of soil organic carbon[J]. Geoderma，364：114184.

Hilscher A，Hagedorn F，Knicker H. 2006. Incorporation of black carbon into soil organic matter of forested high-elevation soils in Switzerland[J]. Geophysical Research Abstract，8：06544.

Hockaday W C，Grannas A M，Kim S，et al. 2007. The transformation and mobility of charcoal in a fire-impacted watershed[J]. Geochimica Et Cosmochimica Acta，71（14）：3432-3445.

Hussain M，Farooq M，Nawaz A，et al. 2017. Biochar for crop production：potential benefits and risks[J]. Journal of Soils and Sediments，17（3）：685-716.

Inyang M，Dickenson E. 2015. The potential role of biochar in the removal of organic and microbial contaminants from potable and reuse water：a review[J]. Chemosphere，134：232-240.

Inyang M，Gao B，Pullammanappallil P，et al. 2010. Biochar from anaerobically digested sugarcane bagasse[J]. Bioresource Technology，101（22）：8868-8872.

Joseph S，Peacocke C，Lehmann J，et al. 2009. Developing a biochar classification and test methods[M] // Lehmann J，Joseph Earthscan S. Biochar for Environmental Management Science and Technology. London：Earthscan，107-126.

Joseph S D，Camps-Arbestain M，Lin Y，et al. 2010. An investigation into the reactions of biochar in soil[J]. Australian Journal of Soil Research，48（7）：501-515.

Koltowski M，Charmas B，Skubiszewska-Zieba J，et al. 2017. Effect of biochar activation by different methods on toxicity of soil contaminated by industrial activity[J]. Ecotoxicology & Environmental Safety，136：119-125.

Kookana R S. 2010. The role of biochar in modifying the environmental fate，bioavailability，and efficacy of pesticides in soils：a review[J]. Australian Journal of Soil Research，48（6-7）：627-637.

Kuppusamy S，Thavamani P，Megharaj M，et al. 2016. Agronomic and remedial benefits and risks of applying biochar to soil：current knowledge and future research directions[J]. Environment International，87：1-12.

Kuzyakov Y，Bogomolova I，Glaser B. 2014. Biochar stability in soil：decomposition during eight years and transformation as assessed by compound-specific ^{14}C analysis[J]. Soil Biology and Biochemistry，70：229-236.

Lehmann J. 2007. A handful of carbon.[J]. Nature，447（7141）：143-144.

Leng L，Huang H，Li H，et al. 2018. Biochar stability assessment methods：a review[J]. Science of the Total Environment，647：210-222.

Li H，Lu X，Xu Y，et al. 2019. How close is artificial biochar aging to natural biochar aging in fields？ A meta-analysis[J]. Geoderma，352：96-103.

Liu Y，Lonappan L，Brar S K，et al. 2018. Impact of biochar amendment in agricultural soils on the sorption，desorption，and degradation of pesticides：a review[J]. Science of the Total Environment，645：60-70.

Liu Y，Sohi S P，Jing F，et al. 2019. Oxidative ageing induces change in the functionality of biochar and hydrochar：Mechanistic insights from sorption of atrazine[J]. Environmental Pollution，249：1002-1010.

Luo Y，Durenkamp M，Nobili M D，et al. 2011. Short term soil priming effects and the mineralisation of biochar following its incorporation to soils of different pH[J]. Soil Biology and Biochemistry，43（11）：2304-2314.

Major J，Lehmann J，Rondon M，et al. 2010. Fate of soil-applied black carbon：downward migration，leaching and soil respiration[J]. Global Change Biology，16（4）：1366-1379.

Masek O，Brownsort P，Cross A，et al. 2013. Influence of production conditions on the yield and environmental stability of biochar[J]. Fuel，103：151-155.

Mia S，Dijkstra F A，Singh B. 2017. Aging induced changes in biochar's functionality and adsorption behavior for phosphate and ammonium[J]. Environmental Science & Technology，51（15）：8359-8367.

Mia S，Dijkstra F A，Singh B. 2018. Enhanced biological nitrogen fixation and competitive advantage of legumes in mixed pastures diminish with biochar aging[J]. Plant and Soil，424（1-2）：639-651.

Mukherjee A，Zimmerman A，Cooper W，et al. 2014. Physicochemical changes in pyrogenic organic matter（biochar） after 15 months of field aging[J]. Solid Earth，5：693-704.

Ng E L，Patti A F，Rose M T，et al. 2014. Functional stoichiometry of soil microbial communities after amendment with stabilised organic matter[J]. Soil Biology and Biochemistry，76：170-178.

Nguyen B T，Lehmann J，Hockaday W C，et al. 2010. Temperature sensitivity of black carbon decomposition and oxidation[J]. Environmental Science & Technology，44（9）：3324-3331.

Qian L，Chen B. 2014. Interactions of aluminum with biochars and oxidized biochars：implications for the biochar aging process[J]. Journal of Agricultural & Food Chemistry，62（2）：373-380.

Rajapaksha A U，Chen S S，Tsang D C W，et al. 2016. Engineered/designer biochar for contaminant removal/immobilization from soil and water：potential and implication of biochar modification[J]. Chemosphere，148：276-291.

Shi K，Xie Y，Qiu Y. 2015. Natural oxidation of a temperature series of biochars：opposite effect on the sorption of aromatic cationic herbicides[J]. Ecotoxicology & Environmental Safety，114：102-108.

Singh B P，Cowie A L，Smernik R J. 2012. Biochar carbon stability in a clayey soil as a function of feedstock and pyrolysis temperature[J]. Environmental Science & Technology，46（21）：11770-11778.

Suliman W，Harsh J B，Abu-Lail N I，et al. 2016. Modification of biochar surface by air oxidation：Role of pyrolysis temperature[J]. Biomass and Bioenergy，85：1-11.

van de Voorde T F J，Bezemer T M，Van Groenigen J W，et al. 2014. Soil biochar amendment in a nature restoration area：effects on plant productivity and community composition[J]. Ecological Applications，24（5）：1167-1177.

Villacanas F，Pereira M F R，Orfao J J M，et al. 2006. Adsorption of simple aromatic compounds on activated carbons[J]. Journal of Colloid & Interface Science，293（1）：128-136.

Yadav V，Jain S，Mishra P，et al. 2019. Amelioration in nutrient mineralization and microbial activities of sandy loam soil by short term field aged biochar[J]. Applied Soil Ecology，138：144-155.

Yang F，Zhao L，Gao B，et al. 2016. The interfacial behavior between biochar and soil minerals and its effect on biochar stability[J]. Environmental Science & Technology，50（5）：2264-2271.

Yang Y N，Sheng G Y. 2003. Enhanced pesticide sorption by soils containing particulate matter from crop residue burns[J]. Environmental Science & Technology，37（16）：3635-3639.

Yao F X，Arbestain M C，Virgel S，et al. 2010. Simulated geochemical weathering of a mineral ash-rich biochar in a modified Soxhlet reactor[J]. Chemosphere，80（7）：724-732.

Yuan J H，Xu R K，Hong Z. 2011. The forms of alkalis in the biochar produced from crop residues at different temperatures[J]. Bioresource Technology，102（3）：3488-3497.

第二篇

生物炭对土壤的影响

第五章 生物炭对土壤理化性质的影响

土壤肥力，是衡量土壤能够提供作物生长所需的各种养分的能力。它是反映土壤肥沃性的重要指标，是土壤各种基本性质的综合表现，是土壤区别于成土母质和其他自然体的最本质的特征，也是土壤作为自然资源和农业生产资料的物质基础。

土壤肥力是一种属性，并非土壤的物质组成，而是土壤内在的物质、结构和理化性质与外界环境条件综合作用的结果，包括养分、物理、化学和生物四大肥力因子。凡是作用于土壤物理、化学、生物性质的因素（如土壤质地、结构、水分状况、温度状况、生物状况、有机质含量、pH 等）都会对土壤肥力造成一定影响。

土壤肥力包括自然肥力、人工肥力和二者相结合形成的经济肥力。自然肥力是在土壤母质、气候、生物、地形、时间等自然因素的作用下形成的土壤肥力，是土壤的物理、化学和生物特征的综合表现。它的形成和发展，取决于各种自然因素质量、数量及其组合适当与否。人工肥力是指通过人类生产活动，如耕作、施肥、灌溉、土壤改良等人为因素作用下形成的土壤肥力。在同一土壤上自然肥力与人工肥力的结合形成了经济肥力，为人类生产出充裕的农产品提供了保障。

在农业生产中，能为植物或农作物即时利用的自然肥力和人工肥力称作“有效肥力”，不能即时利用的称作“潜在肥力”。两者之间没有截然的界限，在一定条件下可以相互转化。如黏质土的有机质含量高，氮、磷、钾养分含量丰富，潜在肥力较高。但是，因通气不良、养分转化缓慢、有效养分含量低而影响作物生长。客土、施用有机肥、中耕等措施可促使潜在肥力向有效肥力转化。

秸秆炭化还田的根本目标是实现土壤改良和培肥，与土壤肥力因子密切相关，包括：

（1）养分因素。指土壤养分的贮量、强度和容量，主要取决于土壤矿物质及有机质的数量和组成。就世界范围而言，多数矿质土壤中的氮、磷、钾三要素的含量分别是 0.02%～0.50%、0.01%～0.20%和 0.20%～3.3%。中国一般农田的养分含量分别是氮 0.03%～0.35%、磷 0.01%～0.15%、钾 0.25%～2.70%。但土壤向植物提供养分的能力并不直接决定于土壤养分的贮量，而是决定于养分有效性的高低，而某种营养元素在土壤中的化学位又是决定该元素有效性的主要因素，往往用其在土壤溶液中的浓度或活度表示。

由于土壤溶液中各营养元素的浓度均较低，它们被植物吸收以后，必须迅速得到补充，才能使其在土壤溶液中的浓度即强度因素维持在一个必要的水平上。所以，土壤养分的有效性还取决于能进入土壤溶液中的固相养分元素的数量，通常称为容量因素，常指呈代换态的养分的数量。土壤养分的实际有效性，即实际能被植物吸收的养分数量，还决定于其能否到达植物根系表面，受到植物根系对养分的截获、养分的质流和扩散 3 个方面过程的影响。

（2）物理因素。指土壤的质地、结构、孔隙度、水分和温度等。它们影响土壤的含氧量、氧化还原性和通气状况，从而影响土壤中养分的转化速率和存在状态、土壤水分的性质和运行规律以及植物根系的生长力和生理活动。物理因素对土壤中水、肥、气、热各个方面的变化有明显的制约作用。

（3）化学因素。指土壤的酸碱度、阳离子吸附及交换性能、土壤还原性物质、土壤含盐量以及其他有毒物质的含量等。它们直接影响植物生长和土壤养分的转化、释放及有效性。一般而言，在极端酸碱环境、有大量可溶性盐类存在或有大量还原性物质及其他有毒物质存在的情况下，大多数作物都难以正常生长。土壤阳离子吸附和交换性能的强弱对于土壤保肥性能有很大影响。

土壤酸度通常与土壤养分有效性有一定关联。如土壤磷素在 pH 为 6 时有效性最高，当介质 pH 低于或高于 6 时，其有效性明显下降；土壤中锌、铜、锰、铁、硼等营养元素的有效性一般随土壤 pH 的降低而提高，但钼则相反。土壤中某些离子过多或不足，对土壤肥力也会产生不利影响。例如，钙离子不足会降低土壤团聚体稳定性，使其结构被破坏，土壤的透水性因而降低；铝、氢离子过多，会使土壤呈酸性，产生铝离子毒害；钠离子过多会使土壤呈碱性，产生钠离子毒害，都不利于植物生长。

（4）生物因素。指土壤中的微生物及其生理活性。它们对土壤氮、磷、硫等营养元素的转化和有效性具有重要作用，主要表现在：①促进土壤有机质的矿化，增加土壤中有效氮、磷、硫的含量；②进行腐殖质的合成，增加土壤有机质含量，提高土壤保水保肥性能；③进行生物固氮，增加土壤中有效氮的来源。

土壤物理性质包括土壤结构和孔隙性、土壤水分、土壤空气、土壤热量和土壤耕性等。其中，水分、空气和热量是土壤肥力的构成要素，其余的物理性质则通过影响土壤水、气、热制约着土壤微生物的活动和矿质养分的转化、存在形态及其供给等，进而对土壤肥力状况产生间接影响。土壤化学性质包括酸碱性、缓冲性、氧化还原性、吸附性、表面电化学性质与胶体性能等。除土壤酸度和氧化还原性对植物生长产生直接影响以外，土壤化学性质主要是通过对土壤结构状况和养分状况的干预间接影响植物生长。

土壤理化性质除受自然成土因素影响外，人类的耕作活动（包括耕作、灌排、施肥等）也能使之发生深刻变化。因此，可在一定条件下，通过农业措施、水利建设以及化学方法等进行土壤改良、调节和控制。生物炭是在亚高温条件下缺氧热解而成，具备丰富的孔隙结构和较强的生化稳定性，生物炭还田对土壤的保肥能力、缓冲能力、自净能力和养分循环等有显著影响。

本章及后续章节主要从土壤理化性质、土壤生物学和土壤养分三个方面入手，概括和总结当前秸秆炭化还田暨生物炭改土培肥研究进展。

一、土壤容重、孔隙度

土壤容重、孔隙度可以衡量土壤质地和结构状况，可视为土壤熟化程度指标，熟化程度高的土壤容重小而孔隙度大。土壤容重是土壤紧实度的反映，土壤容重降低一般表明土壤结构得到改善。

生物炭质轻、多孔，施入土壤后能够显著改变土壤容重，其原理类似于土壤改良方法中的客土法。此外，生物炭表面的官能团有助于促进土壤团聚化，形成多孔隙的土壤，容重也会相应下降。一般来说，土壤容重随着生物炭还田用量的增加而显著降低。

以我国东北地区广泛分布的典型障碍性土壤白浆土为例（图 5-1），其白浆层是由粉砂（粒径 0.01～0.05 mm）和黏粒（粒径＜0.001 mm）形成的致密结构，砂黏比高达 1.7 以上，其体积比非常接近构成最密充填的理想比例。在白浆层中添加生物炭，如图 5-2 所示，当生物炭用量为 66.7 g/kg 时，白浆层的容重就可以降低到 1.00 g/cm^3，较无生物炭添加时（1.39 g/cm^3）降低 28.06%。更多地添加生物炭还将进一步降低白浆层容重。

图 5-1 黑龙江省草甸白浆土剖面

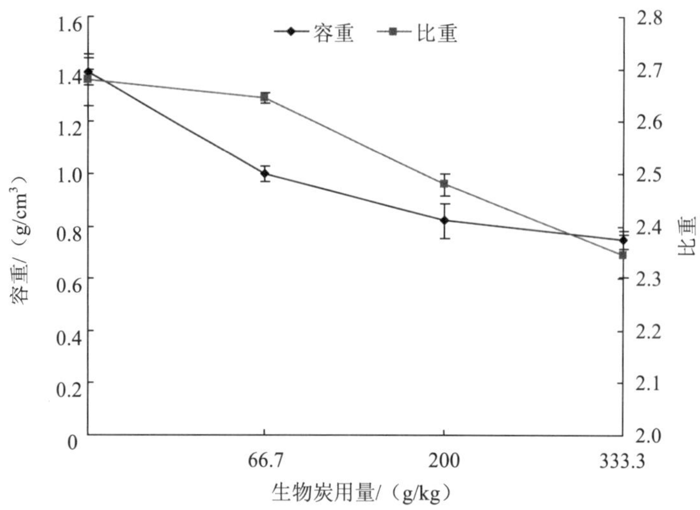

图 5-2　生物炭对白浆层容重、比重的作用

在棕壤大豆田中（图 5-3），也可以观察到生物炭降低土壤容重的明显效果，且在大豆生长季内不同生育期时均有体现，当生物炭用量达到 6 000 kg/hm^2 时土壤容重降低幅度达 12.4%，但这种趋势在作物生长后期有所弱化。

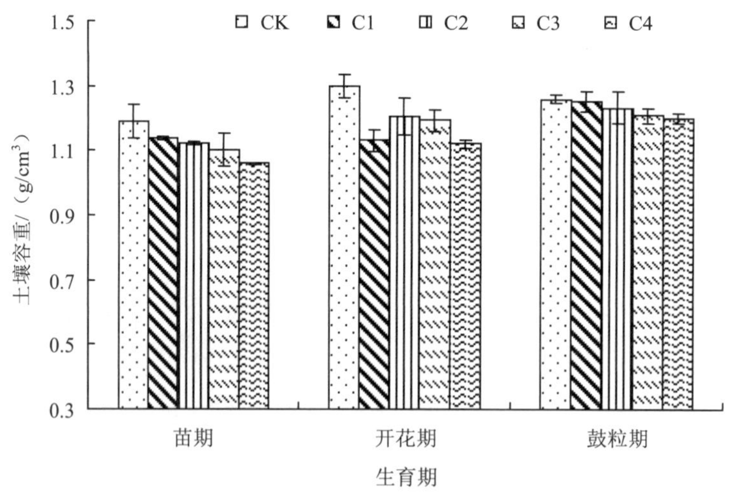

图 5-3　生物炭对不同时期土壤容重的影响

注：CK—无施炭处理；C1—施炭 750 kg/hm^2；C2—施炭 1 500 kg/hm^2；C3—施炭 3 000 kg/hm^2；C4—施炭 6 000 kg/hm^2。

土壤孔隙是土壤结构性的反映，在土壤物理、化学和生物过程中发挥着关键作用，影响有机物质在微生物作用下的分解与固定、土壤微生物活动的环境条件，以及土壤中气体与水和养分的运移等（Katuwal et al.，2020；Yu et al.，2020；Gregory et al.，2014）。

土壤孔隙的多少影响土壤的吸热、导热、持水性及土壤肥力等，从而影响作物生长。

生物炭的密度和容重远低于土壤，并且孔隙结构发达、比表面积大。因此，生物炭的施入可以增加土壤孔隙度，能有效改善土壤通气状况。有学者在植烟土壤中连续施用生物炭，发现土壤孔隙度明显提高、微生物活性和土壤团聚性增强，从而达到改善土壤结构的效果（陈红霞等，2011）。张伟明等（2020）以 40 g/kg 的生物炭用量改良砂壤土，结果表明其容重降幅达 0.14 g/cm^3，总孔隙度增加 13.20%，通气孔隙度增加 38.27%，毛管孔隙度也有所提高。Zhang 等（2020）研究发现，在土壤中施用生物炭后，在容重降低 9%的同时，总孔隙率从 45.7%增加到 50.6%。Blanco-Canqui 等（2020）分析并总结全球范围内发表的生物炭相关研究，结果显示生物炭的施用能够增加土壤孔隙度 2%～41%。生物炭之所以能够增加土壤孔隙度，主要是由于其能够促进土壤团聚体的形成和土壤矿物颗粒之间的相互作用，同时缓解土壤压实。

以白浆土为例，其白浆层结构致密，大孔隙含量低，降水量大时耕层中的大量水分难以通过白浆层，致使白浆土涝灾频发，这是白浆土上限制作物生长的最重要的原因之一。当添加生物炭后，白浆层的致密结构被打破，生物炭自身含有的大量孔隙在经历了一个完整的生长季后仍然得到了较好的保存，清晰可见。同时，生物炭与白浆层结构体之间也产生了一定的孔隙，充分发挥了“物理分隔”作用，提高了土壤孔隙度。这些积极效果通过 SEM（图 5-4、图 5-5）和电子计算机断层扫描（CT）（图 5-6）都可以清楚地呈现出来。随着生物炭用量的增加，白浆层的总孔隙度呈增加的趋势，当生物炭用量分别为 66.7 g/kg、200.0 g/kg、333.3 g/kg 时，总孔隙度分别为 6.26%、13.73%、27.58%，分别较无生物炭添加时（4.31%）提高 45.24%、218.56%、539.91%。

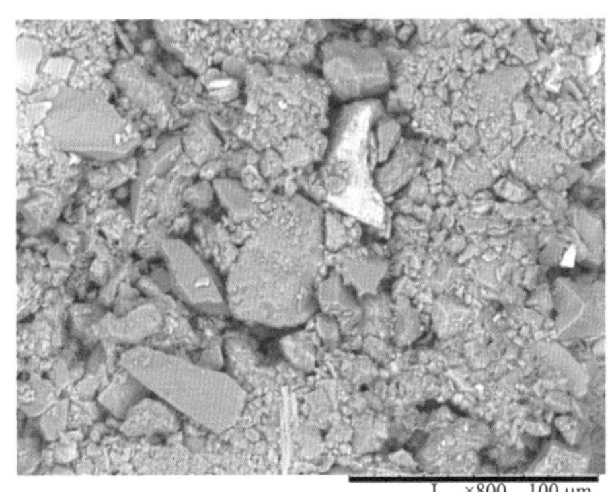

图 5-4　白浆层 SEM 扫描图像（CK）

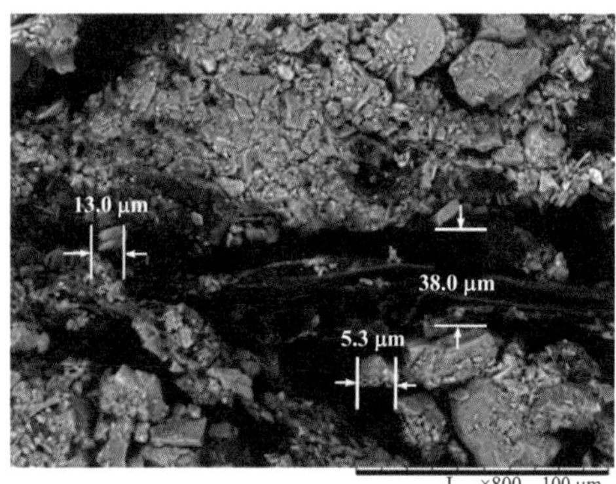

图 5-5　施炭的白浆层 SEM 扫描图像

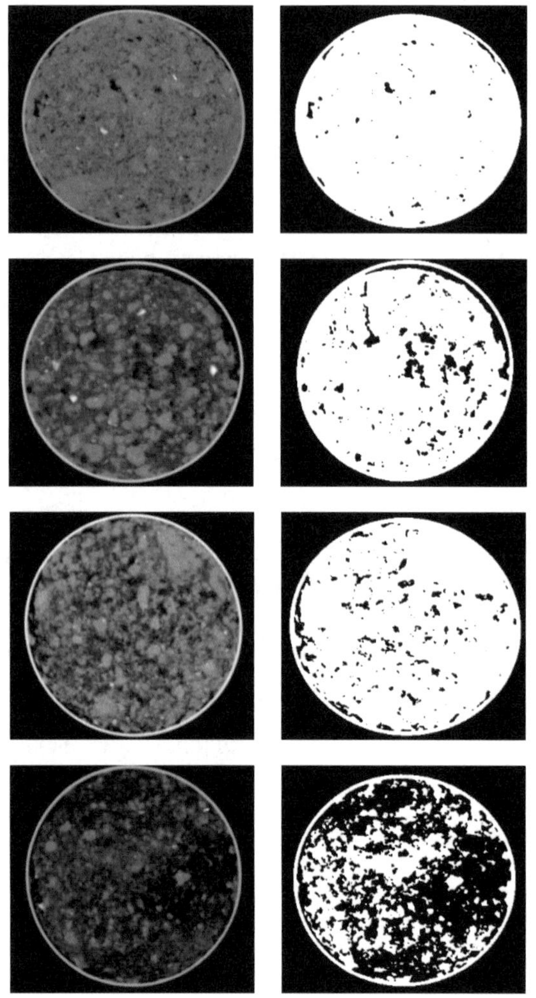

图 5-6 生物炭添加对白浆层结构影响的 CT 原始图像（左）和二值化图像（右）

注：由上至下生物炭用量分别为 0、66.7 g/kg、200.0 g/kg、333.3 g/kg。

在棕壤大豆田中，如图 5-7 所示，随着施炭量的增加，土壤总孔隙度呈上升趋势。其中，通气孔隙度平均提高了 24.58%，介于 14.68%～38.27%（图 5-8）。

但是，与棕壤和白浆土有所区别，在水田中未观察到孔隙度随生物炭用量增加而增加的趋势。其中，半量秸秆炭化还田增加了 6.8%的土壤总孔隙度，而全量秸秆炭化还田仅增加了 2.3%。这可能与生物炭的类型、粒径大小不同有关，也可能受到水饱和条件下颗粒有机碳迁移能力的影响。在稻田淹水环境中，一些小粒径的生物炭进入土壤大孔隙中可能在一定程度上抵消了生物炭自身孔隙的正向作用。

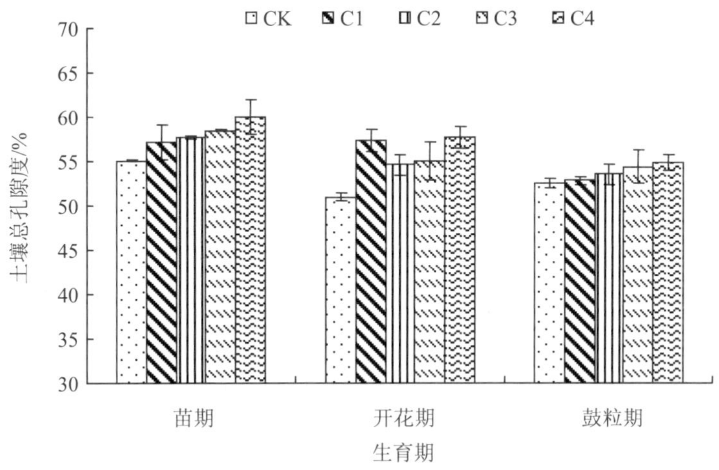

图 5-7　生物炭对土壤总孔隙度的影响

CK—不施炭处理；C1—施炭 750 kg/hm²；C2—施炭 1 500 kg/hm²；C3—施炭 3 000 kg/hm²；C4—施炭 6 000 kg/hm²

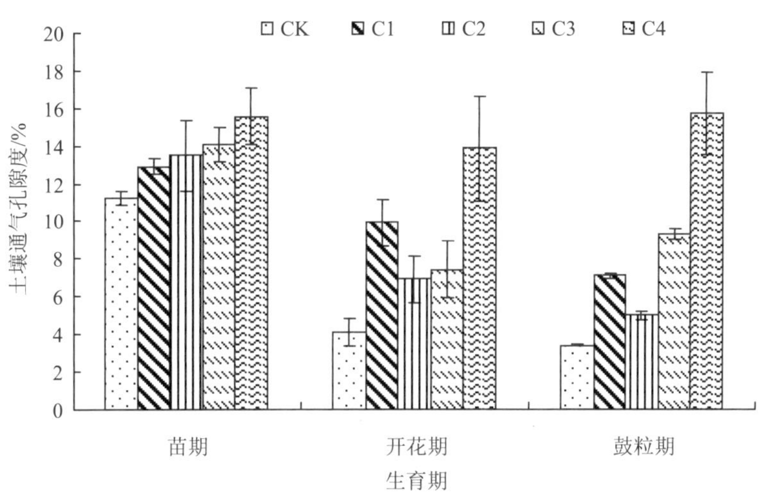

图 5-8　生物炭对土壤通气孔隙度的影响

CK—不施炭处理；C1—施炭 750 kg/hm²；C2—施炭 1 500 kg/hm²；C3—施炭 3 000 kg/hm²；C4—施炭 6 000 kg/hm²

近年来的一些研究也发现，生物炭可能降低了土壤孔隙度（Fan et al.，2020）或者对土壤的孔隙分布没有显著影响（Obour et al.，2020a）。Fan 等（2020）基于 6 年的稻麦轮作长期定位试验，针对不同秸秆还田方式（秸秆直接还田、秸秆炭化还田和秸秆混合猪粪腐解后还田）配施化肥的土壤，通过 CT 扫描技术进行孔隙结构分析，结果显示，与其他处理相比，秸秆炭化还田处理显著降低了土壤孔隙度、大于 500 μm 和 500～100 μm 的大孔隙、孔隙连通度、分形维数等土壤孔隙结构参数。而 Obour 等（2020b）基于三年的试验，发现生物炭的施用并没有显著改变土壤的孔隙结构，认为需要增加生物炭施用量或者在更长的年限之后生物炭的作用才能体现出来。

施用生物炭不仅可以增加土壤总孔隙度，而且可以改变土壤孔隙分布。生物炭的孔隙源于细胞分室结构和细胞壁中纤维素、半纤维素、木质素和果胶等分子结构的变化，既包括微米级孔隙也包括纳米级孔隙。因此，生物炭自身的孔隙分布范围较土壤来说更为广泛（Sun et al.，2014），其还田后会在一定程度上改变土壤的孔隙结构分布范围，特别是中等孔隙和小孔隙的分布比例，进而对水、气、热的流动表现出更显著的影响。

就白浆土的白浆层而言（表 5-1），随着生物炭用量的增加，通气孔隙度呈逐渐增加趋势，当生物炭用量分别为 66.7 g/kg、200.0 g/kg、333.3 g/kg 时，通气孔隙度分别为 23.47%、27.85%、30.39%，分别较 CK（16.46%）增加 42.59%、69.20%、84.63%。但是，与此同时，与土壤水分吸持能力关系密切的毛管孔隙度则呈先增加后降低趋势，当生物炭用量分别为 66.7 g/kg、200.0 g/kg、333.3 g/kg 时，毛管孔隙度分别为 26.76%、28.75%、28.07%，分别较 CK（20.23%）增加 32.28%、42.12%、38.75%。同时，无效孔隙度也呈先增加后降低的趋势。

表 5-1 生物炭对白浆层各级孔隙度的作用

生物炭用量/（g/kg）	总孔隙度/%	通气孔隙度/%	毛管孔隙度/%	无效孔隙度/%
CK	48.17c	16.46c	20.23b	11.48b
66.7	62.27b	23.47b	26.76a	12.04b
200.0	66.77a	27.85a	28.75a	10.17a
333.3	68.16a	30.39a	28.07a	9.70a

注：同列数据后不同小写字母表示处理间差异达 5%显著水平，下同。

二、土壤水分

一般认为，土壤孔隙在数十微米时水分即可运动（30 μm）（Wang et al.，2019）。根据美国土壤学会的定义，大于 80 μm 的大孔隙可促进重力水的快速运输（Chrysikopoulos et al.，2015）；30～80 μm 的中孔隙中水分根据水势移动；当孔隙小于 30 μm 时，水分在微孔中被固定。生物炭的孔隙结构复杂，既包括微米级孔隙也包括纳米级孔隙，既可以促进水分融通，也可以吸持水分，将在正反两个方向上同时影响土壤水的有效性。需要指出的是，从材料学的角度来看，生物炭的孔隙一般定义为微孔隙小于 2 nm，中孔隙为 2～50 nm，大孔隙大于 50 nm（Meyer et al.，2017），这也是比表面积和孔径分析仪常见的测量范围。

生物炭孔隙丰富，施入农田后有利于增加土壤的总孔隙度、毛管孔隙度和通气孔隙度，从而提高土壤田间持水量和有效水含量，这对增加作物根系对土壤水分和水溶性矿质养分的利用效率具有重要意义（Yamauchi et al.，2020；Wang et al.，2019）。有研究表明，施用生物炭能够降低可排水孔隙的分布比例（Hansen et al.，2016）、增加中等孔径的孔隙分布比例（Li et al.，2020a），而中等孔隙的增加会提高土壤的保水能力。

生物炭对土壤持水性的影响与土壤质地和施炭方式有关。如在沙土和黏质土壤中施入等量的生物炭，沙土的持水率显著提高而黏质土壤的持水率减小。武玉等（2014）研究发现，随着沙土失水变干，存在于生物炭微孔结构中的水和可溶性营养物质会缓慢释放。田丹（2013）将秸秆炭和花生壳炭分别按5%、10%和15%比例施入砂土和粉砂壤土中进行水平土柱试验，结果显示，两类生物炭处理分别使土壤水分扩散率降低了 52%～89%和 83%～96%，从而显著提高了两类土壤的持水能力并有效控制水分入渗，这可能是由于在生物炭作用下土壤孔隙度增大而使水分扩散率减小。然而，生物炭施用量与土壤持水量并非简单的正相关。研究表明，在砂质壤土和壤质沙土中施入生物炭后，土壤持水量均升高，但这种积极效果仅在一定施炭量限度内产生，超过 80 t/hm^2 的添加量后反而会降低土壤持水量（高海英等，2011）。

微小细碎的生物炭颗粒可能会堵塞土壤孔隙，造成土壤水渗透率降低。但是，目前对此种机制还缺乏试验证实，因此不同孔径的生物炭对土壤性质造成的影响还不甚明确。在沙壤土中，体积含水量会因基质势的增加而迅速下降。生物炭颗粒可以和黏土一样持留大量水分，即便在基质势很高的时候。这样，养分就能更多地保留在土壤表面并供给植物利用。

另有证据显示，新鲜制备的生物炭具有表面疏水性，使土壤初始导水率下降，有试验对松林野火后矿质土壤表面木炭和枯枝落叶的水滴渗透时间进行了测定，发现前者的渗透时间远长于后者（Clow et al.，2011）。而经过一段时间的陈化后，生物炭可通过表面官能团的变化而逐渐显示出亲水特性，持水率随着生物炭颗粒表面氧化和羧基基团的增多而提高（Atkinson，2018），在土壤中起到保持水分等作用。有研究认为，生物炭的吸湿能力比其他土壤有机质高 1～2 个数量级。Liu 等（2012）研究发现，在巴西亚马孙地区，富含生物炭土壤的水分含量较邻近的无炭土壤高 18%。文曼（2012）的研究结果表明，生物炭对砂土持水性能的作用最明显，当土壤水吸力为 800 kPa 时，生物炭添加量为 150 g/kg 的处理其水分含量为 18%，是对照的 4.5 倍，这可能是因为生物炭增加了砂土的比表面积和极性基团数量。

【研究案例：东北白浆土】

1. 入渗

土壤入渗是指降水或灌溉水从土壤表面渗入土壤形成土壤水的过程，是降水、地面水、土壤水和地下水相互转化的重要环节（张治伟等，2010；雷廷武等，2006）。土壤入渗性能不仅是评价土壤水源涵养作用的重要指标，也是评价土壤抗侵蚀能力的评价指标，是土壤水分研究的重要内容（符素华，2005）。

白浆土表层的渗透性能良好，但白浆层的大孔隙度低、导水率低，水分渗透系数仅为 0.008～0.07 m/d，远低于表层。降水集中时，白浆层透水困难，加之白浆土分布区域往往坡度较缓（1°～3°），大量积水既不易向下层渗透，也不易在耕层侧渗排出，经常发生严重涝灾（霍云鹏，1983）。生物炭可以改变土壤的结构、质地、孔隙度和颗粒组成（Joseph et al.，2010），更重要的是生物炭具备发达的孔隙结构，可以在土壤中长期稳定地存在，增强土壤的渗透性（Hafez et al.，2020）。

研究结果表明，随着生物炭用量的增加，白浆层水分初渗率、平均渗透率、稳渗率、100 min 渗透总量、饱和渗透系数均呈大幅增加趋势，差异达到显著或极显著水平。在累计入渗量的研究中发现，随着生物炭用量的增加，白浆层 100 min 的累计入渗量分别为 71.13 mL、233.39 mL、590.09 mL，分别为 CK（46.50 mL）1.54 倍、5.05 倍、12.76 倍，其中 333.33 g/kg 的处理与 CK 达到极显著差异（表 5-2）。

表 5-2 生物炭对白浆层水分入渗性能的影响

生物炭用量/（g/kg）	初渗率/（mm/min）	稳渗率/（mm/min）	平均速率/（mm/min）	100 min 累计入渗量/mL	10℃饱和导水率/（mm/min）
CK	0.26	0.20	0.25	46.50	0.10
66.7	0.42	0.33	0.37	71.13	0.15
200.0	1.56	1.08	1.22	233.39	0.49
333.3	4.67	2.41	3.31	590.09	1.25

在瞬时入渗速率的研究中发现，对于 333.3 g/kg 生物炭还田用量处理而言，在开始的 10 min 内，样品水分含量较低，基质势大，所以初始瞬时速率大。10 min 以后，样品含水量逐渐增加，白浆层基质吸力下降，瞬时入渗速率降低。随着水分入渗时间的继续延长，白浆层基质吸力趋于零，此时水分入渗主要受重力势能影响，入渗速率在 60 min 后趋于平稳。生物炭添加量越少，进入稳定入渗阶段所需的时间越短。对于 CK 而言，初始阶段的瞬时入渗速率反倒低于后续阶段（图 5-9）。

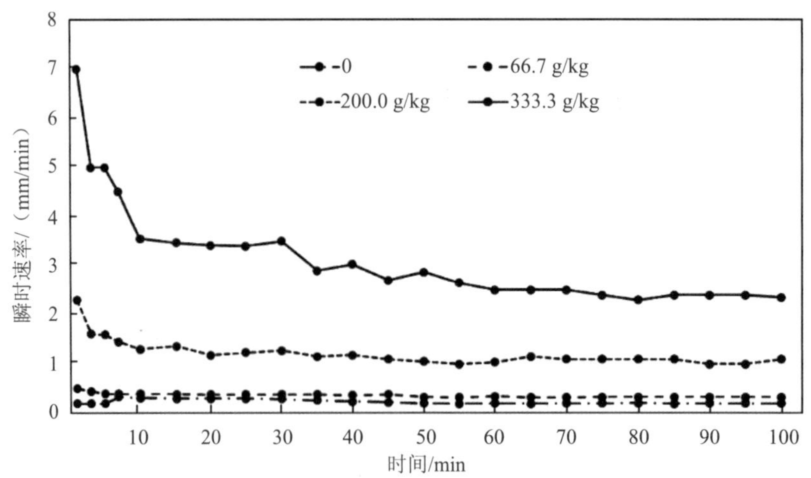

图 5-9 生物炭对白浆层水分瞬时入渗速率的影响

上述结果说明，生物炭可以有效增强白浆层的水分入渗性能，解决对表层水分的“阻隔”问题。同时表层水分易于向白浆土底层渗透，可以增强底层土壤的水分涵养，同时也有助于缓解白浆土表土层的流失。

2．持水

土壤的持水能力反映了土体中孔隙水变化的难易程度。土—水特征曲线（soil-water characteristic curve）是衡量土体持水能力的重要指标，通常利用基质吸力随含水率变化的关系曲线来表述（Tian et al.，2021）。研究非饱和土壤的持水能力是研究其中气、水存在形态以及运动规律的基础。

脱水试验结果表明，随着生物炭用量的增加，白浆层各级土壤吸力的水分含量均呈显著或极显著的增加趋势，各级吸力下的持水量有效提高，有助于缓解耕层干旱（图 5-10）。

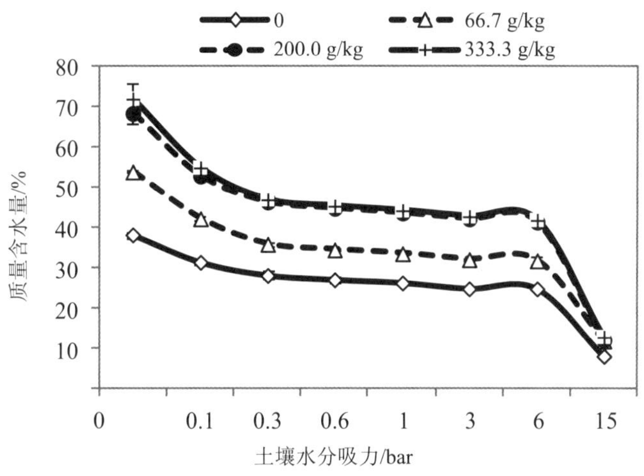

图 5-10　白浆层水分特征曲线

注：1 bar=10^5 Pa。

Gardner 的幂函数经验公式 $\psi = aS_{WC}^{-b}$ 适合模拟我国大部分土壤类型的水分含量与土壤水吸力之间的关系（刘思春等，1996）。式中，ψ 为土壤水吸力（单位为 bar，取绝对值），S_{WC} 为土壤持水量。经转换可得出以 S_{WC} 为因变量的关系式：$S_{WC} = a\psi^{-b}$。式中，若 ψ=1 bar，则 $S_{WC} = A$。可见模型中的参数 A 是土壤水势为-1×10^5 Pa 时的含水量。

参数 A 表示持水能力的大小，A 值越大，表示持水能力越强。参数 B 则反映了土壤水势值变化时，土壤含水量变化的快慢程度，B 值越大土壤含水量变化越快（王孟本等，1996）。如表 5-3 所示，A 值和 B 值均随着生物炭用量的增加而逐渐升高，说明生物炭增加了白浆层的持水能力，而且在一定土壤水势变化范围内，生物炭也会使白浆层的水分含量变化速率小幅度加快。

表 5-3 不同处理的 Gardner 土壤水分特征模型参数

生物炭用量/（g/kg）	*A*	*B*
0	24.789	0.130
66.7	32.127	0.132
200.0	40.996	0.134
333.3	41.730	0.137

根据茹林公式 $d=3/p$（式中，d 为与吸力相当的土壤孔隙直径；p 为所施加吸力的厘米水柱高）可以间接反映出土壤孔隙大小分布情况，求得土壤当量孔隙，即一定土壤水吸力（S）范围内的土壤相应孔隙中所保持的水量，可在一定程度上反映土壤持水特性、土壤水分有效性及其移动性。生物炭还田后，可以有效增加白浆层的各级当量孔隙（表 5-4），持水性能得到提高。

表 5-4 生物炭对白浆层各级当量孔隙数量的作用 单位：%

生物炭用量/（g/kg）	当量孔隙直径/mm							
	＞0.03	0.03～0.01	0.01～0.005	0.005～0.003	0.003～0.001	0.001～0.000 5	0.000 5～0.000 2	＜0.000 2
	吸力/bar							
	＜0.1	0.1～0.3	0.3～0.6	0.6～1	1～3	3～6	6～15	＞15
0	6.79b	3.26b	1.08a	0.78a	1.43a	0.01a	16.74c	8.27c
66.7	11.66ab	6.33a	1.37a	0.95a	1.46a	0.27a	19.89b	12.07b
200.0	15.50a	6.47a	1.59a	1.14a	1.46a	0.79a	29.18a	12.34a
333.3	17.05a	7.95a	1.60a	1.14a	1.47a	0.89a	28.94a	13.00a

比水容量（$C\theta$）是指土壤水吸力增加（或减少）一个单位时所释放（或吸收）的水量（Yue et al.，2019），它可以评价土壤的释水能力。比水容量不同，表示植物消耗同样的能量从土壤中吸收的水分数量不同，因此它反映土壤水分的有效程度，是一个强度指标。比水容量在数值上等于土壤水分特征曲线的斜率，因为水分特征曲线是非线形的，所以不同土壤吸力范围内的比水容量不相同，一般在低土壤吸力下，比水容量随着土壤吸力的变化较大（随着土壤吸力的增大，比水容量变化逐渐变小）（刘孝义等，1985）。生物炭还田可以有效增强白浆层的释水能力（表 5-5），对于缓解白浆土表旱表涝具有积极作用。

表 5-5 生物炭对白浆层比水容量的作用

生物炭用量/（g/kg）	不同白浆层吸力下的比水容量/［mL/（g·bar）］					
	0.1～0.3 bar	0.3～0.6 bar	0.6～1 bar	1～3 bar	3～6 bar	6～15 bar
0	1.63×10^{-1} b	3.60×10^{-2} a	1.90×10^{-2} a	7.15×10^{-3} a	0.30×10^{-4} a	1.86×10^{-2} c
66.7	3.17×10^{-1} a	4.57×10^{-2} a	2.38×10^{-2} a	7.30×10^{-3} a	0.90×10^{-3} a	2.21×10^{-2} b
200.0	3.24×10^{-1}a	5.30×10^{-2} a	2.85×10^{-2} a	7.30×10^{-3} a	2.63×10^{-3} a	3.242×10^{-2} a
333.3	3.98×10^{-1}a	5.33×10^{-2} a	2.85×10^{-2} a	7.35×10^{-3} a	2.97×10^{-3} a	3.22×10^{-2} a

土壤萎蔫系数（或凋萎系数）是研究植物生长、土壤供水能力、土壤改良以及农业灌溉水不可缺少的参数（黄昌勇，2000）。土壤水吸力超过 15bar 时植物可能永久萎蔫（依艳丽等，1999）。如表 5-6 所示，随着生物炭用量的增加，永久凋萎含水量呈增加趋势，当生物炭用量分别为 66.7 g/kg、200.0 g/kg、333.3 g/kg 时，白浆层的永久凋萎含水量分别为 12.07%、12.34%、13.00%，均显著高于 CK（8.27%）。

表 5-6　生物炭对白浆层水分常数的作用

生物炭用量/（g/kg）	饱和持水量/%	毛管持水量/%	田间持水量/%	有效水/%	永久凋萎含水量/%
CK	41.96d	28.48c	22.83d	11.35d	8.27c
66.7	58.66c	41.31bc	38.80c	26.84c	12.07b
200.0	82.66b	51.35ab	47.24b	37.07b	12.34b
333.3	102.96a	63.94a	50.62a	40.92a	13.00a

土壤全部孔隙充满水时所保持的水量，即土壤所能容纳的最大持（含）水量，此时的水分称为土壤饱和水。饱和水对植物是有效的，但在最大含水量时，土壤空气不足，一般对旱作不利。土壤有效水是指土壤中能被作物吸收利用的水量，即田间持水量与凋萎系数之间的土壤含水量。白浆层的田间持水量为 22.83%，已接近生长阻碍点（19.97%～21.10%）。随着生物炭用量的增加，即便凋萎系数有所提高，但田间持水量、饱和持水量，尤其是有效水含量等指标均呈现增加趋势（表 5-6）。

三、土壤团聚体

土壤团聚体是土壤颗粒通过黏聚和胶结等过程重新排列的产物，是土壤结构的基本单元，在维持土壤孔隙结构和增强抗侵蚀性方面发挥重要作用，参与并协调土壤的水、肥、气、热条件。土壤团聚体的组成及稳定性是反映土壤结构状况的重要指标（Lehmann et al.，2015），与土壤肥力密切相关。

一般而言，土壤团聚体按照颗粒大小分为大团聚体（粒径大于 0.25 mm）和微团聚体（粒径小于 0.25 mm），大团聚体丰富是土壤良好结构特征的表现，与土壤肥力之间存在一定的正比例关系（Li et al.，2020b）。在土壤团聚体的形成过程中，无机的、有机的、有机矿质复合体的固结和胶结起着重要作用。团聚体自身稳定性、水稳性团聚体的数量和分布状况是影响土壤结构稳定性的关键因素，同时也可用来表征土壤的抗侵蚀能力。大于 0.25 mm 的水稳性大团聚体的数量，通常被用作判别土壤质量好坏的重要依据（黄昌勇，2000）。

（一）土壤团聚体的形成与稳定性

早在 20 世纪 30 年代，丘林就关注到腐殖质与黏土矿物的结合（松结态、紧结态、稳结态）既有化学过程，也有物理过程。1940 年，柯斯得契夫将土壤结构分为水稳性和非水稳性两类。同年，威廉斯将土壤团粒分为黏粒性（抗机械破碎）和稳固性（抗水分散）两类，并提出了著名的“土壤团粒结构学论”。1965 年，苏联学者卡庆斯基提出，土壤结构性是对各种土壤及土层的特征、大小形状、孔隙度、力稳性和水稳性团聚体等的综合概括。就农业生产而言，良好的土壤结构应该是直径 0.25～10 mm 的团粒，并具有多孔性、机械韧性和水稳性，强调了团聚体的水稳性与适度的孔隙度相结合的意义。

我国学者在土壤团聚体方面开展了大量工作，认为土壤团聚体是土壤结构的基本单元和土壤肥力的调节中心。培育抗逆性强的肥沃土壤，必须要有较厚的稳定的输送层，土壤体质和体形兼顾，具有一定数量的有机质和矿质黏粒，形成复合体以致团聚体，具有较大的吸收释放性能、转化性能以及对水肥气热的供贮、自动协调能力和抗逆性（陈恩凤等，1987；陈恩凤等，2001）。陈恩凤等（2001）认为，对于有机质土（如东北黑土），可以采用不同结合形态的各组复合体和低粒级微团聚体（粒径小于 10 μm）作为评价土壤肥力水平的综合指标；对于矿质土（如棕壤），则可采用高粒级的微团聚体（粒径大于 10 μm）为指标（陈恩凤等，1984；1985）。除了微团聚体的自身作用，不同粒级团聚体的数量比也是影响土壤肥力水平的非常重要的因素，因为只有在大小微团聚体比例适当的情况下，土壤持水性与释水性、保肥与供肥之间才能得到很好的协调（陈恩凤等，1989）。

缺少稳定性团聚体会导致土壤板结、通气不良、供肥不稳，不利于植物生长（李凯等，2011）。马溶之（1965）提到姚贤良等研究了红壤耕作条件下团聚体的形成，认为在红壤利用过程中，团聚体中的有机胶体在量和质两方面都有变化。侯光炯先生调查发现，除泥炭土、沼泽土、黑土等以外，基本都属于矿质土壤，特别是紫色土水土流失严重，腐殖质含量很低，稳定的团聚体结构更少，但仍具一定的土壤肥力，指出了威廉斯“土壤团粒结构学论”的局限性。认为土壤肥力的实质就是土壤的生理性，土壤有机—无机—微生物—酶复合胶体体系是土壤具有代谢、调节功能的物质基础。

我国在 20 世纪 80 年代就提出了土壤免耕的实质问题，即土壤结构具有形成、保持、破坏和恢复几个过程，所谓免耕实质上是维持一定的土体结构，改善土壤胶体品质，特别是促进土壤微团聚体的形成和再复合，通过施用有机肥改善土壤胶体品质，提高土壤结构稳定性（侯光炯等，1986；侯光炯，1982b；侯光炯，1982a）。袁可能（1963）认为，土壤中有机矿质复合体的种类很多，广义上包括各种金属离子所构成的盐类和腐殖酸、含水铁铝氧化物与腐殖质的复合凝胶、黏土矿物与腐殖质直接结合或者通过其他作用结合形成的各种复合体等。土壤中矿质胶体和有机胶体很少单独存在，大部分相互结合成为有机-无机复合体。袁可能等（1981）系统分析了 4 个土样，进一步明确了土壤腐殖质与团聚体关系，同时推论了大团聚体形成和腐殖质转化的可能过程：首先，加入土壤中的新鲜有机胶体和矿物质紧密结合形成大团聚体；其次，随着时间的推移，复合体中的腐殖质一部分分解而使大团聚体部分解体，另一部分腐殖质则进一步老化形成稳固的大团聚体。大团聚体既可能由新鲜的有机质形成，也可以由陈老的腐殖质形成，这主要决定于土壤的培肥条件。

窦森等（2011）认为，土壤有机物质的团聚体分组与颗粒分组如同“房子”与“砖”的关系，团聚体是盖好的大小不同的“房子”，矿物颗粒、有机质、有机-无机复合体是具有不同规格的“砖”，“房子”内和“房子”之间都有“人”，即存在不同规格的颗粒有机碳。团聚体是土壤有机质（SOM）保持的场所，对固碳和肥力都十分重要，腐殖物质（HS）是形成稳定性团聚体的胶结物质，也是主要的固碳物质。

土壤类型和组成物质的变化对土壤团聚体稳定性的影响也较大，如对于红壤或干旱地区土壤，黏粒对于团聚体作用较显著（李小刚等，2000；章明奎等，1997）。有研究报道，在沙壤土上种植玉米降低了团聚体的稳定性，并将其归因于玉米根际有机酸的释放，因为当土壤中络合金属离子的有机酸阴离子增加时，便增加了黏粒的负电荷，这对微团聚体中的黏粒的分散是具有促进作用的。这种有机酸由作物根系、细菌和真菌等产生。然而，微团聚体中黏粒的分散作用可被短暂型胶结物多糖的胶结作用所抵消，这种糖主要是由细菌产生的黏液物质（也有植物根系产生的），临时型胶结物如根系和真菌菌丝也具有这种抵消作用。但 Saedi 等（2021）通过分析玉米根系浸出液对土壤团聚体稳定性的影响时发现，浸出液并未降低团聚体的稳定性。可见，团聚体的稳定性是多种机制共同作用下的动态平衡，人工提取的浸出液可能破坏了团聚体胶结物质与分散物质的相对含量，“抵消”作用并没有像真实土壤中那样体现出来。微团聚体的稳定性也受到多价阳离子的促进影响，这种离子充当了有机胶体和黏粒的桥梁。其中，铁铝主要以可水解的无定形态存在（Wang et al.，2020）。

施肥对团聚体有积极作用，而过度耕作则有消极作用（Williams et al.，2017）。与不施化肥或单施化肥比，黏壤土上牛粪长期配施化肥可显著增加团聚体稳定性和大团聚体碳氮含量，虽然施用化肥有助于提高土壤有机碳（SOC），但长期施用无机肥料可能会降低土壤结构稳定性（Padhy et al.，2020）。相对而言，有机肥料（物料）对土壤团聚体的作用更积极。例如，侯雪莹等（2008）研究认为，施用有机肥料有利于增加土壤有机质，而黏粒又与土壤有机质的大多数增殖部分合成了有机-无机复合体，这有利于形成大团聚体、增加土壤及各粒级团聚体中的有机碳含量，但增幅依粒级而异。在黏粒含量相对较低的土壤中，如果有机质来源丰富，则当黏粒中的有机碳饱和后，有机碳便向较大粒级中积累。罗友进（2007）也认为，有机物质与黏粒是有机-无机复合体形成的重要物质基础，施用有机肥 9 年后，有机-无机复合作用相对活跃，小粒径团聚性增加，大粒级复合体含量相对增多。此外，窦森（2011）认为，施肥对大团聚体的影响程度要高于小团聚体，使大团聚体分布比例增加。也有研究未观察到施肥对团聚体形成与稳定性的影响，例如，Paul 等（2013）认为，玉米秸秆配施化肥对土壤团聚体碳氮稳定性影响不显著。Wang 等（2012）经过 4 年的猪厩肥定位研究，未发现团聚体平均重量直径（MWD）和小团聚体中的碳氮浓度的提高。

（二）生物炭对土壤团聚体形成与稳定性的影响

许多研究结果表明，施用生物炭可以加强土壤颗粒的团聚凝结作用，促进土壤团聚体形成（Joseph et al.，2010），促进土壤颗粒与有机-无机复合体结合形成大团聚体（严洁，2005），提高土壤团聚体的稳定性（Moreno-Barriga et al.，2017；Ma et al.，2016；Liu et al.，2012）。MWD、GMD（几何平均直径）和 $R_{>0.25}$（大于 0.25 mm 团聚体含量）是反映土壤团聚体大小分布状况的常用指标，其值越大，表示团聚体的平均粒径团聚度越高，稳定性越强。李伟等（2019）的研究结果表明，施用生物炭后土壤水稳性团聚体的上述 3 项指标均显著提高。Li 等（2020a）研究也表明，施用小麦秸秆生物炭 2 年后，亚热带红壤团聚体的 MWD、GMD 均显著增加。

生物炭可能通过以下几方面影响土壤团聚体的形成与稳定。

生物炭孔隙结构丰富、比表面积大，表面有羟基和羧基等多种官能团，并带有大量的正负电荷，可以通过静电引力直接与矿物质颗粒表面的金属离子结合，抑或通过多价离子的键桥作用，将矿物质土粒团聚在一起，形成具有水稳定性的团聚体（Abiven，2015），发挥出类似有机胶结剂的作用（Bossuyt et al.，2005）。团聚体稳定性对生物炭的响应与生物炭类型有关。Obia 等（2016）研究表明，玉米芯炭和稻秆炭均能增加砂壤土土壤团聚体的稳定性；何玉亭等（2016）通过培养试验研究表明，烟秆炭和桑条炭均能促进大团聚体（0.25～1 mm）形成，提高红壤团聚体结构稳定性；Demisie（2014）等研究发现竹炭能显著提高红壤大于 0.25 mm 水稳性大团聚体数量，而橡木炭的作用不显著；Grunwald 等（2016）通过室内培养试验结果表明，施用木屑炭不能增加黑土和潜育淋溶土水稳性大团聚体数量。也有研究认为，生物炭属于惰性固体材料，胶结作用小，对团聚体大小和数量没有显著影响（柯跃进，2014），施用粒径较大的生物炭可能限制土壤—微生物—生物炭之间的相互作用，从而迟滞土壤团聚体的形成（Du et al.，2015）。

生物炭对土壤团聚体稳定性的影响同样受到土壤类型和肥力状况的作用。Liu 等（2012）研究表明，生物炭对粉砂壤土水稳性大团聚体的形成有促进作用，但在砂壤土中没有显著效果。Soinne 等（2014）研究表明，生物炭能增强黏土含量高的土壤中的团聚体稳定性。在肥力水平较高的𪣻土和黑垆土中施用 8 g/kg 和 16 g/kg 生物炭，二者土壤大团聚体数量均显著增加，而在肥力水平较低的黄绵土和沙黄土上的作用不显著（刘祥宏，2013）。朱经伟等（2018）发现玉米秸秆经炭化施入土壤后，土壤水稳性团聚体中小粒径团聚体组分显著增加，团聚体组分比例趋向失衡，其可能的原因是烟田土壤的肥力和生物活性均处于较低水平，因此施用玉米秸秆炭对土壤团聚体的改良效果不显著。Hardie（2017）发现，在砂壤土中施用生物炭两年半后，土壤团聚体的稳定性无显著变化，这可能是因为砂质土壤吸附土壤有机碳的能力较差，不易与大分子有机质形成稳固的有机-无机复合体（Freixo et al.，2002）。Liu 等（2012）认为，施用生物炭虽然能增加土壤团聚体数量，但团聚体的形成过程和稳定性无显著影响，这与土壤质地及生物炭性质有关。

生物炭对土壤团聚体粒径分布和稳定性的影响也与其施用量有关。尚杰等（2015）通过 2 年田间试验研究了不同施用量生物炭对 塿土团聚体稳定性的影响，结果表明，随着生物炭施用量增加其稳定性指标呈先增加后降低的趋势，其中施用 40～60 t/hm^2 生物炭时大团聚体显著增加了 30.3%。Sun 等（2014）通过培养试验发现，6%秸秆/污泥生物炭可以提高黑土团聚体稳定性，而 2%和 4%施用量的处理对团聚体稳定性无显著影响。侯晓娜等（2015）的研究结果表明，5%花生壳生物炭对黑土水稳性大团聚体含量和 MWD 无显著影响。

（三）生物炭对土壤团聚体有机碳分布的影响

土壤有机质库是陆地生态系统最为重要的碳库之一，对维持土壤肥力、保障农田生产力有重要作用（王岩松，2016）。土壤团聚体则是有机碳存在的主要场所，表土中近 90%的土壤有机碳都位于团聚体内（Matamala et al.，2003），包括团聚体中的有机胶结物质，也包括黏土矿物片层结构间的有机碳（Tisdall et al.，1982），以及被胶结物质包裹的颗粒有机碳。其中，大团聚体是土壤有机碳的主要存储位置（严昌荣等，2010），但是其保护有机碳的能力弱于微团聚体，有机碳在大团聚体内的寿命只有几年，而在微团聚体内可达一个世纪（袁可能等，1981）。

生物炭通过影响土壤团聚体的结构间接影响有机碳含量。邵慧芸（2019）发现，在等量施用有机物料的条件下，生物炭在提高土壤团聚体有机碳含量方面的效果要优于秸秆和有机肥，且主要增加了大于 2 mm 和小于 0.25 mm 团聚体的有机碳含量。而黎嘉成等（2018）研究发现，生物炭、生物炭与秸秆还田后，新碳主要向微团聚体中聚集，土壤有机碳主要分布在小于 0.053 mm 粒级的团聚体中，其贡献率为 29.61%～42.18%，而大于 2 mm 的团聚体有机碳贡献率较小，仅为 9.19%～17.81%。

有机碳在不同粒级团聚体中的分配比例与生物炭种类、用量、土壤类型有关。林洪羽等（2020）研究表明，生物炭配施无机氮磷钾有助于提高紫色土团聚体有机碳含量。吴鹏豹（2012）在砖红壤中施用生物炭，结果发现土壤大团聚体中总有机碳分配的比例显著提高。米会珍等（2015）的研究表明，玉米秸秆炭（350～450℃）显著增加了黑垆土各层（0～10 cm，10～20 cm，20～30 cm）不同粒级团聚体中的有机碳含量，且增加幅度随着施用量的增加而增大。付琳琳等（2013）的研究结果显示，随着生物炭用量的增加，土壤各粒级团聚体有机碳含量也增加，但却随着粒径的增大而呈 V 形分布。施用麦秆生物炭（500℃）可显著提高塿土土壤有机碳的含量以及各粒级水稳性团聚体中有机碳的含量，且主要富集在大于 0.25 mm 粒级的大团聚体中（李伟等，2019）。悦飞雪等（2019）研究表明，麦秆生物炭（＜450℃）能够显著增加黄潮土各土层（0～20 cm，20～40 cm）不同粒级团聚体的有机碳含量，提高大于 2 mm、2～0.25 mm、0.25～0.053 mm 粒级团聚体有机碳贡献率，而降低小于 0.053 mm 粒级微团聚体有机碳贡献率。

【研究案例：辽宁棕壤】

棕壤是东北黑土区主要耕作土壤之一。从 2013 年开始，在沈阳农业大学开展了渗滤池长期定位微区试验。试验开始前耕层土壤有机质 10.01 g/kg、全氮 0.70 g/kg、全磷 0.32 g/kg、全钾 20.31 g/kg、碱解氮 55.60 mg/kg、速效磷 11.56 mg/kg、速效钾 79.28 mg/kg、pH 6.05。秸秆和生物炭性状如表 5-7 所示。

表 5-7　秸秆和生物炭性状

	全氮/%	全磷/%	全钾/%	有机碳/%	比表面积/(m^2/g)	孔体积/(cm^3/g)	孔径/(cm^3/g)	pH
秸秆	0.96	0.72	0.87	42.08	—	—	—	—
生物炭	1.25	0.88	2.70	41.99	26.92	0.04	7.12	10.06

试验设 6 个处理，分别是不施肥（CK）、单施氮磷钾（NPK）、单施生物炭（B）、生物炭与氮磷钾配施（BNPK）、单施秸秆（S）、秸秆与氮磷钾配施（SNPK）。秸秆用量（干基）为 4 500 kg/hm^2；生物炭用量（干基）为 1 500 kg/hm^2（由 4 500 kg/hm^2 玉米秸秆制取）；NPK、BNPK 和 SNPK 处理的氮磷钾肥料用量相同，分别为 N 225 kg/hm^2、P_2O_5 112.5 kg/hm^2、K_2O 112.5 kg/hm^2；处理 BNPK 和 SNPK 的氮磷钾用量去除秸秆和生物炭中氮磷钾含量。秸秆（切成 2～3 cm 短段）和生物炭每年春播前施用，肥料作为基肥一次性施入，全部与土壤混匀，深度为 0～20 cm，后期不再追肥。种植制度为一年一熟玉米连作，2013—2018 年品种为东单 6531，种植密度为 60 000 株/hm^2，每个小区 12 株。小区面积为 2 m^2，每个处理 3 次重复，随机排列。

1. 土壤团聚体

在该试验条件下，各粒级团聚体含量随粒径减小大致呈先增加后减小的变化趋势（表 5-8）。不同施肥处理 0～20 cm 和 20～40 cm 土层中 0.25～0.053 mm 粒级团聚体含量最高，为 40.62%～50.99%；其次是小于 0.053 mm 粒级团聚体，为 19.92%～31.84%；而大于 1 mm，1～0.5 mm 和 0.5～0.25 mm 粒级团聚体含量最低且含量相似。0～20 cm 土层中，与 CK 处理相比，BNPK 处理与 SNPK 处理均增加土壤大团聚体（粒径大于 0.25 mm）含量，减少 0.25～0.053 mm 粒级团聚体含量。BNPK 处理与 SNPK 处理 0.5～0.25 mm 粒级团聚体含量分别为 13.12%和 11.44%，与 CK 处理相比，分别增加 24.48%和 8.54%。20～

40 cm 土层中，不同施肥处理大团聚体含量均小于 0～20 cm 土层的对应处理，小于 0.053 mm 粒级团聚体含量大于 0～20 cm 土层，0.25～0.053 mm 粒级团聚体含量规律不明显。除 0.5～0.25 mm 和小于 0.053 mm 粒级以外，其余粒级 BNPK 处理与 SNPK 处理差异显著。BNPK 处理与 SNPK 处理对土壤团聚体分布影响效果相似，增加大团聚体含量，减少 0.25～0.053 mm 粒级含量。

表 5-8　不同施肥处理土壤团聚体分布

土层/cm	处理	团聚体在不同粒级下的分布/%				
		>1 mm	1～0.5 mm	0.5～0.25 mm	0.25～0.053 mm	<0.053 mm
0～20	CK	8.80±0.28 d	9.65±0.43 b	10.54±0.27 c	50.99±0.42 a	20.02±0.53 c
	NPK	9.09±0.32 cd	9.33±0.29 b	11.99±0.22 b	49.68±1.66 a	19.92±0.98 c
	B	9.93±0.31 c	9.9±0.27 b	10.46±0.18 c	41.16±1.15 b	28.56±0.77 a
	BNPK	11.96±0.39 b	11.31±0.30 a	13.12±0.35 a	41.77±1.37 b	21.84±0.93 c
	S	11.49±0.36 b	11.75±0.59 a	11.51±0.18 bc	40.62±1.05 b	24.64±0.67 b
	SNPK	13.66±0.33 a	11.47±0.48 a	11.44±0.36 b	42.91±0.14 b	20.51±0.41 c
20～40	CK	6.96±0.14 e	7.79±0.38 b	8.62±0.16 c	49.39±0.80 a	27.24±0.97 b
	NPK	7.53±0.37 de	7.64±0.03 b	8.88±0.37 c	49.33±0.77 a	26.61±0.83 b
	B	8.49±0.17 c	8.39±0.10 b	9.09±0.33 bc	42.86±0.96 c	31.17±0.95 a
	BNPK	10.98±0.15 b	8.32±0.23 b	10.29±0.42 a	46.90±1.44 ab	23.51±1.05 c
	S	7.92±0.39 cd	7.65±0.20 b	8.58±0.17 c	44.00±0.88 bc	31.84±0.90 a
	SNPK	15.38±0.36 a	11.20±0.27 a	9.93±0.30 ab	41.94±1.16 c	21.55±0.71 c

注：不同小写字母表示不同处理间存在显著性差异（$P<0.05$），下同。

与 CK 相比，BNPK 和 SNPK 处理中 MWD、GMD 和 $R_{>0.25}$ 显著增加（表 5-9），且 SNPK 处理 MWD、GMD 显著高于 BNPK 处理，$R_{>0.25}$ 差异不显著。0～20 cm 土层中，团聚体 MWD 大小依次为 SNPK>BNPK>S>B>NPK>CK。与 CK 处理相比，BNPK 处理和 SNPK 处理 GMD 分别增加 11.76%和 17.65%。20～40 cm 土层中，BNPK 处理和 SNPK 处理 MWD、GMD 和 $R_{>0.25}$ 差异显著，且 SNPK 处理显著高于 BNPK 处理。

表 5-9　不同施肥处理土壤团聚体稳定性差异

处理	MWD/mm		GMD/mm		$R_{>0.25}$/%	
	0～20 cm	20～40 cm	0～20 cm	20～40 cm	0～20 cm	20～40 cm
CK	0.37±0.02 c	0.31±0.01 d	0.17±0.02 c	0.14±0.03 cd	28.99±0.44 b	23.37±0.18 d
NPK	0.38±0.07 c	0.32±0.06 cd	0.18±0.02 c	0.14±0.02 c	30.40±0.79 b	24.05±0.06 d
B	0.38±0.07 c	0.34±0.04 c	0.15±0.03 d	0.14±0.03 cd	30.29±0.65 b	25.97±0.15 c
BNPK	0.44±0.05 b	0.40±0.05 b	0.19±0.02 b	0.17±0.03 b	36.40±0.45 a	29.59±0.59 b
S	0.43±0.09 b	0.32±0.08 cd	0.18±0.04 c	0.13±0.03 d	34.74±0.75 a	24.16±0.45 d
SNPK	0.47±0.03 a	0.50±0.06 a	0.20±0.02 a	0.20±0.02 a	36.58±0.50 a	36.51±0.69 a

2. 土壤团聚体有机碳

在大于 1 mm 粒级中，团聚体有机碳含量范围为 11.98～22.38 g/kg，随着团聚体粒级减小呈下降趋势（表 5-10）。0～20 cm 土层中，与 CK 相比，BNPK 处理和 SNPK 处理均能显著增加各粒级团聚体有机碳含量，其中 BNPK 处理增加量大于 SNPK。BNPK 处理各粒级团聚体有机碳含量最高，比 CK 各粒级分别显著增加 64.20%、38.03%、36.57%、44.53%和 31.45%；SNPK 处理次之，分别增加 46.59%、25.33%、20.27%、23.14%和 28.11%。20～40 cm 土层中，除小于 0.053 mm 粒级以外，BNPK 处理各粒级团聚体有机碳含量与 SNPK 处理差异不显著。在小于 0.053 mm 粒级中，SNPK 处理较 CK 增加 18.40%，BNPK 处理较 CK 增加 5.09%。BNPK 处理和 SNPK 处理能显著增加各粒级团聚体有机碳含量，且对 0～20 cm 土层的影响大于 20～40 cm 土层。

表 5-10 不同施肥处理各粒级团聚体中有机碳含量

土层/cm	处理	团聚体在不同粒级下的有机碳含量/（g/kg）				
		＞1 mm	1～0.5 mm	0.5～0.25 mm	0.25～0.053 mm	＜0.053 mm
0～20	CK	13.63±0.42 e	13.07±0.21 c	12.58±0.25 d	12.53±0.46 d	10.46±0.20 d
	NPK	16.06±0.31 d	14.16±0.31 c	14.82±0.36 bc	13.95±0.50 cd	11.87±0.13 c
	B	18.32±0.38 c	16.05±0.60 b	16.83±0.45 a	16.73±0.45 ab	12.28±0.54 bc
	BNPK	22.38±0.52 a	18.04±0.64 a	17.18±0.39 a	18.11±0.0.89 a	13.75±0.65 a
	S	20.66±0.82 ab	13.37±0.15 c	13.77±0.14 c	14.98±0.69 bc	12.83±0.33 abc
	SNPK	19.98±0.88 bc	16.38±0.58 b	15.13±0.39 b	15.43±0.60 bc	13.40±0.32 ab
20～40	CK	16.88±0.13 a	16.13±0.71 a	16.85±0.83 a	14.27±0.65 ab	10.22±0.50 bc
	NPK	16.31±0.67 a	13.90±0.69 ab	13.84±0.17 b	12.30±0.47 c	9.47±0.27 c
	B	16.68±0.64 a	14.91±0.73 ab	14.51±0.46 b	14.63±0.54 a	10.35±0.19 bc
	BNPK	15.59±0.61 ab	15.23±0.72 ab	14.84±0.60 b	14.18±0.37 ab	10.74±0.39 b
	S	11.98±0.26 c	13.47±0.35 b	13.95±0.28 b	12.83±0.51 bc	10.09±0.42 bc
	SNPK	14.56±0.35 b	15.34±0.67 ab	14.57±0.16 b	14.94±0.48 a	12.10±0.31 a

各处理团聚体有机碳贡献率如表 5-11 所示，其中贡献率最高的是 0.25～0.053 mm 粒级，其次是小于 0.053 mm 粒级，1～0.5 mm 和 0.5～0.25 mm 粒级团聚体有机碳贡献率较小。0～20 cm 土层中，与 CK 相比，BNPK 处理显著增加，大于 1 mm、1～0.5 mm 和 0.5～0.25 mm 粒级有机碳贡献率，分别增加 61.95%、17.05%和 22.80%。SNPK 处理与 CK 处理相比，大于 1 mm 和 1～0.5 mm 粒级团聚体有机碳贡献率，分别增加 64.57%和 6.93%。0.5～0.25 mm 和 0.25～0.053 mm 粒级 BNPK 处理和 SNPK 处理团聚体有机碳贡献率差异显著，其余粒级差异不显著。20～40 cm 土层中，与 CK 相比，BNPK 处理显著提高，大于 1 mm 粒级团聚体有机碳贡献率达 69.70%。BNPK 处理和 SNPK 处理在大于 1 mm 和 1～0.5 mm 粒级团聚体有机碳贡献率差异显著，其余粒级差异不显著。

表 5-11　不同施肥处理各粒级团聚体中有机碳贡献率

土层/cm	处理	不同粒级的团聚体有机碳贡献率/%				
		＞1 mm	1～0.5 mm	0.5～0.25 mm	0.25～0.053 mm	＜0.053 mm
0～20	CK	10.67±0.10 b	11.26±0.46 b	11.84±0.37 b	56.87±1.22 a	18.71±0.67 bc
	NPK	12.48±0.58 b	11.29±0.50 b	15.16±0.13 a	59.34±1.03 a	20.20±0.99 b
	B	12.38±0.46 b	10.81±0.54 b	11.98±0.46 b	46.89±2.33 c	23.90±0.58 a
	BNPK	17.28±0.62 a	13.18±0.23 a	14.54±0.11 a	48.81±0.71 b	19.44±0.52 bc
	S	17.86±0.87 a	11.81±0.47 a	11.93±0.39 b	45.64±0.20 c	23.88±0.82 a
	SNPK	17.56±0.55 a	12.04±0.13 ab	11.11±0.13 b	42.54±1.59 c	17.67±0.77 c
20～40	CK	13.20±0.29 c	14.12±0.39 b	16.33±0.41 a	79.28±1.98 a	31.23±1.27 a
	NPK	11.17±0.49 de	9.64±0.46 d	11.21±0.44 c	55.12±1.50 c	22.95±1.13 c
	B	12.84±0.41 cd	11.33±0.35 c	11.99±0.27 c	56.84±1.84 c	29.25±0.92 ab
	BNPK	15.59±0.65 b	11.59±0.54 c	13.94±0.59 b	60.45±1.29 bc	23.03±1.14 c
	S	9.83±0.18 e	10.67±0.49 cd	12.38±0.37 c	58.26±1.05 bc	33.25±1.02 a
	SNPK	22.40±0.98 a	17.15±0.56 a	14.47±0.66 b	62.54±1.83 b	26.07±1.18 bc

6 年的长期定位试验结果表明，秸秆和生物炭还田均能改变土壤团聚体的分布，促进大团聚体（粒径大于 0.25 mm）形成，提高团聚体稳定性；有利于各粒级团聚体有机碳含量及有机质碳贡献率的增加，秸秆还田提高团聚体稳定性的效果优于生物炭还田，生物炭还田提高土壤团聚体有机质含量的效果则优于秸秆还田。在农业生产实践中可以通过秸秆和生物炭还田相互配合改善棕壤结构及提高其有机质含量水平。

Ma 等（2016）通过 3 年微区试验研究表明，秸秆和生物炭还田，尤其是生物炭还田显著增加了软土中大团聚体含量，本试验研究结果与其一致。与对照和氮磷钾处理相比，生物炭配施氮磷钾能增加土壤大团聚体含量，减少微团聚体（粒径小于 0.25 mm）含量，可能是因为生物炭同样可以作为胶结介质，且生物炭和土壤中其他形态的有机物质以及矿物等可发生进一步的交互作用进而促进土壤团聚体形成（He et al.，2020）。在团聚体稳定性方面，秸秆配施氮磷钾处理的效果依次优于生物炭配施氮磷钾、单施氮磷钾大于对照。究其原因，生物炭本身作为胶结介质能将较小粒级的团聚体胶结成大团聚体，促进团聚体形成（安艳等，2016）。与秸秆不同，生物炭是在高温条件下制备的，相对而言属于惰性固体材料，具有高度羧酸酯化和稳定的芳香化结构，更难以被微生物分解利用（张迪等，2016）。在 0～20 cm 土层，生物炭配施氮磷钾处理下团聚体（除小于 0.053 mm 粒级以外）有机碳含量显著高于秸秆配施氮磷钾，与微团聚体（粒径小于 0.25 mm）相比，生物炭更倾向于与土壤大团聚体（粒径大于 0.25 mm）结合，新进入的外源有机碳也主要集中分布在大团聚体中（林洪羽等，2020）。

【研究案例：云南烟区红壤】

在砂岩类红壤中连续 3 年添加不同用量的生物炭对团聚体分布具有显著影响（表 5-12）。与对照相比，施用生物炭在第一年就显著增加了大于 2 mm 和 0.25～2 mm 粒级团聚体含量，而 0.053～0.25 mm 粒级团聚体含量无显著变化，小于 0.053 mm 粒级团聚体含量则显著降低。随着生物炭施用年限和累计施用量的增加，大于 2 mm 和 0.25～2 mm 粒级团聚体含量也持续增加，与对照差异显著，年际间差异也显著，其中，0.25～2 mm 粒级团聚体增加量最大。到试验结束时，15 t/hm^2（B15）处理中大于 2 mm 和 0.25～2 mm 粒级团聚体含量较 B0 对照分别增加了 57.8%和 24.9%，30 t/hm^2（B30）处理则分别增加了 77.8%和 36.4%。与此同时，相较对照，在 15 t/hm^2（B15）和 30 t/hm^2（B30）的生物炭用量条件下，0.053～0.25 mm 粒级团聚体含量仍无显著差异；小于 0.053 mm 粒级团聚体含量则分别降低了 28.6%和 39.5%。

表 5-12 持续施用生物炭条件下土壤团聚体分布情况

年份	处理	团聚体粒级/%			
		＞2 mm	0.25～2 mm	0.053～0.25 mm	＜0.053 mm
		占比	占比	占比	占比
2011	B0	4.3±0.2 aA	33.1±0.8 aA	23.7±1.2 aA	38.9±0.9 aA
	B15	4.3±0.2 aD	33.5±1.1 aD	24.1±1.4 aAB	38.1±1.0 aA
	B30	4.4±0.2 aD	33.2±0.5 aD	23.9±0.7 aA	38.5±0.6 aA
2012	B0	4.3±0.1 bA	33.4±1.2 bA	23.7±0.7 aA	38.6±1.3 aA
	B15	5.5±0.2 aC	35.5±0.8 aC	24.6±1.2 aA	34.4±1.2 bB
	B30	5.7±0.3 aC	36.1±1.1 aC	24.8±0.9 aA	33.4±1.2 bB
2013	B0	4.4±0.2 cA	33.5±0.7 cA	23.8±1.3 aA	38.3±1.5 aA
	B15	6.6±0.1 bB	37.9±0.6 bB	24.2±0.6 aAB	31.3±1.4 bC
	B30	7.4±0.4 aB	40.7±1.0 aB	24.7±1.5 aA	27.2±1.1 cC
2014	B0	4.5±0.2 cA	33.8±0.5 cA	23.2±0.6 aA	38.5±1.2 aA
	B15	7.1±0.7 bA	42.2±1.2 bA	23.2±1.5 aB	27.5±0.8 bD
	B30	8.0±0.4 aA	46.1±1.1aA	22.6±1.3 aB	23.3±0.7 cD

注：不同小写字母表示同一时期不同处理间差异达显著水平（P＜0.05），不同大写字母表示同一处理不同时期差异达显著水平（P＜0.05）。

连续 3 年施用生物炭后，如表 5-13 所示，与对照相比，施炭处理 MWD、GMD 和 $R_{>0.25}$ 值大幅提高，均显著高于对照，土壤团聚体稳定性增强。其中，B15 处理上述 3 个指标分别提高了 81.3%、54.5%和 28.9%，B30 处理则分别提高了 106.3%、81.8%和 42.1%。各处理间差异显著。

表 5-13 持续施用生物炭 3 年后土壤团聚体稳定性

处理	MWD/mm	GMD/mm	$R_{>0.25}$
B0	0.32±0.01 c	0.22±0.01 c	0.38±0.01 c
B15	0.58±0.02 b	0.34±0.01 b	0.49±0.02 b
B30	0.66±0.02 a	0.40±0.01 a	0.54±0.02 a

注：不同小写字母表示不同处理间差异达显著水平（$P<0.05$）。

施用生物炭显著提高了各粒级团聚体的碳浓度（表 5-14）。与对照相比，施用生物炭在第一年就显著增加了各粒级团聚体碳浓度。随着生物炭施用年限和累计施用量的增加，各粒级团聚体碳浓度也持续增加，与对照差异显著。到试验结束时，在 15 t/hm^2（B15）的生物炭用量条件下，大于 2 mm、0.25～2 mm、0.053～0.25 mm 和小于 0.053 mm 粒级团聚体碳浓度较无炭处理分别增加了 10.3%、28.9%、31.4%和 40.7%；在 30 t/hm^2（B30）的生物炭用量条件下则分别增加了 15.8%、48.0%、50.5%和 50.9%。除大于 2 mm 团聚体以外，不同生物炭用量处理对其他各粒级团聚体碳浓度的影响也呈显著差异。

表 5-14 持续施用生物炭条件下土壤团聚体的自身碳浓度

年份	处理	碳浓度/（g/kg）			
		＞2 mm	0.25～2 mm	0.053～0.25 mm	＜0.053 mm
2011	B0	14.2±0.3 aA	21.6±0.4 aAB	18.5±0.2 aA	10.9±0.2 aA
	B15	14.2±0.1 aC	21.4±0.6 aC	18.2±0.5 aD	10.6±0.1 aC
	B30	14.3±0.3 aC	21.8±0.6 aC	18.4±0.4 aC	10.5±0.2 aC
2012	B0	14.1±0.4 bA	21.1±0.4 cB	18.3±0.3 cA	10.7±0.1 cA
	B15	15.2±0.5 aB	24.6±0.5 bB	21.6±0.6 bC	14.0±0.4 bB
	B30	15.8±0.3 aB	27.9±0.7 aB	22.9±0.5 aB	15.4±0.3 aB
2013	B0	14.4±0.3 cA	21.9±0.5 cAB	18.6±0.3 cA	10.7±0.3 cA
	B15	15.4±0.2 bAB	28.2±0.8 bA	23.0±0.7 bB	14.8±0.3 bA
	B30	16.5±0.2 aAB	31.8±0.9 aA	27.1±0.6 aA	16.7±0.5 aA
2014	B0	14.6±0.4 bA	22.5±0.5 cA	18.8±0.5 cA	10.8±0.2 cA
	B15	16.1±0.2 aA	29.0±1.0 bA	24.7±0.8 bA	15.2±0.6 bA
	B30	16.9±0.5 aA	33.3±0.4 aA	28.3±0.8 aA	16.3±0.5 aA

注：不同小写字母表示同一时期不同处理间差异达显著水平（$P<0.05$），不同大写字母表示同一处理不同时期差异达显著水平（$P<0.05$）。

如图 5-11 所示，总体上看有机碳主要分布在 0.053～2 mm 粒级的团聚体中，大于 2 mm 的大团聚体中分布较少。对于大于 0.25 mm 粒级的团聚体，施用生物炭显著提高了其团聚体有机碳的贡献率；对于小于 0.25 mm 粒级的团聚体，则降低了其贡献率。其中，0.25～2 mm 粒级的团聚体随着生物炭施用以及用量的增加，其有机碳贡献率增幅最大，试验结束时，B15 和 B30 处理该粒级有机碳贡献率相比对照分别增加 7.3%和 11.8%；而小于

0.053 mm 粒级的团聚体，其有机碳贡献率降幅最大，B15 和 B30 处理相比对照分别减少 6.8%和 10.6%。

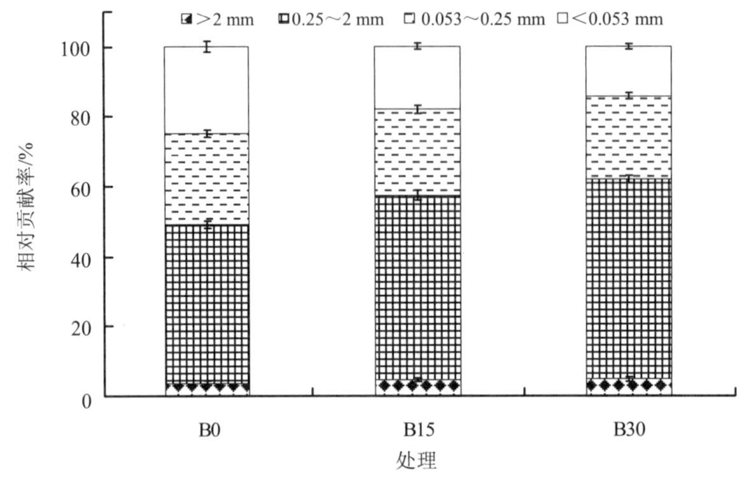

图 5-11 持续施用生物炭 3 年后土壤各粒级团聚体有机碳的相对贡献率

综上所述，连续施用生物炭能增加大团聚体比例，降低微团聚体比例，增加团聚体的平均重量直径和几何平均直径，提高土壤团聚体稳定性和各级团聚体有机碳含量，从而改善土壤结构及提升土壤碳汇能力。其中，大于 0.25 mm 的大团聚体富集外源有机碳的能力更强，生物炭主要通过增加大团聚体中碳含量的方式增加土壤有机碳的稳定性。同时，土壤团聚体对施用生物炭的响应特征还与生物炭还田量及生物炭与土壤的作用时间有关。随着施炭量的增加和试验时间的延长，生物炭对土壤团聚体组成及有机碳含量的影响愈发显著。

四、土壤酸碱性

酸碱性是土壤的重要属性，也是影响土壤肥力的重要因素。现代农业中，连年施入化肥造成土壤酸化、盐基离子不断流失，导致土壤贫瘠，从而影响作物的生长。近 40 年来，由于铵态氮肥的大量施用及酸雨沉降，导致我国 6 大类农业土壤 pH 平均降幅达 0.13～0.80，这是我国农业土壤肥力质量快速退化的重要指征。

生物炭多呈碱性，一是因为其表面含有—COO—和—O—等官能团，二是因为生物炭的灰分中含有钙、镁、钾、钠等盐基离子，施入土壤后会与土壤中的 H^+、Al^{3+}交换。在生物炭施入土壤后，碳酸盐部分溶解显碱性，而有机酸根则与土壤中的交换性氢离子、交换性铝离子等结合，从而达到降低土壤酸化程度的效果（谢祖彬等，2011）。因此，添加适量生物炭可以缓解土壤酸化，减少盐基离子流失，从而提高土壤保肥能力。

关于施用生物炭提高土壤 pH 的研究报道十分丰富（Lehmann et al.，2011；Yuan et al.，2011），其在酸性土壤改良中的应用已得到普遍认可。土壤的酸碱度是由盐基离子支配的，生物炭具有更多的盐基离子，因此它是比熟石灰更好的酸性土壤改良剂。早期的大田试验结果表明，当施用阔叶树的生物炭后，其土壤（沙土）的盐基饱和度是原来的 10 倍。在巴西亚马孙河流域施入生物炭后，表层土壤的 pH 可增加 0.4 个单位（Ibrahim et al.，2019）。袁金华和徐仁扣（2011）的研究结果表明，加入稻壳炭后，红壤和黄棕壤的 pH 均较不加稻壳炭的对照处理有不同程度的增加。类似的结果在 Shaaban 等（2018）、李明等（2015）、侯艳伟等（2011）的工作中都有报道。

原材料类型及炭化工艺的差异对生物炭调整土壤 pH 能力的影响不尽相同。Yuan 等（2011）将不同原料制备的生物炭以 10 g/kg 的比例施入土壤，在 25℃下共育 60 d，发现在以油菜、稻草、玉米等非豆科作物秸秆为原料制备的生物炭处理下，土壤 pH 增加了 0.18～0.66；而在以绿豆、花生、大豆等豆科作物茎叶为原料制备的生物炭处理下，土壤 pH 增加了 0.59～1.05。Younis 等（2021）指出，生物炭对土壤 pH 的提升效果与生物炭的热解温度有很大关系。即热解温度越高，提升效果越显著。

生物炭的施用方式同样影响着土壤的 pH。Yuan 等（2011）的研究结果表明，生物炭结合肥料施用于南方典型水稻土壤后，其 pH 提升作用弱于不施肥条件。张祥等（2013）通过盆栽试验发现，花生壳炭（1%～2%）与底肥配施可缓解或消除单施化肥对酸性红壤的酸化效应，单施底肥土壤在共育 270 d 后 pH 较对照降低了 0.87，而底肥配施 1%生物炭混合处理土壤 pH 仅降低了 0.21，底肥配施 2%生物炭混合处理土壤 pH 则提高了 0.65。

生物炭对土壤 pH 的影响与土壤性质同样有关。Steiner 等（2018）认为，不同质地的土壤对 pH 的响应程度有所差异，施用生物炭后土壤 pH 的升高幅度在黏土中要比砂土和壤土大。对于酸性土壤和低阳离子交换量（CEC）的土壤，生物炭具有良好的改良效果，但对碱性土壤（高 CEC）则没有明显作用（杨铁钊等，2009）。

【研究案例：白浆土、潮土、灰漠土、棕壤模拟试验】

生物炭还田后对土壤 pH 均有一定的提高作用（图 5-12），但增幅依土壤类型不同而存在一定差异。对酸性的白浆土而言，生物炭在施入后的前 30 d 对 pH 有一定的提升作用，但这种作用在后续阶段被逐渐弱化，且各处理的 pH 整体上呈下降趋势。在潮土中，生物炭的加入使其 pH 进入偏碱性区间，而且各处理在后期 pH 逐渐趋同，差异越来越小。棕壤的初始 pH 虽然与潮土类似，但生物炭添加后对其 pH 的影响却相对较大。对于偏碱性的灰漠土而言，生物炭的作用虽然在初期（15 d）不明显，但后续阶段却表现出明显的差异。

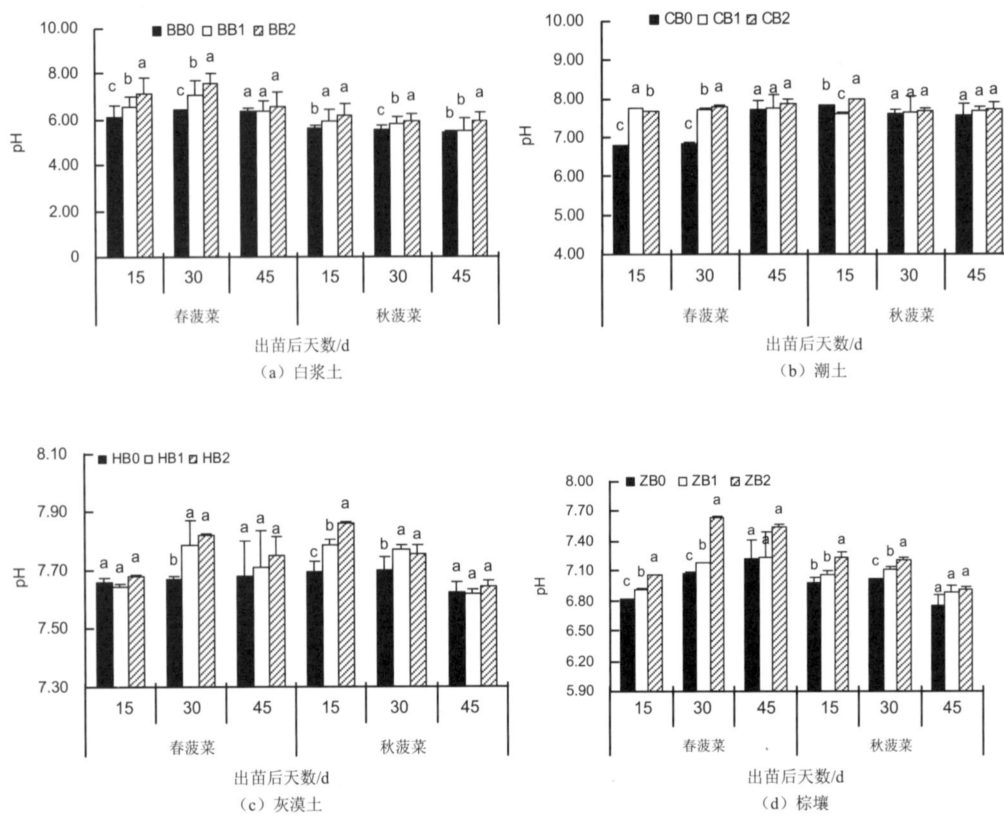

图 5-12 添加生物炭对白浆土、潮土、灰漠土、棕壤 pH 的影响

五、土壤阳离子代换能力

土壤阳离子交换量（Cation Exchange Capacity，CEC）是指土壤胶体所能吸附各种阳离子的总量，基本上代表了土壤可能保持的养分数量，即保肥性，是衡量土壤肥力的一个重要指标。同时，阳离子交换量也是土壤缓冲性能的主要来源。因此，经常把 CEC 视为评价土壤保肥能力、改良土壤和合理施肥的重要依据。

不同土壤的阳离子交换量不同，主要影响因素包括：①土壤胶体类型，不同类型的土壤胶体其阳离子交换量差异较大，例如，有机胶体＞蒙脱石＞水化云母＞高岭石＞含水氧化铁、铝；②土壤质地越细，其阳离子交换量越大；③土壤黏土矿物，其 SiO_2/R_2O_3 比率越高，其交换量就越大；④土壤溶液 pH，因为土壤胶体微粒表面的羟基（—OH）的解离受介质 pH 的影响，当介质 pH 降低时，土壤胶体微粒表面的负电荷也减少，其阳离子交换量也会降低；反之，阴离子交换量增大。

生物炭可以提高土壤 CEC，对提升土壤保肥能力有积极影响，学者们对其机制的理解也比较一致。Lehmann 等（2015）认为，生物炭含有芳环结构和羟基、羧基等基团，还田后可以增加离子交换位点，提高表面交换活性，提升土壤 CEC 水平。Atkinson 等（2018）也认为，将生物炭施入土壤后，其表面可能会氧化形成酚基、羰基、醌基等含氧官能团，从而能够吸附大量负电荷，增加土壤 CEC。生物炭的表面氧化需要时间，因此其还田后对土壤 CEC 的影响也是逐渐变化的。Jiang 等（2020）研究表明，随着生物炭与土壤作用的时间增加，由于生物炭在生物与非生物的协同作用下氧化产生了羧基等官能团，会造成电荷量增大，使得土壤 CEC 逐步升高。

此外，还有很多研究都报道了生物炭在提高土壤 CEC 中的积极作用，例如，Van 等（2010）、Rogovska 等（2016）。但也有例外，Schulz 等（2013）的研究结果表明，生物炭各处理的土壤 CEC 含量与对照相比未发生显著变化。可见，土壤类型、生物炭性质等都是重要的影响因素，但生物炭提高土壤 CEC 的整体趋势还是较为明确的。

参考文献

安艳，姬强，赵世翔，等. 2016. 生物质炭对果园土壤团聚体分布及保水性的影响[J]. 环境科学，37（1）：293-300.

陈恩凤，关连珠，汪景宽，等. 2001. 土壤特征微团聚体的组成比例与肥力评价[J].土壤学报，（1）：49-53.

陈恩凤，宋达泉，王汝槦，等. 1987. 积极宣传认识土壤实质加强培肥土壤[J].中国水利，（6）：24-25.

陈恩凤，王汝镛，王春裕. 1984. 有机质改良盐碱土的作用[J]. 土壤通报，（5）：193-196.

陈恩凤，武冠云，周礼恺. 1989. 关于土壤肥力研究的几点认识[J]. 土壤通报，（4）：187-188+163.

陈恩凤，周礼恺，邱凤琼，等. 1985. 土壤肥力实质的研究——Ⅱ.棕壤[J].土壤学报，（2）：113-119.

陈红霞，杜章留，郭伟，等. 2011. 施用生物炭对华北平原农田土壤容重、阳离子交换量和颗粒有机质含量的影响[J]. 应用生态学报，22（11）：2930-2934.

窦森，王帅. 2011. 不同微生物对形成不同腐殖质组分的差异性研究进展[J].吉林农业大学学报，33（2）：119-125.

符素华. 2005. 土壤中砾石存在对入渗影响研究进展[J]. 水土保持学报，（1）：171-175.

付琳琳，藺海红，李恋卿，等. 2013. 生物质炭对稻田土壤有机碳组分的持效影响[J]. 土壤通报，44（6）：1379-1384.

高海英，何绪生，耿增超，等. 2011. 生物炭及炭基氮肥对土壤持水性能影响的研究[J]. 中国农学通报，27（24）：207-213.

何玉亭，王昌全，沈杰，等. 2016. 两种生物质炭对红壤团聚体结构稳定性和微生物群落的影响[J]. 中国农业科学，49（12）：2333-2342.

侯光炯，黄昭贤. 1986. 半旱式小麦耕作中的一个重要关键——免耕[J]. 中国农业科学，（1）：18-23.

侯光炯. 1982a. 要用综合的观点研究农业土壤学[J]. 土壤肥料，（2）：3-6.

侯光炯. 1982b. 自然免耕理论在水稻和小麦生产上的运用（续）[J]. 四川农业科技，（5）：1-5.

侯晓娜，李慧，朱刘兵，等. 2015. 生物炭与秸秆添加对砂姜黑土团聚体组成和有机碳分布的影响[J]. 中国农业科学，48（4）：705-712.

侯雪莹，韩晓增，王树起，等. 2008. 不同土地利用和管理方式对黑土肥力的影响[J]. 水土保持学报，22（6）：99-103.

侯艳伟，曾月芬，安增莉. 2011. 生物炭施用对污染红壤中重金属化学形态的影响[J].内蒙古大学学报（自然科学版），42（4）：460-466.

黄昌勇. 2000. 土壤学[M]. 北京：中国农业出版社.

霍云鹏，刘兴久，张宏. 1983. 白浆土的水分物理性质与白浆土的改良[J]. 东北农学院学报，（3）：69-75.

柯跃进，胡学玉，易卿，等. 2014. 水稻秸秆生物炭对耕地土壤有机碳及其 CO_2 释放的影响[J]. 环境科学，35（1）：93-99.

雷廷武，潘英华，刘汗，等. 2006. 产流积水法测量降雨侵蚀影响下坡地土壤入渗性能[J]. 农业工程学报，（8）：7-11.

黎嘉成，高明，田冬，等. 2018. 秸秆及生物炭还田对土壤有机碳及其活性组分的影响[J]. 草业学报，27（5）：39-50.

李凯，江洪，由美娜，等. 2011. 模拟氮沉降对石栎和苦槠幼苗土壤呼吸的影响[J]. 生态学报，31（1）：82-89.

李明，李忠佩，刘明，等. 2015. 不同秸秆生物炭对红壤性水稻土养分及微生物群落结构的影响[J]. 中国农业科学，48（7）：1361-1369.

李伟，代镇，张光鑫，等. 2019. 生物炭和氮肥配施提高土团聚体稳定性及作物产量[J]. 植物营养与肥料学报，25（5）：782-791.

李小刚，张仁陟. 2000. 甘肃陇东粘黑垆土区冬小麦土壤水分利用特征[J]. 土壤通报，（1）：18-21+49.

林洪羽，周明华，张博文，等. 2020. 生物炭及秸秆长期施用对紫色土坡耕地土壤团聚体有机碳的影响[J]. 中国生态农业学报，28（1）：96-103.

刘思春，张一平，高俊凤，等. 1996. 不同肥力水平下土壤—植物—大气连续系统水势温度效应研究[J]. 西北农业学报，（4）：54-58.

刘祥宏. 2013. 生物炭在黄土高原典型土壤中的改良作用[D]. 杨凌：中国科学院研究生院（教育部水土保持与生态环境研究中心）.

刘孝义，周桂芹，依艳丽，等. 1985. 东北地区几种主要土壤持水特性的研究[J]. 沈阳农学院学报，（2）：31-37.

罗友进，王子芳，高明，等. 2007. 不同耕作制度对紫色水稻土活性有机质及碳库管理指数的影响[J]. 水土保持学报，（5）：55-58，81.

马溶之. 1965. 中国山地土壤的地理分布规律[J]. 土壤学报，（1）：1-7.

米会珍，朱利霞，沈玉芳，等. 2015. 生物炭对旱作农田土壤有机碳及氮素在团聚体中分布的影响[J]. 农业环境科学学报，34（8）：1550-1556.

尚杰，耿增超，陈心想，等. 2015. 施用生物炭对旱作农田土壤有机碳、氮及其组分的影响[J]. 农业环境科学学报，34（3）：509-517.

邵慧芸，李紫玥，刘丹，等. 2019. 有机肥施用量对土壤有机碳组分和团聚体稳定性的影响[J]. 环境科学，40（10）：4691-4699.

田丹，屈忠义，勾芒芒，等. 2013. 生物炭对不同质地土壤水分扩散率的影响及机理分析[J]. 土壤通报，44（6）：1374-1378.

王孟本，李洪建，柴宝峰. 1996. 柠条（Caragana Korshinskii）的水分生理生态学特性[J]. 植物生态学报，（6）：494-501.

王岩松，李梦迪，朱连奇. 2016. 保护性耕作对农田土壤有机碳及农业生产力的影响[J]. 农学学报，6（4）：40-47.

文曼，郑纪勇. 2012. 生物炭不同粒径及不同添加量对土壤收缩特征的影响[J]. 水土保持研究，19（1）：46-50，55.

吴鹏豹. 2012. 生物炭对土壤质量及王草产量、品质的影响[D]. 海南大学.

武玉，徐刚，吕迎春，等. 2014. 生物炭对土壤理化性质影响的研究进展[J]. 地球科学进展，29（1）：68-79.

谢祖彬，刘琦，许燕萍，等. 2011. 生物炭研究进展及其研究方向[J]. 土壤，43（6）：857-861.

严昌荣，刘恩科，何文清，等. 2010. 耕作措施对土壤有机碳和活性有机碳的影响[J]. 中国土壤与肥料，（6）：58-63.

严洁，邓良基，黄剑. 2005. 保护性耕作对土壤理化性质和作物产量的影响[J]. 中国农机化，（2）：31-34.

杨铁钊，杨志晓，柯油松，等. 2009. 不同种植模式对烤烟根系和叶片衰老特性的影响[J]. 应用生态学报，20（12）：2977-2982.

依艳丽，刘孝义，夏丽华，等. 1999. 磁处理土壤对作物生长影响的初步研究[J]. 沈阳农业大学学报，（5）：498-501.

袁金华，徐仁扣. 2011. 生物质炭的性质及其对土壤环境功能影响的研究进展[J]. 生态环境学报，20（4）：779-785.

袁可能，陈通权. 1981. 土壤有机矿质复合体研究——Ⅱ.土壤各级团聚体中有机矿质复合体的组成及其氧化稳定性[J]. 土壤学报，（4）：335-344.

袁可能. 1963. 土壤有机矿质复合体研究——Ⅰ.土壤有机矿质复合体中腐殖质氧化稳定性的初步研究[J]. 土壤学报，（3）：286-293.

悦飞雪，李继伟，乔鑫鑫，等. 2019. 生物炭对豫西丘陵区农田土壤团聚体稳定性及碳、氮分布的影响[J]. 水土保持学报，33（6）：265-272.

张迪，胡学玉，柯跃进，等. 2016. 生物炭对城郊农业土壤镉有效性及镉形态的影响[J]. 环境科学与技术，39（4）：88-94.

张伟明，修立群，吴迪，等. 2020. 生物炭的结构及其理化特性研究回顾与展望[J]. 作物学报：1-22.

张祥，王典，姜存仓，等. 2013. 生物炭对我国南方红壤和黄棕壤理化性质的影响[J]. 中国生态农业学报，

21（8）：979-984.

张治伟，朱章雄，王燕，等. 2010. 岩溶坡地不同利用类型土壤入渗性能及其影响因素[J]. 农业工程学报，26（6）：71-76.

章明奎，何振立. 1997. 成土母质对土壤团聚体形成的影响[J]. 热带亚热带土壤科学，（3）：198-202.

朱经伟，张恒，冯娅，等. 2018. 不同育苗基质对贵州烤烟主产区烟苗综合素质的影响[J]. 贵州农业科学，46（6）：32-37.

Abiven S，Hund A，Martinsen V，et al. 2015. Biochar amendment increases maize root surface areas and branching：a shovelomics study in Zambia[J]. Plant and Soil，395（1-2）：45-55.

Atkinson，C J. 2018. How good is the evidence that soil-applied biochar improves water-holding capacity?[J]. Soil Use and Management，34（2）：177-186.

Blanco-Canqui H，Kaiser M，Hergert G W，et al. 2020. Can char carbon enhance soil properties and crop yields in low-carbon soils？ [J]. Journal of Environmental Quality，49（5）：1251-1263.

Bossuyt，Bart T A，Yblin R，et al. 2005. Multigeneration acclimation of daphnia magna straus to different bioavailable copper concentrations[J]. Ecotoxicology and Environmental Safety，61（3）：327-336.

Chrysikopoulos C V，Thomas B，Markus F. 2015. Special Issue on fate and transport of biocolloids and nanoparticles in soil and groundwater systems Preface[J]. Journal of Contaminant Hydrology，181：1-2.

Clow D W，Rhoades C，Briggs J，et al. 2011. Responses of soil and water chemistry to mountain pine beetle induced tree mortality in Grand County，Colorado，USA[J]. Applied Geochemistry，26：S174-S178.

Demisie W，Liu Z Y，Zhang M K. 2014. Effect of biochar on carbon fractions and enzyme activity of red soil[J]. Catena，121：214-221.

Du Z L，Ren T S，Hu C，et al. 2015. Transition from intensive tillage to no-till enhances carbon sequestration in microaggregates of surface soil in the North China Plain[J]. Soil & Tillage Research，146：26-31.

Fan S X，Zuo J C，Dong H Y. 2020. Changes in soil properties and bacterial community composition with biochar amendment after six years[J]. Agronomy-Basel，10（5）：746.

Freixo A A，Canellas L P，Machado P L O A. 2002. Propriedades espectrais da matéria orgânica leve-livre e leve intra-agregado de dois latossolos sob plantio direto e preparo convencional[J]. Revista Brasileira de Ciência do Solo，26（2）：445-453.

Gregory S J，Anderson C W N，Arbestain M C，et al. 2014. Response of plant and soil microbes to biochar amendment of an arsenic-contaminated soil[J]. Agriculture Ecosystems & Environment，191：133-141.

Grunwald D，Kaiser M，Ludwig B. 2016. Effect of biochar and organic fertilizers on C mineralization and macro-aggregate dynamics under different incubation temperatures[J]. Soil & Tillage Research，164：11-17.

Hafez E M，Omara A，Alhumaydhi F A，et al. 2020. Minimizing hazard impacts of soil salinity and water stress on wheat plants by soil application of vermicompost and biochar[J]. Physiologia Plantarum，2：1-16.

Hansen V，Hauggaard-Nielsen H，Petersen C T，et al. 2016. Effects of gasification biochar on plant-available water capacity and plant growth in two contrasting soil types[J]. Soil & Tillage Research，161：1-9.

Hardie M. 2017. Two dimensional modelling of nitrate flux in a commercial apple orchard[J]. Soil Science Society of America Journal，81（5）：1235-1246.

He L，Zhao J，Yang S，et al. 2020. Successive biochar amendment improves soil productivity and aggregate microstructure of a red soil in a five-year wheat-millet rotation pot trial[J]. Geoderma，376（5）：114570.

Ibrahim M，Li G，Chan F，et al. 2019. Biochars effects potentially toxic elements and antioxidant enzymes in Lactuca sativa L. grown in multi-metals contaminated soil[J]. Environmental Technology & Innovation，15：100427.

Jiang S，Wu J，Duan L，et al. 2020. Investigating the aging effects of biochar on soil C and Si dissolution and the interactive impact on copper immobilization[J]. Molecules，25（18）：4319.

Joseph S D，Camps-Arbestain M，Lin Y，et al. 2010. An investigation into the reactions of biochar in soil[J]. Australian Journal of Soil Research，48（6-7）：501-515.

Katuwal K B，Cho Y，Singh S，et al. 2020. Dominant tree species and earthworms affect soil aggregation and carbon content along a soil degradation gradient in an agricultural landscape[J]. Geoderma，359：113983.

Lehmann J，Kleber M. 2015. The contentious nature of soil organic matter[J]. Nature，528（7580）：60-68.

Lehmann J，Rillig M C，Thies J，et al. 2011. Biochar effects on soil biota- a review[J]. Soil Biology and Biochemistry，43：1812-1836.

Li S，Lu J，Liang G，et al. 2020a. Factors governing soil water repellency under tillage management：The role of pore structure and hydrophobic substances[J]. Land Degradation & Development，32（2）：1046-1059.

Li T，Zhang Y，Bei S，et al. 2020b. Contrasting impacts of manure and inorganic fertilizer applications for nine years on soil organic carbon and its labile fractions in bulk soil and soil aggregates[J]. Catena，194：104739.

Liu X H，Han F P，Zhang X C. 2012. Effect of Biochar on Soil Aggregates in the Loess Plateau：Results from Incubation Experiments[J]. International Journal of Agriculture & Biology，14（6）：975-979.

Ma N，Zhang L，Zhang Y，et al. 2016. Biochar improves soil aggregate stability and water availability in a mollisol after three years of field application[J]. Plos One，11（5）：10.

Matamala R，Gonzalez-Meier M A，Jastrow J D，et al. 2003. Impacts of fine root turnover on forest NPP and soil C sequestration potential[J]. Science，302（5649）：1385-1387.

Meyer N，Bornemann L，Welp G，et al. 2017. Carbon saturation drives spatial patterns of soil organic matter losses under long-term bare fallow[J]. Geoderma，306：89-98.

Moreno-Barriga F，Á Faz，Acosta J A，et al. 2017. Use of Piptatherum miliaceum for the phytomanagement of biochar amended Technosols derived from pyritic tailings to enhance soil aggregation and reduce metal（loid）mobility. Geoderma，307：159-171.

Obia A，Mulder J，Martinsen V，et al. 2016. In situ effects of biochar on aggregation，water retention and porosity in light-textured tropical soils[J]. Soil & Tillage Research，155：35-44.

Obour P B，Danso E O，Pouladi N，et al. 2020a. Soil structure characteristics，functional properties and consistency limits response to corn cob biochar particle size and application rates in a 36-month pot experiment[J]. Soil Research，58（5）：488-497.

Obour P B，Dadzie F A，Arthur E，et al. 2020b. Integration of farmers' knowledge and science-based assessment of soil quality for peri-urban vegetable production in Ghana[J]. Renewable Agriculture and Food Systems，35（2）：128-139.

Padhy S R，Bhattacharyya P，Dash P K，et al. 2020. Enhanced labile carbon flow in soil-microbes-plant-atmospheric continuum in rice under elevated CO_2 and temperature leads to positive climate change feed-back[J]. Applied Soil Ecology，155：103657.

Paul B K，Vanlauwe B，Ayuke F，et al. 2013. Medium-term impact of tillage and residue management on soil aggregate stability，soil carbon and crop productivity[J]. Agriculture Ecosystems & Environment，164：14-22.

Rogovska N，Laird D A，Karlen D L. 2016. Corn and soil response to biochar application and stover harvest[J]. Field Crops Research，187：96-106.

Saedi T，Mosaddeghi M R，Sabzalian M R，et al. 2021. Effect of Epichlo endophyte-tall fescue symbiosis on rhizosphere aggregate stability and quality indicators under oxygen-limited conditions[J]. Geoderma，381：114624.

Schulz H，Dunst G，Glaser B. 2013. Positive effects of composted biochar on plant growth and soil fertility[J]. Agronomy for Sustainable Development，33（4）：817-827.

Shaaban M，Zwieten L V，Bashir S，et al. 2018. A concise review of biochar application to agricultural soils to improve soil conditions and fight pollution[J]. Journal of Environmental Management，228：429-440.

Soinne H，Hovi J，Tammeorg P，et al. 2014. Effect of biochar on phosphorus sorption and clay soil aggregate stability[J]. Geoderma，219：162-167.

Steiner C，Bellwood-Howard I，Hring V，et al. 2018. Participatory trials of on-farm biochar production and use in Tamale，Ghana[J]. Agronomy for Sustainable Development，38（1）：12.

Sun F F，Lu S G. 2014. Biochars improve aggregate stability，water retention，and pore- space properties of clayey soil[J]. Journal of Plant Nutrition and Soil Science，177（1）：26-33.

Tian Z，Chen J，Cai C，et al. 2021. New pedotransfer functions for soil water retention curves that better account for bulk density effects[J]. Soil & Tillage Research，205：104812.

Tisdall P A，Deyoung D R，Roberts G D，et al. 1982. Identification of clinical isolates of mycobacteria with gas-liquid chromatography：a 10-month follow-up study[J]. Journal of clinical microbiology，16（2）：400-402.

Van Zwieten L，Kimber S，Morris S，et al. 2010. Effects of biochar from slow pyrolysis of papermill waste on agronomic performance and soil fertility[J]. Plant and Soil，327（1-2）：235-246.

Wang F，Weil R R，Han L，et al. 2019. Subsequent nitrogen utilisation and soil water distribution as affected by forage radish cover crop and nitrogen fertiliser in a corn silage production system[J]. Acta Agriculturae Scandinavica Section B-Soil and Plant Science，69（1）：52-61.

Wang Q J，Huang Q J，Zhang L，et al. 2012. The effects of compost in a rice-wheat cropping system on aggregate size，carbon and nitrogen content of the size-density fraction and chemical composition of soil organic matter，as shown by 13C CP NMR spectroscopy[J]. Soil Use and Management，28（3）：337-346.

Wang T，Zhang C，Bai L，et al. 2020. Scaling behavior of iron in capacitive deionization（CDI） system[J]. Water Research，171：115370.

Williams D M，Blanco-Canqui H，Francis C A，et al. 2017. Organic Farming and Soil Physical Properties: An Assessment after 40 Years[J]. Agronomy Journal，109（2）：600-609.

Yamauchi T，Pedersen O，Nakazono M，et al. 2020. Key root traits of Poaceae for adaptation to soil water gradients[J]. The New Phytologist，229（6）：3133-3140.

Younis H，Nazir A，Firdaus B. 2021. Management of Tannery Solid Waste（TSW） through Pyrolysis and Characteristics of Its Derived Biochar[J]. Polish Journal of Environmental Studies，30（1）：453-462.

Yu B，Chen Z，Lu X，et al. 2020. Effects on soil microbial community after exposure to neonicotinoid insecticides thiamethoxam and dinotefuran[J]. Science of the Total Environment，725：138328.

Yuan J H，Xu R K. 2011. The amelioration effects of low temperature biochar generated from nine crop residues on an acidic Ultisol[J]. Soil Use and Management，27（1）：110-115.

Yue J B，Tian J，Tian Q，et al. 2019. Development of soil moisture indices from differences in water absorption between shortwave-infrared bands[J]. Isprs Journal of Photogrammetry and Remote Sensing，154：216-230.

Zhang C，Li X，Yan H，et al. 2020. Effects of irrigation quantity and biochar on soil physical properties，growth characteristics，yield and quality of greenhouse tomato[J]. Agricultural Water Management，241：106263.

第六章　生物炭对土壤微生物的影响

土壤微生物具有丰富的多样性，并且呈现出不同的群体效应，在物质循环和能量流动过程中承担着重要功能，是土壤生态系统不可缺少的重要部分（郭萍萍等，2015），通常被视为土壤质量的重要指标之一。

秸秆炭化还田与土壤微生物的活动密切相关。一方面，生物炭可以通过改变微生物的碳源结构直接影响土壤微生物的群落结构；另一方面，可通过其孔隙、pH、养分等理化性能调整土壤微生态环境，间接作用于微生物的生存与繁衍。反之，微生物有助于缓解生物炭大量集中应用时的负面效应，加速以生物炭为核心的土壤团聚体建成。生物炭与土壤微生物之间的积极的交互作用已被视为其改良土壤的重要机制之一，更是秸秆炭化还田理论基础的重要组成部分。

近年来，在不断深入研究生物炭对土壤微生物群落结构宏观影响的基础上，生物炭与有益功能微生物的增益效应、生物炭对病原微生物的影响、生物炭复合微生物应用技术等日益受到关注，相关研究重点逐渐由认识自然规律向应用目标导向的关键过程描述与技术探索并重的方向发展，在生物炭基农业投入品开发与应用研究中发挥着重要的引领作用。

一、生物炭对土壤微生态环境影响

生物炭对土壤微生物的影响十分显著（Palansooriya et al.，2019；Lehmann et al.，2011），主要通过对土壤碳源结构、pH、温度、含水量、气体氛围、无机养分含量，以及植物根系分泌物等土壤微生态环境因子的影响作用于土壤微生物的数量和功能以致群落结构。

（一）碳源

生物炭还田后导致的土壤碳源改变是引起土壤微生物群落变化的重要原因之一（Jiang et al.，2017；Sun et al.，2016；Sun et al.，2015）。一般而言，生物炭具有良好的稳定性和抗生物分解能力，但仍含有一定数量且种类繁多的易分解有机碳可供微生物利用（Luo et al.，2013），而且低温条件下制备的生物炭比高温条件下制备的生物炭能够提供更多碳源（Luo et al.，2013；Koide et al.，2011）。

生物炭通过改变土壤碳源结构影响土壤微生物群落的碳代谢（表 6-1）。以棕壤（辽宁沈阳）、潮土（河南郑州）、灰漠土（新疆乌鲁木齐）3 种土壤为例，施用生物炭后，原本无法被利用的 D-半乳糖内酯（糖类）、γ-羟基丁酸（羧酸类）、D,L-α-甘油都能够被利用，这可能是因为生物炭对土著微生物碳代谢过程的诱导。

表 6-1　生物炭对棕壤、潮土、灰漠土微生物利用特征碳源的影响

碳源	碳源类型	棕壤			潮土			灰漠土		
		B0	B1	B2	B0	B1	B2	B0	B1	B2
β-甲基 D-葡萄糖苷	糖类	√		√	√		√	√		√
D-半乳糖内酯	糖类		√			√			√	√
D-木糖	糖类	√	√	√	√			√	√	
I-赤藻糖醇	糖类	√	√	√		√			√	√
D-甘露醇	糖类		√		√	√	√	√	√	√
N-乙酰基-D-葡萄胺	糖类	√	√		√		√	√		
D-纤维二糖	糖类		√		√	√	√	√		√
葡萄糖-1-磷酸盐	糖类	√	√	√	√	√		√		
α-D-乳糖	糖类	√	√	√	√		√	√	√	√
L-精氨酸	氨基酸类	√	√	√	√	√	√	√	√	√
L-天冬酰胺酸	氨基酸类	√	√	√		√	√	√	√	√
L-苯基丙氨酸	氨基酸类		√		√	√	√	√	√	
L-丝氨酸	氨基酸类	√			√		√	√		√
L-苏氨酸	氨基酸类	√	√		√		√			
甘氨酰-L-谷氨酸	氨基酸类		√		√	√	√		√	
D-半乳糖醛酸	羧酸类	√	√	√	√	√			√	√
2-羟苯甲酸	羧酸类	√			√					√
4-羟基苯甲酸	羧酸类		√	√		√	√	√	√	√
γ-羟基丁酸	羧酸类		√	√		√	√		√	√
D-葡萄胺酸	羧酸类	√	√	√		√	√	√	√	√
衣康酸	羧酸类	√						√	√	√
α-丁酮酸	羧酸类	√	√	√	√				√	√
D-苹果酸	羧酸类	√		√	√	√	√		√	√
苯乙基胺	胺类	√		√				√	√	√
腐胺	胺类	√	√			√	√	√		
吐温 40	聚合物类	√	√	√		√	√		√	√
吐温 80	聚合物类	√	√		√	√		√		√
α-环式糊精	聚合物类			√	√	√	√	√	√	
肝糖	聚合物类	√		√	√	√	√	√		√
丙酮酸甲脂	其他混合物		√	√	√	√			√	√
D,L-α-甘油	其他混合物			√			√		√	√

注：B0—0；B1—20 t/hm^2；B2—40 t/hm^2。

另外，生物炭携带的碳源中极有可能含有植物与微生物交互所需的信号分子类似物。以丛枝菌根真菌（AMF）为例，目前已经发现的与共生有关的信号物质包括生长素、乙烯、独脚金内酯等植物激素；miRNA393、miRNA399、miRNA171h 等 miRNA；CLE、AON 等小信号肽家族等（Müller et al.，2019），并作用于定殖、共生过程中的不同阶段。其中，植物根系向土壤中分泌的独脚金内酯是 AMF 定殖识别所需的主要植物激素（Bonfante et al.，2015），能够强化 AMF 代谢、促进 ATP 生成和线粒体分裂（Besserer et al.，2006）。已有研究表明，外源施用独脚金内酯类似物 GR24 能够提高 AMF 对蒺藜苜蓿的侵染性（Genre et al.，2013）。植物根系角质层脱落形成的单体——羟基 C18 脂肪酸可促进 AMF 菌丝体发育所需 RAM2 基因编码的转移酶上调表达（Murray et al.，2013；Wang et al.，2012），进而促进 AMF 与根系的识别和定殖（Kim et al.，2008）。甲壳素类似物是 AMF 生长发育合成细胞壁时产生的，是寄主植物根部识别 AMF 的主要信号分子（Genre et al.，2013；Maillet et al.，2011）。

生物炭表面含有种类众多的有机小分子（Yang et al.，2015），如图 6-1 所示，其中包含 IAA 和 ABA 类似物，可促进水稻根系伸长（E et al.，2019）、提升耐低温胁迫能力（Yuan et al.，2017）。更为重要的是，这些小分子有机物含有 7-43 碳（Yang et al.，2015），覆盖了独脚金内酯、甲壳素、羟基 C18 脂肪酸等信号分子的碳链（环）长度范围，很有可能在其中找到具有类似功能的信号物质。

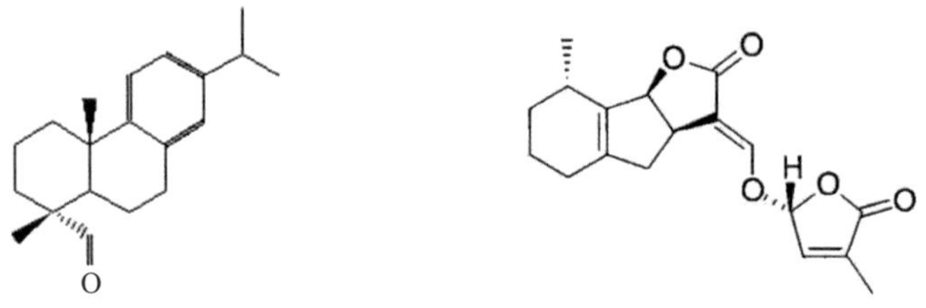

生物炭表面小分子中候选信号类似物示例　　　　独脚金内酯

图 6-1　生物炭表面小分子中候选信号类似物与独脚金内酯的简单对比

（二）土壤 pH

在土壤微生态系统中，pH 起着至关重要的调控作用。受成土母质、气候条件以及栽培措施的影响，土壤 pH 差异巨大。因地制宜地使用合适的生物炭能够在一定程度上、一定时期内调节土壤 pH，进而提高微生物酶活性（Liu et al.，2017；韩光明，2013）。

生物炭的碱性使其在热带、亚热带地区的强酸性土壤改良中应用前景广阔，部分弱碱性或酸性生物炭也可用于半湿润、半干旱和干旱的内陆地区以及部分沿海地区分布的盐碱土的改良。以 3 种 pH 不同的土壤为例（图 6-2），当无作物时，在红壤土（广东惠州，pH=5.39）中施用不同用量的生物炭后，pH 可提高 0.1～0.2；对棕壤（辽宁沈阳，pH=7.94）和盐碱土（辽宁营口，pH=8.35）进行不同的施炭处理后，可以使土壤 pH 降低大约 0.1 和 0.2。但意外的是生物炭还田量对 pH 的影响不显著。

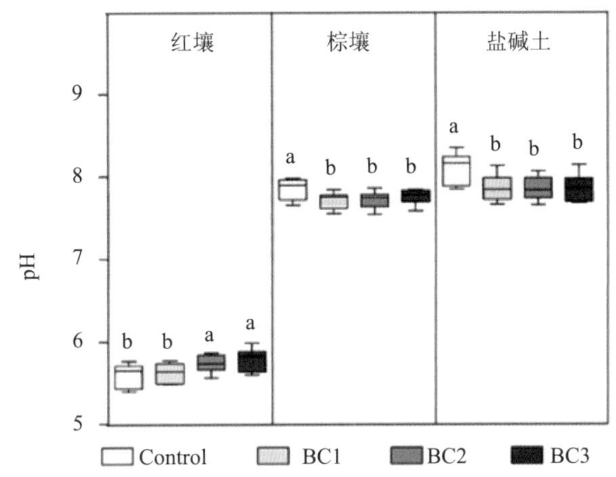

图 6-2　稻壳生物炭对红壤、棕壤和盐碱土 pH 的影响

注：Control—施炭量为 0；BC1—施炭量为 10 t/hm^2；BC2—施炭量为 20 t/hm^2；BC3—施炭量为 40 t/hm^2。

当种植作物时，生物炭对土壤 pH 的影响表现出明显的时间性。生物炭通过碳酸盐溶解、表面官能团与土壤物质结合及有机质溶出等过程调节土壤 pH，同时生物炭自身在这些过程中部分降解和陈化。有研究表明，土壤 pH 低，生物炭中的碳酸盐更易溶解形成 CO_2，且表面含氧官能团结构增多，更易被陈化（盛雅琪，2017）。当生物炭陈化时，其表面含氧官能团（如羧基、羰基和酚基等）可以和阳离子结合形成羧酸盐和酚盐，同时释放 H^+，导致陈化生物炭的 pH 降低，致使生物炭对土壤 pH 的调节具有时间性（袁海静等，2019）。

生物炭含氧官能团与阳离子结合的过程、生物炭的陈化进程与土壤类型密切相关。在白浆土（黑龙江胜利农场）、潮土（河南郑州）、灰漠土（新疆乌鲁木齐）3 种障碍性土壤中，添加生物炭能在作物生长前期显著影响土壤 pH，但这种提升作用随着生育期的延长会有所弱化，并受到土壤类型的显著影响（图 6-3）。

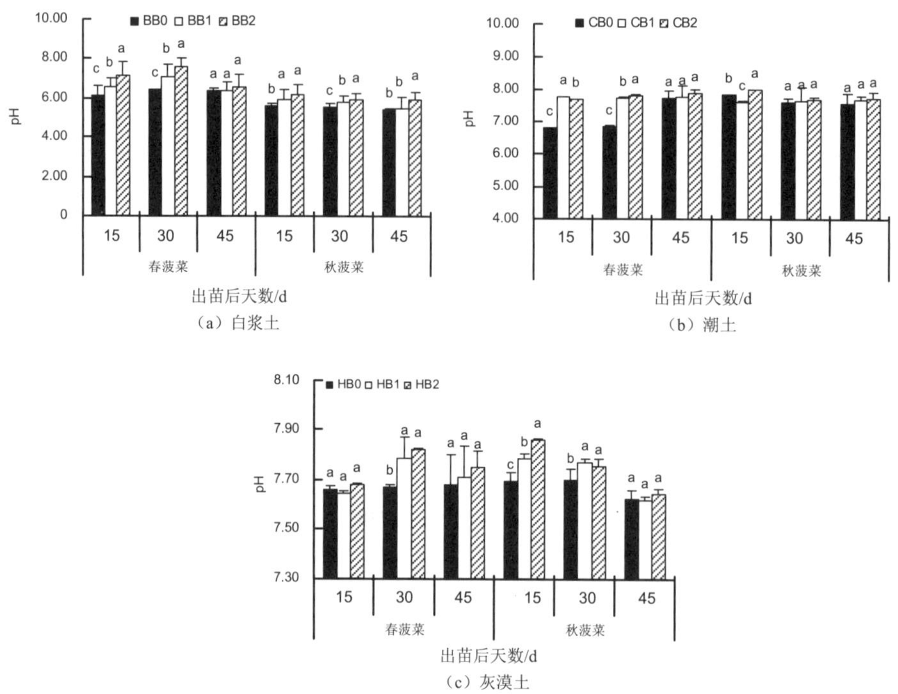

图 6-3　稻壳生物炭对白浆土、潮土和灰漠土的 pH 影响

注：B0—施炭量为 0；B1—施炭量为 20 t/hm^2；B2—施炭量为 40 t/hm^2。

（三）土壤温度

研究表明，生物炭添加到土壤中能够提高低温天气的最低土壤温度，并且降低土壤最高温度，在一定程度上增加土壤积温。其原因可以归结为以下几点，第一，生物炭的孔隙，生物炭的多孔结构能够吸附并贮存更多水分，提高土壤总体的水分含量，进而提高土壤的总体比热容；生物炭还田可以降低土壤容重，降低土壤热导率，减少低温天气土壤的热量散失，提高最低土壤温度；同样，由于多孔隙结构，生物炭还田后降低了土壤内固相颗粒的体积比，增大了气相体积比，并且改变了土壤固相物质的组分，使土壤表层更加疏松，散热性更强，因而降低高温天气土壤最高温度（王冲，2018）。第二，生物炭的黑色表面有助于降低农田地表反照率，也被视为其吸光增温的原因之一。玉米农田试验结果表明，在有作物覆盖条件下，相对于对照处理，生物炭处理的地表反照率在玉米苗期和拔节期均显著下降；在未种植作物条件下，生物炭处理的地表反照率降幅更大（张阳阳等，2015）。温度能够调控微生物胞内代谢强度以及还原势，适宜而稳定的温度条件可以促进土壤微生物生长繁殖，提高土壤微生物量，增强土壤微生物呼吸，从而进一步提高土壤温度。

（四）土壤含水量

土壤水是植物及土壤微生物生长和生存的物质基础。在农田耕层中，土壤毛管水是作物吸收水分的主要来源。生物炭具有多孔结构，适量施入土壤中能够有效改善土壤的孔隙分布，一定程度上控制土壤水分的蒸发，提高土壤保水能力以及土壤的有效水含量。高粱苗期生长室内模拟和盆栽试验结果表明，随着生物炭添加比例增加，土壤吸湿系数、凋萎湿度、田间持水量、饱和含水量、土壤毛管孔隙和总孔隙度均呈增加趋势，且土壤容重降低（王浩等，2015）。马铃薯种植田间试验结果表明，随着生物炭施用量增加，毛管孔隙度和土壤田间持水量呈现递增趋势，土壤容重呈现递减趋势，耕层自然含水量有小幅增加（张新学等，2017）。在不同土壤类型中，生物炭对土壤含水量具有不同程度的影响，在 10～40 t/hm^2 用量条件下，红壤、棕壤、盐碱土 3 种土壤的含水量可提高 0.3%～1.4%（图 6-4）。值得注意的是，虽然提升土壤含水量的幅度或显著性有所差别，但在不同土壤类型的试验中同样可以观察到高生物炭还田量条件下，土壤含水量的显著下降，说明过高的生物还田量可能过度提高土壤的通透性，加速了土壤水分散失。

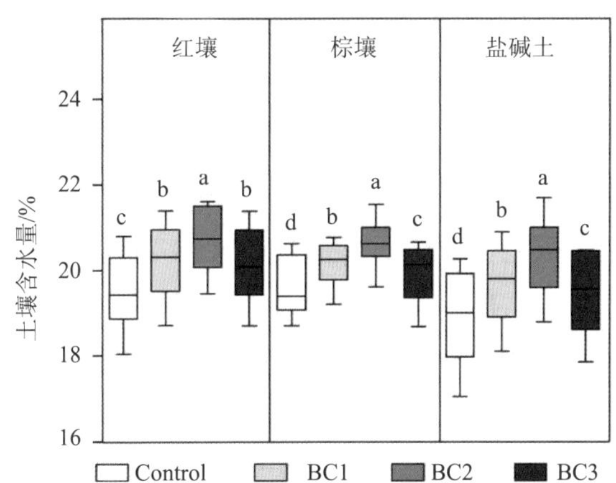

图 6-4　稻壳生物炭对红壤、棕壤和盐碱土的含水量的影响

注：Control—施炭量为 0；BC1—施炭量为 10 t/hm^2；BC2—施炭量为 20 t/hm^2；BC3—施炭量为 40 t/hm^2。

土壤水主要源于降水入渗和地下水补给，生物炭的种类、施用量及土壤类型也会对这两个过程产生影响。室内土柱试验研究结果表明，生物炭对地下水补给、土壤持水能力、土壤水分上升运动和蒸发都有显著影响，并且生物炭原料和粒径不同，其影响效果也不同。添加竹炭的效果大于木炭，小粒径生物炭大于大粒径生物炭；生物炭添加量较低时能有效抑制土壤水分蒸发，但添加量过高时则促进蒸发（许健等，2016）。

对于土壤微生态环境，含水量影响着土壤养分的迁移、根系分泌物等信号物质的有效性、孢子的游动能力，更作用于土壤的氧化还原条件，并进一步影响土壤微生物的代谢过程（朱义族等，2019）。生物炭还田后对土壤含水量的积极影响被认为是为微生物提供的适宜环境条件之一，对微生物群落结构调节具有重要作用（Liu et al.，2017）。

（五）土壤气体

土壤气体分别以自由态存在于土壤孔隙中，以溶解态存在于土壤水中，以吸附态存在于土粒中。生物炭还田后通过改变土壤孔隙、调节水分运移以及自身的吸附性能对上述 3 种气体存在形式产生影响。继而，一方面作用于氧化还原电位；另一方面作用于微生物活动形成的气体产物的分压，从而影响微生物活动进程。反之，微生物活动也决定着土壤气体排放，如土壤有机质的生物氧化、甲烷的氧化以及氨化作用和硝化作用等，释放出二氧化碳、甲烷、氨气、氮氧化物等。

氨化作用是微生物分解有机氮化合物产生氨的过程，很多细菌和放线菌都能分解蛋白质及其含氮衍生物，其中分解能力强、并释放出氨的微生物称为氨化微生物。在氨化微生物的作用下，有机氮化合物将在好氧或厌氧条件下分解、转化为氨态氮。硝化作用是在硝化细菌作用下，土壤中的氨态氮被氧化成亚硝态，并进一步被氧化成硝态氮的过程，需要足够的氧气供应，并最终形成硝酸盐（闵航等，2006；石门，2005）。许多细菌、放线菌和真菌都能利用硝酸盐作为氮素营养，称为同化性硝酸还原作用。在厌氧条件下，还有一些微生物（反硝化细菌）利用硝酸根作为呼吸作用的最终电子受体，把硝酸还原成氧化亚氮（N_2O）和氮气，称为反硝化作用。大部分反硝化细菌是异养菌，如脱氮小球菌、反硝化假单胞菌等（苏锡南，2006）。

在土壤氨化、硝化与反硝化过程中，生物炭通过多种途径影响土壤气体环境，并最终作用于相关微生物的活动。胡云飞等（2015）研究表明，在茶园土壤添加生物炭后，短期内 N_2O 排放量增加，且 N_2O 排放量较高的处理组同时具有较高的 CO_2 排放量，这可能是因为在生物炭施入后的短期内，反硝化微生物利用生物炭中的碳源，获取了更多的土壤氮元素，促进了 N_2O 的产生或者微生物利用碳源并吸收土壤中的氧气，导致土壤缺氧，从而促进了反硝化作用，产生更多的 N_2O；在后期，随着生物炭施用量的增加，N_2O 的总排放量没有相应增加，反而减少，这可能是由于添加生物炭导致土壤孔隙率增大，抑制厌氧反硝化过程，同时，生物炭表面吸附 NO_3^- 也减少了 N_2O 的排放量。

气体在水中的溶解度随着气体分压的增加和温度的降低而升高，进而改变溶液的性能，如二氧化碳增加则促使土壤中碳酸盐、磷酸盐等盐类溶解度提高。溶解态气体在沼泽土、水稻土以及地下水位较高的土壤中，对土壤微生物群落结构及其活动能力以及植物根系呼吸起到一定的作用。

在稻田中，施用生物炭可在短期内显著改变土壤碳源结构和土壤孔隙，提高土壤微生物活性和水稻根系的呼吸作用，进而促进 CO_2 快速释放（张晟等，2019；Smith et al.，2010）。与此同时，CH_4 排放量显著降低。究其原因，生物炭能够改变土壤的通气性及氧化还原电位，一方面可以有效遏制产甲烷古菌（通常为厌氧菌）的生物活性，减少 CH_4

的产生；另一方面有助于甲烷氧化菌和氨氧化菌在氧气较富足的根际土壤界面和水土界面区域完成 CH_4 的氧化（王明星，2001）。此外，土壤中养分元素的含量也会对 CH_4 的排放量产生一定影响，施用生物炭能够提高土壤 NH_4^+-N 的含量，而 NH_4^+能促进甲烷氧化菌的生长和甲烷的氧化，从而降低 CH_4 的排放量。

（六）土壤养分

生物炭分别通过直接提供营养元素和改变营养元素有效性两方面影响土壤养分，并且间接作用于微生物生长。

土壤无机氮多指铵态氮（NH_4^+-N）和硝态氮（NO_3^--N）。土壤铵态氮包括土壤溶液中的铵、交换性铵和黏土矿物固定态铵。土壤溶液中的铵可被植物直接吸收，但数量极少，并且能够被硝化微生物转化成亚硝态氮和硝态氮。交换性铵是指吸附于土壤胶体表面，可以进行阳离子交换的铵离子。它通过解吸进入土壤溶液，可直接或经转化成硝态氮被植物和微生物利用。土壤亚硝酸态氮是铵的硝化作用的中间产物，可迅速被硝化微生物转化为硝酸态氮，因而其含量极低，但在大量施用液氨、尿素等氮肥时，可因局部的强碱性而导致明显积累。土壤硝态氮一般存在于土壤溶液中，移动性大，在具有可变电荷的土壤中，可部分被土壤颗粒表面的正电荷所吸附。硝态氮可直接被植物根系所吸收，在通气不良的土壤中数量极微，并可通过反硝化作用损失掉。

生物炭对土壤无机氮含量以及相关微生物的影响取决于生物炭原料的种类、施炭量、土壤类型以及土层深浅。生物炭对铵态氮和硝态氮的吸附受土壤体系 pH 的显著影响，并且对铵态氮的吸附量随着溶液 pH 增大而增大（宋婷婷，2018）。另有培养试验证明，土柱培养初期生物炭对土壤 NH_4^+-N 和 NO_3^--N 的固持作用比较明显，且对 NH_4^+-N 的固持作用主要发生在 0～10 cm 土层，而对 NO_3^--N 的固持作用主要发生在 10～40 cm 土层（盖霞普等，2015）。在我国北方，土壤反复冻融加剧了氮素淋失，添加生物炭可显著降低氮素淋失量，但这种作用是有限的，随着冻融次数的增加土壤氮素的淋失相应有所增加，生物炭对氮素的固持能力也有所降低（邬真真等，2019；李美璇等，2016）。相对而言，生物炭对 NH_4^+-N 的固持能力优于 NO_3^--N（邬真真等，2019；李美璇等，2016），且大部分取决于生物炭的吸附性能，因为生物炭表面更易吸附铵根离子（NH_4^+）形成交换性铵，进而将其更为稳定地固持在土壤中。也有部分田间试验表明，生物炭对土壤 NO_3^--N 含量也存在积极影响，除了生物炭的吸附性能，更多取决于生物炭为土壤硝化细菌提供的更为有利的生存环境。硝化细菌是好氧细菌，其存活需要水分、氧气，以及适宜的弱碱性条件，而生物炭的多孔隙结构和碱性有利于硝化细菌繁殖，进而增强土壤的硝化作用，提高土壤硝态氮的含量（张弘等，2017）。

土壤有机态氮是土壤有机物结构中的氮，一般可占全氮量的 95%以上，按其溶解度和水解难易程度可分为水溶性有机氮、水解性有机氮和非水解性有机氮。水溶性有机氮在土壤中数量很少，约占全氮量的 5%，很容易水解，并释放 NH_4^+，成为植物和微生物的有效性氮源；水解性有机氮经酸、碱等处理后可水解为简单的易溶性氮化合物，占全氮量的 50%～70%，主要存在于微生物体内，在微生物酶的作用下分解为多种氨基酸和氨基，进一步水解释放 NH_4^+被植物利用；非水解性有机氮是一类含氯有机物质，结构复杂，不溶于水，难以被植物吸收利用。

对水解性有机氮而言，生物炭的作用主要是为合成和分解过程提供有利的环境条件。研究表明，生物炭能够显著提高土壤酸解氨基酸态氮的含量（陈坤，2017），或显著提高土壤酸解有机氮中酸解铵态氮和氨基酸态氮的含量（李玥等，2017）。微生物量氮（土壤微生物体内氮的总和）是水解性有机氮的一部分，并且在一定程度上可以表征土壤氮素相关微生物的数量。华北高产农田生物炭长期定位试验表明，施用适量生物炭能够在一定程度上提高冬小麦土壤微生物量氮水平，显著影响土壤脲酶的含量（黄剑，2012）。张星等（2015）的研究结果也表明，在华北地区的玉米田中，施用生物炭能够显著提高土壤微生物量氮含量，并且发现生物炭通过减缓土壤温度波动显著降低了土壤微生物量氮的季节波动，更有利于维持较高的微生物活性和较稳定的土壤环境。在东北地区开展的棕壤玉米田长期定位试验中，也观测到了生物炭对土壤微生物量氮的提升作用（图 6-5）。

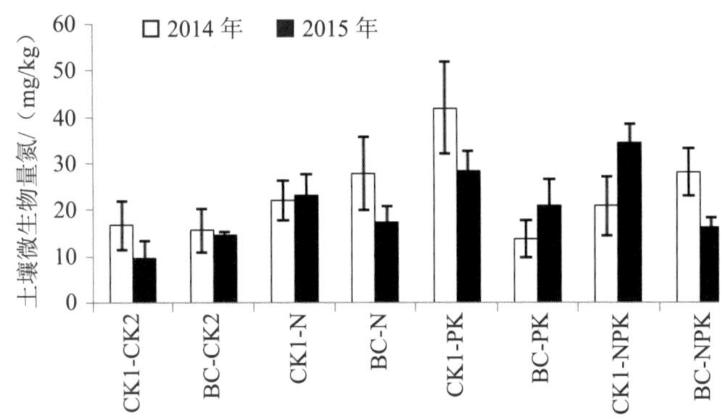

图 6-5 施用生物炭对棕壤玉米农田土壤全氮和微生物量氮的影响

注：CK1-CK2—不施生物炭也不施肥；BC-CK2—单施生物炭；CK1-N—不施生物炭单施氮肥；BC-N—仅施氮肥和生物炭；CK1-PK—不施生物炭施磷钾肥；BC-PK—施生物炭和磷钾肥；CK1-NPK—不施生物炭施氮磷钾肥；BC-NPK—施生物炭和氮磷钾肥。

土壤磷循环包括地球化学大循环和生态系统生物化学循环。前者周转时间长、变化缓慢、对土壤磷素有效性的影响不大，后者主要是植物、土壤和微生物间的磷素循环。土壤磷素的生态系统循环转化过程包括吸附-解吸过程、矿化-固持过程和无机磷形态转化过程。生物炭不仅具有较高的磷含量，其自身的吸附能力使其可以直接参与土壤磷素的吸附-解吸过程，促进土壤对磷素的吸附。相对而言，低温制备的生物炭对磷的吸附能力较好，而高温制备的生物炭则因其芳香性增强，极性减弱，吸附能力有所下降（郎印海等，2015）。

土壤微生物主要参与土壤磷素的矿化-固持过程，促进土壤无机态磷和有机态磷之间的转化，解磷微生物代谢产生的磷酸酶在此过程中起到催化作用。生物炭还田后，不仅带入磷、吸附磷，还为土壤磷素矿化相关微生物提供碳素营养，调节土壤 pH，进而提高土壤磷素的生物转化率（刘玉学等，2016）。在生物炭改良红壤、棕壤、盐碱土的研究中可以看到，添加生物炭可以显著提高各类型土壤微生物量磷（土壤微生物体内磷的总和）和磷酸酶含量（图 6-6、图 6-7），影响土壤解磷微生物的数量和活性。

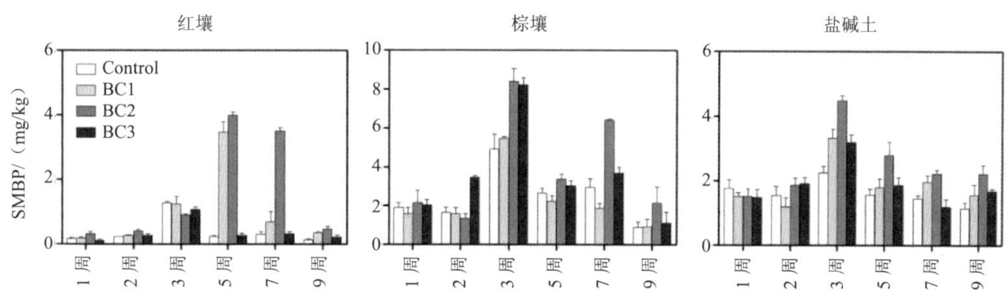

图 6-6 生物炭对红壤、棕壤和盐碱土微生物量磷（SMBP）含量的影响

注：Control—施炭量为 0；BC1—施炭量为 10 t/hm^2；BC2—施炭量为 20 t/hm^2；BC3—施炭量为 40 t/hm^2。

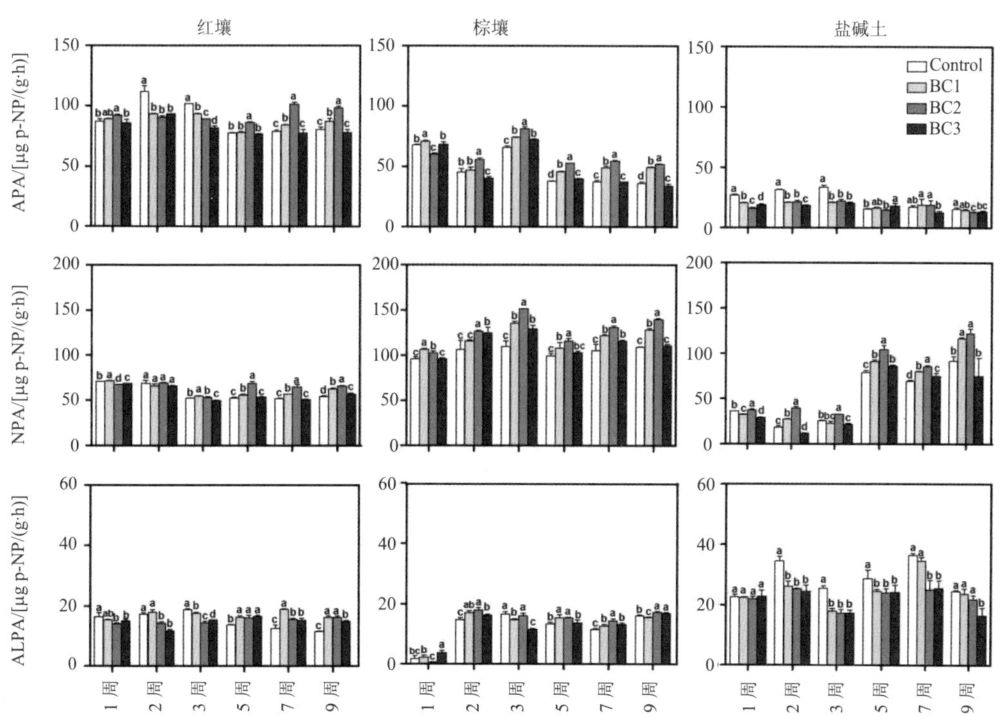

图 6-7 生物炭对红壤、棕壤和盐碱土酸性磷酸酶（APA）、中性磷酸酶（NPA）和碱性磷酸酶（ALPA）含量的影响

注：Control—施炭量为 0；BC1—施炭量为 10 t/hm^2；BC2—施炭量为 20 t/hm^2；BC3—施炭量为 40 t/hm^2。

（七）植物根系分泌物

在植物生长发育过程中，根系不仅能起到吸收和代谢的作用，从土壤中摄取营养和水分，也是强大的分泌器官，向土壤中分泌相对低分子量的有机物质、高分子量的黏胶物质、根细胞脱落物及其分解产物等，还有气体、质子和养分离子等。根系分泌物在土壤结构形成、土壤养分活化、植物养分吸收、环境胁迫缓解等方面都具有重要作用，是根际微生物营养物质的主要来源，是保持根际微生态系统活力的关键因素。反之，植物根系分泌物的种类和数量在很大程度上受光照、温度、营养状况及根际微生物组成等环境因素影响。

向土壤中添加生物炭可促进植物根系生长、改变环境因素，进而导致根系分泌物数量和组成的变化，最终影响根际微生物群落结构。例如，生物炭与黑麦草主要的根系分泌物草酸共同作用能够显著提高 3 种重要的土壤酶（脲酶、多酚氧化酶和脱氢酶）的活性、土壤微生物的生物量以及与多环芳烃降解相关的菌属和功能基因的相对丰度，说明生物炭与根系分泌物对土壤中微生物群落结构的变化具有协同作用（宋洋等，2019）。

此外，根系分泌物是重要的信号物质，生物炭与作物根系分泌物协同作用在建立植物-微生物共生关系的过程发挥作用。黄瓜日光温室试验结果表明，施用生物炭能够提高黄瓜在结果期的根系数、根系体积和根系活力，同时显著提高真菌中子囊菌门和接合菌门等有益真菌的丰度。这些真菌能够通过根被组织聚集、促进根系对营养元素吸收、提高土壤中有机质和养分含量、促进土壤中有机物质分解等，最终有利于黄瓜的根系生长（李发虎等，2017）。冬小麦农田试验结果表明，施用生物炭能够在冬小麦成熟期通过降低初生根内散囊菌目真菌丰度，促进初生根分支密度和生物量的增加；通过提高次生根内格孢菌目真菌丰度，抑制次生根直径和分支密度的生长（李瑞霞等，2018）。

以丛枝菌根真菌（AMF）为例，其定殖过程复杂，信号网络各节点都可能受到生物炭的影响。例如，乙烯可促进根系在低磷水平下生长（Song et al.，2015），调控独脚金内酯，缓解高磷水平诱发的 AMF 共生抑制，提高 AMF 定殖率和丛枝丰度（Torres de los Santos et al.，2016）。生长素对独脚金内酯的类似调节作用也有报道（Guillotin et al.，2017）。而生物炭可吸附乙烯（Spokas et al.，2011），表面小分子中更含有生长素类似物（E et al.，2019），必将对信号分子有效性产生复杂影响。反之，生物炭也可能妨碍 AMF 定殖。一方面，生物炭可能吸附信号物质（Bailey et al.，2011），甚至直接提供结合位点（Jorge，2015），降低 AMF 与根系间发生直接信号接触的概率；另一方面，吸附于生物炭表面的信号物质可能会误导 AMF 结合，从而改变 AMF 在土壤中的运动轨迹，降低可供根系定殖的 AMF 菌丝或孢子的数量。有研究表明，甲壳素及其类似物与羟基 C18 脂肪酸具有很强的极性，可通过静电吸附于生物炭，可基于羧基、羟基和肽桥等结构通过氢键与生物炭上的极性表面基团（如羧基、磺酸基和磷酸基团）稳定连接（Lammirato et al.，2011）。

同时，生物炭也可能通过吸附酶（Jaiswal et al.，2014）或底物（Gibson et al.，2016）提供反应界面和催化活性加速信号物质分解（Zhu et al.，2017），从而间接影响信号物质有效性。生物炭对信号物质的吸附（结合）或分解将阻断其与根系的识别过程，进而降低侵染率（Lehmann et al.，2011W；arnock et al.，2010）。

二、生物炭对土壤微生物群落结构的综合影响

土壤微生物数量越多、种群越多样化，往往也意味着土壤更肥沃。秸秆炭化还田对土壤微生态环境乃至微生物自身代谢过程的显著影响，将直接或间接作用于土壤微生物的数量与群落结构（饶霜等，2016），与土壤微生物的丰度与多样性密切相关（Anderson et al.，2011）。

（一）生物炭对土壤微生物量的影响

生物炭还田可以显著影响土壤微生物的丰度，这一方面源于对前述微生态环境的改良或促进作用；另一方面也得益于对更加具体的微生物生长抑制物质的吸附或钝化（Kolb et al.，2009）。其中，生物炭的孔隙被视为微生物的“庇护所”，不仅为微生物活动创造理想生境，也为其提供了物理保护，降低生存竞争压力。

土壤微生物量碳是土壤有机质中最活跃和最易变化的部分，是土壤生物肥力的重要标志（张春霞等，2006），并在一定程度上可以表征土壤微生物的数量。

添加生物炭能够显著提高土壤微生物量碳的含量，这一现象在华北玉米田、滨海盐地玉米小麦轮作田（石玉龙等，2019；张星等，2015）、塿土夏玉米和冬小麦轮作田（尚杰等，2016）中均可观测到。黄剑（2012）基于生物炭长期定位试验进一步研究表明，生物炭的施用量越大，对土壤微生物量碳的影响也越大（61.3%～762.6%）。虽然在不同土壤类型中生物炭的作用能力表现有所区别，但整体趋势是一致的，在森林土、菜地土和水稻土中，均可看到生物炭显著提高土壤微生物量，并随着生物炭添加量的增加而递增，同时这 3 种土壤的呼吸作用也得到加强（吕伟波，2012）。

根系分泌物对生物炭与微生物量碳的关系有一定影响（图 6-8、图 6-9）。在白浆土、潮土、灰漠土和棕壤中添加不同比例的生物炭（B0—0、B1—20 t/hm^2、B2—40 t/hm^2）后种植菠菜，土壤微生物量碳几乎都得到了显著提升。如果不种植作物，即排除根系分泌物的影响，棕壤、红壤、盐碱土中的微生物量碳也表现出不同程度的增加。但是，这种促进作用在前期并不显著，而是在后期逐步显现，说明土壤微生物在没有根系作用时可能对生物炭存在一个较为明显的适应期。而在试验的最后阶段，不同处理的土壤微生物量碳均出现了极为明显的下降，这可能是在没有根系分泌物的情况下，土壤中的易分解有机碳含量快速下降所致。

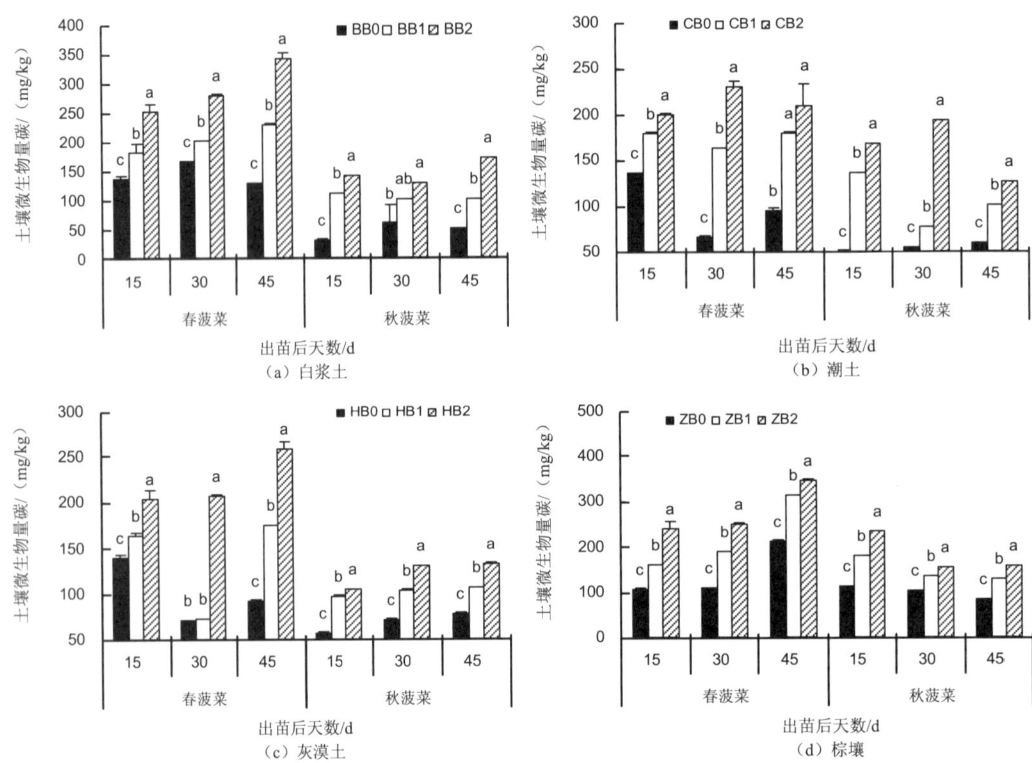

图 6-8 添加生物炭对白浆土、潮土、灰漠土和棕壤土壤微生物量碳的影响

注：B0—0；B1—20 t/hm²；B2—40 t/hm²。

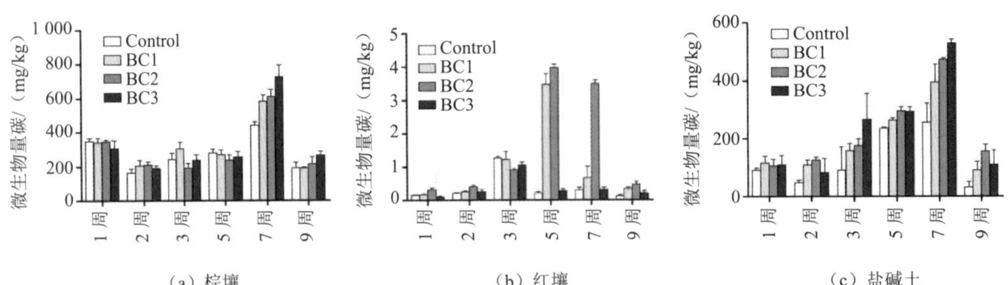

(a) 棕壤 (b) 红壤 (c) 盐碱土

图 6-9 生物炭对棕壤、红壤和盐碱土的微生物量碳含量的影响

注：Control—处理施炭量为 0；BC1—处理施炭量为 10 t/hm²；BC2—处理施炭量为 20 t/hm²；BC3—处理施炭量为 40 t/hm²。

微生物量的增加或活性的增强将显著影响土壤碳代谢以及其他生物学过程。有研究指出，土壤添加生物炭后可以促进微生物活动，表现出“激发效应”（Luo et al.，2011），土壤有机物质分解加剧，土壤碳素周转速率提高（Wardle et al.，2008）。与直接施入植物生物质相比，尽管炭化后以生物炭的形式还田土壤代谢强度略低，但在 1 年的培养期内，仍可观察到生物炭提高了土著碳的矿化速度（Naisse et al.，2015）。相反，也有研究表明，秸秆炭化还田导致的“激发效应”不明显，甚至是负向的。例如，有学者在为期 16 个月的培养试验中发现生物炭降低了土壤土著有机质的分解速度，土壤排放的二氧化碳主要来自生物炭本身（Jones et al.，2011）。在更大的时间尺度内，尽管 Anthrosols（富含黑炭）土壤中的微生物量很高，但其中的有机质分解速率却很低（Liang et al.，2010）。

虽然微生物数量或丰度与其在土壤中的代谢能力并不一定严格线性相关，但在大方向上，人们仍一般性地认为微生物丰度越高、数量越多，土壤质量越好。

细化到细菌、真菌和放线菌等主要种类，生物炭还田对其数量的影响规律不尽相同。例如，有研究发现生物炭富集的“Terra Preta”土壤与未施生物炭的土壤相比，细菌的多样性提高了 25%（Kim et al.，2007）；在温带土壤中，添加生物炭后古生菌和真菌的多样性降低（Taketani et al.，2010）；生物炭添加到棕壤土中，真菌的活力低于细菌（Sun et al.，2013）。另有报道称，将快速热解制备的生物炭施入 4 种土壤中并培养 12 个月后，真菌和细菌的比例明显降低（Gomez et al.，2014）。学者们认为，土壤中真菌和细菌的比例取决于土壤添加生物炭后的 C/N（Farrell et al.，2013）或是土壤本身的 C/N（Rousk et al.，2013），并呈显著正相关（Muhammad et al.，2014）。

在前述菠菜盆栽试验中（白浆土、潮土、灰漠土、棕壤，生物炭 B0—0、B1—20 t/hm^2、B2—40 t/hm^2），在不同土壤类型中，在高达 40 t/hm^2 的生物炭处理下，细菌数量大多不同程度高于对照和低生物炭用量处理，表现出一定的剂量效应，即细菌数量随着生物炭用量的增加而增加。除灰漠土以外，添加生物炭后，白浆土、潮土和棕壤中真菌数量均呈下降趋势，而且也表现出一定的剂量效应。生物炭对放线菌的影响与其对细菌的影响相类似（图 6-10）。

一般而言，大多数细菌生长的最适土壤 pH 为 6.5～7.5，也有部分细菌可以在 pH 为 4～10 的环境中生长；真菌一般适宜生长在偏酸性土壤中，其最适土壤 pH 为 5～6，但其适应能力极强，在 pH 为 1.5～10 均可生存；放线菌适用于 pH 为 7.5～8 的偏碱性土壤。生物炭对土壤 pH 的影响是其作用于土壤微生物的重要途径。

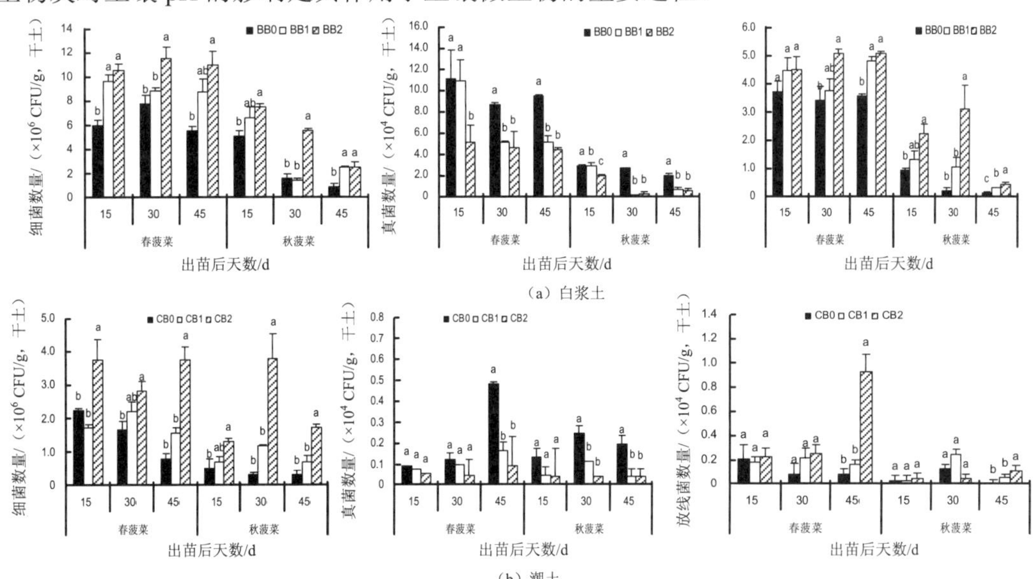

（a）白浆土

（b）潮土

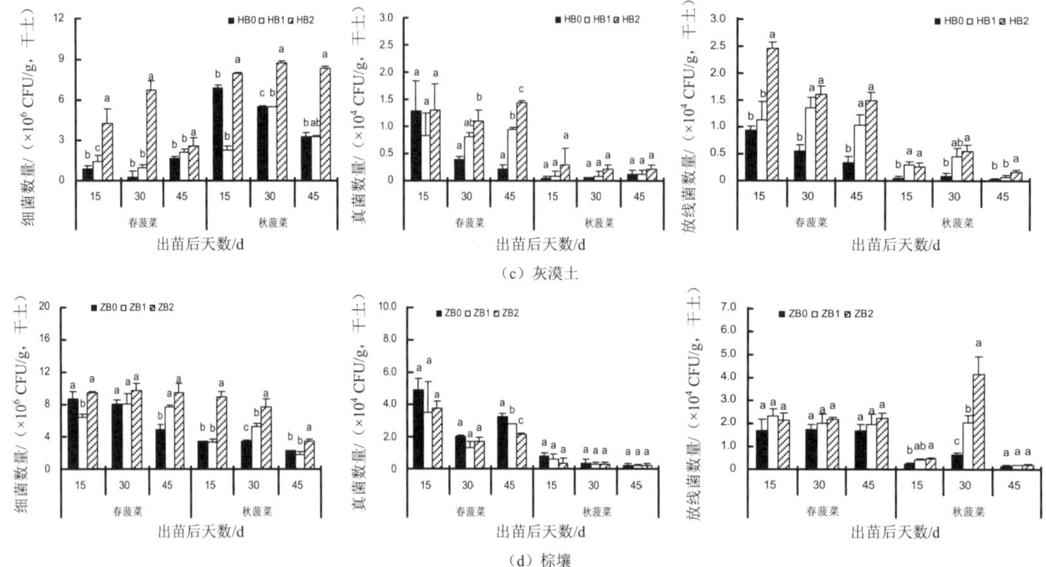

图 6-10 添加生物炭对白浆土、潮土、灰漠土和棕壤土壤细菌、真菌、放线菌数量的影响

注：B0—0；B1—20 t/hm^2；B2—40 t/hm^2。

（二）生物炭对微生物多样性的影响

土壤微生物多样性是指微生物群落的种类和种间差异，主要分为遗传多样性、物种多样性、功能多样性和结构多样性四个方面（林先贵，2010）。

许多研究表明，生物炭添加到土壤中能够显著调节微生物的群系结构及功能多样性，在提高土壤养分利用效率和土壤改良中具有积极作用。有学者认为，生物炭的无机氮含量低，固氮微生物更易附着在生物炭表面，使其成为优势种群，从而使固氮微生物的活性提高（张又弛等，2015）。也有研究表明，由于生物炭能够吸附、抑制土壤中的某些硝化抑制物，提高硝化细菌活性，进而可以提高土壤硝态氮含量（Mukherjee et al.，2012；Mukherjee，2011；Deluca et al.，2006）。在土壤中添加生物炭，还可促进微杆菌科和间孢囊菌生长，从而影响无机磷的生物利用率（Anderson et al.，2011）。

目前，关于生物炭对土壤微生物群落结构影响的研究十分丰富，一方面反映出不同生物炭材料、土壤环境等因素的差异化影响；另一方面也为基于微生物群落结构功能调整或定制的生物炭应用技术开发奠定了良好基础。

1. 生物炭对土壤微生物丰度和多样性的影响

不同种类的土壤因理化性质不同，对生物炭的响应也不同。例如，在红壤、棕壤和盐碱土 3 种土壤中加入稻壳生物炭 20 t/hm^2，在不种植作物的情况下培养 9 周后，土壤微生物的丰度和多样性呈现不同变化（图 6-11）。在红壤中，相对于无生物炭处理而言，微生物丰度呈下降趋势、多样性则先升后降；在棕壤中，微生物丰度始终低于无生物炭处理，多样性无显著差异；在盐碱土中，微生物丰度差异不大，而多样性显著提升。

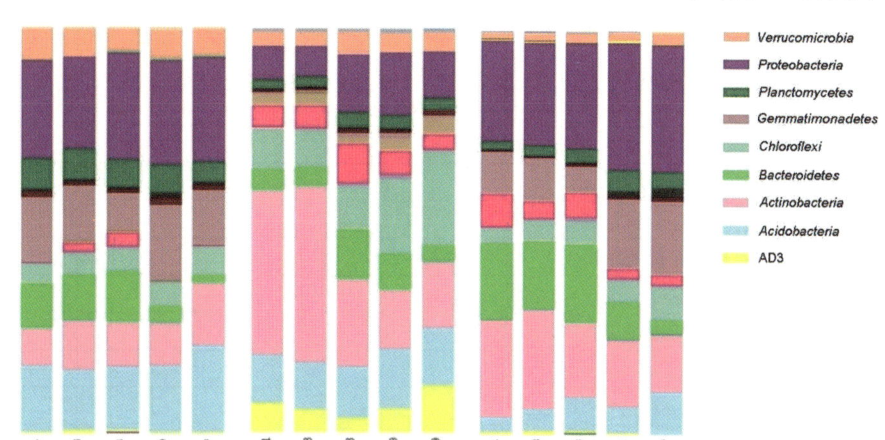

图 6-11 生物炭对红壤、棕壤和盐碱土的细菌物种分布的影响

主成分分析（Principal Component Analysis，PCA）结果表明（图 6-12），添加生物炭可以调节红壤和盐碱土的细菌群落结构向棕壤转变，在红壤中表现得尤为清晰。其他研究也曾得到类似结果（Xu et al.，2015a；Xu et al.，2015b；Zhai et al.，2015）。结合生物炭对土壤酸碱性的影响可以推测，其对土壤细菌群落结构的作用主要源于对土壤 pH 的影响。具体到不同菌属，可以看到生物炭的作用明显按照土壤 pH 划分。其中，硫杆菌属（*Thiobacillus*）、假单胞菌属（*Pseudomonas*）和黄杆菌属（*Flavobacterium*）包括很多解磷菌，这应当与生物炭提供磷的能力密不可分（表 6-2）。

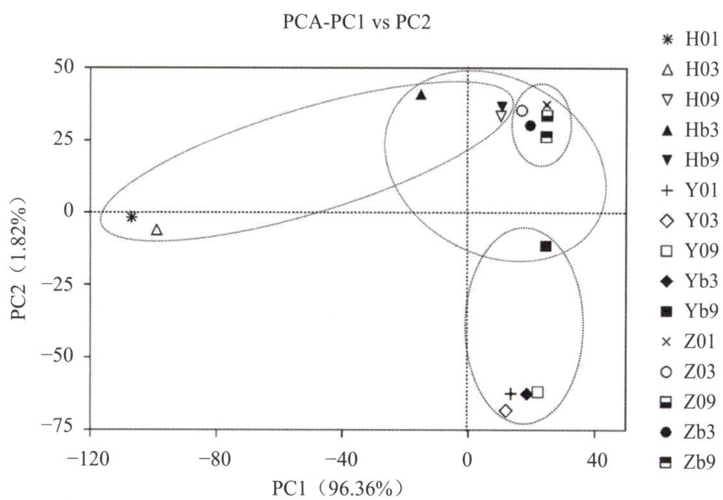

图 6-12 生物炭对红壤、棕壤和盐碱土的细菌群落结构的影响

表 6-2 不同土壤中受生物炭影响而得以促进生长的菌属

菌属	红壤	棕壤	盐碱土
硫杆菌属（*Thiobacillus*）		√	√
颤螺菌属（*Oscillospira*）	√	√	
慢生根瘤菌属（*Bradyrhizobium*）	√	√	
乳杆菌属（*Lactobacillus*）	√	√	
假单胞菌属（*Pseudomonas*）	√		√
紫单胞菌属（*Parabacteroides*）	√	√	√
普氏菌属（*Prevotella*）		√	√
红游动菌属（*Rhodoplanes*）		√	√
假诺卡氏菌属（*Pseudonocardia*）		√	
Steroidobacter		√	√
Kaistobacter		√	√
Candidatus xiphinematobacter	√	√	
黄杆菌属（*Flavobacterium*）	√		

2. 生物炭对土壤微生物空间异质性的影响

在生产实践中，生物炭通常以颗粒等形式还田，在土壤中是离散存在的，其对土壤微生物的影响也必然因所研究的具体微观区域而有所变化，例如，生物炭颗粒内部、周围土壤（炭际）、远离生物炭颗粒的土壤等。

Sun 等（2016）将生物炭（造粒）施入大豆农田土壤 34 个月后，利用高通量测序技术研究了生物炭颗粒、生物炭周围土壤及对照土壤中微生物群落结构的变化。结果表明，生物炭颗粒内部的细菌丰度最高，Chao1 和 ACE 指数均呈现生物炭粒＞周围土壤＞对照土壤的趋势；而对照土壤的香农指数（Shannon index）最高，表明其细菌多样性最强。对真菌而言，生物炭粒周围土壤的 Chao1、ACE 和香农指数均高于对照土壤，而以生物炭粒中最低。PCoA 分析结果显示，生物炭粒、周围土壤和对照土壤中的细菌群落结构差异较大。其中，生物炭粒及其周围土壤中的真菌群落结构与对照土壤存在相对较大的差异，而生物炭粒及其周围土壤间差异不大（表 6-3）。

表 6-3 对照土壤（Control）、生物炭粒（BC）及周围土壤（ADJ）中 Chao1、ACE 和香农指数

处理	16S（V1-V3）			18S（ITS）		
	Chao 1	ACE	Shannon	Chao 1	ACE	Shannon
Control	2 680	3 339	6.6	381	364	3.9
ADJ	3 330	3 994	6.4	416	409	4.1
BC	3 482	4 216	6.5	354	356	3.7

在细菌中，各微观区域中均以变形菌门（Proteobacteria）丰度最高，具体为对照土壤中有 25%，周围土壤有 28%，炭粒有 37%。在对照土壤和炭周围土壤中，酸杆菌门

（Acidobacteria）的丰度分别为 22%和 15%，仅次于变形菌门，但在炭粒中仅占 8%。放线菌门（Actinobacteria）的丰度在炭粒中达到 10%，远高于其在周围土壤和对照土壤中的比例。总体上，超过 1%的主要门类有 11 个，并在 25 个最小分类水平种群丰度方面存在差异，其中，17 个出现在生物炭粒中，10 个在其周围土壤中，仅 6 个在对照土壤中（图 6-13）。

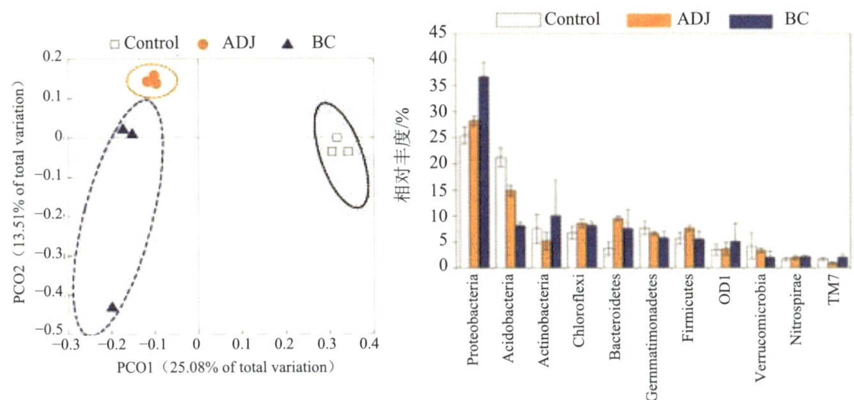

（a）处理间主坐标分析（PCoA）　　（b）OTUs 分布情况（丰度超过 1%）并归类至已知类别

Control	ADJ	BC	Genus	Family	Order	Class	Phylum
0.54	0.64	0.15		RB40	iii1-15	Acidobacteria-6	
2.55	0.37	0.05	Candidatus S.	Solibacteraceae	Solibacterales	Solibacteres	Acidobacteria
0.13	1.9	1.29			Sva0725	Sva0725	
1.15	1.14	0.23			RB41	Chloracidobacteria	
0.3	0.16	0.7		Geodermatophilaceae	Actinomycetales	Actinobacteria	
0.53	0.47	1.7					Actinobacteria
0.04	0.08	0.54		Conexibacteraceae	Solirubrobacterales	Thermoleophilia	
1.38	1.17	0.74		Chitinophagaceae	Saprospirales	Saprospirae	Bacteroidetes
0.47	2.56	1.28			envOPS12	Anaerolineae	Chloroflexi
0.64	0.66	1.04				Ellin6529	
3.43	5.03	3.63	Lactococcus	Streptococcaceae	Lactobacillales	Bacilli	Firmicutes
0	0.47	1.34					
1.54	1.23	0.63	Nitrospira	Nitrospiraceae	Nitrospirales	Nitrospira	Nitrospirae
2.54	2.61	3.87				ZB2	OD1
0.33	1.71	0.89		Pirellulaceae	Pirellulales	Planctomycetia	Planctomycetes
0.04	0.19	1.27					
0.36	0.69	1.08			Rhizobiales		
3.84	1.73	3.93	Rhodoplanes	Hyphomicrobiaceae		Alphaproteobacteria	
1.75	1.66	2.37		Rhodospirillaceae	Rhodospirillales		
0.42	1.14	2.32					Proteobacteria
0.09	0.94	1.06			IS-44	Betaproteobacteria	
1.11	3.83	5.49			MND1		
0.53	1.03	0.36		Syntrophobacteraceae	Syntrophobacterales	Deltaproteobacteria	
0.02	0.67	1.06					
0.23	0.99	1.72		Sinobacteraceae	Xanthomonadales	Gammaproteobacteria	

（c）细菌 OTUs 热图（丰度超过 1%）并归类至已知类别

图 6-13　培养 34 个月后对照土壤（Control）、生物炭粒（BC）及周围土壤（ADJ）中细菌群落变化分析

在真菌中，子囊菌门（Ascomycota）丰度最高，在对照土壤中占 51%、炭粒中占 52%、炭粒周围土壤中占 57%。未归类的菌种（Unidentified）占较大比例，为 28%～35%。在不同微观区域内，接合菌门（Zygomycota）和担子菌门（Basidiomycota）的比例均超过 1%。子囊菌门的大部分属水平菌种在炭粒及其周围土壤中的丰度高于对照土壤，而接合菌门和担子菌门在对照土壤中存在更多的优势物种（图 6-14）。

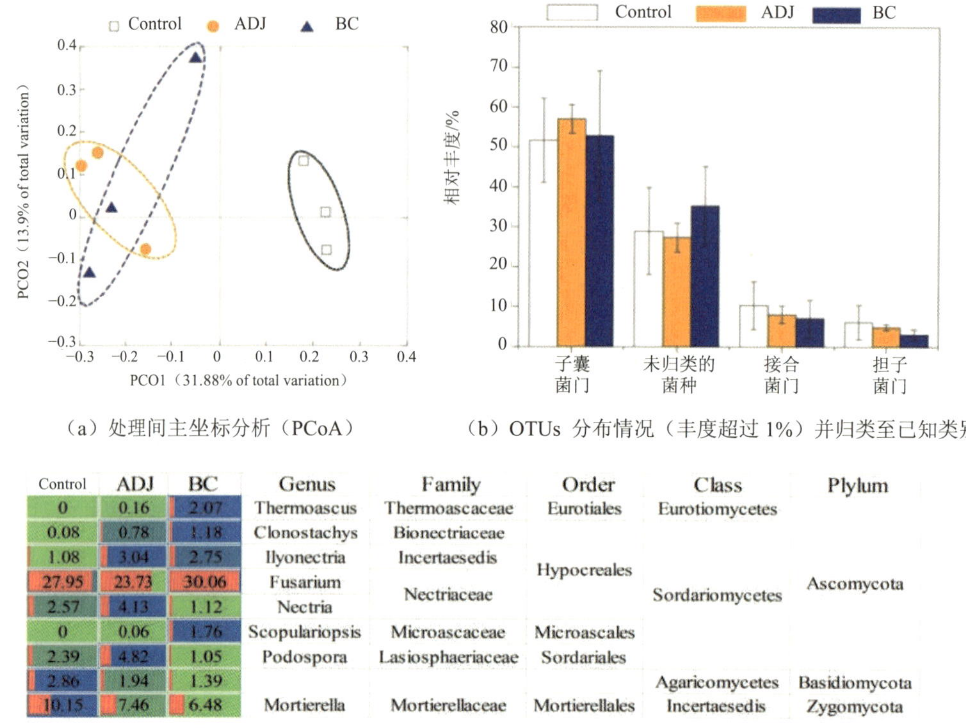

（a）处理间主坐标分析（PCoA）

（b）OTUs 分布情况（丰度超过 1%）并归类至已知类别

（c）真菌 OTUs 热图（丰度超过 1%）并归类至已知类别

图 6-14 培养 34 个月后对照土壤（Control）、生物炭粒（BC）及周围土壤（ADJ）中真菌群落变化分析

细菌基因在群体中的代谢功能分析结果（Phylogenetic Investigation of Communities by Reconstruction of Unobserved States，PICRUSt）表明，在 18 个二级功能层中，有 7 个在生物炭粒、周围土壤及对照土壤中存在显著差异。总体上，施入生物炭提高了细菌的功能，包括外源性物质的生物降解、膜转运，但同时降低了部分功能如次级代谢物的生物降解、碳水化合物的代谢能力、多糖生物合成与代谢、磷脂代谢以及转录等（图 6-15）。

上述结果表明，细菌与真菌在生物炭粒小生境中的变化程度有所不同，细菌的物种丰富度有所提高，但多样性反而降低，说明炭粒小生境可能存在对某些细菌种群的偏好选择，真菌的物种丰富度及多样性差异不大，表明生物炭对真菌群系作用不显著。细菌群落结构的变化将进一步影响其在土壤系统中的功能，生物炭粒中的优势菌类硝化螺杆菌（*Nitrospira*）主要参与亚硝酸盐的氧化（Daims et al.，2000），影响参与氮循环细菌的活动（Anderson et al.，2011），解磷微生物丰度的变化也必然影响土壤磷的转化与利用。

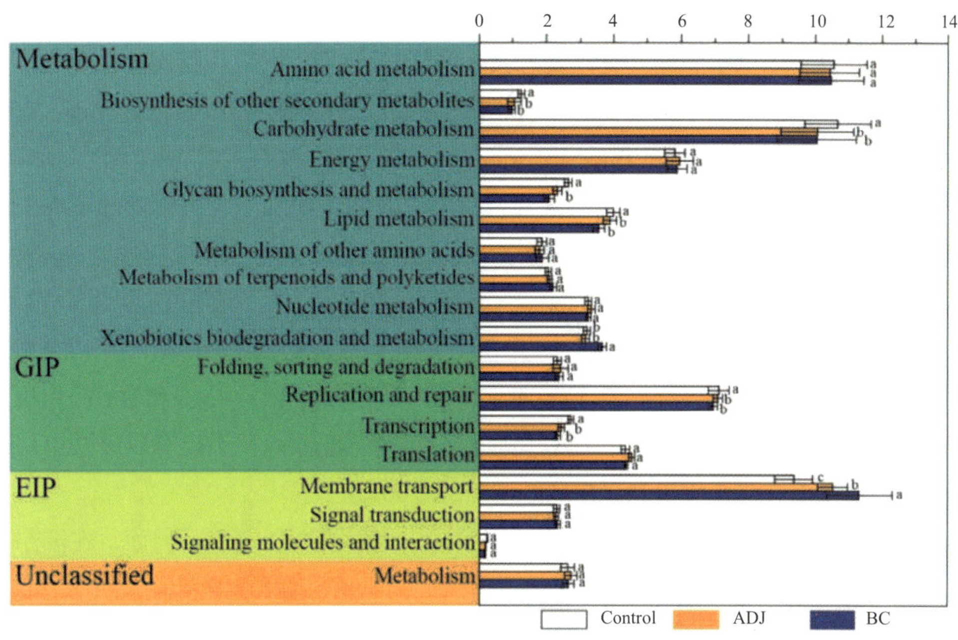

图 6-15　采用 PICRUSt 预测分析生物炭粒、周围土壤及对照土壤中细菌群系功能

注：利用 Tukey's t-test（$P<0.05$）进行单因素统计分析。

在该研究中，尽管炭粒中细菌活动增强，但其中的水溶性碳含量反而高于邻近土壤以及对照土壤，这可能与微域环境及对应的细菌群系功能变化有关，例如，外源性物质的分解能力提高，但碳水化合物和磷脂代谢水平有所降低。研究表明，多酚物质具有抑制土壤微生物代谢水溶性有机碳的作用（Girisha et al.，2006）。在新鲜制备的生物炭中，易分解有机碳所含的酚类物质可能起到类似作用，因而对微生物代谢产生偏好性选择。继而，在微生物的代谢作用下，生物炭中稳定性有机碳的分解可能继续维持这种作用，使得细菌整体利用土壤中水溶性碳能力降低。这可能是生物炭保持土壤有机质水平的途径之一。

三、生物炭对土壤有益功能微生物的影响

微生物种类繁多，在土壤中普遍存在，其中一些具有特定功能的种类如固氮菌、解磷菌和解钾菌等在当前化肥减量增效工作和农业绿色发展中得到了诸多关注。生物炭还田对土壤微生态环境以及微生物群落结构的影响必然涉及上述有益功能微生物。生物炭与之是否存在正效应，是否能促进其功能发挥，是秸秆炭化还田理论中需要回答的重要问题。

（一）生物炭对土壤固氮微生物的影响

固氮微生物通过自身生命活动将空气中的游离态氮转变成土壤和植物可利用的含氮

化合物，抵消了气态氮向大气的损失（Jetten，2008），是农田土壤氮素的主要来源，其丰度及群落结构对土壤氮素循环具有重要意义（宋延静等，2014）。生物炭疏松多孔，含有磷、铜、锌等元素，对固氮微生物的生长、活性、数量等有刺激作用（Uvarov，2000）。

1. 生物炭对固氮微生物的影响

生物炭可提高固氮微生物的数量及活性。研究表明，添加生物炭可增加土壤中许多已知固氮细菌种属的相对丰度，如亚硝基弧菌属（*Nitrosovibrio*）、根瘤菌属（*Rhizobium*）和弗兰克氏菌属（*Frankia*）（Anderson et al.，2011）等，还包括慢生根瘤菌属（*Bradyrhizobium*）（Zehr et al.，1998），并表现出一定的剂量效应，即随着生物炭施入量的增加而增多（孟颖等，2014）。生物炭对土壤 pH 和养分有效性（Mo 和 B）的积极影响以及增加菌根感染可能是其改善普通豆类生物固氮的主要原因，但也有研究指出，过高的生物炭用量反而会降低固氮量（Rondon et al.，2007）。

生物炭对土壤固氮微生物的促进作用在不同土壤中均有所表现。例如，在滨海盐碱土中施加生物炭可促进固氮菌生长，提高土壤氮素供应（宋延静等，2014）。在白浆土、潮土、灰漠土和棕壤添加不同比例的生物炭后，固氮菌数量也均呈增加趋势，且剂量效应明显。在大量生物炭集中投入时，土壤氮素有效性下降可能也是固氮菌数量增加的重要原因之一（图 6-16）。

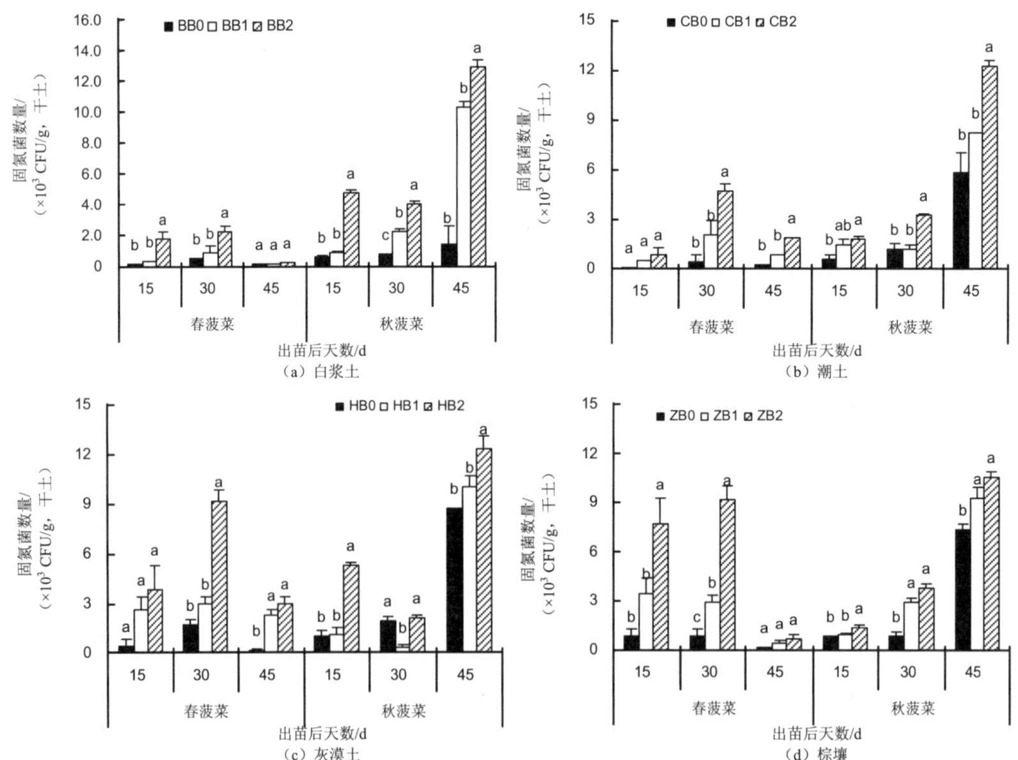

图 6-16 生物炭对白浆土、潮土、灰漠土和棕壤土壤固氮菌数量的影响

注：B0—0；B1—20 t/hm²；B2—40 t/hm²。

2. 生物炭影响土壤固氮微生物的机制

（1）促进固氮微生物生长。

固氮微生物的最适环境条件为 pH 7.4～7.6、温度 25～30℃、土壤湿度为最大田间持水量的 60%～70%，生物炭还田对达成上述条件均有所帮助。更重要的是，固氮微生物只有在碳水化合物丰富而又缺少化合态氮的环境中才能充分发挥固氮作用，因为氨、亚硝酸盐和硝酸盐等能够遏制固氮微生物固氮酶的合成，并且抑制某些固氮酶的活性。不同固氮微生物对土壤碳氮比的要求也不尽相同，例如，部分固氮微生物在土壤碳氮比低于 70∶1 时，固氮作用迅速停止；也有部分固氮微生物在土壤碳氮比低于 40∶1 时，不再具有固氮作用。生物炭还田后，一方面可显著增加土壤碳输入；另一方面对土壤中的 NH_4^+和 NO_3^-也具有吸附作用（Saleh et al.，2012；Glaser et al.，2002），进而提高土壤碳氮比，有利于提升固氮微生物活性。此外，生物炭富含氮以外的营养物质（如磷、钾、钙和镁等），也是刺激固氮微生物的因素之一（Oguntunde et al.，2004；Lehmann et al.，2003）。

（2）促进固氮关键酶基因表达。

微生物固氮的关键酶是由铁蛋白基因（nifH）编码的高氧敏固氮酶，目前常作为分子标记研究环境样品中固氮菌的多样性（Poly et al.，2001；Zehr et al.，1998），已有研究基于 nifH 证明了生物炭能够增加固氮微生物的丰度（Harter et al.，2014）。添加生物炭可改变氧利用率、pH、碳氮比和氮利用率（Atkinson et al.，2010；Singh et al.，2010），这些影响固氮细菌丰度和活性的环境参数之间的相互作用很可能是导致 nifH 基因拷贝数增加的原因。

（二）生物炭对解磷微生物的影响

土壤中存在大量具有不同解磷能力的微生物，包括分解有机磷化合物的有机磷微生物和溶解无机磷酸盐的无机磷微生物，统称为解磷微生物。土壤解磷微生物种类繁多，包括细菌、真菌以及放线菌。目前研究比较多的解磷细菌主要有欧文氏菌属（*Erwinia*）、假单胞菌属（*Pseudomonas*）、土壤杆菌属（*Agrobacterium*）、沙雷氏菌（*Serratia*）、黄杆菌属（*Flavobacterium*）、肠细菌属（*Enterbacter*）、微球菌属（*Micrococcus*）、芽孢杆菌属（*Bacillus*）、沙门氏菌属（*Salmonella*）、色杆菌属（*Chromobacterium*）、产碱菌属（*Alcaligetaes*）和硫杆菌属（*Thiobacillus*）等。解磷真菌主要是青霉属（*Penicillium*）、曲霉属（*Aspergiuus*）、菌根菌（*Mycorrhiza*）和根霉属（*Rhizopus*）。解磷放线菌绝大部分为链霉菌属（*Streptomyces*）。解磷微生物的数量和种类与所在土壤的性质、不同的作物以及不同的施肥处理等都有密切关系。

土壤微生物本身就是植物营养元素的储备库，是植物有效养分的重要来源。当土壤有效磷过度消耗时，土壤微生物量磷将被释放出来，补给土壤并供植物利用。虽然土壤微生物量磷占土壤总磷的比例很小，但其周转快，约 40 d 就能完成微生物自身全部磷的更新，因此与土壤磷的有效性密切相关。

1．生物炭对解磷微生物的影响

生物炭可促进土壤解磷微生物的生长。安启坤等（2017）研究表明，秸秆生物炭可以促进解磷微生物，特别是胶质芽孢杆菌（*Bacillus mucilaginosus*）的生长，可将其最大生长量提高 3.6 倍。Zhou 等（2020）研究发现，生物炭可以增加伯克霍尔德-帕拉珀霍尔德菌属（*Burkholderia-Paraburkholderia*）、浮霉状菌属（*Planctomyces*）、鞘单胞菌属（*Sphingomonas*）和奇异菌属（*Singulisphaera*）等溶磷细菌的丰度，间接提高土壤磷的有效性，帮助保存养分，减少养分损失。

土壤微生物量磷在一定程度上可以表征土壤解磷微生物的数量。添加生物炭后，土壤微生物量磷和磷酸酶的含量均显著提高。在红壤、棕壤、盐碱土中添加稻壳生物炭后，在不种植作物的情况下，土壤微生物量磷的总量均逐步显著提升，在酸性红壤中表现得最为显著。在后期，可能是因为土壤碳源得不到补充，又呈现逐步下降的趋势。此外，生物炭的剂量效应也表现明显，过高的生物炭用量反而会降低土壤微生物量磷（图 6-17）。

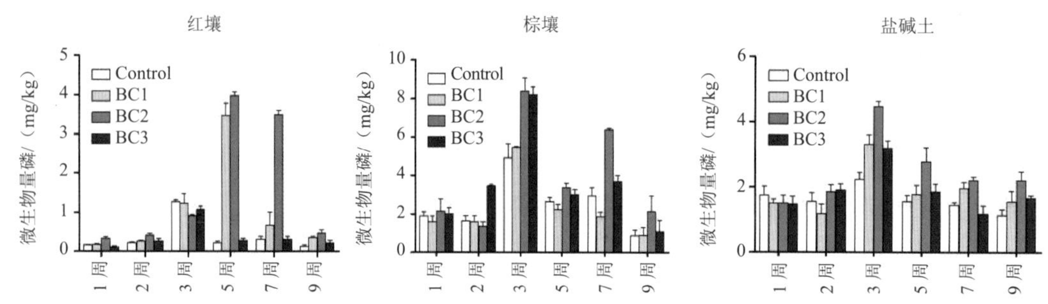

图 6-17 生物炭对红壤、棕壤和盐碱土的微生物量磷含量的影响

注：Control—处理施炭量为 0；BC1—处理施炭量为 10 t/hm^2；BC2—处理施炭量为 20 t/hm^2；BC3—处理施炭量为 40 t/hm^2。

变形菌门（Proteobacteria）是目前最大的解磷菌门类，包含伯克氏菌属（*Burkholderia*）和假单胞菌属（*Pseudomonas*）。厚壁菌门（Firmicutes）是第二大解磷菌门类，包含芽孢杆菌属（*Bacillus*）和短杆菌属（*Brevibacterium*）（Yang et al.，2012）。硫杆菌属（*Thiobacillus*）（Falah et al.，2007）、黄杆菌属（*Flavobacterium*）（Rafiei and Asadi，2014）也具有相当的解磷能力。在不同的土壤类型中，生物炭对上述相关菌属均有积极作用，但侧重点不同。例如，添加生物炭后，棕壤和盐碱土中硫杆菌属（*Thiobacillus*）的丰度显著提高，红壤和盐碱土中假单胞菌属（*Pseudomonas*）丰度增加，而红壤中则是黄杆菌属（*Flavobacterium*）增幅最大（表 6-2）。RDA 分析结果进一步证明，20 t/hm^2 的生物炭处理能够显著促进 3 种土壤中解磷菌的含量，并与土壤有效磷和微生物量磷的含量存在显著相关性（图 6-18）。

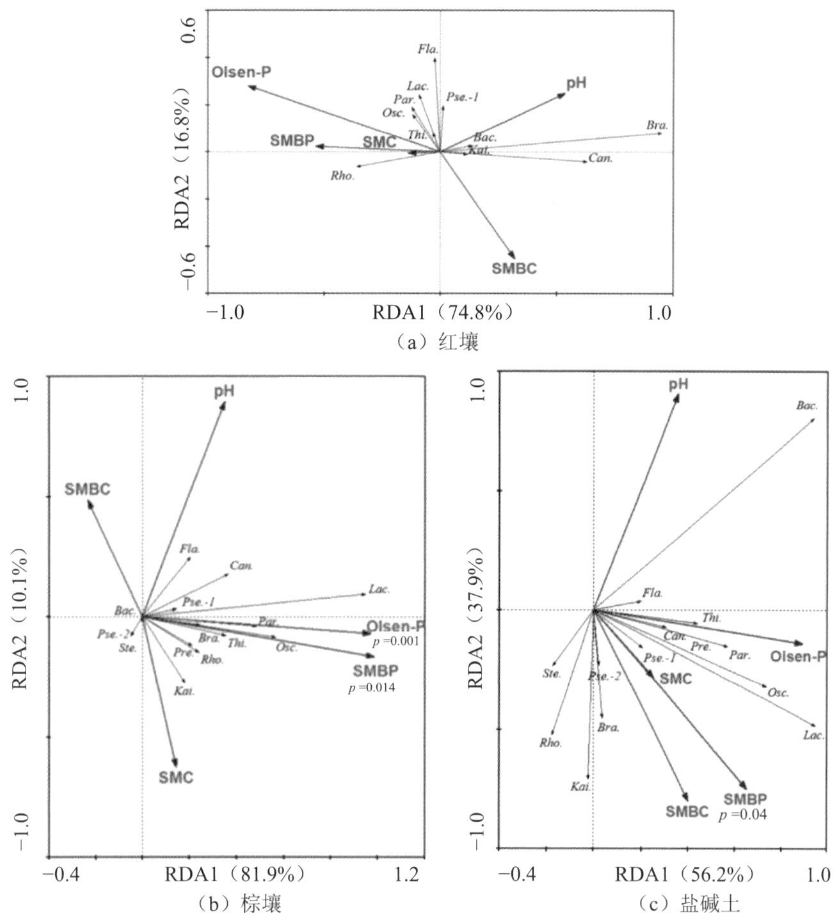

图 6-18　生物炭对红壤、棕壤和盐碱土的细菌种群影响及与环境因子的相关性分析

2. 生物炭影响土壤解磷微生物解磷效果的机制

（1）提供碳源和磷源。

生物炭因原料类型和热解条件的不同可含有不同种类的挥发性有机化合物（VOCs），它们可能抑制或增强土壤功能微生物活性。由于挥发性有机化合物在水溶液中有一定溶解度，当生物炭被施入土壤中时，它们很可能成为溶解性有机碳的一部分（Spokas et al.，2011），被解磷、解钾等功能微生物作为碳源利用。有报道称，挥发性有机化合物尽管寿命较短，但仍可以支持胶质芽孢杆菌（*Bacillus mucilaginosus*）的存活。

生物炭本身就是土壤可溶性磷的来源（Parvage et al.，2013），其超过 50%的磷都能够缓慢地释放到土壤中（Schneider and Haderlein，2016）。解磷细菌可增加生物炭有效磷的释放（Hui et al.，2014），例如，假单胞菌属（*Pseudomonas*）（Qian et al.，2019），进一步提高土壤磷有效性（Zwetsloot et al.，2016）。

（2）增强解磷活性。

在正常情况下，解磷细菌的解磷机制主要是分泌低分子量有机酸，包括柠檬酸、草酸、琥珀酸等，通过与阳离子形成稳定的络合物来溶解磷。其中，柠檬酸合成酶的产物可被 Mg^{2+}抑制，而生物炭则可以通过控制 Mg^{2+}的浓度来缓解这种抑制，提高低分子量有机酸的产量（Mendes et al.，2014）。另外，生物炭中的有机分子可能促进解磷细菌的生长，导致细菌活性增加，促进不溶性磷酸盐的增溶（Efthymiou et al.，2018）。土壤中添加生物炭可以通过提高土壤磷酸酶活性和增强微生物对无机固定磷的溶解与有机磷的矿化来增加土壤有效磷含量，供作物吸收利用（Zhu et al.，2018；Gul and Whalen，2016）。

（3）促进生物膜形成。

微生物可产生胞外多糖并形成生物膜，其三维褶皱结构可为菌株提供良好的生存条件。生物炭表面的活性物质及官能团能够与微生物胞外多糖产生特定反应（Bueno et al.，2018），促进解磷菌生物膜的形成，协助解磷菌更好地适应不利环境，增强其磷动员能力（Tao et al.，2019）。另外，生物炭表面形成的有机复合物使生物炭具备吸附性能，有利于微生物定殖，并且为微生物提供庇护所（Kumar et al.，2018）。

（三）生物炭对解钾微生物的影响及作用机制

目前研究较多的解钾微生物是解钾细菌，包括胶质芽孢杆菌（*Bacillus mucilaginosus*）、环状芽孢杆菌（*Bacillus circulans*）和土壤芽孢杆菌（*Bacillus edaphicus*）等，能够分解磷灰石、钾长石等含钾矿物，将铝硅酸钾等难溶态无效钾转化为可溶态有效钾，促使钾的释放（李元芳，1994；Simonsson et al.，2009）。

1. 生物炭对土壤解钾微生物的影响

施用生物炭能够显著提高解钾细菌的数量和活性，并可能导致土壤钾有效性的增加（Zhang et al.，2020）。以典型的解钾菌 *B. mucilaginosus* 为例，在 NB 培养基中分别添加玉米秸秆、玉米穗轴、稻壳和竹子 4 种原料制备的生物炭后，*B. mucilaginosus* AS1153 的细胞数量均显著提高，且不同生物炭的作用效果有明显差异（图 6-19）。其中，玉米秸秆生物炭对该菌株生长的促进作用最显著，对其细胞的吸附能力也最强。虽然添加玉米秸秆生物炭没有改变菌株的生长曲线，也没有延长或缩短菌种的生长周期，但极显著地促进了 *B. mucilaginosus* AS1153 细胞的增殖（图 6-20）。

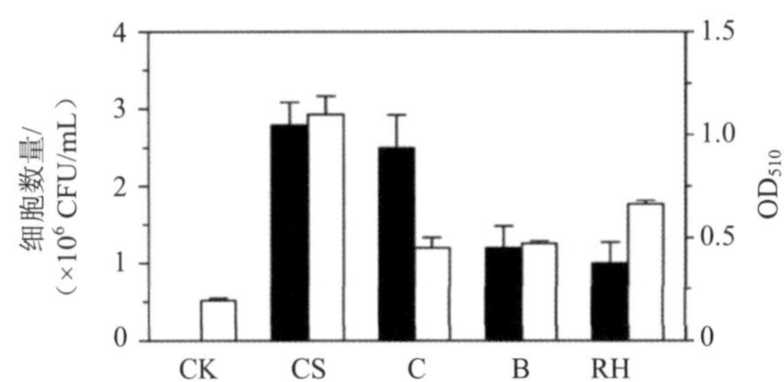

图 6-19 生物炭对 *B. mucilaginosus* AS1153 菌株细胞吸附能力及其细胞生长的影响

注：CK—空白处理；CS—玉米秸秆生物炭；C—玉米穗轴生物炭；B—竹子生物炭；RH—稻壳生物炭。

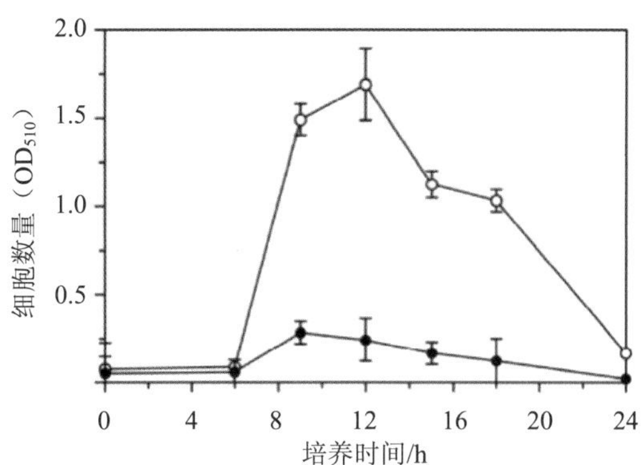

图 6-20 玉米秸秆生物炭对 *B. mucilaginosus* AS1153 菌株细胞生长过程的影响

2．生物炭影响土壤解钾微生物的机制

（1）为解钾微生物提供生存场所。

生物炭独特的结构（孔隙度高、比表面积大、钾含量高）为解钾细菌提供了天然的栖息场所和更好的生存环境（Jaafar et al.，2014；Ameloot et al.，2013；Lehmann et al.，2011）。当生物炭与菌剂混合后再输入土壤时，解钾微生物可以生物炭为底物抢先定殖，有助于竞争性地排除植物病原体（Cunniffe et al.，2011），减轻土壤淋洗的影响，从而增加土壤中有益微生物的数量（Pietikäinen et al.，2000）。

（2）提高土壤 pH，促进解钾菌生长。

细菌对 pH 敏感，不适宜在酸性土壤中生长（Ameloot et al.，2014；Rousk et al.，2013）。生物炭大多呈碱性，生物炭还田后对土壤（尤其是酸性土壤）pH 的影响被认为是改变细菌群落的关键因素。

（3）增加土壤阳离子交换能力，增强解钾细菌代谢能力。

Zhang 等（2020）研究认为，土壤阳离子交换能力、有效磷、有效钾含量对解钾菌的丰度有显著影响。生物炭可能通过上述指标影响解钾微生物的生长，为解钾菌提供更多的矿质养分，促进其生长和代谢。

四、生物炭作为土壤有益微生物载体的潜力

在农业生产中，泥炭与蛭石一度被广泛用作微生物的载体，但它们储量有限，且开采过程中容易引起环境问题（Herrmann et al.，2013），有必要寻找更加高效、经济的替代品。生物炭原料来源广泛、含有一定的营养物质（有机活性物质及无机养分），而且具有特殊的孔隙结构和吸附能力，加之炭化过程中的高温足以杀灭其中的微生物，因此生物炭已经在很大程度上具备了成为植物益生菌载体的基本条件（Sun et al.，2015）。

生物炭对土壤微生物的积极作用为生物炭负载有益功能微生物，并在还田后更好地

发挥功能提供了理论依据，更加密切相关的研究进展则进一步提供了试验结果支持，例如，木炭（Charcoal）负载微生物时表现良好（Pietikäinen et al.，2000），用椰子壳炭接种微生物可以在货架期内维持菌种活力（Juntunen et al.，2011）。

生物炭种类繁多，理化性能差异巨大，但共性特征也很显著。可以预期，将生物炭负载微生物后还田，有助于充分发挥生物炭自身对土壤微生物的调控作用，大幅提高有益功能微生物的定殖竞争力。

（一）生物炭对负载微生物生长的影响

生物炭作为有益微生物载体的潜力主要表现在以下两方面。首先，生物炭保留了其生物质原料的多孔隙结构，其微孔甚至保存了微生物可以利用的养分、水分或气体，并具有吸附作用，可为微生物提供良好的庇护所，减轻其生存竞争压力；其次，生物炭中含有易分解有机碳组分，可为微生物同化利用，已有研究通过短期试验证明了生物炭成分可以同化到微生物的磷脂成分中（Watzinger et al.，2014）。但是，生物炭是复杂的混合物，其中易分解有机碳（如挥发分等），既可能促进也可能抑制微生物生长。虽然其中的具体机制仍不清晰，但在前期工作中，已经发现生物炭对微生物具有偏好性选择现象。因此，生物炭负载微生物相关研究需要针对不同的生物炭和微生物种类分别进行。下面以解钾微生物 *B. mucilaginosus* AS1153 菌株为例，探讨生物炭对负载微生物生长的影响。

1. 不同生物炭对解钾微生物生长的影响

蘑菇盘炭、玉米秆炭、水稻秆炭的 pH 较为接近。在这 3 种生物炭及泥炭中分别接种解钾细菌 *B. mucilaginosus* 后添加土壤全菌液进行培养，可以观察到 *B. mucilaginosus* 菌落总数在不同处理中表现出相类似的先增后降的变化规律，只有水稻秸秆炭略有不同。培养结束后，所有材料中微生物丰度都低于培养初始期。从对数生长期到稳定期，水稻秆炭中的菌落数量显著高于其他处理，蘑菇盘炭中菌落数量与泥炭相似，而在玉米秆炭中菌落数量最低。在经历了 20 周的培养后，各处理水溶性有机碳含量均显著降低，证明生物炭确实可以为微生物提供碳源，但存在时效性（图 6-21）。

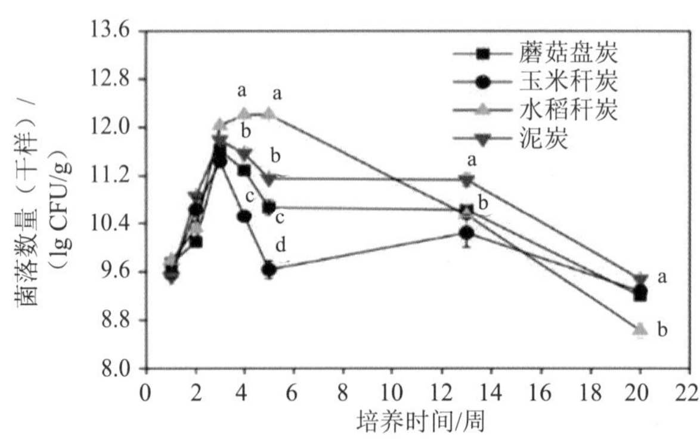

图 6-21 *Bacillus mucilaginosus* 在不同载体中的数量动态变化（20 周）

水溶性碳和水溶性酚可以作为碳源供给微生物生长。培养 20 周之后，各类生物炭的水溶性碳和水溶性酚含量均显著减少（图 6-22、图 6-23）。其中，玉米秸秆炭中酚类物质的种类最多，而水稻秸秆中最少，仅检测到间甲酚和苯酚。泥炭较为特殊，其培养后水溶性酚含量不降反增。

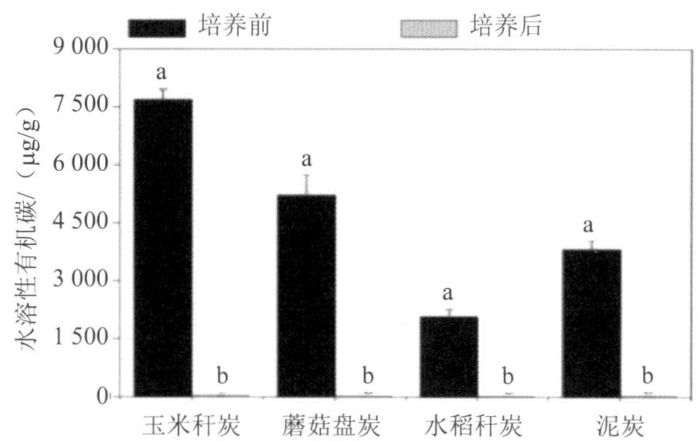

图 6-22　培养 *Bacillus mucilaginosus* 前后生物炭及泥炭中水溶性有机碳含量变化

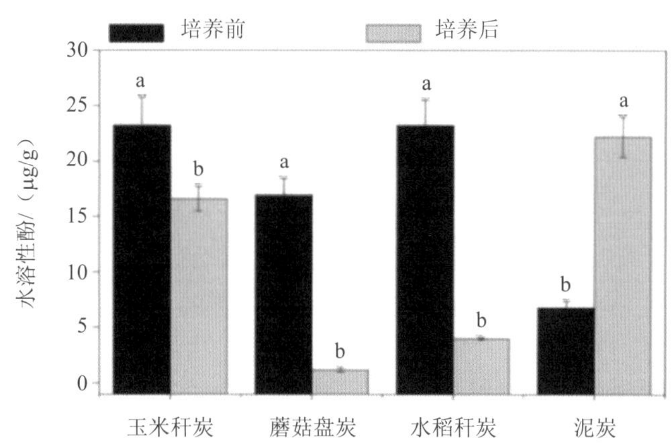

图 6-23　培养 *Bacillus mucilaginosus* 前后生物炭及泥炭中水溶性酚类含量变化

上述结果说明，所使用的 3 种生物炭都有可能作为 *B. mucilaginosus* 菌种的载体。其中，生物炭孔隙结构会影响通气性，但蘑菇盘炭、玉米秆炭、水稻秆炭的孔径结构差异与 *B.mucilaginosus* 数量变化趋势不一致，例如，蘑菇盘炭的平均孔直径约为玉米秆炭和水稻秆炭的 2 倍，但 *B. mucilaginosus* 丰度差异却主要出现在玉米秆炭和水稻秆炭中。无机营养元素含量可能影响菌种的繁殖，然而尽管玉米秆炭中无机养分（如速效氮、磷和钾）含量高于另外两种炭，但其中的 *B. mucilaginosus* 却未表现出数量方面的优势。因此，推测平均孔直径（不是笼统的孔隙结构）、养分都不是影响解磷微生物生长的直接原因。

生物炭主要在短期内促进土壤微生物繁殖（Rutigliano et al.，2014），并导致生物炭中水溶性碳的快速消耗。玉米秆炭中含有较高浓度的水溶性碳，原本预期应当更有利于菌种的繁殖，但在大多数时间内，*B. mucilaginosus* 的丰度依然低于水稻秆炭和蘑菇盘炭，可见菌种繁殖不仅与水溶性碳的含量有关，更可能受到其中酚类等抑菌物质的影响。当生物炭中的抑菌物质经过非生物氧化或菌株代谢作用后，微生物的活动能力应当有所恢复。水溶性碳和其中抑菌物质含量的变化可能共同决定了解磷菌生长曲线的形状。

2. 淋洗生物炭对解钾微生物生长的影响

将玉米秸秆生物炭加入液体培养基后，*B. mucilaginosus* AS1153 的细胞数量大幅提升。即便用超纯水、1 mol/L HCl、1 mol/L NaOH 或丙酮清洗后的生物炭也表现出显著的生长促进作用，但均不及未经洗涤的生物炭效果好（图 6-24）。这首先说明清洗过的生物炭可能仍然含有微生物可以利用的有效成分。另外，生物炭表面可能存在稳定的活性分子物质，作为信号分子或直接参与解磷菌的代谢过程，并促进其生长。有研究表明，生物炭可能通过吸附土壤中的养分如根系分泌物等供给接种微生物的繁殖（Pietikäinen et al.，2000）。这种作用也可能在液体培养基中得到体现，吸附在生物炭表面的菌体将得到更充分的养分以及来自生物炭自身的不可溶养分的供应。

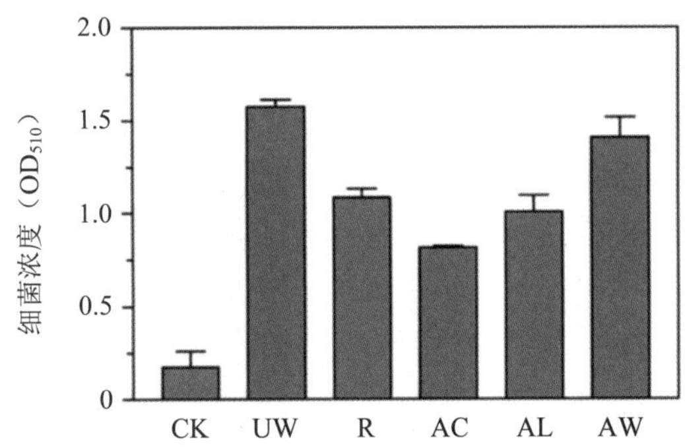

图 6-24 清洗过的玉米秸秆生物炭对 *B. mucilaginosus* AS1153 菌株细胞生长的影响

注：CK—空白处理。UW—未清洗的生物炭；R—蒸馏水清洗的生物炭；AC—酸洗生物炭；AL—碱洗生物炭；AW—丙酮洗生物炭。

将 *B. mucilaginosus* AS1153 菌株接种到添加了淋洗液的培养基中时，也可以观察到对微生物生长的促进作用，但显著低于生物炭处理（图 6-25）。这也从反面说明生物炭中的各种可溶性组分总体上是有利于微生物生长的，但生物炭稳定的物理结构发挥的作用可能更大。值得注意的是，在淋洗生物炭与对应的淋洗液处理中，二者微生物细胞增量的加和基本相当于未被清洗的生物炭处理中的细胞数量，说明生物炭与其表面附着的可溶性组分对该实验中所使用的微生物的生长无互作效应，生物炭自身的结构及其表面稳定的活性分子物质是促进微生物生长的主要原因。

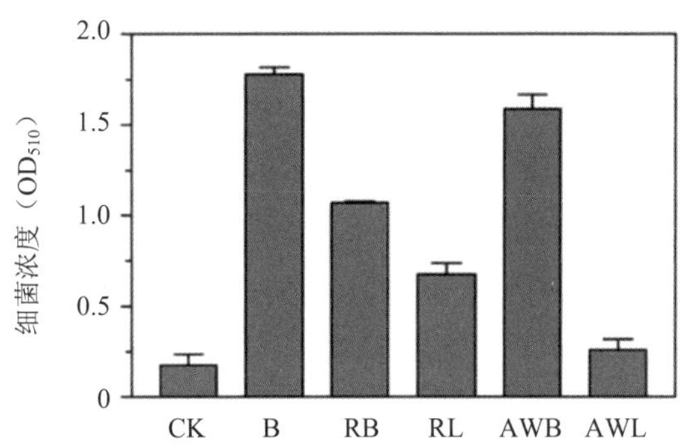

图 6-25　清洗玉米秸秆生物炭的溶液对 *B. mucilaginosus* AS1153 菌株细胞生长的影响

注：CK—空白处理；B—未清洗的生物炭；RB—蒸馏水清洗的生物炭；RL—蒸馏水清洗液；AWB—丙酮清洗生物炭；AWL—丙酮清洗液。

（二）生物炭促进微生物产酶活性机制

生物炭对土壤酶活性的影响是其与土壤微生物交互作用的重要方面。已有研究表明，生物炭的施用能够提高土壤中某些酶如脱氢酶和脲酶的含量，并与生物炭的热解温度及施用量有一定相关性（Mierzwa-Hersztek et al.，2016）。此外，生物炭还能影响一些能够被土壤有机碳激发活性的酶类（如酸性磷酸酶、木质素水解酶、酚氧化酶等微生物胞外酶）(Brzostek et al.，2013)。大多数酶是由蛋白质组成，对环境影响敏感，生物炭的施入改变土壤环境，必然影响酶活性。当生物炭负载微生物时，直接作用于酶的可能机制可以归纳为以下几个方面。

1．生物炭的吸附性影响酶活性

酶与生物炭和土壤有机质的吸附（结合）会改变酶的动力学性能，这是调控土壤酶活性最重要的机制。生物炭孔隙丰富、比表面积大、吸附能力强，可降低部分微生物胞外酶的活性，生物炭表面的官能团还可能同时与部分土壤酶及其底物相结合，从而干扰或阻断底物向酶催化活性位点扩散（Lammirato et al.，2011）。随着生物炭的老化，其表面官能团会随之变化，如含氧官能团增多，对酶和底物的干扰阻断作用逐渐弱化，酶活性将有所提高。例如，在非生物老化过程中，芳香碳的氧化和生物炭上脂肪族 C—H 基团的引入可改善漆酶和过氧化物酶的活性，同时促进真菌呼吸（Christy et al.，2016）。

2．生物炭表面自由基诱导酶活性

生物炭表面自由基及其参与的电子传递过程可能影响酶活性（Fang et al.，2014）。生物炭表面存在电子供体（酚类）和电子受体（醌类）官能团，使生物炭成为一种电子介质。有研究表明，生物炭与硫还原杆菌结合，在醋酸盐氧化的条件下可形成电子，参与五氯酚脱氯的还原过程（Yu et al.，2016）。相反，生物炭表面一些特定的有机物（如苯酚类、氯苯类、氯酚类等）可与金属氧化物（如 ZnO、CuO、NiO 等）相互吸附，在加热和冷却过程中发生化学键断裂和电子转移，过渡金属作为电子受体被还原，有机物分子则作为电子供体被氧化形成持久自由基（PFRs）（唐正等，2020；Fang et al.，2014），导致微生物群落中毒，进而降低酶活性。

3. 生物炭表面小分子影响酶表达

生物炭含有数量较少但却种类众多的小分子有机物，其中一些可以作为特定酶的变构调节物或抑制剂。例如，苯并呋喃、多环芳烃和杂环化合物对土壤酶表现出抑制作用。

五、生物炭对植物病原微生物的影响

生物炭对土壤微生物的改良作用表现在趋利和避害两个方面。除了促进有益功能微生物的生长，生物炭在防控植物病害方面的报道也日渐增多。普遍认为，生物炭还田既有助于从根本上改善土壤环境，也能提升植物健康水平和整体防御能力（Akhter et al.，2016），是减轻或抑制植物病害的潜在长效途径。

（一）生物炭削减植物病害的效果

目前，生物炭应用于土壤或栽培基质后对植物病害的抑制作用已多有报道（表 6-4），包括番茄枯萎病（Jaiswal et al.，2017）、棉花黄萎病（马云艳，2014）、辣椒疫病（王光飞等，2015）、芦笋根腐病（Elmer et al.，2016；Elmer et al.，2011）、玉米茎腐病（刘春来等，2018）、大豆根腐病（Yao et al.，2017）、烟草青枯病（王成己等，2019）等，涉及的病原微生物主要有尖孢镰刀菌（*Fusarium oxysporum*）、大丽轮枝菌（*Verticillium dahliae Kleb*）、辣椒疫霉菌（*Phytophthora capsica* L.）、增殖镰刀菌（*Fusarium proliferatum*）、禾谷镰孢菌（*Fusarium graminearum*）、茄科劳尔氏菌（*Ralstonia solanacearum*）等。

在草本作物中，施用生物炭可以减少芦笋土壤中镰刀菌和根腐病危害，这可能与增加丛枝菌根真菌（*Arbuscular mycorrhiza*）定殖和促进植物矿质营养吸收有关，随着丛枝菌根真菌定殖率的增加，由镰刀菌引起的根损伤明显降低。进一步研究证明，施用椰炭改良剂能够将丛枝菌根真菌在芦笋幼苗根系的定殖率从 32%增加到 55%，显著抑制镰刀菌和根腐病，生物炭对土壤 pH 的提升作用可能也是重要原因之一（Matsubara et al.，2002）。此外，以城市生活垃圾为原料制备的生物炭施入土壤中能够缓解青枯假单胞菌（*Pseudomonas solanacearum*）引起的番茄青枯病（马云艳，2014），温室植株残体制备的生物炭可在一定程度上抑制立枯丝核菌（*Rhizoctonia solani*）引起的萝卜猝倒病（王光飞等，2015），桉树木和温室有机废弃物制备的生物炭均能促进黄瓜生长，并抑制立枯丝核菌（*Rhizoctonia solani*）引起的黄瓜猝倒病（刘春来等，2018），缓解辣椒和番茄白粉病及灰霉病（王光飞等，2015）。

在木本作物中，疫霉菌病原体可导致细根病、根茎或树冠腐烂，以及树干或茎部损伤，通常被称为“出血性溃疡”。生理上，疫霉引起的茎腐病会杀死韧皮部，通过环剥导致植物死亡，也会定殖和堵塞木质部，导致植物水分关系的改变（Brown et al.，2010）。研究表明，在盆栽基质中施入5%的生物炭，可以减少两种常见园林树种（红栎和红槭）幼苗中由肉桂疫霉（*P. cactorum*）和红曲霉（*Monascus purpureus* Went）引起的病害，抑制两种病变的水平扩展，显著减少红曲霉病变的垂直扩展（Zwart et al.，2012）。

表 6-4　生物炭对常见作物病害的影响效果

病原菌	植物病害	作物	生物炭类型和用量	栽培环境	防治效果	参考文献
尖孢镰刀菌（*Fusarium oxysporum*）	番茄枯萎病	番茄	桉树木屑/胡椒秆生物炭 用量：0、0.5%、1%和3%（%wt）	盆栽试验	促进植物的生长性能和抗病性 促进植物的净光合速率、气孔导度、蒸腾速率和电子传递速率 改变植物根际微生物群落结构和生防功能潜力	Jaiswal et al.，2017
大丽轮枝菌（*Verticilliumdahliae Kleb*）	棉花黄萎病	棉花	棉花秸秆生物炭 用量：0.5 g/L、1 g/L和2 g/L	实验室模拟试验	抑制大丽轮枝菌菌丝生长 降低大丽轮枝菌微菌核的萌发速度 对大丽轮枝菌的毒素具有减毒作用 促进棉花幼苗胚根、胚轴生长	马云艳，2014
辣椒疫霉菌（*Phytophthora capsica* L）	辣椒疫病	辣椒	秸秆生物炭 0.33%、0.66%、1.33%、2%（%wt）	盆栽试验	对辣椒疫病有显著的防控效果	王光飞等，2015
尖孢镰刀菌（*Fusarium oxysporum*）/增殖镰刀菌（*Fusarium proliferatum*）	芦笋枯萎病/芦笋根腐病	芦笋	秸秆生物炭 1.5%和3.0%（%wt）	田间试验	生物炭添加量与芦笋根重增加和芦笋病害抑制均呈近似线性关系 生物炭添加量与AM的根定殖率有正的线性影响	Matsubara et al.，2002；Elmer et al.，2011；Elmer et al.，2016
禾谷镰孢菌（*Fusarium graminearum*）	玉米茎腐病	玉米	稻壳/麦秆生物炭 3%（%wt）	盆栽试验	提高土壤的pH、有机质、阳离子交换量、养分保持率及土壤微生物丰度等 促进作物生长，提高作物产量	刘春来等，2018
茄科劳尔氏菌（*Ralstonia solanacearum*）	烟草青枯病	烟草	烟秆生物炭 0.4 kg/株和0.8 kg/株	盆栽试验	吸附病原菌、减少病原菌的群集运动和根际定殖 改善土壤环境、增加土壤细菌丰度	王成己等，2019

病原菌	植物病害	作物	生物炭类型和用量	栽培环境	防治效果	参考文献
尖孢镰刀菌（*Fusarium oxysporum*）/木贼镰刀菌（*Fusarium xylostella*）	大豆根腐病	大豆	玉米秸秆生物炭 2%、4%、8%（%wt）	田间定位试验	生物炭的添加降低了作物病原菌的相对丰度，说明生物炭的添加有利于控制作物病害	Yao et al.，2017
肉桂疫霉（*P. cactorum*）	疫霉病	红栎/红槭	林木生物炭 0、5%、10%和20%（%wt）	盆栽试验	减少幼苗中由疫霉引起的病害	Zwart et al.，2012

（二）生物炭削减植物病害的机制

植物病害的发生是由多方面因素决定的，包括病原菌的数量与活性、病原菌与宿主植物的相互识别、病原菌在宿主植物上的定殖与生长等过程，以及植物自身的防御能力。

1. 削减病原微生物数量

生物炭可减少土壤中病原微生物的数量和比例，从而降低其与植物根系接触的概率。例如，施用生物炭能够减少土壤中尖孢镰刀菌（*Fusarium oxysporum*）的数量，促进番茄植株生长，抑制枯萎病的发生（Jaiswal et al.，2017）。在东北黑土中，镰刀菌的相对丰度在一定时期内随着生物炭添加量的增加而降低，乌司他拉戈菌（*Ustilago*）、尖孢镰刀菌（*Fusarium oxysporum*）、木贼镰刀菌（*Fusarium xylostella*）等几种潜在植物病原菌的相对丰度下降，后两个菌种都是引起大豆根腐病的病原菌。在连作棉花的根际土壤中施用棉秆生物炭，能够增加土壤的养分含量，降低土壤中真菌的多样性，减少黄萎病致病病原菌黑白轮枝菌（*Verticillium alboatrum*）和大丽轮枝菌（*Verticillium dahliae Kleb*）的数量（马云艳，2014）。连年施入生物炭对不同连作年限作物的根际土壤微生物的丰度具有显著的调节作用，可使病原微生物的丰度降低（王彩云等，2019）。

另外，在病原菌的固态培养基中加入棉秆生物炭能够延缓大丽轮枝菌微菌核的萌发。同时，棉秆生物炭对接种了病原菌的棉花幼苗胚根、胚轴的生长有一定促进作用，并且表现出对大丽轮枝菌毒素的减毒作用。推测生物炭的表面吸附和对大丽轮枝菌毒素合成的抑制可能是减毒的原因。

生物炭对病原微生物数量的影响主要源于两个方面作用：

（1）改变微生物群落结构，竞争性抑制病原微生物发展。

生物炭施入土壤能够降低土壤容重、提高土壤孔隙度、改善土壤团聚体结构、改变土壤 pH、提高土壤持水性能、提高土壤阳离子交换量、提高土壤有机碳含量、增加土壤矿质养分含量，以及减轻土壤有毒元素的危害（Basso et al.，2013；勾芒芒等，2013；Atkinson et al.，2010；Zhang et al.，2010），对土壤微生物代谢产生积极影响，提高对植物有益的微生物种群的丰度（Khan et al.，2016；Hamer et al.，2004），与病原微生物在营养竞争中占据优势，进而增加土壤生态系统的稳定性和抑病性（Cytryn et al.，2012）。

研究表明，由于生物炭的加入，拟杆菌属（*Bacteroides*，富含解磷菌属）的相对丰度从12%增加到30%（Kolton et al.，2011），黄杆菌属（*Flavobacterium*）的相对丰度从4.2%增加到19.6%。此外，生物炭诱导的微生物还包括甲壳噬菌体（*Chitinophaga*）和细胞弧菌（*Cellvibrio*）（甲壳素和纤维素降解菌），以及氢噬菌体（*Hydrogenophaga*）和十二氯单胞菌（*Dechloromonas*）（芳香化合物降解菌）等。Chan 等（2008）观测到，经过生物炭处理后，潜在有益的芽孢杆菌属、假单胞菌属、伯克霍尔德菌属和短小芽孢杆菌的含量增加，而尖孢镰刀菌（*Fusarium oxysporum*）、糖精镰刀菌（*Fusarium saccharin*）、念珠菌（*Candida*）等植物病原微生物被抑制。此消彼长，有益微生物的大量增殖将占据生态位和资源，竞争性抑制病原微生物的发展。

（2）破坏病原微生物细胞结构。

生物炭还田后，有益微生物数量的增长和代谢能力的增强将促进产生更多破坏病原微生物细胞结构的代谢产物，进而抑制病原微生物生长，降低其活性（Lehmann et al.，2015；Wang et al.，2015）。在种植甜椒的土壤中，生物炭改变了根际微生物群落结构，诱导产生了大量几丁质和芳香族化合物降解菌，进而破坏了病原微生物细胞壁（Kolton et al.，2011）。这种效果与生物炭和噬菌体配施抑制病原微生物生长（Sun et al.，2019）相似。

2. 遏制病原微生物侵染

病原微生物能够通过多种途径侵染宿主植物。胞外侵染病原微生物可分泌致病性效应毒蛋白并注射到植物细胞中，以阻碍植物细胞正常生长。胞内病原微生物可以进入宿主细胞，利用宿主胞内营养物质繁殖，进而阻碍宿主细胞正常生长。生物炭遏制病原微生物侵染植物的可能途径如下。

（1）影响病原微生物代谢。

生物炭可抑制尖孢镰刀菌（*Fusarium oxysporum*）和螺旋镰刀菌（*Fusarium spiralis*）菌丝生长，影响其代谢过程，抑制菌丝生长，减弱毒力，在抑制镰刀菌厚垣孢子侵染和减轻其植物生理胁迫方面具有巨大潜力（Wu et al.，2020；Akhter et al.，2016）。

（2）吸附病原微生物或其诱导物和代谢物。

一方面，生物炭可以吸附微生物体，例如，吸附青枯病病原菌（*Ralstonia solanacearum*），进而减少病原菌的群集运动和根际定殖，遏制其侵染植物宿主（Gu et al.，2016）；另一方面，植物的根系分泌物能够诱导特定病原微生物侵染植物（Wu et al.，2020），而生物炭的吸附能力同样可以作用于这些诱导物，间接抑制病原微生物侵染。

病原微生物通过穿透和降解植物细胞组织来侵染植物宿主，同时利用植物细胞释放出的单糖和寡糖生长繁殖。为了破坏细胞壁，病原微生物可产生一系列毒力因子，包括细胞壁降解酶（如果胶酶、纤维素酶、木聚糖酶、磷酸酶和角质酶等）（Kubicek et al.，2014），以及有毒的代谢产物，包括真菌毒素、抗生素和色素等。病原微生物在感染宿主的早期往往会大量产生果胶酶，特别是聚半乳糖醛酸酶（Lorenzo et al.，2000）。

任何干扰病原微生物毒力因子（细胞壁降解酶和毒性代谢产物）与宿主细胞壁相互作用的过程（包括吸附、失活、转化等过程）都会影响病害的进展。而生物炭正是包括酶在内的有机化合物的强吸附剂，也可通过吸附信号分子间接降低酶活性（Beck et al.，2011），缓解由毒性代谢物引起的病征（Gaskin et al.，2008）。如果进一步将生物炭与噬菌体结合，不仅能够阻碍病原菌在土壤中的垂直迁移，同时还有可能靶向灭菌，尤其是抗生素耐药病原微生物（Sun et al.，2019）。

（3）通过互利共生竞争侵染位点。

生物炭能够促进多种植物根际有益微生物生长定殖，抢占根系侵染位点。研究表明，施用生物炭能够减少芦笋复种土壤中镰刀菌和根腐病的危害，其抑病机制可能与增加丛枝菌根真菌的定殖有关（Elmer et al.，2011）。

3．生物炭对植物抗病性的影响

生物炭还田所起到的改土培肥作用对作物形态建成、生长发育和产量形成均有良好的促进作用，作物个体与群体健康水平的提升显然将增强整体抗病能力。除了这种宏观、整体性的影响，从作物的角度分析，生物炭在诱导抗病性方面也可能发挥作用。

植物的诱导抗病性是一种由特定刺激引起的增强防御能力的生理状态，根据诱导子的性能和调控途径可分为系统获得抗性和诱导系统抗性（Elad et al.，2010）。生物（有毒、无毒和非致病微生物）和化学（茉莉酸甲酯、几丁质、壳聚糖、海带蛋白和海藻酸钠）激发子都能触发系统获得抗性（Haas et al.，2005；Vallad et al.，2004）。土壤微生物，如芽孢杆菌、假单胞菌和木霉等，在许多植物系统（番茄、辣椒和豆类植物等）（Harman et al.，2004）中都能介导系统获得抗性。生物炭所携带的小分子有机物、对土壤微生物的直接或间接作用使其可能与植物诱导抗病性联系在一起。

研究表明，施用生物炭能够提高番茄植株的光合效率、气孔导度、蒸腾速率和电子传递速率，甚至弥补病原菌对番茄植株生长和生理条件的一些不利影响（Jaiswal et al.，2017），这可能是因为施用生物炭促进了植物系统的水分运动，也可能是由于诱导了植物某些保护性激素含量的增加。深入到分子层面，添加生物炭可诱导番茄早期和晚期防御反应的启动，特别是 Pti5（ET 相关）和 Pi2（JA 相关）两个在抗灰霉病中起关键作用的基因，显著减轻灰霉病危害（Chan et al.，2008）。

生物炭表面富含芳香类化合物和含氧官能团，在其自然老化分解的过程中，可能引入更多含氧官能团并向负电荷表面移动，从而潜在地改变土壤物质与微生物之间的界面反应，其反应机制有待进一步研究。在电子运动层面，生物炭同样具有影响微生物代谢活动的潜力。随着生物炭的应用，电子转移过程增强，生物炭作为电子穿梭机的作用，同时具有直接电子转移和官能团的充电与放电的作用，其影响病原微生物活性的机制亟待明确。

基于以上假设，生物炭影响某些微生物代谢途径，包括次生代谢产物的生物合成和生物降解、碳水化合物代谢途径（磷酸肌醇代谢）、辅助因子和维生素代谢（电子转移载体）、感觉系统（离子通道）、转录（基础转录因子）、翻译（核糖体在真核生物中的生物发生），以及异种生物的生物降解和代谢（多环芳烃降解）等机制均有待研究人员进一步研究明确。

大量试验证明，生物炭可以诱导植物系统防御能力，提高植株的生长性能和抑制一些病原微生物病害的发生，但很少有研究涉及生物炭对植物微生物病害的控制机制。本书分析了生物炭影响病原微生物的可能机制，但尚不确定机制间是否相互独立或者存在协同效应，还需要更多的试验数据支撑。然而，由于生物炭与植物生长和病原微生物之间的相互作用，很难确定一个单独的因子来解释生物炭对植物生长和病原微生物的影响（Akhter et al.，2016）。除生物炭以外，植物的反应也可能因寄主、病原微生物类型和接种源的不同而不同。植物根系结构不仅受遗传因素的影响，而且还受环境条件（即土壤的有机改良、容重、养分和水的有效性）的影响，它们在调节根系发育和分泌方面发挥着作用。

生物炭在病害防控中有着广泛的应用前景，如生物炭可以作为有益功能菌的载体，提高接种菌在土壤中的存活率，其对微生物的活性及其多样性具有正效应，特别是在低肥力土壤中，生物炭可能刺激微生物活性，因此生物炭是改善土壤微生态环境的优良材料。

六、小结

生物炭还田对土壤碳源及其他微生态环境因素的影响，以及由此引发的土壤微生物群落结构的改变已有大量报道。但是，土壤微生物种类繁多，而且其中还有很多在现有技术条件下不可培养，当前有限的知识只是冰山一角。

宏观上，土壤宏基因组、高通量测序技术已被广泛采用，但如何在海量的数据中形成新知识仍是难点所在。微观上面临的技术障碍更多。例如，目前仅有固氮微生物具有能作为分子标记的固氮酶铁蛋白基因（nifH），能够通过定量 PCR 技术精确测量固氮微生物的丰度，而解磷、解钾微生物因种类繁多，尚未确定能作为分子标记的基因片段。因此，对其丰度的检测仍以土壤微生物磷钾的含量、细胞荧光染色以及高通量宏观测序等表征方法为主。再如，生物炭及其表面或内含分子物质与功能性微生物代谢活动的交互作用研究，目前较先进的基因组学、蛋白质组学和代谢组学相结合的多组学分析方法仍需要进一步通过定量 PCR 等技术进行验证，并且不具备广泛的代表性。

除了期待试验技术突破，聚焦与生物炭和土壤微生物之间的关系，依托现有技术能力，以下几方面内容可能是近期的研究重点。

（1）生物炭在微生物-植物信号传递过程中的作用。

土壤、植物和微生物在植物根际交汇，三者之间的信号交流是否会受到生物炭的影响？生物炭提供的碳源或其他小分子物质是否具有信号类似物功能？是否影响微生物、植物分泌信号物质的生理过程？生物炭的吸附能力是否强以及如何影响信号有效性？

（2）生物炭影响土壤微生物群落结构的时间尺度。

大量研究表明，在不同类型土壤中添加生物炭均可以显著提高土壤微生物量碳含量，同时促进土壤有机质分解，进而促进土壤碳转化。同时也有部分研究提出，土壤添加生物炭后，在总体上促进有机质分解的同时，可减缓土壤有机质分解，进而推论被加速分解的有机质来源于生物炭。研究结果之间的差异可能是因为所关注的时间尺度不同。在土壤有机碳转化的过程中，微生物的丰度和多样性既受到生物炭输入的影响、是结果，同时也反馈作用于生物炭-土壤微环境、是原因，土壤微生物群落结构的演替过程与生物炭还田促进土壤碳转化的时效性存在紧密联系。因此，有必要细致考虑土壤微生物群落结构的动态变化，基于不同时间尺度评价生物炭还田对土壤固碳增汇、有机培肥的作用。

（3）生物炭与特定功能微生物的直接交互机制。

土壤微生物种类繁多，生物炭还田对其丰度与多样性的整体影响、对某一属或种的专性作用都值得关注。对于前者，可以肥沃土壤中的微生物多样性和丰度为参照模式，将研究对象中的所有微生物视为一个整体，研究在真实土壤环境中其与生物炭的交互机制；对于后者，固氮、溶磷、解钾、促生等有益功能微生物是具有研究基础、当下可以着手的切入点。以应用为导向，生物炭与这些功能微生物的直接交互作用，而非生物炭还田对土壤中这些微生物的影响，更值得投入精力。

（4）生物炭高效负载微生物技术。

生物炭理化性质稳定、孔隙丰富、吸附性强、富含营养物质，具备作为土壤有益功能性微生物载体的潜力。但是，目前以生物炭为载体固定有益功能性微生物改良土壤的技术研究还停留在实验室阶段，要实现实用化或工业化还有大量实际问题亟待解决。例如，某种功能微生物专用型生物炭的筛选、改性或定向制备技术，生物炭或几种混合生物炭对微生物数量、活性以及产品货架期的影响，生物炭负载微生物在土壤中的定殖效率等。问题虽多，但可以预见，以生物炭为载体负载功能性微生物的农业高附加值投入品将是生物炭农业应用的重要方向。

参考文献

安启坤，唐文竹，AN，等. 2017. 秸秆生物炭对土壤功能微生物生长及吸附的影响[J]. 沈阳农业大学学报，4（48）：33-39.

陈坤. 2017.生物炭等有机物料定位施用对土壤微生物群落和有机氮的影响[D]. 沈阳：沈阳农业大学.

盖霞普，刘宏斌，翟丽梅，等. 2015. 玉米秸秆生物炭对土壤无机氮素淋失风险的影响研究[J]. 农业环境科学学报，（2）：310-318.

勾芒芒，屈忠义. 2013. 生物炭对改善土壤理化性质及作物产量影响的研究进展[J]. 中国土壤与肥料，（5）：1-5.

郭萍萍，郑丽丽，黄幸然，等. 2015. 模拟大气氮沉降对不同树种土壤微生物生物量的影响[J]. 生态环境学报，24（5）：772-777.

韩光明. 2013.生物炭对不同类型土壤理化性质和微生物多样性的影响[D].沈阳：沈阳农业大学.

胡云飞，李荣林，杨亦扬. 2015. 生物炭对茶园土壤 CO_2 和 N_2O 排放量及微生物特性的影响[J]. 应用生态学报，26（7）：1954-1960.

黄剑. 2012. 生物炭对土壤微生物量及土壤酶的影响研究[D]. 北京：中国农业科学院.

郎印海，王慧，刘伟. 2015. 柚皮生物炭对土壤中磷吸附能力的影响[J]. 中国海洋大学学报（自然科学版），45（4）：78-84.

李发虎，李明，刘金泉，等. 2017. 生物炭对温室黄瓜根际土壤真菌丰度和根系生长的影响[J]. 农业机械学报，48（4）：265-270.

李美璇，王观竹，郭平. 2016. 生物炭对冻融黑土中铵态氮和硝态氮淋失的影响[J]. 农业环境科学学报，35（7）：1360-1367.

李瑞霞，李洪杰，霍艳丽，等. 2018. 生物炭对华北冬小麦根系形态和内生真菌多样性的影响[J]. 农业机械学报，49（3）：235-242.

李元芳. 1994. 硅酸盐细菌肥料的特性和作用[J]. 土壤肥料，（2）：48.

李玥，余亚琳，张欣，等. 2017. 连续施用炭基肥及生物炭对棕壤有机氮组分的影响[J]. 生态学杂志，36（10）：222-228.

林先贵. 2010.土壤微生物研究原理与方法[M]. 北京：高等教育出版社.

刘春来，王爽，杨帆，等. 2018. 生物炭对玉米茎腐病控害作用及植株生长的影响[J]. 黑龙江农业科学，（9）：51-54.

刘玉学，唐旭，杨生茂，等.2016. 生物炭对土壤磷素转化的影响及其机理研究进展[J]. 植物营养与肥料学报，22（6）：1690-1695.

吕伟波. 2012.生物炭对土壤微生物生态特征的影响[D]. 杭州：浙江大学.

马云艳. 2014.棉秆生物炭对棉花黄萎病菌及棉花生长的影响[D]. 杨凌：西北农林科技大学.

孟颖，王宏燕，于崧，等. 2014. 生物黑炭对玉米苗期根际土壤氮素形态及相关微生物的影响[J]. 中国生态农业学报，22（3）：270-276.

闵航，李顺鹏副. 2006. 微生物学（修订版）[M]. 北京：科学技术文献出版社.

饶霜，卢阳，黄飞，等. 2016. 生物炭对土壤微生物的影响研究进展[J]. 生态与农村环境学报，32（1）：53-59.

尚杰，耿增超，王月玲，等. 2016. 施用生物炭对塿土微生物量碳、氮及酶活性的影响[J]. 中国农业科学，49（6）：1142-1151.

盛雅琪. 2017. pH 对土壤生物炭固碳效果的影响及机制[D]. 杭州：浙江大学.

石门. 2005. 生物与生态[M]. 呼和浩特：远方出版社.

石玉龙，高佩玲，刘杏认，等. 2019. 生物炭和有机肥施用提高了华北平原滨海盐土微生物量[J]. 植物营养与肥料学报，25（4）：555-567.

宋婷婷. 2018. 生物炭吸附无机氮特性及其对种苗发育和土壤微生物的影响[D]. 沈阳：沈阳农业大学.

宋延静，张晓黎，龚骏. 2014. 添加生物质炭对滨海盐碱土固氮菌丰度及群落结构的影响[J]. 生态学杂志，33（8）：2168-2175.

宋洋，李晓娜，蒋新. 2019. 生物炭和根系分泌物对土壤中多环芳烃削减与微生物群落结构的影响[A]// 中国土壤学会土壤环境专业委员会、中国土壤学会土壤化学专业委员会. 2019 年中国土壤学会土壤环境专业委员会、土壤化学专业委员会联合学术研讨会论文摘要集[C]. 重庆.

苏锡南. 2006. 环境微生物学[M]. 北京：中国环境科学出版社.

唐正，赵松，钱雅洁，等. 2020. 生物炭持久性自由基形成机制及环境应用研究进展[J]. 化工进展，39（4）：1521-1527.

王彩云，武春成，曹霞，等. 2019. 生物炭对温室黄瓜不同连作年限土壤养分和微生物群落多样性的影响[J]. 应用生态学报，30（4）：284-291.

王成己，郭学清，曾文龙，等. 2019. 生物质炭对烟草青枯病的防控作用及应用前景分析[J]. 南方农业学报，50（8）：1756-1763.

王冲. 2018. 施用生物炭对土壤热导率的影响及机制研究[D]. 沈阳：沈阳农业大学.

王光飞，马艳，郭德杰，等. 2015. 秸秆生物炭对辣椒疫病的防控效果及机理研究[J]. 土壤，47（6）：1107-1114.

王浩，焦晓燕，王劲松，等. 2015. 生物炭对土壤水分特征及水胁迫条件下高粱生长的影响[J]. 水土保持学报，29（2）：253-257.

王明星. 2001. 中国稻田甲烷排放[M]. 北京：科学出版社.

邬真真，程红光，王建童，等. 2019. 生物炭添加比例及冻融对沟渠土壤氮素淋失的影响[J]. 环境科学学报，39（4）：1295-1302.

许健，牛文全，张明智，等. 2016. 生物炭对土壤水分蒸发的影响[J]. 应用生态学报，27（11）：3505-3513.

袁海静，邓桂森，周顺桂，等. 2019. 生物炭的老化及其对温室气体排放影响的研究进展[J]. 生态环境学报，28（9）：1907-1914.

张晟，张徐洁，赵远，等. 2019. 不同温度制备的水稻秸秆生物炭对稻田土壤固碳减排及微生物群落结构的影响[J]. 江苏农业学报，35（5）：1102-1111.

张春霞，郝明德，魏孝荣，等. 2006. 不同农田生态系统土壤微生物生物量碳的变化研究[J]. 中国生态农业学报，14（1）：81-83.

张弘，李影，张玉军，等. 2017. 生物炭对植烟土壤氮素形态迁移及微生物量氮的影响[J]. 中国水土保持科学，15（3）：26-35.

张新学，张国辉，王效瑜，等. 2017. 不同栽培模式下生物炭对土壤水分保持能力的影响[J]. 农业科学研究，38（1）：44-47.

张星，刘杏认，张晴雯，等. 2015. 生物炭和秸秆还田对华北农田玉米生育期土壤微生物量的影响[J]. 农业环境科学学报，34（10）：1943-1950.

张阳阳，胡学玉，张迪，等. 2015. 生物炭对农田地表反照率及土壤温度与湿度的影响[J]. 环境科学研究，28（8）：1234-1239.

张又弛，李会丹. 2015. 生物炭对土壤中微生物群落结构及其生物地球化学功能的影响[J]. 生态环境学报，24（5）：898-905.

朱义族，李雅颖，韩继刚，等. 2019. 水分条件变化对土壤微生物的影响及其响应机制研究进展[J]. 应用生态学报，30（12）：4323-4332.

Akhter A，Hage-Ahmed K，Soja G，et al. 2016. Erratum to：Potential of Fusarium wilt-inducing chlamydospores，in vitro behaviour in root exudates and physiology of tomato in biochar and compost amended soil[J]. Plant & Soil，406，441.

Ameloot N，Graber E R，Verheijen F，et al. 2013. Interactions between biochar stability and soil organisms：review and research needs[J]. European Journal of Soil Science，64（4）：379-390.

Ameloot N，Sleutel S，Case S D C，et al. 2014. C mineralization and microbial activity in four biochar field experiments several years after incorporation[J]. Soil Biology and Biochemistry，78：195-203.

Anderson C R，Condron L M，Clough T J，et al. 2011. Biochar induced soil microbial community change：Implications for biogeochemical cycling of carbon，nitrogen and phosphorus[J]. Pedobiologia，54（5-6）：309-320.

Atkinson C J，Fitzgerald J D，Hipps N A. 2010. Potential mechanisms for achieving agricultural benefits from biochar application to temperate soils：a review[J]. Plant and Soil，337：1-18.

Bailey V L，Fansler S J，Smith J L，et al. 2011. Reconciling apparent variability in effects of biochar amendment on soil enzyme activities by assay optimization[J]. Soil Biology and Biochemistry，43（2）：296-301.

Basso A S，Miguez F E，Laird D A，et al. 2013. Assessing potential of biochar for increasing water-holding capacity of sandy soils[J]. Global Change Biology Bioenergy，5（2）：132-143.

Beck D A，Johnson G R，Spolek G A. 2011. Amending greenroof soil with biochar to affect runoff water quantity and quality[J]. Environmental Pollution，159（8-9）：2111-2118.

Besserer A，Puech-Pagès V，Kiefer P，et al. 2006. Strigolactones stimulate arbuscular mycorrhizal fungi by activating mitochondria[J]. PLoS Biology，4（7）：e226.

Bonfante P，Genre A. 2015. Arbuscular mycorrhizal dialogues：do you speak "plantish" or "fungish"？[J]. Trends in Plant Science，20（3）：150-154.

Brown A V，Brasier C M. 2010. Colonization of tree xylem by Phytophthora ramorum，P. kernoviae and other Phytophthora species[J]. Plant Pathology，56（2）：227-241.

Brzostek E R，Greco A，Drake J E，et al. 2013. Root carbon inputs to the rhizosphere stimulate extracellular enzyme activity and increase nitrogen availability in temperate forest soils[J]. Biogeochemistry，115（1-3）：65-76.

Bueno C C，Fraceto L F，Rosa A H. 2018. Biochar influence the production and release of exopolysaccharides on plant growth promoting bacteria[J]. Chemical Engineering Transactions，65.

Chan K Y，Van Zwieten L，Meszaros I，et al. 2008. Using poultry litter biochars as soil amendments[J]. Soil Research，46（5）：437-444.

Christy G，Berry T D，Wang R. 2016. Weathering of pyrogenic organic matter induces fungal oxidative enzyme response in single culture inoculation experiments[J]. Organic Geochemistry，92：32-41.

Cunniffe N J，Gilligan C A. 2011. A theoretical framework for biological control of soil-borne plant pathogens：Identifying effective strategies[J]. Journal of Theoretical Biology，278（1）：32-43.

Cytryn E，Kolton M. 2012.Microbial protection against plant disease[C]// Rosenberg E，Gophna U. Beneficial microorganisms in multicellular life forms. Berlin：Springer.

Daims H，Nielsen P H，Nielsen J L，et al. 2000. Novel Nitrospira-like bacteria as dominant nitrite-oxidizers in biofilms from wastewater treatment plants：diversity and in situ physiology[J]. Journal of the Physical Society of Japan，41（4）：85-90.

Deluca T H，Mackenzie M D，Gundale M J，et al. 2006. Holben. Wildfire-Produced Charcoal Directly Influences Nitrogen Cycling in Ponderosa Pine Forests[J]. Soil Science Society of America Journal，70（2）：448-453.

E Y，Meng J，Hu H，et al. 2019. Effects of organic molecules from biochar-extracted liquor on the growth of rice seedlings[J]. Ecotoxicology and Environmental Safety，170：338-345.

Efthymiou A，Grønlund M Müller-Stöver D S，et al. 2018. Augmentation of the phosphorus fertilizer value of biochar by inoculation of wheat with selected Penicillium strains[J]. Soil Biology and Biochemistry，116：139-147.

Elad Y，David D R，Harel Y M，et al. 2010. Induction of systemic resistance in plants by biochar，a soil-applied carbon sequestering agent[J]. Phytopathology，100（9）：913-921.

Elmer H W. 2016. Effect of Leaf Mold Mulch，Biochar，and Earthworms on Mycorrhizal Colonization and Yield of Asparagus Affected by Fusarium Crown and Root Rot[J]. Plant Disease，100（12）：2507-2512.

Elmer W H，Pignatello J J. 2011. Effect of biochar amendments on mycorrhizal associations and fusarium crown and root rot of asparagus in replant soils[J]. Plant Disease，95（95）：960-966.

Falah A R，Besharati H，Nour G F，et al. 2007. Effects of rock phosphate，organic matter，sulfur，thiobcillus and phosphate solubilizing microorganisms on yield and quality of corn[J]. The Journal of Agricultural Science，17：25-36.

Fang G，Gao J，Liu C，et al. 2014. Key role of persistent free radicals in hydrogen peroxide activation by biochar：implications to organic contaminant degradation[J]. Environmental Science & Technology，48（3）：1902-1910.

Farrell M，Kuhn T K，Macdonald L M，et al. 2013. Microbial utilisation of biochar-derived carbon[J]. Science of the Total Environment，465：288-297.

Gaskin J W，Steiner C，Harris K，et al. 2008. Effect of low-temperature pyrolysis conditions on biochar for agricultural use[J]. Transactions of the Asabe，51（6）：2061-2069.

Genre A，Chabaud M，Balzergue C，et al. 2013. Short-chain chitin oligomers from arbuscular mycorrhizal fungi trigger nuclear Ca^{2+} spiking in Medicago truncatula roots and their production is enhanced by strigolactone[J]. New Phytologist，198（1）：190-202.

Gibson C，Berry T D，Wang R，et al. 2016. Weathering of pyrogenic organic matter induces fungal oxidative enzyme response in single culture inoculation experiments[J]. Organic Geochemistry，92：32-41.

Girisha H R，Srinivasa G R，Gowda D C. 2006. A simple and environmentally friendly method for the synthesis of N - phenylanthranilic acid derivatives[J]. ChemInform，37.

Glaser B，Lehmann J，Zech W. 2002. Ameliorating physical and chemical properties of highly weathered soils in the tropics with charcoal-a review[J]. Biology and Fertility of Soils，35（4）：219-230.

Gomez J D，Denef K，Stewart C E，et al. 2014. Biochar addition rate influences soil microbial abundance and activity in temperate soils[J]. European Journal of Soil Science，65（1）：28-39.

Gu Y，Hou Y，Huang D，et al. 2016. Application of biochar reduces Ralstonia solanacearum infection via effects on pathogen chemotaxis，swarming motility，and root exudate adsorption[J]. Plant and Soil，415（1）：1-13.

Guillotin B，Etemadi M，Audran C，et al. 2017. Sl-IAA27 regulates strigolactone biosynthesis and mycorrhization in tomato（var. MicroTom）[J]. New Phytologist，213（3）：1124-1132.

Gul S，Whalen J K. 2016. Biochemical cycling of nitrogen and phosphorus in biochar-amended soils[J]. Soil Biology and Biochemistry，103：1-15.

Haas D，Defago G. 2005. Biological control of soil-borne pathogens by fluorescent pseudomonads[J]. Nature Reviews Microbiology，3（4）：307-319.

Hamer U，Marschner B，Brodowski S，et al. 2004. Interactive priming of black carbon and glucose mineralisation[J]. Organic Geochemistry，35（7）：823-830.

Harman G E，Howell C R，Viterbo A，et al. 2004. Trichoderma species-Opportunistic，avirulent plant symbionts[J]. Nature Reviews Microbiology，2（1）：43-56.

Harter J，Krause H M，Schuettler S，et al. 2014. Linking N_2O emissions from biochar-amended soil to the structure and function of the N-cycling microbial community[J]. Isme Journal Multidisciplinary Journal of Microbial Ecology X（X），8：660-674.

Herrmann L，Lesueur D. 2013. Challenges of formulation and quality of biofertilizers for successful inoculation[J]. Appl Microbiol Biotechnol，97（20）：8859-8873.

Hui H，Qian T T，Liu W J，et al. 2014. Biological and chemical phosphorus solubilization from pyrolytical biochar in aqueous solution[J]. Chemosphere，113：175-181.

Jaafar N M，Clode P L，Abbott L K. 2014. Microscopy Observations of Habitable Space in Biochar for Colonization by Fungal Hyphae From Soil[J]. Journal of Integrative Agriculture，13（3）：483-490.

Jaiswal A K，Elad Y，Graber E R，et al. 2014. Rhizoctonia solani suppression and plant growth promotion in cucumber as affected by biochar pyrolysis temperature，feedstock and concentration[J]. Soil Biology and Biochemistry，69：110-118.

Jaiswal A K，Elad Y，Paudel I，et al. 2017. Linking the belowground microbial composition，diversity and activity to soilborne disease suppression and growth promotion of tomato amended with biochar[J]. Scientific Reports，7：44382.

Jetten M S M. 2008. The microbial nitrogen cycle[J]. Environmental Microbiology，10（11）：2903-2909.

Jiang L，Han G，Lan Y，et al. 2017. Corn cob biochar increases soil culturable bacterial abundance without enhancing their capacities in utilizing carbon sources in biolog eco-plates[J]. Journal of Integrative Agriculture，16（3）：713-724.

Jones D L，Murphy D V，Khalid M，et al. 2011. Short-term biochar-induced increase in soil CO_2 release is both biotically and abiotically mediated[J]. Soil Biology and Biochemistry，43（8）：1723-1731.

Jorge P F. 2015. Biochar modifies the thermodynamic parameters of soil enzyme activity in a tropical soil[J]. Journal of Soils and Sediments，3（15）：578-583.

Juntunen J，Sainio K. 2011. Potential for biochar as an alternate carrier to lignite for the preparation of biofertilizers in India[J]. International Journal of Agriculture Environment & Biotechnology，4（7979）：167-172.

Khan K，Chowdhury M，Huq S I. 2016. Effects of biochar on the fate of the heavy metals Cd，Cu，Pb and Zn in soil[J]. Bangladesh Journal of Entific Research，28（1）：17-26.

Kim J S，Sparovek G，Longo R M，et al. 2007. Bacterial diversity of terra preta and pristine forest soil from the Western Amazon[J]. Soil Biology and Biochemistry，39（2）：684-690.

Kim T H，Park J H，Kim M C，et al. 2008. Cutin monomer induces expression of the rice OsLTP5 lipid transfer protein gene[J]. Journal of Plant Physiology，165（3）：345-349.

Koide R T，Petprakob K，Peoples M. 2011. Quantitative analysis of biochar in field soil[J]. Soil Biology and Biochemistry，43（7）：1563-1568.

Kolb S E，Fermanich K J，Dornbush M E. 2009. Effect of Charcoal Quantity on Microbial Biomass and Activity in Temperate Soils[J]. Soil Science Society of America，73（4）：1173-1181.

Kolton M，Meller H Y，Pasternak Z，et al. 2011. Impact of biochar application to soil on the root-associated bacterial community structure of fully developed greenhouse pepper plants[J]. Applied & Environmental Microbiology，77（14）：4924-4930.

Kubicek C P，Starr T L，Glass N L. 2014. Plant cell qall-degrading enzymes and their secretion in plant-pathogenic fungi[J]. Annual Review of Phytopathology，52（1）：427.

Kumar A，Joseph S，Tsechansky L，et al. 2018. Biochar aging in contaminated soil promotes Zn immobilization due to changes in biochar surface structural and chemical properties[J]. Science of the Total Environment，626（1）：953-961.

Lammirato C，Miltner A，Kaestner M. 2011. Effects of wood char and activated carbon on the hydrolysis of cellobiose by β-glucosidase from Aspergillus niger[J]. Soil Biology and Biochemistry，43（9）：1936-1942.

Lehmann J，Joseph S. 2015.Biochar for Environmental Management Science，Technology and Implementation[M]. London：Earthscan.

Lehmann J，Jr J，Steiner C，et al. 2003. Nutrient availability and leaching in an archaeological anthrosol and a ferralsol of the central Amazon basin：fertilizer，manure and charcoal amendments[J]. Plant & Soil，249（2）：343-357.

Lehmann J，Rillig M C，Thies J，et al. 2011. Biochar effects on soil biota-A review[J]. Soil Biology and Biochemistry，43（9）：1812-1836.

Liang B，Lehmann J，Sohi S P，et al. 2010. Black carbon affects the cycling of non-black carbon in soil[J]. Organic Geochemistry，41（2）：206-213.

Liu S，Meng J，Jiang L，et al. 2017. Rice husk biochar impacts soil phosphorous availability，phosphatase activities and bacterial community characteristics in three different soil types[J]. Applied Soil Ecology，116：12-22.

Lorenzo G D，D’Ovidio R，Cervone F. 2000. The role of polygalacturonase-inhibiting proteins（PGIPs） in defense against pathogenic fungi[J]. Annual Review of Phytopathology，39（1）：313-335.

Luo Y，Durenkamp M，Nobili M D，et al. 2011. Short term soil priming effects and the mineralisation of biochar following its incorporation to soils of different pH[J]. Soil Biology and Biochemistry，43（11）：2304-2314.

Luo Y，Durenkamp M，Nobili M D，et al. 2013. Microbial biomass growth，following incorporation of biochars produced at 350 degrees C or 700 degrees C，in a silty-clay loam soil of high and low pH[J]. Soil Biology and Biochemistry，57：513-523.

Maillet F，Poinsot V，André O，et al. 2011. Fungal lipochitooligosaccharide symbiotic signals in arbuscular mycorrhiza[J]. Nature，469（7328）：58-63.

Matsubara Y，Hasegawa N，Fukui H. 2002. Incidence of fusarium root rot in asparagus seedlings infected with arbuscular mycorrhizal fungus as affected by several soil amendments[J]. Journal of the Japanese Society for Horticultural Science，71：370-374.

Mendes G O，Zafra D L，Vassilev N B，et al. 2014. Biochar enhances Aspergillus niger rock phosphate solubilization by increasing organic acid production and alleviating fluoride toxicity[J]. Applied & Environmental Microbiology，80（10）：3081-3085.

Mierzwa-Hersztek M，Gondek K，Baran A. 2016. Effect of poultry litter biochar on soil enzymatic activity，ecotoxicity and plant growth[J]. Applied Soil Ecology，105：144-150.

Muhammad N，Dai Z，Xiao K，et al. 2014. Changes in microbial community structure due to biochars generated from different feedstocks and their relationships with soil chemical properties[J]. Geoderma，226-227：270-278.

Mukherjee A，Zimmerman A R，Harris W. 2012. Surface chemistry variations among a series of laboratory-produced biochars[J]. Geoderma，163（3-4）：247-255.

Mukherjee A. 2011. Characterization of the Physical and Chemical Properties of a Range of Laboratory-Produced Fresh and Aged Biochars[D]. Gainesville：University of Florida.

Müller L M，Harrison M J. 2019. Phytohormones，miRNAs，and peptide signals integrate plant phosphorus status with arbuscular mycorrhizal symbiosis[J]. Current Opinion in Plant Biology，50：132-139.

Murray J D，Cousins D R，Jackson K J，et al. 2013. Signaling at the Root Surface：The Role of Cutin Monomers in Mycorrhization[J]. Molecular Plant，6（5）：1381-1383.

Naisse C，Girardin C，Davasse B，et al. 2015. Effect of biochar addition on C mineralisation and soil organic matter priming in two subsoil horizons[J]. Journal of Soils & Sediments，15（4）：825-832.

Oguntunde P G，Fosu M，Ajayi A E，et al. 2004. Effects of charcoal production on maize yield，chemical properties and texture of soil[J]. Biology and Fertility of Soils，39（4）：295-299.

Palansooriya K N，Wong J，Hashimoto Y，et al. 2019. Response of microbial communities to biochar-amended soils：a critical review[J]. Biochar，1（1）：3-22.

Parvage M M，Ulén B，Eriksson J，et al. 2013. Phosphorus availability in soils amended with wheat residue char[J]. Biology and Fertility of Soils，49（2）：245-250.

Pietikäinen J，Kiikkilä O，Fritze H. 2000. Charcoal as a habitat for microbes and its effect on the microbial community of the underlying humus[J]. Oikos，89（2）：231-242.

Poly F，Monrozier L J，Bally R. 2001. Improvement in the RFLP procedure for studying the diversity of nifH genes in communities of nitrogen fixers in soil[J]. Research in Microbiology，152（1）：95-103.

Qian T，Yang Q，Jun D，et al. 2019. Transformation of phosphorus in sewage sludge biochar mediated by a phosphate-solubilizing microorganism[J]. Chemical Engineering Journal，359：1573-1580.

Rafiei S，Asadi R H. 2014. Survey the ability of flavobacterium sp. bacteria in solubilization of insoluble phosphate[J]. Journal of Molecular Cell Research（Iraian Journal of Biology），26：472-479.

Rondon M A，Lehmann J，J Ramírez，et al. 2007. Biological nitrogen fixation by common beans（Phaseolus vulgaris L.） increases with bio-char additions[J]. Biology and Fertility of Soils，43（6）：699-708.

Rousk J，Dempster D N，Jones D L. 2013. Transient biochar effects on decomposer microbial growth rates：evidence from two agricultural case-studies[J]. European Journal of Soil Science，64（6）：770-776.

Rutigliano A，Romano M，Marzaioli R，et al. 2014. Effect of biochar addition on soil microbial community in a wheat crop[J]. European Journal of Soil Biology，60：9-15.

Saleh M E，Mahmoud A H，Rashad M. 2012. Peanut biochar as a stable adsorbent for removing NH_4-N from wastewater：A preliminary study[J]. Advances in Environmental Biology，6（7）：2170-2176.

Schneider F，Haderlein S B. 2016. Potential effects of biochar on the availability of phosphorus-mechanistic insights[J]. Geoderma，277：83-90.

Simonsson M，Hillier S，Öborn I. 2009. Changes in clay minerals and potassium fixation capacity as a result of release and fixation of potassium in long-term field experiments[J]. Geoderma，151（3-4）：109-120.

Singh B，Singh B P，Cowie A L. 2010. Characterisation and evaluation of biochars for their application as a soil amendment[J]. Australian Journal of Soil Research，48（7）：516-525.

Smith J L，Collins H P，Bailey V L，et al. 2010. The effect of young biochar on soil respiration[J]. Soil Biology and Biochemistry，42（12）：2345-2347.

Song L，Liu D. 2015. Ethylene and plant responses to phosphate deficiency[J]. Frontiers in Plant Science，6：796.

Spokas K A，Novak J M，Stewart C E，et al. 2011. Qualitative analysis of volatile organic compounds on biochar[J]. Chemosphere，85（5）：869-882.

Sun D，Meng J，Chen W. 2013. Effects of abiotic components induced by biochar on microbial communities[J]. Acta Agriculturae Scandinavica，63（7）：633-641.

Sun D，Meng J，Xu E G，et al. 2016. Microbial community structure and predicted bacterial metabolic functions in biochar pellets aged in soil after 34 months[J]. Applied Soil Ecology，100：135-143.

Sun D，Meng J，Liang H，et al. 2015. Effect of volatile organic compounds absorbed to fresh biochar on survival of Bacillus mucilaginosus and structure of soil microbial communities[J]. Journal of Soils and Sediments，15（2）：271-281.

Sun M，Ye M，Zhang Z，et al. 2019. Biochar combined with polyvalent phage therapy to mitigate antibiotic resistance pathogenic bacteria vertical transfer risk in an undisturbed soil column system[J]. Journal of Hazardous Materials，365：1-8.

Taketani R G，Tsai S M. 2010. The Influence of Different Land Uses on the Structure of Archaeal Communities in Amazonian Anthrosols Based on 16S rRNA and amoA Genes[J]. Microbial Ecology，59（4）：734-743.

Tao Y，Hu S，Han S，et al. 2019. Efficient removal of atrazine by iron-modified biochar loaded Acinetobacter lwoffii DNS32[J]. Science of the Total Environment，682（10）：59-69.

Torres de los Santos R，Rosales N M，Ocampo J A，et al. 2016. Ethylene alleviates the suppressive effect of phosphate on arbuscular mycorrhiza formation[J]. Journal of Plant Growth Regulation，35（3）：611-617.

Uvarov A V. 2000. Effects of smoke emissions from a charcoal kiln on the functioning of forest soil systems：a microcosm study[J]. Environmental Monitoring & Assessment，60（3）：337-357.

Vallad G E，Goodman R M. 2004. Systemic acquired resistance and induced systemic resistance in conventional agriculture[J]. Crop Science，44（6）：1920-1934.

Wang E，Schornack S，Marsh J，et al. 2012. A common signaling process that promotes mycorrhizal and oomycete colonization of plants[J]. Current Biology，22（23）：2242-2246.

Wang X，Song D，Liang G，et al. 2015. Maize biochar addition rate influences soil enzyme activity and microbial community composition in a fluvo-aquic soil[J]. Applied Soil Ecology，96：265-272.

Wardle D A，Nilsson M C，Zackrisson O. 2008. Fire-derived charcoal causes loss of forest humus[J]. Science，320（5876）：629.

Warnock D D，Mummey D L，McBride B，et al. 2010. Influences of non-herbaceous biochar on arbuscular mycorrhizal fungal abundances in roots and soils：results from growth-chamber and field experiments[J]. Applied Soil Ecology，46（3）：450-456.

Watzinger A S，Feichtmair B，Kitzler F，et al. 2014. Soil microbial communities responded to biochar application in temperate soils and slowly metabolized ^{13}C-labelled biochar as revealed by ^{13}C PLFA analyses：results from a short-term incubation and pot experiment[J]. European Journal of Soil Science，65（1）：40-51.

Wu H，Qin X，Wu H，et al. 2020. Biochar mediates microbial communities and their metabolic characteristics under continuous monoculture[J]. Chemosphere，246：125835.

Xu C Y，Bai S H，Hao Y，et al. 2015a. Peanut shell biochar improves soil properties and peanut kernel quality on a red Ferrosol[J]. Journal of Soils and Sediments，15（11）：2220-2231.

Xu C Y，Hosseini-Bai S，Hao Y，et al. 2015b. Effect of biochar amendment on yield and photosynthesis of peanut on two types of soils[J]. Environmental Science and Pollution Research，22（8）：6112-6125.

Yang E，Jun M，Haijun H，et al. 2015. Chemical composition and potential bioactivity of volatile from fast pyrolysis of rice husk[J]. Journal of Analytical and Applied Pyrolysis，112：394-400.

Yang P，Ma L，Chen M，et al. 2012. Phosphate solubilizing ability and phylogenetic diversity of bacteria from Prich soils around Dianchi Lake drainage area of China[J]. Pedosphere，22：707-716.

Yao Q J，Liu Z，Yu Y，et al. 2017. Three years of biochar amendment alters soil physiochemical properties and fungal community composition in a black soil of northeast China[J]. Soil Biology and Biochemistry，110：56-67.

Yu L，Wang Y，Yuan Y，et al. 2016. Biochar as Electron Acceptor for Microbial Extracellular Respiration[J]. Geomicrobiology Journal，33（6）：530-536.

Yuan J，Meng J，Liang X，et al. 2017. Organic molecules from biochar leacheates have a positive effect on rice seedling cold tolerance[J]. Front Plant Science，8：1624.

Zehr J P，Mellon M T，Zani S. 1998. New nitrogen-fixing microorganisms detected in oligotrophic oceans by amplification of nitrogenase. nifH genes[J]. Applied and Environmental Microbiology，64（9）：3444.

Zhai L，Caiji Z，Liu J，et al. 2015. Short-term effects of maize residue biochar on phosphorus availability in two soils with different phosphorus sorption capacities[J]. Biology and Fertility of Soils，51（1）：113-122.

Zhang L，Xu C，Champagne P. 2010. Overview of recent advances in thermo-chemical conversion of biomass[J]. Energy Conversion & Management，51（5）：969-982.

Zhang M，Riaz M，Liu B，et al. 2020. Two-year study of biochar：Achieving excellent capability of potassium supply via alter clay mineral composition and potassium-dissolving bacteria activity[J]. Science of the Total Environment，717：137286.

Zhou C，Heal K，Tigabu M，et al. 2020. Biochar addition to forest plantation soil enhances phosphorus availability and soil bacterial community diversity[J]. Forest Ecology and Management，455：117857.

Zhu J，Li M，Whelan M. 2018. Phosphorus activators contribute to legacy phosphorus availability in agricultural soils：A review[J]. Science of the Total Environment，612（15）：522-537.

Zhu X M，Chen B L，Zhu L Z，et al. 2017. Effects and mechanisms of biochar-microbe interactions in soil improvement and pollution remediation：A review[J]. Environmental Pollution，227：98-115.

Zwart D C，Kim S H. 2012. Biochar amendment increases resistance to stem lesions caused by phytophthora spp. in tree seedlings[J]. American Society for Horticultural Science，47（12）：1736-1740.

Zwetsloot M J J，Lehmann T，Bauerle S，et al. 2016. Nigussie. Phosphorus availability from bone char in a P-fixing soil influenced by root-mycorrhizae-biochar interactions[J]. Plant and Soil，408（1-2）：95-105.

第七章　生物炭对土壤有机碳的影响

1850—2015 年，全球平均地表（陆地和海洋）温度增加了 0.87℃，地面空气平均温度升高了 1.53℃（IPCC，2019），极端天气事件发生的频率、强度和持续时间增加，气候风险持续上升，对自然生态系统和经济社会的影响日趋严峻。

人类活动导致的温室气体排放是全球变暖的重要原因之一，排放总量已从 1970 年的 27 Gt CO_2 当量增加到 2010 年的 49 Gt CO_2 当量（IPCC，2014）。其中，二氧化碳是最主要的温室气体，占温室气体排放总量的 72%，其次是 CH_4（20%）、N_2O（5%）和氢氟碳化物（3%）。目前，大气二氧化碳浓度已达到 410 ppm（Marescaux et al.，2018），并将于 2100 年增加到 570 ppm，预期平均气温将上升 1.9℃（Hewitson，2014）。化石燃料燃烧和工业加工是二氧化碳排放的主要来源，占温室气体排放总量的 78%左右（IPCC，2014），农业虽占比较低，但也是温室气体的主要贡献者（Hütsch，2001）。

就农业而言，农田土壤碳库事关固碳与减排两方面，既可能是碳排放之源，也可能是碳封存之库。土壤是仅次于海洋的第二大有机碳库（Stockmanna et al.，2013），含有约 2 344 Gt 有机碳，其微小变化都可能对大气二氧化碳浓度产生重大影响。在土壤碳库中，惰性碳库的周转时间多至上千年，不受短期耕作措施的影响（Haynes，2005），而活性有机碳库，尤其是农田表层土壤中的部分最容易受到耕作措施的扰动而迅速剧烈地变化，因而在农业固碳减排中具有突出的重要性。土壤有机碳（SOC）不仅关系到固碳减排，更是耕地质量和农业可持续发展的核心要素，对诸如土壤团聚体的形成与稳定、土壤结构及养分周转等意义重大（Murphy et al.，2016；Yang et al.，2013）。

在秸秆炭化还田系统中，主要目标之一就是要通过植物（作物）捕获大气中的二氧化碳，并转变为富含碳元素的生物炭后还田，从而实现碳封存和耕地质量提升。这一过程与农田表层土壤息息相关，生物炭对土壤有机碳的影响也自然而然地成为研究者关注的重点。本章将以土壤有机碳的归趋为主线，探讨生物炭还田在固碳减排和土壤改良工作中的作用与前景。

一、生物炭中的有机碳

生物炭中的碳绝大多数都是有机碳，至少包含不稳定有机碳（labile organic carbon）和稳定有机碳（stable organic carbon）两个碳库（Leng et al.，2019；Mandal et al.，2016；Ennis et al.，2012；Zimmerman，2010）。可溶性有机碳（dissolved organic carbon，DOC）可视为不稳定有机碳的主要形式（Major et al.，2010），Yin 等（2014）则直接将可溶性有机碳视为不稳定有机碳。Liu 等（2019）和 Al-Wabel 等（2013）根据生物炭溶解性和稳定性将有机碳划分为 3 个碳库，包括可溶性有机碳、稳定有机碳和不稳定有机碳。生物炭的不同碳组分有不同的物理和化学性能，通常对土壤性能、更广泛的环境和气候应用呈现出不同的影响。

生物炭中的稳定有机碳大多呈现出熔融芳香碳结构（Schmidt et al.，2000），包括在较低的热解温度下占主导地位的无定形碳（amorphous carbon），以及在较高温度下形成的乱层结构碳（turbostratic carbon）（Keiluweit et al.，2010），能在很大程度上抵抗生物和其他化学降解，因而在土壤中具有较高的稳定性（Lehmann and Joseph，2015；Nguyen et al.，2010），具有长期固碳的巨大潜力（Lehmann et al.，2006）。

稳定性有机碳是生物炭中碳元素的主要存在形式，除此之外，只有一小部分生物炭是生物可利用的。因此，生物炭在还田初期经历短暂的相对较快的分解后，分解速率会随着时间的推移而降低，并在很长一段时间内保持在非常低的水平（Kuzyakov et al.，2014）。Wang 等（2016）通过对 24 项基于碳同位素技术的生物炭与土壤有机碳相关研究进行的荟萃分析发现，生物炭的分解量随着试验时间的延长呈对数增长，分解速率逐渐降低，中值速率仅为 0.004 6%/d，约 97%的生物炭将长期贮存在土壤中，估计可以存续数百至数千年之久（Major et al.，2010；Kuzyakov et al.，2009）。

生物炭中有机碳不同组分（稳定、不稳定有机碳）的比例受生物质原料类型和热解条件（温度和持续时间等）的显著影响（Wei et al.，2019；Zhang et al.，2015；Han et al.，2014）。一般而言，原料的木质素含量越高，所制备的生物炭碳含量越高（Wang et al.，2016）；随着热解温度和持续时间的升高，不稳定碳比例减少而稳定碳比例增加；在特定的热解温度下延长停留时间，则热解更为充分，活性有机碳含量降低（Zhang et al.，2015）。

在已有文献报道中，生物炭中不同有机碳组分的比例差异很大。其中，不稳定有机碳含量为 9.6%～71.2%，稳定有机碳含量为 20%～96%（图 7-1），80%～97%的有机碳在几百年甚至上千年里不会被矿化为二氧化碳（Sigua et al.，2016；Naisse et al.，2015；Nguyen et al.，2014；Farrell et al.，2013；Singh et al.，2012；Luo et al.，2011）。

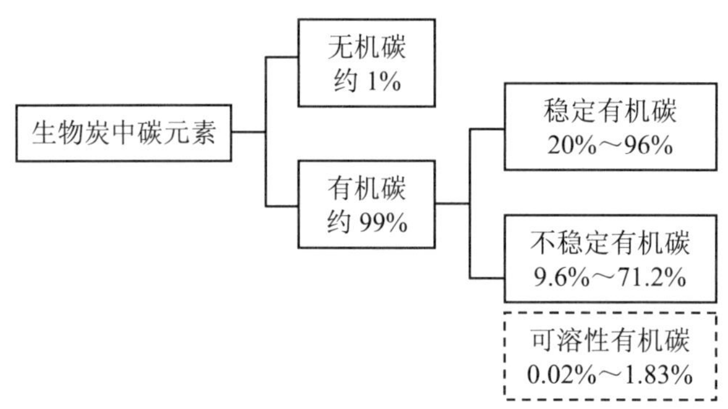

图 7-1 生物炭中不同有机碳组分的比例

（一）有机碳的分解

土壤中任何形态的有机质（碳）均有可能被分解，其稳定机制绝不是由有机质（碳）的分子结构、抗性单独决定的（汪景宽等，2019），而是与土壤环境因子密切相关。尽管生物炭在土壤中很稳定，但仍有可能被生物（碳被微生物吞噬或呼吸氧化）和非生物降解（化学氧化、光氧化或溶解）（Major et al.，2010）。活性官能团和非芳香族碳结构是不稳定生物炭的主要组成部分，最易受土壤中生物和物理化学降解的影响（Cross and Sohi，2013；Zimmerman，2010），其他矿物质和有机化合物的吸附特性也影响着生物炭在土壤中的降解、浸出、化学氧化和稳定性（Shrestha et al.，2010）。

生物炭中碳的矿化受生物炭原材料、热解工艺及温度、还田年限和土壤特性（质地、温度、水分、pH 等）等的影响（Han et al.，2020；Singh et al.，2015；Fang et al.，2014；Singh et al.，2012；Luo et al.，2011；Major et al.，2010）。例如，Han 等（2020）研究表明，粪肥和作物秸秆制备的生物炭中有机碳的矿化率（平均为 4.35%）高于木材制备的生物炭（平均为 1.52%），且矿化率随着热解温度的升高而降低，即矿化量随着 H/C 的增大而增大，随着灰分含量的增加而减少，高温制备的生物炭中稳定的有机碳含量更高。此外，生物炭在高 pH 土壤中的矿化率高于低 pH 土壤（Luo et al.，2011），随着土壤（稻田）天然有机碳含量的增大而增大，随黏粒含量（黏粒含量超过 20%时）的增加而降低（Han et al.，2020）。

生物炭的矿化十分缓慢，但仍可观察到矿化速率表现出明显的先快后慢的趋势。Bamminger 等（2014）发现，高温热解的生物炭在 8 周后仅有 1.4%～3%被矿化。Masek 等（2013）的研究也表明，经过 96 d 的矿化后，生物炭的降解率不超过 2%。生物炭还田后的前 4 个月时生物炭中碳的矿化率较高，占总矿化率的 54%～62%（Singh et al.，2015）。Major 等（2010）的研究结果也证实，土壤微生物对生物炭的分解使生物炭两年减少 2.2%，其中 75%的矿化发生在还田第一年。微生物氧化是生物炭中不稳定组分分解的主要途径。Fang 等（2018）利用 ^{13}C 同位素标记开展的工作表明，微生物量碳中有 22～93 mg C/kg

（红沙土＜始成土＜铁铝土）源于生物炭，占土壤总微生物量碳的 11%～20%。

因为生物炭中的有机碳组分、土壤环境条件等差异大，所以关于总矿化量的报道也差异显著。例如，Jones 等（2011）认为生物炭造成的净二氧化碳排放相对于生物炭本身所储存的碳量约 0.1%；Singh 等（2015）的工作则表明，在缺乏黏粒和碳的红沙土中，生物炭的矿化率为 2.0%，在富含黏粒和碳的始成土中为 4.6%，在富含黏粒、碳和蚯蚓的铁铝土中为 7%；Han 等（2020）则预期生物炭在土壤中的矿化量可高达 15%～20%。

综上所述，高稳定性的生物炭可以在土壤中存留几百上千年，但还是会被土壤微生物矿化，继而进入其他土壤碳组分或移出土体。虽然生物炭中有机碳的含量普遍很低，但其对土壤微生物的短期作用及对土壤天然有机碳的间接影响仍不可忽视。

（二）生物炭的运移

生物炭中的碳以颗粒碳和溶解碳的形式在土壤中横向或沿着土壤剖面纵向迁移（Rumpel et al.，2006；Leifeld et al.，2007；Haefele et al.，2011）。土壤表面的水蚀和风蚀以及地下浸出和渗透被认为是生物炭中的碳从陆地系统向海洋系统输出的主要途径（Guggenberger et al.，2008；Hockaday et al.，2007）。

横向的侵蚀流失是生物炭的主要损失机制（Masek，2013）。Major 等（2010）研究表明，当 11.6 t/hm^2、23.2 t/hm^2 和 116.1 t/hm^2 生物炭施入 0～10 cm 土层后，在 2%坡度沙质氧化土中，生物炭中 20%～53%的碳将通过土壤表面侵蚀而损失。在全球范围内，每年约有（26.5±1.8）Tg 的木炭（charcoal）从陆地运移到海洋，可占全球河流中溶解有机碳量的 10%（Jaffe et al.，2013）。

生物炭在土壤剖面上的纵向运移对土壤碳分布的影响十分可观。少则如 Singh 等（2015）的研究结果，生物炭施入表土（0～2 cm 土层）后，有 3%～4%的碳运移到 5～15 cm 土层中；多则如 Obia 等（2017）的研究结果，9%～19%的生物炭会在土壤中向下移动；更多的报道见 Dong 等（2017）的研究结果，还田 5 年后（生物炭施用量分别为 30 t/hm^2、60 t/hm^2、90 t/hm^2，占土质量比分别为 1.11%、2.22%和 3.33%）表层土壤（0～20 cm）中的生物炭分别损失了 39.6%、38.3%和 37.3%，生物炭中碳分别损失了 36%、35%和 35%。Dong 等（2017）还认为，在田间耕作和灌溉试验条件下，0～20 cm 土层中损失约 40%的生物炭是有可能的，其中 19.8%将移动到 20～40 cm 土层中。在沙土中，更将有近一半的稻壳炭中的碳会在 4 年后移动到 30 cm 土层以下（Haefele et al.，2011）。

生物炭中可溶性有机碳（DOC）的运移程度大于颗粒有机碳（POC），但其含量不高，加之容易分解，对生物炭运移的整体影响较为有限。相对而言，土壤质地、生物扰动等因素则显著影响颗粒炭的运移。Singh 等（2015）研究了不同土壤类型下生物炭中碳的运移情况，结果表明生物炭还田（0～10 cm 土层）4～12 个月时红沙土、铁铝土和始成土的残留比分别为 72.3%～82.5%、79.8%～85.1%和 91.4%～96.4%，其中，红沙土和铁铝土中生物炭在 0～12 cm 土层的残留量显著低于还田之时，表明生物炭中碳的运移量受土壤类型和时间的影响。粗糙的土壤质地和大型土壤生物活动形成的连通孔隙将显著促进碳向下运移。

二、土壤有机碳

生物炭还田可有效提高土壤有机碳含量（Dong et al.，2018；Yin et al.，2014）。但是，这种效果并不一定完全源于生物炭所携带的稳定性有机碳。首先，虽然同为稳定性有机碳，但其抗分解能力是不同的，浓缩的芳香性有机碳比无定形芳香性有机碳更稳定（Chen et al.，2016a）。其次，虽然是易分解有机碳，也可能会受到物理或化学保护而在一定时间内稳定存在。例如，过氧化氢氧化法是一种检测自然环境中生物炭氧化性的快速有效的方法（Cross et al.，2013），但生物炭的灰分含量与可被过氧化氢氧化的碳含量显著负相关，说明矿物在生物炭稳定性中也起作用（Han et al.，2020）。还有研究指出，生物炭中的含氧官能团，特别是羧基，是土壤中铁氧化物的吸附位点（Fang et al.，2014），铁氧化物上的羟基可通过与生物炭上的羧基之间的配体交换、多价阳离子桥或阳离子-π 相互作用等结合在一起（Singh et al.，2017）。因此，生物炭对土壤稳定有机碳的贡献应由芳香有机碳和受到土壤矿物保护的易分解有机碳共同组成。异质化的土壤环境将放大上述两方面作用，进一步提高土壤稳定性碳库的复杂程度。

一般而言，土壤有机碳整体上不会因土地利用方式和耕作措施的变化而迅速且显著地改变，一些微小的变化也很难在土壤有机碳背景较高时被及时、准确地检测到（Beare et al.，1997）。然而，土壤有机质是多种有机物质不均匀的混合物，包括新鲜植物凋落物、微生物残体和腐殖质等。根据这些有机混合物在土壤中周转时间的长短和微生物分解利用的难易程度，土壤有机碳库被分为稳定碳库和活性碳库两部分（Hsieh，1996）。与土壤总有机碳相比，活性有机碳具有较短的周转时间（从数日到数月），对土地利用方式或土壤管理措施的响应更为迅速（Laik et al.，2009）。因此，土壤活性有机碳常被用来表征土壤有机碳和其他土壤性能等指标，反映土壤质量因外界条件改变而发生在初期的较为敏感的变化（Duval et al.，2016；Ferreira et al.，2013；Kalambukattu et al.，2013）。

虽然生物炭还田对土壤有机碳的提高具有积极作用，但对有机碳库各组分的影响是不同的。例如，Yin 等（2014）通过为期 112 d 的生物炭培养试验研究发现，土壤总有机碳含量从 6.94 g/kg 显著增加至 10.25 g/kg，而土壤可溶性有机碳（DOC）含量从 193.27 mg/kg 降至 152.95 mg/kg。尽管活性有机碳占总有机碳的比例很小，但它们对土壤碳的转化很重要，而且与土壤生产力密切相关（Blair et al.，1995）。

土壤活性有机碳一直以来就是土壤学中的一项重要内容，科学家们利用物理分组法、化学分组法和微生物学分组法，将活性有机碳主要分为可溶性有机碳（dissolved organic carbon，DOC）、颗粒有机碳（particulate organic carbon，POC）、易氧化有机碳（easily oxidizable organic carbon，EOC）、轻组有机碳（light fraction organic carbon，LFOC）和微生物量碳（microbial biomass carbon，MBC）等组分（Bowles et al.，2014；Xu et al.，2011；Blair et al.，1995）。接下来将围绕生物炭还田后对土壤活性有机碳库各组分的影响展开讨论。

（一）土壤可溶性有机碳

可溶性有机碳（DOC）是指土壤在室温及自然 pH 条件下能溶于水相的，且能通过孔径为 0.45 μm 微孔滤膜的有机碳（张甲绅等，2000）。DOC 虽然只占土壤有机碳库的很小一部分，但由于其流动性和反应性强，在土壤生态系统中承担多重角色。它既是微生物的代谢产物，也是微生物可直接利用的有机碳源（赵荟，2017），直接或间接参与土壤生物化学转化过程，影响土壤养分的有效性（Tian et al.，2013）。同时，DOC 对土壤 pH 的改变、重金属与有机污染物迁移等也发挥着重要作用（Beesley et al.，2010）。

DOC 的含量是由土壤有机碳在分解、吸附、浸出等生物地球化学过程中的输入和输出决定的，对植被、pH、温度、湿度、土壤等环境变化敏感（Bolan et al.，2011），也自然受到生物炭的直接影响。生物炭添加到土壤中，对土壤 DOC 的提升和降低作用均有报道。如 Smebye 等（2016）进行短期培养试验表明，按 10%的比例将生物炭施入酸性土壤 72 h 后，溶解有机碳提高 15 倍，原因可能是生物炭提高土壤 pH，进而促进了可溶性有机碳的释放（Tipping and Woof，1990）。Zhang 等（2017）研究发现，4～8 t/hm^2 生物炭还田 2 年后使土壤可溶性有机碳含量从 84 mg/kg 增加到 144 mg/kg。相反，Eykelbosh 等（2015）进行的短期培养试验表明，5%生物炭处理减少了土壤 DOC 含量，并认为生物炭对土壤 DOC 的吸附可能是主要原因。Yin 等（2014）也观察到生物炭还田 112 d 后土壤 DOC 从 193.27 mg/kg 减少至 152.95 mg/kg。当试验时间较长时（5 年），生物炭对 DOC 的含量和组成没有显著影响（Dong et al.，2019）。上述结果也可能与生物炭对土壤有机碳所产生的正、负激发效应有一定关联（Zimmerman et al.，2011；Cheng et al.，2008）。

生物质原料种类、炭化工艺条件对生物炭与土壤 DOC 之间的互作有显著影响（Speratti et al.，2018；Han et al.，2020）。例如，Zhao 等（2018）通过为期 360 d 的室内培养试验发现，在𡋯土中添加 300℃和 400℃温度下制得的生物炭后，DOC 含量在培养期间均显著高于对照；而添加 500℃和 600℃温度下制得的生物炭时，DOC 含量仅在培养初期的 10 d 内高于对照，在培养结束时则分别低于对照 15.56%和 15.79%。其原因可能至少包括两个方面，一是高温制备的生物炭中可溶性有机碳较少，二是高温制备的生物炭有更丰富的孔隙结构和比表面积，更有利于吸附土壤的可溶性有机碳。

生物炭的吸附能力对可溶性有机碳的影响可能因试验观察的时间尺度而呈现不同趋

势。有学者研究发现，生物炭对土壤 DOC 表现出高度的吸附性，降低了其被水的可提取性（Jin，2010）。而 Jiang 等（Jiang et al.，2019）采用 ^{13}C 稳定同位素技术进行了一项为期 3.5 年的培养试验，发现在土壤和生物炭的混合体系中，土壤 DOC 没有被生物炭吸附，而是转化成了 CO_2。DOC 周转率较高，生物炭对其吸附能力有限，吸附和解吸可能在几周或几个月内达到平衡状态，所以生物炭短期内对 DOC 的快速吸附与在长期上的无影响可能并不矛盾，而是反映了生物炭还田效应的不同阶段。

（二）土壤颗粒有机碳

土壤颗粒有机碳（POC）是指粒径大于 53 μm 的有机碳，是动植物残体向土壤腐殖质转化的活性中间产物，同时也是一类腐殖化程度较低但活性较高的有机碳组分。POC 在土壤环境中的主要作用有：①作为一种易被微生物降解的基质；②水稳性团聚体形成的重要组成部分，对土壤团聚体稳定起直接作用；③植物养分的短期储存库，在有机碳的周转过程中非常重要（Mrabet et al.，2001）。土壤 POC 比土壤总有机碳更易受土地利用和土壤管理措施的影响，也被认为是土壤有机碳周转变化的一个敏感性指标（韩晓日等，2008）。

生物炭在提高土壤 POC 方面的作用是积极且显著的。陆畅等（2018）研究发现，在油菜-玉米轮作体系下秸秆和生物炭还田均能显著提高土壤 POC 含量。代红翠等（2016）通过 3 年的田间定位试验发现，生物炭处理的土壤 POC 含量显著高于秸秆还田处理和对照。生物炭破碎形成的细小颗粒可能是 POC 的重要来源。

（三）土壤易氧化有机碳

Lefroy 等于 1993 年研究发现，在不同浓度的 $KMnO_4$ 溶液对土壤样品进行氧化的过程中，能被 333 mmol/L $KMnO_4$ 氧化的有机碳在种植作物时变化最大，因此将能被 333 mmol/L $KMnO_4$ 氧化的有机碳称为易氧化有机碳。易氧化有机碳（EOC）不仅是衡量耕地管理措施对土壤质量影响的敏感指标，同时也是评价土壤潜在生产力的重要标准（王清奎等，2005），其在土壤中的主要来源为植物根系分泌物、植物凋落物、微生物本身及其代谢产物等（Blair et al.，1995）。

土地利用方式的改变对土壤 EOC 含量的影响非常大，如林地土壤 EOC 形成量高于农田（蓝家程等，2011；Conteh et al.，1997），投入有机物料可显著提升土壤 EOC 含量（Chen et al.，2016b；Yang et al.，2012）。生物炭还田也可以起到类似作用（王月玲等，2017），它虽然是一种高度芳香化、结构稳定的富碳物质，但因其在制备过程中受到制炭条件和工艺的影响，仍有一部分易被氧化的有机碳被保留在生物炭中，因此这部分碳回归到土壤中会对土壤的 EOC 做出直接贡献。此外，生物炭通过改变土壤的物理、化学和生物学等过程，从而间接影响土壤的 EOC 含量。生物炭直接与间接作用对土壤 EOC 的贡献则受土壤环境、作物种类、生物炭自身的性能等因素影响。

（四）土壤轻组有机碳

土壤轻组有机碳（LFOC）和 POC 类似，POC 是根据粒度分组，而 LFOC 则是根据密度分组（Gregorich et al.，2006）。从理论上讲，LFOC 是介于动植物残体与腐殖质类物质之间的一个过渡碳库，并不属于土壤腐殖质，主要由新添加的且未被完全分解的有机物料组成，转化时间一般比较短，因此被认为是土壤中的易分解碳库。因 LFOC 比土壤总有机碳对土地利用方式、耕作、施肥等农业生产措施的响应更敏感，也常被用来作为评价有机质质量的重要指标（Gosling et al.，2013）。

生物炭可以显著提高土壤 LFOC 含量。在南方稻麦轮作区水稻土中，玉米秸秆和生物炭均可以显著提升土壤 LFOC，且生物炭的表现优于玉米秸秆，高温热解的生物炭优于低温热解的生物炭（韩玮等，2016）。在苹果园，生物炭显著提高了 0～40 cm 土层的 LFOC 含量，同时有助于植株生长（李喜凤等，2017）。值得注意的是，生物炭与秸秆等有机物料的不同在于生物炭具有高度稳定的芳香结构，可以在土壤中长期稳定而不被微生物大量分解，因此添加生物炭处理的 LFOC 增量的主要组成部分应为未分解的生物炭。此时，检测到的 LFOC 与传统意义上的 LFOC 可能有所不同，未必属于活性有机碳库的一部分，这需要学术界进一步探讨。用物理上的密度分组法测定的轻组有机碳尽管在一定程度上体现土壤活性有机碳，但在生物炭还田条件下的局限性也很明显。

（五）土壤微生物量碳

土壤微生物量碳（MBC）是指土壤中活的微生物（细菌、真菌、藻类）和微动物体内所含的碳，是土壤有机碳中最活跃和最易变化的部分（万忠梅等，2011）。土壤 MBC 是调节有机碳在不同碳库（即活性碳库和稳定碳库）中转化的关键组分，对于理解微生物与土壤碳库之间的联系至关重要（Chen et al.，2013）。土壤 MBC 被视为“针眼”，是所有进入土壤的有机碳都必须经历的转化步骤（Martens，1995）。

生物炭还田对土壤微生物的影响是显著的，对微生物量碳的提升作用已经得到很多研究证实。Liu 等（2016）的荟萃分析结果表明，生物炭对土壤 MBC 的提升幅度为 18%。微生物量的增加可归因于生物炭中含有一小部分活性有机碳（Lou et al.，2015），这部分碳在土壤中可能在几天到几个月内耗尽或老化（Hale et al.，2012）。此外，生物炭还可以作为微生物生长和保护其免受捕食的适宜栖息地（Pietikäinen et al.，2000）。

（六）土壤有机碳组分结构关系（碳库管理指数）

生物炭与土壤有机碳库各组分之间有复杂的交互作用，难以割裂看待。杨旭等（2019）依托长期定位试验，分析了不同生物炭用量条件下土壤碳库的响应，并进一步计算了土壤碳库管理指数，以综合反映生物炭还田对土壤碳库的影响（图 7-2）。

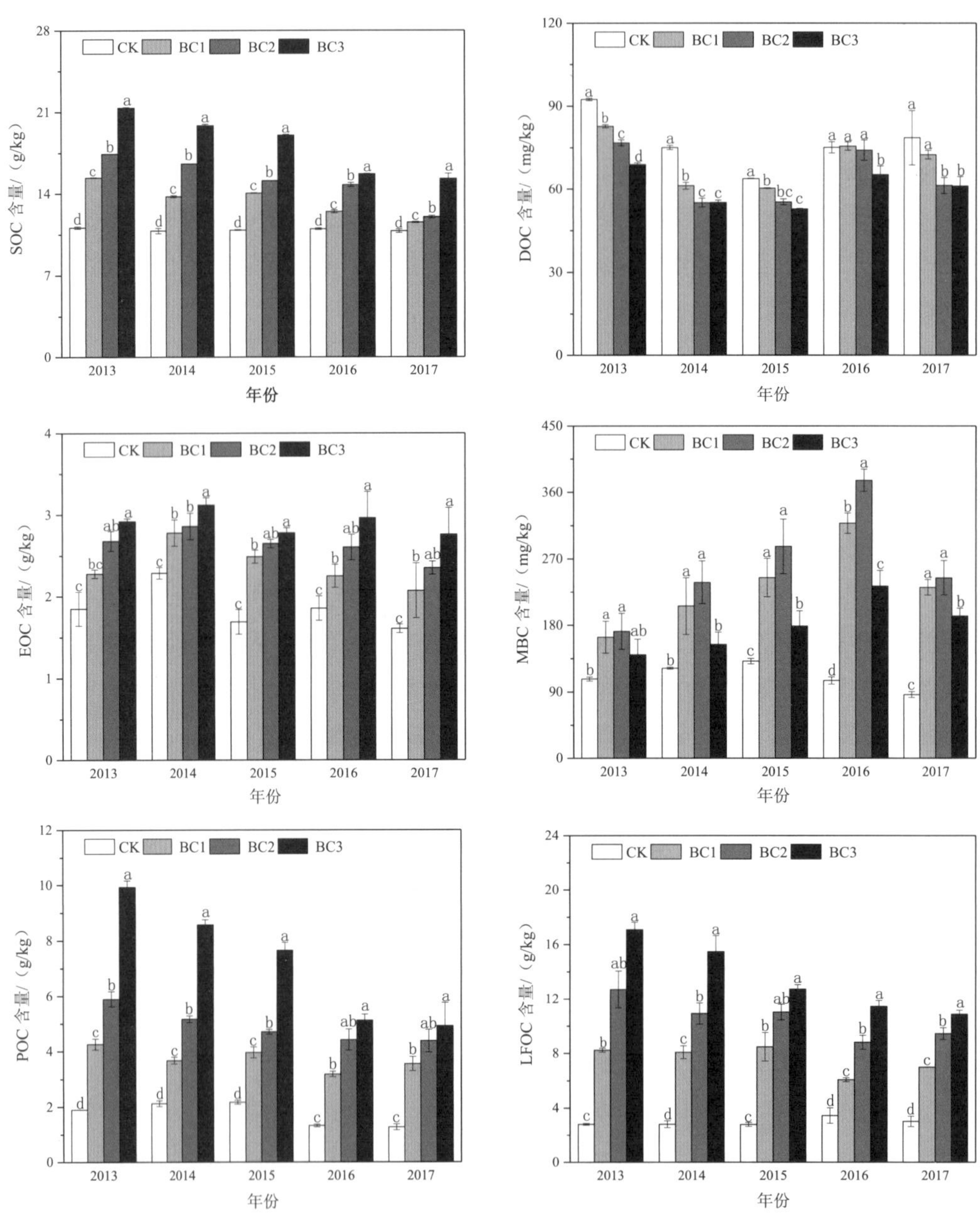

图 7-2 不同施用量生物炭对土壤活性有机碳组分的影响

注：粉壤质耕型棕壤（41°49′N，123°33′E），温带湿润—半湿润季风气候，玉米播种密度 60 000 株/hm^2。

（1）CK，逐年施等量化肥，N 120 kg/hm^2、P_2O_5 60 kg/hm^2、K_2O 60 kg/hm^2；

（2）BC1，化肥投入同 CK，生物炭施用量为 15.75 t/hm^2；

（3）BC2，化肥投入同 CK，生物炭施用量为 31.5 t/hm^2；

（4）BC3，化肥投入同 CK，生物炭施用量为 47.25 t/hm^2。

所有物料在播种前人工撒施，旋耕混匀。

从总体上看，生物炭的施入可以显著提高 SOC 含量，且 SOC 含量随着生物炭用量的增加而显著增加。这与尚杰等（2015）及 Lin 等（2012）的研究结果一致。在其后的 5 年间，SOC 含量逐渐降低，反映了生物炭的分解与迁移，但最终仍显著高于无生物炭的对照，说明生物炭提高 SOC 具有长效性。

细化到各个组分，可以发现生物炭显著地增加了 EOC、MBC、POC 及 LFOC 含量，同时也提高了非活性有机碳（NLC）含量，除 MBC 以外，各组分皆与生物炭施用量成正比。其中，EOC 含量长期显著高于对照，说明不仅是因为生物炭本身含有一部分易氧化有机碳，还因为生物炭的施用使土壤结构得以改善，土壤通气性提高，有利于作物根系的生长，根系生物量和分泌物增多（Abiven et al.，2015），进而提升了土壤 EOC 含量。POC 含量的提高则可能源于耕作、冻融、根系活动导致的生物炭破碎或崩解。LFOC 占 SOC 的比例最高，其碳含量远高于土壤 SOC，高孔隙度低密度的生物炭颗粒应当是直接贡献者。生物炭的添加可以显著提高土壤 MBC 含量，但并不随生物炭用量及 SOC 含量的增加而增加，偏碱性的土壤本底条件（pH 为 7.4）和生物炭大量集中应用可能导致的盐含量上升可能是主要原因。需要说明的是，上述有机碳各组分是根据不同的物理、化学和生物性能划分的，相互之间有交叉或重叠，即性能类似的活性有机碳可以同时存在于上述不同有机碳组分之中。

较为特殊的是 DOC，其含量随生物炭用量的增加而降低，与付琳琳等（2013）的研究结果相似。这可能与生物炭具有较强的吸附能力有关，生物炭施入土壤后对土壤原有机碳分子产生吸附作用，而且这种吸附作用的强度与生物炭施用量成正比，从而导致了土壤 DOC 含量的下降。另外，生物炭中含有大量的 Ca^{2+}（Cao et al.，2010），能够将土壤有机碳分子络合（Römkens et al.，1996），也是土壤溶液中 DOC 含量下降的一个重要原因。需要注意的是，在同期开展的另一项研究中（参见本章“六、秸秆炭化还田与直接还田对土壤碳收支的影响”），生物炭逐年低量还田条件下 DOC 含量却是增加的，表明生物炭的用法和用量也对 DOC 含量有着显著影响。

生物炭还田 5 年的田间试验数据显示，土壤 DOC 和 MBC 含量与 SOC 含量无线性相关关系，而 POC、LFOC 及 EOC 含量均与 SOC 含量显著正相关（图 7-3）。

土壤碳库管理指数（CPMI）涉及土壤有机碳、易氧化有机碳、非活性有机碳含量，是农业用地土壤管理中最常用的指标之一（杨旭等，2015；Xu et al.；2011；Blair et al.，2006），有助于揭示有机碳对土壤管理方式变化的响应，并为描述土壤肥力提供有机碳数量和质量的综合衡量标准（Xu et al.，2011）。生物炭还田 5 年中，显著提高了玉米田的 CPMI，表明生物炭处理的土壤具有较高的养分供应能力（表 7-1）。正如用于计算 CPMI 的公式所反映的那样，CPMI 越高意味着土壤中 SOC 和 EOC 含量越高，有机质中的养分存量也就越大。此外，土壤 EOC 含量越高，有机质分解速率和养分循环速率越高，从而促进了有机养分向无机形态的转化，有利于促进植物生长。

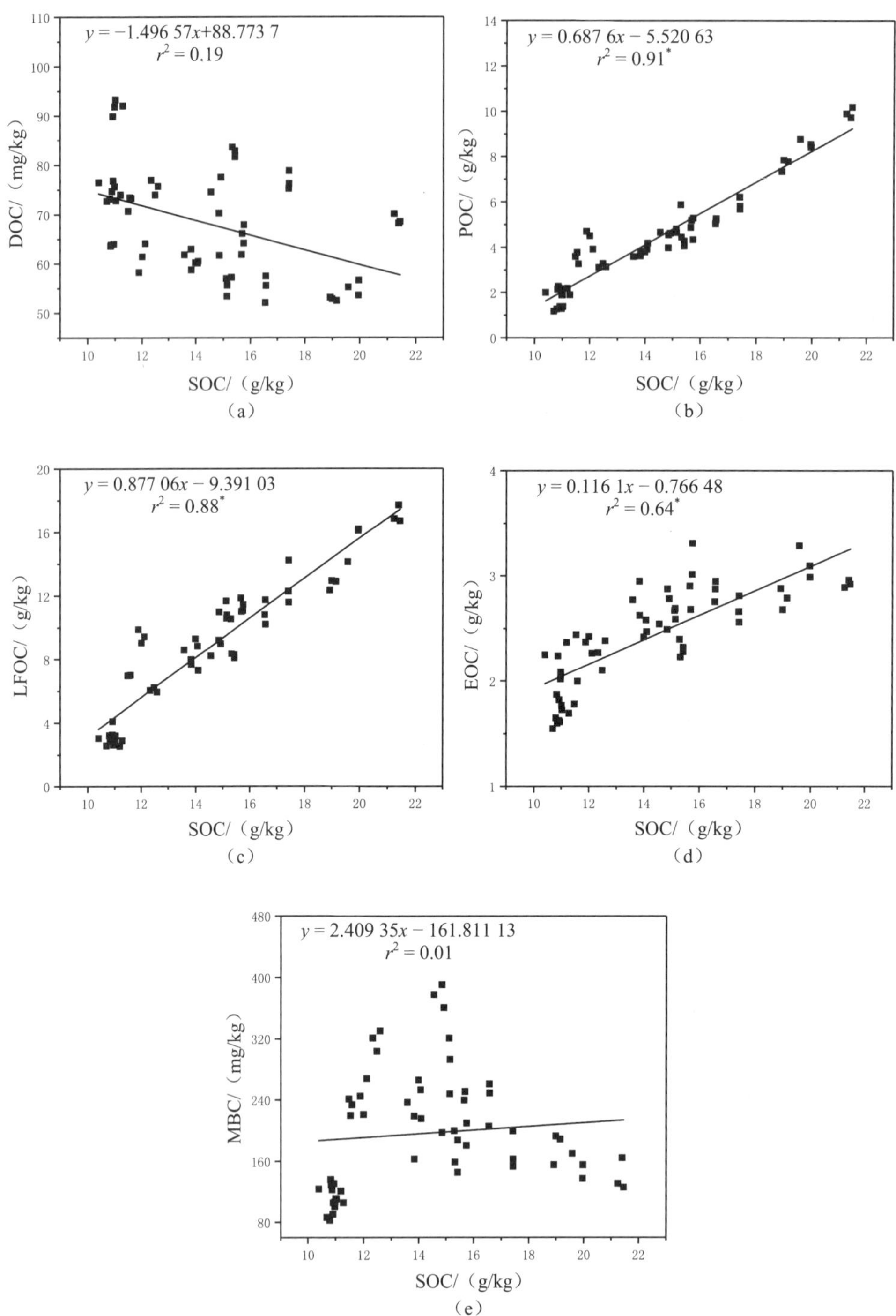

图 7-3 不同活性有机碳组分与 SOC 之间的关系

注：* 表示 $P<0.05$。

表 7-1 不同添加量生物炭对土壤碳库管理指数（CPMI）的影响

年份	处理	NLC/（g/kg）	L	LI	CPI	CPMI
2013	CK	9.24±0.21d	0.20±0.03a	1.00±0.08a	1.00±0.00d	100.00±7.86c
	BC1	12.73±0.38c	0.18±0.01ab	0.89±0.02ab	1.39±0.00c	124.22±3.42b
	BC2	14.48±0.05b	0.18±0.01ab	0.92±0.03ab	1.57±0.00b	144.82±4.05a
	BC3	18.44±0.04a	0.16±0.00b	0.79±0.01b	1.93±0.01a	152.74±1.23a
2014	CK	8.53±0.07d	0.27±0.01a	1.00±0.02a	1.01±0.00d	100.00±2.30b
	BC1	10.97±0.16c	0.25±0.02a	0.95±0.04a	1.30±0.00c	122.94±5.19a
	BC2	13.71±0.10b	0.21±0.01b	0.78±0.02b	1.40±0.00b	108.79±2.57b
	BC3	16.72±0.15a	0.19±0.01b	0.70±0.02b	1.76±0.01a	122.66±4.11a
2015	CK	9.19±0.15c	0.18±0.02b	1.00±0.06b	1.00±0.00d	100.00±6.27c
	BC1	11.56±0.08b	0.22±0.01a	1.17±0.03a	1.29±0.00c	150.44±3.48b
	BC2	12.48±0.05b	0.21±0.01a	1.15±0.02a	1.39±0.00b	159.78±2.23b
	BC3	14.99±1.08a	0.19±0.01b	1.01±0.05b	1.75±0.01a	176.49±8.20a
2016	CK	9.12±0.15d	0.20±0.02a	1.00±0.10a	1.00±0.00d	100.00±9.72c
	BC1	10.22±0.14c	0.22±0.02a	1.08±0.08a	1.15±0.01c	124.66±9.51bc
	BC2	12.17±0.16b	0.21±0.02a	1.05±0.08a	1.35±0.02b	142.10±10.40ab
	BC3	12.74±0.32a	0.23±0.03a	1.17±0.16a	1.43±0.00a	166.76±22.26a
2017	CK	9.19±0.05c	0.17±0.01b	1.00±0.04b	1.00±0.00d	100.00±3.89c
	BC1	9.47±0.34bc	0.22±0.04ab	1.26±0.25ab	1.07±0.02c	134.63±26.9bc
	BC2	9.65±0.08b	0.24±0.01a	1.39±0.06a	1.11±0.00b	154.82±6.55ab
	BC3	12.54±0.32a	0.22±0.03ab	1.26±0.18ab	1.42±0.03a	179.27±25.23a
5 年平均值	CK	9.06±0.05d	0.21±0.01a	1.00±0.03a	1.00±0.00d	100.00±3.36d
	BC1	10.99±0.20c	0.22±0.02a	1.07±0.09a	1.24±0.01c	131.38±10.01c
	BC2	12.50±0.03b	0.21±0.00a	1.06±0.00a	1.36±0.00b	142.06±0.15b
	BC3	15.08±0.16a	0.20±0.01a	0.99±0.05a	1.66±0.01a	159.58±6.78a

注：在同一年份不同处理之间的差异性用小写字母表示（$P<0.05$）；L—碳库活度；LI—碳库活度指数；CPI—碳库指数。

秸秆炭化还田不但提高了 SOC 及 EOC 含量，同时也提高了 NLC 含量，且 NLC 随着生物炭用量的增加而显著增加。这表明，生物炭的施入不但能够提高土壤有机质的数量和质量，同时还兼顾了土壤稳定态有机碳含量的提升，生物炭既提高了土壤质量，又能在一定程度上增加土壤固碳。

三、生物炭与土壤腐殖质

土壤有机质从化学上可分为腐殖质和非腐殖质，二者占有机质 90%以上（钟桐生，2009）。其中，腐殖质（Humic Substance，HS）是经土壤微生物作用后，由多酚和多醌类物质聚合而成的含芳香环结构的、黑色至棕黑色的非晶型高分子有机化合物，是土壤有机质的主体，占土壤总碳量的60%～70%（Griffith et al.，1975），对土壤结构性和生物学活性的正常发挥起决定作用，具有重要的肥力和环境调节功能（窦森等，2006）。HS 按溶解性可分为胡敏酸（Humic Acid，HA）、富里酸（Fulvic Acid，FA）和胡敏素（Humin，HU）3 个组分。其中，HA 不溶于酸，只溶于碱，FA 既溶于酸也溶于碱，而 HU 最为稳定，既不溶于酸也不溶于碱。植物残体是土壤有机质的主要初始来源，在土壤微生物的作用下腐解转化为 HS 而稳定存在，HS 的结构特征则受到腐殖化过程的调控。

生物炭还田会促进土壤腐殖质的形成，有助于碳水化合物、芳香烃等难以被微生物利用的有机大分子的形成（花莉等，2012），从数量和组成两个方面对 HS 产生影响（Orlova et al.，2019；孟凡荣等，2016）。

首先，生物炭自身携带的和在表面氧化过程中新形成的物质将直接影响土壤 HS。不仅在新鲜的生物炭（木材和稻壳炭）的水提取液中可以检测到类似 FA 和 HA 的物质，在陈化生物炭（2 年的生物氧化）表面也可观察到粗糙度和含氧官能团（尤其是羧基）含量的增加，表明生物炭可能发生二次氧化，使其转化为类似 HS 的物质，从而增加可提取 FA 和 HA 含量（Rechberger et al.，2017）。但是，生物炭形成的 HS 与天然土壤中的 HS 有所不同。例如，Jin 等（2017）从人工氧化的玉米秸秆生物炭和猪粪生物炭中成功提取了大量 HA，在运用核磁共振、元素分析、X 射线光电子能谱等技术手段进行分析时发现，从氧化生物炭中提取的 HA 具有较低的 H/C 比值和更为丰富的芳香碳，与天然土壤中的 HA 存在明显差异。因此，生物炭还田时，这些来自生物炭的 HS 类似物会提高土壤 HS 含量，但在组成和结构上可能有所变化。

其次，生物炭的吸附性及保护作用影响土壤 HS 的构成。生物炭主要通过土壤孔隙和团聚体两方面影响土壤物理性能，而孔隙填充被认为是有机碳在土壤中的一个重要保护机制（McCarthy et al.，2008）。孔隙度的增加将提高土壤的吸附能力，可使更多有机碳被吸附和包裹在土壤中，进而提高其稳定性及在土壤有机碳组分中的相对含量。Xiao 等（2012）研究了生物炭对 4 种分子大小不同的有机酸的吸附情况，发现生物炭对分子最小的有机酸吸附能力最强。Lian 等（2015）进一步证实，生物炭可以强烈吸附 HS，尤其是小分子组分，生物炭可将其固持在发达的孔隙网络内而不被降解，土壤中的 HS 也因此会得到更多积累。

炭化温度是影响生物炭与土壤 HS 关系的重要因素。Wang 等（2013）和 Zhao 等（2018）研究证实，低温制备的生物炭倾向于增加 HA 含量，高温制备的生物炭对 HA 含量的影响不大或负变化。而白小艳等（2019）的试验结果显示，HA 和 FA 的含量因生物炭的施入没有提高，反而还有一定程度的下降，说明这些原本容易提取的组分可能被生物炭吸附固定，也可能转化为了更为稳定的 HU。

土壤团聚体的形成和稳定也是土壤固碳的关键过程（Six et al.，2002）。生物炭还田可以提高土壤团聚体的数量和稳定性（Pituello et al.，2018；Ma et al.，2016），生物炭和

HS 构成的复合体则包裹在团聚体中，通过物理保护而免受微生物分解。HS 作为一种抗化学分解的土壤有机碳组分，是参与土壤团聚体形成和稳定的持久性胶结剂（Bronick et al.，2005），生物炭中的 HS 类似物又会参与到腐殖化过程中（Zhao et al.，2018），进一步巩固了团聚体的数量和稳定性。

四、微生物对碳周转的影响

微生物（特别是真菌）参与土壤腐殖化过程的关键阶段（如有机残留物的降解、聚合及缩聚），是促进腐殖质形成进而扩充土壤有机碳库的重要因素。另外，微生物活动导致的温室气体（CH_4、CO_2）排放也是土壤碳损失的重要途径。细菌和真菌在有机碳的固定和分解中起着不同的作用。其中，真菌具有广泛的 pH 耐受性（Thies et al.，2009），在极端 pH 条件下占主导地位。因为真菌在消耗单位底物过程中可形成更多的微生物量碳，所以在真菌占主导地位的群落中有机碳的周转可能较慢，并且与细菌相比，释放的 CO_2 也更少（Six et al.，2006）。大多数细菌适合在中性 pH 下生存，其丰度随着酸性土壤 pH 的提高而增加，直到 pH 达 7 左右。可见，细菌与真菌的总体比率（B/F）对土壤中碳的损失率有重要影响，土壤 pH 发挥着重要的调节作用。

生物炭可通过改变土壤 pH 间接影响微生物的数量和群落组成，进而调节土壤有机碳的周转速率和程度（Kimetu et al.，2010）。在施用生物炭条件下，B/F 值的变化程度取决于试验前的土壤 pH，以及 pH 变化的方向和大小（Mitchell et al.，2015；Gomez et al.，2014）。此外，生物炭自身含有微生物生长繁殖所需的碳源和其他营养元素，丰富的孔隙结构则为微生物提供了良好的栖息地，使得生物炭可直接提高微生物活性和丰度（Huang et al.，2019）。

不同的微生物群落通常具有不同的生物地球化学功能。例如，革兰氏阴性菌（G^-）通常作为硝化剂、甲烷氧化剂或硫氧化剂，而革兰氏阳性菌（G^+）通常负责土壤有机碳和凋落物分解（Schimel et al.，2007）。如果生物炭改变了 G^- 与 G^+ 的比例，它将改变土壤有机碳周转、甲烷排放以及氮和硫循环。随着稳定同位素示踪与分子生物学技术（如 DNA/RNA/PLFA-SIP、高通量测序等）被逐步引入土壤学研究领域（Lian et al.，2017），其耦联分析方法为深入探究微生物在土壤有机质更新、稳定中的作用提供了重要的技术手段，为研究这个微生物代谢“黑箱”提供了一条有效的途径（Lu et al.，2014；潘根兴等，2019）。

五、生物炭对土壤碳排放的影响

农田土壤排放的温室气体主要包括 CO_2、CH_4 和 N_2O 等类型，均受到生物炭还田的显著影响。本章聚焦于碳的归趋，因此，即使在温室效应核算时 N_2O 可折算为 CO_2 当量，但本节仍以 CO_2 和 CH_4 为主展开讨论，N_2O 排放将与土壤氮素营养合并介绍。此外，生物炭中含有的矿物碳酸盐等无机碳也会导致 CO_2 排放，但数量很少且主要发生在生物炭还田后相对较短的时间内，在此略过。

（一）生物炭对土壤 CO_2 排放的影响

土壤产生 CO_2 的过程也就是土壤进行呼吸作用的过程，包括土壤微生物呼吸、植物根系呼吸和土壤动物呼吸三个方面。研究表明，在生物炭添加到土壤的初期可提高土壤呼吸速率，在随后的几周内甚至数年内会将逐渐下降（Cross et al.，2011；Steinbeiss et al.，2009）。

生物炭施入土壤后对土壤原有有机碳矿化的影响被称作生物炭的激发效应，若生物炭促进了其矿化，则认为产生了正激发效应，反之则为负激发效应。目前的研究对于生物炭的正负激发效应均有报道（Chintala et al.，2014），主要取决于生物炭的类型和用量（Sagrilo et al.，2015；Zimmerman et al.，2011）。Wang 等（2016）通过对 24 项利用碳同位素技术研究生物炭对土壤有机碳影响的研究进行荟萃分析发现，生物炭对土壤有机碳矿化的影响以负激发效应为主。Sagrilo 等（2015）通过对 46 项相关研究进行总结归纳，发现当添加生物炭的碳含量与土壤有机碳含量的比值大于 2 时，土壤 CO_2 排放显著提高；若比值小于 2 时，生物炭对土壤 CO_2 排放无显著影响。

虽然生物炭结构稳定，在土壤中不易被分解，但是其仍然通过生物学和化学反应被部分矿化（Luo et al.，2011；Kuzyakov et al.，2009），这为研究生物炭对土壤呼吸的影响带来一定难度。更重要的是，目前的研究主要以室内培养试验为主，然而在实际的农业生产中，土壤碳库的构成往往是多元的，除了生物炭和土壤有机质，还包括植物根系分泌物、其他外源有机物等。因此，在未来的研究中，需要多学科多领域的科研工作者联手攻关，逐步探明生物炭对多元碳库体系的影响及相关机制，为生物炭在生态环境中发挥的固碳作用做出客观、准确的评价。

（二）生物炭对土壤 CH_4 排放的影响

CH_4 在大气中的浓度远小于 CO_2，但是其所产生的温室效应不容忽视。在土壤中，CH_4 的净排放量是产甲烷菌产出的甲烷量与甲烷氧化菌氧化的甲烷量平衡后的结果（Feng et al.，2012）。通常情况下，在有氧和排水良好的条件下，土壤是 CH_4 的净汇，例如，旱田；较高的温度、存在一定量的活性有机碳、厌氧等条件有利于增加 CH_4 排放量（Brassard et al.，2016；Lehmann et al.，2009）。目前，农业领域产生的 CH_4 排放量占全球人为 CH_4 排放量的一半，主要源于水稻生产（Brevik，2012）。

生物炭添加到土壤后对 CH_4 排放的促进作用和抑制作用均有报道。例如，Feng 等

（2012）发现，与对照组相比，施用 300℃和 500℃玉米秸秆慢速热解产生的生物炭显著降低了稻田 CH_4 累积排放量；Khan 等（2013）通过水稻种植试验发现生物炭添加量分别为 5%和 10%时，土壤对 CH_4 表现出净吸收。这主要是由于生物炭的施入降低了土壤容重，改善了土壤的通气状况，提高了甲烷氧化菌的活性。然而，Zhang 等（2010）发现低生物炭用量和高生物炭用量处理的 CH_4 排放量分别比对照组提高了 31%和 49%，这可能是由于生物炭为产甲烷菌提供了底物（Zhang et al.，2013），或者由于生物炭自身的性能抑制了甲烷氧化菌的活性（Spokas et al.，2009）。还有学者认为，不同的土壤水分含量和微生物群落结构影响着生物炭在土壤 CH_4 排放中所发挥的作用（Yu et al.，2013）。在未来的研究中，生物炭所提供的活性有机碳在潮湿或淹水条件下对产甲烷菌的影响有待于进一步证实，生物炭与甲烷氧化菌之间的相互作用也值得深入探讨。

六、秸秆炭化还田与直接还田对土壤碳收支的影响

土壤含碳量取决于土壤中有机质的输入和分解速率，作物秸秆的管理方式也影响着土壤的碳固存率。与秸秆移出相比，秸秆还田可增加 SOC（Laird et al.，2013；Tan et al.，2012；Mann et al.，2002；Paul et al.，1997），过度清除作物秸秆将加剧土壤侵蚀，降低土壤质量，并减少有机碳含量（Khanal et al.，2014）。

秸秆直接还田和秸秆炭化还田都可为土壤提供碳的输入，但因为碳元素在秸秆和生物炭中的存在形式有显著差异，所以对土壤有机碳库的影响也是不同的。杨旭（2019）基于长期定位试验，以等量秸秆为基础，对直接还田（碳 3.2 t/hm^2）与炭化还田（得炭率 35%，碳 1.7 t/hm^2）两种还田方式对土壤有机碳的差异化影响进行了系统观察。

在为期 5 年的观察中，秸秆直接还田和炭化还田均显著提高了土壤有机碳（SOC）含量及土壤可溶性有机碳（DOC）、易氧化有机碳（EOC）、颗粒有机碳（POC）、轻组有机碳（LFOC）和微生物量碳（MBC）等活性有机碳组分含量，同时也提高了各活性有机碳组分占 SOC 的比例（图 7-4）。总体上，在以等量秸秆为评价基础且只考虑土壤有机碳含量的情况下，秸秆直接还田的效果优于秸秆炭化还田，后者在 LFOC 及 LFOC/SOC 上显著高于前者。

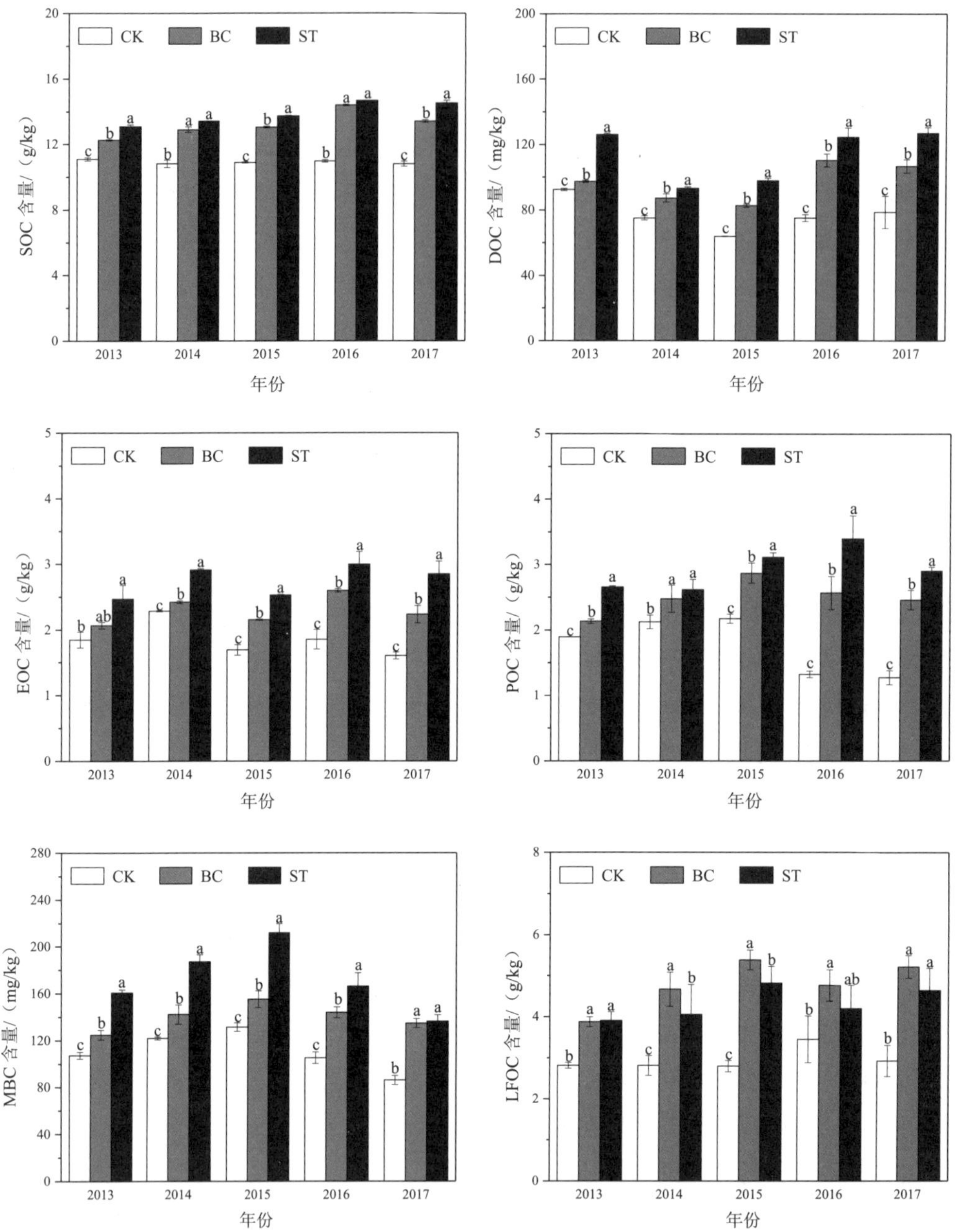

图 7-4 秸秆不同还田方式对土壤活性有机碳组分的影响

注：粉壤质耕型棕壤（41°49′N，123°33′E），温带湿润—半湿润季风气候，玉米播种密度 60 000 株/hm^2。

（1）CK，单施化肥，N 120 kg/hm^2、P_2O_5 60 kg/hm^2、K_2O 60 kg/hm^2；

（2）BC，秸秆炭化还田，化肥投入同 CK，玉米秸秆生物炭还田，还田量为 2.63 t/hm^2（按 ST 秸秆用量和 35%得炭率计算）；

（3）ST，秸秆直接还田，化肥投入同 CK，秸秆还田量为 7.5 t/hm^2。

所有物料在播种前人工撒施，旋耕混匀。

在提升土壤碳储量方面，秸秆直接还田与炭化还田可以实现比较接近的效果（表 7-2）。但是，考虑到秸秆炭化过程中的碳损失，如果以实际输入土壤的碳的数量为横向比较的基准，则生物炭还田对土壤碳库的提升作用更显著。

表 7-2 秸秆不同还田方式下各土层的碳储量

处理	土层/cm	容重/（g/cm^3）	SOC/（g/kg）	土壤碳储量/（t/hm^2）
CK	0～20	1.31	10.80	28.30
	20～40	1.45	9.15	26.54
	40～60	1.56	3.97	12.39
BC	0～20	1.25	13.42	33.55
	20～40	1.41	10.55	29.75
	40～60	1.49	3.78	11.26
ST	0～20	1.23	14.53	35.74
	20～40	1.40	10.45	29.26
	40～60	1.43	4.01	11.47

注：粉壤质耕型棕壤（41°49′N，123°33′E），温带湿润—半湿润季风气候，玉米播种密度 60 000 株/hm^2。

（1）CK，单施化肥，N 120 kg/hm^2、P_2O_5 60 kg/hm^2、K_2O 60 kg/hm^2；

（2）BC，秸秆炭化还田，化肥投入同 CK，玉米秸秆生物炭还田，还田量为 2.63 t/hm^2（按 ST 秸秆用量和 35%得炭率计算）；

（3）ST，秸秆直接还田，化肥投入同 CK，秸秆还田量为 7.5 t/hm^2。

所有物料在播种前人工撒施，旋耕混匀。

在农田生态系统碳的收支方面，秸秆直接还田与炭化还田均显著提高了土壤 CO_2 排放量，增加了土壤对 CH_4 的吸收量，降低了土壤中 N_2O 排放量。相对于秸秆直接还田，炭化还田条件下土壤中排放的 CO_2 和 N_2O 更少，但吸收的 CH_4 也更少（图 7-5）。本试验中，碳收入由施入的有机物料和作物的生物量碳两部分组成。秸秆直接还田处理 5 年累计的碳收入量比施用生物炭处理的碳收入量高出 8.6%，但秸秆直接还田处理的总碳损失量比生物炭处理增加了 70.2%，这使得施用生物炭的处理获得了最大的净碳收入，因为它与对照相比增加了碳输入，与秸秆直接还田相比减少了碳排放。总体上，两种秸秆还田方式均显著减少了温室气体排放，提升了净碳固持量。无论是固碳还是减排，秸秆炭化还田技术都具有明显的比较优势（表 7-3）。

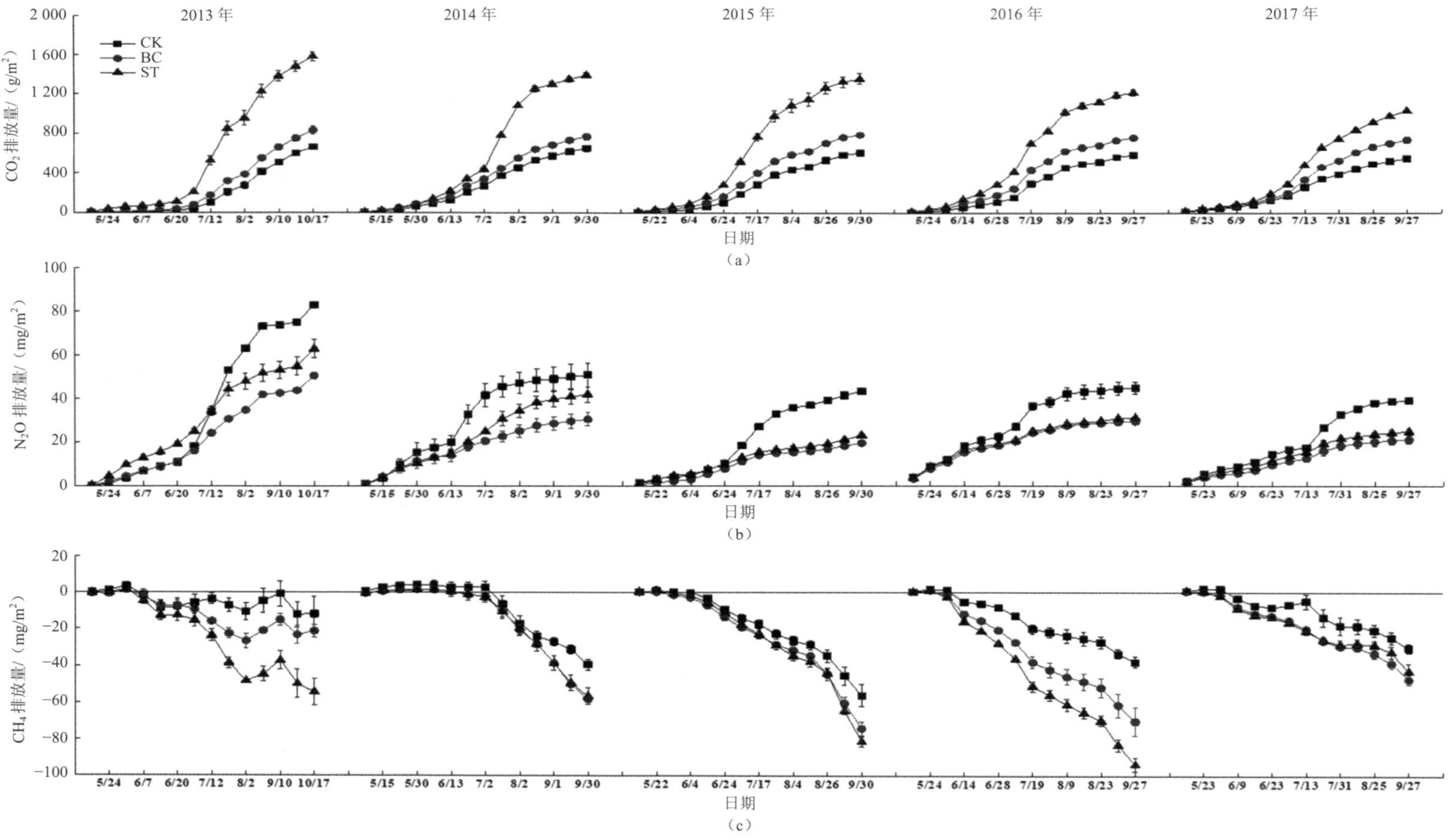

图 7-5 不同年季间土壤 CO_2、N_2O 和 CH_4 气体排放量

表 7-3　秸秆不同还田方式对玉米农田生态系统碳收支的影响　　单位：t/hm^2

处理	碳收入		碳损失		净碳固持量
	外源添加碳	生物量碳	CH_4-C	CO_2-C	
CK	0.00±0.00	51.71±0.15	0.00±0.00	8.29±1.09	43.42±0.19c
BC	8.68±0.00	54.37±0.63	0.00±0.00	10.56±0.92	52.49±0.21a
ST	16.10±0.00	52.37±0.37	0.00±0.00	17.97±1.40	50.50±0.17b

注：此表显示的数据为各处理相应指标在 5 年内的总和，不同处理之间的差异性用小写字母表示（$P<0.05$）。

七、小结

生物炭与土壤有机碳之间的交互作用涉及固碳减排与耕地质量两个重要方面（图 7-6）。其中，生物炭技术已经写入《IPCC 2006 年国家温室气体清单指南》（2019 年修订版），在能源卷和农林卷分别新增了生物炭生产过程温室气体逃逸排放核算方法和排放因子、生物炭添加到草地和农田矿质土壤有机碳储量年变化量的核算方法，为秸秆炭化还田技术参与碳交易打开了一扇门。有计算表明，如果用世界上 2.5%的耕地所产出的废弃生物质来制备生物炭，并将其施入土壤中，到 2050 年大气中的二氧化碳浓度就会减少到 1752 年以前的水平（Jacquot，2008）。根据 Lehmann 等（2006）的研究，在全球范围内，如果刀耕火种的农业被刀耕“炭”种取代，每年可抵消多达 12%因人为土地利用方式变化增加的二氧化碳排放量。

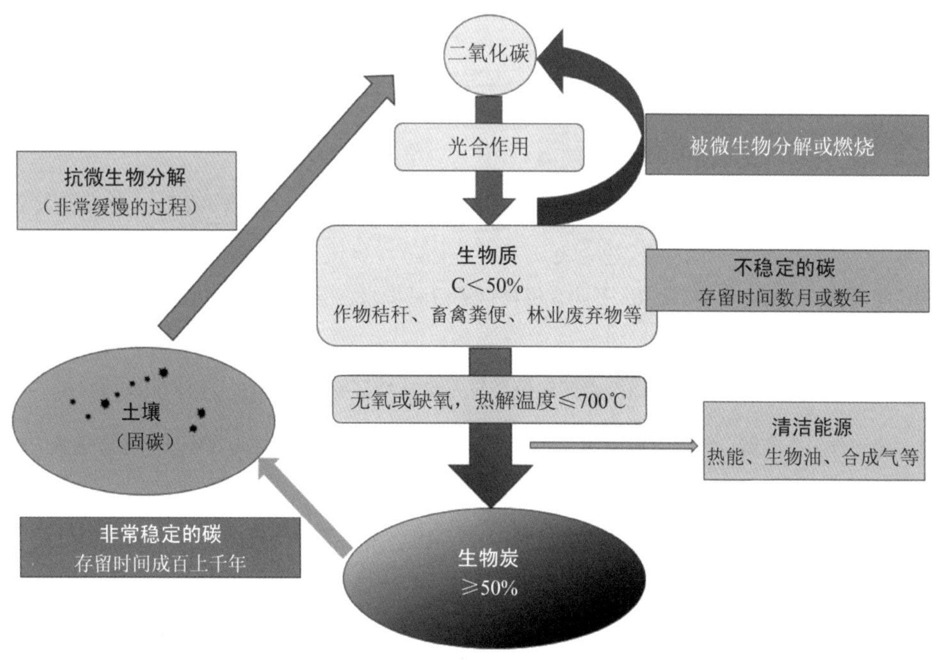

图 7-6　生物炭的固碳过程

提高土壤有机碳含量是秸秆炭化还田技术的理论基础之一，也是重要目标之一。根据《2019 年全国耕地质量等级情况公报》（农业农村部公报〔2020〕1 号），我国现有 1～3 等的耕地 6.32 亿亩[①]，占耕地总面积的 31.24%，4～6 等的耕地 9.47 亿亩，占耕地总面积的 46.81%；7～10 等的耕地 4.44 亿亩，占耕地总面积的 21.95%。这 7～10 等耕地基础地力相对较差，生产障碍因素突出，短时间内较难得到根本改善，应持续开展农田基础设施建设和耕地内在质量建设。“生物炭改良土壤”已经写入农业可持续发展规划，秸秆炭化还田在耕地质量提升、土壤培肥等领域的广阔应用空间亟待开发。

诸多研究都表明，生物炭输入对土壤有机碳的数量、组成和周转具有深远影响，秸秆炭化还田的长期效应需要时间来证明。短期内亟须开展以下工作。

（1）生物炭的稳定态有机碳一部分是由与土壤矿物相关联的有机碳组分组成，而生物炭与土壤矿物的互作机制目前尚不明确，相关研究有待突破；

（2）鲜有研究报道关于生物炭对不同土壤有机碳库的激发效应，如激发效应发生在土壤活性有机碳库还是惰性有机碳库，考虑到有机碳的高度异质性，很有必要将生物炭碳和土壤不同有机碳库碳进行区分；

（3）不同微生物群落具有不同的生物化学功能，未来的研究中应探明何种土壤微生物受生物炭的影响最大，这对提高土壤固碳具有重要意义；

（4）生物炭的添加可能会对腐殖质的结构和组成产生影响。然而，其影响机制尚不明晰，有必要重点研究生物炭能否经微生物转化为腐殖质类物质，转化效率如何，以及土壤腐殖化过程对因生物炭引发的微环境变化的响应，进而深化对生物炭在土壤腐殖化过程中作用的认识。

参考文献

白小艳，窦森. 2019. 施玉米秸秆生物质炭对土壤腐殖质组成和结构特征的影响[J]. 吉林农业大学学报，41（3）：330-335.

代红翠，陈源泉，赵影星，等. 2016. 不同有机物料还田对华北农田土壤固碳的影响及原因分析[J]. 农业工程学报，32（Z2）：103-110.

窦森，肖彦春，张晋京. 2006. 土壤胡敏素各组分数量及结构特征初步研究[J]. 土壤学报，43（6）：934-940.

付琳琳，蔺海红，李恋卿，等. 2013. 生物质炭对稻田土壤有机碳组分的持效影响[J]. 土壤通报，44（6）：1379-1384.

韩玮，申双和，谢祖彬，等. 2016. 生物炭及秸秆对水稻土各密度组分有机碳及微生物的影响[J]. 生态学报，36（18）：5838-5846.

韩晓日，王玲莉，杨劲峰，等. 2008. 长期施肥对土壤颗粒有机碳和酶活性的影响[J]. 土壤通报，39（2）：

① 1 亩=666.67 m^2。

266-269.

花莉，金素素，洛晶晶. 2012. 生物质炭输入对土壤微域特征及土壤腐殖质的作用效应研究[J]. 生态环境学报，21（11）：1795-1799.

蓝家程，傅瓦利，袁波，等. 2011. 岩溶山区土地利用方式对土壤活性有机碳及其分布的影响[J].中国岩溶，30（2）：175-180.

李喜凤，杨小妮，罗艳君，等. 2017. 生物炭及有机肥对苹果园土壤有机碳组分及果树生长的影响[J]. 西北农业学报，26（4）：617-624.

陆畅，徐畅，黄容，等. 2018. 秸秆和生物炭对油菜-玉米轮作下紫色土有机碳及碳库管理指数的影响[J]. 草业科学，35（3）：482-490.

孟凡荣，窦森，尹显宝，等. 2016. 施用玉米秸秆生物质炭对黑土腐殖质组成和胡敏酸结构特征的影响[J]. 农业环境科学学报，35（1）：122-128.

潘根兴，丁元君，陈硕桐，等. 2019. 从土壤腐殖质分组到分子有机质组学认识土壤有机质本质[J]. 地球科学进展，34（5）：451-470.

尚杰，耿增超，陈心想，等. 2015. 施用生物炭对旱作农田土壤有机碳、氮及其组分的影响[J]. 农业环境科学学报，34（3）：509-517.

万忠梅，郭岳，郭跃东. 2011. 土地利用对湿地土壤活性有机碳的影响研究进展[J]. 生态环境学报，20（3）：567-570.

汪景宽，徐英德，丁凡，等. 2019. 植物残体向土壤有机质转化过程及其稳定机制的研究进展[J]. 土壤学报，56（3）：528-540.

王清奎，汪思龙，冯宗炜，等. 2005. 土壤活性有机质及其与土壤质量的关系[J]. 生态学报，25（3）：513-519.

王月玲，周凤，张帆，等. 2017. 施用生物炭对土壤呼吸以及土壤有机碳组分的影响[J]. 环境科学学报，30（6）：920-928.

杨旭，兰宇，孟军，等. 2015. 秸秆不同还田方式对旱地棕壤 CO_2 排放和土壤碳库管理指数的影响[J]. 生态学杂志，（3）：805-809.

杨旭. 2019. 玉米秸秆生物炭对棕壤碳库活度与碳收支的影响[D]. 沈阳：沈阳农业大学.

张甲绅，陶澍，曹军. 2000. 土壤中水溶性有机碳测定中的样品保存与前处理方法[J]. 土壤通报，31（4）：174-176.

赵荟. 2017. 土壤碳组分及其环境意义概述[J]. 林业建设，（2）：43-47.

钟桐生. 2009. 土壤腐殖酸性质及其化学传感器的研究[D]. 长沙：湖南大学.

Abiven S，Hund A，Martinsen V，et al. 2015. Biochar amendment increases maize root surface areas and branching：a shovelomics study in Zambia[J]. Plant and Soil，395（1）：45-55.

Al-Wabel M I，Al-Omran A，El-Naggar A H，et al. 2013. Pyrolysis temperature induced changes in characteristics and chemical composition of biochar produced from conocarpus wastes[J]. Bioresource Technology，131：374-379.

Bamminger C，Marschner B，Jüschke E. 2014. An incubation study on the stability and biological effects of pyrogenic and hydrothermal biochar in two soils[J]. European Journal of Soil Science，65（1）：72-82.

Beare M H，Hus S，Coleman D C，et al. 1997. Influences of mycelial fungi on soil aggregation and organic matter storage in conventional and no-tillage soils[J]. Applied Soil Ecology，5（3）：211-219.

Beesley L，Moreno-Jiménez E，Gomez-Eyles J L. 2010. Effects of biochar and greenwaste compost amendments on mobility，bioavailability and toxicity of inorganic and organic contaminants in a multi-element polluted soil[J]. Environmental Pollution，158（6）：2282-2287.

Blair G J，Lefroy R D B，Lisle L. 1995. Soil carbon fractions based on their degree of oxidation and the development of a carbon management index for agricultural systems[J]. Australian Journal of Agricultural Research，46（7）：1459-1466.

Blair N，Faulkner R D，Till A R，et al. 2006. Long-term management impactions on soil C∶N and physical fertility. Part I：Broadbalk experiment[J]. Soil & Tillage Research，91（1-2）：30-38.

Bolan N S，Adriano D C，Kunhikrishnan A，et al. 2011. Dissolved organic matter[J]. Advances in Agronomy，110：1-75.

Bowles T M，Acosta-Martínez V，Calderón F，et al. 2014. Soil enzyme activities microbial communities，and carbon and nitrogen availability in organic agroecosystems across an intensively-managed agricultural landscape[J]. Soil Biology and Biochemistry，6868：252-262.

Brassard P，Godbout S，Raghavan V. 2016. Soil biochar amendment as a climate change mitigation tool：key parameters and mechanisms involved[J]. Journal of Environmental Management，181：484-497.

Brevik E C. 2012. Soils and climate change：gas fluxes and soil processes[J]. Soil Horizons，53（4）：12-23.

Bronick C J，Lal R. 2005. Soil structure and management：a review[J]. Geoderma，124（1-2）：3-22.

Cao X，Harris W. 2010. Properties of dairy-manure-derived biochar pertinent to its potential use in remediation[J]. Bioresource Technology，101（14）：5222-5228.

Chen D，Yu X，Song C，et al. 2016a. Effect of pyrolysis temperature on the chemical oxidation stability of bamboo biochar[J]. Bioresource Technology，218：1303-1306.

Chen C R，Phillips I R，Condron L M，et al. 2013. Impacts of greenwaste biochar on ammonia volatilisation from bauxite processing residue sand[J]. Plant and Soil，367（1-2）：301-312.

Chen S，Xu C M，Yan J X，et al. 2016b. The influence of the type of crop residue on soil organic carbon fractions：An 11-year field study of rice-based cropping systems in southeast China[J]. Agriculture Ecosystems & Environment，223：261-269.

Cheng C H，Lehmann J，Engelhard M H. 2008. Natural oxidation of black carbon in soils：Changes in molecular form and surface charge along a climosequence[J]. Geochimica Cosmochimica Acta，（72）：1598-1610.

Chintala R，Schumacher T E，Kumar S，et al. 2014. Molecular characterization of biochars and their influence on microbiological properties of soil[J]. Journal of Hazardous Materials，（279）：244-256.

Conteh A，Lefroy R D B，Blair G J. 1997. Dynamics of organic matter in soil as determined by variations in $^{13}C/^{12}C$ isotopic ratios and fractionation by ease of oxidation[J]. Australian Journal of Soil Research，(35)：881-890.

Cross A，Sohi S P. 2013. A method for screening the relative long-term stability of biochar[J]. Global Change Biology Bioenergy，5（2）：215-220.

Cross A，Sohi S P. 2011. The priming potential of biochar products in relation to labile carbon contents and soil organic matter status[J]. Soil Biology and Biochemistry，43（10）：2127-2134.

Dong X，Li G，Lin Q，et al. 2017. Quantity and quality changes of biochar aged for 5 years in soil under field conditions[J]. Catena，159：136-143.

Dong X，Singh BP，Li G，et al. 2018. Biochar application constrained native soil organic carbon accumulation from wheat residue inputs in a long-term wheat-maize cropping system[J]. Agriculture Ecosystems & Environment，252：200-207.

Dong X，Singh B P，Li G，et al. 2019. Biochar has little effect on soil dissolved organic carbon pool 5 years after biochar application under field condition[J]. Soil Use and Management，（3）：466-477.

Duval M E，Galantini J A，Martinez J M，et al. 2016. Sensitivity of different soil quality indicators to assess sustainable land management：influence of site features and seasonality[J]. Soil & Tillage Research，159：9-22.

Ennis C J，Evans A G，Islam M，et al. 2012. Biochar：carbon sequestration，land remediation，and impacts on soil microbiology[J]. Critical Reviews in Environmental Science & Technology，42（22）：2311-2364.

Eykelbosh A J，Johnson M S，Couto E G. 2015. Biochar decreases dissolved organic carbon but not nitrate leaching in relation to vinasse application in a Brazilian sugarcane soil[J]. Journal of Environmental Management，149：9-16.

Fang Y，Singh B，Singh B P，et al. 2014. Biochar carbon stability in four contrasting soils[J]. European Journal of Soil Science，65（1）：60-71.

Fang Y，Singh B P，Luo Y，et al. 2018. Biochar carbon dynamics in physically separated fractions and microbial use efficiency in contrasting soils under temperate pastures[J]. Soil Biology and Biochemistry，116：399-409.

Farrell M，Kuhn T K，Macdonald L M，et al. 2013. Microbial utilisation of biochar-derived carbon[J]. Science of the Total Environment，465：288-297.

Feng Y，Xu Y，Yu Y，et al. 2012. Mechanisms of biochar decreasing methane emission from chinese soils[J]. Soil Biology and Biochemistry，46：80-88.

Ferreira A D，Amado T J C，Nicoloso R D，et al. 2013. Soil carbon stratification affected by long-term tillage and cropping systems in southern Brazil[J]. Soil & Tillage Research，133：65-74.

Gomez J，Denef K，Stewart C，et al. 2014. Biochar addition rate influences soil microbial abundance and activity in temperate soils[J]. European Journal of Soil Science，65：28-39.

Gosling P，Parsons N，Bending G D. 2013. What are the primary factors controlling the light fraction and particulate soil organic matter content of agricultural soils？[J]. Biology and Fertility of Soils，49：1001-1014.

Gregorich E G，Beare M H，McKim U F，et al. 2006. Chemical and biological characteristics of physically uncomplexed organic matter[J]. Soil Science Society of America Journal，70：975-985.

Griffith S M，Schnitzer M. 1975. Analytical characteristics of humic and fulvic acids extracted from tropical[J]. Soil Science Society of American Journal，39：861-867.

Guggenberger G，Rodionov A，Shibistova O，et al. 2008. Storage and mobility of black carbon in permafrost soils of the forest tundra ecotone in Northern Siberia[J]. Global Change Biology，14（6）：1367-1381.

Haefele S M，Konboon Y，Wongboon W，et al. 2011. Effects and fate of biochar from rice residues in rice-based systems[J]. Field Crops Research，121（3）：430-440.

Hale S E，Lehmann J，Rutherford D，et al. 2012. Quantifying the total and bioavailable polycyclic aromatic hydrocarbons and dioxins in biochars[J]. Environmental Science & Technology，（46）：2830-2838.

Han L，Sun K，Jin J，et al. 2014. Role of Structure and Microporosity in Phenanthrene Sorption by Natural and Engineered Organic Matter[J]. Environmental Science & Technology，48（19）：11227-11234.

Han L，Sun K，Yang Y，et al. 2020. Biochar's stability and effect on the content，composition and turnover of soil organic carbon[J]. Geoderma，364：11484.

Haynes R J. 2005. Labile organic matter fractions as central components of the quality of agricultural soils：an overview[J]. Advances in Agronomy，85：221-268.

Hsieh Y P. 1996. Soil organic carbon pools of two tropical soils inferred by carbon signatures[J]. Soil Science Society of America Journal，60：1117-1121.

Hewitson B，Janetos A C，Carter T R，et al. 2014. Climate Change 2014：Impacts，Adaptation，and Vulnerability. Part B：Regional Aspects.Contribution of Working Group II to the Fifth Assessment Report of the Intergovernmental Panel on Climate Change[R]. Cambridge and New York：Cambridge University Press，1133-1197.

Hockaday W C，Grannas A M，Kim S，et al. 2007. The transformation and mobility of charcoal in a fire-impacted watershed[J]. Geochimica et Cosmochimica Acta，71（14）：3432-3445.

Huang R，Zhang Z，Xiao X，et al. 2019. Structural changes of soil organic matter and the linkage to rhizosphere bacterial communities with biochar amendment in manure fertilized soils[J]. Science of the Total Environment，692：333-343.

Hütsch B W. 2001. Methane oxidation in non-flooded soils as affected by crop production[J]. European Journal of Agronomy，14（4）：237-260.

IPCC. 2014.Climate Change 2014：Synthesis Report. Contribution of Working Groups I，II and III to the Fifth Assessment Report of the Intergovernmental Panel on Climate Change[R]. Geneva：IPCC.

IPCC. 2019. Summary for policymakers. In：Shukla PR，Skea J，Calvo Buendia E，et al（eds.）. Climate change and land：an IPCC special report on climate change，desertification，land degradation，sustainable land management，food security，and greenhouse gas fluxes in terrestrial ecosystems[R].

Jacquot J. 2008. Can a kind of ancient charcoal put the brakes on global warming[EB/OL].[2009-10-01][2021-04-23]. https：//www.popularmechanics.com/science/environment/a12295/4297513/#.

Jaffe R，Ding Y，Niggemann U，et al. 2013. Global charcoal mobilization from soils via dissolution and riverine transport to the oceans[J]. Science，340（6130）：345-347.

Jiang X，Tan X，Cheng J，et al. 2019. Interactions between aged biochar，fresh low molecular weight carbon and soil organic carbon after 3.5 years soil-biochar incubations [J]. Geoderma，333：99-107.

Jin H. 2010. Characterization of microbial life colonizing biochar and biochar-amended soils[D]. Ithaca：Cornell University.

Jin J，Sun K，Wang Z，et al. 2017. Characterization and phenanthrene sorption of natural and pyrogenic organic matter fractions[J]. Environmental Science & Technology，51：2635-2642.

Jones D L，Murphy D V，Khalid M，et al. 2011. Short-term biochar-induced increase in soil CO_2 release is both biotically and abiotically mediated[J]. Soil Biology and Biochemistry，43（8）：1723-1731.

Kalambukattu J G，Singh R，Patra A K，et al. 2013. Soil carbon pools and carbon management index under different land use systems in the Central Himalayan region[J]. Acta Agriculturae Scandinavica，63（3）：200-205.

Keiluweit M，Nico P S，Johnson M G，et al. 2010. Dynamic Molecular Structure of Plant Biomass-Derived Black Carbon（Biochar）[J]. Environmental Science & Technology，44（4）：1247-1253.

Khan S，Chao C，Waqas M，et al. 2013. Sewage sludge biochar influence upon rice（Oryza sativa L） yield，metal bioaccumulation and greenhouse gas emissions from acidic paddy soil[J]. Environment Science & Technology，47：8624-8632.

Khanal S，Anex R P，Gelder B K，et al. 2014. Nitrogen balance in Iowa and the implications of corn-stover harvesting[J]. Agriculiture Ecosystems & Environment，183：21-30.

Kimetu J，Lehmann J. 2010. Stability and stabilisation of biochar and green manure in soil with different organic carbon contents[J]. Soil Research，48：577-585.

Kuzyakov Y，Subbotina I，Chen H，et al. 2009. Black carbon decomposition and incorporation into soil microbial biomass estimated by ^{14}C labeling[J]. Soil Biology and Biochemistry，41（2）：210-219.

Kuzyakov Y，Bogomolova I，Glaser B. 2014. Biochar stability in soil：decomposition during eight years and transformation as assessed by compound-specific ^{14}C analysis[J]. Soil Biology and Biochemistry，70：229-236.

Laik R，Kumar K，Das D K，et al. 2009. Labile soil organic matter pools in a calciorthent after 18 years of afforestation by different plantations[J]. Applied Soil Ecology，42：71-78.

Laird D A，Chang C W. 2013. Long-term impacts of residue harvesting on soil quality[J]. Soil and Tillage Research，134：33-40.

Lefroy R D B，Blair G J，Strong W M. 1993. Changes in soil organic matter with cropping as measured by organic carbon fractions and ^{13}C natural isotope abundance[J]. Plant and Soil，1：399-402.

Lehmann J，Gaunt J，Rondon M. 2006. Bio-char sequestration in terrestrial ecosystems[J]. Mitigation and Adaptation Strategies for Global Change，11：395-419.

Lehmann J，Joseph S. 2009.Biochar for environmental management：an introduction [M]// Lehmann J，Joseph

Earthscan S. Biochar for Environmental Management Science and Technology. London：Earthscan.

Lehmann J，Joseph S. 2015. Biochar for environmental management：an introduction [M]// Biochar for environmental management：science，technology and implementation. London and New York：Routledge.

Leifeld J，Fenner S，Müller M. 2007. Mobility of black carbon in drained peatland soils[J]. Biogeosciences Discussions，4（2）：871-897.

Leng L，Xu X，Wei L，et al. 2019. Biochar stability assessment by incubation and modelling：methods，drawbacks and recommendations[J]. Science of the Total Environment，664：11-23.

Lian F，Sun B，Chen X，et al. 2015. Effect of humic acid（HA）on sulfonamide sorption by biochars[J]. Environment Pollution，204：306-312.

Lian T，Jin J，Wang G，et al. 2017. The fate of soybean residue-carbon links to changes of bacterial community composition in Mollisols differing in soil organic carbon[J]. Soil Biology Biochemistry，109：50-58.

Lin Y，Munroe P，Joseph S，et al. 2012. Water extractable organic carbon in untreated and chemical treated biochar[J]. Chemosphere，87：151-157.

Liu C H，Wenying C，Hui L，et al. 2019. Quantification and characterization of dissolved organic carbon from biochars[J]. Geoderma，（33）：161-169.

Liu S W，Zhang Y J，Zong Y J，et al. 2016. Response of soil carbon dioxide fluxes，soil organic carbon and microbial biomass carbon to biochar amendment：a meta-analysis[J]. Global Change Biology Bioenergy，8：392-406.

Luo Y，Durenkamp M，Nobili M D，et al. 2011. Short term soil priming effects and the mineralisation of biochar following its incorporation to soils of different pH[J]. Soil Biology and Biochemistry，43（11）：2304-2314.

Lou Y，Joseph S，Li L，et al. 2015. Water extract from straw biochar used for plant growth promotion：an initial test[J]. Bioresources，11（1）：249-266.

Lu W，Ding W，Zhang J，et al. 2014. Biochar suppressed the decomposition of organic carbon in a cultivated sandy loam soil：A negative priming effect[J]. Soil Biology Biochemistry，（76）：12-21.

Ma N，Zhang L，Zhang Y，et al. 2016. Biochar improves soil aggregate stability and water availability in a Mollisol after three years of field application[J]. PLoS One，11：e0154091.

Major J，Lehmann J，Rondon M，et al. 2010. Fate of soil-applied black carbon：downward migration，leaching and soil respiration[J]. Global Chang Biology，16：1366-1379.

Mandal S，Sarkar B，Bolan N，et al. 2016. Designing advanced biochar products for maximizing greenhouse gas mitigation potential[J]. Critical Reviews in Environmental Science & Technology，46（17）：1367-1401.

Mann L，Tolbert V，Cushman J. 2002. Potential environmental effects of corn（Zea mays L.） stover removal with emphasis on soil organic matter and erosion[J]. Agriculiture Ecosystems Environment，（89）：149-166.

Marescaux A，Thieu V，Garnier J. 2018. Carbon dioxide，methane and nitrous oxide emissions from the human-impacted Seine watershed in France[J]. Science of the Total Environment，643：247-259.

Martens R. 1995. Current methods for measuring microbial biomass C in soil：potentials and limitations[J]. Biology and Fertility of Soils，19：87-99.

Masek O，Brownsort P，Cross A，et al. 2013. Influence of production conditions on the yield and environmental stability of biochar[J]. Fuel，103：151-155.

McCarthy J F，Ilavsky J，Jastrow J D，et al. 2008. Protection of organic carbon in soil microaggregates via restructuring of aggregate porosity and filling of pores with accumulating organic matter[J]. Geochimica Cosmochimica Acta，72：4725-4744.

Mitchell P J，Simpson A J，Soong R，et al. 2015. Shifts in microbial community and water-extractable organic matter composition with biochar amendment in a temperate forest soil[J]. Soil Biology Biochemistry，81：244-254.

Mrabet R，Saber N，El-Brahli A，et al. 2001. Total，particulate organic matter and structural stability of a Calcixeroll soil under different wheat rotations and tillage systems in a semiarid area of Morocco[J]. Soil & Tillage Research，57（4）：225-235.

Murphy R P，Montes-Molina J A，Govaerts B，et al. 2016. Crop residue retention enhances soil properties and nitrogen cycling in smallholder maize systems of Chiapas，Mexico[J]. Applied Soil Ecology，103：110-116.

Naisse C，Girardin C，Lefevre R，et al. 2015. Effect of physical weathering on the carbon sequestration potential of biochars and hydrochars in soil[J]. Global Change Biology Bioenergy，7（3）：488-496.

Nguyen B T，Lehmann J，Hockaday W C，et al. 2010. Temperature sensitivity of black carbon decomposition and oxidation[J]. Environmental Science & Technology，44（9）：3324-3331.

Nguyen B T，Koide R T，Dell C，et al. 2014. Turnover of soil carbon following addition of switchgrass-derived biochar to four soils[J]. Soil Science Society of America Journal，78（2）：531-537.

Obia A，Trond Børresen，Martinsen V，et al. 2017. Vertical and lateral transport of biochar in light-textured tropical soils[J]. Soil & Tillage Research，165：34-40.

Orlova N，Abakumov E，Orlova E，et al. 2019. Soil organic matter alteration under biochar amendment：study in the incubation experiment on the Podzol soils of the Leningrad region（Russia）[J]. Journal of Soils and Sediments，19（6）：2708-2716.

Paul E A，Follett R F，Halvorson A，et al. 1997. Radiocarbon dating for determination of soil organic matter pool sizes and dynamicsls[J]. Soil Science Society America Journal，（61）：1058-1067.

Pietikäinen J，Kiikkilä O，Fritze H，2000. Charcoal as a habitat for microbes and its effect on the microbial community of the underlying humus[J]. Oikos，89（2）：231-242.

Pituello C，Dal Ferro N，Francioso O，et al. 2018. Effects of biochar on the dynamics of aggregate stability in clay and sandy loam soilsils[J]. European Journal Soil Science，69：827-842.

Rechberger M V，Kloss S，Rennhofer H，et al. 2017. Changes in biochar physical and chemical properties：accelerated biochar aging in an acidic soills[J] Carbon，115：209-219.

Römkens P F，Bril J，Salomons W. 1996. Interaction between Ca^{2+} and dissolved organic carbon：Implications for metal mobilizationls[J]. Applied Geochemistry，11（1/2）：109-115.

Rumpel C，Chaplot V，Planchon O，et al. 2006. Preferential erosion of black carbon on steep slopes with slash and burn agriculture[J]. Catena，65（1）：0-40.

Sagrilo E，Jeffery S，Hoffland E，et al. 2015. Emission of CO_2 from biochar-amended soils and implications for soil organic carbon[J]. Global Change Biology Bioenergy，7：1294-1304.

Schimel J，Balser T C，Wallenstein M. 2007. Microbial stress-response physiology and its implications for ecosystem function[J]. Ecology，88：1386-1394.

Schmidt M W I，Skjemstad J O，Gehrt E，et al. 2000. Charred organic carbon in German chernozemic soils[J]. European Journal of Soil Science，50（2）：351-365.

Shrestha G，Traina S J，Swanston C W. 2010. Black carbon's properties and role in the environment：a comprehensive review[J]. Sustainability，2（1）：294-320.

Sigua G C，Novak J M，Watts D W，et al. 2016. Impact of switchgrass biochars with supplemental nitrogen on carbon-nitrogen mineralization in highly weathered Coastal Plain Ultisols[J]. Chemosphere，145：135-141.

Singh B P，Cowie A L，Smernik R J. 2012. Biochar carbon stability in a clayey soil as a function of feedstock and pyrolysis temperature[J]. Environmental Science & Technology，46（21）：11770-11778.

Singh B P，Fang Y，Boersma M，et al. 2015. In Situ Persistence and Migration of Biochar Carbon and Its Impact on Native Carbon Emission in Contrasting Soils under Managed Temperate Pastures[J]. Plos One，10（10）：e0141560.

Singh G，Lakhi K S，Kim I Y，et al. 2017. Highly efficient method for the synthesis of activated mesoporous biocarbons with extremely high surface area for high-pressure CO_2 Adsorption[J]. Acs Applied Materials & Interfaces，9（35）：29782-29793.

Six J，Conant R T，Paul E A，et al. 2002. Stabilization mechanisms of soil organic matter：implications for C-saturation of soils[J]. Plant and Soil，241：155-176.

Six J，Frey S，Thiet R，et al. 2006. Bacterial and fungal contributions to carbon sequestration in agroecosystems. Soil science Society America Journal，70：555-569.

Smebye A，Alling V，Vogt R D，et al. 2016. Biochar amendment to soil changes dissolved organic matter content and composition[J]. Chemosphere，142：100-105.

Speratti A B，Johnson M S，Sousa H M，et al. 2018. Biochar feedstock and pyrolysis temperature effects on leachate：DOC characteristics and nitrate losses from a Brazilian Cerrado Arenosol mixed with agricultural waste biochars[J]. Journal of Environmental Management，211：256-268.

Spokas K A，Reicosky D C. 2009. Impact of sixteen different biochars on soil greenhouse gas production[J]. Annals Environment Science，3：179-193.

Steinbeiss S，Gleixner G，Antonietti M. 2009. Effect of biochar amendment on soil carbon balance and soil microbial activity[J]. Soil Biology and Biochemistry，41：1301-1310.

Stockmanna U，Adamsa M A，Crawforda J W，et al. 2013. The knowns，known unknowns and unknowns of sequestration of soil organic carbon[J]. Agriculture Ecosystems & Environment，164：80-89.

Tan Z，Liu S，Bliss N，et al. 2012. Current and potential sustainable corn stover feedstock for biofuel production in the United States[J]. Biomass Bioenergy，47：372-386.

Thies J E，Rillig M C. 2009. Characteristics of biochar：biological properties[M]// Lehmann J，Joseph Earthscan S. Biochar for Environmental Management Science and Technology. London：Earthscan，85-105.

Tian J，Lu S H，Fan M S，et al. 2013. Integrated management systems and N fertilization：effect on soil organic matter in rice-rapeseed rotation[J]. Plant and Soil，372：53-63.

Tipping E，Woof C. 1990. Humic substances in acid organic soils：modelling their release to the soil solution in terms of humic charge[J]. European Journal of Soil Science，41（4）：573-586.

Wang J Y，Xiong Z Q，Kuzyakov Y. 2016. Biochar stability in soil：meta-analysis of decomposition and priming effects[J]. Global Change Biology Bioenergy，8：512-523.

Wang Z，Han L，Sun K，et al. 2016. Sorption of four hydrophobic organic contaminants by biochars derived from maize straw，wood dust and swine manure at different pyrolytic temperatures[J]. Chemosphere，144：285-291.

Wang Y，Yang M，Hu L，et al. 2013. Effects of biochar amendments synthesized at varying temperatures on soil organic carbon mineralization and humus composition[J]. Journal of Agro-Environment Science，32（8）：1585-1591.

Wei S，Zhu M，Fan X，et al. 2019. Influence of pyrolysis temperature and feedstock on carbon fractions of biochar produced from pyrolysis of rice straw，pine wood，pig manure and sewage sludge[J]. Chemosphere，218：624-631.

Xiao X，Li F，Huang J，et al. 2012. Reduced adsorption of propanil to black carbon：effect of dissolved organic matter loading mode and molecule size[J]. Environmental Toxicology and Chemistry，31：1187-1193.

Xu M，Lou Y，Sun X，et al. 2011. Soil organic carbon active fractions as early indicators for total carbon change under straw incorporation[J]. Biology and Fertility of Soils，47：745-752.

Yang X，Drury C F，Wander M M. 2013. A wide view of no-tillage practices and soil organic carbon sequestration[J]. Acta Agriculturae Scandinavica，63（6）：523-530.

Yang X Y，Ren W D，Sun B H，et al. 2012. Effects of contrasting soil management regimes on total and labile soil organic carbon fractions in a loess soil in China[J]. Geoderma，177-178：49-56.

Yin Y F，He X H，Gao R，et al. 2014. Effects of Rice Straw and Its Biochar Addition on Soil Labile Carbon and Soil Organic Carbon[J]. Journal of Integrative Agriculture，13（3）：491-498.

Yu L，Tang J，Zhang R，et al. 2013. Effects of biochar application on soil methane emission at different soil moisture levels[J]. Biology and Fertility of Soils，49：119-128.

Zhang A，Zhou X，Li M，et al. 2017. Impacts of biochar addition on soil dissolved organic matter characteristics in a wheat-maize rotation system in Loess Plateau of China[J]. Chemosphere，186：986-993.

Zhang J，Liu J，Liu R. 2015. Effects of pyrolysis temperature and heating time on biochar obtained from the pyrolysis of straw and lignosulfonate[J]. Bioresource Technology，1760：288-291.

Zhang A，Bian R，Hussain Q，et al. 2013. Change in net global warming potential of rice-wheat cropping system with biochar soil amendment in a rice paddy from China[J]. Agriculture Ecosystems & Environment，173：37-45.

Zhang A，Cui L，Pan G，et al. 2010. Effect of biochar amendment on yield and methane and nitrous oxide emissions from a rice paddy from Tai Lake plain，China[J]. Agriculture Ecosystems & Environment，139：469-475.

Zhao S X，Ta N，Li Z H，et al. 2018. Varying pyrolysis temperature impacts application effects of biochar on soil labile organic carbon and humic fractions[J]. Applied Soil Ecology，123：484-493.

Zimmerman A R. 2010. Abiotic and microbial oxidation of laboratory-produced black carbon（biochar）[J]. Environmental Science & Technology，44（4）：1295-1301.

Zimmerman A R，Gao B，Ahn M Y. 2011. Positive and negative carbon mineralization priming effects among a variety of biochar-amended soils[J]. Soil Biology and Biochemistry，43：1169-1179.

第八章　生物炭对土壤养分的影响

土壤养分是指由土壤提供的植物生长所必需的营养元素。土壤中能直接或经转化后被植物根系吸收的矿质营养成分包括氮、磷、钾、钙、镁、硫、铁、硼、钼、锌、锰、铜和氯 13 种元素，分为大量元素、中量元素和微量元素。土壤养分含量因土壤类型和地区而异，主要取决于成土母质类型、有机质含量和人为因素的影响。根据植物对营养元素吸收利用的难易程度，分为速效养分和迟效养分。一般来说，速效养分仅占很少部分，不足全量的 1%，速效养分和迟效养分的划分是相对的，二者总处于动态平衡之中。土壤养分的有效性取决于它们的存在形态，但其形态不是固定不变的，形态转化包括化学转化、物理化学转化、生物化学转化等。在自然土壤中，土壤养分主要来源于土壤矿物质和土壤有机质，其次是大气降水、坡渗水、地表径流和地下水。在耕作土壤中，还来源于施肥和灌溉。

生物炭应用的重要方向之一就是调控土壤养分（Lehmann，2007）。养分有效性直接决定植物生长状况，生物炭在土壤养分转化和植物吸收过程中发挥怎样的作用一直是研究热点。尽管已有诸多研究表明生物炭可以促进植物养分利用，但它对土壤养分循环的影响与作用机制仍然需要进一步明确和探讨，土壤和作物类型、生物炭应用方式等都是重要的影响因素。

生物炭可以增加土壤的养分含量，这可能是因为生物炭存在一定数量的如氮、磷、钾、钙和镁等元素。同时，生物炭具有较大的比表面积、多种官能团，并带有电荷，因此具有较强的离子吸附能力（Chen et al.，2011），可以吸附土壤中的阴、阳离子。生物炭对养分的吸附有一定选择性，可能与生物炭所持矿质养分的种类和数量有关，当生物炭含有大量的某种养分时，会对土壤中该种养分表现为不吸附或吸附量极低。

生物炭可以提高土壤有机质含量（Steiner，2007），这是因为生物炭的自身缓慢分解可向土壤提供一定数量的有机质（Laird et al.，2009），而且生物炭会吸附有机分子，通过在其表面进行复杂的理化及生物学反应促使小的有机分子聚合形成有机质（Kimetu et al.，2009），还可通过促进根系生长、微生物繁殖来提高有机质的含量，由于生物炭的高度化学稳定性，较其他形式的有机质更难被分解（Lehmann et al.，2011）。

由于这些特性的存在，将生物炭施入土壤后能够提高矿质元素供给（Brodowski et al.，2005），增强土壤保肥能力，减少土壤养分流失。

一、土壤氮素

氮是植物生长发育所需的大量营养元素之一，也是植物从土壤中吸收量最大的矿质元素。土壤含氮量是土壤氮素矿化与积累的平衡结果。在土壤氮库中，氮主要以有机氮的形式存在，而植物所吸收的氮几乎都是无机形式。因此，土壤氮库中的有机氮必须不断通过微生物的矿化作用转化为植物可吸收的有效态氮。土壤氮素矿化是微生物驱动的生物化学过程，氮素矿化量是土壤有机氮的含量、生物分解性、矿化的水热条件和时间等的函数，氮矿化过程受到土壤理化性质、温度、湿度、外来物质等诸多因素的影响。

（一）生物炭调节土壤氮素的非生物机制

吸附解吸是生物炭还田影响土壤氮素周转的最主要的非生物机制。有研究认为，生物炭对 NH_4^+具有较强的吸附作用。Yang 等（2010）研究发现，将竹炭施入土壤后，能够吸附土壤中的 NH_4^+，减少其淋失。当生物炭与肥料混合施入时，能够明显增强土壤对 NH_4^+的吸附与固持，显著提高氮素利用率。此外，Prendergast-Miller 等（2011）将生物炭施入土壤后，观察到根际土壤中的 NO_3^-淋失量也显著降低。

生物炭对土壤无机氮素的化学吸附主要基于其表面的官能团（Lehmann et al.，2012），包括羧基、羟基、内酯基和邻位羟基内醚等。羧基这一强酸官能团和包括酚羟基和羰基在内的弱酸基团都带负电荷，可以通过静电引力吸附 NH_4^+-N（Zheng et al.，2013）。相对而言，生物炭对 NO_3^--N 的吸附能力较弱，因为生物炭携带的负电荷比正电荷多（Kameyama et al.，2012）。生物炭的碱性官能团包括苯类、酮类以及吡喃酮类会有助于对 NO_3^--N 的吸附。生物炭对 NO_3^--N 的吸附也可能是通过非传统氢键与 NO_3^--N 在生物炭表面结合（Kammann et al.，2015；Lawrinenko and Laird，2015；Mukherjee et al.，2011）。

炭化温度对生物炭的吸附能力有显著影响，随着热解温度的升高，生物炭的吸附能力降低。当热解温度大于 600℃时，由于含氧官能团的消失，酸性官能团（主要是羧基）逐渐转变成中性或者碱性芳香族官能团，导致 CEC 的降低（Cheng et al.，2012）。因此，与新鲜生物炭和高温生物炭相比，在低温条件下制备的或陈化生物炭可能会吸附更多的 NH_4^+-N。例如，Zheng 等（2013）研究发现，较低的热解温度所制备的生物炭对 NH_4^+吸附能力更强，电子自旋共振光谱试验结果表明，过高的热解温度会降低生物炭中酸性官能团的数量，从而减少对 NH_4^+的吸附。Singh 等（2010）研究发现，在 400℃、550℃的温度条件下制得的生物炭施入土壤后，对土壤中 NH_4^+和 NO_3^-均有较强的持留作用。

Clough 等（2010）则认为，600℃是生物炭能够吸附 NH_4^+的基本热解温度，而当热解温度高于 700℃时，生物炭才对 NO_3^-具有显著的吸附能力。随着时间的推移，生物炭表面形成的酸性含氧官能团会导致生物炭的阳离子交换量（CEC）增加，并且有比新鲜生物炭吸附更多 NH_4^+-N 的潜力。在土壤中的陈化生物炭的亲水性逐渐变强，因此陈化生物炭对 NO_3^--N 的吸附能力可能会增强。

除了官能团，生物炭丰富的孔隙结构和较大的比表面积还能促进对 NH_4^+-N 和 NO_3^--N 的吸附。物理吸附主要发生在微孔和生物炭的内表层（Saleh et al.，2016），内表层面积与生物炭的吸附能力正相关（Zhang et al.，2012）。一般来说，在高温慢速热解条件下制备的生物炭具有较高的 BET 比表面积和孔体积，并且具有较高的物理吸附能力（Kookana et al.，2011）。如麦秆生物炭在慢速和快速热解条件下的 BET 分别为 1.6 m^2/g 和 0.6 m^2/g（Bruun et al.，2017）。由于高温生物炭的晶体化和有序结构的增多，其表面积和孔隙度均增加（Downie et al.，2012）。然而，当热解温度达到阈值（750℃松木生物炭、700℃麦渣生物炭）后，微孔结构被破坏，表面积降低（Brown et al.，2011）。此外，较长停留时间的慢速热解也会促进形成微孔（Downie et al.，2014）。

生物炭所吸附的氮组分会随着时间的推移而逐渐解吸出来并可被利用（Kameyama et al.，2012；Taghizadeh-Toosi et al.，2012）。这一过程的速度或效率取决于生物炭对土壤无机氮素的吸附能力，而吸附能力与生物炭的性质、生物炭施用量、土壤阴离子和阳离子交换量的演变、生态系统承载能力、土壤水特性、气候条件、土壤类型以及植物和微生物对氮素的需求相关（Clough et al.，2010）。

（二）生物炭调节土壤氮素的生物机制

1. 矿化

从生物炭自身的角度看，影响氮素矿化的因素主要包括生物质来源、热解温度、施用时间以及 C/N 比（Zavalloni et al.，2011）。生物炭含有一定数量的可溶性有机碳，进而将激发原生土壤有机质矿化，激发效应的速率受生物质原料种类和热解温度等炭化工艺条件的影响（Luo et al.，2018）。例如，低温（＜400℃）热解得到的生物炭与高温（＞525℃）热解得到的生物炭相比表现出较高的矿化率，主要是由于其含有更多的易分解有机碳（Zimmerman et al.，2011）。但是，激发效应对氮素矿化的影响常常是短期效应（Naisse et al.，2015）。当生物炭作为一种新的碳源加入时会促进土壤微生物矿化生物炭的可降解有机物而产生正激发效应，随后土壤有机质发生再矿化和共代谢（Kuzyakov et al.，2018）。在长期条件下（250～500 d），由于生物炭表面吸附有机质或者土壤颗粒，减少了微生物与有机质的接触，氮矿化也更为缓慢（Zimmerman et al.，2011）。

2. 固定

土壤微生物可利用新鲜低温生物炭的可降解有机质作为养分来源（Smith et al.，

2017)，利用或固定生物炭自身所含有的酸解氮（例如，氨基糖类、氨基酸类）（De la Rosa et al.，2016）。源于生物炭或土壤天然有机质矿化得到的 NH_4^+-N 和 NO_3^--N 都可以被微生物吸收并且进一步被土壤微生物固定。

3．硝化

生物炭在孔隙中固存水分、降低土壤容重、增加土壤孔隙度、吸附土壤的硝化抑制剂（如酚类），有利于激发硝化细菌活动（Ulyett et al.，2014）、促进矿化（Joseph et al.，2020）。在通气条件良好的土壤中施用生物炭可以激活氨氧化古菌（AOA）和氨氧化细菌（AOB）等硝化细菌（Thies et al.，2010）。同时施用生物炭和氮磷钾肥后，AOA 基因拷贝数增加了 1.5 倍，AOB 增加了 1.7 倍，净矿化速率快速提升（Prommer et al.，2014）。在淹水条件下，施用生物炭与土壤 AOA、AOB 无相关性（Harter et al.，2017）。

另外，生物炭中可能含有的影响细菌和真菌的物质会限制某些微生物活性（Spokas et al.，2012），生物炭中可能含有的硝化抑制剂会导致硝化作用减弱（Clough et al.，2010）。此类杀菌或硝化抑制物极有可能存在于生物炭的挥发分中，因此也将受到炭化工艺或生物炭类型的影响。由于生物炭的挥发分在土壤中的数量少、存续时间较短，因此其有效性可能很短暂（Jeffery et al.，2017）。

硝化细菌对土壤 pH 非常敏感，当 pH 低于 5 时，硝化作用停止；当 pH 超过 6 时，硝化作用瞬间发生。大多数的生物炭都是碱性的，对酸性土壤有碱石灰的作用（Cayuela et al.，2014）。因此，在酸性土壤中施加碱性的生物炭会提高土壤的硝化速率（Ulyett et al.，2014）。此外，NH_4^+-N 的丰度和有效性也会影响硝化作用。因此，无机肥和有机肥混施生物炭可为硝化活动提供非常好的条件（Prommer et al.，2014）。

4．反硝化

生物炭影响土壤反硝化过程，显著降低 N_2O 排放（Thies et al.，2010），降幅可达 50% 以上（Cayuela et al.，2015）。具体原因可能包括 4 个方面：一是 N_2O 与生物炭表面的官能团结合，尤其是插入生物炭中的金属离子（如铁或铜），可将活化的 N—N 或者 N—O 断裂，导致 N_2O 排放减少（Cayuela et al.，2014）。二是通过吸附有机碳或无机碳使微生物碳源减少，对土壤氮素有效性的影响弱化，降低 N_2O 的产生（Luz Cayuela et al.，2013）。三是微生物功能群会随着 pH 的变化而变化。在反硝化过程中，生物炭的石灰性作用可以调节 N_2O 的排放（Cayuela et al.，2014）。四是土壤的透气性增强，因而抑制了反硝化过程（Clough et al.，2010）。

5．固氮

施用生物炭对土壤固氮作用，也就是大气中的 N_2 转化成 NH_3 的过程有一定影响。在豆科植物中，已有生物炭促进生物固氮进而增加作物产量的报道（Thies et al.，2010）。首先，施用生物炭可增加土壤中的硼、钼、钾、磷和钙等元素的有效性，使根瘤菌结瘤固氮增强（Major et al.，2012）。其次，生物炭固定或者吸附土壤氮素都会减少植物根系对氮素的吸收，从而促进根瘤的形成（Biederman et al.，2013）。此外，也有报道指出，生物炭可通过吸附作用在较长时间内固持信号分子，使它们和根瘤菌之间的作用增强，根瘤增多（Thies et al.，2010）。但是，目前生物炭对固氮作用的短期和长期影响的研究均十分有限（Clough et al.，2010）。

生物炭对土壤氮素的影响在多种土类上均有积极的报道。例如，在风沙土中施入生物炭可以降低土壤养分流失，并且提供一定的养分，如钾、钙、镁元素等（顾美英等，2016）。在红壤中，生物炭可以提高速效养分含量并提高麦草产量（黄超等，2011），将椰壳生物炭与腐殖质配施后，土壤铵态氮、硝态氮、可溶性有机氮、总氮淋失分别比常规肥料处理降低 40.6%～52%，29%～55%，22.7%～55.5%和 24.4%～55.4%（赵凤亮，2015）。在灰漠土中，施用 2%的棉秆生物炭后，土壤中 pH 增加 0.17～0.27 个单位，CEC 提高 1.35%～18.93%，全氮含量提高 14.9%～96.3%（唐光木等，2015）。

【研究案例：生物炭对尿素分解的影响】

为明确生物炭对尿素态氮的转化、利用、损失等环节的影响，以 300℃、500℃、700℃温度条件下炭化 30 min 制得的新鲜生物炭和用土壤浸提液熟化的生物炭为试材，针对棕壤土中尿素的转化过程进行了短期培养试验研究。其中，熟化生物炭旨在降低其中易分解有机碳含量。棕壤取自玉米田上层 15 cm，风干后过 20 目筛，基本性质如下：pH 为 7.14（土壤∶水 = 1∶2.5，质量比），容重 1.29 g/cm^3，全氮含量 1.69 g/kg，有机碳含量 10.60 g/kg。

试验包括 8 个处理，分别是：空白对照（CK），施入尿素（U），施入尿素和新鲜生物炭 F300、F500 和 F700，施入尿素和 3 种熟化生物炭 M300、M500 和 M700。尿素施加量为 280 mg/kg，加入去离子水使土壤保持 60% WHC（田间持水量），在 27℃条件下培养 3 周。

结果表明，总体上，生物炭还田会加速尿素分解（图 8-1）。在尿素加入土壤 12 h 后，生物炭处理的土壤中残留的尿素氮即开始少于对照。在培养 24h 后，F300、F500 和 F700 处理土壤中尿素分解量分别为 185.6 mg urea-N/kg、119.8 mg urea-N/kg 和 238.8 mg urea-N/kg，分别占施加尿素氮的 66.3%、42.8%和 85.3%。然而此时对照处理（U）只有 28.7%的尿素氮被分解。48 h 后，在添加了新鲜生物炭的土壤中，尿素已被完全分解，但是 U 处理中仍有 50 mg urea-N/kg。这意味着施入新鲜生物炭会缩短尿素分解时长至少 1 d 以上。

熟化生物炭也会加快尿素分解（表 8-1），但促进作用稍弱于新鲜生物炭。如果忽略生物炭中所含氮素，则此时土壤中的无机氮来源于土壤有机氮矿化和尿素分解。当扣除尿素贡献的无机氮后，可以发现生物炭也促进了土壤氮的矿化。相对而言，熟化生物炭对土壤氮矿化的促进作用弱于新鲜生物炭。

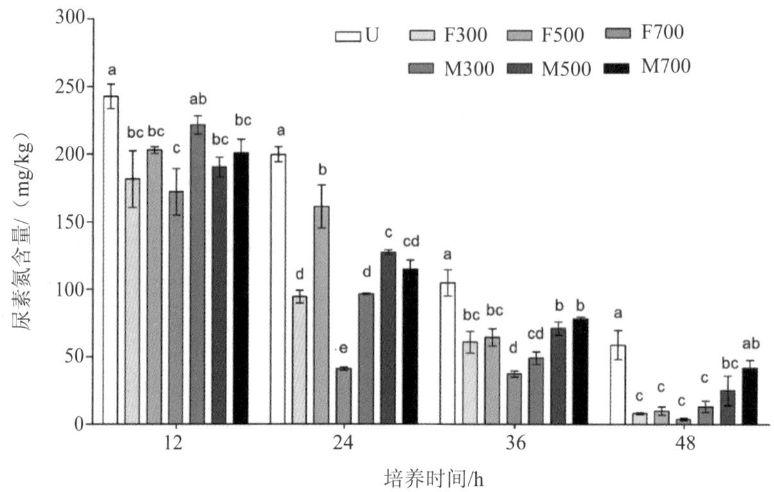

图 8-1 土壤中尿素氮含量随时间变化

表 8-1 培养 2 d 和 21 d 时土壤无机氮含量

时间/d	U	F300	F500	F700	M300	M500	M700
2	341.7±43.25d	898.5±66.68a	778.6±23.53a	578.5±17.22b	496.2±12.87c	443.6±23.0c	487.5±41.17c
21	136.2±10.52a	83.7±12.31b	59.6±7.21c	71.9±6.89b	97.1±11.65ab	88.7±7.74b	80.4±5.90b

注：数值表示平均值±标准差；不同小写字母表示在 0.05 水平上差异显著。

施入土壤后，尿素分解引起土壤中 pH 升高，进而会抑制脲酶活性（图 8-2）。在该试验中，可以看到添加生物炭提高了土壤脲酶活性，虽然在新鲜生物炭和熟化生物炭处理中的表现有所差异，但均高于单独施用尿素的处理（U）。

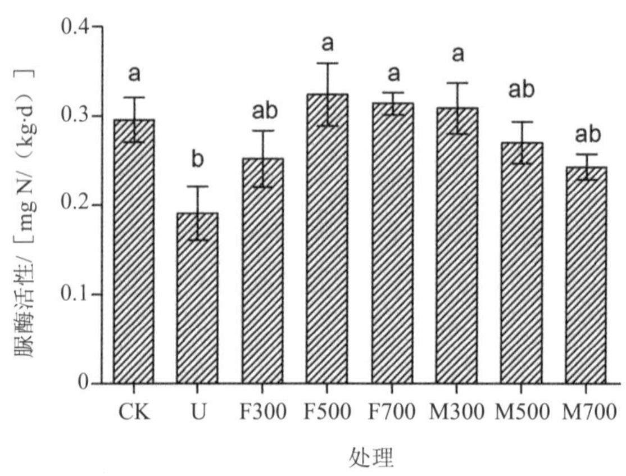

图 8-2 生物炭对土壤脲酶活性的影响

【研究案例：生物炭对作物氮素利用的影响】

将各类型试验用土壤风干后过 2 mm 筛，与同样过 2 mm 筛的烘干生物炭以 0、2%和4%（*w/w*）比例混匀，加入 400 mL 梅森罐中种植麦草（*Lolium perenne* L.）。将标记的尿素（^{15}N atom%=50.16%）配制成 6 g/L 的溶液，按照 280 mg N/kg 土壤的用量喷洒到土壤表面。再用蒸馏水调节含水量至 60% WHC，在 27℃条件下培养 40 d。期间每隔 1～2 d 用称重法补充失去水分。在第一季麦草收获后，将原土壤风干并过筛以剔除剩余根系，然后重新混匀装入原梅森罐中，按上述方法进行第二季种植，不再另外加入标记尿素溶液(图 8-3)。

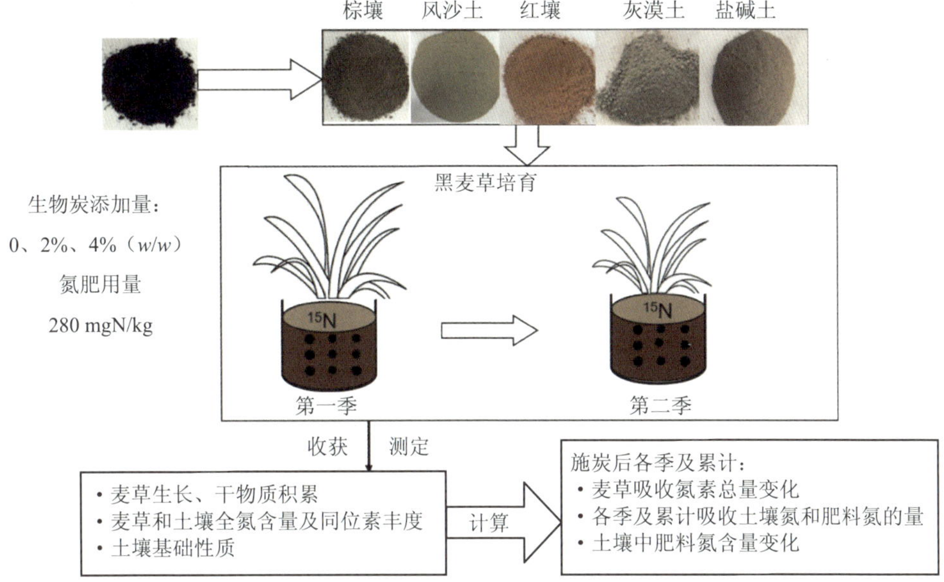

图 8-3　生物炭还田对不同土壤条件下麦草氮素利用的影响

1. 生物炭对麦草生长及氮含量的影响

（1）风沙土。

生物炭的施入有效促进了麦草在风沙土上的生长，干物质积累量增加（图 8-4）。在第一季，2%BC 和 4%BC 处理的麦草株高和根长均高于对照处理，干重较对照分别提高了 36.2%和 46.55%，但是不同炭量之间没有显著差异。第二季的麦草虽然根长与对照相比没有增加，但株高有显著的提高。干物质积累与第一季相比有明显下降，但各处理之间均无显著差异。

如图 8-5 所示，生物炭对风沙土中麦草全氮含量的影响不大，只观察到 4%BC 处理中第二季收获的麦草全氮较第一季降低了 9.79%。但是，尽管生物炭处理中麦草的总吸氮量均高于对照，吸收肥料氮的量也高于对照，麦草的 ^{15}N 同位素丰度却显著下降，并且随着施炭量的提高而愈发明显。由于肥料氮素随着第一季麦草收获转移，第二季麦草的

^{15}N 同位素丰度显著低于第一季。

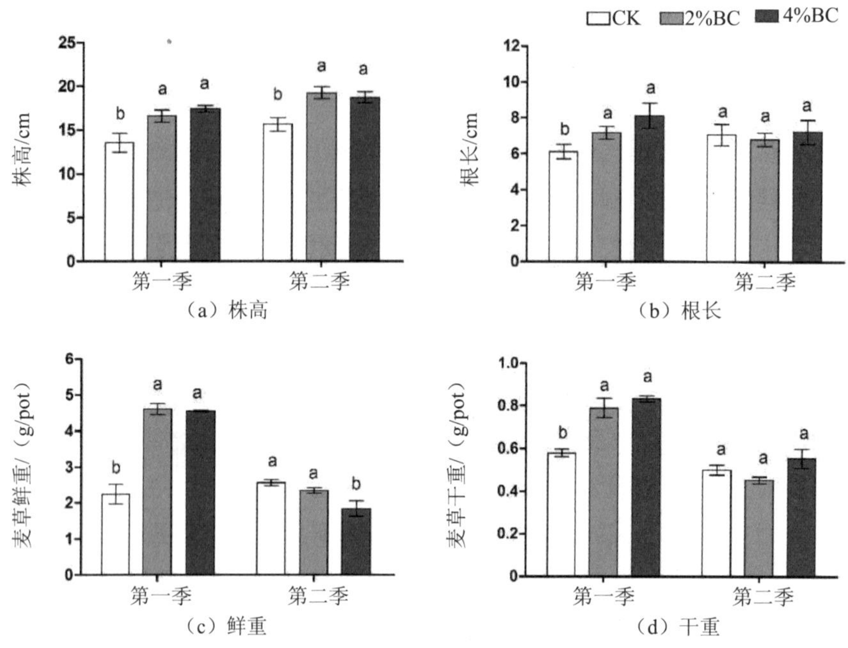

图 8-4 生物炭对风沙土麦草生长的影响

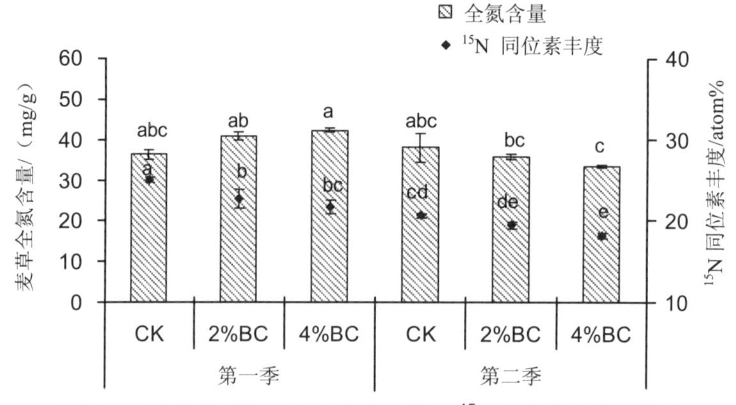

图 8-5 生物炭对风沙土中麦草全氮及 ^{15}N 同位素丰度的影响

注：不同小写字母表示差异显著（$P<0.05$）。

（2）红壤。

在红壤中，生物炭对麦草生长的影响较小（图 8-6）。在第一季时，2%BC 处理干物质积累要低于 CK 和 4%BC 处理。在第二季时，生物炭处理麦草干物质积累要高于对照，但除了干重外，形态差异不显著。

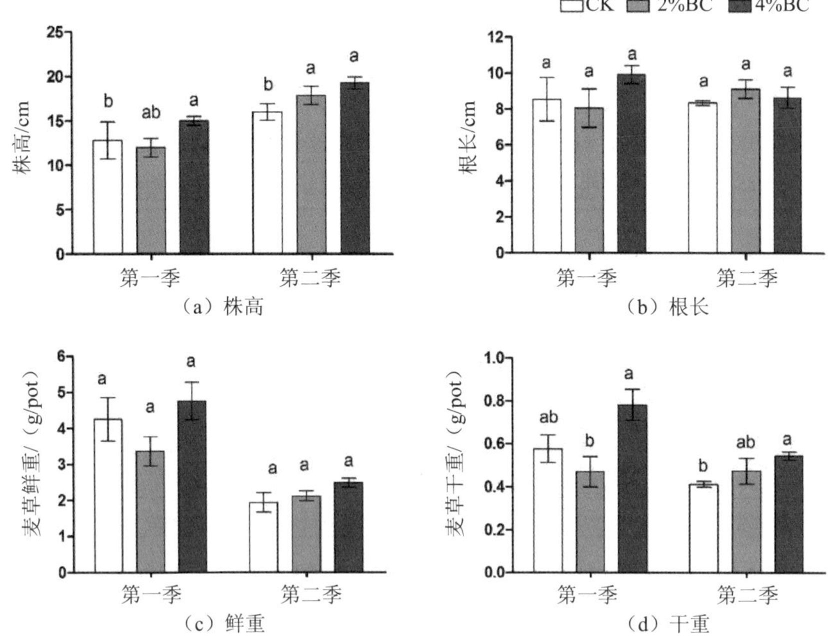

图 8-6　生物炭对红壤麦草生长的影响

在试验所用 5 种土壤中，红壤的全氮含量水平相对较高，因此作物全氮含量受施肥措施的影响也相对较小，第二季麦草全氮含量与第一季相比没有显著差异（图 8-7）。受施加生物炭影响，麦草全氮含量有显著的降低趋势，其中在第一季，4%BC 处理低于对照 42.5%，在第二季 2%BC 和 4%BC 处理分别低于对照 19.1%和 33.1%，均达到显著水平。麦草 ^{15}N 同位素丰度均没有受到施肥及生物炭施入的显著影响，并且低于其他土壤中收获的麦草 ^{15}N 同位素丰度。由此可以看出，红壤氮素水平高，麦草对肥料氮的吸收比例相对较低。

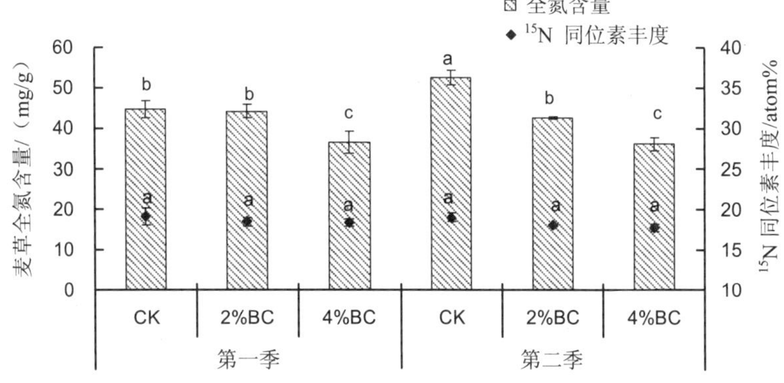

图 8-7　生物炭对红壤土中麦草全氮及 ^{15}N 同位素丰度的影响

注：不同小写字母表示差异显著（$P<0.05$）。

（3）灰漠土。

在灰漠土中，虽然生物炭处理在第一季对麦草的株高和根长均没有显著影响，但在第二季，4%BC 处理中麦草的株高和根长均低于 CK 和 2%BC 处理，高量生物炭表现出一定的生长抑制作用。在干物质积累方面，无论干重或是鲜重，第二季均显著低于第一季，说明在灰漠土中，麦草的生长更加依赖肥料氮的施入。但是，各处理间并没有显著差异（$P>0.05$），如图 8-8 所示。

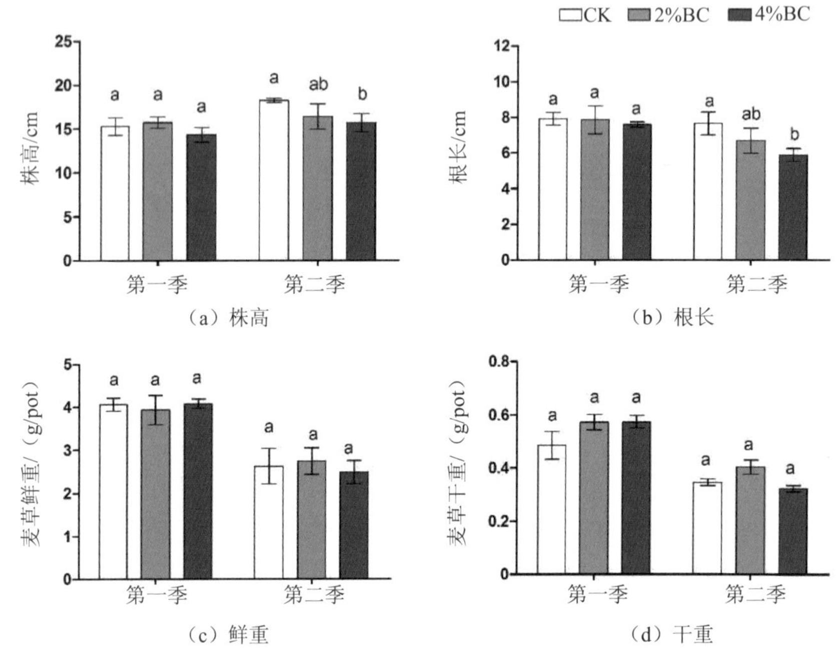

（a）株高　（b）根长

（c）鲜重　（d）干重

图 8-8　生物炭对灰漠土麦草生长的影响

在灰漠土中，麦草全氮含量在两个种植季间没有显著差异，范围均为 37.2～44.6 mg/g。虽然全氮含量的平均值在生物炭处理的土壤中低于对照，但是差异不显著（$P>0.05$），与对照相比，灰漠土中施加 2%的生物炭对麦草 ^{15}N 同位素丰度没有显著影响，而施加 4%的生物炭处理中麦草 ^{15}N 同位素丰度无论在第一季还是在第二季均显著低于对照处理，降低幅度分别为 2.6%和 4.3%，说明生物炭施入灰漠土后降低了麦草对肥料氮素的吸收（图 8-9）。

（4）盐碱土。

生物炭施入盐碱土后显著抑制了麦草生长（图 8-10）。尤其在第一季，4%BC 处理中麦草株高和根长分别较 CK 处理降低了 22.2%和 33.3%。同样地，在第一季时生物炭处理麦草的鲜重和干重低于对照处理，其中 4%BC 处理达到显著水平（$P<0.05$），分别低于对照 32.16%和 37.5%。由此可以看出，新鲜生物炭加入盐碱土后会抑制麦草生长，株高、根长及干物质积累都要小于对照，进入第二季后，抑制作用相对减弱。

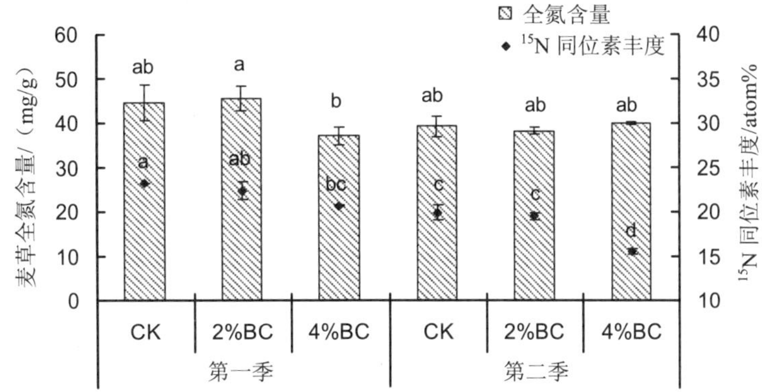

图 8-9 生物炭对灰漠土中麦草全氮及 ^{15}N 同位素丰度的影响

注：不同小写字母表示差异显著（$P<0.05$）。

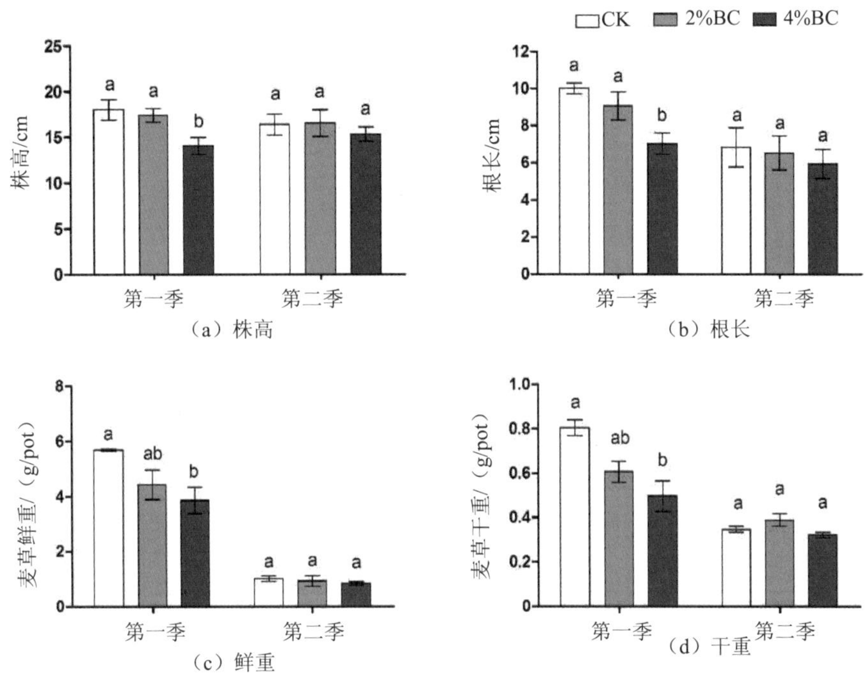

图 8-10 生物炭对盐碱土麦草生长的影响

生物炭施入盐碱土后，能够提高麦草全氮含量（图 8-11）。在 4%BC 处理中，麦草全氮含量在第一季显著高于对照 20.86%；2%BC 处理的全氮含量则在第二季显著高于对照 9.3%。^{15}N 同位素丰度范围在第一季为 20.3 atom%～23.3 atom%，显著高于第二季。施加生物炭后对第一季麦草同位素丰度没有显著影响，但第二季时 4%BC 处理的 ^{15}N 同位素丰度低于对照 3.6%。

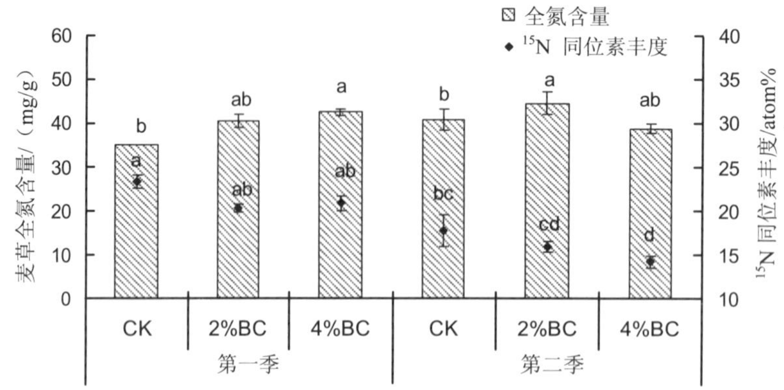

图 8-11 生物炭对盐碱土中麦草全氮及 ^{15}N 同位素丰度的影响

注：不同小写字母表示差异显著（P<0.05）。

（5）棕壤。

生物炭施入棕壤土后对麦草生长及干物质积累的影响相对较小（图 8-12），只有在第一季时 2%BC 处理的株高、根长与对照相比略显优势，而 4%BC 处理株高在第一季和第二季分别低于对照 8%和 5.9%，根长在第二季也要低于 CK 和 2%BC 处理。这表明高量生物炭会抑制作物根系及地上部的生长。无论在第一季还是第二季，与对照相比，生物炭对麦草干重没有显著影响，但整体上在第二季时较第一季有明显下降。

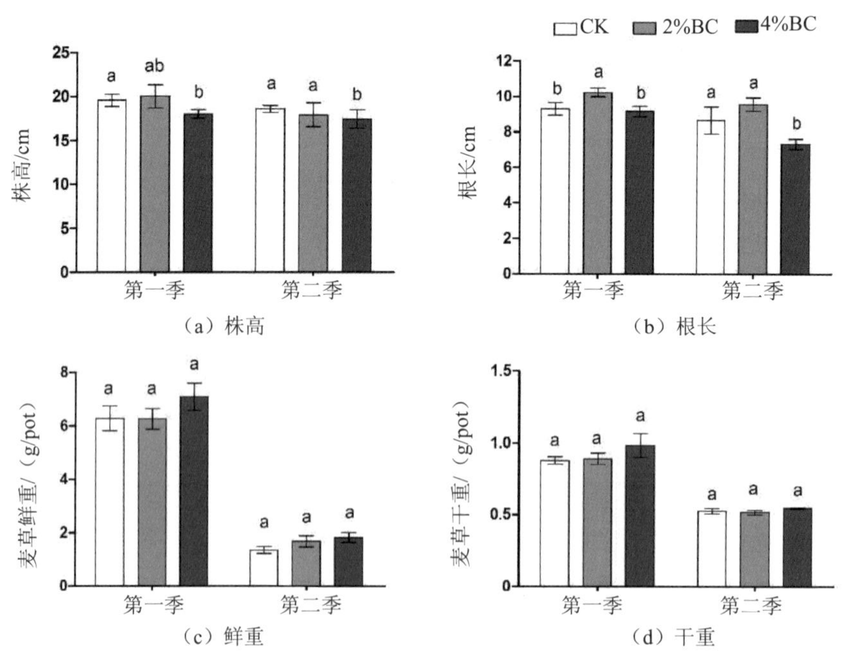

图 8-12 生物炭对棕壤麦草生长的影响

在棕壤中，第一季麦草的全氮含量与第二季差异不显著，并且受生物炭的影响较小，只有在 2%BC 和 4%BC 处理中全氮含量在第一季分别显著低于对照。在同一季内，生物炭对麦草 ^{15}N 同位素丰度没有显著影响，但是第二季麦草的 ^{15}N 同位素丰度较第一季显著降低，由 36.2 atom%～43.2 atom%下降至 12.7 atom%～14.9 atom%（图 8-13）。

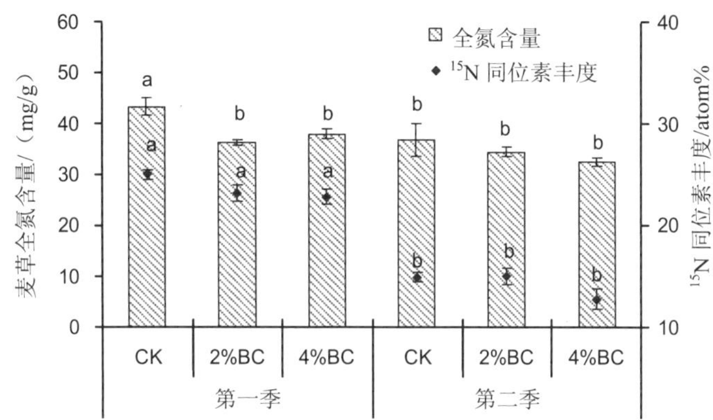

图 8-13　生物炭对棕壤中麦草全氮及 ^{15}N 同位素丰度的影响

注：不同小写字母表示差异显著（$P<0.05$）。

2. 生物炭对麦草氮素吸收总量及来源的影响

综合考虑生物量与氮素含量，生物炭对不同土壤类型中麦草氮素吸收的总量及其来源有不同影响（表 8-2）。

表 8-2　生物炭对麦草氮素吸收总量及来源的影响

处理		氮素吸收总量/（mg/pot）	来自肥料		来自土壤	
			数量/（mg/pot）	比例/%	数量/（mg/pot）	比例/%
风沙土	第一季					
	CK	20.59±1.09c	10.23±0.54c	49.68a	10.35±0.85c	50.32
	2%BC	34.10±0.96ab	15.31±0.35b	44.90ab	18.79±0.38ab	55.1
	4%BC	35.32±0.66ab	15.18±0.34b	43.00b	20.14±0.94a	57
	第二季					
	CK	19.01±1.53c	7.76±0.69a	40.82a	11.25±0.85ab	59.18
	2%BC	16.29±0.52cd	6.72±0.21ab	41.25ab	10.03±0.38b	58.75
	4%BC	18.67±1.6c	6.70±0.69ab	35.89b	11.97±0.91ab	64.11
红壤	第一季					
	CK	25.75±3.1ab	9.77±1.57ab	37.54a	15.98±1.57bc	62.46
	2%BC	20.51±2.35b	5.77±0.69b	21.49b	14.74±1.69c	78.51
	4%BC	28.25±0.71a	10.19±0.5a	36.03a	18.08±0.26ab	73.97

处理		氮素吸收总量/（mg/pot）	来自肥料		来自土壤	
			数量/（mg/pot）	比例/%	数量/（mg/pot）	比例/%
红壤	第二季					
	CK	21.70±1.46b	8.08±0.39abc	37.36a	13.62±1.12c	72.64
	2%BC	20.07±2.4b	7.10±0.89bc	35.33a	12.97±1.51c	74.67
	4%BC	19.6±0.52b	6.82±0.34b	34.73ab	12.78±0.18c	75.27
灰漠土	第一季					
	CK	21.83±3.83a	10.1±1.73a	45.90a	11.82±2.1bc	54.10
	2%BC	25.71±0.31a	10.86±0.02a	42.24b	14.85±0.33a	57.76
	4%BC	21.26±0.91a	8.66±0.41a	40.73bc	12.60±0.5ab	59.27
	第二季					
	CK	13.59±0.84b	5.32±0.36b	39.18bc	8.27±0.62d	60.82
	2%BC	15.38±0.85b	5.91±0.41b	38.42c	9.47±0.48cd	61.58
	4%BC	12.86±0.5b	3.92±0.23b	30.39d	8.94±0.27d	69.61
盐碱土	第一季					
	CK	28.18±1.00a	12.94±0.03a	45.99a	15.24±0.97a	54.01
	2%BC	24.67±2.73ab	9.82±1.08ab	39.94ab	14.85±1.76a	65.06
	4%BC	21.12±3.15bc	8.75±1.55bc	42.08ab	12.37±1.66ab	57.92
	第二季					
	CK	14.03±0.44d	5.03±0.65d	34.84bc	10.68±1.34ab	65.16
	2%BC	17.17±0.88cd	5.61±0.37cd	31.13cd	13.43±1.06ab	68.87
	4%BC	12.48±0.81d	3.44±0.37d	27.69d	9.04±0.7c	72.31
棕壤	第一季					
	CK	37.75±0.43a	18.62±0.36a	49.32a	19.12±0.44ab	50.68
	2%BC	32.15±1.17b	14.7±1.05b	45.72ab	17.4±0.2b	54.28
	4%BC	37.09±2.29a	16.75±1.55ab	45.16ab	20.34±0.8a	54.84
	第二季					
	CK	19.44±2.37c	5.63±0.54cd	28.48c	13.81±1.84a	71.52
	2%BC	17.79±1.03c	5.19±0.2cd	29.17c	12.60±0.93ab	70.83
	4%BC	17.67±0.3c	4.4±0.41d	24.90d	13.27±0.17ab	75.1

注：①数据表示平均值±标准误差；

②不同小写字母表示在 0.05 水平上差异显著。

在风沙土中，第一季麦草吸收的总氮量因生物炭的施入而明显提高，但两个施炭水平之间差异不显著，进入第二季后各处理之间均无显著差异。相对而言，生物炭对土壤氮素利用的促进作用更强，因此表现为源于土壤氮的比例提高而源于肥料的氮素比例降低。

在红壤中，生物炭对麦草氮素吸收特征的影响也主要发生在第一季，主要表现为施加 2%BC 生物炭时麦草氮素吸收总量、吸收肥料氮量分别降低了 5.2 mg/pot 和 4.0 mg/pot。而 4%BC 处理则与对照之间没有差异。

在灰漠土中，施加生物炭后，虽然麦草对各来源氮素的吸收总量没有显著差异，但是吸收的肥料氮的比例明显低于对照处理。其中，第一季麦草吸收肥料氮比例在 2%BC

和 4%BC 处理中较对照分别降低 3.7%和 5.2%。

生物炭对盐碱土中麦草氮素吸收的影响主要表现为降低了第一季的氮素吸收总量，其中4%BC与对照相比达到显著水平，减少了7.1 mg/pot，肥料氮吸收量减少了4.2 mg/pot。虽然吸收的土壤氮的总量也有一定下降，但差异不显著。总体上，生物炭施入盐碱土后抑制了植物对肥料氮素以及土壤氮素的吸收。

棕壤中收获的第一季麦草所吸收的氮素远远高于第二季，其中 2%BC 处理显著低于对照和 4%BC 处理（$P<0.05$），在第二季时各处理之间没有显著差异。与吸收氮素总量趋势一致，麦草对肥料氮素和土壤氮吸收总量也是在 2%BC 处理中有显著的降低。

3. 生物炭对肥料氮素持留的影响

如图 8-14 所示，风沙土土壤全氮含量在 5 种类型土壤中最低，并且受麦草收获带走氮素的影响，第二季麦草收获后的土壤全氮含量显著下降。土壤最初全氮含量在 0.08%左右，至第一季收获后下降至 0.06%左右，第二季收获后下降至 0.03%左右。除了在第一季结束时 2%BC 处理土壤全氮低于对照 33.3%，其他生物炭处理与对照之间没有显著差异。但是，^{15}N 同位素丰度测试结果显示，在第一季麦草收获时，2%BC 和 4%BC 生物炭处理土壤的 ^{15}N 同位素丰度均高于对照，其中 4%BC 处理高于对照 0.17 atom%，达到显著水平。不过与第一季的趋势不同，第二季生物炭土壤 ^{15}N 同位素丰度均显著低于对照。

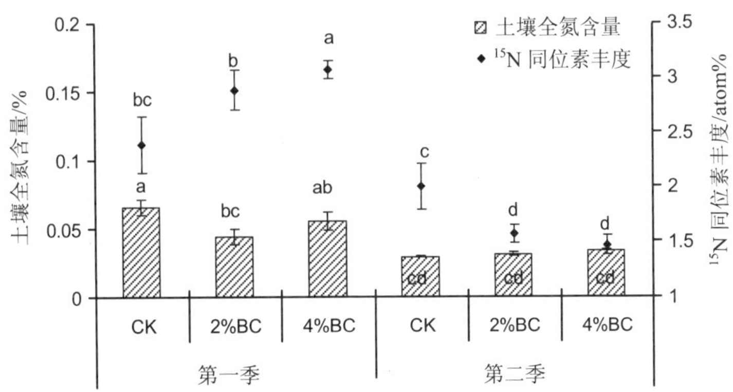

图 8-14 生物炭对风沙土全氮和 ^{15}N 同位素丰度的影响

红壤土的全氮含量相对较高，并且没有受到麦草收获及生物炭施加的影响，第一季至第二季均保持在 0.12%左右（图 8-15）。与土壤全氮含量变化趋势一致，第二季红壤中 ^{15}N 同位素丰度与第一季相比没有显著降低，介于 1.9 atom%～2.5 atom%。而施加生物炭及不同施加比例也没有对这一指标产生显著影响。因此，生物炭对红壤的肥料氮素残留率也没有产生影响。

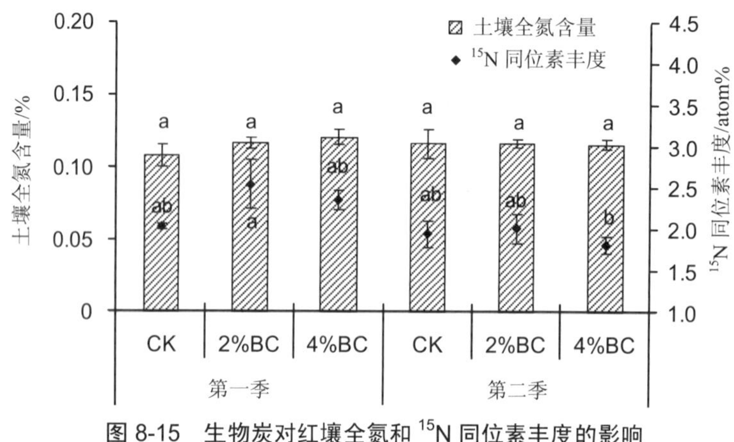

图 8-15 生物炭对红壤全氮和 ^{15}N 同位素丰度的影响

灰漠土全氮含量受麦草的影响较小，而受生物炭的影响较大（图 8-16）。生物炭处理土壤全氮含量在第一季和第二季时均高于对照，其中 4%BC 处理达到显著水平，第一季和第二季时分别高于对照 0.02%和 0.04%。土壤中 ^{15}N 同位素丰度范围值在 2.4 atom%～3.1 atom%，两季之间差异不大。生物炭及不同添加量处理在第一季结束后对这一指标产生影响，2%BC 和 4%BC 处理分别低于对照 0.69 atom%和 0.75 atom%，但第二季结束后，各处理间无显著差异。

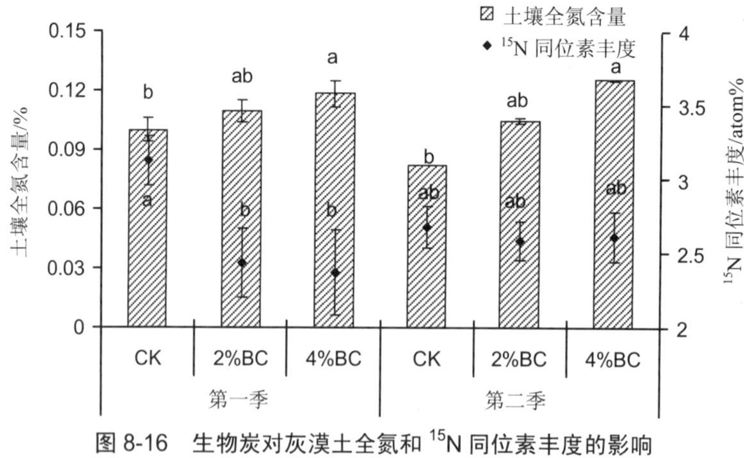

图 8-16 生物炭对灰漠土全氮和 ^{15}N 同位素丰度的影响

盐碱土全氮含量受两季麦草种植的影响也比较小，受生物炭的影响显著（图 8-17）。在第一季，4%BC 处理较 CK 全氮含量提高了 0.04%，相当于对照全氮的 38.38%。第二季时，生物炭处理也有提高土壤全氮含量的趋势，但差异不明显。盐碱土中 ^{15}N 同位素丰度随着生物炭的施入而明显升高，4%BC 处理在第一季和第二季收获时分别较 CK 提高 0.6 atom%和 0.73 atom%，差异显著（$P<0.05$）。试验结束时，4%BC 处理肥料氮残留率高于对照 9.6%。

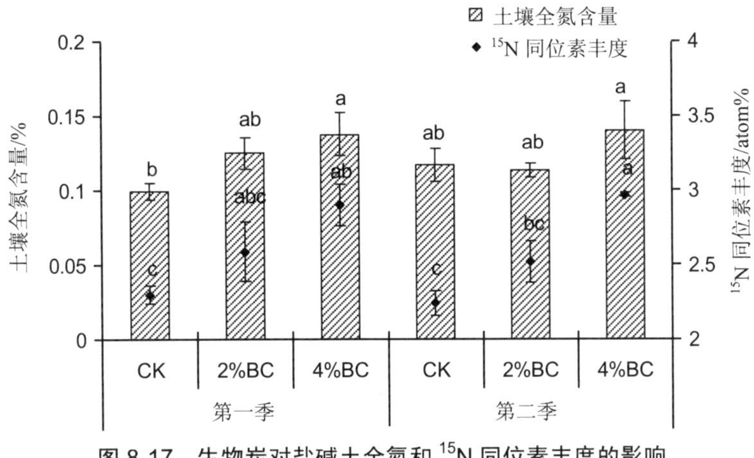

图 8-17　生物炭对盐碱土全氮和 ^{15}N 同位素丰度的影响

棕壤全氮含量在两个种植季中表现得较为稳定（图 8-18），平均为 0.11%～0.14%，与种植前氮素水平基本一致，只有对照处理第二季收获时土壤全氮含量较第一季降低 0.02%。但是，棕壤土中第一季和第二季 ^{15}N 同位素丰度之间存在较大差异，由第一季的 1.99 atom%～2.10 atom%下降至第二季的 1.27 atom%～1.59 atom%。土壤 ^{15}N 同位素丰度因生物炭的施入而有所提高，虽然在第一季时没有达到显著水平，但在第二季时，施加 2%BC 和 4%BC 生物炭分别较对照提高了 0.30 atom%和 0.34 atom%。

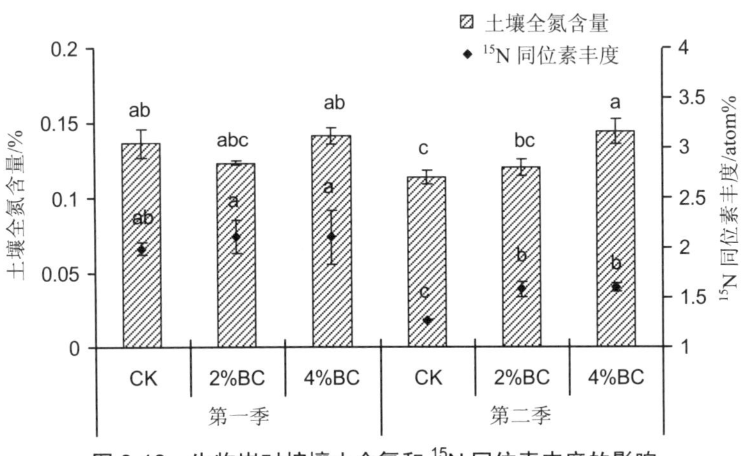

图 8-18　生物炭对棕壤土全氮和 ^{15}N 同位素丰度的影响

总体来讲，不同土壤中肥料氮素两季的合计利用率差异较大（表 8-3），范围为 22%～43%，其中，盐碱土肥料氮利用率最低，只有 22%～32%，棕壤利用率最高，为 36%～43%。生物炭对不同类型土壤肥料利用率的影响呈现出相反的两类结果。其中，风沙土施加 2%生物炭提高了第一季麦草肥料利用率 9.1%，4%BC 处理提高总利用率 6.9%。而在灰漠土和盐碱土中施加生物炭后氮肥利用率降低，其中灰漠土的 4%BC 处理、盐碱土的 2%BC

和 4%BC 处理以及棕壤的 2%BC 处理均显著低于对照处理。

表 8-3 各土壤处理标记肥料氮的回收率

处理		NUE/%			肥料氮素残留率/%	肥料氮素回收率/%	损失率/%
		第一季	第二季	总利用率			
风沙土	CK	18.27c	13.85a	32.12b	3.44d	35.56c	64.44
	2%BC	27.33b	11.19ab	38.52ab	2.68e	41.2bc	58.80
	4%BC	27.10b	11.97ab	39.07a	2.69e	41.76bc	58.24
红　壤	CK	17.45a	14.43a	31.88a	13.45a	45.28a	58.73
	2%BC	16.31ab	12.68ab	28.99ab	13.84a	42.47ab	57.53
	4%BC	18.20a	12.17ab	30.37a	12.06ab	42.43ab	57.57
灰漠土	CK	17.87a	9.5a	27.37a	13.71c	41.08b	58.92
	2%BC	17.39a	10.56a	27.95a	16.55b	44.50a	55.5
	4%BC	15.47b	9.99a	25.46b	20.23a	45.69a	54.31
盐碱土	CK	23.10a	8.98a	32.08a	15.73bc	47.63a	52.37
	2%BC	17.54b	7.02ab	24.56b	17.3b	41.91b	58.09
	4%BC	15.62b	6.15b	21.77bc	25.3a	46.07a	53.97
棕　壤	CK	32.67a	10.05bc	42.72a	7.31c	50.03a	49.97
	2%BC	26.35b	9.27bc	35.62b	10.35b	45.97ab	54.03
	4%BC	29.91ab	7.85c	37.76ab	12.64a	50.40a	49.60

注：①NUE：氮肥利用率；

②不同小写字母表示在 0.05 水平上差异显著。

经过两季麦草后，土壤中肥料氮素残留率最低值出现在风沙土中，只有 3%左右，残留率最高的是盐碱土，为 15.7%～25%。盐碱土 4%BC 处理土壤肥料氮素残留率比对照提高了 9.6%，但 2%BC 处理无显著影响。

在风沙土中，4%BC 处理氮肥利用率提高接近 7%，而土壤氮素残留率降低了 0.8%，也因此损失率也降低了 6.2%。灰漠土中两个生物炭处理的肥料氮素残留率分别提高了 2.8%和 6.5%，损失率相应降低了 3.4%和 4.6%。

综上所述，如果不考虑作物产量，仅评价肥料中氮素的利用效率，可以认为：在风沙土中添加生物炭有助于减少肥料氮素损失、提高肥料氮素利用率；在红壤中添加生物炭对肥料氮素的利用和损失无显著影响；在灰漠土中添加高量生物炭有可能表现出一定的生长抑制作用，肥料利用率有所降低，但损失率也同时降低，可将更多的肥料氮素固定在土壤中；在盐碱土和棕壤中，生物炭也会导致肥料利用率的降低。肥料进入土壤后就已经成为土壤养分的一部分，仅仅评价源于肥料的养分利用效率或损失难免有失偏颇，但这对深化生物炭与化学肥料之间相互作用的理解是有帮助的。

【研究案例：生物炭对不同类型土壤无机氮淋溶的影响】

取风沙土、红壤、灰漠土、盐碱土、棕壤等各类型风干土壤 20 g，将生物炭按 0、2%和 4%比例混匀，装入底部装有 20 g 石英砂的 50 mL 去塞注射器中，上层再铺 20 g 的石英砂，以防补水时对土壤造成较大扰动。

每种土壤的各处理装 6 只注射器，其中 3 只不施加尿素进行淋溶，另外 3 只施加尿素溶液至 280 mg N/kg 土壤（相当于 300 kg/hm^2）。调节含水量至 50%WHC 开始培养，在培养的第 2、5、10、15、22、30、40 天使用 30 mL 去离子水淋洗，记录淋出液的体积，测定淋出液中 NH_4^+-N 和 NO_3^--N 的浓度，计算淋出的 NH_4^+-N 和 NO_3^--N 总量。

1. 未施氮肥条件下生物炭对土壤无机氮淋失的影响

如表 8-4 所示，在未施加尿素的条件下，各种类型土壤均未检测到 NH_3 挥发，因此，损失途径只有无机氮素的淋溶。5 种类型土壤淋失的氮素均以 NO_3^--N 为主，NH_4^+-N 损失比例较低。

表 8-4　生物炭对土壤氮素淋溶的影响

处理		损失总量/（mg/kg）	NH_4^+-N		NO_3^--N	
			累积淋失量/（mg/kg）	占总氮损失量比例/%	累积淋失量/（mg/kg）	占总氮损失量比例/%
风沙土	CK	7.96±0.14a	0.77±0.04a	9.64	7.19±0.1a	90.36
	2%BC	7.20±0.4a	0.96±0.15a	13.27	6.25±0.28a	86.73
	4%BC	6.86±1.06a	0.84±0.07a	12.18	6.02±0.98a	87.82
红壤	CK	42.58±1.4a	5.18±0.15a	12.17	37.40±1.25a	87.83
	2%BC	33.97±2.98b	3.81±0.27b	11.21	30.16±2.28b	88.79
	4%BC	29.22±2.43c	4.13±0.34b	14.13	25.09±2.46c	85.87
灰漠土	CK	22.88±1.62a	0.59±0.15a	2.58	22.29±1.76a	97.42
	2%BC	22.49±1.82a	0.89±0.60a	3.98	21.59±2.08a	96.02
	4%BC	19.77±3.24a	0.76±0.27a	3.86	19.01±3.97a	96.14
盐碱土	CK	37.04±2.22a	2.71±0.55b	7.31	34.33±2.08a	92.69
	2%BC	42.57±1.2a	3.90±0.52a	9.16	38.67±1.53a	90.84
	4%BC	40.95±4.1a	2.95±0.51ab	7.21	38.00±3.61a	92.79
棕壤	CK	16.75±2.22a	6.28±0.57b	37.48	10.47±1.7a	62.52
	2%BC	16.90±0.74a	8.50±0.32a	50.26	8.41±0.84a	49.74
	4%BC	14.41±2.09a	5.86±0.71b	40.64	8.55±0.69a	59.36

风沙土中淋溶的 NH_4^+-N 和 NO_3^--N 总量均较少，CK、2%BC、4%BC 处理损失总量分别为 7.96 mg/kg、7.20 mg/kg 和 6.86 mg/kg。其中，NH_4^+-N 占总氮损失量比例为 9.64%～13.27%，NO_3^--N 占总氮损失量比例为 86.73%～90.36%。不同用量的生物炭对损失总量没有显著影响（$P>0.05$）。

红壤中无机氮损失总量为 29.22～42.58 mg/kg，其中，NH_4^+-N 累积淋失量为 3.81～5.18 mg/kg，NO_3^--N 累积淋失量为 25.09～37.40 mg/kg。红壤的全氮含量并不是 5 种土壤中最高的，但其有效态氮含量较高，施加生物炭后可以同时有效减少 NH_4^+-N 和 NO_3^--N 淋失，并且随施炭比例提高而显著降低。相比对照，施加 2%BC 和 4%BC 的生物炭减少损失总量分别为 20.22%和 31.38%。

生物炭对灰漠土、盐碱土和棕壤无机氮淋失均没有显著影响。在不施氮肥条件下，灰漠土氮素总淋失量为 20 mg/kg 左右，其中 NH_4^+-N 的淋溶占 2.58%～3.98%，NO_3^--N 占 96%以上。盐碱土中氮总淋失量为 37.04～42.5 mg/kg，其中 NO_3^--N 占 90%以上。虽然 NH_4^+-N 淋失在生物炭处理中有所提高，但其比例仅占 2.71%～3.90%。棕壤氮总淋失量为 16 mg/kg 左右，NH_4^+-N 淋溶主要集中于前两次淋洗。其中 2%BC 生物炭处理提高了 NH_4^+-N 累积淋失量 12.78 mg/kg。

2. 施氮肥条件下生物炭对无机氮淋失的影响

风沙土施加尿素后，无机氮淋失如图 8-19 所示，NH_4^+-N 淋失量较未施加氮肥时增加幅度不大，主要淋失发生在前两次淋洗过程中，施加 2%BC 和 4%BC 生物炭可以有效减少 NH_4^+-N 淋失分别达 48.5%和 66.7%。风沙土肥料氮素主要以 NO_3^--N 的形式淋失，淋失量为 48.5～61 mg/kg，占无机氮淋失氮的 90%～98%，且淋失主要发生在前 10 d 的 3 次淋溶中。施加 2%生物炭对 NO_3^--N 淋失量没有显著影响，但施加 4%BC 生物炭提高了 NO_3^--N 淋失 11.3 mg/kg，相当于提高总氮损失 11.9%，此时，总氮损失提高 16.5%，氨挥发增加贡献 7.7%，NH_4^+-N 淋失贡献−2.1%。

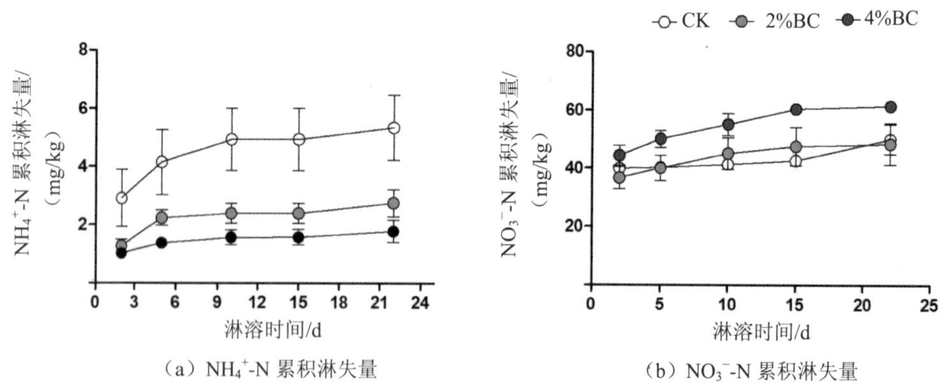

图 8-19 施氮肥条件下风沙土无机氮淋失随时间变化

在红壤中，氮素主要以 NH_4^+-N 的形式淋失（图 8-20）。CK、2%BC 生物炭和 4%BC 生物炭 3 个处理的氮素淋失总量分别为 304.6 mg/kg、304.4 mg/kg 和 243.9 mg/kg。其中，2%BC 和 4%BC 通过减少 NH_4^+-N 淋失降低总氮损失分别为 8.6%和 21%，是减少总氮损失的主要因素，并且随着施炭量提高效果增强。NO_3^--N 淋失总量小于 NH_4^+-N 的淋失总量，与其他类型土壤明显不同。3 个处理在前 15 d 的 4 次淋洗过程中 NO_3^--N 淋失量没有产生差异，但在随后的两次淋洗过程中施加生物炭处理显著提高了 NO_3^--N 淋失量，最终导致 2%BC 和 4%BC 处理 NO_3^--N 累积淋失量分别高于对照 44.94%和 67.6%。

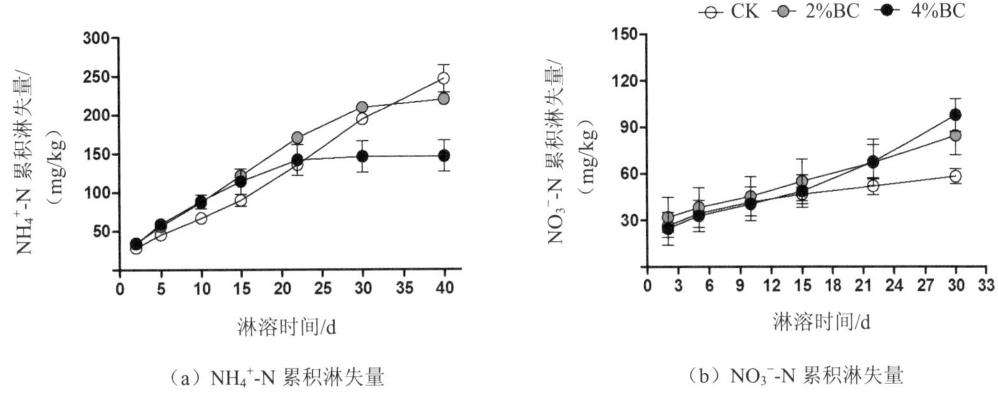

（a）NH_4^+-N 累积淋失量　（b）NO_3^--N 累积淋失量

图 8-20 施氮肥条件下红壤无机氮淋失随时间变化

在灰漠土中，NH_4^+-N 淋失总量比较低，小于 4 mg/kg，只占总淋失量的 1%～2.5%，且施加生物炭后可有效降低其淋失（图 8-21）。其中，2%BC 处理低于 CK 处理 36%，达到显著水平。灰漠土中无机氮淋失主要以 NO_3^--N 为主，占总淋失氮的 97%～99%，并且淋失主要集中在前 3 次淋洗过程中。其中，施加 2%BC 的生物炭处理 NO_3^--N 累积淋失量为 220.4 mg/kg，与对照相比增加了 45.5%。4%BC 处理在第一次淋溶时高于对照，但总的淋失量与对照没有差异。

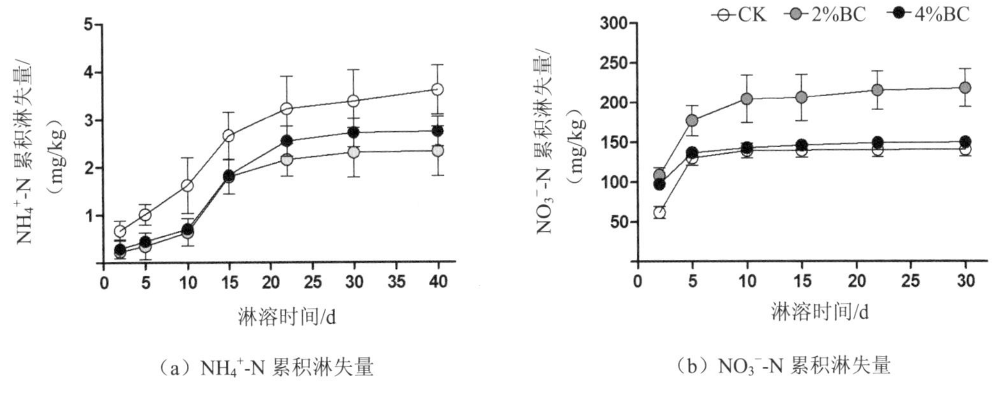

（a）NH_4^+-N 累积淋失量　（b）NO_3^--N 累积淋失量

图 8-21 施氮肥条件下灰漠土无机氮淋失随时间变化

盐碱土总氮损失在 100 mg/kg 左右（图 8-22）。其中，由于土质致密，含砂量少，不利于水分下渗，淋溶液较少，因而 NO_3^--N 和 NH_4^+-N 淋溶总量也相对较少；由于盐碱土 pH 较高，导致氨挥发明显，占总氮损失的 30%～34%。虽然施加 2%BC 和 4%BC 生物炭后对无机氮淋失总量没有显著差异，但是在第 3 次和第 4 次淋洗过程中，4%BC 处理 NH_4^+-N 淋失量显著小于对照。同时，在第一次淋洗过程中 4%BC 处理 NO_3^--N 淋失量也低于对照 21.5%。

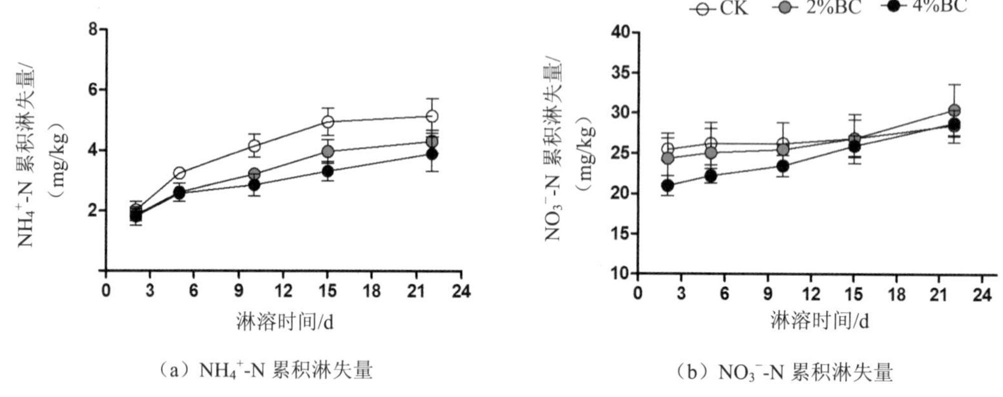

（a）NH_4^+-N 累积淋失量　（b）NO_3^--N 累积淋失量

图 8-22　施氮肥条件下盐碱土无机氮淋失随时间变化

棕壤中，NO_3^--N 是淋失的主要形式，NH_4^+-N 淋失很少（图 8-23）。施加 2%BC 和 4%BC 比例的生物炭均促进了 NH_4^+-N 的淋失，两个炭处理 NH_4^+-N 累积淋失量分别为 11.47 mg/kg 和 11.97 mg/kg，分别高于 CK 处理 35.58%和 41.49%，分别占所施肥料氮的 4.1%和 4.28%。施加 4%BC 生物炭可以有效减少棕壤中 NO_3^--N 的淋失。与对照相比，施加生物炭后棕壤硝态氮淋失主要集中在培养前 5 d。虽然在培养第一次淋溶时生物炭处理土壤中 NO_3^--N 累积淋失量高于对照处理，但在之后的淋失过程中 2%BC 和 4%BC 处理 NO_3^--N 淋失迅速减少，6 次总淋失量均为 135.1 mg/kg，较 CK 处理降低 29.3%左右。

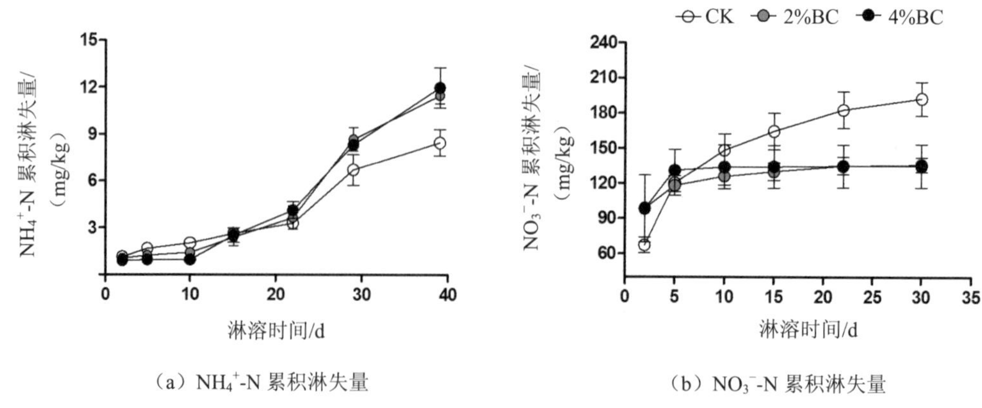

（a）NH_4^+-N 累积淋失量　（b）NO_3^--N 累积淋失量

图 8-23　施氮肥条件下棕壤无机氮淋失随时间变化

【研究案例：生物炭对土壤氨挥发的影响】

以辽宁省典型棕壤为研究对象，以玉米秸秆生物炭为材料，用密闭箱酸吸收法实地检测玉米田氨挥发损失，同时对土壤的温度水分以及速效氮等指标进行测定。试验共设 5 个处理：B0 不施氮肥且不施炭；B20 只施生物炭（20 t/hm^2）；NB0 只施氮肥（160 kg/hm^2）；NB20 生物炭与氮肥配施（160 kg/hm^2，20 t/hm^2）；NB40 生物炭与氮肥配施（160 kg/hm^2，40 t/hm^2）。

1．生物炭对土壤氨挥发速率的影响

如图 8-24 所示，施氮肥处理土壤的氨挥发主要发生在施肥后 14 d 内，而未施氮肥处理土壤氨挥发速率与土壤的含水量呈正相关，并一直处于较低水平。B0 和 B20 处理的 NH_3 挥发速率较低，为 0.04～0.07 mgN/（m^2·h）。

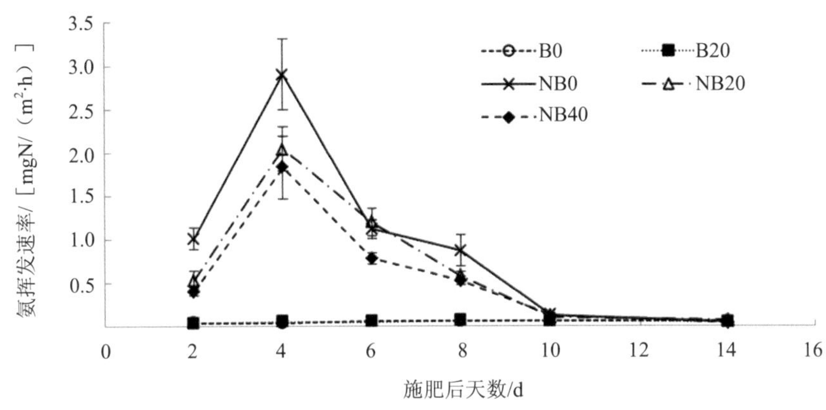

图 8-24　土壤氨挥发速率

施氮肥显著提高了氨挥发速率，各处理氨挥发速率的变化趋势基本一致，均在施氮肥后第 2 天逐渐升高，第 4 天达到最大值，分别为 2.90 mgN/（m^2·h）、2.04 mgN/（m^2·h）和 1.83 mgN/（m^2·h），此后逐渐下降并趋于平稳，14 d 后各处理与 B0 已无明显差异。施肥的基础上增施生物炭能降低土壤的氨挥发速率，与 NB0 处理相比，NB20 和 NB40 处理的氨挥发速率的峰值均有所下降，降幅分别为 29.65%和 36.89%。

2．生物炭对土壤累计氨挥发的影响

如图 8-25 所示，施肥后氨的累计挥发量逐渐增加，直到 14 d 后基本趋于水平，B0、B20、NB0、NB20 和 NB40 的氨累计挥发量分别为 0.18 kgN/hm^2、0.16 kgN/hm^2、2.84 kgN/hm^2、2.16 kgN/hm^2 和 1.77 kgN/hm^2。其中，未施肥处理间差异不显著，而 3 个施肥处理间差异显著。与 NB0 处理相比，NB20 与 NB40 的氨累计挥发量分别降低了 24.08%和 37.62%。施炭越多，氨挥发损失越少。

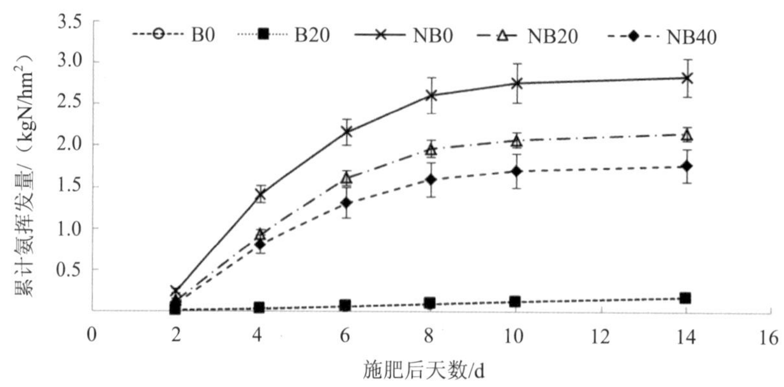

图 8-25 土壤累计氨挥发量

3. 生物炭对玉米生长季氮素氨挥发损失的影响

基于施肥后的加密测定和其后每 20 d 测定的土壤氨挥发速率计算玉米生长季氨挥发总量（表 8-5）。结果表明，未施氮肥处理 B0 和 B20 的氨挥发总量分别为 0.86 kgN/hm^2 和 0.84 kgN/hm^2，B20 略低于 B0 处理，但二者差异不显著。在施氮肥条件下，各处理氨的挥发损失总量显著增加，分别达到 4.38 kgN/hm^2，3.70 kgN/hm^2 和 3.32 kgN/hm^2。与 NB0 相比，NB20 和 NB40 处理可以减少氨挥发总量，减少幅度分别为 15.61%和 24.39%，相当于节省肥料用量 0.43%和 0.67%。试验结果表明，单施生物炭不会造成土壤氨排放显著增加，氮肥的施用才是影响土壤氨挥发的主要因素；在施氮肥条件下，施用生物炭可显著抑制氨挥发，而且随着施炭量增加，氨挥发量逐渐降低。

表 8-5 氮素的氨挥发损失

处理	土壤氮素的氨挥发损失量/（kgN/hm^2）	肥料氮的氨挥发损失率/%
B0	0.86±0.02 d	—
B20	0.84±0.02 d	—
NB0	4.38±0.23 a	2.21
NB20	3.70±0.09 b	1.78
NB40	3.32±0.20 c	1.54

农田土壤氨挥发主要来源有：一个来源是土壤中原有的氮素；另一个来源是所施肥料中的氮素。本试验在不考虑氮肥的激发效应的情况下，假定各小区来自土壤原有氮素的氨挥发量相等，施肥小区来自肥料的氨挥发量等于其与不施肥小区的差值。此方法有可能过高估计了肥料氮的氨挥发。

【研究案例：生物炭对土壤氮素反硝化和氧化亚氮排放的影响】

在开展上一个案例研究的同时，用密闭箱—气象色谱法测定了土壤氧化亚氮排放，计算排通量（徐文彬，2002）、氧化亚氮排放强度（Herzog et al.，2006）和增温潜势（GWP）。

1. 生物炭对土壤氧化亚氮排放通量的影响

如图 8-26 所示，未施氮肥处理的氧化亚氮排放通量较低，介于 4.36～10.76 μgN/（m^2·h），未发现明显峰值，施肥显著增加了氧化亚氮的排放通量，且 NB0、NB20 和 NB40 处理的氧化亚氮排放通量变化均表现为先增加后降低的趋势，前期迅速增加，播种 8 d 后达到峰值，分别为 65.54 μgN/（m^2·h）、52.01 μgN/（m^2·h）和 58.8 μgN/（m^2·h），随后迅速降低，后期呈小幅度的上下波动并维持在稳定的低排放水平。整个生长季内，NB0、NB20 和 NB40 3 个处理的平均氧化亚氮排放通量分别为 16.97 μgN/（m^2·h）、13.06 μgN/（m^2·h）和 13.93 μgN/（m^2·h），且施生物炭处理显著低于施氮肥处理，与 NB0 相比，NB20 和 NB40 的平均氧化亚氮排放通量分别降低 23.04%和 17.91%。可见，施用生物炭有效抑制了土壤氧化亚氮的排放，但不同生物炭施用量处理之间差异不显著。

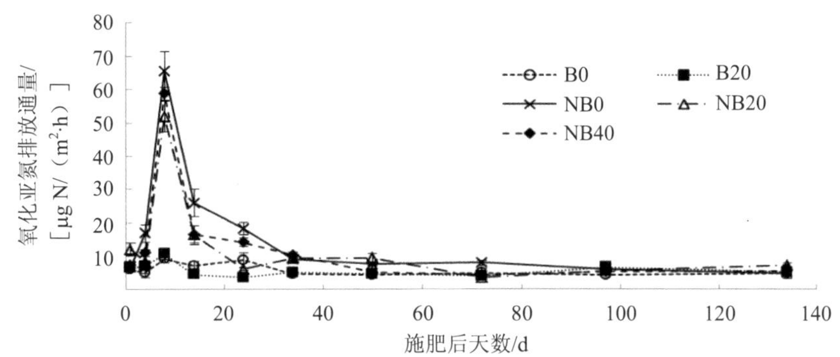

图 8-26　土壤氧化亚氮排放通量的动态变化

氧化亚氮测定同时监测了土壤 NH_4^+-N 和 NO_3^--N 含量的变化（图 8-27），结果表明，整个生育期，未施氮处理的土壤 NH_4^+-N 含量较低，B0 与 B20 处理的变化基本一致，均呈交替的升高与降低的趋势，介于 0.73～2.45 mg/kg。NO_3^--N 的变化同样呈交替的升高与降低的趋势，B0 与 B20 处理间无明显差异，含量变化介于 6.94～26.8 mg/kg。

对于 NB0、NB20 和 NB40 3 个施肥处理，在施氮肥后，NH_4^+-N 含量迅速升高，到第 4 天各处理达到峰值，分别为 23.05 mg/kg、20.66 mg/kg 和 17.07 mg/kg，随后逐渐下降。可见，与常规施肥相比，添加生物炭可以提高土壤中的 NO_3^--N 含量，降低 NH_4^+-N 含量。

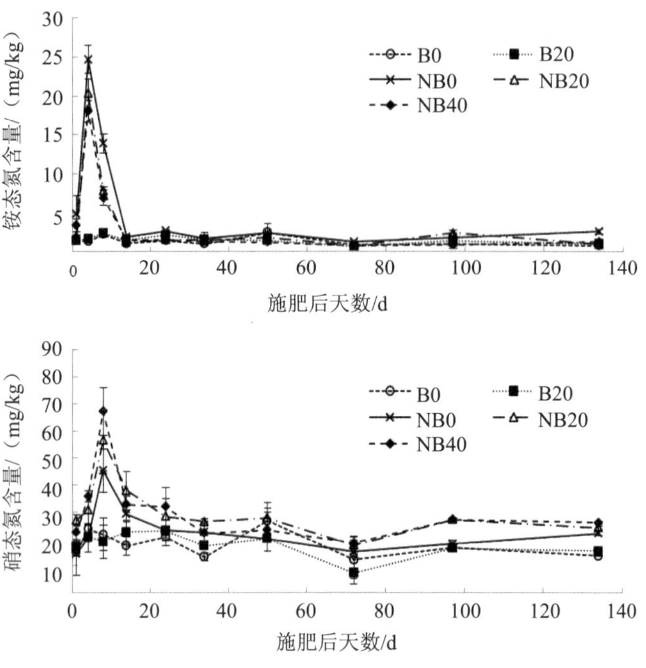

图 8-27 生育期内土壤的铵态氮和硝态氮的动态变化

2. 生物炭对土壤累计氧化亚氮排放的影响

随着生育期的推进，土壤累计氧化亚氮排放量逐渐增加（图 8-28），未施氮肥处理 B0 和 B20 的氧化亚氮的累计排放量显著低于施氮肥处理，分别为 0.16 kgN/hm^2 和 0.17 kgN/hm^2，但二者差异不显著。

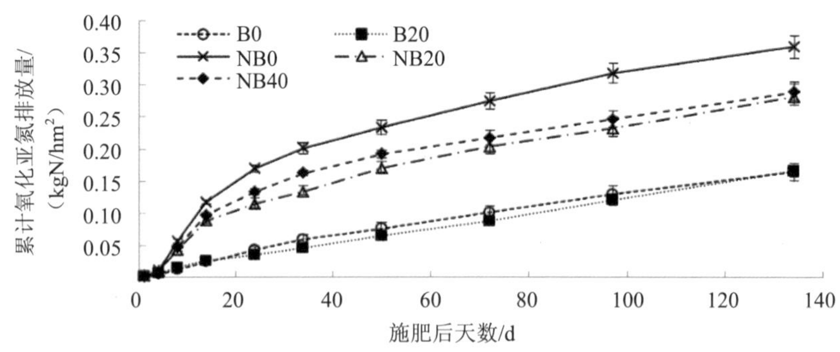

图 8-28 土壤累计氧化亚氮排放量

施氮肥显著增加了土壤氧化亚氮的排放，NB0、NB20 和 NB40 处理氧化亚氮的累计排放量分别为 0.36 kgN/hm^2、0.28 kgN/hm^2 和 0.29 kgN/hm^2。与 NB0 相比，NB20 和 NB40 的氧化亚氮累计排放总量分别减少 21.76%和 19.57%。可见，在施肥的农田土壤中添加生物炭可以显著降低土壤氧化亚氮的排放。

3. 生物炭对氮素的氧化亚氮排放损失的影响

在不考虑氮肥的激发效应的情况下，假定各小区来自土壤原有氮素的氧化亚氮排放量相等，以施肥处理与不施肥处理的氧化亚氮排放量差值估算肥料氮的氧化亚氮排放损失（表 8-6）。结果表明，整个玉米生长季，NB0、NB20 和 NB40 处理的氧化亚氮排放损失总量分别为 0.36 kgN/hm^2、0.28 kgN/hm^2 和 0.29 kgN/hm^2，其中来自氮肥的氧化亚氮排放损失量分别为 0.20 kgN/hm^2、0.12 kgN/hm^2 和 0.12 kgN/hm^2。与常规施肥相比，生物炭处理的肥料氮的氧化亚氮排放损失总量和肥料氮素损失率均显著降低，由氧化亚氮排放而导致的肥料氮素损失分别减少 40.16%和 36.06%。

表 8-6　氮素的氧化亚氮排放损失

处理	氮素的氧化亚氮排放总量/（kgN/hm^2）	肥料氮的氧化亚氮排放损失率/%
B0	0.17±0.01 c	—
B20	0.17±0.01 c	—
NB0	0.36±0.02 a	0.12
NB20	0.28±0.02 b	0.07
NB40	0.29±0.01 b	0.08

4. 生物炭对土壤氧化亚氮排放强度的影响

氧化亚氮是主要的温室气体之一，其温室效应是二氧化碳的 298 倍，依次计算其二氧化碳排放当量，结合玉米产量计算各处理的排放强度（GHGI）（图 8-29）。对比可知，NB20 处理在玉米籽粒产量较高的条件下，其氧化亚氮排放量较低，因而氧化亚氮排放强度最小，而 NB40 处理的氧化亚氮排放量较低，但是其产量也较低，因而氧化亚氮排放强度较高。与 NB0 相比，NB20 处理的氧化亚氮排放强度显著降低 26.06%。

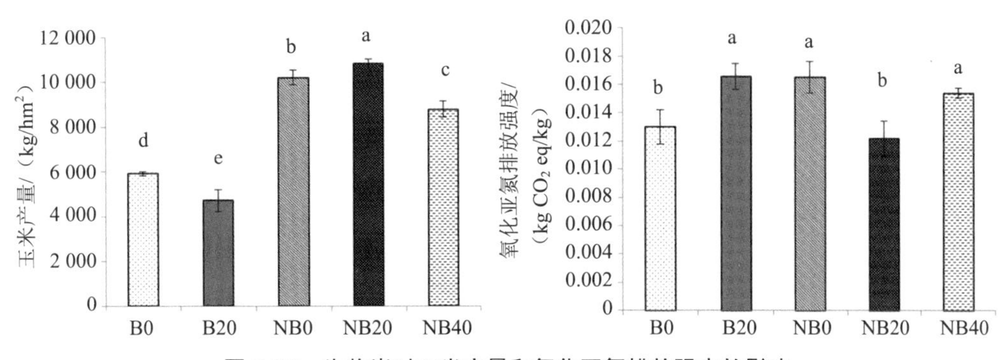

图 8-29　生物炭对玉米产量和氧化亚氮排放强度的影响

综合上述研究案例可以看出，生物炭对土壤和肥料氮素转化的影响整体上表现为促进肥料氮的水解、土壤氮的矿化和铵态氮的释放，但也提高了对肥料氮的吸附能力、微生物氮固定、促进作物吸收养分，减少淋溶与挥发损失（图 8-30）。虽然各方面的作用效果存在很大的不确定性，但在适当的生物炭用量条件下，有可能在作物产量和肥料利用率之间建立高水平的平衡。

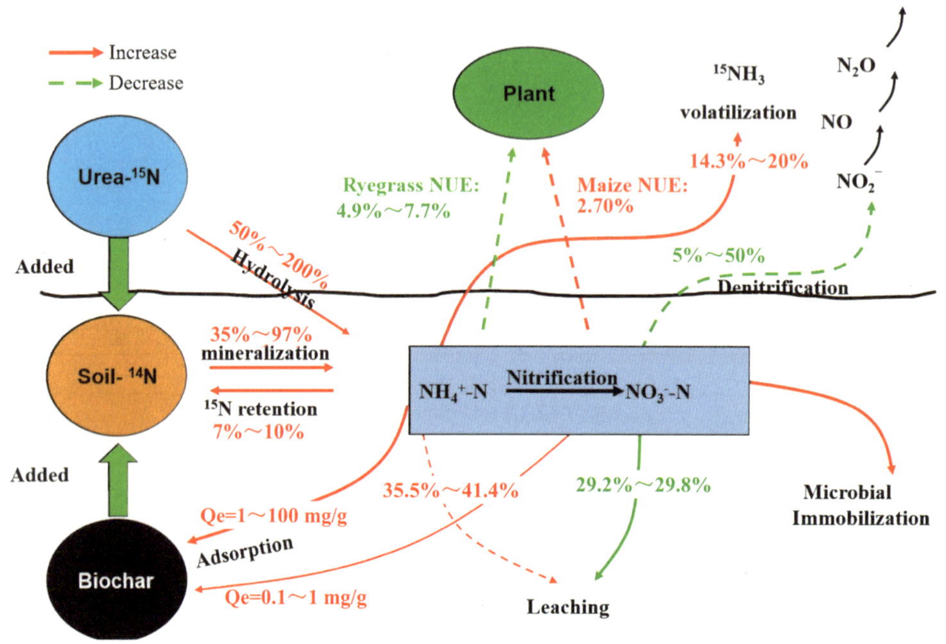

图 8-30 生物炭对尿素氮在棕壤中转化的影响

二、土壤磷素

磷（P）是植物生长不可缺少的营养元素，作为植物体内多种有机化合物的组分，以多种形式参与植物体内的各种代谢。磷在土壤中移动性差、易固定，可溶性磷肥绝大部分以无效态形式积累，在通常情况下，磷肥当季利用率仅为 5%～15%，累计残效不超过 25%。连续大量施用磷肥将导致农田土壤磷素的富集及其有效性的降低。因此，即使农田土壤磷素背景值较高，但作物发生缺素症状的现象仍十分普遍。土壤磷素活性受包括土壤 pH、土壤质地、有机质含量、含水量、氧化还原电位、微生物活性等诸多因素影响。

土壤中磷的形态可分为无机态磷和有机态磷，前者包括矿物态磷、吸附态磷、可溶态磷。其中，可溶态是最有效的部分，是植物吸收利用的主要形态。由于直接测定土壤无机磷化合物比较困难，因此，人们常采用磷素分级方法评价土壤有效磷库的大小和土壤磷素的供应状况。其中，以蒋柏藩、顾益初的无机磷分级体系，Bowman-Cole 的有机磷分级体系最为经典。

现阶段，对于土壤各形态磷有效性的研究结果不一，但普遍认为 Ca_2-P、Ca_8-P、Al-P、Fe-P 是植物的有效或缓效磷源，而 Ca_{10}-P、O-P 难以被植物利用。Ca_2-P 是土壤 Olsen-P

含量的主要影响因子，作物吸收磷素绝大多数来源于 Ca_2-P 型磷酸盐，Ca_8-P 则是有效性相对较高的缓效磷源。Al-P 有效性相对较高，Fe-P 则是土壤缓效磷源，二者对描述土壤供磷水平、调控土壤磷库都有重要意义。长期不施肥引发的低磷胁迫下，植物也可以吸收 Fe-P 或促进 Fe-P 转化而保证生长。土壤 Ca_{10}-P 与 O-P 是作物的潜在磷源，施用磷肥短期内不会改变土壤其含量。

有机磷矿化是土壤有效磷的主要来源。Bowman-Cole 分级方法中，活性有机磷（0.5 mol/L $NaHCO_3$ 浸提的有效态磷）、中等活性有机磷（酸溶性有机磷及碱溶性无机磷）和中稳定性有机磷（不沉淀富里酸磷）直接影响土壤有效磷的含量，高稳定性有机磷（沉淀胡敏酸磷）则是有机磷组分中最难被作物吸收利用的部分，易矿化程度与有效性依次下降。

生物炭施入土壤后，会对土壤中磷素的迁移、转化等过程产生一定影响。前人研究表明，不同种类的生物炭对磷的吸附能力不同（Peng et al.，2012），并受到土壤酸碱度的影响。Xu 等（2016）认为，生物炭施入酸性土壤后，土壤对磷的吸附能力变强，从而降低了磷的有效性；而将生物炭施入碱性土壤后，能够降低土壤对磷的吸附能力，从而提高土壤有效磷含量（Sarfraz et al.，2020）。靖彦等（2013）将生物炭与无机肥料混合后施入旱地红壤中，发现施炭处理的土壤有效磷含量与土壤 pH 显著相关，有效磷含量随着生物炭施用量的增加而增加。也有研究指出，生物炭对土壤磷的吸附能力受施用量影响。Parvage 等（2013）研究发现，以 0、0.5%、1%、2%和 4%的用量向土壤中施入小麦秸秆生物炭时，各处理土壤可溶性磷含量存在差异，且以 1%施炭量时最高。Zhai 等（2015）研究表明，以 0、2%、4%和 8%的用量向酸性红壤中施入玉米秸秆生物炭后，土壤有效磷含量随着生物炭用量的增加而增加。在热带地区也可见到生物炭或炭化物增加土壤可提取态磷的报告（Matin et al.，2020）。

生物炭含有相当数量的磷，可以为作物吸收利用。相对于大量的碳元素而言，植物体内的磷含量是很低的，而且其中一部分是通过酯键或焦磷酸盐的形式与有机分子结合在一起（Antunes et al.，2017），植物残体内的有机磷若没有微生物分解则难以被植物吸收利用。在炭化过程中，低温热解或高温热解（350℃和 800℃）都有助于形成 PO_4^{3-}库，生物炭中的磷会被富集（Gundale et al.，2006），但可能因为磷在 700℃时开始挥发（Knoepp et al.，2005），可提取态磷的含量在高温炭化条件下将趋于下降。

除了直接提供可溶性磷，生物炭也通过较强的离子交换能力影响磷的可利用性。已有研究表明，新鲜生物炭在酸性条件下具有很强的阴离子交换能力（Cheng et al.，2008），甚至可以在初始阶段超过生物炭总的阳离子交换能力。很可能这些带正电荷的交换位点会与铝和铁氧化物竞争吸附可溶性磷，这与胡敏酸和富里酸类似。

磷的循环过程还包括相当一部分沉淀反应，进而影响磷的可利用性和作物吸收。这种沉淀反应在很大程度上取决于土壤 pH，尤其是和 Al^{3+}、Fe^{3+}、Ca^{2+}等在一起时（Song et al.，2007）。在碱性土壤中，磷的溶解性主要受到与 Ca^{2+}的交互作用的调控，主要是磷灰石途径。在酸性土壤中，磷的可利用性受到其与铝和铁离子反应的调控，会形成大量的铁和铝的磷酸盐。生物炭可以通过 pH 影响磷进入这些不可溶形态的可能性，并强化与铝、铁、钙的离子反应（Li et al.，2020；Chintala et al.，2014），或通过吸附有机分子充当螯合剂螯合那些会使磷沉淀的金属离子（Deluca et al.，2009）。

此外，生物炭还可以通过多种途径影响磷的有效性，例如，表面吸附螯合有机分子。生物炭的巨大表面非常有利于吸附不同分子量的极性或非极性有机分子（Liu et al.，2017），能够螯合 Al^{3+}、Fe^{3+}、Ca^{2+}的有机分子很有可能被吸附到生物炭的疏水或带电荷的表面，例如，有机酸、酚酸、氨基酸、复杂蛋白质或羧酸盐（Jalali et al.，2010；Li et al.，2007）。

概括来讲，生物炭对土壤磷素转化关键过程的影响主要包括以下几个方面。

（1）生物炭对土壤有机磷水解的影响。

有机磷的水解可以被植物根系和土壤微生物产生的胞外酶催化。酶的活性和微生物量对磷的矿化尤为重要（Chen et al.，2019；Liu et al.，2017）。研究表明，生物炭可通过增加微生物量而促进磷的矿化，在经过生物炭改良的含有较多微生物量碳的土壤中也往往表现出较高的磷矿化率（Fox et al.，2016）。

生物炭对土壤 pH 的改变是另外一种影响磷水解的方式，pH 升高时，土壤中的碱性磷酸酶活性增强（Wei et al.，2016）。在小麦和玉米轮作的沙壤土上，每年以 9 t/hm^2 的比例施用玉米芯生物炭 4 次，0～5 cm 土层内的碱性磷酸酶活性可增强 2～3 倍（Gao et al.，2019）。在施用生物炭后，酸性磷酸酶的活性降低，表明土壤微生物群落组成可能发生了改变（Jin et al.，2016）。因此，生物炭有助于土壤有机磷的水解，但具体是由土壤微生物群落对磷酸盐需求量提高并产生胞外酶，或是改变土壤 pH 使碱性磷酸酶活性增强仍需进一步确定。

（2）生物炭对丛枝菌根真菌的影响。

在菌根真菌的参与下，作物对磷的吸收得益于作物和真菌分泌的胞外磷酸酶和有机酸的联合作用（Gul et al.，2016）。真菌菌丝能进入植物根系无法进入的微生境，进而有效地获取磷并通过菌根转运给植株（Zimmerman et al.，2011）。经常发现生物炭可以促进植株菌根的生长（Lehmann et al.，2011）。在养分充足的土壤中施加生物炭，菌根会减少，即肥沃土壤可以减轻作物通过菌根真菌获取养分的依赖（Biederman et al.，2013；Lehmann et al.，2011）。反之，在贫瘠土壤上施用生物炭有助于产生更多菌根（Blackwell et al.，2015）。生物炭原料、不同热解温度、补充的养分和微生物菌剂对菌根发展有显著影响。

（3）生物炭对土壤解磷微生物的影响。

植物根系、根际细菌和丛枝菌根真菌分泌的有机酸（如草酸、柠檬酸、葡萄糖酸、乙酸和琥珀酸）可溶解次生矿物和矿物表面的正磷酸盐（Vassilev et al.，2013；Antoun，

2012)，而生物炭灰分所含有的养分将促进微生物分泌有机酸，以动物骨骼制备的生物炭甚至有希望成为无机磷肥的可持续性替代品（Vassilev et al.，2013）。按照大约 8 t/hm^2 的比例将接种了赖氨酸芽孢杆菌（*Lysinibacillus sphaericus*）和纺锤形赖氨酸芽孢杆菌（*Lysinibacillus fusiformis*）两种有机酸产生菌的稻壳炭施用于土壤，正磷酸盐含量可增加 47%～54%（何莉莉等，2014）。负载养分的生物炭将会更加有效地提高有机酸对正磷酸盐的增溶作用，并在贫瘠土壤上展现出比在肥沃土壤上更显著的效果（Deb et al.，2016）。

【研究案例：生物炭对盐化水稻土磷素形态及释放的影响】

以滨海草甸盐化水稻土田间定位试验为基础，研究了不同用量生物炭还田（CK：0；B1：20 t/hm^2；B2：40 t/hm^2）条件下土壤磷含量、组分特征及磷素释放风险。

1．生物炭对土壤全磷、有效磷、总有机磷和总无机磷含量的影响

施用生物炭能显著提高土壤全磷含量及其有效性（表 8-7）。与 CK 处理相比，B1 与 B2 处理土壤全磷含量分别增加 11.40%和 35.70%，有效磷含量分别提高 28.96% 和 46.63%，且均达到差异显著水平。施用生物炭也提高了土壤总有机磷含量，且当施炭量为 40 t/hm^2（B2 处理）时差异达到显著水平。

表 8-7　生物炭对土壤全磷、有效磷、总有机磷和总无机磷含量的影响

处理	pH	全磷/（mg/kg）	有效磷/（mg/kg）	总有机磷/（mg/kg）	总无机磷/（mg/kg）
CK	8.24±0.01b	661.43±9.23c	24.62±2.67b	240.53±7.35b	409.51±10.56b
B1	8.34±0.02a	736.86±9.74b	31.75±2.98a	267.71±8.05b	452.68±48.73ab
B2	8.33±0.01a	897.56±23.00a	36.10±2.09a	310.74±26.29a	515.90±38.72a

注：不同小写字母表示处理间差异显著（$P<0.05$）。

与本研究供试土壤相比，生物炭的全磷和有效磷含量较高，因此施用生物炭能够直接提高土壤的有效磷和全磷含量。许多研究指出，施用生物炭可以提高红壤有效磷含量 3～46 mg/kg，潮土有效磷含量 13～137 mg/kg。也有研究指出，施用生物炭（生物炭施用量分别为 0、2.5 t/hm^2、5 t/hm^2、10 t/hm^2、20 t/hm^2、30 t/hm^2、40 t/hm^2）5 年后对土壤的有效磷含量没有显著影响。Xu 等（2016）的研究则表明，在盐碱土壤中施用生物炭会降低土壤有效磷含量。研究结果不尽相同。

总体上，磷的有效性主要依赖土壤的 pH，pH 增加将促使磷酸盐沉淀，使其转变为难溶形态（Biederman et al.，2013）。在碱性土壤中，生物炭表面大量的自由态的 Ca^{2+}、Mg^{2+}、Al^{3+}和 Fe^{3+}的氧化物可以吸附磷并且可以和磷发生共沉淀反应。但生物炭表面也含有大量阴离子，会影响土壤中能与磷发生反应的阳离子的有效性或活性，进而影响土壤中磷的有效性。

2. 生物炭对土壤有机磷组分的影响

土壤有机磷可分为活性有机磷（LOP）、中活性有机磷（MLOP）、中稳性有机磷（MROP）和高稳性有机磷（HROP）。在本试验中（图 8-31），施用生物炭显著提高了 LOP 含量，且在 B1 处理中达到最大值，较 CK 处理提高 189.19%，但各施炭处理间差异不显著。MLOP 含量在 B2 处理中达到最大值，较 CK 处理提高 36.74%。MROP 含量显著降低，B1 和 B2 处理较 CK 处理分别降低 71.25%和 84.38%。各处理间土壤 HROP 含量表现为 B1＞CK＞B2，B1 处理较 CK 提高 45.02%，B2 处理较 CK 降低 57.24%，且均达到显著性差异水平。

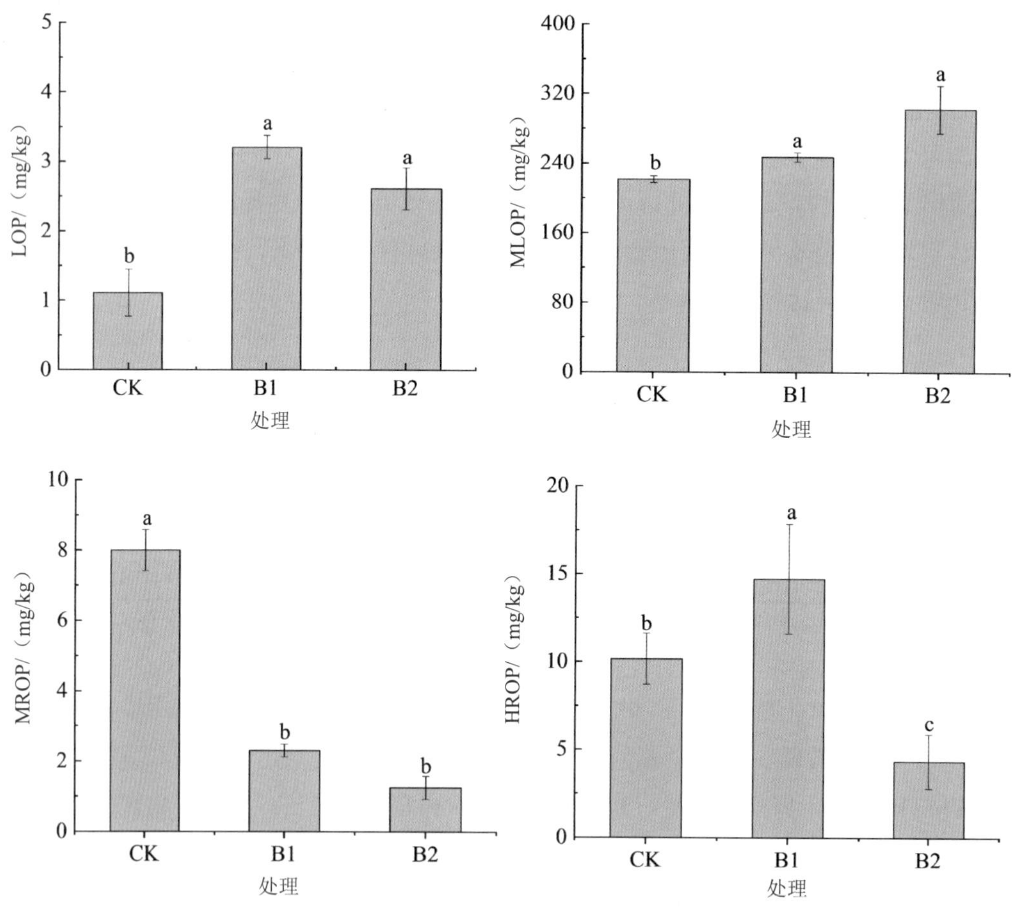

图 8-31 生物炭对土壤有机磷组分的影响

活性有机磷主要包括磷脂和核酸，植物可以直接吸收。中活性有机磷是由硫酸溶液提取的有机磷，与磷酸单酯和磷酸二酯密切相关，都容易被矿化供植物吸收利用。在本研究中施用生物炭显著提高了土壤活性有机磷和中活性有机磷含量，这与许多研究结果一致。也有研究指出，中稳性有机磷和高稳性有机磷是活性有机磷和中活性有机磷的源或库。在本研究中施用生物炭显著降低了土壤的中稳定性有机磷含量，且当施炭量为

40 t/hm^2 时，高稳性有机磷含量也被显著降低。这可能是由于生物炭施入土壤后会影响土壤微生物的活性，进而活化有机磷组分使其转变为活性有机磷，也可能影响植物根系分泌物进而促进有机磷向植物可利用的形态转化。

3．生物炭对土壤无机磷组分的影响

施用生物炭后，土壤无机磷组分变化如图 8-32 所示。生物炭能够显著提高土壤 Ca_2-P、Ca_8-P 和 Al-P 含量。其中，B1 和 B2 处理的 Ca_2-P 含量分别较 CK 提高 30.33%和 128.24%，

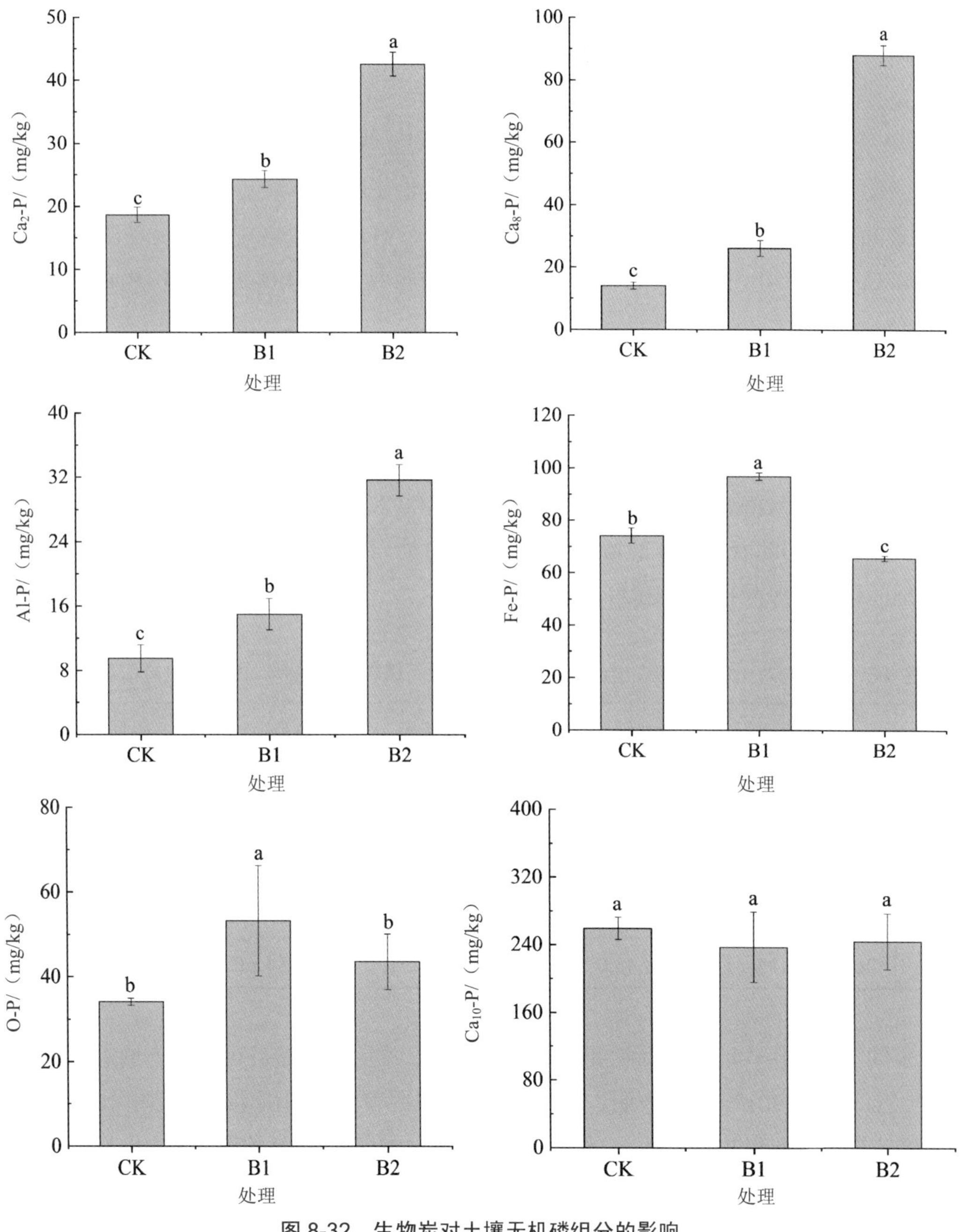

图 8-32　生物炭对土壤无机磷组分的影响

Ca_8-P 含量分别提高 85.32%和 527.87%，Al-P 含量分别提高 57.73%和 232.91%，且均达到差异显著水平。Fe-P 和 O-P 仅在 B1 处理中高于 CK，增幅分别为 30.52%和 56.04%。Ca_{10}-P 含量在各处理间差异不显著。

铁铝磷酸盐通常被认为是中等植物有效磷，并已被证明是潜在的有效磷源，尤其是在高度风化的土壤和沙土中。部分钙磷酸盐不是植物可直接利用的磷，但可以作为潜在的有效磷源。相关研究指出，生物炭中含有大量 P-金属复合体，例如，$FePO_4$、$AlPO_4$ 和 $CaPO_4$，因此当生物炭施入土壤后会直接提高土壤 Ca-P、Al-P 和 Fe-P 含量。也有研究表明，施用稻草生物炭可以提高水稻土中易被作物吸收利用的 Ca_2-P、Ca_8-P、Fe-P 的含量，而降低 O-P 和 Ca_{10}-P 含量。而在本试验中，施用生物炭显著提高了 Ca_2-P、Ca_8-P 和 Al-P 含量，但当施炭量为 40 t/hm^2 时，生物炭对土壤 O-P 和 Ca_{10}-P 含量无显著影响。这可能是由于生物炭自身的孔隙结构为微生物提供了栖息和繁殖的适宜场所，减少了微生物之间的生存竞争，进而提高了微生物活性，有利于土壤中较容易被吸收利用的 Ca_2-P、Ca_8-P、Fe-P 和 Al-P 的释放，而不容易被吸收利用的 O-P 和 Ca_{10}-P 的含量不变或者降低。

4．生物炭对土壤磷释放风险相关指标的影响

如表 8-8 所示，施用生物炭降低了土壤活性铝含量，B1 和 B2 处理较 CK 分别降低了 7.22%和 15.07%，同时提高了土壤活性铁含量，分别提高 21.57%和 37.75%。与此对应，土壤磷吸持指数（PSI）在 B1 和 B2 处理中分别较 CK 处理提高 19.10%和 38.55%。磷吸持饱和度（DPSS）随着施炭量的增加而增加，在 B2 处理中达到最大，较 CK 提高了 22.47%。各处理间磷释放风险指数（ERI）差异不显著。

表 8-8 生物炭对土壤活性铝、活性铁、磷吸持指数、磷吸持饱和度、磷释放风险指数的影响

处理	活性铝	活性铁	磷吸持指数	磷吸持饱和度	磷释放风险指数
	mg/kg	mg/kg	PSI/（mg P/［100 g·（μmol/L）］）	DPSS/%	ERI/%
CK	242.31±4.85a	479.32±29.33c	11.05±0.72c	6.81±0.47b	61.67±2.32a
B1	224.82±9.83b	582.73±15.42b	13.16±0.58b	7.87±0.77ab	59.68±3.70a
B2	205.80±8.15c	660.26±13.07a	15.31±0.59a	8.34±0.58a	54.55±4.55a

生物炭具有巨大的比表面积和丰富的官能团，施用入土壤后可提高土壤对磷的吸附能力。Zhang 等（2012）研究表明，生物炭对磷的吸附首先受到快速化学吸附阶段的控制，然后受表面扩散阶段控制。$Al_{(ox)}$ 和 $Fe_{(ox)}$ 是水稻土中含量较高的氧化物，也是土壤结构体的重要胶结物质，影响磷素在土壤中的含量、形态和植物有效性。土壤中的铁铝氧化物（尤其是游离态铁铝氧化物）含量会对 DPSS 产生直接影响。一般认为，土壤中磷的

吸附解吸能力大小与土壤 $Al_{(ox)}$、$Fe_{(ox)}$ 等含量有关。DPSS 通常被作为一个评价磷释放风险的指数，DPSS 越大，说明土壤中的磷素越接近饱和状态，吸持磷的能力就越低，释放的磷就越多。

在本研究中，施用生物炭提高了土壤的 DPSS，这说明生物炭可能会提高土壤的磷释放风险，有研究指出当 DPSS 超过 15%时即具有淋失风险。习斌等研究发现，潮土、红壤和水稻土磷素流失 DPSS 临界值分别为 18.8%、12.9%和 13.3%。但在本研究中，土壤的 DPSS 仅为 6.81%～8.34%，因此，基本不存在土壤磷素释放风险。PSI 表示土壤固磷能力的大小，在本研究中生物炭显著提高了土壤的 PSI，说明生物炭提高了土壤的固磷能力。在本试验中土壤 ERI 为 54.55%～61.67%，根据目前 ERI 风险等级划分标准，即高风险（ERI＞25）、较高风险（20＜ERI＜25）、中度风险（10＜ERI＜20）和低风险（ERI＜10），说明大量集中应用生物炭仍然存在诱发磷富营养化的高度风险。

【研究案例：稻壳炭对不同土壤磷淋溶的影响】

以 500℃下热解 30 min 制得的稻壳炭（OBC）和对应的水洗稻壳炭（WBC）为试验材料，通过为期 52 周的室内土柱淋溶试验研究了生物炭（15%）对酸性红壤（R）、弱碱性风沙土（S）和碱性盐土（C）3 种类型土壤磷淋溶的影响。测定了淋溶液的磷酸盐累积淋失量、土壤有效磷含量、酸性磷酸酶活性、中性磷酸酶活性和碱性磷酸酶活性等指标。

1．生物炭对磷酸盐固定与释放的影响

生物炭施入不同土壤中对磷酸的固定与释放如图 8-33 所示。其中，在红壤中，26 周之前，WBC-R、OBC-R 和对照的淋溶液中磷酸盐的含量均为零。而后，随着试验的继续进行，各处理逐渐淋溶出磷酸盐。其中，WBC-R 处理淋溶液中累积磷酸盐含量最低，OBC-R 和对照中磷酸盐含量相近。表明生物炭对红壤中的磷酸盐有固持作用，即便原样生物炭自身含有磷酸盐，但仍可减少红壤磷酸盐淋失。

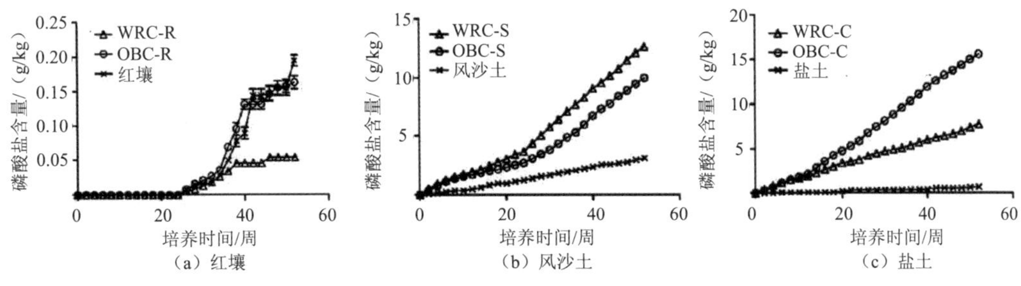

图 8-33　生物炭对不同土壤磷酸盐固存与释放的影响

在盐土中，生物炭显著促进了磷酸盐淋失（$P<0.05$）。但是，OBC-C 处理的磷酸盐累积淋失量最高，约为对照的 23 倍和 WBC-C 处理的 2 倍。在对照处理中，磷的损失量在整个培养时期内均维持在较低水平，一是因为盐土自身磷酸盐含量不高；二是在土柱淋溶培养试验中，由于盐土致密黏重，部分水以径流形式收集，虽然与实际情况相符，但对试验结果存在一定影响。

在风沙土中，WBC-S 和 OBC-S 处理的磷酸盐损失量显著高于对照（$P<0.05$），且 WBC-S 处理的磷酸盐累积损失量最高，可能是由于原样生物炭对风沙土淋溶液中的磷酸盐有更强的吸附作用，它有效地吸附了更多的磷酸盐导致磷酸盐淋失量减少。

2. 生物炭对土壤有效磷含量的影响

如图 8-34 所示，红壤的有效磷含量较低，至试验期末略有增加，添加生物炭后有效磷含量大幅提高 222.8%，呈先升高后降低的趋势，在第 20 周时达到最高值 49.9 mg/kg。在风沙土中，有效磷含量逐步增加并在后期保持稳定，添加生物炭后 OBC-S 处理的土壤有效磷含量在第 3 个月之前均高于对照，到第 5 个月以后逐渐低于对照。在盐土中，土壤有效磷含量呈缓慢下降趋势，添加生物炭对试验前期土壤有效磷含量有显著的提升作用，但整体的下降趋势与对照一致，从 87.5 mg/kg 下降到培养末期的 31.4 mg/kg。

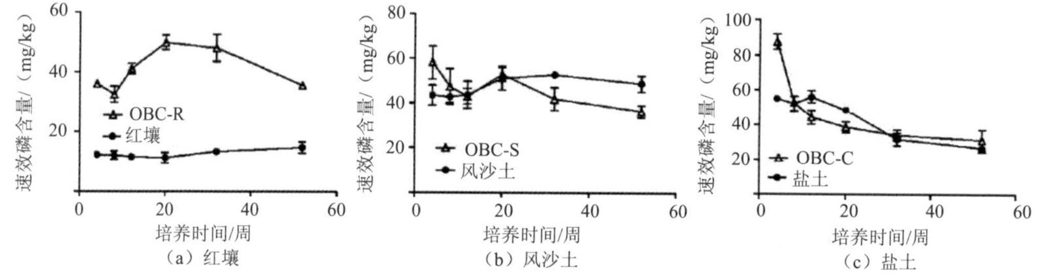

图 8-34 生物炭对不同土壤有效磷含量的影响

三、土壤钾素

钾是植物生长不可缺少的三大营养元素之一，可促进作物的光合作用、有利于淀粉和糖类的合成，同时还能使农作物的秸秆粗壮坚韧，防止倒伏，促进开花结实，并增强作物抗寒、抗旱和抗病等能力。钾是土壤中含量最高的营养元素，比全氮和全磷高得多，但土壤中绝大部分钾素不能被植物直接吸收利用。在我国农田土壤中，氮磷略有盈余，钾素整体亏缺。

根据化学形态，土壤钾素划分为水溶性钾、交换性钾、非交换性钾和固定钾。根据对植物的有效性，则划分为速效钾、缓效钾和矿物钾。土壤中钾素形态总是处于一种动态平衡之中。对于耕作土壤，由于人为的施肥和翻耕，常常打乱土壤原有的养分平衡，各钾素形态相互转化，其转化速率、数量与土壤本身的矿物特性、黏粒含量的多少等因素有关，决定着土壤的供钾能力。

生物炭对土壤钾元素的影响源于两个方面：一方面是生物炭改善了土壤的理化特性；另一方面是生物炭本身富含钾素。水分、温度、酸碱度是影响土壤钾元素转化的主要因素，渗漏是土壤钾素流失的主要原因之一。生物炭施入土壤后，会携带一部分钾，能同时改善土壤结构、提高土壤中 pH 和 CEC、增强土壤持水性、增强土壤呼吸作用等，从而影响土壤中钾的迁移和转化。刘世杰等（2009）的研究结果表明，随着施炭量的增加（0.4%、1.0%、2.0%和 4.0%）土壤中钾含量也在不断提高。张祥等（2013）分别在棕壤和红壤中施入不同用量的生物炭，发现对土壤中速效钾含量的影响最大。类似的结果在设施土壤中也可观察到（刘方等，2002）。Zhao 等（2014）的研究则进一步表明，将生物炭施入土壤中，不仅能够显著提高土壤全氮含量，而且有效态钾、磷、镁、钙等元素含量都有所提高，且在植物中相应的元素吸收量也呈增加趋势。

生物炭还田加深了土壤颜色，有助于吸收更多太阳辐射，提高地温。Oguntunde 等（2008）的研究表明，施加生物炭的土壤地表温度比相邻对照土壤高 4℃。温度对土壤中 K^+的平衡过程有影响，在低温范围内（0～40℃），K^+浓度随着温度升高而增加（Sparks et al.，1981）。金继运等（1992）也指出，土壤温度升高，K^+的活度增强，土壤的供钾能力也就得到了提升。

随着热解温度升高，生物炭的极性减弱，疏水性增强（Shinogi et al.，2003）。但生物炭施入土壤后，通过生物炭与土壤的相互作用以及生物炭自身的陈化，其表面的亲水基团增加，持水能力增强（Cohen-Ofri et al.，2006）。Glaser 等（2009）的研究结果验证了生物炭对提高土壤持水能力的积极作用，高海英等（2011）的研究结果进一步表明，在一定施炭量范围内，随着生物炭用量增加，土壤的持水能力增强。土壤的水分状况影响钾素的固定与释放，钾素的有效性将受到干湿交替过程的影响，具体效果与土壤类型有关。

随着施炭量增加，土壤的 CEC 随之提高（Rogovska et al.，2016）。主要是由于生物炭表面的官能团和孔隙对有机质有吸附作用，并且随着生物炭的陈化会形成更多的负电荷（梁剑等，2006）。土壤的 CEC 升高，通过离子交换作用固持住钾离子，有助于减少钾离子淋溶损失，增强土壤的供钾能力。

酸性土壤表面的多价阳离子不利于 K^+的固定。在中性或碱性条件下，K^+可以和土壤黏粒上的 Ca^{2+}、Mg^{2+}和 Na^+等发生交换，因而可固定住 K^+（占丽平等，2012）。有研究指出，pH＜2.5，土壤不固定 K^+；pH 为 2.5～5.5，土壤固定的 K^+迅速增加；pH＞5.5，土壤对 K^+的固定减弱（徐晓燕等，2003）。生物炭是碱性的，施入酸性土壤后一般会提高土壤 pH，可促进土壤对 K^+的固定。

土壤中的微生物对钾素也有影响。研究提出，硅酸盐解钾菌可以将钾长石等含钾矿物的无效钾转化为有效钾，提高 K^+含量（吴洪生等，2003）。解钾细菌分泌的胞外多糖也可能对钾素的矿化起到辅助作用（梁成华等，2002；杨红武等，2014；张爱民等，2015）。生物炭的多孔结构可为微生物提供庇护所，促进微生物的生长和发育，间接影响钾的有效性。

四、土壤中微量元素

土壤中微量元素主要以阳离子、络离子（锌、锰、铜、铁）以及阴离子（硼、钼）存在。按其结合形态则分为水溶态、交换态、有机态及矿物态。水溶态包括非吸附态的离子和少量未被土壤胶体吸附的离子，含量极低。交换态是指吸附在土壤胶体表面且能为稀的盐溶液提取的微量元素，主要是被黏土矿物和腐殖质所吸附的微量元素。部分被紧密吸附而不能为稀盐溶液所交换的微量元素需要用强交换剂或螯合剂才能将它们交换及溶解出来。有机态元素存在于土壤有机质中，或与蛋白质、氨基酸、胡敏酸、富里酸、多糖、多酚等相结合，或者形成稳定的络合物。矿物态元素为硅酸盐中的微量元素，它们的有效性极低，只有在风化时才可以缓慢地释放出来。土壤有效态微量元素只占微量元素全量的一小部分。

影响微量元素有效性的土壤因子主要包括酸碱度、氧化还原电位、土壤质地、通透性、有机质含量、微生物活动以及吸附性能等。其中以酸碱度和氧化还原电位最为重要。pH 增大和氧化还原电位升高时，铁、锰、锌、铜的有效性降低；反之，则有效性增加。施用石灰或干旱、排水、渍水条件都会影响其有效性。

当前，关于生物炭对土壤中微量元素的研究较少。生物炭对硫的影响可能和其对氮的影响是类似的。有机硫或以硫酸酯或以与碳结合的形式存在，后者将在被植物吸收前氧化为 SO_4^{2-}。目前没有关于生物炭对硫的转化和有效性影响的研究，但生物炭对土壤环境的改变将导致硫生物有效性的提高。轻微酸性或中性的土壤环境有利于硫的矿化，有研究观察到林火后硫矿化速率的增加（Binkley，1992），这与对氮的观察结果类似（Smithwick，2005），但还很难说清到底是林火形成的生物炭的作用还是炭化过程中硫释放的作用（Gray et al.，2006）。

硫的氧化物多由自养或异养微生物产出。嗜酸菌对硫的氧化在生物炭提高土壤 pH 后肯定是不利的。但这些生物对一些微量元素要求很高，而这些微量元素在生物炭中富含，因此生物炭的增效作用还是可以预期的。

生物炭进入矿质土壤可能直接或间接影响硫的吸附反应和硫的还原。土壤孔隙的增加改善了土壤通气状况，也就降低了硫还原的潜力。硫易吸附于矿质表面，尤其是暴露于铁和铝氧化物的时候。在酸性林地土壤中，有机物添加将降低 SO_4^{2-} 的吸附（Johnson，1984），因此生物炭可以增加酸性离子丰富的土壤中溶解硫的浓度。

五、小结

土壤肥力水平直接决定农作物产量的高低，影响农产品品质的优劣。生物炭对土壤肥力的影响是多方面的、综合的，既包括对土壤碳氮等各类元素绝对含量的直接影响，也包括借由其对土壤结构、水分状况、热性能、酸碱度、阳离子交换量以及微生物过程等所形成的间接作用（陈温福等，2011）。

当前，研究者针对不同土壤类型、耕作制度、作物种类，使用不同的生物炭材料开展了大量工作，证实了生物炭的改土培肥作用。现有研究表明：

（1）土壤有机碳是土壤的重要组成部分，也是土壤中较为活跃的土壤组分，并在土壤生产力和全球碳循环中起着十分重要的作用，被认为是土壤质量和功能的核心，是影响土壤肥力和作物产量高低的决定性因子。生物炭的含碳量较高，施入土壤后，可显著提高土壤总有机碳含量，奠定了改土培肥的基础（Van Zwieten et al.，2010；Steiner et al.，2007；Lehmann et al.，2006）。

（2）生物炭含有一定量的矿质养分，可增加土壤中矿质养分含量，如磷、钾、钙、镁及氮素（Gaskin et al.，2008），成为作物营养的潜在来源。

（3）生物炭大多呈碱性，通常用作酸性土壤改良剂，也有研究表明，生物炭还可用于盐碱土改良（Saifullah et al.，2018）。生物炭能提升酸性土壤 pH，恢复并增强土壤酶活性，提高土壤养分有效性（Muhammad et al.，2018；Novak et al.，2009）。但生物炭对于石灰性土壤 pH 和对酸性土壤 pH 的影响有差异，所以，对肥力的影响也不同。

以上构成了生物炭改土培肥的主要理论框架，但在实际应用中仍是十分复杂的，使用得当则事半功倍，否则反而可能导致一定负效应。如何合理挖掘生物炭的优良功能属性，发挥生物炭与肥料的协同作用、真正实现改土培肥的目标，需要根据实际情况，进一步探索适宜的应用方式与方法。

当代农业生产中因不科学施肥等原因引起了土壤结构恶化、土壤质量退化等问题。近年来，国内外关于生物炭的研究迅猛发展，虽然大部分研究都表明生物炭可以改善土壤肥力状况、提高土壤生产力，但还远未形成科学评价生物炭对土壤肥力质量改良效果的完整体系。截至目前，基于长期田间定位试验，针对生物炭影响大田土壤理化性质及作物产量的研究较少，生物炭在改土培肥过程中的长期效应还需要稳定而可靠的试验数据支撑。

土壤肥力指标包括土壤营养（化学）指标、土壤物理性状指标、土壤生物学指标和土壤环境指标等多种因子，并且全部因子都以数值表示，在这些纷繁的数据中寻找它们的内部联系是困难的。目前，通常采用的因子分析法、聚类分析法、判别分析法、主分量分析法（主成分分析法、主因素分析法）、因子加权综合法等进行数据分析。但由于选取的指标不同，分析目标的差异，选择的评价方法也不同。土壤是一个复杂的类生物体，土壤肥力水平是诸多肥力因素综合作用的反映，欲全面客观地反映土壤的这一基本属性，还需要深入研究和大量实践。

参考文献

陈温福，张伟明，孟军，等. 2011. 生物炭应用技术研究[J]. 中国工程科学，13（2）：83-89.

高海英，何绪生，耿增超，等. 2011. 生物炭及炭基氮肥对土壤持水性能影响的研究[J]. 中国农学通报，27（24）：207-213.

顾美英，葛春辉，马海刚，等. 2016. 生物炭对新疆沙土微生物区系及土壤酶活性的影响[J]. 干旱地区农业研究，34（4）：225-230，273.

何莉莉，杨慧敏，钟哲科，等. 2014. 生物炭对农田土壤细菌群落多样性影响的 PCR-DGGE 分析[J]. 生态学报，34（15）：4288-4294.

黄超，刘丽君，章明奎. 2011. 生物质炭对红壤性质和黑麦草生长的影响[J].浙江大学学报（农业与生命科学版），37（4）：439-445.

金继运，高广领，王泽良，等. 1992. 温度对土壤钾素容量和强度（Q/I）关系的影响[J].土壤学报，（2）：137-141.

靖彦，陈效民，刘祖香，等. 2013. 生物黑炭与无机肥料配施对旱作红壤有效磷含量的影响[J]. 应用生态学报，24（4）：989-994.

梁成华，魏丽萍，罗磊. 2002. 土壤固钾与释钾机制研究进展[J]. 地球科学进展，（5）：679-684.

梁剑，张健，李伟. 2006. 四川洪雅几种退耕还林模式土壤钾素的动态研究[J]. 四川林业科技，（1）：43-46.

刘方，何腾兵，刘元生，等. 2002. 长期连作黄壤烟地养分变化及其施肥效应分析[J]. 烟草科技，（6）：30-33.

刘世杰，窦森. 2009. 黑碳对玉米生长和土壤养分吸收与淋失的影响棉秆炭对灰漠土玉米生长及氮素利用的影响[J]. 水土保持学报，23（1）：79-82.

唐光木，姚红宇，孙宁川，等. 2015. 棉秆炭对灰漠土玉米生长及氮素利用的影响[J]. 玉米科学，23（6）：119-124.

吴洪生，陈佳宏，刘正柱，等. 2003. 钾细菌制剂对土壤钾素的影响探讨[J]. 中国生态农业学报，（3）：98-100.

徐文彬，刘维屏，刘广深. 2002. 温度对旱田土壤 N_2O 排放的影响研究[J]. 土壤学报，39（1）：1-8.

徐晓燕，马毅杰，张瑞平. 2003. 土壤中钾的转化及其与外源钾的相互关系的研究进展 [J]. 土壤通报，（5）：489-492.

杨红武，李帆，唐春闺，等. 2014. 溶磷解钾微生物在植烟土壤中的应用[J]. 湖南农业科学，（20）：31-32，36.

占丽平，李小坤，鲁剑巍，等. 2012. 土壤钾素运移的影响因素研究进展[J]. 土壤，44（4）：548-553.

张爱民，李乃康，赵钢勇，等. 2015. 土壤中解磷、解钾微生物研究进展[J]. 河北大学学报（自然科学版），35（4）：442-448.

张祥，王典，姜存仓，等. 2013. 生物炭对我国南方红壤和黄棕壤理化性质的影响[J]. 中国生态农业学报，21（8）：979-984.

赵凤亮，李虹，曹彦圣，等. 2015. 施用腐殖酸肥对氮素淋失及油麦菜生长的影响[J]. 热带作物学报，36（7）：1197-1200.

Antoun，H. 2012. Beneficial Microorganisms for the sustainable use of phosphates in agriculture[J]. Procedia Engineering，46：62-67.

Antunes E，Schumann J，Brodie G，et al. 2017. Biochar produced from biosolids using a single-mode microwave：characterisation and its potential for phosphorus removal[J]. Journal of Environmental Management，196：119-126.

Biederman L A，Harpole W S. 2013. Biochar and its effects on plant productivity and nutrient cycling：a meta-analysis[J]. Global Change Biology Bioenergy，5（2）：202-214.

Binkley D. 1992. Sensitivity of Forest Soils in the Western U.S. to Acidic Deposition[M]// Olson R K，Binkley D，Böhm M. The Response of Western Forests to Air Pollution. Ecological Studies（Analysis and Synthesis），New York Springer，（97）：153-181.

Blackwell P，Joseph S，Munroe P，et al. 2015. Influences of Biochar and Biochar-Mineral Complex on Mycorrhizal Colonisation and Nutrition of Wheat and Sorghum[J]. Pedosphere，5：58-67.

Brodowski S，Amelung W，Haumaier L，et al. 2005. Morphological and chemical properties of black carbon in physical soil fractions as revealed by scanning electron microscopy and energy-dispersive X-ray spectroscopy[J]. Geoderma，128（1-2）：116-129.

Brown T R，Wright M M，Brown R C. 2011. Estimating profitability of two biochar production scenarios：slow pyrolysis vs fast pyrolysis[J]. Biofuels Bioproducts & Biorefining，5（1）：54-68.

Bruun S，Harmer S L，Bekiaris G，et al. 2017. The effect of different pyrolysis temperatures on the speciation and availability in soil of P in biochar produced from the solid fraction of manure[J]. Chemosphere，169：377-386.

Cayuela M L，Jeffery S，Van Zwieten L. 2015. The molar H：Corg ratio of biochar is a key factor in mitigating N_2O emissions from soil[J]. Agriculture Ecosystems & Environment，202：135-138.

Cayuela M L，Van Zwieten L，Singh B P，et al. 2014. Biochar's role in mitigating soil nitrous oxide emissions：A review and meta-analysis[J]. Agriculture Ecosystems & Environment，191：5-16.

Chen B L，Yuan M X. 2011. Enhanced sorption of polycyclic aromatic hydrocarbons by soil amended with biochar[J]. Journal of Soils and Sediments，11（1）：62-71.

Chen W，Meng J，Han X，et al. 2019. Past，present，and future of biochar[J]. Biochar，1：75-87.

Cheng C H，Lehmann J，Engelhard M H. 2008. Natural oxidation of black carbon in soils：Changes in molecular form and surface charge along a climosequence [J]. Geochimica et Cosmochimica Acta，72：1598-1610.

Cheng Y，Cai Z，Chang S X，et al. 2012. Wheat straw and its biochar have contrasting effects on inorganic N retention and N_2O production in a cultivated Black Chernozem[J]. Biology and Fertility of Soils，48：941-946.

Chintala R，Schumacher T E，Mcdonald L M，et al. 2014. Phosphorus Sorption and Availability from Biochars and Soil/Biochar Mixtures[J]. CLEAN-Soil Air Water，42：626-634.

Clough T J，Condron L M. 2010. Biochar and the nitrogen cycle：introduction[J]. Journal of Environmental Quality，39（4）：1218-1223.

Cohen-Ofri I，Weiner L，Boaretto E，et al. 2006. Modern and fossil charcoal：aspects of structure and diagenesis[J]. Journal of Archaeological Science，33（3）：428-439.

De la Rosa J M，Paneque M，Hilber I，et al. 2016. Assessment of polycyclic aromatic hydrocarbons in biochar and biochar-amended agricultural soil from Southern Spain[J]. Journal of Soils and Sediments，16：557-565.

Deb D，Kloft M，Jörg L，et al. 2016. Variable effects of biochar and P solubilizing microbes on crop productivity in different soil conditions[J]. Agroecology and Sustainable Food Systems，40（2）：145-168.

Deluca T H，MacKenzie M D，Gundale M J. 2009. Biochar Effects on Soil Nutrient Transformations[M]// Lehmann J，Joseph Earthscan S. Biochar for Environmental Management Science and Technology. London：Earthscan，251-270.

Downie A，Lau D，Cowie A，et al. 2014. Approaches to greenhouse gas accounting methods for biomass carbon[J]. Biomass & Bioenergy，60：18-31.

Downie A，Munroe P，Cowie A，et al. 2012. Biochar as a geoengineering climate solution：hazard identification and risk management[J]. Critical Reviews In Environmental Science and Technology，42：225-250.

Fox A，Gahan J，Ikoyi I，et al. 2016. Miscanthus biochar promotes growth of spring barley and shifts bacterial community structures including phosphorus and sulfur mobilizing bacteria[J]. Pedobiologia，59：195-202.

Gao S，DeLuca T H，Cleveland C C. 2019. Biochar additions alter phosphorus and nitrogen availability in agricultural ecosystems：A meta-analysis. Science of the Total Environment，654：463-472.

Gaskin J W，Steiner C，Harris K，et al. 2008. Effect of low-temperature pyrolysis conditions on biochar for agricultural use[J]. Transactions of the Asabe，51（6）：2061-2069.

Glaser B，Parr M，Braun C，et al. 2009. Biochar is carbon negative[J]. Nature Geoscience，2（1）：2.

Gray D M，Dighton J. 2006. Mineralization of forest litter nutrients by heat and combustion[J]. Soil Biology and Biochemistry，38（6）：1469-1477.

Gul S，Whalen J K. 2016. Biochemical cycling of nitrogen and phosphorus in biochar-amended soils[J]. Soil Biology and Biochemistry，103：1-15.

Gundale M J，Metlen K L，Fiedler C E，et al. 2006. Nitrogen spatial heterogeneity influences diversity following restoration in a ponderosa pine forest，Montana[J]. Ecological Applications，16（2）：479-489.

Harter J，El-Hadidi M，Huson D H，et al. 2017. Soil biochar amendment affects the diversity of nosZ transcripts：implications for N_2O formation[J]. Scientific Reports，7：3338.

Herzog T，Baumert K A，Pershing J. 2006.Target：Intensity. An analysis of greenhouse gas intensity targets[M].

Washington：World resourced institute.

Jalali M，Ranjbar F. 2010. Aging effects on phosphorus transformation rate and fractionation in some calcareous soils[J]. Geoderma，155：101-106.

Jeffery S，Memelink I，Hodgson，E，et al. 2017. Initial biochar effects on plant productivity derive from N fertilization[J]. Plant and Soil，415：435-448.

Jin Y，Liang X，He M，et al. 2016. Manure biochar influence upon soil properties，phosphorus distribution and phosphatase activities：A microcosm incubation study[J]. Chemosphere，142：128-135.

Johnson D W. 1984. Sulfur cycling in forests[J]. Biogeochemistry，1：29-43.

Joseph S M R，Wijekoon P，Dilsharan B，et al. 2020. Anammox，biochar column and subsurface constructed wetland as an integrated system for treating municipal solid waste derived landfill leachate from an open dumpsite[J]. Environmental Research，189：109880.

Kameyama K，Miyamoto T，Shiono T，et al. 2012. Influence of sugarcane bagasse-derived biochar application on nitrate leaching in calcaric dark red soil[J]. Journal of Environmental Quality，41：1131-1137.

Kammann C I，Schmidt H P，Messerschmidt N，et al. 2015. Plant growth improvement mediated by nitrate capture in co-composted biochar[J]. Scientific Reports，5：11080.

Kimetu J M，Lehmann J，Kinyangi J M，et al. 2009. Soil organic C stabilization and thresholds in C saturation[J]. Soil Biology and Biochemistry，41：2100-2104.

Knoepp S M，Laposata M. 2005. Aspirin resistance：moving forward with multiple definitions，different assays，and a clinical imperative[J]. American Journal of Clinical Pathology，123：125-132.

Kookana R S，Sarmah A K，Van Zwieten L，et al. 2011. Biochar application to soil：agronomic and environmental benefits and unintended consequences[J]. Advances In Agronomy，112：103-143.

Kuzyakov Y，Merino A，Pereira P. 2018. Ash and fire，char，and biochar in the environment introduction[J]. Land Degradation & Development，29：2040-2044.

Laird D A，Brown R C，Amonette J E，et al. 2009. Review of the pyrolysis platform for coproducing bio-oil and biochar[J]. Biofuels Bioproducts & Biorefining-Biofpr，3：547-562.

Lawrinenko M，Laird D A. 2015. Anion exchange capacity of biochar[J]. Green Chemistry，17：4628-4636.

Lehmann J，Joseph S. 2012. Biochar for environmental management Science and Technology[M]. London：Routledge.

Lehmann J. 2007. A handful of carbon[J]. Nature，447（7141）：143-144.

Lehmann J，Rillig M C，Thies J，et al. 2011. Biochar effects on soil biota-A review[J]. Soil Biology and Biochemistry，43：1812-1836.

Lehmann J，Rondon M. 2006. Biochar soil management on highly weathered soils in the humid tropics[M]// Biological Approaches to Sustainable Soil Systems. Boca Raton：CRC Press，517-530.

Li H，Li Y，Xu Y，et al. 2020. Biochar phosphorus fertilizer effects on soil phosphorus availability[J].

Chemosphere，244：125-471.

Li H，Shen J，Zhang F，et al. 2007. Dynamics of phosphorus fractions in the rhizosphere of common bean（Phaseolus vulgaris L.） and durum wheat（Triticum turgidum durum L.） grown in monocropping and intercropping systems[J]. Plant and Soil，312：139-150.

Liu S N，Meng J，Jiang L L，et al. 2017. Rice husk biochar impacts soil phosphorous availability，phosphatase activities and bacterial community characteristics in three different soil types[J]. Applied Soil Ecology，116：12-22.

Luo Y，Dungait J A J，Zhao X，et al. 2018. Pyrolysis temperature during biochar production alters its subsequent utilization by microorganisms in an acid arable soil[J]. Land Degradation & Development，29：2183-2188.

Luz Cayuela M，Angel Sanchez-Monedero M，Roig A，et al. 2013. Biochar and denitrification in soils：when，how much and why does biochar reduce N_2O emissions？[J]. Scientific Reports，3：1732.

Matin N H，Jalali M，Antoniadis V，et al. 2020. Almond and walnut shell-derived biochars affect sorption-desorption，fractionation，and release of phosphorus in two different soils[J]. Chemosphere，241：124888.

Major J，Rondon M，Molina D，et al. 2012. Nutrient leaching in a colombian savanna oxisol amended with biochar[J]. Journal of Environmental Quality，41：1076-1086.

Muhammad N，Hussain M，Ullah W，et al. 2018. Biochar for sustainable soil and environment：a comprehensive review[J]. Arabian Journal of Geosciences，11，731.

Mukherjee A，Zimmerman A R，Harris W. 2011. Surface chemistry variations among a series of laboratory-produced biochars[J]. Geoderma，163：247-255.

Naisse C，Girardin C，Lefevre R，et al. 2015. Effect of physical weathering on the carbon sequestration potential of biochars and hydrochars in soil[J]. Global Change Biology Bioenergy，7：488-496.

Novak J M，Busscher W J，Laird D L，et al. 2009. Impact of biochar amendment on fertility of a southeastern coastal plain soil[J]. Soil Science，174（2）：105-112.

Oguntunde P G，Abiodun B J，Ajayi A E，et al. 2008. Effects of charcoal production on soil physical properties in Ghana[J]. Journal of Plant Nutrition and Soil Science，171（4）：591-596.

Parvage M M，B Ulén，Eriksson J，et al. 2013. Phosphorus availability in soils amended with wheat residue char[J]. Biology & Fertility of Soils，49：245-250.

Peng F，He P W，Luo Y，et al. 2012. Adsorption of phosphate by biomass char deriving from fast pyrolysis of biomass waste[J]. Acta Hydrochimica et Hydrobiologica，40：493-498.

Prendergast-Miller M T，Duvall M，Sohi S P. 2011. Localisation of nitrate in the rhizosphere of biochar-amended soils[J]. Soil Biology and Biochemistry，43：2243-2246.

Prommer J，Wanek W，Hofhansl F，et al. 2014. Biochar decelerates soil organic nitrogen cycling but stimulates soil nitrification in a temperate arable field trial[J]. PLoS one，9（1）：e86388.

Rogovska N，Laird D A，Karlen D L. 2016. Corn and soil response to biochar application and stover harvest[J]. Field Crops Research，187：96-106.

Saifullah，Dahlawi S，Naeem A，et al. 2018. Biochar application for the remediation of salt-affected soils：challenges and opportunities[J]. Science of the Total Environment，625：320-335.

Saleh M E，El-Refaey A A，Mahmoud A H. 2016. Effectiveness of sunflower seed husk biochar for removing copper ions from wastewater：a comparative study[J]. Soil and Water Research，11：53-63.

Sarfraz R，Yang W，Wang S，et al. 2020. Short term effects of biochar with different particle sizes on phosphorous availability and microbial communities[J]. Chemosphere，256：126862.

Shinogi Y，Kanri Y. 2003. Pyrolysis of plant，animal and human waste：physical and chemical characterization of the pyrolytic products[J]. Bioresource Technology，90（3）：241-247.

Singh B P，Hatton B J，Singh B，et al. 2010. Influence of biochars on nitrous oxide emission and nitrogen leaching from two contrasting soils[J]. Journal of Environmental Quality，39：1224-1235.

Smith M W，Helms G，McEwen J S，et al. 2017. Effect of pyrolysis temperature on aromatic cluster size of cellulose char by quantitative multi cross-polarization ^{13}C NMR with long range dipolar dephasing[J]. Carbon，116：210-222.

Smithwick E，Mack M C，Turner M G，et al. 2005. Spatial heterogeneity and soil nitrogen dynamics in a burned black spruce forest stand：distinct controls at different scales[J]. Biogeochemistry，76（3）：517-537.

Song C，Han X Z，Tang C. 2007. Changes in phosphorus fractions，sorption and release in Udic Mollisols under different ecosystems[J]. Biology and fertility of soils，44（1）：37-47.

Sparks D L，Liebhardt W C. 1981. Effect of long-term lime and potassium applications on quantity-intensity（Q/I） relationships in sandy soil[J]. Soil Science Society of America Journal，45：786-790.

Spokas K A，Novak J M，Venterea R T. 2012. Biochar's role as an alternative N-fertilizer：ammonia capture[J]. Plant and Soil，350：35-42.

Steiner C，Teixeira W G，Lehmann J，et al. 2007. Long term effects of mature，charcoal and mineral fertilization on crop production and fertility on ahighly weathered Central Amazonian upland soil[J]. Plant and Soil，291：275-290.

Taghizadeh-Toosi A，Clough T J，Sherlock R R，et al. 2012. A wood based low-temperature biochar captures NH_3-N generated from ruminant urine-N，retaining its bioavailability[J]. Plant and Soil，353：73-84.

Thies J E. 2010. Biochar amendments alter soil microbial community abundance，activity，and diversity：is this a good thing for organic agriculture？ [J]. Hortscience，45：S35.

Ulyett J，Sakrabani R，Kibblewhite M，et al. 2014. Impact of biochar addition on water retention，nitrification and carbon dioxide evolution from two sandy loam soils[J]. European Journal of Soil Science，65：96-104.

Van Zwieten L，Kimber S，Morris S，et al. 2010. Effects of biochar from slow pyrolysis of papermill waste on agronomic performance and soil fertility[J]. Plant and Soil，327（1-2）：235-246.

Vassilev N，Martos E，Mendes G，et al. 2013. Biochar of animal origin：a sustainable solution to the global problem of high-grade rock phosphate scarcity? [J]. Journal of the Science of Food and Agriculture，93（8）：1799-1804.

Wei Y，Zhao Y，Wang，et al. 2016. An optimized regulating method for composting phosphorus fractions transformation based on biochar addition and phosphate-solubilizing bacteria inoculation[J]. Bioresource Technology，221：139-146.

Xu G，Zhang Y，Shao H，et al. 2016. Pyrolysis temperature affects phosphorus transformation in biochar：chemical fractionation and ^{31}P NMR analysis[J]. Science of the Total Environment，569-570：65-72.

Yang X B，Ying G G，Peng P A，et al. 2010. Influence of biochars on plant uptake and dissipation of two pesticides in an agricultural soil[J]. Journal of Agricultural and Food Chemistry，58：7915-7921.

Zavalloni C，Alberti G，Biasiol S，et al. 2011. Microbial mineralization of biochar and wheat straw mixture in soil：a short-term study[J]. Applied Soil Ecology，50：45-51.

Zhao X，Wang J W，Xu H J，et al. 2014. Effects of crop-straw biochar on crop growth and soil fertility over a wheat - millet rotation in soils of China[J]. Soil Use and Management，30（3）：311-319.

Zhai L M，Caiji Z M，Liu J，et al. 2015. Short-term effects of maize residue biochar on phosphorus availability in two soils with different phosphorus sorption capacities[J]. Biology and Fertility of Soils，51：113-122.

Zhang G，Liu X，Sun K，et al. 2012. Competitive sorption of metsulfuron-methyl and tetracycline on corn straw biochars[J]. Journal of Environmental Quality，41：1906-1915.

Zheng H，Wang Z Y，Deng X，et al. 2013. Impacts of adding biochar on nitrogen retention and bioavailability in agricultural soil[J]. Geoderma，206：32-39.

Zimmerman A R，Gao B，Ahn M Y. 2011. Positive and negative carbon mineralization priming effects among a variety of biochar-amended soils[J]. Soil Biology and Biochemistry，43：1169-1179.

第九章　生物炭对土壤重金属镉的影响

生物炭在污染土壤修复治理中的作用、机制与应用前景一直是学术与产业群体关注的重点领域，相关内容在天津大学孙红文教授等主编的《生物炭与环境》(孙红文，2013)、浙江大学吴伟祥教授等著的《生物质炭土壤环境效应》(吴伟祥，2015）等著作中都有专门的章节详细论述。

农田污染物种类众多，其中镉（Cd）是最普遍的重金属元素之一，工业废气沉降、污染物堆积、农业污水灌溉（张兴梅等，2010)、施肥不当（韩晓日等，2009）等都有可能造成不同程度的土壤镉污染。镉的生物迁移性较强，极易被作物吸收累积，在包括籽粒在内的作物不同器官内残留，通过食物链进入并富集于人体，引起贫血、高血压、肾损害以及生殖细胞的选择性毒害（顾继光等，2005)，使骨骼生长代谢受阻，极大地影响人类健康（Chen et al.，2015)。

土壤镉污染具有隐蔽性和长期性，无法被土壤微生物分解，也难以从土壤中分离。但是，决定植物重金属吸收积累量的并非土壤重金属的总含量，而是其中容易被植物吸收的部分，土壤重金属的生物有效性决定了其最终对植物的危害程度。因此，降低土壤重金属的生物有效性，即钝化土壤重金属，是一种最简单直接的治理思路。一般情况下，可采取添加改良剂的方式钝化土壤重金属，降低其迁移能力和活性，扩充土壤整体对重金属的包容能力，达到在污染土壤上产出安全农产品的目的，完成土壤修复治理（陈怀满，1996)。

生物炭因其自身具备的强吸附能力、高酸碱度等特点，可通过沉淀、络合、氧化还原反应，离子交换，以及静电相互作用等机制钝化土壤镉（Cd）等重金属、降低其生物有效性（Zhou et al.，2018；Beesley et al.，2011；Park et al.，2011)，因而，其在重金属污染土壤原位钝化修复研究中得到了广泛重视。在中国科学院科技战略咨询研究院、中国科学院文献情报中心和科睿唯安等单位联合发布的《2019 研究前沿》报告中，“生物炭对农田土壤重金属镉污染的修复作用”在农业、植物学和动物学领域 Top10 热点前沿中位列第一，相关工作颇为丰富。

李岭等（2014）采取盆栽的方式研究了生物炭对烤烟生长和品质的影响，结果显示，生物炭能够有效降低烤烟镉含量 4.4%～58.47%，且表现出促进烤烟生长、提高烤烟品质的作用。毛懿德（2015）向湖南工矿区周边污染土壤中添加生物炭并以盆栽方式种植油菜，发现添加生物炭有效降低了土壤镉生物有效性及油菜镉含量，可交换态镉含量下降16.64%，油菜各器官镉含量降幅在 40%左右，添加 1%的柠条生物炭效果最佳。蒋艳艳（2014）在镉污染土壤中添加生物炭后栽培生菜，发现生物炭有效提高了酸性土壤的 pH，其不仅能够有效钝化土壤镉活性，且生菜镉含量均达到了无公害蔬菜标准。Cui 等（2011）在江苏宜兴进行了为期两年的大田试验，结果表明，生物炭在两年中均有效提高了土壤 pH、降低了土壤 $CaCl_2$ 可提取态 Cd 含量，且水稻籽粒 Cd 含量随着生物炭用量的提高而逐渐降低，并认为生物炭是兼具减排和土壤修复能力的良好环境功能材料。Cui 等（2012）还以类似方式研究了生物炭对小麦镉吸收积累的影响，认为生物炭在两年试验期间提高了土壤的 pH 和 SOC，降低了土壤有效性镉含量，且降低了小麦的镉吸收量。Bian 等（2013）在我国南部多地进行了跨区域的大田试验，表明绝大多数试验点在 40 t/hm^2 生物炭用量条件下均能将水稻籽粒镉含量降低到安全标准范围之内。

在我国主要粮食作物中，水稻种植面积最大、单产最高、总产最多，种植面积和总产分别占粮食作物总面积和总产的 28%和 38%，为我国 60%以上的人口提供主食（朱德峰等，2010；程式华等，2007）。因此，稻田镉污染的影响面最宽。镉进入稻田后，可抑制水稻种子萌芽（施农农等，1999），抑制根系和幼苗的生长（白嵩等，2003），降低叶绿素含量，抑制光合作用并影响光合产物分配（葛才林等，2005；徐红霞等，2005；王逸群等，2004），降低抗氧化酶的活性（章秀福等，2006；邵国胜等，2004）。而且，镉进入水稻后，可在包含籽粒在内的不同器官残留（赵步洪等，2006），使消费者面临健康风险（Chaney et al.，2005）。

基于区域特点和专业背景，本章主要从土壤重金属生物有效性、赋存形态、根际重金属有效性等方面，介绍了生物炭在重金属镉污染稻田治理方面的部分研究结果与思考。

一、生物炭对重金属镉的吸附-解吸

生物炭可通过碳架拦截、表面吸附来固定重金属，吸附-解吸则是控制重金属生物有效性的主要过程之一，直接影响镉在土壤及其生态环境中的迁移和形态转化。研究表明，生物炭对镉表现出一定的吸附能力，且存在快、慢反应两个阶段。其中，吸附快反应阶段由 Cd^{2+}扩散控制，短时间内达到平衡；而吸附慢反应阶段则主要归因于 Cd^{2+}逐渐扩散进入生物炭微孔中，吸附于内部表面上。相对而言，较高温度条件下制备的生物炭对 Cd^{2+}的吸附性能更好，不仅吸附容量更大、吸附的速度也更快。Elovich 方程可以很好地描述生物炭吸附 Cd^{2+}的动力学过程，在拟合度上优于一级动力学方程和双常数方程（图 9-1～图 9-3）。

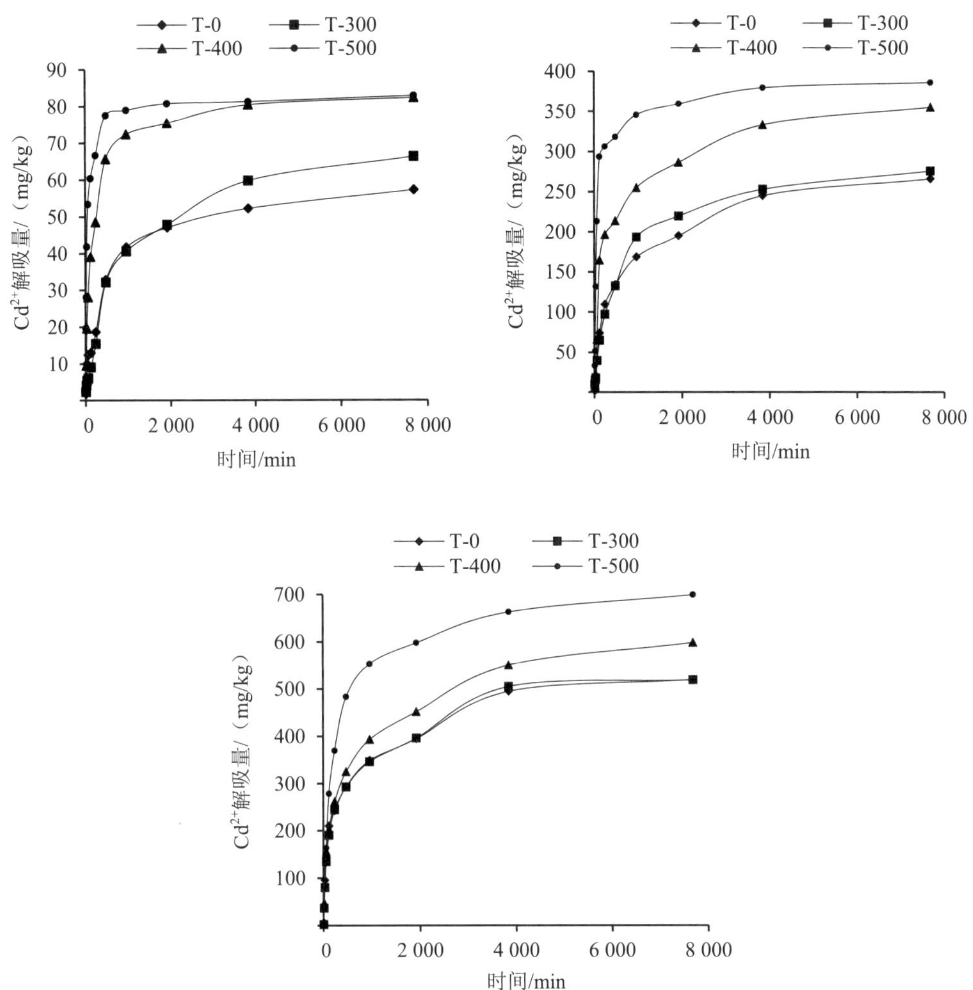

图 9-1 Cd^{2+}浓度为 0.5 mg/L、2.5 mg/L、5 mg/L 溶液中不同处理吸附动力学特征

生物炭吸附镉后的解吸行为可通过 Elovich 方程、双常数方程和一级动力学方程拟合。较低热解温度制备的生物炭解吸过程与一级动力学方程拟合度较高，可视为均相扩散过程。中、高热解温度制备的生物炭解吸过程为非均相扩散过程，可与 Elovich 很好地拟合。

生物炭吸附的镉越多，则在解吸过程中释放的镉越多。随着初始 Cd^{2+}溶液浓度的升高和热解温度的升高，生物炭吸附和解吸的镉量均呈现增加趋势。若以生物炭吸附 Cd^{2+}量减去生物炭析出 Cd^{2+}量为生物炭固持 Cd^{2+}量（Machida et al.，2004）计算，可以看出，在解吸平衡后，较高热解温度（400℃和 500℃）制备的生物炭所固持的镉量要高于低温（300℃）生物炭，表明提高热解温度后，生物炭在中高浓度 Cd^{2+}溶液中固持 Cd^{2+}的能力明显增强。

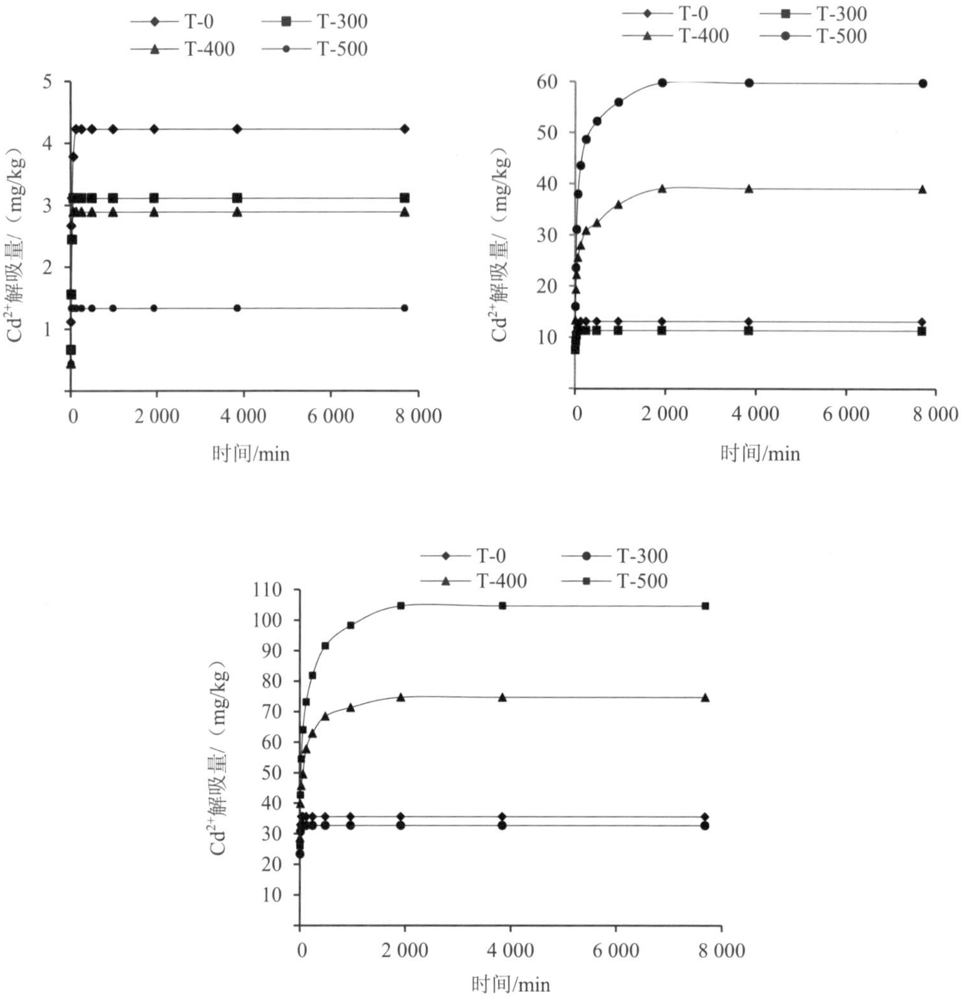

图 9-2 Cd^{2+}浓度为 0.5 mg/L、2.5 mg/L、5 mg/L 溶液中不同处理的解吸动力学特征

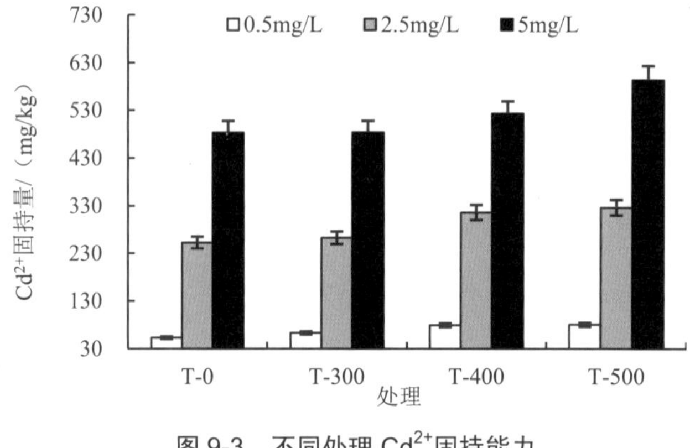

图 9-3 不同处理 Cd^{2+}固持能力

生物炭对 Cd^{2+}的吸附量和固持量与其酸碱度、阳离子交换量呈极显著正相关，与比表面积呈显著正相关；平均孔径与吸附量和固持量呈极显著负相关，与解吸量呈显著正相关。其中，酸碱度和阳离子交换量是最主要的影响因素，比表面积次之。平均孔径所起的负向作用可能不仅仅源于其与比表面积此消彼长的关系，过小的孔径导致的栓塞也可能发挥着重要作用。

生物炭的吸附容量与其理化性质有关，粒径越小其比表面积越大，微孔数量越多，其对重金属离子的吸附能力就越强（王桂仙等，2008）。随着生物炭在制备过程中最高热解温度的升高，生物炭的碳含量增加，氧、氢含量和 C/H 降低，芳构化程度加深，比表面积和孔隙率增大，这些改变会对生物炭的吸附-解吸能力造成较大影响（吴成等，2007；张阿凤等，2009；Lehmann，2007）。但这种表面吸附能力的变化幅度与材料比表面积的变化幅度并非对应，二者的相关系数低于 pH 和阳离子交换量，说明在比表面积扩大的同时可能伴随着官能团数量的降低。

当 pH 呈碱性时，Cd^{2+}会形成沉淀。当生物炭的孔径足够小时，以离子形态进入孔隙的镉在解吸时可能会因为形成沉淀而限制在孔隙内部。同时，高 pH 也可能存在碱金属的作用，而这些碱金属也可能和 Cd^{2+}竞争吸附位点。

二、生物炭对土壤镉的影响

在土壤中，镉被封存在硅酸盐的晶格中，可与有机物发生强选择性吸附，或与矿物氧化物紧密络合，这些存在形态的镉通常不容易进入土壤溶液，植物根系几乎无法吸收。土壤中还有结合相对不紧密以及保持较高移动性的镉，较易被植物从土壤中吸收，这部分镉是可提取态或植物有效态（陈飞霞等，2006；刘玉荣，2002）。土壤重金属总量测定能够反映土壤遭受污染的程度，但分析土壤有效态重金属含量的高低更有利于判断污染土壤对植物潜在威胁的强弱。

（一）生物炭与土壤镉生物有效性

当前常用的土壤有效态镉含量的测定方法主要包括 $CaCl_2$ 法、HCl 法、DTPA 法、TCLP 法和 Mehlich 3 法。一般而言，评价土壤生物有效性镉提取方法适用性的标准主要包括两点：①具有便于实际测定操作的提取效率，要求提取率相对较高；②提取方法的表征量能够接近植物吸收量绝对值或符合植物吸收量的相对变化规律（胡文，2008；孙媛媛，2015；Soriano-Disla et al.，2010）。

赫天一（2017）在 6 种不同类型的人工镉污染土壤（镉含量为 4 mg/kg）中分别添加 1%和 5%的稻壳生物炭进行了为期 10 周的培养试验，在此基础上对上述 5 种不同提取方法的适用性进行了评价。结果表明：从提取效率的角度来说，比较明确的是 TCLP 法提取率最低，$CaCl_2$法次之，可见低浓度弱酸与单纯的阳离子交换机制在添加生物炭的土壤中对镉离子的提取量较低，虽然过低的提取量不便于实际测定检出，但这两种方法与稻苗实际镉含量具有较好的相关性；HCl 法的提取率在潮土和灰漠土上相对较低，这可能是低浓度强酸提取原理在碱性或偏碱性土壤中适用性差的一个体现，且 HCl 法表征结果与稻苗实际镉含量间的相关性是众多方法中最差的；Mehlich 3 法与 DTPA 法提取率相对较高，便于测定操作，且 DTPA 法提取结果与稻苗实际镉吸收量的相关性最好（表 9-1）。

表 9-1 不同有效态镉含量测定方法的比较

土壤类型	基础指标	生物炭处理	$CaCl_2$/（mg/kg）	HCl/（mg/kg）	DTPA/（mg/kg）	TCLP/（mg/kg）	Mehlich 3/（mg/kg）
赤红壤	广东惠州	0	0.49±0.01a	1.64±0.02a	1.09±0.04a	0.51±0.01a	1.01±0.00a
	pH 4.54	1%	0.46±0.02a	1.52±0.03ab	0.83±0.07b	0.29±0.03b	0.94±0.03ab
	有机质 1.71%	5%	0.38±0.01b	1.38±0.14b	0.78±0.05b	0.23±0.02c	0.87±0.07b
风沙土	辽宁彰武	0	0.94±0.01a	1.97±0.02a	1.27±0.06a	0.21±0.00a	1.22±0.01a
	pH 6.43	1%	0.86±0.05ab	1.84±0.08b	0.61±0.10b	0.15±0.00b	1.14±0.05a
	有机质 1.06%	5%	0.83±0.06b	1.70±0.02c	0.53±0.01b	0.13±0.01c	0.99±0.02b
稻田土	辽宁沈阳	0	0.57±0.01a	1.98±0.02a	1.16±0.09a	0.41±0.01a	1.20±0.02a
	pH 6.39	1%	0.54±0.00b	1.79±0.01b	0.52±0.16b	0.35±0.04a	1.06±0.03b
	有机质 2.39%	5%	0.50±0.01c	1.62±0.09c	0.35±0.01b	0.24±0.02b	0.96±0.01c
潮土	河南原阳	0	0.20±0.00a	0.61±0.02a	0.73±0.09a	0.15±0.01a	1.14±0.02a
	pH 6.71	1%	0.16±0.02a	0.57±0.03a	0.32±0.02b	0.07±0.01b	1.09±0.04a
	有机质 1.43%	5%	0.11±0.02b	0.51±0.00b	0.26±0.04b	0.05±0.00b	0.90±0.03b
盐土	辽宁营口	0	0.42±0.01a	1.73±0.04a	0.87±0.05a	0.24±0.01a	1.41±0.02a
	pH 8.23	1%	0.33±0.02b	1.50±0.05b	0.55±0.01b	0.19±0.02a	1.30±0.03b
	有机质 1.82%	5%	0.29±0.01c	1.43±0.01b	0.48±0.04b	0.12±0.04b	1.22±0.03c
灰漠土	新疆石河子	0	0.21±0.01a	0.91±0.02a	1.25±0.02a	0.11±0.01a	1.19±0.02a
	pH 7.63	1%	0.20±0.01ab	0.86±0.03ab	1.00±0.15ab	0.08±0.00b	1.14±0.02b
	有机质 1.15%	5%	0.17±0.02b	0.69±0.13b	0.66±0.20b	0.05±0.01c	0.94±0.01c

上述结果不仅表明生物炭能够降低土壤中生物有效性重金属镉的含量，而且可以认为 DTPA 法具有便于实际操作测定的较高提取效率，其提取结果与稻苗镉含量具有很好的相关性，是该试验条件下最适宜于评价添加生物炭情况下土壤有效性镉含量变化的提取方法。

生物炭对重金属镉的钝化作用还体现在降低植物从土壤中吸收积累的重金属含量上，并表现出一定的剂量效应。在不同类型土壤条件下，稻苗镉含量基本呈现出随着生物炭用量增加而逐渐降低的趋势。但是，生物炭对土壤重金属生物有效性和植物重金属吸收的影响可能并非是单纯的线性关系，并非所有添加 5%生物炭的处理结果均显著低于 1%。不同生物炭用量对苗期水稻地上部分镉含量的影响如图 9-4 所示。

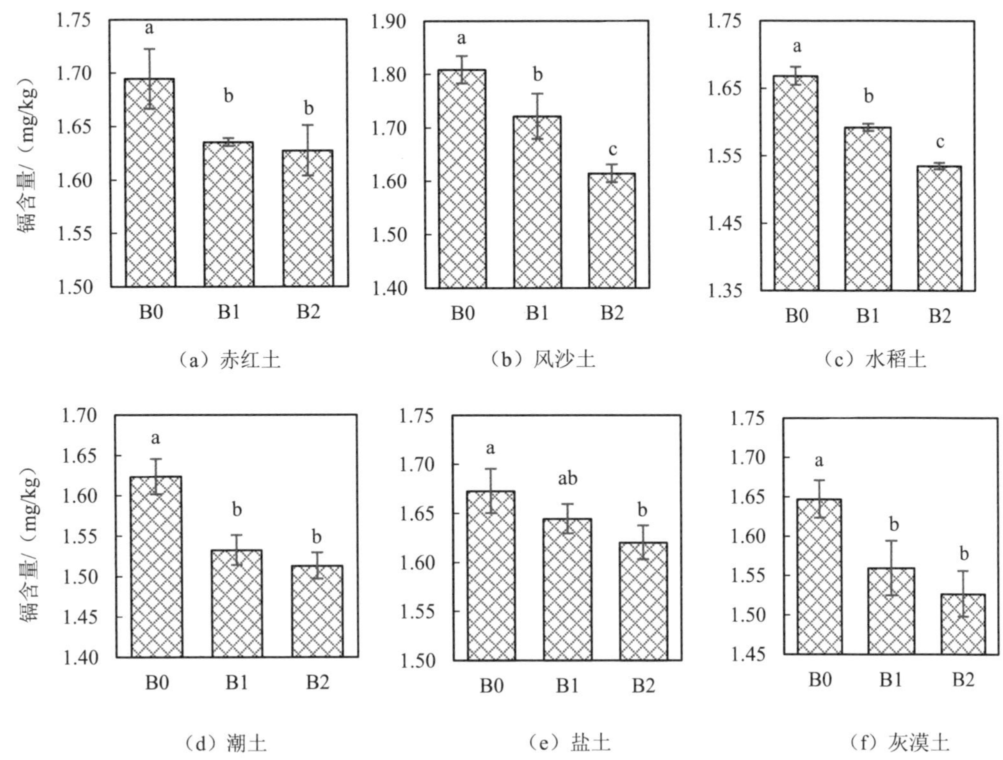

（a）赤红土　（b）风沙土　（c）水稻土

（d）潮土　（e）盐土　（f）灰漠土

图 9-4　不同生物炭用量对苗期水稻地上部分镉含量的影响

注：图中相同小写字母代表数据结果在 $P<0.05$ 水平下差异不显著。

在多种土壤类型条件下，生物炭都表现出了显著降低水稻苗期地上部分镉含量的作用，在一定程度上体现了生物炭钝化土壤镉的适用范围较广（Mendez et al.，2012）。但是，生物炭的剂量效应在不同土壤类型条件下存在明显区别。例如，风沙土和水稻土，二者苗期水稻镉含量随着生物炭用量的增大而逐渐减少，1%生物炭用量结果显著低于无炭处理，而 5%生物炭用量结果又显著低于 1%用量；在赤红壤与潮土条件下，1%用量下水稻苗期地上部分镉含量已显著低于无炭处理，继续增加炭量至 5%处理，其结果与 1%处理较为接近且无显著差异。

（二）生物炭与污染土壤重金属赋存形态

土壤中除较为活跃的、容易被植物吸收积累的一部分重金属以外，还有一部分以其他较为稳定的形式存在。生物炭降低土壤重金属生物有效性的本质是土壤中重金属赋存形态的变化再平衡。对土壤中各形态重金属进行分析，有利于了解全量重金属在土壤中的形态分布，深入评价生物炭对土壤中重金属潜在风险危害的影响。

对土壤重金属赋存形态的分析多采用连续提取法，即利用交换能力逐渐增强的不同提取剂对同一土壤样品进行逐步连续提取，进而分析土壤中处在各个形态下的镉含量。

常用的方法包括 Forstner 六步提取法、Tessier 五步提取法、BCR 四步法、Maiz 两步法等，其中 Tessier 五步提取法于 1979 年提出，技术成熟、应用广泛（关天霞等，2011），提取顺序由前至后即代表了重金属与土壤结合程度由弱至强，依次为可交换态、碳酸盐结合态、铁锰氧化物结合态、有机物结合态和残渣态 5 种形式（王晓飞等，2015；冯素萍等，2009；Tessier et al.，1979）。

可交换态是指土壤中以水溶态和处于交换性吸附状态存在的重金属离子（Leee et al.，2000）。碳酸盐结合态是与土壤中以碳酸盐为主要成分的矿物进行络合、配位而发生专性吸附的重金属（Ma et al.，1995）。铁锰氧化物结合态是铁、锰、硅等的氧化物和水合物以络合的方式专性吸附的重金属组分，结合较为紧密（高彦征等，2001）。被腐殖质、糖、蛋白、氨基酸、脂肪和树脂等有机物质强选择性吸附的重金属组分为有机物结合态，这种络合而成的结合形式非常稳定（Tessier et al.，1979）。从试验操作的角度定义，残渣态即经由上述 4 种形态提取后仍残留在土壤中的重金属组分，其结合的物质包括层状硅酸盐、少量难以分解的有机物和不易氧化的硫化物等，这一部分重金属与土壤结合最为紧密、迁移性最差，也最为稳定（关天霞等，2011；刘潇威，2007）。

在为期 3 年的盆栽试验中，可以观察到生物炭显著降低了土壤可交换态镉含量，且具有一定的年际间持续性；碳酸盐结合态镉含量随年际变化呈降低趋势；铁锰氧化物结合态镉含量有所增加，但结果差异并不显著，也没有较好的规律性，这种影响随着年际变化而趋于减弱。生物炭有效增加了土壤有机结合态镉含量，3 年平均值随着施炭量的增加而上升；在中低生物炭施用量水平下，有机结合态镉含量逐年上升。土壤中残渣态镉含量在生物炭施入后的前期显著增加，但随着时间的推移会出现一定程度的下降。这种结果似乎说明生物炭还田钝化重金属的作用是较为稳定的，但随着应用后年限的延长，其主导机制由生物炭表面共沉淀或吸附向有机结合的方向转变，也提示我们生物炭治理重金属土壤的本质仍是从有机质（有机碳）的角度提升土壤整体健康水平（表 9-2）。

表 9-2 盆栽试验中不同用量生物炭对土壤中镉赋存形态的影响（棕壤稻田土） 单位：mg/kg

形态	处理	年份		
		2011	2012	2013
可交换态	CK	0.62a	0.95a	0.63a
	C1	0.36c	0.28b	0.18b
	C2	0.45bc	0.29b	0.15b
	C3	0.45bc	0.23b	0.13b
	C4	0.49b	0.23b	0.16b
碳酸盐结合态	CK	0.05bc	0.06a	0.03b
	C1	0.05c	0.05a	0.04ab
	C2	0.06ab	0.07a	0.04ab
	C3	0.06ab	0.05a	0.04ab
	C4	0.07a	0.06a	0.06a

形态	处理	年份		
		2011	2012	2013
铁锰氧化物结合态	CK	1.33b	1.78b	1.82a
	C1	1.60a	2.11a	1.88a
	C2	1.40b	2.12a	1.95a
	C3	1.48ab	1.54c	1.95a
	C4	1.42b	2.11a	1.63b
有机结合态	CK	0.24a	0.30d	0.33ab
	C1	0.22b	0.34b	0.35a
	C2	0.25a	0.32c	0.33ab
	C3	0.28a	0.29d	0.36a
	C4	0.22b	0.44a	0.29b
残渣态	CK	0.82b	0.58a	0.83a
	C1	1.08ab	0.52ab	0.55b
	C2	1.28a	0.55ab	0.53b
	C3	1.23ab	0.49b	0.49c
	C4	0.91ab	0.52ab	0.43d

注：①C1—7.5 t/hm^2，C2—15 t/hm^2，C3—30 t/hm^2，C4—60 t/hm^2；

②相同小写字母代表数据结果在 $P<0.05$ 水平下差异不显著。

盆栽试验结果在大田试验中也到了部分验证（表 9-3）。在为期 3 年的大田试验中，生物炭处理显著降低了可交换态镉含量，显著增加了铁锰氧化物结合态含量，后两年结果显示生物炭增加了有机结合态镉含量，碳酸盐结合态和残渣态镉含量并未随着生物炭处理产生变化。总体上，可交换态镉含量随着施炭量增加而降低，铁锰氧化物结合态随着施炭量增加而增加，有机结合态和残渣态比例略有增加，碳酸盐结合态比例基本不变（图 9-5）。

综合盆栽试验和大田试验：一方面，发现生物炭钝化土壤重金属的作用具有持续性，相对于每年都需要投入碱性土壤改良剂的传统方式，生物炭钝化作用的持续性带来了在实际应用过程中隔年施入的可能；另一方面，明确了单施生物炭扩充土壤重金属容量的具体形式，即观察到有机结合态镉含量和铁锰氧化物结合态镉含量增加这一共性结果。

表 9-3　大田中不同用量生物炭对土壤中镉赋存形态的影响（棕壤稻田土）　单位：mg/kg

形态	处理	年份		
		2014	2015	2016
可交换态	CK	1.14±0.03a	1.01±0.02a	0.97±0.05a
	Y	0.93±0.02bc	0.82±0.04b	0.74±0.01c
	C1	0.99±0.01b	0.88±0.03b	0.83±0.02b
	C2	0.89±0.04c	0.67±0.06c	0.74±0.01c
	C3	0.71±0.01d	0.54±0.05d	0.71±0.04c

形态	处理	年份		
		2014	2015	2016
碳酸盐结合态	CK	0.22±0.01a	0.20±0.01a	0.21±0.02a
	Y	0.22±0.00a	0.21±0.02a	0.22±0.01a
	C1	0.22±0.01a	0.20±0.01a	0.20±0.00a
	C2	0.22±0.00a	0.19±0.00a	0.19±0.00a
	C3	0.22±0.01a	0.20±0.00a	0.19±0.00a
铁锰氧化物结合态	CK	1.01±0.05b	1.10±0.02d	1.1±0.04b
	Y	1.06±0.04b	1.18±0.01cd	1.16±0.06b
	C1	1.09±0.04b	1.22±0.01c	1.15±0.04b
	C2	1.26±0.04a	1.31±0.06b	1.21±0.04ab
	C3	1.34±0.04a	1.40±0.03a	1.31±0.03a
有机结合态	CK	0.23±0.01a	0.18±0.01b	0.13±0.02b
	Y	0.22±0.02a	0.21±0.03ab	0.19±0.02a
	C1	0.23±0.00a	0.20±0.02ab	0.20±0.02a
	C2	0.25±0.02a	0.23±0.01ab	0.21±0.01a
	C3	0.23±0.02a	0.24±0.02a	0.23±0.02a
残渣态	CK	0.60±0.03a	0.62±0.03b	0.69±0.08a
	Y	0.64±0.03a	0.63±0.02b	0.74±0.03a
	C1	0.63±0.03a	0.64±0.01b	0.69±0.07a
	C2	0.65±0.04a	0.69±0.01a	0.71±0.04a
	C3	0.65±0.04a	0.69±0.03a	0.65±0.08a

注：①CK—0 t/hm^2，C1—7.5 t/hm^2，C2—15.0 t/hm^2，C3—30.0 t/hm^2，Y—3.0 t/（hm^2·a）；

②相同小写字母代表数据结果在 $P<0.05$ 水平下差异不显著。

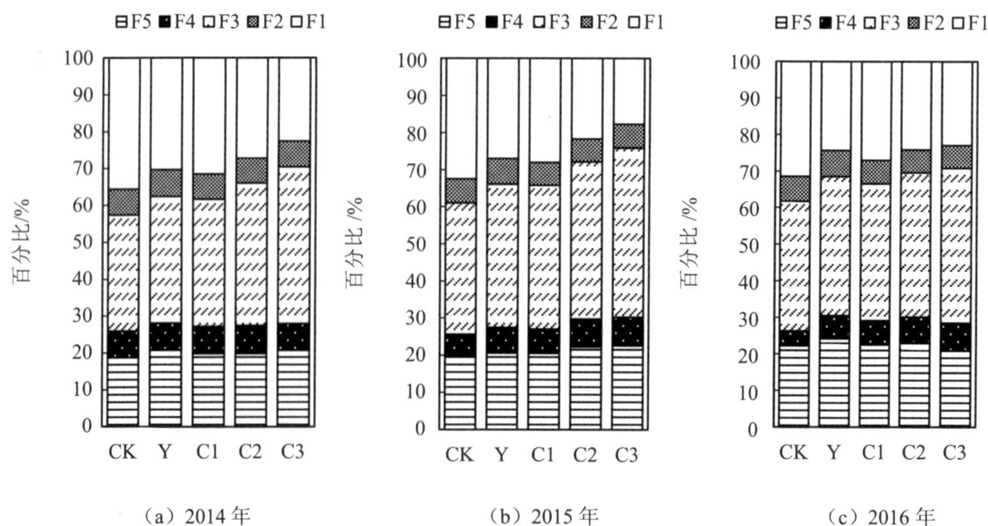

图 9-5 3 年间生物炭处理对土壤各形态镉含量百分比例的影响结果

注：F1—可交换态；F2—碳酸盐结合态；F3—铁锰氧化物结合态；F4—有机结合态；F5—残渣态。

（三）生物炭与根际土壤重金属生物有效性

在土壤镉迁移转化和植物吸收积累的过程中，根际（rhizosphere）——植物与土壤物质交换最活跃的界面，发挥着直接和重要作用，吸引了研究者的重点关注。

根际是德国微生物学家 Hilter 于 1904 年首先提出的关于豆科植物根系生理活动直接影响的土壤范围的概念，最初用于描述土壤与根系交界处由根系诱导导致的微生物数量和活性都很高的一部分土壤微域，研究领域集中于微生物学（陈智裕等，2017；金研铭等，2007）。一个多世纪以来，根际的这一概念被植物学、土壤学、微生物学广泛应用，并随着研究的不断拓展和深化，已经形成了根际微生态学等此类定位更为精准、理论更为系统、内涵更为丰富的研究学说（张福锁，2009）。目前，人们普遍认为根际微域环境是指围绕在根系周围、距离植物根表数毫米乃至厘米范围内、物理化学性质和生物学性质不同于原土壤整体的微型特殊区域（Hinsinger et al.，2009）。

宏观上，根际微域可以看做是生物圈与岩石圈的交界面，微观上可以说是植物根系、土壤、微生物三者间物质与能量交互转化和传递的活跃区域。根际微域范围内镉等重金属的迁移转化直接且显著影响其进入植物根系的过程与数量，是影响土壤重金属生物有效性的关键因素之一。徐卫红等（2006）认为，根系分泌物对近根际微域中土壤重金属的作用主要有酸化、络合或螯合、还原。具体而言，根系分泌物可向土壤中输入质子，使原本固定在土壤中的重金属释放出来，此为酸化；根系分泌物中的有机酸、蛋白、胶质可能与重金属发生络合或螯合反应，进而固定被活化的重金属离子，此为络合或螯合；根表还原酶与根际微生物营造的特殊氧化还原条件能够影响铬和铜等可变价重金属元素的价态，进而影响其植物毒性，此为还原。植物根系分泌的酸性物质，可促进土壤镉释放，有机酸与镉离子形成螯合物增加了植物吸收利用的可能性（Jones et al.，1996）。也有研究认为，新鲜的根系分泌物对土壤重金属的影响主要体现为活化，但随着老化或分解，反而能够通过络合等作用降低重金属的移动性（吴启堂，1993）。可见，根际环境的特殊性决定了根际微域内重金属生物有效性变化的复杂性，这对于探究在生物炭添加下根际土壤重金属生物有效性的变化是非常有价值的。

根箱是现阶段研究根际与土壤之间交互作用的较为有效的方式之一，有助于区分根际各土壤层次（He et al.，2005）。

三室根箱主要材质为有机玻璃和 300 目尼龙网。根箱规格为 230 mm×150 mm×150 mm（长、宽、高），内部划分为 3 个室：正中为根系生长室，规格为 230 mm×20 mm×150 mm；根系生长室左右各一个远根室，规格为 230 mm×59 mm×150 mm；根系生长室与远根室的隔层为一个规格为 230 mm×6 mm×150 mm 的多土层隔板，多土层隔板由 6 张尼龙网隔片组成，尼龙网隔片由一个 1 mm 厚的有机玻璃方框、衬以 300 目的尼龙网组成，6 张尼龙网片规格相同，叠放后宽 6 mm、长 230 mm、高 150 mm；网片有机玻璃方框中间镂空区域厚度为 1 mm，此空隙用于填装土层，6 张网片连续五层共计 5 mm 厚度，每层由尼龙网相隔，填土量为根箱总装土量计算得出的 1 mm 厚度理论填土质量（图 9-6）。

图 9-6 水稻根箱实物

A、B：根箱栽培水稻灌浆期实物图正侧位；C、D、E：根垫取样实物图（正、侧、底面）；F：近距离观察可见根垫表面密布根系。

在利用多土层三室根箱研究生物炭对水稻根际土壤有效性镉含量影响的试验中，可以看到，生物炭在促进水稻地上部分干物质积累的同时，有效降低了糙米、茎、鞘三器官的镉含量，并显著降低了水稻地上部分整体镉含量和积累量。这一结果与盆栽和大田试验结果基本保持一致（图 9-7）。

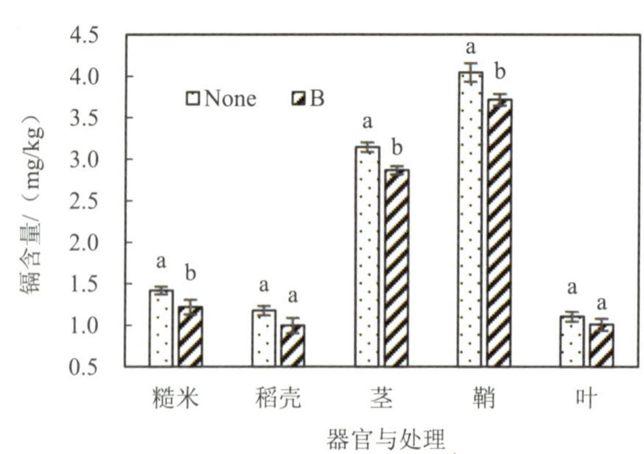

图 9-7 水稻各器官镉含量的试验结果

聚焦到根际微域。在不种植水稻的情况下，添加生物炭显著降低了土壤中有效性镉含量，生物炭处理各层土壤间有效性镉含量无显著差异，不添加生物炭各层土壤间有效性镉含量也无显著差异，即不存在根际效应。在种植水稻的情况下，无论是否添加生物炭，根际土壤有效性镉含量均表现为越靠近根部越低，其中，根室最低，生物炭处理中根际各层次土壤有效性镉含量均低于无生物炭添加处理，近根际 3 mm、4 mm、5 mm 和远根际的处理结果差异达到显著水平（表 9-4）。

表 9-4 地上部分总干物质积累量、镉含量与镉积累量

处理	干物质量/g	镉含量/（mg/kg）	镉积累量/μg
None	38.93±0.76 b	2.17±0.04 a	84.62±1.08 a
B	41.27±0.68 a	1.92±0.09 b	79.04±2.51 b

若以水稻近根际土壤有效性镉含量降低情况来反映水稻吸收土壤重金属情况，则土壤有效性镉含量降低越多代表水稻吸收镉越多。在不加炭的情况下，水稻根系的存在显著降低了根室、近根际 1 mm 和 2 mm 范围内的土壤有效性镉含量，而在加炭的情况下，水稻根系仅显著降低了根室和近根际 1 mm 范围内的有效性镉含量，这与水稻镉吸收积累的结果相一致（图 9-8）。

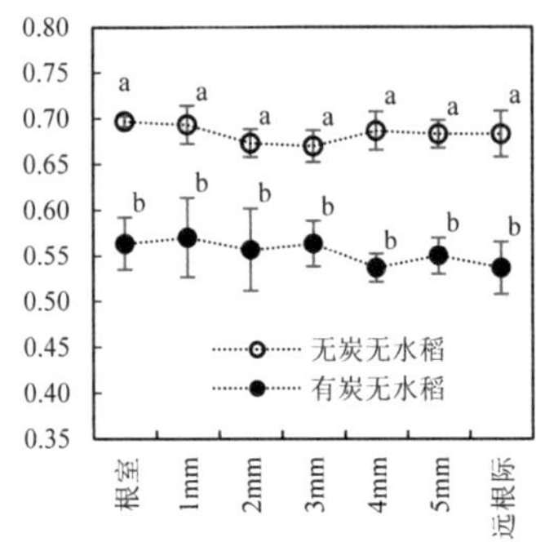

（a）无水稻对照中各层次土壤有效性镉含量的试验结果

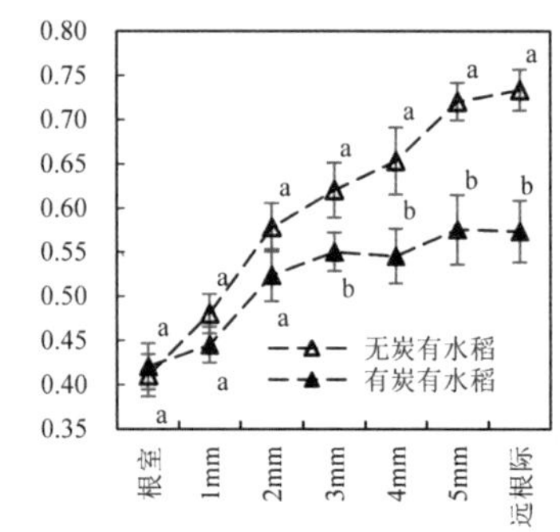

（b）根际各层次土壤有效性镉含量的试验结果

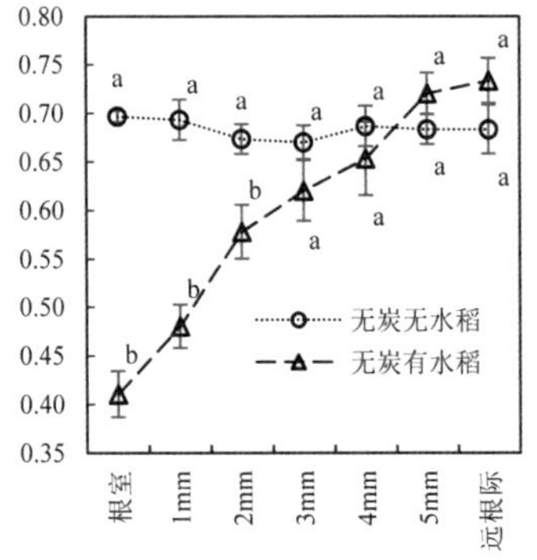

（c）无生物炭添加下各层次土壤有效性镉含量结果

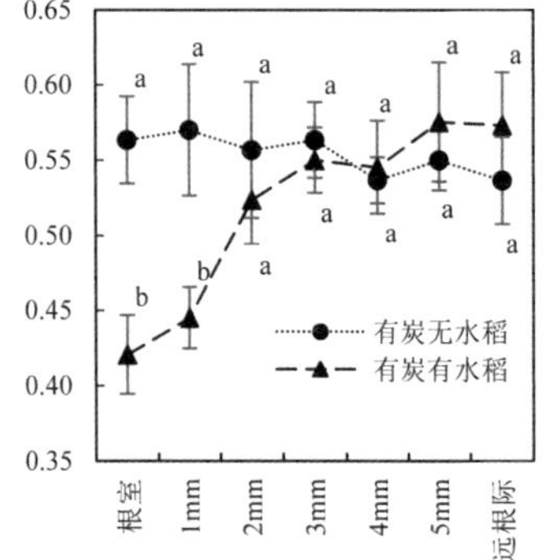

（d）生物炭添加下无水稻对照中各层次土壤有效性镉含量结果

图 9-8 各层次土壤有效性镉含量结果

注：生物炭处理 B（3%M/M）和不添加生物炭处理 None，按设计填装重金属污染土壤和生物炭后，在三室根箱内全生育期栽培水稻，同时设置不种植水稻即无根际效应影响的对照。

总的来看，生物炭能够降低水稻根际微域内土壤有效性镉含量，且生物炭极可能部分抵消了水稻根系对土壤镉的活化作用，综合体现为生物炭的施用缩小了根系在土壤中吸收镉的有效范围，进而减少了水稻的镉吸收和积累。可以推测，生物炭促进了根系生长发育，提高了根系活力，进而促进了根系分泌物的积累；根系分泌物对土壤基础理化性质的影响范围超过了 1 mm，促进了土壤镉的活化；但这些新活化的镉在 1 mm 处似乎遇到屏障，并未被根系大量吸收，故而形成 1～2 mm 处有效镉含量的增加。

综上所述，生物炭能够降低水稻近根际土壤有效性镉含量，缩小近根际土壤向水稻根系提供有效性镉的范围，且能够在增加水稻干物质积累的情况下降低水稻地上部分的镉含量和镉积累量。

（四）pH 的作用

pH 能够影响重金属离子在土壤中的吸附、络合和释放及水解平衡等过程，进而影响其在土壤中的植物有效性及植物最终的重金属吸收积累量（郝汉舟等，2011；宁皎莹等，2016），因而是决定镉赋存形态、分布、转化及最终生物有效性的最关键因素（陈远其等，2016；李剑睿等，2014；王立群等，2009）。

土壤 pH 为 4.5～7.2 时，介质中水溶性镉含量与 pH 呈显著负相关（Castilho et al.，1995）。在 pH＞7 时，镉通常是难溶的（Neff，2002），因此，增加土壤 pH 是降低镉生物有效性的重要途径（Kirkham，2006）。陈利等（2005）以模拟的方式将镉离子与 pH 作为双重胁迫处理，研究了 pH 在重金属毒害水稻过程中的协同关系，结果表明，水稻叶片镉含量随着土壤 pH 的下降而显著提高。喻华等（2017）对比评价了不同石灰性物质对土壤 pH 和有效性镉含量的影响程度，结果认为，连续施用石灰性物质能够提高土壤 pH，且降低土壤镉生物有效性。谢运河等（2017）在典型的因化工点源、面源及大气沉降造成的污染稻田上对比试验了石灰性物质及重金属钝化剂对土壤 pH、有效性镉含量及水稻各器官镉积累的影响，认为土壤 pH 的提高有效降低了土壤有效性镉含量，进而降低了水稻茎叶、糙米镉含量。

一般认为，土壤酸碱度的提高使土壤中的水和氧化物、矿物质胶体及有机质表面的负电荷增多，可为土壤体系内游离的镉离子提供更多结合点位，进而通过更强的土壤吸附力降低有效性镉的浓度；同时，原本被库仑力等非专性吸附的镉离子很可能因为 pH 提高带来的更多结合点位而转为更稳定的专性吸附；对土壤体系内已经与有机质大分子结合的重金属离子来说，pH 的提高将进一步加强其络合作用的紧密程度、增强其稳定性，降低溶液镉离子浓度（张丽娜，2007）。

生物炭的 pH 大多在 8 以上（Henrique et al.，2015），施入土壤后可使 pH 整体提高，减少交换态镉含量，而交换态镉正是形成镉米的主要因素（梁彦秋等，2007）。Cui 等（2011）在按照 20 t/hm^2 和 40 t/hm^2 用量一次性施入生物炭后，通过两年的连续研究发现：第一年

pH增加0.15～0.33个单位，第二年pH增加0.24～0.38个单位；交换态镉第一年下降32%～52.5%，第二年下降5.5%～43.4%。两年间，水稻镉积累量最高分别下降54.2%和45.9%。不同培养时间对土壤pH的影响见图9-9。

赫天一（2017）的研究结果表明，生物炭对土壤pH的影响存在明显的时间效应和剂量效应。总的来看，随着生物炭添加量的增加，土壤pH显著上升。在短期内（数周），pH逐渐增加，但其长期（数年）效果将逐渐下降（图9-10）。

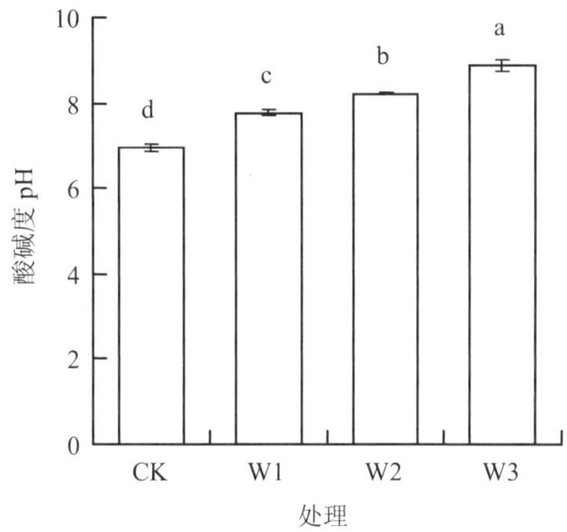

图 9-9 不同培养时间对土壤 pH 的影响

注：生物炭添加量10%w：w，500℃水稻秸秆炭；CK—无生物炭对照，W1—3周、W2—6周、W3—9周。

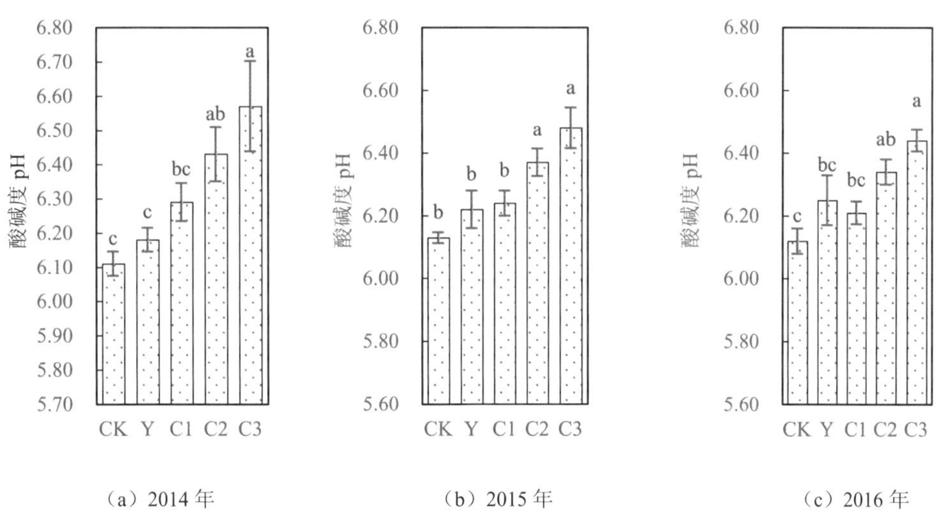

图 9-10 生物炭对土壤 pH 的影响

注：CK—0 t/hm^2，C1—7.5 t/hm^2，C2—15.0 t/hm^2，C3—30.0 t/hm^2，Y—3.0 t/hm^{2}每年生物炭添加。

（五）有机质的作用

有机质含量集中体现了土壤的质量和功能，是影响土壤中重金属元素迁移性、生物有效性的重要因素（Park et al.，2011；Zeng et al.，2011；吕殿青等，2010）。土壤有机质绝大多数存在于耕层，含有丰富的官能团，能够通过络合或螯合作用紧密结合镉离子，其对镉离子的吸附结合作用远强于矿物质胶体。有研究认为，有机质通过与镉离子形成难溶性的络合物或螯合物、与矿物质胶体或矿物质氧化物形成有机-无机复合胶体，增加了土壤表面活性和土壤整体容量，进而降低土壤中镉的生物有效性。还有研究认为，活性土壤有机质有可能调控植物吸收营养元素及重金属的生理过程，进而减少土壤重金属在植物体内的积累（黄文粤等，2017）。

相对于 pH，生物炭对土壤 SOC 的影响更为显著，也更有持续性。赫天一（2017）的研究结果表明，在连续 3 年的田间试验中，土壤 SOC 基本表现出随着生物炭用量增加而提高的趋势，较高的生物炭用量能够显著增加土壤 SOC，而较低的生物炭用量对土壤 SOC 的提升作用在不同年份中有所波动（图 9-11）。这一结果与生物炭还田后土壤有机结合态镉含量的占比是对应的。推测镉与土壤有机质可能存在一定的数量对应关系，二者可能线性相关。这也提示土壤有机质作为土壤质量的核心在重金属钝化方面仍然起着重要作用，可能是生物炭还田钝化镉的重要机制之一。

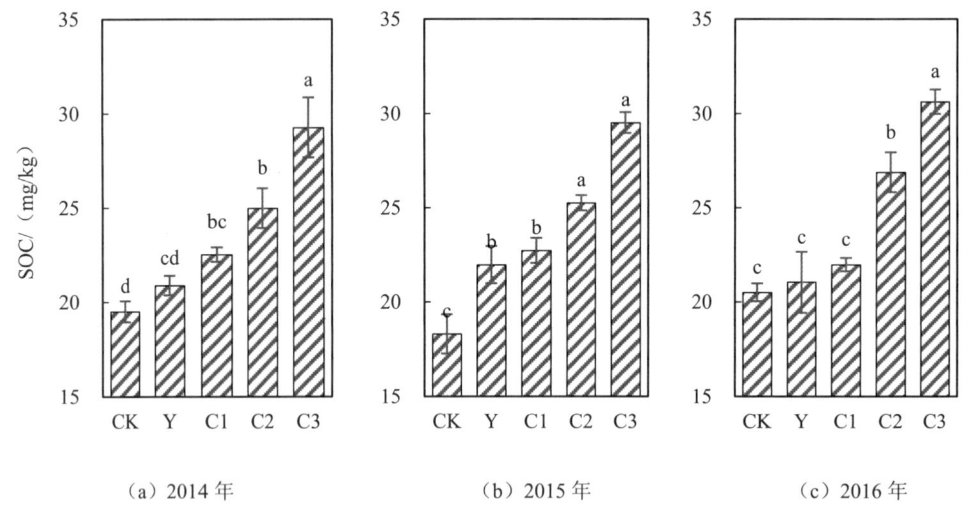

图 9-11 生物炭对 SOC 的影响

注：CK—0 t/hm^2，C1—7.5 t/hm^2，C2—15.0 t/hm^2，C3—30.0 t/hm^2，Y—3.0 t/hm^2 每年生物炭添加。

Cui 等（2011）的研究结果表明，生物炭的施入在第二年可通过增加土壤有机质含量进一步增强重金属固定能力。但是，有机物对镉的固定作用是不稳定的，随着时间的推移，氧化锰结合态和有机质结合态吸附的镉将随着有机质的分解与活性锰的还原被释放出来，并向交换态镉转化，进而提高镉的生物有效性，并导致籽粒镉含量在成熟期显著增加（陈建斌等，2004）。Wardle 等（2008）的研究结果进一步证实，生物炭确实有可能加速土壤有机质分解。因此，有机质在生物炭钝化土壤镉中的作用还有待进一步观察。

（六）生物炭对水稻镉积累的影响

植株镉含量的降低可能是由于生物炭增加了植物生物量而发生稀释作用间接引起的。普遍认为，在土壤表层 15 cm 掺混 50 t/hm^2 以下的纯碳（合生物炭约为 80 t/hm^2）对作物生长都呈正向效应（Woolf et al.，2010）。张伟明等（2009）研究了在污灌区重金属污染土壤中添加秸秆生物炭对水稻生长的影响，结果表明，不同秸秆炭处理均促进了水稻生长，提高了水稻光合速率，产量显著增加。Zhang 等（2012）通过连续两个生长周期的大田试验也发现生物炭对水稻生长具有积极的正向效应。但是，也有研究表明，生物炭对水稻生长和产量性状无显著效果（Hidetoshi et al.，2009）。生物炭作用效果的差异与土壤肥力密切相关（Haefele et al.，2011），在肥沃土壤上，生物炭导致的较高碳氮比限制了氮素的有效供给，并使籽粒产量轻微下降，尤其是在最初的 3 个生长季；在贫瘠并受到水分胁迫的土壤上，土壤理化性质的改善可使稻米产量增加 16%～35%。

进入水稻的镉在植物体各个器官均有分布，分配比例一般为根系＞茎叶＞颖壳＞籽粒（刘侯俊等，2011），且土壤中各活性形态的镉均可对水稻籽粒镉含量产生影响，尤其以可交换态镉的作用最大（王昌全等，2007）。

赫天一（2017）在连续 3 年的跟踪试验中，未观察到生物炭显著影响水稻各器官干物质积累量，这与 Carvalho 等（2016）的结论相似，说明在肥力较好的水稻土中生物炭的增产作用有限。但值得注意的是，生物炭能够有效降低水稻体内镉的含量与积累量。

水稻不同器官镉含量的变化对生物炭的响应程度不同，例如，茎鞘、糙米等器官镉含量随着生物炭用量增加而逐渐降低，且高炭量处理结果显著低于对照；而稻壳与叶片镉含量虽然也因生物炭的添加而降低，但各处理间差异并未达到显著水平。究其原因，应与灌浆期稻壳和叶片营养物质经由韧皮部再输入糙米有关（Yoneyama et al.，2010；Reeves et al.，2008），此物质在输入过程中极有可能弱化了不同处理间叶片和稻壳镉含量结果的差异。

水稻地上部分各器官镉含量与根部镉含量的比值（即转移系数）没有因添加生物炭发生显著改变；同样地，水稻地上部分总镉积累量在各个器官中的分配比例（即分配系数）也没有因生物炭用量的不同而发生显著变化。可见，水稻体内镉的运输与积累等生理过程并不因是否加入生物炭而发生改变，即生物炭没有迟滞水稻体内自下而上的镉运输。生物炭之所以能够显著降低水稻部分器官镉含量与镉积累量，是因为其作用方式减少了水稻植株整体从土壤中摄取镉的总量。生物炭处理对水稻各器官镉含量的多年影响见图 9-12。

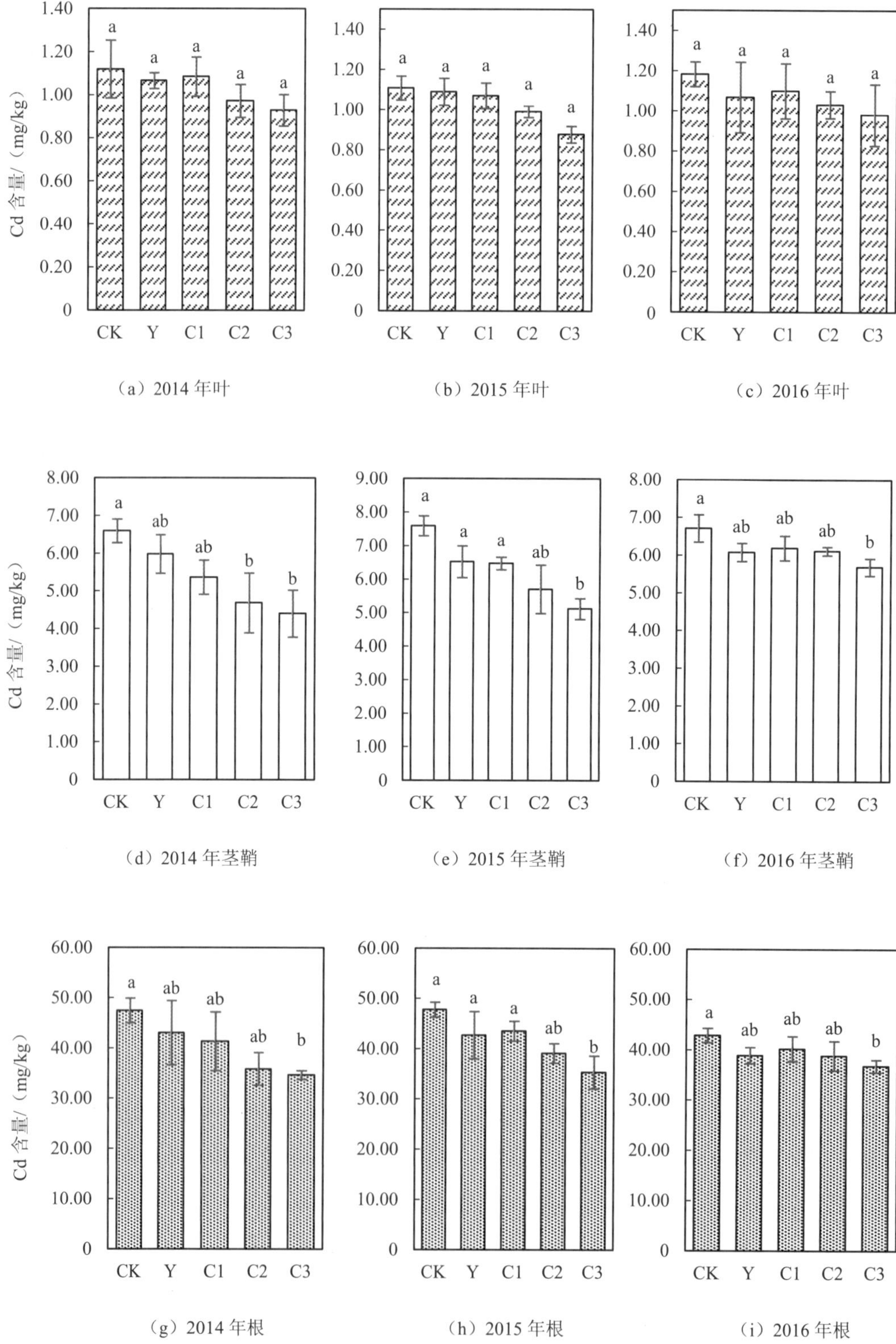

（a）2014 年叶　（b）2015 年叶　（c）2016 年叶

（d）2014 年茎鞘　（e）2015 年茎鞘　（f）2016 年茎鞘

（g）2014 年根　（h）2015 年根　（i）2016 年根

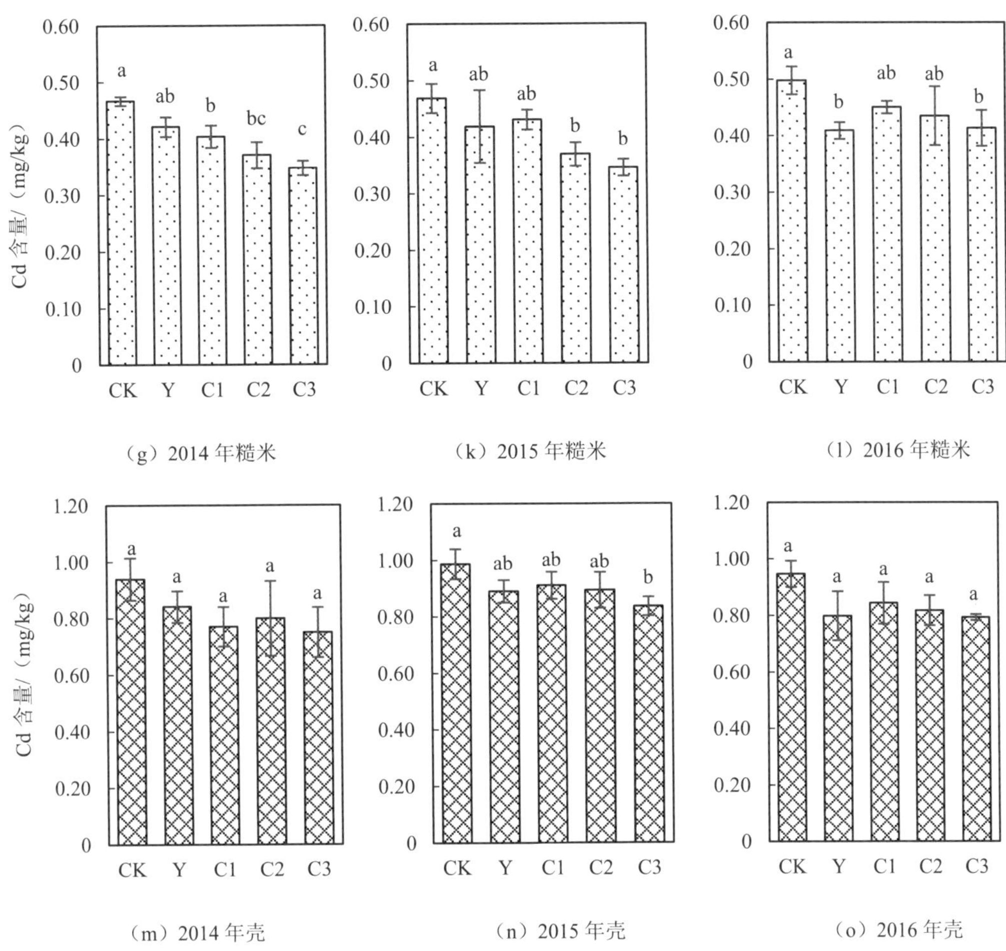

图 9-12　生物炭处理对水稻各器官镉含量的多年影响

三、秸秆炭化还田中生物炭与镉的关系

生物炭在修复治理重金属污染土壤中的积极作用已经得到普遍认可，但是，生物质种类繁多、来源广泛，其中一些可能含有相当数量的重金属，在热解过程中残留于生物炭中。例如，以污泥为原料制备的生物炭有可能富集大量重金属（Devi et al.，2014），相同条件下以动物粪便为原料生产的生物炭的重金属含量显著高于以植物为原料生产的生物炭（Qiu et al.，2015）。

在污染农田上产出的作物秸秆不可避免地会含有一定数量的重金属。以之为原料生产的生物炭是否仍然能在重金属污染土壤中发挥改良作用？是否会加剧土壤镉污染？回答上述问题对于确定秸秆炭化还田技术的适用范围具有重要意义。

（一）重金属在生物炭中的富集

生物质原料种类、热解温度等，均对生物炭中的重金属含量和总量产生影响。

杨铁鑫（2017）使用人工复合污染土壤上获得的水稻、玉米、高粱、大豆秸秆为材料，在不同热解温度条件下制备了多种生物炭，发现在生物质热转化过程中，少量重金属会损失，但大部分将保留在生物炭中。例如，大豆秸秆炭和高粱秸秆炭分别保留了对应生物质总镉量的58.72%～98.99%和总铅量的80.38%～91.18%。

在热解过程中，生物质重量损失，生物炭中的重金属含量总体上呈增加趋势，即表现为重金属的富集。例如，水稻秸秆生物炭中镉含量是水稻秸秆中镉含量的 2.14～2.42 倍，玉米秸秆生物炭中的铜含量是玉米秸秆中铜含量的 1.55～2.49 倍。对于镉、铅这类熔点较低的元素，在热解温度不断升高时，会先富集再散失，致使其在低温生物炭中富集，而在高温生物炭中含量下降。对于铜这类熔点较高的元素，尽管会随生物质热解而部分散失，但在不高于 700℃时，其在生物炭中的含量仍高于秸秆。

4 种秸秆及不同秸秆不同热解温度下生物炭中的重金属含量见表 9-5。

表 9-5 4 种秸秆及不同秸秆不同热解温度下生物炭中的重金属含量

样品	重金属含量/（mg/kg）		
	Cd	Cu	Pb
水稻秸秆	22.75±3.49b	2.34±0.18b	167.81±15.68b
S3	54.16±9.10a	3.92±0.89a	305.74±63.76a
S5	53.02±7.69a	4.50±0.81a	181.87±9.27b
S7	48.73±3.80a	4.45±0.84a	165.54±28.45b
玉米秸秆	22.67±1.33b	5.30±0.94c	127.56±10.73a
Y3	30.58±1.04a	10.87±1.02ab	128.62±2.35a
Y5	28.42±2.66a	13.17±2.32a	128.8±4.89a
Y7	12.42±0.61c	8.20±0.89b	137.68±7.28a
高粱秸秆	141.19±22.03b	2.61±0.05ab	205.85±20.77a
G3	164.31±8.52b	4.90±0.74a	187.69±16.01ab
G5	278.78±16.87a	4.15±1.58ab	165.47±6.05b
G7	40.60±6.30c	3.92±0.13ab	177.81±24.54ab
大豆秸秆	43.56±3.65a	3.04±0.53a	170.47±17.59a
D3	43.12±14.93a	4.43±1.59a	181.96±13.32a
D5	39.63±5.89ab	3.94±0.39a	184.64±12.82a
D7	25.58±3.86b	3.17±0.63a	172.87±8.06a

注：①不同字母表示差异显著（$P<0.05$）；

②在 300℃、500℃和 700℃温度下停留 60 min 制备富含重金属的秸秆生物炭，所得生物炭经 HNO_3-HF 体系消煮后测定。

范世锁等（2015）在以某污水处理厂污泥为原料制备生物炭时发现，重金属总体呈富集趋势，即污泥生物炭中的重金属含量高于污泥。孟俊（2014）以风干猪粪为原料，分别在 400℃和 700℃温度下停留 120 min 制备猪粪生物炭，发现猪粪中除镉外的其他镍、铜和铅等重金属元素经热解后都易沉降积累于生物炭中。

重金属在热解过程中是否富集，一方面受温度控制；另一方面受重金属自身性质影响。高温下，重金属元素易形成金属盐或金属氧化物并沉降在生物炭表面，例如，污泥中的锌等。但个别重金属元素性质活泼，在较高温度下易随着有机物分解而挥发到空气中，例如，污泥中的镉等。除了热解温度和金属元素性质，金属元素在生物质中同有机物的结合方式也是影响其在生物炭中富集的因素。

（二）生物炭中重金属的有效性

在生物质热解过程中，与有机物结合的重金属随着有机物的氧化而分解，大量富集在生物炭中，但化学形态会改变，即交换态比例减少，稳定态（铁锰结合态等）比例增加（Devi et al.，2014），活性降低。

范世锁等（2015）认为，热解是降低污泥炭和粪便炭重金属活性的有效方式。通过不断提高热解温度，可交换态重金属含量所占比例显著减少，而残渣态比例提高。污泥经热解成为生物炭后，可交换态铅含量比例降至 0，而残渣态比例从不足 10%提高至近 50%。类金属元素形态变化规律与重金属元素相似，尽管在 700℃下制备的污泥炭中依然存在有效态砷，但其所占比例较原始物料有所降低，而残渣态砷所占比例却显著提高。镍的结合形态对热解温度的响应不同于其他元素，残渣态所占比例随着热解温度的提高而下降，而铁锰氧化态含量大幅增加。尽管铁锰氧化态重金属的稳定性不如残渣态，但在一般条件下也不易被植物吸收，因此热解过程也同样提高了镍的稳定性。由此可见，对于污泥和粪便这类含有机质较高的生物质，尽管热裂解使重金属富集在生物炭中，但绝大多数都以稳定的结合方式存在，可迁移性和生态风险降低。

杨铁鑫（2017）以 DTPA 为浸提剂提取分析了 4 种人工污染秸秆生物炭中部分有效态重金属，结果表明其稳定性受到生物质原料种类和热解温度的显著影响。以水稻秸秆生物炭为例，在 700℃温度下制备的水稻秸秆炭中有效态镉、铜和铅的含量分别为 17%、38%和 54%，显著高于 300℃温度下制备的水稻秸秆炭的 7%、11%和 13%。可见，在螯合剂 DTPA 作用下，高温生物炭中的重金属的表面结合能力较弱，易从生物炭表面脱离，而低温生物炭的情况则相反。除炭化温度外，金属元素种类和制炭所用秸秆的种类也是影响有效态重金属含量的因素。例如，500℃秸秆炭中有效态铅占比 23%～35%，上下浮动较小；有效态铜占比 16%～67%，上下浮动较大；500℃水稻秸秆炭中有效态镉占比高于 700℃水稻秸秆炭，稳定性相对较弱；而 500℃高粱秸秆炭中有效镉的比例低于 700℃高粱秸秆炭，稳定性相对较高。

不同温度下水稻、玉米、高粱、大豆秸秆炭中有效态重金属百分含量见图 9-13～图 9-16。

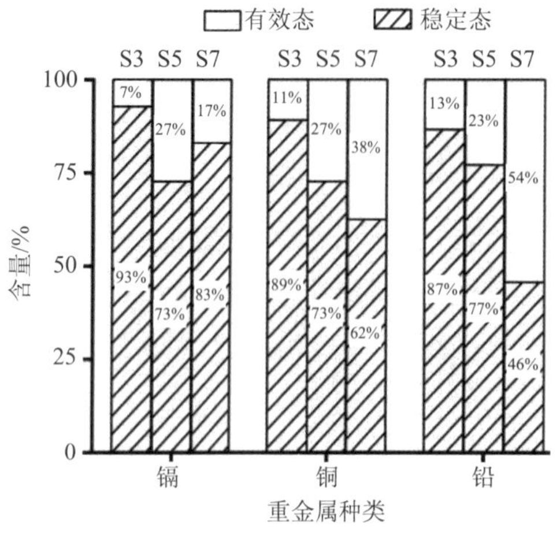

图 9-13 不同温度下水稻秸秆炭中有效态重金属百分含量

注：S3—300℃水稻秸秆炭；S5—500℃水稻秸秆炭；S7—700℃水稻秸秆炭。

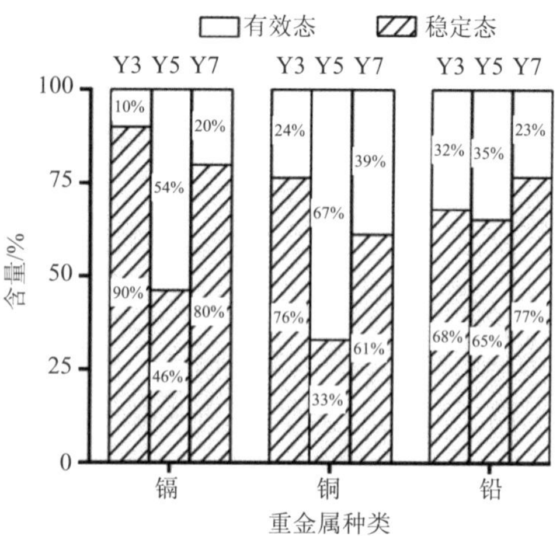

图 9-14 不同温度下玉米秸秆炭中有效态重金属百分含量

注：Y3—300℃玉米秸秆炭；Y5—500℃玉米秸秆炭；Y7—700℃玉米秸秆炭。

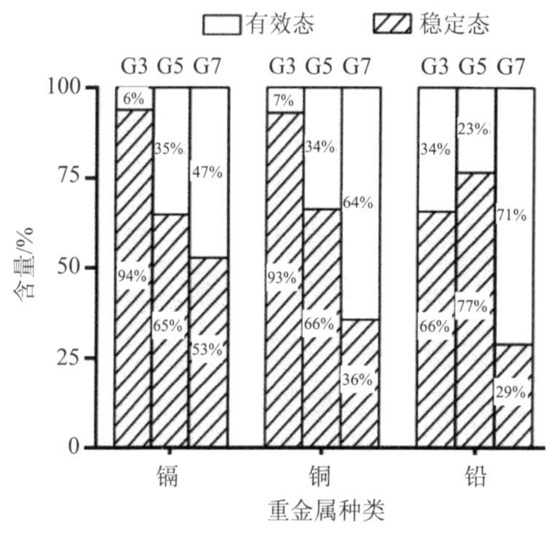

图 9-15 不同温度下高粱秸秆炭中有效态重金属百分含量

注：G3—300℃高粱秸秆炭；G5—500℃高粱秸秆炭；G7—700℃高粱秸秆炭。

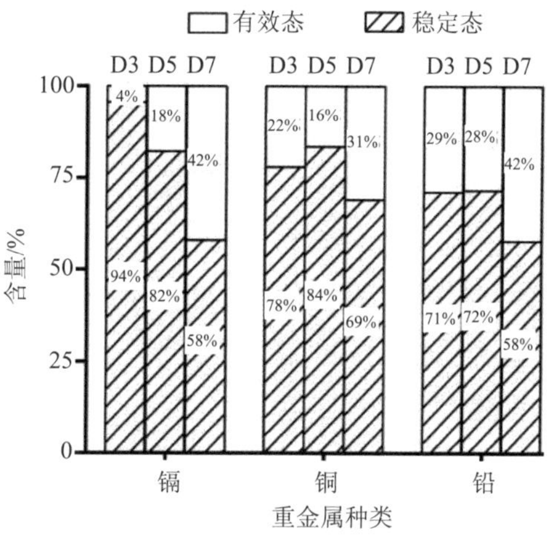

图 9-16 不同温度下大豆秸秆炭中有效态重金属百分含量

注：D3—300℃大豆秸秆炭；D5—500℃大豆秸秆炭；D7—700℃大豆秸秆炭。

如果以单位质量秸秆为基准，综合生物炭产率和元素组成（重金属总量，有效态重金属含量）等因素，换算秸秆炭化前后有效态重金属含量的变化，则秸秆生物炭中有效态重金属含量较炭化前显著降低。即便以相同质量秸秆和生物炭为基准换算，生物炭有效态重金属含量仍显著低于秸秆，且在不同 pH 溶液中的释放率有相同变化趋势。

以单位重量水稻秸秆为基础，制备生物炭后总 DTPA 释放率见表 9-6。

表 9-6　以单位重量水稻秸秆为基础，制备生物炭后总 DTPA 释放率

样品	铜/%	锌/%	镉/%	铅/%
RS	85.89	90.58	84.93	98.50
BC300	34.25	26.79	51.54	18.78
BC500	9.85	14.71	37.62	15.68
BC700	19.10	11.66	6.90	9.42
BC900	26.85	11.58	2.71	5.80

不同 pH 对水稻秸秆及生物炭重金属释放的影响见图 9-17。

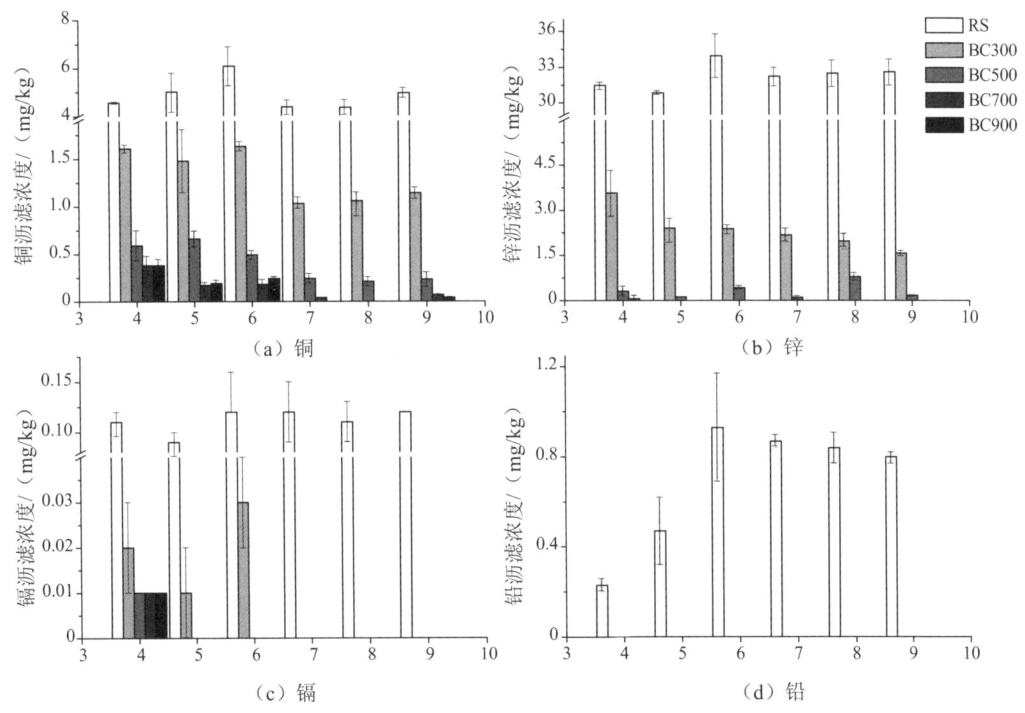

图 9-17　不同 pH 对水稻秸秆及生物炭重金属释放的影响

（三）植物对生物炭中重金属的吸收

尽管生物炭中的重金属多以稳定结合的方式存在，但与秸秆直接还田一样，生物炭还田仍将不可避免地增加土壤重金属的绝对含量。然而，绝对含量的增加并不必然导致植物吸收的增加。

孟俊（2014）在关于猪粪生物炭中重金属在土壤-植物体系中的迁移行为研究中，发现生物炭中部分种类的重金属确实能被植物吸收，施炭量对植物重金属富集量有影响，

但这种影响是差异化的。例如，施加 1%和 3%的生物炭于土壤中，能显著降低青菜中锰和锌的含量；相反，青菜中铜的含量却分别提高 11.2%和 36.1%，但此时青菜中铜含量远不及国家食品中铜限量卫生标准规定，因而不具有环境风险。

杨铁鑫（2017）通过类似的研究再次说明，生物炭中的重金属有被植物吸收利用的可能，具体效果因生物炭种类和施用量而存在方向上的差异。相对而言，高热解温度生物炭处理下，青菜中的重金属富集量较低，而低热解温度生物炭处理下的青菜中重金属含量较高。高生物炭添加量（3%）对降低植物重金属含量具有积极作用，说明生物炭对土壤重金属的钝化能力可以在一定条件下抵消其提供重金属这一潜在风险。

不同温度下水稻、玉米、高粱、大豆秸秆生物炭处理与空白处理小白菜重金属含量差值见图 9-18～图 9-21。

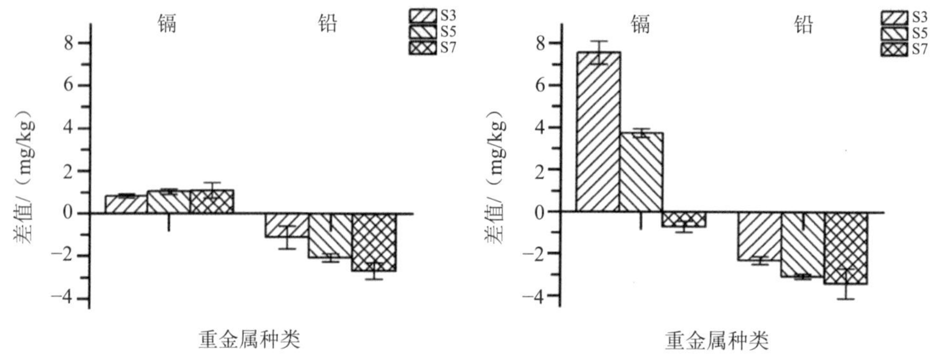

图 9-18 不同温度水稻秸秆生物炭处理与空白处理小白菜重金属含量差值（左，1%；右，3%）

注：S3—300℃水稻秸秆生物炭；S5—500℃水稻秸秆生物炭；S7—700℃水稻秸秆生物炭。

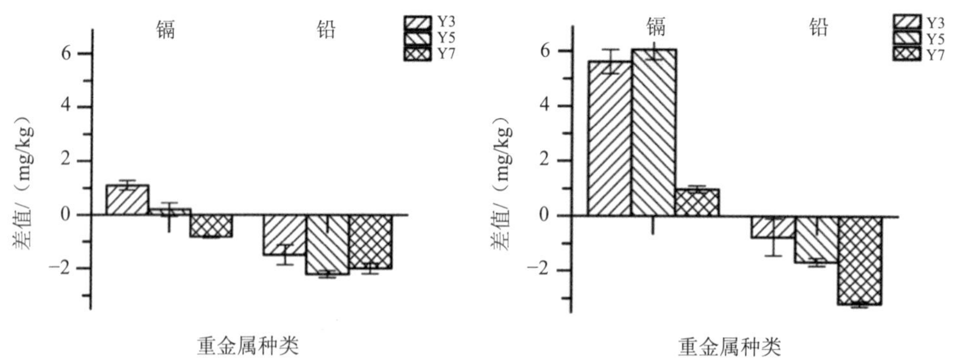

图 9-19 不同温度玉米秸秆生物炭处理与空白处理小白菜重金属含量差值（左，1%；右，3%）

注：Y3—300℃玉米秸秆生物炭；Y5—500℃玉米秸秆生物炭；Y7—700℃玉米秸秆生物炭。

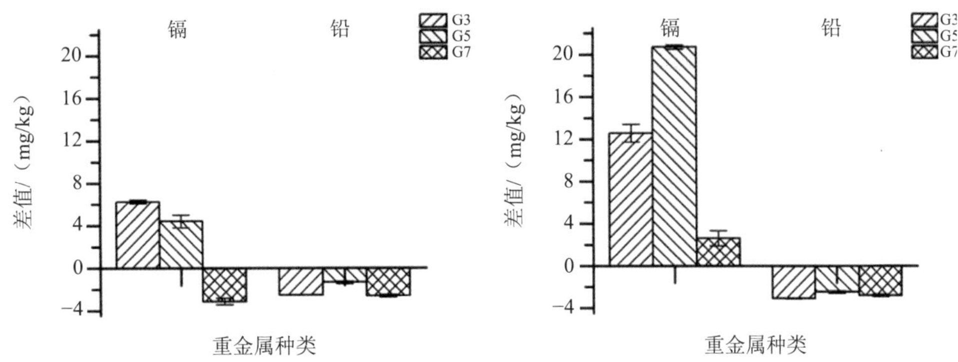

图 9-20　不同温度下高粱秸秆生物炭处理与空白处理小白菜重金属含量差值（左，1%；右，3%）

注：G3—300℃高粱秸秆生物炭；G5—500℃高粱秸秆生物炭；G7—700℃高粱秸秆生物炭。

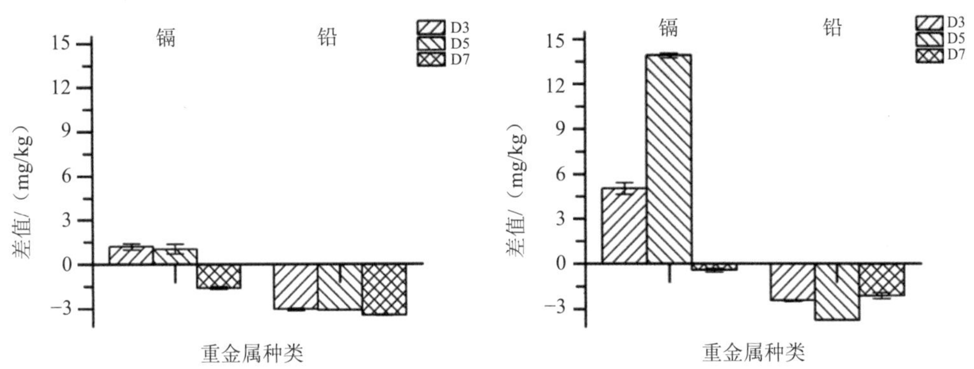

图 9-21　不同温度下大豆秸秆生物炭处理与空白处理小白菜重金属含量差值（左，1%；右，3%）

注：D3—300℃大豆秸秆生物炭；D5—500℃大豆秸秆生物炭；D7—700℃大豆秸秆生物炭。

四、小结

目前，生物炭在治理重金属污染、改良土壤中的作用得到了越来越多的关注。与其他类型的土壤改良剂不同，生物炭性质稳定，能够在土壤中长期固定重金属，可以在很大程度上避免其他类型土壤改良剂连续使用引发的次生污染。因此，通过秸秆炭化还田，用土壤产出的秸秆等废弃物治理土壤，无疑具有重要的现实意义。

但是，现有研究表明，生物炭还田钝化镉等重金属或需要非常大量的投入，或即便有效却不甚显著。按照土壤平均容重 1.4 g/cm^3、耕层深度 0.2 m 计算，1%的生物炭用量约折合为 28 t/hm^2，这在实践中恐怕难以大范围推广使用。过高的用量不仅带来高昂的成本，对部分作物生长可能产生的负面影响也需要评估。在目前生物炭生产成本居高不下、大用量集中还田的环境影响有待充分论证的情况下，相关应用技术研究和产品开发困难重重，如何提高生物炭对土壤重金属的钝化效率已成为当前学界和产业界高度关注的瓶颈之一。

近年来，随着对生物炭结构与功能研究的不断发展，学者们开始尝试定向设计与制备生物炭，以期通过共热解、掺杂、活化等方式提高比表面积、丰富表面官能团、调控活性界面，进而提高生物炭吸附钝化重金属的能力。这些工作从生物炭理化性质入手，聚焦生物炭界面反应机制，代表了在纵深方向上的努力。与此同时，微生物对生物炭的响应及其对土壤质量的综合影响也已得到越来越多的关注，关于微生物通过生物炭介导电子传递直接参与重金属转化，或通过影响土壤有机碳间接作用于重金属生物有效性等方面的认识不断深化。因此，通过横向拓展，发挥生物炭对土壤微生物的调控功能，通过二者功能互补甚至是增益来提升重金属钝化效率可能是下一步的工作内容之一。

生物炭自身所含重金属需要辩证地审视：一方面，生物炭还田有助于钝化重金属，降低其有效性；另一方面，生物炭带入的重金属必然导致土壤重金属总量的增加，也存在释放的可能。两种作用同时存在，其相对强弱决定了生物炭对土壤重金属有效性的总体影响。不应因生物炭重金属含量少而忽视风险，但更不应因其含有重金属就绝对化地"一刀切"。根据土壤环境质量、农业投入品相关标准，科学地使用生物炭，有理由预期良好效果。

参考文献

白嵩，李青芝，白岩，等. 2003. 水体镉污染对水稻种苗初期生长的影响[J]. 吉林农业大学学报，(2)：128-130.

陈飞霞，魏世强. 2006. 土壤中有效态重金属的化学试剂提取法研究进展[J]. 干旱环境监测，(3)：153-158.

陈怀满. 1996. 土壤-植物系统中的重金属污染[M]. 北京：科学出版社.

陈建斌，陈必群，邓朝祥. 2004. 有机物料对土壤中外源镉形态与生物有效性的影响研究[J]. 中国生态农业学报，3：110-113.

陈利，陈国祥，周泉澄，等. 2005. 根际 pH 与镉共同胁迫下对超高产杂交稻幼苗光合特性的影响[J]. 农业环境科学学报，(1)：12-16.

陈远其，张煜，陈国梁. 2016. 石灰对土壤重金属污染修复研究进展[J]. 生态环境学报，25(8)：1419-1424.

陈智裕，马静，赖华燕，等. 2017. 植物根系对根际微环境扰动机制研究进展[J]. 生态学杂志，36（2）：524-29.

程式华，李建. 2007.现代中国水稻[M]. 北京：金盾出版社.

范世锁，汤婕，程燕，等. 2015. 污泥基生物炭中重金属的形态分布及潜在生态风险研究[J]. 生态环境学报，24（10）：1739-1744.

冯素萍，刘慎坦，杜伟，等. 2009. 利用 BCR 改进法和 Tessier 修正法提取不同类型土壤中 Cu、Zn、Fe、Mn 的对比研究[J]. 分析测试学报，28（3）：297-300.

高彦征，贺纪正，凌婉婷. 2001. 湖北省几种土壤的重金属镉、铜形态[J]. 华中农业大学学报，(2)：143-147.

葛才林，骆剑峰，刘冲，等. 2005. 重金属对水稻光合作用和同化物输配的影响[J]. 核农学报，(3)：214-218.

顾继光，林秋奇，胡韧，等. 2005. 矿区重金属在土壤-作物系统迁移行为的研究——以辽宁省青城子铅锌矿为例[J]. 农业环境科学学报，(4)：634-637.

关天霞，何红波，张旭东，等. 2011. 土壤中重金属元素形态分析方法及形态分布的影响因素[J]. 土壤通报，42（2）：503-512.

韩晓日，王颖，杨劲峰，等. 2009. 长期定位施肥对土壤中镉含量的影响及其时空变异研究[J]. 水土保持学报，23：107-110，158.

郝汉舟，陈同斌，靳孟贵，等. 2011. 重金属污染土壤稳定/固化修复技术研究进展[J]. 应用生态学报，22（3）：816-824.

赫天一. 2017. 生物炭对土壤镉赋存形态和水稻镉积累的影响[D]. 沈阳：沈阳农业大学.

胡文. 2008. 土壤-植物系统中重金属的生物有效性及其影响因素的研究[D]. 北京：北京林业大学.

黄文粤，张清海，林绍霞，等. 2017. 有机肥对土壤重金属生物有效性影响研究进展[J]. 天津农业科学，23（2）：26-30，34.

蒋艳艳. 2014. 生物炭吸附固定镉、铜效果的研究[D]. 荆州：长江大学.

金研铭，徐小锋，徐惠风. 2007. 根际微生态系统有机碳动态研究进展[J]. 湖北农业科学，(4)：651-656.

李剑睿，徐应明，林大松，等. 2014. 农田重金属污染原位钝化修复研究进展[J]. 生态环境学报，23（4）：721-728.

李岭，刘冬，吕银斐，等. 2014. 生物炭施用对镉污染土壤中烤烟品质和镉含量的影响[J]. 华北农学报，29（2）：228-232.

梁彦秋，刘婷婷，铁梅，等. 2007. 镉污染土壤中镉的形态分析及植物修复技术研究[J]. 环境科学与技术，(2)：57-58，106，118.

刘侯俊，梁吉哲，韩晓日，等. 2011. 东北地区不同水稻品种对 Cd 的累积特性研究[J]. 农业环境科学学报，30（2）：220-227.

刘潇威，刘凤枝. 2007. 土壤和固体废弃物监测分析技术[M]. 北京：化学工业出版社.

刘玉荣. 2002. 污染土壤中重金属的生物可利用性评估方法研究——以采煤矿区土壤重金属污染为例[D]. 贵阳：中国科学院地球化学研究所.

吕殿青，王宏，潘云，等. 2010. 容重变化对土壤溶质运移特征的影响[J]. 湖南师范大学自然科学学报，33（1）：75-79.

毛懿德. 2015. 生物炭对土壤镉活性及水稻、油菜累积镉的影响[D]. 长沙：湖南农业大学.

孟俊. 2014. 猪粪堆制、热解过程中重金属形态变化及其产物的应用[D]. 杭州：浙江大学.

宁皎莹，周根娣，周春儿，等. 2016. 农田土壤重金属污染钝化修复技术研究进展[J]. 杭州师范大学学报：自然科学版，15（83）：47-53.

邵国胜，MUHAMMAD Jaffar Hassan，章秀福，等. 2004. 镉胁迫对不同水稻基因型植株生长和抗氧化酶系统的影响[J]. 中国水稻科学，18（3）：239-244.

施农农，陈志伟，贾秀英. 1999. 镉胁迫下水稻种子的萌芽生长及体内水解酶的活性变化[J]. 农业环境科学学报，(5)：213-216.

孙红文. 2013. 生物炭与环境[M]. 北京：化学工业出版社.

孙媛媛. 2015. 几种钝化剂对土壤砷生物有效性的影响与机理[D]. 北京：中国农业大学.

王昌全，代天飞，李冰，等. 2007. 稻麦轮作下水稻土重金属形态特征及其生物有效性[J]. 生态学报，27（3）：889-897.

王桂仙，张启伟. 2008. 竹炭对水体中重金属离子的吸附规律研究[J]. 化学与生物工程，（3）：66-68.

王立群，罗磊，马义兵，等. 2009. 重金属污染土壤原位钝化修复研究进展[J]. 应用生态学报，（5）：210-218.

王晓飞，许桂苹，洪欣，等. 2015. 利用 BCR 法和 Maiz 法提取蔗田土壤中重金属的研究[J]. 江西农业学报，27（1）：90-92.

王逸群，郑金贵，陈文列，等. 2004. Hg^{2+}、Cd^{2+}污染对水稻叶肉细胞伤害的超微观察[J]. 福建农林大学学报（自然版），（4）：409-413.

吴成，张晓丽，李关宾. 2007. 黑碳制备的不同热解温度对其吸附菲的影响[J]. 中国环境科学，（1）：125-128.

吴启堂. 1993. 根系分泌物对镉生物有效性的影响[J]. 土壤，（5）：257-259.

吴伟祥. 2015. 生物质炭土壤环境效应[M]. 北京：科学出版社.

谢运河，纪雄辉，田发祥，等. 2017. 不同 Cd 污染特征稻田施用钝化剂对水稻吸收积累 Cd 的影响[J]. 环境工程学报，（5）：1242-1250.

徐红霞，翁晓燕，毛伟华，等. 2005. 镉胁迫对水稻光合、叶绿素荧光特性和能量分配的影响[J]. 中国水稻科学，（4）：338-342.

徐卫红，黄河，王爱华，等. 2006. 根系分泌物对土壤重金属活化及其机理研究进展[J]. 生态环境学报，（1）：184-189.

杨铁鑫. 2017. 生物炭中重金属稳定性初步研究[D]. 沈阳：沈阳农业大学.

喻华，罗婷，冯文强，等. 2017. 石灰性物质连续培养及添加镁对土壤 pH 及镉有效性的影响[J]. 西南农业学报，30（1）：169-175.

张阿凤，潘根兴，李恋卿. 2009. 生物黑炭及其增汇减排与改良土壤意义[J]. 农业环境科学学报，28（12）：2459-2463.

张福锁. 2009. 根际生态学[M]. 北京：中国农业大学出版社.

张丽娜. 2007. 不同调控措施对土壤-水稻系统中镉行为的影响[D]. 南京：南京农业大学.

张伟明，张庆忠，陈温福. 2009. 镉污染土壤中施用秸秆炭对水稻生长发育的影响[J]. 北方水稻，39（2）：4-7，11.

张兴梅，杨清伟，李扬. 2010. 土壤镉污染现状及修复研究进展[J]. 河北农业科学，14（3）：79-81.

章秀福，王丹英，储开富，等. 2006. 镉胁迫下水稻 SOD 活性和 MDA 含量的变化及其基因型差异[J]. 中国水稻科学，20（2）：194-198.

赵步洪，张洪熙，奚岭林，等. 2006. 杂交水稻不同器官镉浓度与累积量[J]. 中国水稻科学，（3）：306-312.

朱德峰，程式华，张玉屏，等. 2010. 全球水稻生产现状与制约因素分析[J]. 中国农业科学，43（4）：474-479.

Beesley L，Marmiroli M. 2011. The immobilisation and retention of soluble arsenic，cadmium and zinc by biochar[J]. Environmental Pollution，159：474-480.

Bian R，Chen D，Liu X，et al. 2013. Biochar soil amendment as a solution to prevent Cd-tainted rice from China：results from a cross-site field experiment[J]. Ecological Engineering，58：378-383.

Carvalho M T M，Madari B E，Bastiaans L，et al. 2016. Properties of a clay soil from 1.5 to 3.5 years after biochar application and the impact on rice yield[J]. Geoderma，276：7-18.

Castilho P D，Bril J，P Römkens，et al. 1995. Cadmium accumulation and availability in agricultural land and the effects of land use changes[R]. Stockholm：Proc. OECD Workshop "Fertilizers".

Chaney R L，Angle J S，Mcintosh M S，et al. 2005. Using hyperaccumulator plants to phytoextract soil Ni and Cd[J]. Ztschrift Fur Naturforschung C A Journal of Bioences，60：190-198.

Chen H，Teng Y，Lu S，et al. 2015. Contamination features and health risk of soil heavy metals in China[J]. Science of the Total Environment，512-513：143-153.

Cui L，Li L，Zhang A，et al. 2011. Biochar amendment greatly reduces rice Cd uptake in a contaminated paddy soil：a two-year flied experiment[J]. Bioresources，6：2605-2618.

Cui L，Pan G，Li L，et al. 2012. The reduction of wheat cd uptake in contaminated soil via biochar amendment：A two-year field experiment[J]. Bioresources，7：5666-5676.

Devi P，Saroha A K. 2014. Risk analysis of pyrolyzed biochar made from paper mill effluent treatment plant sludge for bioavailability and eco-toxicity of heavy metals[J]. Bioresource Technology，162：308-315.

Haefele S M，Konboon Y，Wongboon W，et al. 2011. Effects and fate of biochar from rice residues in rice-based systems[J]. Field Crops Research，121：430-440.

Henrique N E，Freitas M，Melo C，et al. 2015. Biochar：pyrogenic carbon for agricultural use-a critical review[J]. Revista Brasilra De Ciência Do Solo，39：321-344.

Hidetoshi A，Samson B K，Stephan H M. 2009. Biochar amendment techniques for upland rice production in Northern Laos 1. Soil physical properties，leaf SPAD and grain yield[J]. Field Crops Research，111：81-84.

Hinsinger P，Bengough A G，Vetterlein D，et al. 2009. Rhizosphere：biophysics，biogeochemistry and ecological relevance[J]. Plant and soil，321（1-2）：117-152.

Jones D L，Darah P R，Kochian L V. 1996. Critical evaluation of organic acid mediated iron dissolution in the rhizosphere and its potential role in root iron uptake[J]. Plant and Soil，180：57-66.

Kirkham M B. 2006. Cadmium in plants on polluted soils：effects of soil factors，hyperaccumulation，and amendments[J]. Geoderma，137：19-32.

Leee D R，Low G C，Warne M，et al. 2000. Opportunities for expanded use of soil，plant and water analysis in environmental management[J]. Communications in Soil Science and Plant Analysis，31：2185-2200.

Lehmann J. 2007. A handful of carbon[J]. Nature，447（7141）：143-144.

Ma Y B，Uren N C. 1995. Application of a new fractionation scheme for heavy metals in soils[J]. Communications in Soil Science and Plant Analysis，26：3291-3303.

Machida M，Kikuchi Y，Aikawa M，et al. 2004. Kinetics of adsorption and desorption of Pb（II） in aqueous solution on activated carbon by two-site adsorption model[J]. Colloids and Surfaces a：Physicochemical and Engineering Aspects，240（1-3）：179-186.

Mendez A，Gomez A，Paz-Ferreiro J，et al. 2012. Effects of sewage sludge biochar on plant metal availability after application to a Mediterranean soil[J]. Chemosphere，89（11）：1354-1359.

Neff J M. 2002. Chapter 5-Cadmium in the Ocean[M]// Neff J M，Bioaccumulation in marine organisms effect of contaminants from oil well produced water. Amsterdam：Elsevier，89-102.

Park J H，Choppala G K，Bolan N S，et al. B2011. iochar reduces the bioavailability and phytotoxicity of heavy metals[J]. Plant and soil，348：439.

Park J H，Lamb D，Paneerselvam P，et al. 2011. Role of organic amendments on enhanced bioremediation of heavy metal（loid） contaminated soils[J]. Journal of Hazardous Materials，185（2-3）：549-574.

Qiu M，Sun K，Jin J，et al. 2015. Metal/metalloid elements and polycyclic aromatic hydrocarbon in various biochars：the effect of feedstock，temperature，minerals，and properties[J]. Environmental Pollution，206：298-305.

Reeves P G，Chaney R L. 2008. Bioavailability as an issue in risk assessment and management of food cadmium：a review[J]. Science of the Total Environment，398（1-3）：13-19.

Soriano-Disla J M，Speir T W，Gomez I，et al. 2010. Evaluation of different extraction methods for the assessment of heavy metal bioavailability in various soils[J]. Water，Air & Soil Pollution，213（1-4）：471-483.

Tessier A P，Campbell P，Bisson M X. 1979. Sequential extraction procedure for the speciation of particulate trace metals[J]. Analytical Chemistry，51（7）：844-851.

Wardle D A，Nilsson M C，Zackrisson O. 2008. Fire-derived charcoal causes loss of forest humus[J]. Science，320（5876）：629.

Woolf D，Amonette J E，Street-Perrott F A，et al. 2010. Sustainable biochar to mitigate global climate change[J]. Nature Communications，1：1-9.

Yan H，Xu J，Tang C，et al. 2005. Facilitation of pentachlorophenol degradation in the rhizosphere of ryegrass（Lolium perenne L.）[J]. Soil Biology and Biochemistry，37：2017-2024.

Yoneyama T，Gosho T，Kato M，et al. 2010. Xylem and phloem transport of Cd，Zn and Fe into the grains of rice plants（Oryza sativa L.） grown in continuously flooded Cd-contaminated soil[J]. Soil Science and Plant Nutrition，56（3）：445-453.

Zeng F，Ali S，Zhang H，et al. 2011. The influence of pH and organic matter content in paddy soil on heavy metal availability and their uptake by rice plants[J]. Environmental Pollution，159（1）：84-91.

Zhang A，Bian R，Pan G X，et al. 2012. Effects of biochar amendment on soil quality，crop yield and greenhouse gas emission in a Chinese rice paddy：a field study of 2 consecutive rice growing cycles[J]. Field Crops Research，127：153-160.

Zhang J，Sun W，Li Z，et al. 2009. Cadmium fate and tolerance in rice cultivars[J]. Agronomy for Sustainable Development，29：483-490.

Zhou H，Meng H，Zhao L，et al. 2018. Effect of biochar and humic acid on the copper，lead，and cadmium passivation during composting[J]. Bioresource Technology，258：279-286.

第三篇

生物炭的农业应用

第十章　生物炭对作物生长的影响

早在 19 世纪，亚马孙河流域古老的印第安人就在一种特殊的黑土“*Terra Preta*”上种植农作物。这种黑色土壤富含稳定的“生物炭”，是土壤肥沃和作物增产的主要原因（Harder，2010；Marris，2006），这种直观的“沃土”增产效应引起了人们对“生物炭”农业应用的普遍关注，也将生物炭带入科学家视野。

国内外专家、学者开展了生物炭在不同作物生产上的应用研究，大多取得了良好的试验效果。但是，由于生态条件、气候条件以及土壤类型等区域性差异，生物炭在施入土壤后对作物生长发育和产量的影响也存在明显差异，但总体上以正向效应居多。Lehmann 等（1999）模仿亚马孙流域高产“*Terra Preta*”土壤，将生物炭分别以 68 t/hm^2 和 135 t/hm^2 的标准施入土壤中，发现水稻、豇豆的生物量分别提高了 17%和 43%。Uzoma 等（2011）将生物炭应用于沙质土壤种植玉米，发现当生物炭施用量分别为 15 t/hm^2 和 20 t/hm^2 时，玉米产量分别提高了 150%和 98%。国内研究也表明，生物炭能够促进玉米苗期生长，株高、茎粗分别比对照增加了 4.31～13.13 cm 和 0.04～0.18 cm（刘世杰等，2009）。Iswaran 等（1980）以 0.5 t/hm^2 的标准向土壤中添加生物炭，发现每盆大豆增产 10.4 g。而在酸性土壤中以 10 t/hm^2 的标准施用生物炭，土壤中交换性铝的毒害作用减小，小麦株高提高了 30%～40%（Van Zwieten et al.，2007）。在南美洲热带地区，施用生物炭使豇豆产量提高了 28%（Liang et al.，2006）。Chan 等（2007）发现，先施氮后施炭可使萝卜产量增加 120%。在生物炭施入量过大时，也可能不利于作物生长。例如，张晗芝等（2010）曾报道了生物炭对玉米苗期生长的显著抑制作用。Kishimoto 等（1985）研究显示，当土壤中分别施入 5 t/hm^2 和 15 t/hm^2 生物炭时，大豆产量分别降低 37%和 71%。

生物炭对作物生长的促进作用可能随时间延长而表现出一定的“累加”效应或“后效”。Major 等（2010）在玉米和大豆轮作土壤上进行了多年的生物炭处理，发现以 20 t/hm^2 标准施用生物炭，在第 1 年玉米产量并未提高，但在之后的 3 年中，产量逐年递增，分别比对照提高了 28%、30%和 140%。在巴西亚马孙河流域的田间试验也表明，以 11 t/hm^2 标准施用生物炭，在经过 2 年零 4 个生长季后，水稻和高粱的产量累计增加了 75%（Steiner et al.，2007）。

Lehmann 等（2003）、Rondon 等（2007）以及 Yamato 等（2006）将生物炭还田增产作用归因于生物炭对土壤 pH 的影响，认为生物炭能够维持和提高土壤 pH，而土壤 pH

的变化往往伴随着土壤养分的变化，从而间接影响作物产量。更多研究认为，生物炭对土壤肥力与作物的影响不是由于其在土壤中可作为一种营养物质直接起效，而是因为间接地提高了作物养分利用效率，从而对作物生长起到了促进作用（Schmidt et al.，2000）。

此外，生物炭与化肥配施在作物生产上也获得了积极反馈（Lehmann et al.，2003）。在澳大利亚，施氮 100 t/hm^2 条件下，以 50 t/hm^2 和 100 t/hm^2 标准施用生物炭，萝卜产量分别提高了 95%和 120%（Chan et al.，2007）。生物炭与化肥配施，在玉米和花生上也表现出增产（Yamato et al.，2006）。而以生物炭为载体，制备成炭基肥也取得了良好的应用效果。试验结果表明，炭基花生专用肥有利于花生叶片功能期延长，饱果率提高 14.2%、百仁重增加 10.1%，产量增加 13.5%。炭基玉米专用肥则有效提高了花生穗粒数、粒重，产量提高 7.6%～11.6%。炭基大豆专用肥使大豆分枝数增加 16.4%，单株二粒荚数、三粒荚数分别增加 16.4%、27.9%，单株粒数增加 12.1%，百粒重增加 4.7%，产量增加 7.2%（崔月峰等，2008a；崔月峰等，2008b）。

生物炭对作物生长、产量等的作用效应表现不一，但总体上是正向效应大于负向效应。正向效应的产生主要来源于：①生物炭具有丰富的多微孔结构、大比表面积，在施入土壤后，可促进土壤微生物生存繁衍，增加土壤中有益菌群数量，增强土壤生态系统功能，为作物根系生长提供良好环境；②施用生物炭有助于改善土壤理化性状，如 pH、容重、孔隙度、持水性等，特别是可提高土壤有效养分含量；③生物炭本身含有一定对作物生长发育有益的元素如氮、磷、钾和一些微量元素等，增加土壤中可交换性阳离子（如 K^+、Na^+、Ca^{2+}、Mg^{2+}等）的数量，在一定程度上减少活性铝等有毒元素影响；④生物炭与其他肥料配合使用时，可减少养分淋失，提高肥料利用效率，促进作物增产。

作物生长受土壤类型、栽培技术、气候变化等多种因素影响，生物炭对作物生长、产量等的影响既决定于生物炭自身理化特性，也决定于特定土壤类型、作物生物学属性，以及施炭量、施用时间等诸多方面，复杂的交互作用使试验结果不尽一致。因此，生物炭在作物生产上的应用，应因地、因作物、因环境等具体条件而异。

总体来看，生物炭作为一种土壤改良剂，尤其是对低肥力土壤上的作物生长会起到积极促进作用，对提高作物总产、保障粮食安全具有重要现实意义。尽管目前尚无法确定通用的最佳施炭量范围，但大量试验结果已证明生物炭具有改土、促长、增产等作用，只要应用适当，其正向效应是完全可以利用的。

东北地区是我国重要的商品粮供应基地，是保障国家粮食安全的“压舱石”。本章主要结合农业区域环境特点，针对主要农作物介绍生物炭在作物生产上的应用，阐述生物炭对作物生长、产量以及品质等方面的调控作用。

一、生物炭对作物生长发育和产量的影响

（一）玉米

生物炭用量是秸秆炭化还田实践中首先要考虑的问题，不仅关乎成本，更在很大程度上影响作物实际产量。当前，很多研究都是在较大施炭量条件下开展的，如几吨至几十吨每公顷。从科学研究的角度，这种做法更有助于观察到不同处理之间的差异，有利于探明不同土壤、作物种类条件下生物炭的最佳剂量阈值。

在棕壤上，可观察到 20 t/hm^2 的生物炭施用量对玉米产量的提升效果，而当生物炭用量增加到 40 t/hm^2 时，玉米干物质积累和籽粒产量显著下降，存在比较明显的剂量效应，维持作物稳产或增产的生物炭用量上限似乎介于两者之间。

同多数作物一样，玉米干物质积累表现符合“S”形生长曲线，即随着生育进程变化而呈现出“缓慢增长—快速增长—缓慢下降”的变化趋势。施用生物炭有利于延长玉米旺盛生长期，干物质积累较多，虽与常规施肥相比没有达到差异显著水平，但可显著增加玉米灌浆后期的光合生产能力，提高玉米籽粒产量和收获指数。在产量构成因素中，玉米穗长、行粒数和百粒重等穗部性状指标与对照差异显著，在外观上表现为“秃尖”显著减少（图 10-1）。

图 10-1　生物炭对玉米结穗的影响

注：左为施炭后的玉米结穗情况（BC）；右为对照，常规施肥（CK）。

大量生物炭还田会在一定程度上延迟玉米生育进程，但在后期叶片硝酸还原酶等活性较为稳定，维持了相对旺盛的生长状态。在光温资源较为充裕的情况下，作物生育后

期的旺盛生长可弥补前期生长不足，保证一定产量水平。但是，当生物炭用量过多时，即便后期生长旺盛，但受生育期限制而无后期弥补的余地，有可能导致产量降低。导致生育期延迟的可能原因主要有：一是生物炭大量还田对土壤养分的固定降低了其可利用性而导致植物营养受限；二是生物炭带入土壤中的物质有可能直接或间接参与植物生育进程调控。事实上，生物炭对作物生育期的影响已经在玉米、水稻、万寿菊等多种作物上观测到，对草莓生育进程也有类似但不稳定的作用。

在不同类型土壤上都可观测到生物炭还田对玉米生长的积极作用。在白浆土上，施用生物炭（100 t/hm^2）可增加玉米产量，虽然对碱解氮、全钾含量的影响无明显规律，但是可提高 pH、有机质、速效磷、速效钾、全氮、全磷等土壤指标，并在 150 t/hm^2 剂量时达到最大值。在黑龙江西部半干旱地区草甸土上施用生物炭（80 t/hm^2），玉米产量提高了 42.13%。

生物炭与化肥配施对玉米产量具有积极影响。在减少常规施肥量 20%的基础上配施生物炭，玉米不同器官的干物质向籽粒的转移量、转移效率、产量贡献率均有所提高，产量略高于常规施肥。生物炭吸附的养分在一定时间内持续释放，有利于为作物后期的生长发育及产量形成提供保障（王智慧等，2018）。生物炭与氮肥配施时，可显著增加玉米株高、茎粗、叶面积指数和根系活力，促进根系生长和植株干物质积累与分配；而在未施氮肥的条件下施用生物炭，会显著降低玉米干物质积累速率和总干物质积累量，缩短旺盛生长期。

此外，生物炭与化肥的另一种配施形式——生物炭基肥料，对玉米生长发育也具有积极影响。与常规化肥相比，施用生物炭基肥可促进青贮型玉米产量的提高；在生物炭基肥减量 5%～15%条件下，对青贮型玉米产量也无明显影响。

（二）水稻

水稻是东北地区的主要作物之一，水稻种植以旱育苗移栽方式为主，生物炭对水稻种子萌发、苗期及移栽后大田生长等不同阶段均有影响。

生物炭含有种类丰富的营养元素，虽然含量不高，但在大剂量应用时其作用仍不可忽视。同时，生物炭表面还可能含有具备植物生长调节功能的小分子物质，也会影响水稻种子萌发及苗期生长。

蒋太英等（2015）研究表明，在模拟水分匮乏胁迫条件下，生物炭浸提液对水稻种子萌发与生长均表现出显著的促进作用。在 20% PEG 处理中，水稻幼苗地上部生长较为缓慢，生物炭浸提液可缓解生长抑制，但效果不显著（图 10-2）。在低浓度甘露醇（300 mmol/L）干旱胁迫下，种子萌发率为 80%，幼苗生长受到严重抑制（图 10-3）。在加入生物炭浸提液后，萌发率可达到 87%，并有效缓解萌发后的生长抑制。当胁迫水平进一步提高时（甘露醇浓度 500 mmol/L），生物炭浸提液处理虽然有助于缓解胁迫，但是作用有限，水稻种子萌发率仅为 36%。

图 10-2 20% PEG 模拟干旱胁迫对水稻种子萌发和幼苗生长的影响

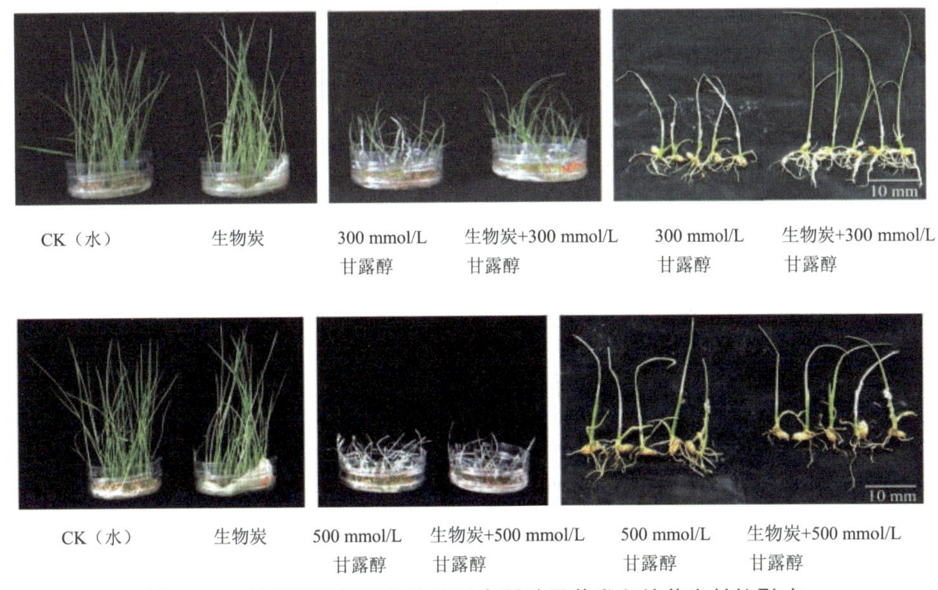

图 10-3 甘露醇模拟干旱胁迫对水稻种子萌发和幼苗生长的影响

在盐胁迫条件下，当添加 200 mmol/L 的 NaCl 时，水稻种子萌发率仅为 6.97%，添加生物炭浸提液后，可将萌发率提升至 19.22%。在秧苗生长期，盐胁迫导致生长缓慢，地上部鲜重、成活率、叶绿素含量降低，可溶性蛋白含量、活性氧清除系统关键酶 POD、SOD 活性下降，MDA 含量升高。加入生物炭浸提液可改善上述指标，促进盐胁迫下水稻钾离子转运蛋白家族成员 OsHAK7 和 OsHAK10 基因表达，表达量分别提高 2.5 倍和 3.4 倍，生物炭含有的水溶活性分子可能在根细胞表面 Na^+/ K^+离子通道调控中发挥了作用（甄晓溪等，2015）。

移栽后，生物炭对水稻生长发育和产量形成的积极作用在不同试验条件下得到了证实。

1. 盆栽试验

在棕壤水稻土中施入不同用量生物炭，水稻株高，茎、叶干物质积累均有不同程度的提高，以 20 g/kg 生物炭用量处理效果最显著（表 10-1）。在产量构成因素中，该处理的水稻每穴穗数、每穗粒数均有提高（表 10-2）。在 10 g/kg 生物炭处理中，水稻结实率有所提高，但是对水稻千粒重的作用不明显。

表 10-1 生物炭对水稻地上部植株干物重的影响 单位：g

处理	叶					茎				
	分蘖期	拔节期	抽穗期	灌浆期	成熟期	分蘖期	拔节期	抽穗期	灌浆期	成熟期
CK	4.45a	7.51b	13.55b	14.34b	9.34a	3.66b	9.40b	47.67b	64.70a	40.48a
C1	3.92a	8.76ab	16.21a	15.55ab	10.79a	5.33ab	14.24a	56.91a	69.42a	40.48a
C2	3.46a	10.25a	17.23a	16.33a	11.76a	5.70a	13.90a	58.63a	73.76a	44.36a
C3	3.41a	10.15a	15.12ab	15.01ab	10.41a	5.32ab	12.37a	52.71ab	62.05a	42.97a

注：CK—对照；C1—生物炭 10 g/kg；C2—生物炭 20 g/kg；C3—生物炭 40 g/kg（以干土计）。

2. 大田试验

在大田生产试验条件下，生物炭增加了水稻分蘖数，促进了根、茎鞘、叶、穗干物质积累，表现为随着施炭量增加而先增加、后降低的趋势。与此同时，生物炭处理的水稻茎鞘、叶片、穗部物质表观转移量也有明显提高，茎鞘物质表观输出率和转化率均高于对照（图 10-4）。

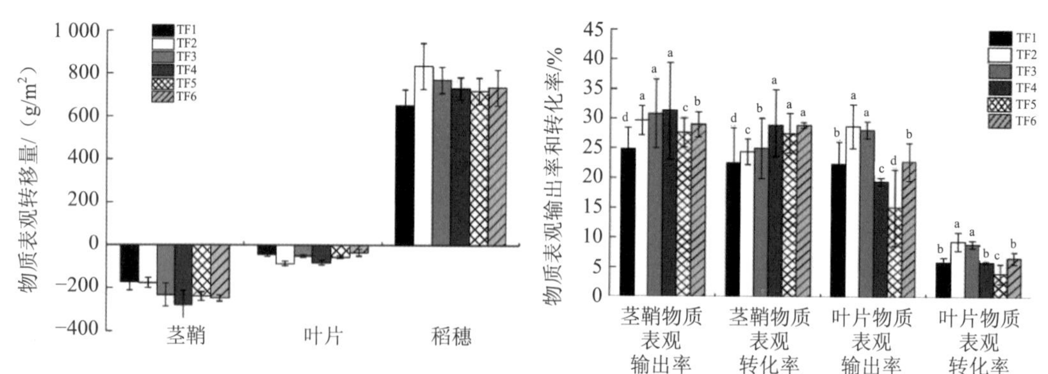

图 10-4 生物炭对水稻不同器官干物质表观转移量及水稻茎鞘、叶片干物质表观输出率与转化率的影响

注：TF1—生物炭 0 t/hm^2，对照；TF2—生物炭 20 t/hm^2；TF3—生物炭 40 t/hm^2；TF4—生物炭 60 t/hm^2；TF5—生物炭 80 t/hm^2；TF6—生物炭 100 t/hm^2。

在产量构成因素中，生物炭对单位面积穗数、每穗实粒数均有促进作用，但对千粒重的影响不显著，与盆栽试验表现一致（表 10-2）。从理论产量来看，当生物炭用量分别为 20 t/hm^2、40 t/hm^2、60 t/hm^2 和 80 t/hm^2 时，分别比对照提高了 17.5%、27.8%、8.0% 和 1.9%，平均增幅 13.8%，增产效果明显。但是，在不同生物炭用量之间，也存在明显剂量效应，即随着生物炭用量增加而表现出先升高后降低的趋势。在品质方面，稻米垩白粒率、垩白度在低施炭量条件下明显降低，但在高施炭量条件下升高，稻米蛋白质、直链淀粉含量变化不大。

表 10-2　生物炭对水稻产量及构成因素的影响

处理	单位面积穗数/（穗/m^2）	穗实粒数/粒	结实率/%	千粒重/g	生物产量/（kg/hm^2）	收获系数/（kg/hm^2）	理论产量/（kg/hm^2）
TF1	450.80bB	63.34cBC	0.89aA	26.28abA	15 664.34dCD	0.48bB	7 503.39dCD
TF2	516.47aA	65.64bcBC	0.79bBC	26.02abA	17 701.14bB	0.50aA	8 819.99bB
TF3	510.02aB	72.76aA	0.76bC	25.85bA	20 458.64aA	0.51aA	9 590.42aA
TF4	451.80bB	67.59bAB	0.87aAB	26.56aA	17 643.67bB	0.47bB	8 104.99cC
TF5	430.20bB	67.68bAB	0.88aAB	26.30abA	16 675.80cBC	0.46cB	7 647.14cdCD
TF6	440.00bB	61.10cC	0.88aAB	26.08abA	15 255.25dD	0.46cB	7 009.23eD

注：TF1—0 t/hm^2，对照；TF2—20 t/hm^2；TF3—40 t/hm^2；TF4—60 t/hm^2；TF5—80 t/hm^2；TF6—100 t/hm^2，数据为 3 次重复的平均值。数据后不同大小写字母分别表示在 0.01 和 0.05 下水平显著。

3．镉胁迫试验

在镉胁迫土壤中施用生物炭，不同用量或方式都有提高水稻产量的趋势，但差异不显著，在连续 3 年的试验观测中均表现相似（图 10-5）。相对而言，在镉胁迫条件下生物炭对稻米品质的影响更显著，施炭后水稻各器官中的镉积累量大幅降低。在该试验中也观察到生物炭大量施入对水稻产量形成可能存在负效应，但与对照相比，产量水平仍是稳中有升。

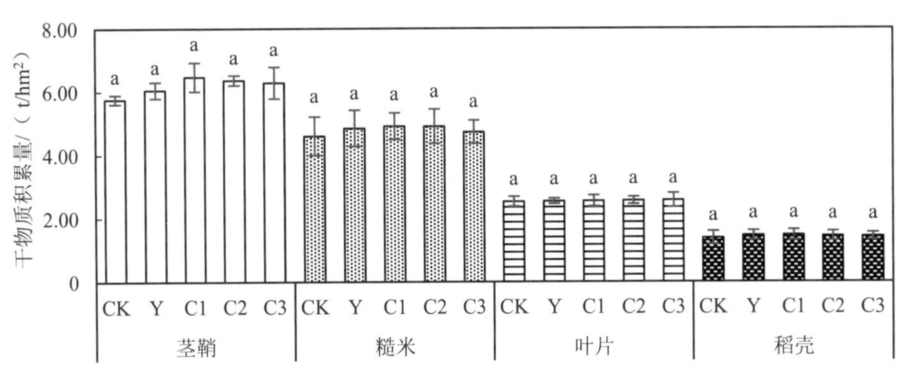

（a）2014 年

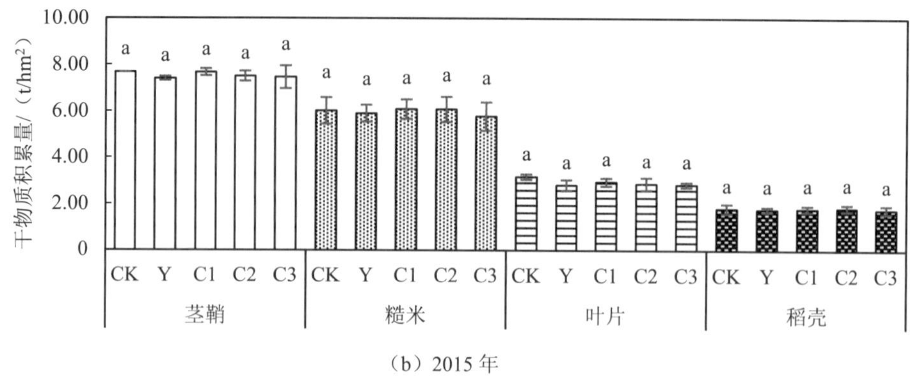

（b）2015 年

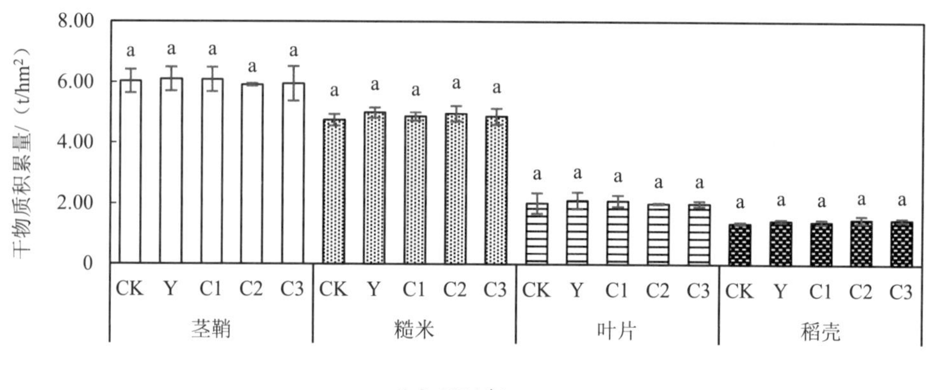

（c）2016 年

图 10-5 各生物炭处理对水稻各器官干物质积累的多年影响

注：CK—0 t/hm^2；C1—7.5 t/hm^2；C2—15.0 t/hm^2；C3—30.0 t/hm^2；Y—3.0 t/（hm^2·a）。

上述试验均说明适量施用生物炭可促进水稻生长发育和提高产量。从作物学角度，产量形成需要“源-库-流”协调与匹配。水稻生物量提高意味着“源”进一步增强，有效分蘖数（穗数）和每穗粒数的增加则意味着“库”的扩充。在高量生物炭还田条件下，水稻结实率有所下降，说明其“库”大而“源”不足，过量施用生物炭可能导致土壤养分被“过度”固定，与作物根系竞争养分，不利于水稻生长。从稳定土壤养分供给能力的角度，大量、集中施用生物炭或许是固碳减排的有效方式，但在具体应用于作物生产时，应进一步根据土壤养分水平和作物种类等确定相应用量，在常规生产条件下，少量多次逐年炭化还田可能是相对理想的方式。

（三）大豆

大豆是我国重要的粮油作物，在东北地区大面积种植。在该区域主要土壤条件下，施用生物炭对大豆生长发育具有促进作用，但其作用效果、剂量效应等存在差异。

1. 棕壤

在棕壤中施用生物炭，对大豆株高、干物质积累具有明显的促进作用，并在一定范围内（<3 t/hm^2）表现为随着炭量增加而提高的趋势。其中，生物炭对大豆株高的积极影响贯穿主要生育期（苗期、开花期、结荚期），而对茎、叶干物质积累的影响则主要体现在生长发育后期。在不同生物炭用量处理中，大豆平均增产 8.22%，1.5 t/hm^2 和 3 t/hm^2 的生物炭施用量为宜。

生物炭还田有利于提高大豆叶片可溶性蛋白含量（图 10-6）。在苗期与开花期，大豆可溶性蛋白含量随着施炭量增加而提高，在结荚期有所下降，到鼓粒期又呈上升趋势。生物炭对叶片可溶性糖含量也具有一定积极影响，表现为在苗期、开花期明显提高，且随着炭量增加而提高，在结荚期，较高施炭量处理的作用相对明显。

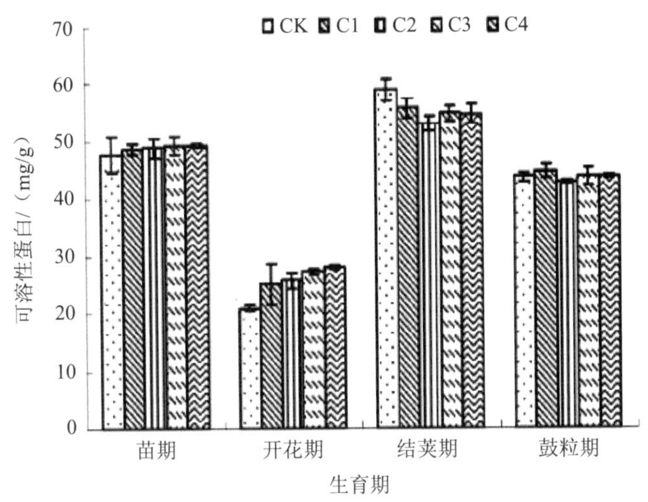

图 10-6 生物炭对大豆不同时期可溶性蛋白质含量的影响

注：CK—不施用生物炭，不做任何处理；C1—生物炭 0.75 t/hm^2；C2—生物炭 1.5 t/hm^2；C3—生物炭 3 t/hm^2；C4—生物炭 6 t/hm^2。

与单施化肥相比，生物炭与化肥互作有助于促进大豆生育前期快速生长，但对生长后期无明显影响。在化肥减量 30%的情况下配施生物炭仍可维持较高的产量水平。

2. 白浆土

白浆土，是东北地区尤其是在黑龙江省广泛存在的主要障碍型土壤之一，其致密的白浆层使白浆土既不耐旱又不耐涝，作物根系生长受限，是一种典型的低产土壤。生物炭的多微孔结构有助于降低白浆土容重，打破致密白浆层，突破白浆土障碍因子。

在盆栽试验条件下，生物炭可提高大豆株高，增加大豆茎粗、分枝数。在开花期和结荚期，大豆植株氮尤其是磷、钾含量显著高于对照。在提高大豆分枝粒重基础上，生物炭处理的大豆产量明显提高，平均高于对照 10.11%，其中以 20 g/kg 处理的产量水平最高，而生物炭用量提高至 40 g/kg 时增产作用不明显。

在大田生产试验条件下，20～30 t/hm^2 的生物炭用量对大豆增产作用明显，株高、单株粒数、单株粒重、生物产量等多项指标均有提高。白浆层物理性状的改变是生物炭还田增产最重要的原因之一。白浆土的白浆层结构致密，即便其结构被打破，但遇水后会迅速复原，这也是白浆土改良的难点所在。在大田生产中，可在机械破坏白浆层的同时掺入生物炭，以使生物炭在白浆层中形成长期稳定的物理分隔，从而保持良好的孔隙状态，从结构上彻底改良白浆土。

（四）花生

近年来，东北地区的花生种植发展迅速。因为花生多种植于砂性土壤，养分的持续供给存在困难，后期早衰较为严重。多年试验结果表明，生物炭还田对延缓花生生育后期营养器官的衰老有明显效果。

施用生物炭有助于提高花生干物质积累量，延迟了茎、叶最大干物质积累出现时间，并在生长中、后期保持着较高的茎、叶干物质分配比例。特别是在饱果成熟期，花生茎、叶生物量占比可维持在 35%左右，有效延缓花生衰老，保持了较高的叶“源”生产性能，扩大荚果“库”容（徐晓楠，2018）。

生物炭还田的后效在花生上较为明显。施用生物炭后，花生产量从第一年的 3 198.5 kg/hm^2 提高至第四年的 4 818.0 kg/hm^2。与之相比，在秸秆直接还田条件下，同期花生产量分别为 2 886.3 kg/hm^2 和 4 098.1 kg/hm^2，且随着施用年限的延长，秸秆炭化还田对秸秆直接还田的产量优势逐渐扩大。生物炭的剂量效应以及由此带来的土壤质量的根本性改善是其促进花生持续高产、稳产的重要基础（战秀梅等，2015）。

二、生物炭对作物根系的影响

（一）根系生长发育及形态建成

根系是活跃的吸收器官和合成器官，根系的生长情况和活力水平影响地上部植株的营养状况及产量。生物炭施入土壤后，根系受到的影响最直接。

1. 水稻

生物炭对水稻秧苗根系生长具有明显的剂量效应。在育苗基质中分别添加 5.0%和 10.0%（体积比，下同）生物炭时，水稻秧苗总根长显著增加，并主要体现在细根上，但当用量分别达到 15.0%和 20.0%时，总根长显著减少。此外，根表面积、总根体积等主要形态指标与生物炭用量均成抛物线关系，各指标最高值出现在添加 5.0%～10.0%生物炭。

在移栽后，生物炭对水稻根系形态建成、生长发育的影响在不同生育时期有不同的表现。在水稻生长前期，生物炭有利于根系深度下扎、促进根系纵向生长，但随着生育期推进，生物炭处理与对照之间的根长差异逐渐缩小。生物炭对根系体积的影响主要表现在分蘖期、拔节期、灌浆期，生物炭处理的水稻根体积明显提高，并随着施炭量的增加而增大，在生育后期仍然保持一定根体积，从而延缓衰老。生物炭对水稻根系生物量（鲜重）的影响较为特殊，其中在分蘖期，根鲜重随着施炭量减少而增加，而在拔节期，则表现为随着施炭量增加而提高，到生长后期则无明显影响。同时，生物炭在水稻全生育期明显提高了水稻根冠比，在分蘖期达到最高值，但随着生育期的推进，与对照之间的差异逐渐缩小。

2. 大豆

在白浆土中施用生物炭，可增加大豆各生育时期的根系干重、根长、根体积、根直径、根表面积、根尖数（表 10-3 和图 10-7）。在不同土层中，成熟期耕层的根干重密度、根长密度、根体积密度、根表面积、根尖数在 50 t/hm^2 生物炭用量条件下达到最大值，白浆层中根系的上述指标在 30 t/hm^2 时达到最大值。以整根干重、根长、根体积、根表面积、根尖数等为评定指标综合判断，当生物炭用量为 30 t/hm^2 时根系的生长状况最好，此时大豆根系的活跃吸收表面积、根系还原强度等指标也达到最优。

表 10-3 生物炭对大豆根系形态指标的影响

生长期	生物炭用量/(t/hm^2)	根系表面积/cm^2		平均直径/mm		根尖数	
		0～15 cm	15～30 cm	0～15 cm	15～30 cm	0～15 cm	15～30 cm
分枝期	0	241.47b	165c	0.68b	0.46c	5 197.67b	3 700.33b
	10	519.24a	452.02b	0.95a	0.68b	7 629.67a	5 588a
	30	520a	495.62a	0.95a	0.82a	7 733.33a	5 700a
	50	533.33a	495a	0.97a	0.72ab	7 763a	5 533.33a
开花期	0	804.67b	394.6b	0.71b	0.67c	20 306b	8 776.33b
	10	940ab	628.92a	2a	0.85b	24 274a	10 306.67ab
	30	1 082a	640.33a	2.03a	1.04a	24 688.33a	11 433.33a
	50	1 084a	638a	2.1a	0.9ab	25 708.67a	10 481.67ab
成熟期	0	416.33b	276.67b	0.7a	0.6b	9 263.33a	5 559b
	10	620.02a	470a	0.87a	0.79a	12 430.67a	7 466.67a
	30	642.25a	505a	0.91a	0.84a	12 869.5a	7 925a
	50	642.67a	487.66a	0.91a	0.82a	12 874.33a	7 700a

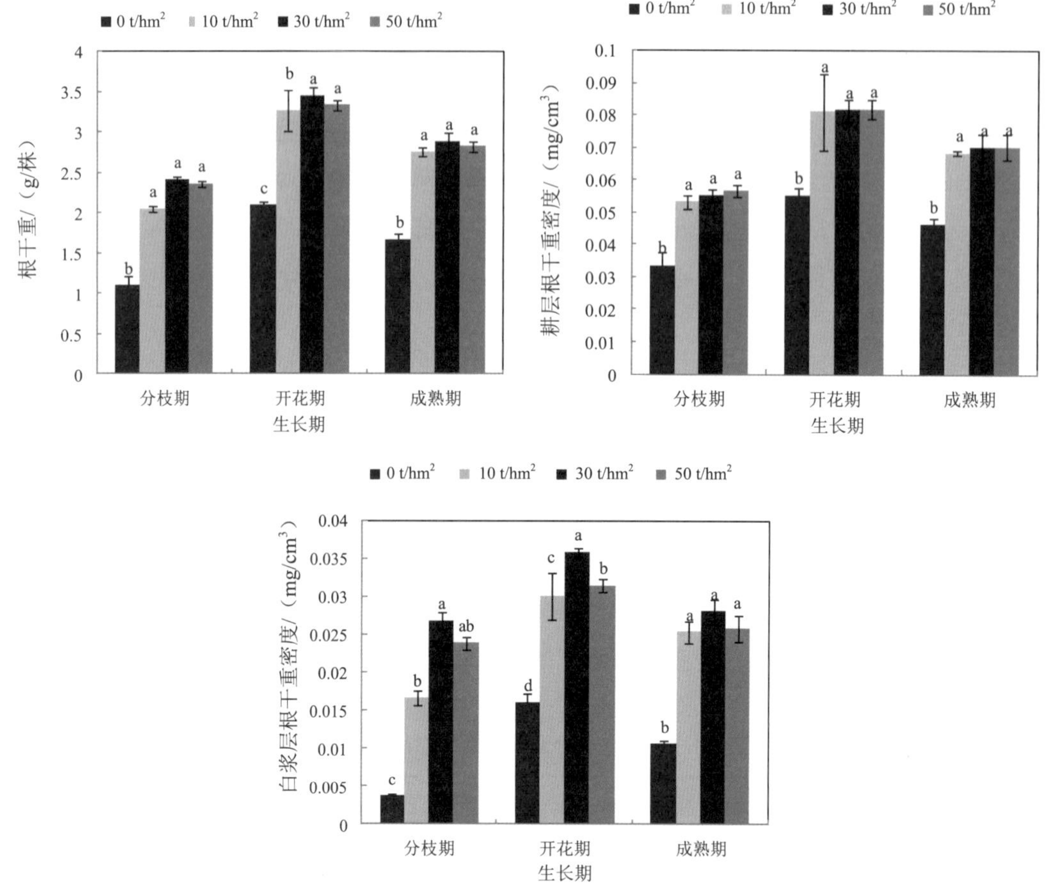

图 10-7 生物炭对大豆根系形态的影响

3. 玉米

生物炭与化肥配施对玉米灌浆期根系的形态指标影响较大（表 10-4）。与单施氮肥相比，生物炭与氮肥配施可显著提高根系总长度和表面积，增幅分别达 29.54%和 17.63%，根系干重也显著增加 12.8%。总体上，生物炭在保持根系体积不变的情况下，增加了根系表面积和根系总长度，说明根系辐射范围和与土壤接触面积更大，在同样的干物质分配水平下，更有利于对营养物质和水分的吸收利用，从而促进玉米生长发育。

表 10-4 生物炭对玉米根系形态的影响

处理	根总长度/cm	根表面积/cm^2	根直径/mm	根体积/cm^3	根干重/g
CK	16 034.53±36.97b	3 672.39±279.58b	0.75±0.66ab	69.58±6.29b	6.59±0.43b
N	16 586.2±446.78b	3 915.72±417.03b	0.77±0.01a	75.41±3.67ab	7.24±0.39b
NS	21 486.35±75.91a	4 605.55±66.62a	0.70±0.01b	80.63±1.73a	8.17±0.28a

注：CK—不施氮肥且不施生物炭处理；N—施 160 kg/hm^2 氮肥处理；NS—生物炭 20 t/hm^2 与氮肥 160 kg/hm^2 配施处理。

（二）根系解剖结构

在水稻旱育苗基质中添加适量生物炭（5.0%～10.0%，体积比），可促进水稻秧苗根长、根表面积、根体积的提高。显微观察结果显示（图 10-8），生物炭的施入使水稻根表皮、厚壁细胞增大，排列相对疏松。虽然中柱直径无明显变化，但中柱内导管发育得到促进，导管数量增加、通气组织发达，通气能力、输导水分无机盐的能力增强，从而有利于提高根系的气体交换能力，增强根系呼吸，为营养物质吸收、运输等提供能量。但是，较高炭量处理（超过 10%）会使水稻根系表皮细胞大量脱落，厚壁细胞组织明显减弱，根系解剖结构性状相关指标呈下降趋势。

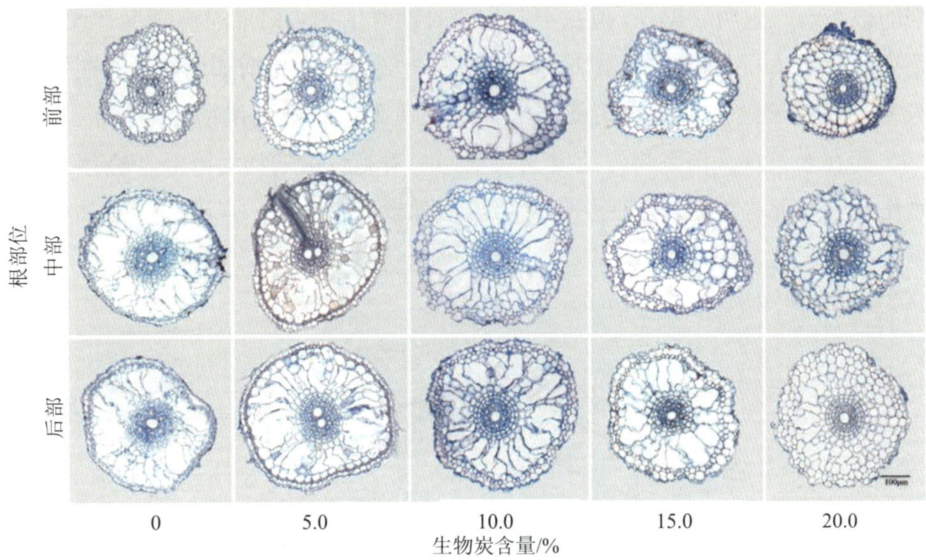

图 10-8　不同生物炭施用量条件下水稻秧苗根系不同部位解剖结构

（三）根系生理

1. 根系活力

生物炭还田后，水稻根系总吸收面积在分蘖期有明显提升，但表现为随着施炭量增加而减小，在拔节期，却表现为随着施炭量增加而提高，较高施炭量处理的作用相对明显。进入生育后期（抽穗期与灌浆期），生物炭对根系总吸收面积的影响不大。根系活跃吸收面积与总吸收面积表现类似，生物炭可明显提高水稻分蘖期与拔节期的根系活跃吸收面积，但随着生育期的推进，到生育后期影响并不明显。根系氧化力对生物炭的响应存在较大波动，表现在分蘖期和抽穗期，随着生物炭用量增加而减小，而在拔节期则相反，随着生物炭用量增加而增加。虽然生物炭对水稻根系活力各指标的影响不尽相同，但总体上表现促进作用，尤其在根系生长初期对根系活力的提升作用明显，并在灌浆期维持较高水平。

在玉米上，生物炭与氮肥配施可使根系活跃吸收面积提高 47.32%。生物炭施用量相对较高时，对提升根系活力的影响显著，根系超氧化物歧化酶、过氧化氢酶活性在全生育期内均表现为随施炭量增加而提高（刘国玲，2016）。但是，过高的生物炭用量会抑制根系生长，这可能是由于生物炭大量、集中使用会抑制根系中的相关激素或酶等物质，从而使根系生长趋缓（徐晓旭，2018）。整体上看，生物炭对玉米根系的作用表现为前期促进生长，后期延缓衰老（刘国玲，2016）。

2. 根系伤流

根系伤流量，是代表根系生理活动强度的重要指标之一。施用生物炭后，水稻主要生育期的根系伤流量明显提高，但在不同生育时期对生物炭用量的响应不一致（图 10-9）。在水稻生长初期（分蘖期），根系伤流速度表现为随着施炭量增加而降低。在拔节期，各处理根系伤流速度达到全生育期最高水平，表现为随着施炭量增加而提高，平均提高 31.31%。而在灌浆期，根系伤流速度又表现为随着施炭量增加而降低。整体上，生物炭对根系伤流具有促进效应，表明生物炭可以增强根系生理活动强度，增强对水分、养分等的吸收和转运能力。

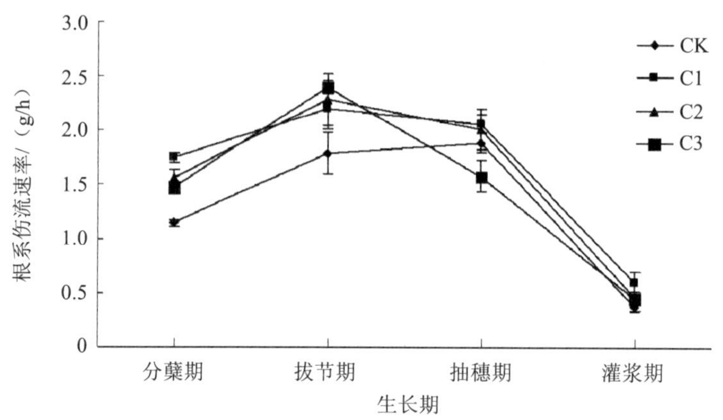

图 10-9 生物炭对不同生育期水稻根系伤流的影响

注：CK—不施用生物炭，不做任何处理；C1—生物炭 10 g/kg；C2—生物炭 20 g/kg；C3—生物炭 40 g/kg。

3. 根系养分吸收

施用生物炭后，在水稻不同生育期，根系养分吸收发生了较为明显的变化。在分蘖期，生物炭可促进水稻根系对氮、磷、钾、镁、硫等元素的吸收，而对钙的吸收则呈现下降趋势，同时锰、锌、铜、铁、钠等元素在水稻根系中的分配比例有所增加。在孕穗期，生物炭处理下水稻根系中的氮、钾元素变化不大，锰、锌、铜、钠、磷、镁、硫等元素在根中的占比减少，而钙元素占比增加。在成熟期，钙、锰、铁元素在根中的分布、占比减少，而锌、铜、钠元素相应增加。

三、生物炭对作物生理的影响

（一）光合生理

在玉米上，生物炭（3 750 kg/hm^2）有利于延缓玉米中、后期叶片叶绿素含量下降，在一定程度上避免叶片早衰。但当生物炭施用量过高时，玉米生育前期的叶片 SPAD（叶绿素的相对含量）值处于较低水平。

对于水稻，施用生物炭后，剑叶净光合速率（Pn）、蒸腾速率（E）、气孔导度（Gs）和胞间 CO_2 浓度（Ci） 在齐穗期达到极大值，叶片叶绿素 a、叶绿素 b、类胡萝卜素、总叶绿素含量随后逐渐下降。至齐穗期后 20 d，低施炭量处理的水稻剑叶净光合速率始终处于较高水平，而在相对较高施炭量（120 g/kg）条件下呈降低趋势（李军佐，2017）。

在大豆上，在其生长的前、中期（苗期、开花期、结荚期），生物炭处理（0.75 t/hm^2、1.5 t/hm^2、3 t/hm^2、6 t/hm^2）可有效提高大豆叶片净光合速率，表现随着施炭量减少而提高的趋势，较低施炭量（0.75 t/hm^2、1.5 t/hm^2）作用明显。但与水稻表现相反，较高施炭量（3 t/hm^2、6 t/hm^2）可在一定程度上延缓大豆叶片失绿、衰老。此外，在生物炭施入条件下，大豆苗期高光合速率与低蒸腾速率协同，有利于增加光合产物积累；而在开花期与结荚期，高光合速率与高蒸腾速率协同，有利于提高叶片光合作用效率，促进光合产物的形成、积累与分配（图 10-10）。

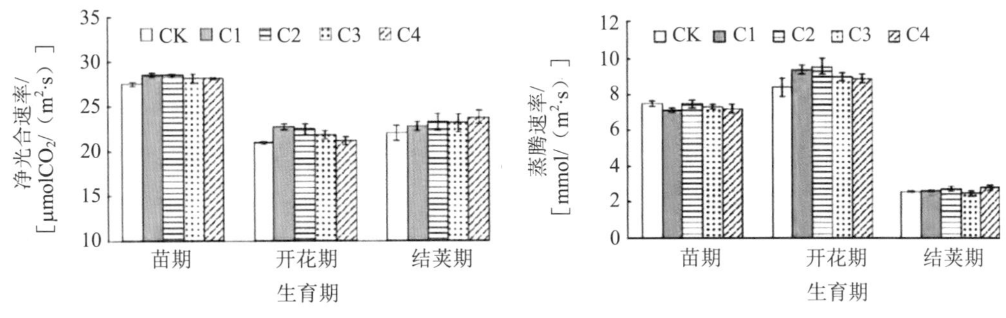

图 10-10 生物炭对大豆主要生育时期净光合速率和蒸腾速率的影响

注：CK—不施用生物炭，不做任何处理；C1—生物炭 0.75 t/hm^2；C2—生物炭 1.5 t/hm^2；C3—生物炭 3 t/hm^2；C4—生物炭 6 t/hm^2。

生物炭与化肥（减量投入）配施，对大豆光合特性也有一定积极影响。在大豆苗期、开花期，生物炭与化肥配施处理的叶片净光合速率明显提高，较低施炭量与肥料配施的作用明显。至结荚期，生物炭与化肥配施的积极促进作用仍持续，光合能力均明显高于对应的单施化肥处理。在苗期、开花期、结荚期，生物炭与化肥配施处理的大豆叶片蒸腾速率也明显提高。整体上，生物炭与肥料配施可促进大豆光合生理功能，在苗期、开花期，光合作用与蒸腾作用同步提高，有利于加快光合生理进程，积累更多光合产物，在结荚期，较低的蒸腾速率与较高的光合速率协同，有利于减少光合产物消耗，增加产物积累。

在花生种植上，施用生物炭基肥料对其生长前、中期的光合生理影响不显著，但随着花生饱果期氮、磷利用效率的提高，叶片光合速率、蒸腾速率、气孔导度、胞间 CO_2 浓度均有显著提高，两者呈正相关。光合氮、磷、钾利用效率与可溶性糖、淀粉极显著正相关，说明生育后期茎、叶干物质积累量的提升与叶源光合特性密切关联（徐晓楠，2018）。同时，生物炭基肥料有助于在中度水分胁迫条件下（田间持水量的 60%～65%）提高花生水分利用效率，使叶片净光合速率维持较高水平（王淑君，2018）。

（二）营养生理

1. 玉米

施用生物炭后玉米氮素利用率、氮肥农学效率均有提高，表现为随着施炭量增加而提高（徐晓旭，2018）。正常施肥条件下配施生物炭，玉米生育后期地上部氮素积累量有显著提高，且在生物炭施用量较高时的作用效果较为明显。配施生物炭后玉米氮素积累量较高，可能是由于生物炭对土壤物理性质的影响使土壤氮素损失较少，同时生物炭对氮素的吸附调控了植株对氮素的吸收与分配，使土壤氮素得到了充分利用。

2. 水稻

在苗期，生物炭处理的水稻秧苗地上部器官对磷、锌的吸收表现为随着施炭量增加而提高，钾、镁含量则随着施炭量增加呈现先升高、后降低的趋势，而碳、氮、锰、铜、铁、钠元素含量表现下降，随着施炭量增加而降低。在地下部器官中，生物炭处理的碳、硫含量提高，表现为随着施炭量增加而升高，钾、镁、锰含量随着施炭量增加先升后降，氮、硫、锌、铜、铁含量则表现降低，随着施炭量增加而减少。对水稻秧苗全株而言，生物炭用量为 10.0%～15.0%（体积比）时，可促进水稻秧苗对大多数矿物质元素的吸收与利用。

在大田生产中，生物炭与低量氮肥（112.5 kg/hm^2，以纯氮计）配施，可显著促进水稻穗器官的氮素吸收，每穗粒数以及上部、下部二次枝梗数和二次枝梗粒数增加，干物质积累量提高。从氮素利用的角度来看，无论在低氮肥还是高氮肥（225 kg/hm^2）条件下，生物炭的施入均可提高水稻氮素利用效率，并且对水稻氮素收获指数、干物质生产效率、生理利用率均有一定正向影响。此外，虽然不同水稻品种对氮素输入的响应不同，但总体上生物炭有利于水稻不同器官对氮素的吸收利用（史文华，2019）。

3. 大豆

生物炭对大豆叶片氮素的吸收利用有一定促进作用，但对茎秆氮吸收的影响表现不同，即在大豆生长前期影响明显，而在中后期影响不大。生物炭对大豆叶片磷吸收的影响不大，但对茎秆磷吸收有一定促进作用，表现在大豆生长前期较高施炭量作用明显，而在后期较低施炭量作用更明显。生物炭对大豆生长前期叶片、茎秆的钾吸收有一定促进作用，而在其余时期没有明显影响。整体上，在施用生物炭条件下，大豆植株的单株氮、磷、钾积累量明显提高，对养分的吸收量增加，且较高施炭量（50 t/hm^2）作用相对明显（表 10-5）。

表 10-5　生物炭对成熟期单株养分吸收与分配的影响

施炭量/（t/hm^2）	单株总氮量/（g/株）	氮分配比例/%			
		根	茎	荚	子粒
0	0.63d	6.33c	5.15a	5.59a	82.94a
10	0.79c	6.78bc	5.56a	4.76b	82.9a
30	0.92a	6.88b	4.93a	5.31a	82.88a
50	0.84b	7.68a	4.84a	4.49b	82.99a
施炭量/（t/hm^2）	单株总磷量/（g/株）	磷分配比例/%			
		根	茎	荚	子粒
0	0.12c	4.34b	4.06c	2.75b	88.86a
10	0.16b	5.34a	6.07b	3.56ab	85.03b
30	0.19a	5.40a	7.06a	4.39a	83.15c
50	0.17b	5.88a	6.73ab	4.41a	82.98c
施炭量/（t/hm^2）	单株总钾量/（g/株）	钾分配比例/%			
		根	茎	荚	子粒
0	0.31c	5.13b	8.94b	12.08d	73.86a
10	0.44b	6.20a	12.03a	20.02b	61.75b
30	0.5a	6.65a	11.23ab	18.86c	63.26b
50	0.48a	6.05ab	9.10ab	21.26a	63.59b

四、关于生物炭还田影响作物生长的经验认识

作物生长、产量与品质的形成过程中影响因素多、机制复杂，生物炭还田的综合作用体现在很多方面，其主要作用途径及可能的机制如下：

（1）生物炭还田可提高土壤养分的持续供给能力。

生物炭源于生物质，在秸秆炭化还田技术框架中，则直接来源于植物生物质。因此，从种类来说，生物炭几乎含有植物生长所需的所有养分。虽然各类养分含量有限，但在生物炭大量集中还田时，仍可明显提升土壤养分含量。同时，生物炭比表面积大、吸附力强，可以增加对土壤养分、肥料养分的吸持，从而减少养分流失，提高土壤养分的可供给量。此外，生物炭对土壤水、肥、气、热等微生态环境条件的影响也有助于增加土

壤微生物量，提高土壤本底养分有效性。适量施用生物炭，即生物炭对养分的固持未对根系养分吸收等形成竞争时，将有利于提高土壤养分的持续供给能力。

（2）生物炭还田可促进作物根系生长发育。

生物炭还田对土壤理化性质的改善有助于作物根系下扎、伸展，在相同的干物质分配水平下迅速形成更庞大、有活力的根系，并可在作物生长发育后期延缓根系衰老。继而，可为地上部提供更多水分和养分，促进干物质积累。稳固的根系可提升作物抗倒伏能力、增加对地上部植株的物质输送，对在农业生产中实现“丰产”，确保“丰收”具有重要的实践意义。

（3）生物炭还田可影响作物生理过程。

生物炭对作物生理过程的影响尚缺乏系统、深入的研究，但现有报道已经显示了其对作物光合、营养生理，以及内源激素含量、干物质分配、组织建成等方面的重要作用。同时，生物炭所携带的小分子物质中含有植物生长调节物质的类似物或植物代谢过程的中间产物，可能有助于作物根系生长，提升抗逆能力（低温、干旱、病虫害）。

受土壤类型、环境条件、作物品种、栽培措施以及生物炭自身理化性质等因素的影响，上述作用机制难以广泛、稳定、清晰地体现，在某些情况下可能出现作用程度、范围，甚至作用方向的巨大差异，其共性作用机理、调控机制等仍需长时间、系统、深入的研究探索与实践。尽管目前对生物炭作用机制的认知还相对有限，但生物炭影响作物生长的剂量效应、选择性与持续性仍是重要共识。

（一）剂量效应

多年、多点、多作物生产试验表明，生物炭对玉米、水稻、大豆、花生等主要农作物具有良好的促长、增产、减肥、增效作用，并在棕壤、水稻土、白浆土、盐碱土等不同类型土壤上得到了验证。实践表明，生物炭对土壤理化特性、作物生长发育及产量等具有明显的剂量效应，即存在适宜的施用阈值范围。低于该阈值时，可能难以在短期内观察到作用效果；超过阈值上限时，则可能产生一定程度的负效应，甚至抑制作物生长。生物炭的剂量效应与其对土壤理化特性的调控有关。其中，生物炭对土壤 pH 的影响可能是关键限制因子，在某些情况和条件下，其产生的负面作用可能随着生物炭用量提高而逐步抵消其他因素所带来的积极作用，而在整体上呈现负效应。

剂量效应提示研究者在实际应用过程中，应根据土壤类型、基础肥力、养分水平以及作物品种等因素，合理选择、确定适宜的施炭量。在经验上，面向大田作物生产，建议采取先试后推、稳步推进的策略。对于玉米等旱田作物，生物炭用量以不超过 15 t/（$hm^2 \cdot a$）为宜，对于水田作物，则以不超过 20 t/（$hm^2 \cdot a$）为宜。如确需大幅增加生物炭还田量，则以分年度施用比较理想。

生物炭中的潜在风险物质也是其剂量效应的重要方面。虽然其含量不高，但当大量集中使用生物炭时，可能会抑制作物生长，或对土壤微生态环境产生一定风险，在作物生产中也应当给予一定重视。

（二）选择性

生物炭对作物生长的影响具有共性特征，即对不同作物（如玉米、水稻、大豆、小麦、马铃薯、棉花等）具有不同程度的壮根、促长、增产等作用。但是，由于不同材质生物炭的理化性质差异较大，因此对不同作物生长发育的影响也具有一定选择性，其选择或差异主要体现在以下几个方面：

1．作物种类

生物炭对不同类型作物如禾本科、豆科、地下块茎类等，均具有明显的促生长作用，或者说正向作用大于负向作用。

其中，玉米、水稻等大田作物需肥量较大，生物炭还田的作用效果在低用量条件下难以观察到，尤其在生产水平较高的地块上对产量的影响有限。有养分偏好的作物对生物炭的响应更加敏感。例如，生物炭提供的钾可提高烟叶品质，对土壤速效氮的固定可促进花生根瘤形成。相对而言，生物炭对作物地下部分（块根、块茎）的影响更为直接，如马铃薯、花生、三七等，作用机制可能包括：①生物炭对土壤物理（容重、水分）、化学性质及养分供给的影响，可直接作用于地下器官；②生物炭对土壤连作障碍中生物因子的调控，如分解化感物质、抑制病原菌等方面。

2．酸碱性

酸碱性，在土壤、作物、生物炭类型选择上都十分直观且重要。生物炭一般呈碱性，其所含的盐基离子会在特定条件下释放出来，并与土壤中的 H^+、Al^{3+}交换，从而减少土壤中酸性离子含量，提高土壤碱性。生物炭还田量越大，提升土壤酸碱性的作用就越强。因此，对于喜碱作物，生物炭的施入或将有助于促进其生长发育。而对于喜酸作物而言（如蓝莓等），生物炭的施入则可能造成土壤 pH 的跃升，不利于该作物的生长。

（三）持续性

生物炭具备较强的抗物理、化学及生物分解能力，使之可以在土壤中长期存在而持续发挥作用。因此，生物炭还田不仅影响当季作物生长，其作用效果往往还会持续多个生长季。在实践中可以观察到，在棕壤上一次性大量施用生物炭后（80 t/hm^2），当季玉米生长受到明显抑制，但在随后几年中逐步恢复，甚至超过常规化肥（对照）的产量水平。因此，从短期来看，生物炭大量还田不利，但从长期来看，其效果仍是正向的，且具有可持续性。如果采用多次生物炭还田，例如，秸秆逐年炭化还田，则生物炭作用效果的长期性将带来累加效应，这也是剂量效应的一种表现形式。

五、小结

生物炭暨秸秆炭化还田，对作物生产的影响取决于生物炭自身的理化特性，也决定于土壤类型、作物品种以及栽培环境条件等诸多因素，相关研究较为丰富，但作用效果不能一概而论。总体来看，在大方向上，生物炭对作物的促长、增产作用是明确的，只要应用适当，其正向效应是完全可以利用的。但是，生物炭还田量、还田方式、还田时机等，仍需要根据具体情况、具体分析。

虽然，人们已经对生物炭与作物之间的关系有了定性、经验性的认识，但能够指导具体生产实践的系统性认知还存在不足，亟待在以下几个方面开展工作：

（1）建立基于不同土壤、作物类型及生态区域的生物炭长期定位试验，研究生物炭调控作物生长发育的长效机制，科学评估、验证秸秆炭化还田技术对土壤、环境等方面的影响，为生物炭应用于作物生产提供可靠、准确的依据。在机制研究中，生物炭及其表面小分子对作物生理过程、根际微生物和菌根共生关系等方面的影响，如何应用现有土壤模型分析生物炭还田的长期效应等问题，值得深入研究探讨。生物炭还田在作物安全生产与品质形成中的作用机制与调控技术，可能是当前“低碳、绿色”发展大背景下需要优先开展的工作。

（2）系统开展生物炭理化性质对作物生长发育、产量及品质的影响研究，为生物炭定向制备或改性技术研究提供依据。与所有事物一样，生物炭还田有利、有弊，并在科学、技术、市场等层面有不同程度的体现。改性技术、定向制备技术是提高生物炭应用价值的重要途径，但这必然基于对生物炭理化性质及其作物学效应的深刻理解。但遗憾的是，现有研究虽然已取得重要进展，但是相对于复杂的生物炭-土壤-作物体系，仍然不够丰富、系统、细致、精确。

（3）研究生物炭与有机物料、有益功能微生物配合应用的效果与协同增效机制，既是农牧结合、种养结合的需要，也是藏粮于地、藏粮于技，提高农产品绿色化水平的需要。在该方向上，减（化）肥稳产是首要目标，提质增效是远期目标，也是核心目标。当前，研究者主要从养分利用的角度开展工作，与农艺学的结合还很欠缺，能够指导生产实践的技术模式研究可能是重要的实践切入点。

（4）生物炭基肥料等农业投入品开发，是当前以“低碳、绿色、可持续”为主要发展目标的农业生产现实需求。生物炭虽然具有良好的改土培肥作用，但是剂量、选择性效应明显。着眼于作物生产实践，生物炭所含养分有限，相对有限的施炭量难以满足作物高产栽培的现实需求。因此，利用生物炭孔隙丰富、吸附力强等特性优势，以生物炭为载体开发生物炭基肥料是实现生物炭还田的比较现实的方式。而生物炭对作物生理过程的积极影响，则可能赋予生物炭基肥料等农业投入品更多功能，开发出更多具有功能性、多元化的炭基产品。而目前从作物栽培学与耕作学的角度出发，针对炭基肥或其他类型生物炭基农业投入品的长期、系统研究还不多见，亟待开展相关工作，为炭基农业投入品的验证、开发提供系统的数据、科学理论支撑。

参考文献

崔月峰，曾雅琴，陈温福. 2008a. 颗粒炭及新型缓释肥对玉米的应用效应研究[J]. 辽宁农业科学，(3)：5-8.

崔月峰，陈温福. 2008b. 环保型炭基缓释肥应用于大豆、花生应效果初报[J]. 辽宁农业科学，(4)：41-43.

蒋太英，徐凡，甄晓溪，等. 2015. 生物炭表面水溶活性分子可以有效提高水稻的耐旱性[J].分子植物育种，13（6）：1214-1222.

李军佐. 2017. 生物炭对优质粳稻秋田小町生理特性的影响[D]. 沈阳：沈阳农业大学.

刘国玲. 2016. 生物炭和秸秆还田对玉米生长发育和氮素吸收与利用的影响[D]. 沈阳：沈阳农业大学.

刘世杰，窦森. 2009. 黑碳对玉米生长和土壤养分吸收与淋失的影响[J]. 水土保持学报，23（1）：79-82.

史文华. 2019. 生物炭对不同基因型水稻氮素吸收利用的影响[D]. 沈阳：沈阳农业大学.

王淑君. 2018. 生物炭基肥和水分胁迫对花生产量及土壤养分利用的影响[D]. 沈阳：沈阳农业大学.

王智慧，唐春双，赵长江，等. 2018. 生物炭与肥料配施对土壤养分及玉米产量的影响[J]. 玉米科学，26（6）：146-151，159.

徐晓楠. 2018. 生物炭对土壤 NPK 养分含量动态及花生产量形成的影响[D]. 沈阳：沈阳农业大学.

徐晓旭. 2018. 生物炭对棕壤中氮素吸附-解吸特性及玉米生长的影响[D]. 沈阳：沈阳农业大学.

战秀梅，彭靖，王月，等. 2015. 生物炭及炭基肥改良棕壤理化性状及提高花生产量的作用[J].植物营养与肥料学报，21（6）：1633-1641.

张晗芝，黄云，刘钢，等. 2010. 生物炭对玉米苗期生长、养分吸收及土壤化学性状的影响[J]. 生态环境学报，19（11）：2713-2717.

甄晓溪，徐凡，蒋太英，等. 2015. 生物炭浸提液对盐胁迫水稻幼苗生长的调节作用机制[J]. 沈阳农业大学学报，46（4）：471-475.

Chan K Y，Van Zwieten L，Meszaros I，et al. 2007. Agronomic values of green waste biochar as a soil amendment[J]. Australian Journal of Soil Research，45：629-634.

Harder B. 2010. Smoldered-earth policy：created by ancient amazonian natives，fertile，dark soils retain abundant carbon[J]. Science News，169（9）：133.

Iswaran V，Jauhri K S，Sen A. 1980. Effect of charcoal，coal and peat on the yield of moong，soybean and pea[J]. Soil Biology and Biochemistry，12（2）：191-192.

Kishimoto S，Sugiura G. 1985. Chareoal as a soil conditioner[A]//Symposium of Forest Products Research International-Achievements and the Future[C]. Pretoria，South Africa，12-23.

Lehmann J，Jose P d S J，Steiner C，et al. 2003. Nutrient availability and leaching in an archaeological antlirosol and a ferralsol of the central Amazon Basin：fertilizer，manure and chareoal amendments[J]. Plant and Soil，249：343-357.

Lehmann J，Weigl D，Peter I，et al. 1999. Nutrient interactions of alley-cropped Sorghum bicolor and Acacia saligna in a run off irrigation system in Northern Kenya[J]. Plant and Soil，210：249-262.

Liang B，Lehmann J，Solomon D，et al. 2006. Black carbon increases cation exchange capacity in soils[J]. Soil Science Society of America Journal，70（5）：1719-1730.

Major J，Rondon M，Molina D，et al. 2010. Maize yield and nutrition during 4 years after biochar application to a Colombian savanna oxisol[J]. Plant and Soil，333：117-128.

Marris E. 2006. Black is the new green[J]. Nature，（442）：624-626.

Rondon M A，Lehmann J，J Ramírez，et al. 2007. Biological nitrogen fixation by common beans（Phaseolus vulgaris L.） increases with bio-char additions[J]. Biology & Fertility of Soils，43（6）：699-708.

Schmidt M W I，Noack A G. 2000. Black carbon in soils and sediments：analysis distribution，implications，and current challenges[J]. Global Biogeochemical Cyeles，14（3）：777-794.

Steiner C，Teixeira W G，Lehmann J，et al. 2007. Long term effects of manure，charcoal，and mineral：fertilization on crop production and fertility on a highly weathered central Amazonian upland soil[J]. Plant and Soil，291：275-290.

Uzoma K C，Inoue M，Andry H，et al. 2011. Effect of cow manure biochar on maize productivity under sandy soil condition[J]. Soil Use and Management，27（2）：205-212.

Van Zwieten L，Kimber S，Downie A，et al. 2007. Papermill char：benefits to soil health and plant production[A]//Proceedings of the conference of the international agrichar initiative[C]. Terrigal，NSW，Australia.

Yamato M，Okimori Y，Wibowo I F，et al. 2006. Effects of the application of charred bark of Acacia mangium on the yield of maize，cowpea and peanut，and soil chemical properties in South Sumatra，Indones[J]. Soil Science and Plant Nutrition，52：489-495.

第十一章　生物炭应用技术与产品

生物炭具有良好的结构和理化性质，施入土壤后可提高作物养分利用效率、减少肥料淋溶损失，在减少化肥投入、提高作物产量、提升土壤生产性能等方面应用前景广阔。但在实际操作中必须面对的重要问题是，如何将生物炭返还土壤？

现有研究大多是将生物炭按不同用量直接还田，但其用量往往大于单位面积产出的秸秆所能制备的生物炭数量。生物炭超量施用必然导致成本上升，也意味着资源的大范围转移和集中投入，与循环农业原则有出入。按照生态循环理念，秸秆等量炭化还田是更符合生态学规律的理想做法，也就是将单位面积耕地上的作物秸秆全部炭化、全部还田，但即便如此，其用量也大大超出常规肥料等农资投入量。而且，生物炭体小质轻，细碎的颗粒极易在储运过程中形成尘埃，尤其在使用时，如果将生物炭直接还田，炭随风而起，不但劳动环境恶劣，更直接增加了劳动力投入和作业成本。

随着土地流转规模的持续扩大，当集约化经营成为主流时，通过栽培措施改革和农业机械创新，实现秸秆就地炭化还田可能是未来的理想方式。但着眼当下，从清洁生产和科学、高效利用角度考虑，将生物炭制备成与常用肥料类似的产品，在不显著增加劳动强度和生产投入、不大幅度改变常规农艺措施的情况下，实现生物炭的间接还田，无疑是当前我国农业精耕细作方式下的理想选择。

大量研究已经证明，生物炭作为改良剂有助于解决肥料利用效率低的问题。以氮肥为例，目前我国氮肥利用率为 30%左右，低于美国 50%～60%的水平；每千克氮肥增产粮食 10～15 kg，远低于美国 20～30 kg 的水平。化肥等化学品投入过量或不合理施用，造成环境污染隐患增加，农田生态系统稳定性变差。大量研究已经证明，生物炭有助于提高肥料利用效率。因此，沿循“以农林废弃物为原料、以生物炭为基质，通过养分的合理组配实现缓释、改土等功能复合”的技术路线，将生物炭制备为生物炭基肥料和土壤改良剂，已日趋成为我国生物炭农业应用技术的主要发展方向。受不同地域、生态、气候条件等因素的影响，我国中低产田种类繁多、性质各异、等级不同，炭基产品的设计、生产与作用机理等多个方面，就构成了生物炭应用技术的内涵。其中，生物炭基肥料是当前研究的主线，土壤改良剂（主要面向污染土壤修复与治理）的相关研究也十分丰富，生物炭在育苗基质中的应用也有报道。

广义上，生物炭基肥料泛指以生物炭为养分载体的肥料，简称“炭基肥”。经过多年发展，国内生物炭基肥料相关产品已较为丰富，包括生物炭基复合肥料、生物炭基有机肥料、生物炭基有机无机复混肥料、生物炭基微生物肥料等品类，涉及水稻、玉米、花生、马铃薯等大田作物，并且在水果、蔬菜和烟叶等经济作物中也有应用，其中，生物炭基复混/复合肥料最为成熟，因而经常被理解为生物炭基肥料的唯一形式。

已见诸国内报道的炭基肥料研究相关内容见图 11-1。

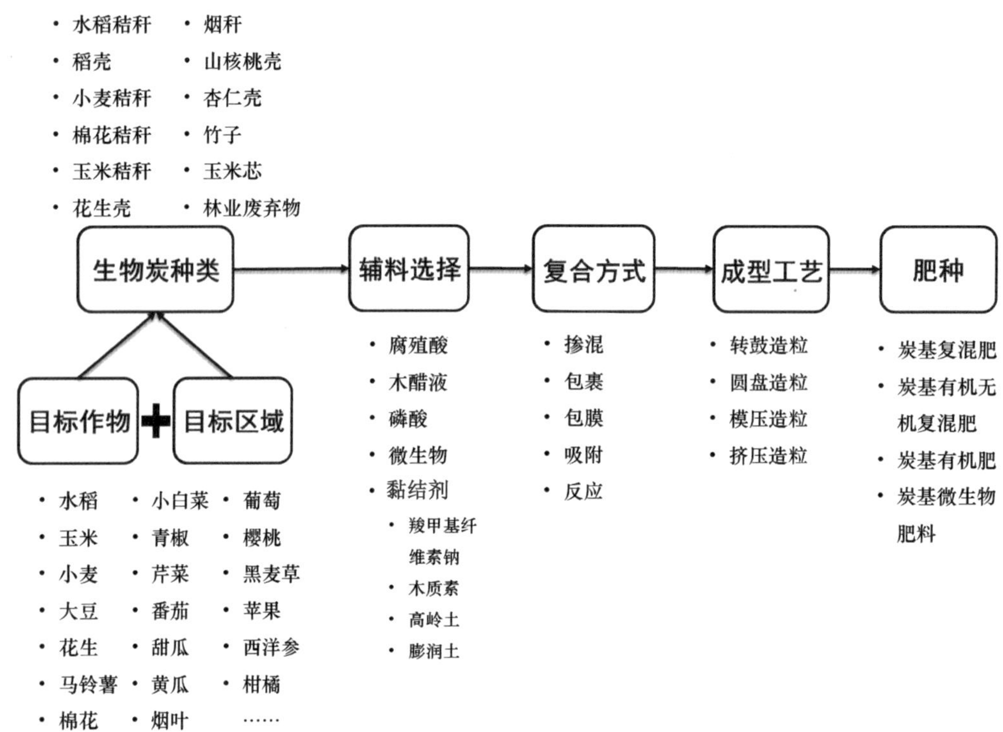

图 11-1 已见诸国内报道的炭基肥料研究相关内容

一、生物炭基复混/复合肥料

生物炭基复混/复合肥料是指以生物炭为基质，添加氮、磷、钾等养分中的一种或几种，采用化学方法和（或）物理方法混合制成的肥料。在生产实践中，生物炭基（无机）肥料主要对标复混/复合肥料，总养分含量略减，以减肥稳产为主要目标。

生物炭基肥料在保肥、改土、固碳等方面具有积极作用，并在原理上显著区别于常规复合肥料或缓释肥料。首先，生物炭的加入使炭基肥具有较高的养分持留能力，且具有土壤改良作用，区别于复混（合）肥。其次，生物炭基肥料虽然具备持肥缓释功能，但是其作用机理和作用效果均与包膜缓释肥截然不同，因此不属于缓控释肥料。可见，生物炭基肥料的制备工艺、作用机理和作用效果均与现有各类肥料产品存在特征性差异，是一种新的肥料产品类型。

近年来，有关生物炭提高化学肥料养分利用效率的研究报道已经十分丰富，但生物炭基肥料开发应用的相关研究仍相对较少，主要集中在玉米（邓松华，2019；殷大伟，2019；刘明等，2015）、水稻（刘善良等，2019；王丽，2017）、花生（高梦雨等，2018；陈坤等，2018；王月等，2017；杨劲峰等，2015）、马铃薯（焦瑞枣等，2015）、烟草（毛娟等，2019；王晓强等，2019；常栋等，2018）、蔬菜（刘冲等，2016；李大伟等，2016；廖上强等，2015）等作物上。

（一）技术原理

生物炭基复混/复合肥料对标常规复混肥或复合肥料，用生物炭替代部分养分或填料，在保证作物产量水平的前提下通过提高养分利用效率减少化学肥料投入。

1. 直接提供养分

生物炭中含有一定养分，但数量有限、有效性不高。尤其是对于氮元素而言，生物炭的总氮含量约为 1.35%，但其中可被植物直接吸收利用的矿物质氮含量为 68.15 mg/kg，仅占总氮含量的 0.5%。相对而言，磷和钾的含量较高，平均分别为 428.85 mg/kg 和 17.98 g/kg。因此，养分替代是生物炭基肥料的技术基础之一，尤其是对磷、钾而言。

2. 延缓养分释放、减少养分损失

生物炭基肥料的养分缓释作用主要来自以下几个方面：生物炭孔隙结构丰富，尤其是其保留的细胞分室结构可减少其中嵌入的养分与水和土壤环境的接触，即通过物理隔离延缓养分释放；新制备的生物炭的疏水表面有可能进一步增强物理隔离能力。研究表明，在添加化肥之前，生物炭的孔隙结构清晰，将生物炭和化学肥料混合造粒后，部分孔隙结构中结晶状物质增多，化肥中的氮、磷、钾养分不仅附着在生物炭表面，也可以进入生物炭的孔隙中，说明生物炭发挥了化肥载体作用（刘长涛等，2019），如图 11-2 所示。

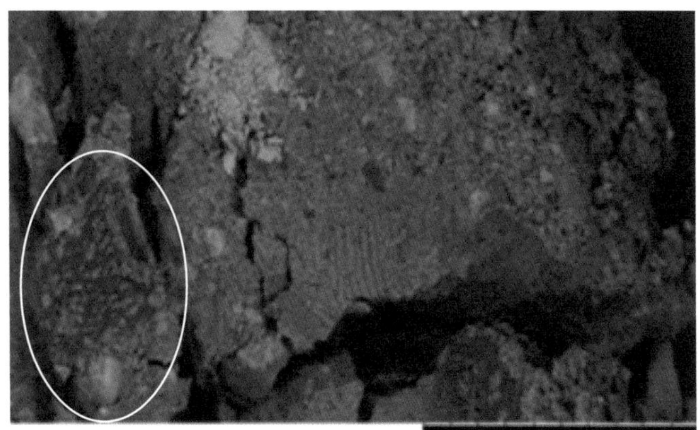

图 11-2　养分与生物炭孔隙的紧密结合

生物炭比表面积大，加之丰富的羟基、羧基和羰基等官能团，表现出强大的吸附性。当把生物炭与硝酸铵结合制备生物炭基肥料后，通过红外光谱图分析可发现，硝酸铵中NH_4^+的 N—H 吸收峰弱化并移向高波数，说明羟基和NH_4^+形成了强烈的氢键作用（张雯，2014）。此外，生物炭对磷也具有一定的吸附作用，能够减少磷的淋溶损失，保持较长时间的供肥能力。

此外，虽然生物炭对酰胺态氮和硝态氮的吸附能力弱，但有可能通过较强的持水能力将溶于水中的养分束缚在孔隙中。

3．活化土壤养分

丰富的微孔结构使生物炭的容重远远小于土壤（Spokas et al.，2009；Bird et al.，2008）并能够大量吸收水分和养分，为微生物的繁殖提供温床和充分的营养物质（魏春辉等，2016）。在微生物的作用下，复杂的大分子有机氮降解产生小分子的可溶性有机氮以满足微生物自身生长繁殖需要（Geisseler et al.，2010），同时也为植物提供可直接利用的无机氮源和低分子量的可溶性有机氮（Farrell et al.，2011）。

4．持效性和累加效应

生物炭基肥料与其他肥料的最大区别在于，当养分被当季作物利用后，生物炭仍在土壤中长期存在且持续发挥作用（图 11-3）。随着炭基肥的逐年施入，土壤中的生物炭含量将越来越多，其还田改土效果也将不断累加。

图 11-3 经过一个马铃薯生长季后仍完好存在于土壤中的炭颗粒

总体上，生物炭施入土壤后能吸附多种离子，减少以氮素为主的淋溶、气态损失，提高土壤养分含量，从而提高土壤肥力（张阿凤等，2009）。

（二）配方原理

不同作物专用型生物炭基复混/复合肥料的配方原理基本类似，即根据目标作物的养分需求量和比例、预期的养分利用效率、单质肥料养分含量等因素，计算相应的单质肥料与生物炭用量。该肥料对标常规复合肥料，产品的用量和用法无大幅调整。

当选定作物后，根据目标产品总养分含量计算氮、磷、钾各自投入总量。如果某一配料中含有两种元素（如磷酸二铵和磷酸一铵），则需要首先计算磷肥投入量，随后计算其中已包含氮素数量，再根据配方计算须补充增加的氮素投入量，最后根据氮肥配料的含氮量确定其投入量。生物炭与其他填料或黏结剂的投入量则根据总质量与化肥配料差减计算。其中，生物炭虽然含有一定养分，但是在配方中暂时不列入计算。因此，正常情况下，生物炭基复合肥料的总养分含量一般会大于其标明值。

目前，生产实践中生物炭基肥料常用的大量养分来源一般为尿素（含氮量46%）、硫酸钾（氧化钾含量50%）、磷酸二铵（五氧化二磷含量46%、含氮量18%）等。以玉米为例，若某种生物炭基肥的总养分含量为42%，养分配比为N∶P_2O_5∶K_2O=28∶5∶9，则每100 kg生物炭基肥料中需添加磷酸二铵约为10.87 kg、尿素约为56.62 kg、硫酸钾约为18 kg，合计85.49 kg。因此，含生物炭在内，其他填料的最大理论添加量约为14.51 kg。也就是说，生物炭的最高添加量不应大于14.51%（以生物炭计）。若养分配比相同，总养分含量为30%，则每100 kg生物炭基肥料中的生物炭理论最大添加量为38.94%（以生物炭计）；若总养分含量为20%，则生物炭理论最大添加量为59.29%（以生物炭计）。

以花生为例，若某种肥料的总养分为36%，养分配比为N∶P_2O_5∶K_2O=10∶13∶13，则每100 kg生物炭基肥料中须添加磷酸一铵约为28.26 kg、硫酸铵约为34.46 kg、硫酸钾为26 kg，合计88.72 kg，其他填料的最大理论添加量约为11.28 kg，生物炭的最高添加量不应大于11.28%（以生物炭计）。如果钾肥采用氯化钾配制，那么须添加氯化钾约21.67 kg，则生物炭的最高添加量不应大于15.61%（以生物炭计）。

原鲁明等（2015）的研究结果表明，包括炭基有机无机复混肥、炭基有机肥、炭基无机肥在内，产品中生物炭的添加比例一般为20%～60%；水分含量差异较大，团粒法一般在15%～25%，挤压法在5%～10%；黏结剂含量，团粒法一般在10%左右，挤压法在7%左右。

因对标于常规的复混/复合肥料，生物炭基复混/复合肥料对养分含量的要求较高，因此生物炭的添加比例是有限的。在实践中，可根据所对标的肥料的养分含量折减不超过15%，即为生物炭的大致添加比例（表11-1）。

如果不考虑与常规肥料的总养分含量或用量对标，则生物炭基肥料中生物炭的添加量可以进一步提高，最终的产品形式也将有所变化，例如，肥料棒或超大颗粒肥料等。但是，有研究指出，加入生物炭能有效降低复混肥中氮、钾素的淋失，当生物炭用量为30%时释放速率最为平稳（王家宝，2016）。可见，从提高产品性能的角度来看，肥料中生物炭的用量也并非越高越好。

表 11-1 生物炭基肥料配方示例

序号	原料	配方/kg				
		花生 东北棕壤	水稻	玉米	大豆	马铃薯
1	大颗粒尿素（N 46%）	—	66	260	110	80
2	硫酸铵（N 20%）	110	—	—	—	75
3	磷酸一铵（N 11%、P_2O_5 46%）	250	100	112	250	250
4	氯化钾（K_2O 60%）	160	134	138	—	240
5	硫酸钾（K_2O 50%）	90	—	—	250	—
6	硫酸锌（20%～33%）	10	—	2.3	10	10
7	硼砂（硼 11%）	20	—	2.3	19	20
8	生物炭（80～100 目）	260	400	400	290	250
9	黏结剂（酸性膨润土）	100	100	85.4	71	75

（三）生产技术

生物炭与养分复合的方法以物理法居多，包括挤压造粒、团粒、包裹甚至吸附，也有将其用作包膜材料的报道。其中，包括挤压和团粒在内的混合造粒法的应用较为普遍。在生产实践中，将生物炭颗粒与单质肥料或复混肥料掺混使用具有简便易行的优点，但生物炭与化学养分的结合不紧密，其应用效果有待商榷。

1. 团粒法

该方法是将生物炭与一种或者多种肥料粉碎后，形成粒度接近的粉状颗粒后混合造粒。团粒法造粒的基本原理是依靠肥料盐类溶解产生的溶液，以及额外加入的黏结剂，将一定颗粒细度的基础肥料黏聚成粒，再通过转动使黏聚的颗粒在重力作用下运动，相互挤压、滚动使其紧密成型。生物炭颗粒粗糙、孔隙丰富、脆而易碎，而团粒法主要依靠自身重量和颗粒间的挤压而成型，所以生产的炭基肥颗粒往往强度不高。

转鼓水汽造粒和圆盘造粒（喷蒸汽或黏结剂）是两种常见的团粒方式，均须保证成粒所需的液相量，属于湿法造粒，需要接续进行烘干操作，以降低水分含量，防止结块。

2. 挤压造粒法

挤压造粒法主要是利用机械外力的作用使粉体基础肥料成粒，黏结剂种类与添加量、模孔孔径、炭/肥比例以及成型温度等因素，对生物炭基肥料颗粒的抗压强度、抗渗水性、成型率和缓释性能等均有显著影响（魏春辉等，2017；马谦等，2015；蒋恩臣等，2015）。

生物炭基肥料的制备是一个致密化的过程，需要消耗大量能量，因此，成型耗能是很多生产技术人员关注的重要问题之一。参照秸秆、木屑等生物质成型技术的研究结果，较小的粒径往往在挤压过程中需要较高的能耗（Ghadernejad et al.，2012），黏结剂、成型压力、压缩量、压缩频率、含水率等是需要考虑的关键因素（Lu et al.，2014；Stahl et al.，2012；黄文城等，2012；廖娜等，2011）。

对辊、平模、环模等设备在炭基肥挤压造粒中均有报道。相对于团粒法而言，挤压造粒法对物料含水量的要求较低，因此后期烘干所需能耗也较低。

球形和圆柱形生物炭颗粒见图 11-4。

图 11-4　球形和圆柱形生物炭颗粒

包括团粒法与挤压造粒法在内，混合造粒具有生产效率高、操作简便等特点，尤其便于生物炭与化学肥料紧密结合，更有利于养分利用率的提高，是目前生物炭基肥料生产的主要方式。其中，原鲁明等（2015）认为，由于团粒法生产的肥料不抗压、返料多、生产成本高，而挤压法生产的肥料投资少、干燥成本低、肥料抗压性好，所以挤压造粒法应该成为目前炭基肥造粒的较优选择。

3．掺混法

在生物炭基肥料发展的早期，曾见将成型生物炭颗粒与单质肥料或复混/复合肥料掺混的做法。在确保对应的最终产品符合相关标准要求的前提下，掺混法简便易行，有助于控制生产成本。但是，这类产品中生物炭和肥料无紧密结合，生物炭在添加量有限的情况下难以充分发挥持肥缓释作用，进而也难以通过提高养分利用效率来弥补化学养分含量下降的空缺，在应用中可能会出现作物生长后期脱肥等不良现象。近年来，掺混法已十分少见。

4．吸附法

吸附法主要是利用生物炭的多孔性与吸附性，将肥料溶液中的一种或数种组分吸附于表面，或在表面发生反应，进而实现生物炭与养分的复合。张雯（2014）分别采用固-液吸附法（35 份硝酸铵溶于 100 份蒸馏水中+65 份生物炭）和化学反应法（30%硝酸 9.5 份+生物炭 6.5 份+15%氨水 7 份）制备了生物炭基氮肥，并与简单掺混法（35 份硝酸铵+65 份生物炭）进行了比较，结果表明，反应型炭基氮肥的硝酸铵吸附量最大、吸持强度最高，氮肥控释效果最佳。在此类方法中，生物炭的原料占比大，如何在常见的肥料用量下确保总养分投入量是需要解决的问题。

5. 包膜/包裹法

生物炭也可用于包膜/包裹材料，主要是用细粉状生物炭颗粒包裹速效化肥颗粒，以减少因分解、挥发、冲蚀等造成的养分损失，从而提高肥料利用率。该方法在思路上与前述工艺有所不同，但同样可以取得良好效果。例如，以聚乙烯醇为黏结剂将稻壳炭包裹到尿素颗粒表面制得包膜型炭基肥料，包裹层越厚，养分释放速率越低（王剑等，2013）。以聚丙烯树脂制备的生物炭包膜尿素可将氮素溶出率降低 9.93%，在盆栽条件下将氮肥利用率提高 10%～25%（钟雪梅等，2006）。在水基共聚物-生物炭复合包膜尿素中，生物炭可降低膜材料吸水率，当生物炭粒级为 200 目时获得的缓释效果最佳，在玉米田间应用中，在减肥 20%的情况下仍有 1.45%的增产效果（陈松岭等，2017）。还有学者将生物炭粉与化肥掺混，其作用也是生物炭包裹肥料颗粒。

生物炭本身孔隙丰富、脆而易碎，加之易吸水受潮，往往强度不足。有研究表明，随着生物炭添加比例的提高，炭基肥（直径 5～6 mm）的最大变形力会逐渐降低，从 18.44 N 降低到 5.87 N（张伟等，2014）。针对这一问题，也同时为了进一步增强缓释性能，有学者将生物炭基肥料进一步包膜，以达到增强颗粒强度、提高养分利用率的目的。例如，李艳梅等（2017）使用乙基纤维素（5%）、邻苯二甲酸二乙酯（0.6%）、戊二醛（1.2%）、吐温 80（0.4%）等制备了包膜生物炭基肥料，比未包膜炭基肥的最快吸湿速率时长减少 3 d，最大的吸湿率差值在第 21 天达到 7.59%。

（四）特殊形式产品

在《生物炭基肥料》（NY/T 3041—2016）标准中，肥料的形状与粒度要求与复混/复合肥料标准保持一致，以求尽可能贴近使用者对传统化肥的经验认知。但是，这种考虑也在很大程度上限制了产品中生物炭的添加量，其持肥缓释、改土培肥作用难以充分发挥。因此，如果不考虑粒度限制，仅从肥效的角度思考，提高生物炭添加量不失为一条可行途径。张伟（2014）、王家宝（2016）开展了炭基肥料棒研究，此类产品虽然形状特殊，但在配方、生产工艺方面仍属于复混。

【研究案例：超大颗粒生物炭基肥料】

超大颗粒生物炭基肥料与肥料棒类似，基本思路是强化物理保护和吸附作用并降低表面积。一方面，旨在延缓养分溶出和释放转化、降低养分的静水溶出率；另一方面，希望进一步提高精确施肥能力，每穴（株）一颗肥，每颗肥料的有效成分一致、种子与肥料的相对位置一致。在某种程度上，超大颗粒生物炭基肥料可视为低养分生物炭基肥料的放大样品。

在每颗肥料都含有等量氮肥（尿素）的基础上，调节生物炭用量和黏结剂种类以获得不同试样。以玉米为例，按照每亩 14 kg 纯氮计算，需尿素 30 kg，合每株玉米施尿素

5 g（2.3 gN/株，6 000 株/亩）。设置不同生物炭用量（10%、20%、30%和 50%）以及不同黏结剂（淀粉和膨润土，1%、2%、3%和 4%）和不同水分含量（4%、8%、12%和 16%）处理。在试制过程中，首先将生物炭和尿素粉碎并过 100 目筛，再将其与黏结剂按比例均匀混合，继而使用自制的实验室用冲压机将配合后的物料挤压成柱状，再根据计算的物料总质量将柱状肥切割成所需要的质量后低温烘干。

颗粒肥料中各组分的比例见表 11-2。

表 11-2 颗粒肥料中各组分的比例

处理	比例/%			含氮/%	颗粒质量/g
	生物炭	尿素	黏结剂		
A	10	86	4	39.56	5.81
B	20	76	4	34.96	6.58
C	30	66	4	30.36	7.58
D	50	56	4	25.76	8.93

1. 肥料成型能力

生物炭本身没有黏性、容重较小，添加量过大时，明显影响肥料成型性能。在使用淀粉作黏结剂时，3%以上的用量可使不同生物炭添加比例的颗粒肥料成型，且以黏结剂 4%、含水量 8%～12%时成型效果较好，加压至 2 000 N 时无水分压出。膨润土的黏结效果不及淀粉，4%添加量时可使不同配比的颗粒肥黏结成型，但部分 50%生物炭比例的炭基肥试样会在干燥后开裂。含水量低于 4%时，或黏结剂低于 2%（含水量 10%）时，肥料松散无法成型。因此，从成型能力的角度看，物料含水量应控制在 4%～12%，黏结剂用量为 3%～4%，生物炭用量不宜超过 50%。

柱状生物炭基肥料成型见图 11-5。

10%RH　20%RH　30%RH　50%RH

（a）含水稻壳炭 10%、20%、30%、50%的柱状肥

10%MC　30%MC　50%MC

（b）含玉米芯炭 10%、30%、50%的柱状肥

图 11-5 柱状生物炭基肥料

注：RH—稻壳炭；MC—玉米芯炭。

2. 养分持留能力

以膨润土为黏结剂的颗粒肥在水中迅速崩解，而以淀粉为黏结剂的颗粒肥可在静水条件下保持完整 30 h 以上（图 11-6）。物理结构的稳定性使超大颗粒炭基肥中尿素氮的溶出时间长于普通小颗粒炭基肥（CK），后者在浸入水中 4～5 h 后所含的氮素几乎全部溶出，而使用稻壳生物炭制备的大颗粒肥在第 23 小时仍有少量氮素溶出（20%RH），使用玉米芯生物炭制备的大颗粒肥也可持续释放养分至 15 h 左右。超大颗粒生物炭基肥料静水浸泡 72 h 后的状态见图 11-7。

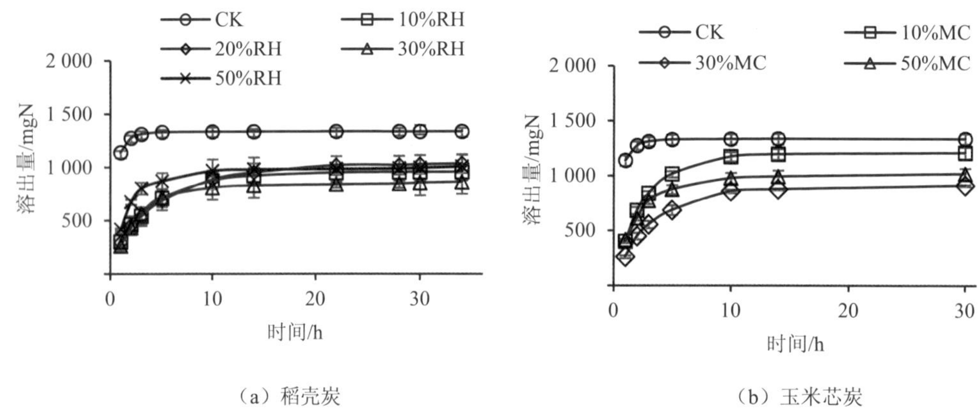

图 11-6 不同比例稻壳/玉米芯生物炭基肥中氮素释放量随时间变化

注：CK—市售生物炭基肥，小颗粒；RH—稻壳炭；MC—玉料芯炭。

图 11-7 超大颗粒生物炭基肥料静水浸泡 72 h 后的状态

从养分释放的角度来看，生物炭的添加量也并非越多越好。适宜添加量取决于生物炭内部的孔隙结构以及生物炭颗粒间的孔隙，显然这都受到黏结剂、成型压力的显著影响。在试制过程中，采用的是最简单的手工成型方法，压力较小且不能准确控制，但不妨碍试验结果的指向性。两种生物炭配制的肥料氮素溶出总量和溶出率对比见图 11-8。

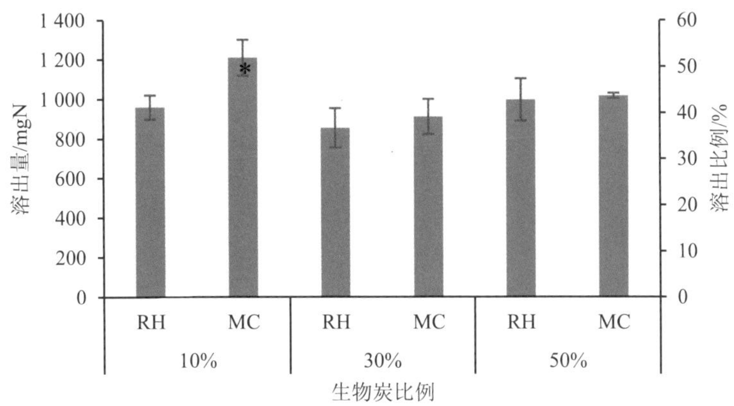

图 11-8　两种生物炭配制的肥料氮素溶出总量和溶出率对比

注：RH—水稻壳炭；MC—玉米芯炭；*表示在 0.05 水平上差异显著。

在自然状态的土壤中，尿素通过脲酶分解成铵态氮，铵态氮经硝化作用转化为硝态氮，成为作物可以吸收的形式。但是在该试验的强淋溶条件下，硝化作用受到抑制，因此肥料中的氮素主要以铵态氮的形式淋出。总体看来，大颗粒生物炭基肥中养分的溶出速度与溶出总量均显著小于常规颗粒炭基肥（图 11-9、图 11-10），但生物炭的添加量和种类显著影响养分淋溶量，在某些处理中甚至与市售小颗粒炭基肥的总淋出量没有显著差异。可见，肥料颗粒内部的孔隙的作用仍是决定性的，也再次说明物理分隔是生物炭基肥料主要的养分缓释机制之一。

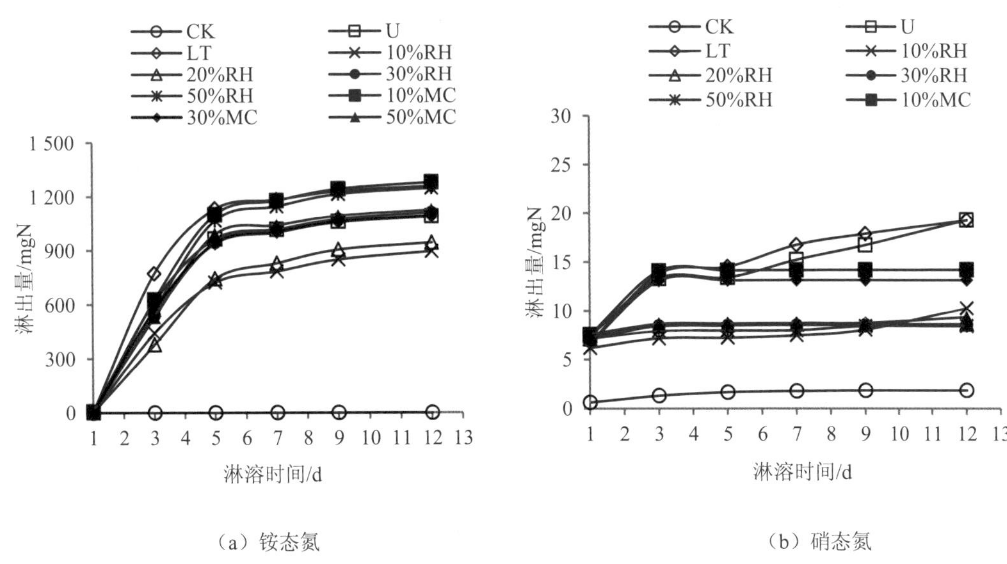

图 11-9　各处理无机氮淋出量随时间变化曲线

注：CK—不施肥土壤；U—尿素处理；LT—市售小颗粒肥料；RH—水稻壳生物炭；MC—玉米芯生物炭。

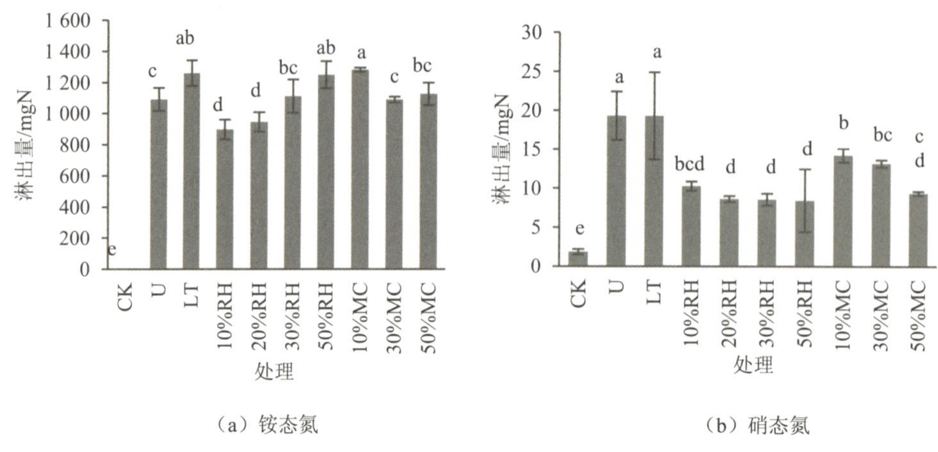

（a）铵态氮　　（b）硝态氮

图 11-10 各处理铵态氮和硝态氮的淋出总量

利用盆栽试验检测了大颗粒炭基肥对水稻生长和氮肥利用效率的影响。结果显示在分蘖-拔节期可有效促进水稻的生长，植株分蘖力强长势旺盛；随着时间的推移，到成熟期时，大颗粒炭基肥处理的水稻最终分蘖数分别减少 1.7 个和 2.1 个，而尿素处理提高 1.7 个（图 11-11）。说明生物炭基肥在水稻生育前期对其生长促进作用更显著。

图 11-11 水稻分蘖期长势对比

注：CK—不施肥；U—尿素；RH—大颗粒炭基肥。

如表 11-3 所示，在不施肥的条件下，干物质积累量很低。施加尿素后，水稻秸秆干重和籽粒干重分别较对照提高 3.39 倍和 5.51 倍，秸秆和籽粒中的氮含量分别比对照提高 0.14%和 0.06%。大颗粒炭基肥处理的水稻秸秆和籽粒含氮量虽然和尿素处理没有显著差异，但是其干物质积累显著提高，其中，秸秆干重分别高于 U 处理 9.54%和 21.28%。U 处理的氮素利用率为 61.88%，由于干物质积累的提高，因此两种炭基肥的氮素利用率分别高于 U 处理 8.19%和 11.92%，均达到显著水平（$P<0.05$）。

表 11-3 不同处理水稻氮素吸收和氮肥料利用率

处理	秸秆重/（g/pot）	籽粒重/（g/pot）	秸秆含氮量/%	籽粒含氮量/%	氮素利用率/%	谷草比
CK	21.00d	8.30c	0.55b	1.05b		0.40c
U	92.23c	54.06b	0.69a	1.11a	61.88b	0.59a
BF1	101.03b	58.56ab	0.71a	1.12a	70.07a	0.58ab
BF2	111.86a	61.52a	0.67a	1.12a	73.80a	0.55b

（五）应用效果

李艳梅等（2017）总结分析了生物炭基肥料增效技术与制备工艺研究进展，包括炭基氮肥、炭基复合肥、炭基有机肥、炭基复混肥等，应用对象涉及大田作物小麦、水稻、玉米、花生、马铃薯、棉花等，以及设施蔬菜小白菜、芹菜、青椒、番茄等，总体表现为正效应，具体体现在增产提质、节肥增效及固碳减排等方面。受前茬作物、农田土壤养分背景等因素影响，生物炭基肥料的应用效果往往需要多年、多点、多作物试验观察与评价。

【研究案例：长期定位评价】

为观测长期施用生物炭基肥料的效果，自 2011 年起在沈阳农业大学肥料长期定位试验科研基地（123°33′E，40°48′N）开展了定位试验研究（图 11-12）。试验区处于松辽平原南部的中心地带，属温带湿润—半湿润季风气候，年均气温 7.0～8.1℃，10℃以上积温 3 300～3 400℃，无霜期 148～180 d，生长季降水量平均为 547 mm。试验地土壤类型为棕壤，在建立试验前掺入了 5 cm 细沙，均匀混合，主要模拟实际生产中的中低肥力土壤类型。种植制度为一年一熟花生连作，每隔 3～4 年更换一次花生品种，种植密度为 30 万株/hm^2。

图 11-12 生物炭长期定位试验基地

除不施肥处理（CK）以外，设置了两个生物炭用量处理，分别是 225 kg/hm^2（C15）和 750 kg/hm^2（C50），还有氮磷钾配施处理（N 82.5 kg/hm^2、P_2O_5 82.5 kg/hm^2、K_2O 97.5 kg/hm^2，NPK）和炭基肥（750 kg/hm^2，BBF 或 TJHS）处理。与同行们开展的其他

生物炭还田试验相比，该试验用炭量都很少，主要原因在于重点关注生物炭和肥料的配合效应。其中，C15 与炭基肥处理碳素投入量相同；NPK 处理与炭基肥养分（氮、磷、钾）投入量相同。生物炭基花生专用肥（玉米芯炭，N：P_2O_5：K_2O=10：13：13）施入深度为 15～20 cm。

1．产量效应

2011—2018 年，随着生物炭用量的增加，单纯施入生物炭对花生产量的提高效果不明显（图 11-13）。在缺少化学养分的条件下，低生物炭投入量难以提供足够的养分。在这项长期定位试验中，即便是最高的生物炭用量（C50）也难以与文献中动辄每公顷数十吨的用量相比。可能也是同样的原因，在等养分投入情况下，连续施用炭基肥对花生年均产量的影响与施用常规化肥无显著差异。

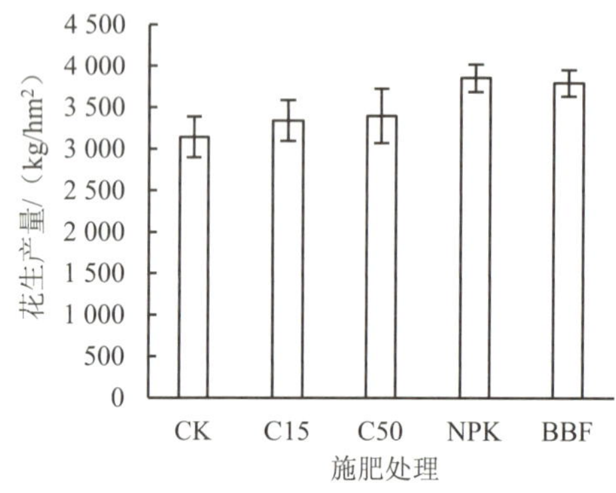

图 11-13 2011—2018 年花生平均产量

注：处理 1（不施肥，CK）、处理 2（生物炭 225 kg/hm²，C15）、处理 3（生物炭 750 kg/hm²，C50）、处理 4（N 82.5 kg/hm²、P_2O_5 82.5 kg/hm²、K_2O 97.5 kg/hm²，NPK）、处理 5（炭基肥 750 kg/hm²，BBF 或 TJHS）。生物炭基花生专用肥（玉米芯炭，N：P_2O_5：K_2O=10：13：13）施入深度 15～20 cm，覆土。其中 C15 处理与炭基肥处理碳素投入量相同；NPK 处理与炭基肥处理养分（氮、磷、钾）投入量相同。

2．对土壤有机碳的影响

虽然对花生产量没有显著影响，但土壤中生物炭的持续性和由此引发的累加效应在试验开始的 4 年后逐渐显现。生物炭和生物炭基肥料均能够有效维持土壤有机碳含量（TOC）水平，与原始土壤无显著差异。相比之下，连年施用常规化学肥料则导致土壤有机碳含量下降。换言之，在确保花生稳产的情况下，生物炭基肥料更有助于保持或提高地力。

植物地下部分生物量（根茬）是土壤有机碳的重要来源。当土壤养分匮缺、作物产量较低时，作物残茬量低，归还土壤的有机物料少，土壤的有机碳含量也相应下降（图 11-14）。化学肥料的施入提高了作物残茬生物量，因此其对应的土壤总有机碳含量要高于无肥处理，但其相对原始土壤的降低趋势也说明长期使用化肥对土壤总有机碳的负面影响难以回避。

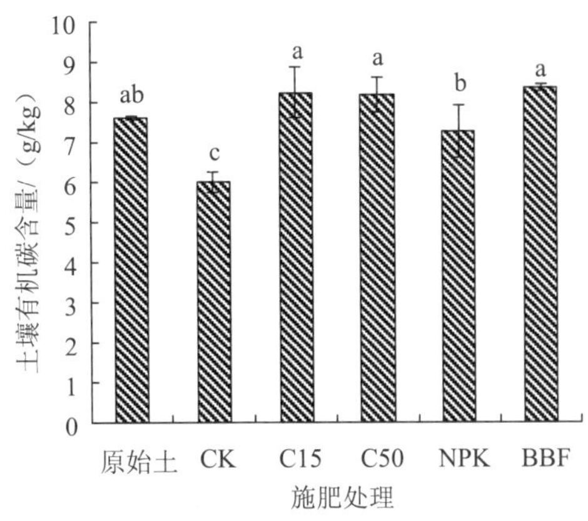

图 11-14 不同施肥处理土壤总有机碳含量

生物炭基肥料主要是通过提高有机碳组分中的中等活性有机碳（游离态颗粒有机碳和闭蓄态颗粒有机碳）含量而发挥扩充土壤碳库的作用（表 11-4），且效果好于等碳量投入或等养分投入处理，可提升 0～20 cm 土层 FPOC 和 OPOC 含量 40%以上，对可溶性有机碳及矿物结合态有机碳含量影响不大。

表 11-4 不同施肥处理土壤游离态颗粒有机碳含量

处理	FPOM 组分含量/（g/kg）	FPOC 含量/（g/kg）	OPOM 组分含量/（g/kg）	OPOC 含量/（g/kg）	MOM 组分含量/（g/kg）	MOC 含量/（g/kg）
原始土	4.72±0.06b	1.06±0.02b	89.78±0.22c	1.04±0.020c	949.20±2.30cd	5.41±0.02a
CK	4.04±0.05d	1.01±0.02b	75.14±0.38e	0.85±0.024d	963.29±1.19b	4.24±0.09b
C15	3.76±0.14e	1.08±0.05b	88.45±0.06d	1.08±0.006b	953.33±6.65c	5.72±0.36a
C50	5.13±0.09a	1.35±0.02a	91.84±0.09b	1.26±0.024a	942.87±2.06d	5.28±0.06a
NPK	4.46±0.10c	1.10±0.03b	68.40±0.17f	0.88±0.017d	979.99±3.75a	5.39±0.13a
BBF	5.19±0.14a	1.54±0.04a	93.29±0.60a	1.26±0.025a	920.84±5.12e	5.71±0.18a

游离态颗粒有机碳主要是由半分解的植物残体、真菌菌丝孢子、种子、动物残体、微生物残骸以及一些吸附在碎屑上的矿质颗粒组成，比土壤有机碳的周转速率快，对土地利用方式和管理措施的灵敏度高，被认为是预测土壤有机碳变化的指示者。闭蓄态颗粒有机碳是比游离态颗粒有机碳更难分解的有机碳组分，由于其被团聚体以物理方式包裹，微生物很难与其接触并对其分解转化。相对而言，颗粒态有机碳中游离态组分比闭蓄态颗粒有机碳组分略多。

矿物结合态有机碳性质稳定，占总有机碳的百分比最大，为 67%～73%，其次是颗粒态有机碳。与常规化肥相比，生物炭和炭基肥投入对提高矿物结合态有机碳含量具有一定作用，且炭基肥的效果要优于等养分化肥投入。

3. 对土壤腐殖质的影响

连续施用生物炭基肥料对土壤腐殖质呈现积极影响（图 11-15），表层土壤腐殖质含量高达 14.48 g/kg，与原始土壤相比提高了 10.4%，与等碳量和等养分处理相比也分别提升了 6.6%、9.7%。单施生物炭和常规化学肥料条件下，腐殖质含量变化不大，均与原始土壤本底值接近。在没有生物炭和化肥投入时，腐殖质含量显著下降。上述结果与土壤有机碳含量的变化趋势基本一致。

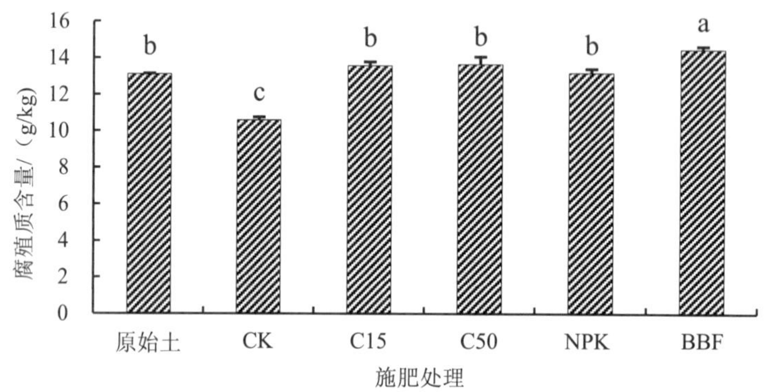

图 11-15 不同施肥处理对土壤腐殖质的影响

如表 11-5 所示，在 0～20 cm 土层中，土壤腐殖质组分以胡敏素为主，占腐殖质总量的 44.4%～56.3%，其次分别是富里酸、胡敏酸。在低炭量（C15）、高炭量（C50）、氮磷钾、炭基肥处理中，土壤胡敏酸含量分别比原始土高 30.6%、55.3%、1.4%和 42.5%，无论是生物炭自身还是生物炭与化肥配合都对胡敏酸含量的提高具有积极作用。富里酸含量的变化规律与胡敏酸略有差别。与原始土相比，仅有高炭处理（C50）土壤富里酸含量显著增加，增幅为 11.4%；而低碳处理（C15）、炭基肥处理土壤富里酸含量与原始土差异不显著，在施用常规化肥条件下则表现出降低趋势，降幅为 5.0%。胡敏素在土壤腐殖质中占比最高，生物炭基肥料的作用也是正面的，但作用效果不及胡敏酸和富里酸显著。总体上，施用炭基肥对提升耕层土壤胡敏酸、富里酸的效果显著好于等碳量处理或等氮磷钾养分处理。

表 11-5 腐殖质组分含量及占腐殖质的比例

处理	胡敏酸/（g/kg）	胡敏酸或腐殖质/%	富里酸/（g/kg）	富里酸或腐殖质/%	胡敏素/（g/kg）	胡敏素或腐殖质/%
原始土	2.19d	16.7	3.76bc	28.6	7.17a	54.7
CK	1.97e	18.6	3.02e	28.5	5.62b	52.9
C15	2.86c	21.1	3.67cd	27.1	7.05a	51.9
C50	3.40a	24.9	4.19a	30.7	6.07b	44.4
NPK	2.22d	16.8	3.56d	27.0	7.41a	56.3
BBF	3.12b	21.6	3.91b	27.0	7.45a	51.5

4．对土壤氮的影响

连续施用炭基肥及生物炭均可有效提高耕层土壤全氮含量，与氮磷钾配施无显著差异，在不同施炭量之间也无显著差异（图 11-16）。尽管 CK 处理没有投入任何肥料，但其土壤全氮含量与原始土相比仍提高了 62.3%，低氮环境中花生根瘤的固氮作用显著。在不同的土壤层次间，全氮含量大多表现为由表层向深层逐渐降低，但只有氮磷钾配施时表现为 20～40 cm 土层全氮含量高于 0～20 cm 土层。虽然各个处理间在 20～40 cm 土层全氮含量方面没有显著差异，但这种趋势可以在一定程度上反映出生物炭对土壤氮素的持留能力。

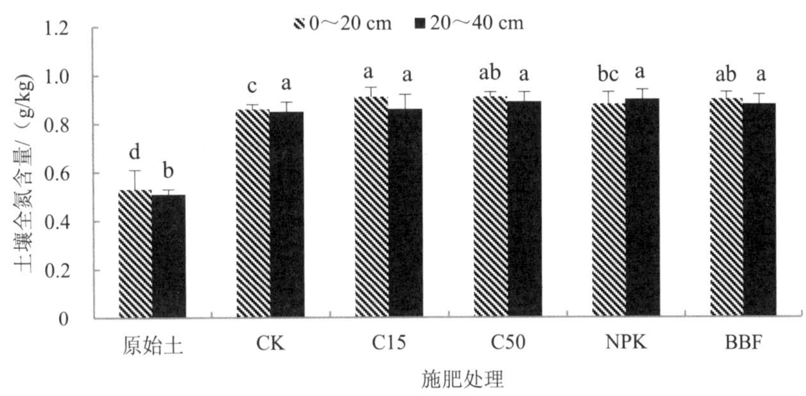

图 11-16　不同处理土壤全氮含量的剖面分布

有机氮占耕层土壤总氮含量的 90%以上（王常慧等，2004），是土壤矿质态氮的源和汇，其化学形态及含量对土壤氮素的矿化量及矿化速率有直接影响，尤其是易矿化有机氮的数量对土壤供氮能力起着极为重要的作用（彭令发等，2003）。可矿化氮是土壤有机氮的主要有效态组分，其数量由酸解有机态氮尤其是氨基酸态氮含量决定（李菊梅等，2003；宋琦，1988）。在棕壤上施用生物炭及炭基肥可以显著增加表层土壤酸解有机氮、酸解铵态氮和氨基酸态氮的含量及其占全氮的比例，即可矿化氮的比例、有机氮的有效性显著提升，且施用炭基肥的效果显著好于单施生物炭或 NPK 配施（表 11-6）。

表 11-6　不同施肥处理全氮和有机氮各组分的含量　　单位：mg/kg

处理	酸解有机氮					非酸解氮
	铵态氮	氨基酸态氮	氨基糖态氮	未知态氮	总和	
原始土	191.51d	142.46e	77.29a	32.24b	443.50c	86.50c
CK	253.11c	230.72d	38.09ab	123.19a	645.11b	215.90a
C15	275.51bc	277.75c	56.01ab	138.87a	748.14a	162.24ab
C50	291.20ab	282.24bc	44.80ab	129.92a	748.16a	158.16abc
NPK	282.23bc	313.59ab	26.89b	114.12ab	732.45a	144.01bc
BBF	317.62a	324.79a	24.20b	106.61ab	773.22a	130.31bc

其中，炭基肥对酸解铵态氮的含量提升效果最为显著。分析其原因，铵态氮的来源比较复杂，其中一部分源于无机氮（包括土壤中吸附性铵和固定态铵），生物炭可以促进微生物介导的氮的矿化(Zhu et al., 2017; Gul et al., 2016)，增强土壤铵离子浓度(Gundale, et al., 2016)；另一部分源于酸解过程中氨基酸和氨基糖脱氨，生物炭为微生物的繁殖提供了温床和充分的营养物质（魏春辉等，2016），促进了氨基酸等低分子有机氮的形成和产生，从而增加了铵态氮的含量。

氨基酸态氮的主要来源是土壤有机质中的蛋白质和多肽（卓苏能等，1992）。生物炭本身携带的养分和活性物质进入土壤后可在短期内促进微生物的增长和代谢（Spokas et al., 2012），促进复杂的大分子有机氮降解产生小分子可溶性有机氮，如氨基酸和多肽（Farrell et al., 2011）。

土壤微生物量氮是土壤中所有活体微生物含氮量的总和，由微生物吸收同化土壤中的氮素形成。在定位试验开展 8 年后，在花生收获期，不施肥处理的土壤表层（0～20 cm）微生物量氮含量达到了 12.12 μg/g，高于其他各施肥处理（图 11-17）。随着生物炭投入量的增加，土壤微生物量氮含量呈下降趋势，但并无显著性差异。等碳及等养分含量投入的不同处理之间也无明显差异。随着土壤深度的增加，单施化肥（NPK）处理的微生物量氮含量迅速下降，与表层土壤相比，20～40 cm 土层和 40～60 cm 土层的微生物量氮含量分别下降了 61.00%和 53.78%。相对而言，施用生物炭或炭基肥条件下，微生物量氮含量虽然存在处理间差异，但处理内在各个土层间变化不大。

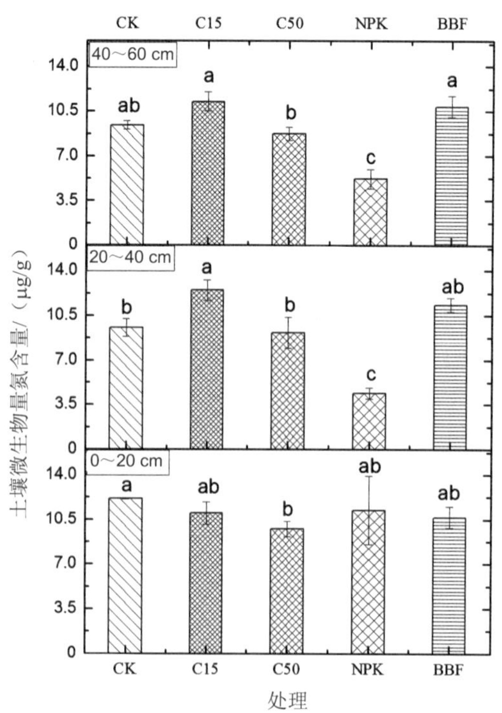

图 11-17 不同土层土壤微生物量氮变化

总体上，等碳投入条件下，C15 和 BBF 处理在各土层含有较多的微生物量氮，但两者间无显著差异；而等养分投入时，炭基肥能够显著提高深层土壤的微生物量氮。化学肥料养分在表层土壤的快速释放，可能是 NPK 配施处理下土壤表层微生物量氮保持较高水平的原因，生物炭在连续多年的土壤扰动下逐渐向土壤深层移动并携带氮素下移，则可能是生物炭处理下深层土壤微生物量氮含量较高的原因。

表层土壤中微生物量碳和碳氮比的变化截然不同，表现出明显的随生物炭或养分投入量增加而增加的趋势（图 11-18）。这一方面再次为生物炭提供碳源和庇护所进而促进土壤微生物活动提供了间接证据，同时也反映出其对微生物群落结构和生理状态的显著影响。

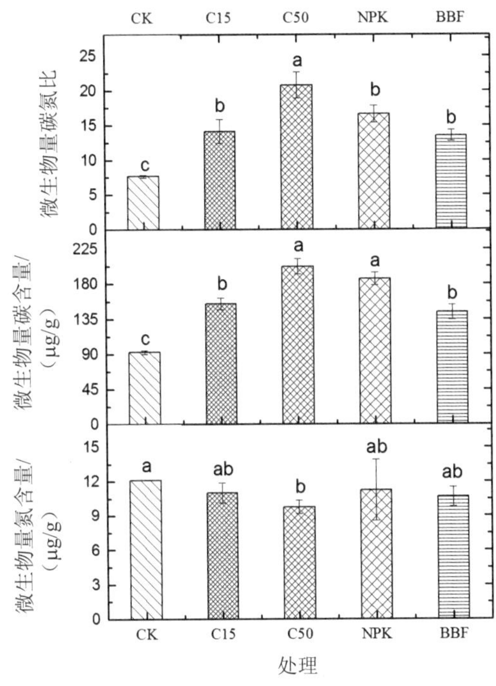

图 11-18 0～20 cm 微生物量碳、氮含量及碳氮比

5. 对土壤脲酶活性的影响

土壤脲酶活性可以反映土壤氮素转化效率。从整体趋势来看，不同土层、不同处理的土壤脲酶含量均在苗期达到最高值，随后在花针期明显下降，到结荚期由于豆科作物的固氮作用，土壤脲酶活性有进一步的提升（图 11-19）。其中，20～40 cm 土层和 40～60 cm 土层的变化趋势较为相似，可能是由于花生根系主要分布于 0～20 cm 的耕层土壤，根瘤菌的固氮作用也主要反映在这一层次上。

在 0～20 cm 土层内，播前期土壤脲酶活性表现为 NPK 处理＞C50 处理＞C15 处理＞BBF 处理＞CK 处理。到苗期，由于肥料的施入，诱导土壤脲酶活性逐渐增加，并达到整个生育过程中的峰值，其中 NPK 处理的脲酶活性最高。花针期各处理的脲酶活性均表现出明显的降低趋势，其中变化最明显的是 CK 处理，而 NPK 处理变化较为缓慢。花生生育后期（结荚期和饱果成熟期）各处理土壤脲酶活性略有增加，由于豆科植物具有根瘤固氮能力，作物从土壤中吸收的氮素强度相对减弱，诱导氮素水解作用减弱。NPK 处理在结荚期脲酶活性最低，这可能是由于化肥均属于速效养分，在生育前期基本已经完全转化，或者被作物吸收或者进入环境中损失。到生育后期无法持续提供更多的养分，土壤中氮素相对处于较低水平。

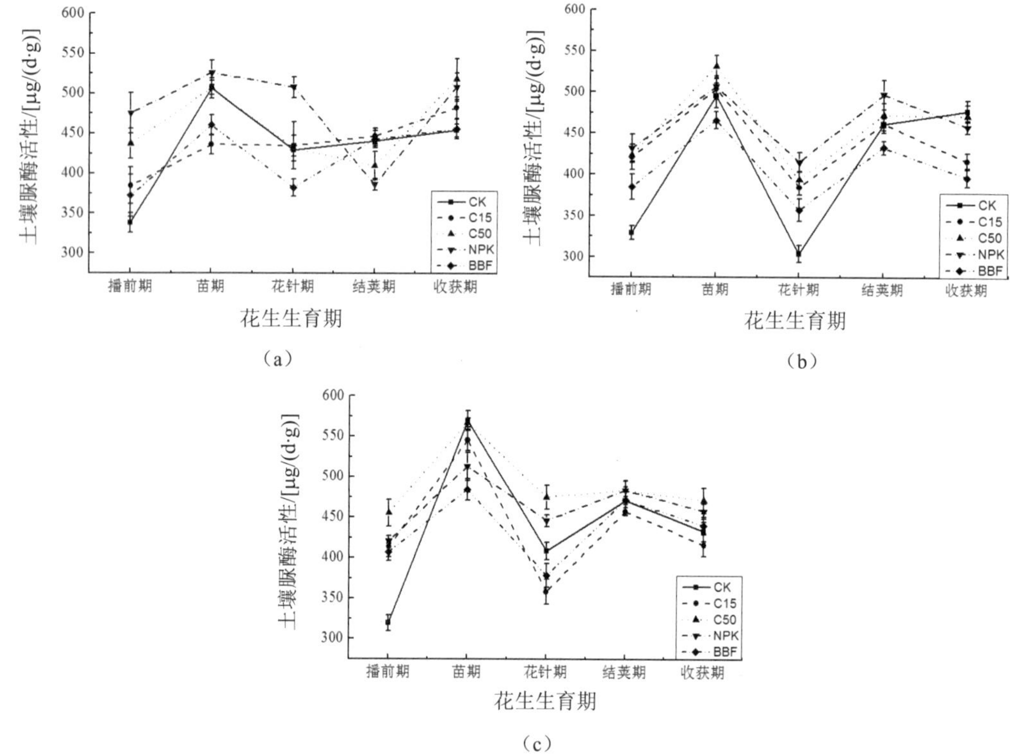

图 11-19 连续施用生物炭及炭基肥对土壤脲酶活性的影响

注：（a）、（b）和（c）分别代表 0～20 cm、20～40 cm 和 40～60 cm 土层处于不同施肥处理条件下土壤脲酶活性动态。

以相对于 CK 的脲酶活力变化量为指标进行分析时可以更加明显地看出（图 11-20）：在 0～20 cm 土层，生物炭和炭基肥处理的脲酶活性大多低于 NPK 处理，甚至低于不施肥的对照，表现出明显的缓释效果。在单施生物炭时，土壤脲酶活性表现为随着生物炭施入量的增加而增加，其原因可能是生物炭对反应底物的吸附促进了酶促反应。在 20～40 cm 土层，炭基肥处理整个生育时期脲酶活性均处于较低水平，且在苗期和收获期均低于不施肥处理。在 40～60 cm 土层中，也可观察到类似趋势。上述结果可以在一定程度上说明炭基肥延缓养分释放，进而减少了养分向下层土壤的淋溶损失。

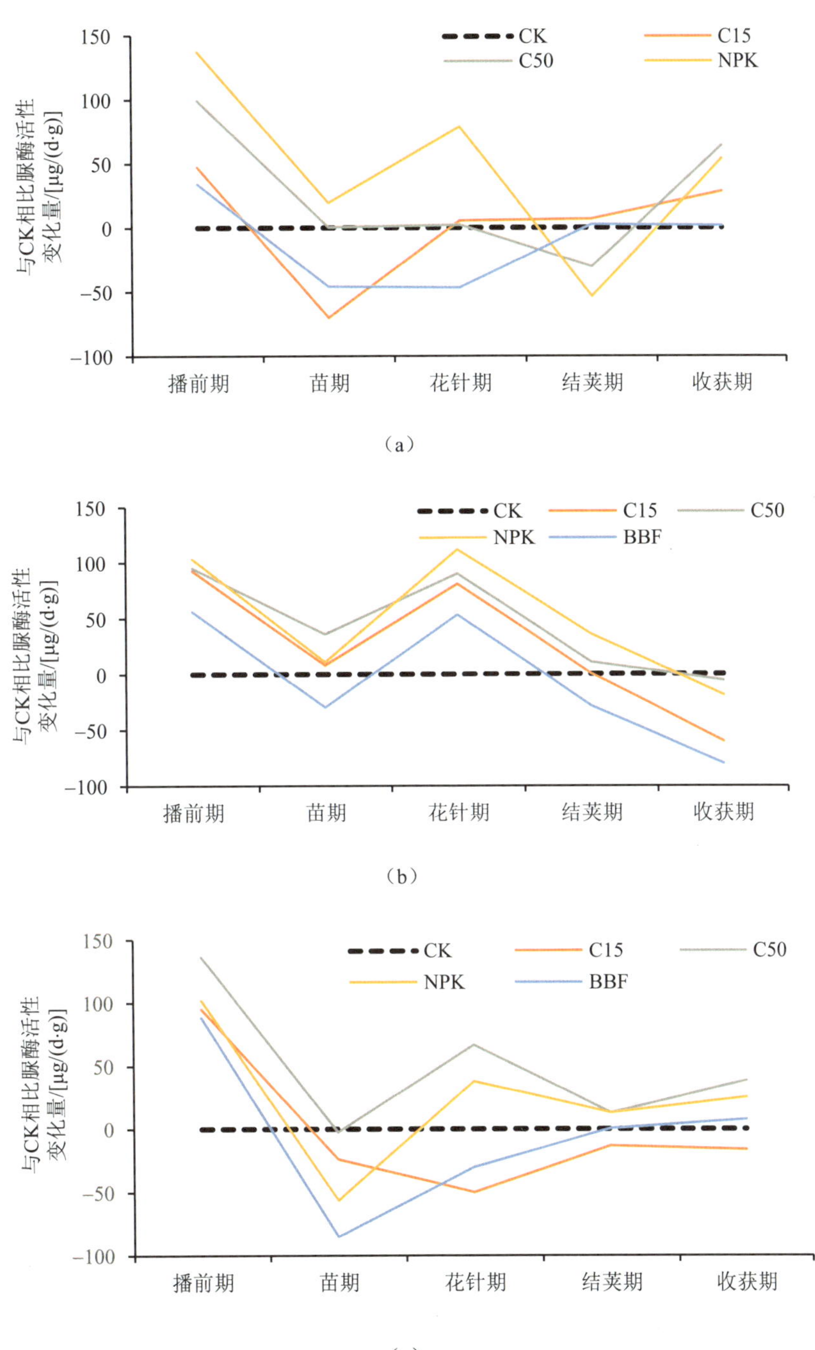

图 11-20　连续施用生物炭及炭基肥条件下土壤脲酶活性相对不施肥处理的变化量

注：（a）、（b）和（c）分别代表 0～20 cm、20～40 cm 和 40～60 cm 土层处于不同施肥处理条件下土壤脲酶活性动态。

6. 对氨氧化微生物丰度的影响

氨氧化过程是硝化作用的主要限速步骤，核心是氨氧化细菌（Ammonia Oxidizing

Bacteria，AOB）和氨氧化古菌（Ammonia Oxidizing Archaea，AOA）*amoA* 基因编码的氨单加氧酶。

长期定位试验结果显示（图 11-21），与不施肥处理相比，施用生物炭和炭基肥均能显著提高 AOA *amo*A 基因丰度，且施炭量越高 AOA *amoA* 基因拷贝数越多。在等碳量条件下，BBF 处理的 AOA *amoA* 基因拷贝数高达 6.16×10^6 copies/g，明显高于 C15 处理。在等养分条件下，NPK 处理的 AOA *amoA* 基因拷贝数为 1.41×10^6 copies/g，不足 BBF 处理的 1/4。生物炭与肥料的结合，即生物炭基肥料对 AOA 的促进作用极为明显，生物炭对土壤铵态氮的吸附能力可能是重要原因之一。

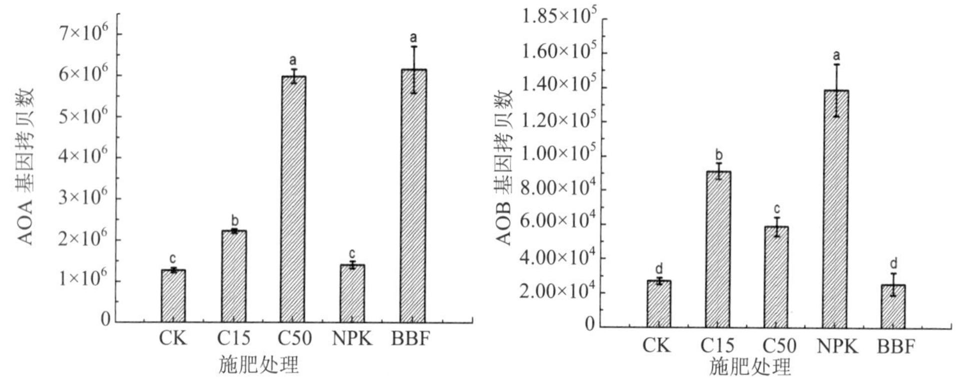

图 11-21 连续施用生物炭及炭基肥对 AOA 和 AOB 丰度的影响

但是，所有生物炭相关处理的 AOB *amoA* 基因拷贝数均显著低于 NPK 配施处理。在不同生物炭用量条件下，也呈现出随着生物炭用量增加而降低的趋势。生物炭基肥料处理 AOB *amoA* 基因拷贝数与对照无显著差异。相对而言，AOB 更适应高无机氮浓度环境，即便生物炭具有氨氮持留能力，可能仍难以满足 AOB 的需求，此外，该现象可能还与 AOA 和 AOB 的适生条件或生态位有关，例如，土壤含水量等。

对比 AOA 和 AOB 丰度可以发现，AOA *amoA* 基因拷贝数相比 AOB 高 1～2 个数量级。这与 Leininger 等（2006）的研究结果一致，即土壤中 AOA *amoA* 基因的拷贝数是 AOB 的几十到上千倍。但是，氨氧化微生物丰度并不能全面反映氨氧化能力，AOA 和 AOB 在氨氧化过程中的相对重要性还存在争议。有研究表明，在铵态氮含量较低的农田土壤中，氨氧化速率由 AOA 主导（苏瑜等，2017）。但也有报道指出，AOB 的氨氧化速率与总的氨氧化速率更相关（Ouyang et al.，2016）。

综上所述，与 CK 相比，生物炭投入可以显著提高土壤 *amoA* 基因拷贝数，虽然这种促进作用随着生物炭用量的增加而分别对 AOA 和 AOB 表现出不同趋势，但仍极显著高于 NPK 配施处理。从另一个方向审视这一结果，当生物炭与化学肥料紧密结合并以生物炭基肥料的形式输入农田时，相对于 NPK 配施，AOB 的活性受到极大抑制。如果将 AOB 视为土壤氨氧化过程的主要驱动者（Jia et al.，2009），则上述结果可以理解为生物炭基肥料降低硝化作用强度的重要原因之一。

7. 对氨氧化微生物群落结构的影响

各施肥处理为土壤微生物生长和繁殖提供了更多底物和能量，且均能显著提高 AOA 和 AOB 的群落多样性和丰富度指数。炭基肥对于提高氨氧化微生物的群落多样性具有良好的促进作用（表 11-7）。

表 11-7 不同施肥处理氨氧化微生物高通量测序结果与群落α多样性指数

氨氧化微生物	处理	序列数	分类单元	Shannon 指数	ACE 指数	Chao1 指数	覆盖度
氨氧化古菌群落	CK	26946	76	2.57b	68.53b	67.45b	0.999 1
	C15	26946	83	2.78a	82.64a	78.92a	0.998 7
	C50	26946	78	2.69ab	70.27ab	69.25ab	0.999 2
	NPK	26946	76	2.88a	75.11ab	74.05ab	0.999 1
	BBF	26946	77	2.86a	71.68ab	70.14ab	0.999 2
氨氧化细菌群落	CK	25674	75	2.29ab	41.34b	41.08c	0.999 9
	C15	25674	99	2.06b	58.03a	62.79a	0.999 6
	C50	25674	79	2.24b	52.49ab	49.50bc	0.999 7
	NPK	25674	76	2.23ab	56.44a	56.23ab	0.999 7
	BBF	25674	68	2.64a	46.76ab	46.50bc	0.999 8

其中，对于 AOA 而言，各施肥处理下 Shannon 指数均高于 CK 处理，且除 C50 处理以外均与 CK 呈现显著差异；群落丰富度指数 ACE 和 Chao1 表现为相同的趋势，即 C15＞NPK＞BBF＞C50＞CK，但不同施肥处理间无明显差异。对于 AOB 而言，不同施肥处理下群落多样性和丰富度指数均高于 CK，且炭基肥处理的 AOB 群落多样性指数（Shannon）显著高于单施生物炭的两个处理，但群落丰富度（ACE 指数和 Chao1 指数）低。

虽然炭基肥和常规施肥对 AOA 多样性都有提升作用，但在具体的微生物种类上存在差异化的效果（图 11-22）。施用化肥能够显著提高泉古菌门相对丰度，炭基肥则可以显著提高奇古菌门占比。AOB 隶属变形菌门（Proteobacteria）亚硝化螺菌属（*Nitrosospira*），是优势菌之一（Ouyang et al.，2016）。在 NPK 和 BBF 处理中，其相对丰度相比 CK 分别提高了 134.00%和 48.86%。亚硝化单胞菌科（Nitrosomonadaceae）和亚硝化单胞菌目（Nitrosomonadales）可划分为亚硝化单胞菌属（*Nitrosomonas*），较常见于高铵浓度环境下（Taylor et al.，2010）。在本研究中，其相对丰度随着生物炭施入量的增加而逐渐降低，而 NPK 和 BBF 处理则可小幅度提高其相对丰度。BBF 对亚硝化弧菌属相对丰度的提升作用最显著，但亚硝化弧菌属在 AOB *amoA* 基因中所占比例十分有限，仅为 0.17%～5.10%（图 11-23）。因此，总体上，虽然炭基肥与化肥均能提高氨氧化微生物的多样性与丰度，但相对于化肥而言，炭基肥的作用较小。换言之，炭基肥能够在等量化学养分投入条件下降低氨氧化微生物群落丰富度从而减小氨氧化强度，进而在一定程度上表现出硝化抑制作用。

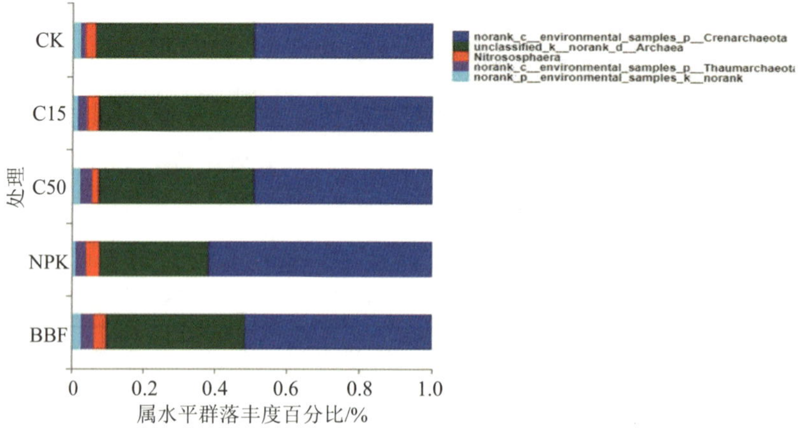

图 11-22 不同施肥处理 AOA 在属分类水平上的群落结构

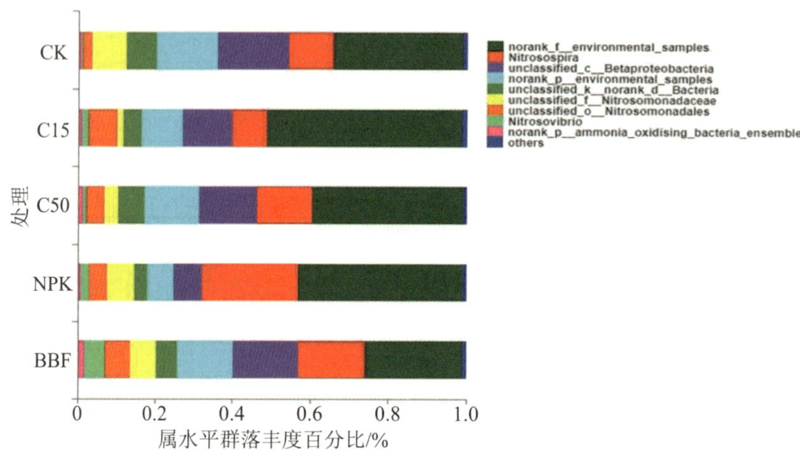

图 11-23 不同施肥处理 AOB 在属分类水平上的群落结构

综上所述，长期定位试验结果表明，与施用常规化学肥料相比，生物炭基肥料对花生产量的影响不显著，但对土壤有机碳、腐殖质和有机氮含量的提高有很大帮助，表现出一定的稳产改土作用。在化学氮肥利用方面，生物炭的存在将土壤脲酶活性维持在一个相对较低的水平，也通过对 AOB 活性的抑制降低了氨氧化速率，进而表现出持肥缓释的作用。

【研究案例：玉米炭基肥多点评价】

1. 辽宁褐土

供试品种为农大95。土壤有机质含量3.06%，碱解氮38.19 mg/kg，速效磷13.52 mg/kg，速效钾119.18 mg/kg，pH 为 6.8。所用复合肥总养分含量为45%（N：P_2O_5：K_2O=15：15：15），生物炭基玉米专用肥包括底肥（总养分含量35%，N：P_2O_5：K_2O=22：5：8）与种

肥（总养分含量 40%，N∶P_2O_5∶K_2O=17∶23∶0）。试验设 7 个处理：SRF1、SRF2、SRF3 为生物炭基肥料处理，均一次性施用，底肥用量递减，种肥用量相同；OF1、OF2、OF3 为普通肥料处理，复合肥、尿素用量递减，种肥磷酸二铵用量相同；CK 为不施肥处理。在开穴播种时，底肥施于穴与穴之间，种肥施于离种 5 cm 处，覆土，尿素于玉米大喇叭口期追施。其中，SRF1 与 OF1、SRF2 与 OF2、SRF3 与 OF3 总养分含量分别相等。

总体来看，炭基肥处理与等养分常规化肥处理之间的产量差异均达到极显著水平（表 11-8），增幅为 7.6%～11.6%，突出表现为能够显著增加穗粒数（2.8%～8.5%）、穗粒重（5.0%～9.9%）等产量构成因素。

表 11-8　不同肥料处理对玉米产量及产量因子的影响

处理	穗粒数/粒	穗粒重/粒	百粒重/g	实际产量/（kg/hm^2）	经济系数
SRF1	786.9aA	278.9aA	38.0abA	10 230.0aA	0.54
SRF2	761.7abA	274.1aAB	38.2aA	10 054.5aA	0.56
SRF3	783.8aA	276.1aAB	38.1aA	10 008.0aA	0.60
OF1	765.2abA	265.5bBC	7.3abcA	9 504.0bB	0.55
OF2	733.7cA	257.4cCD	37.1bcA	9 283.5bcBC	0.56
OF3	722.5cA	251.3cD	36.9cA	8 814.0cC	0.59
CK	629.9dB	209.1dE	34.9dB	6 856.5dD	0.57

炭基肥对玉米的总吸氮量、氮素农学利用率、氮素表观利用率影响较大，比等养分普通肥料处理显著提高，但氮素生理利用率、氮素收获指数有所降低（表 11-9）。玉米的总吸磷量、磷素农学利用率、磷素表观利用率也得到了提升，但磷素收获指数下降，磷素生理利用率表现有高有低。与氮磷相反，炭基肥能够提高玉米的总吸钾量、钾素生理利用率、钾素收获指数，而钾素农学利用率、钾素表观利用率则极显著降低。

表 11-9　炭基肥料对玉米养分利用率的影响

处理	总吸氮量/（kg/hm^2）	氮素农学利用率/%	氮素表观利用率/%	氮素生理利用率/%	氮素收获指数
SRF1	174.37aA	15.09cB	48.82abAB	30.97	0.63b
SRF2	174.08aA	16.79bB	57.12aA	29.48	0.66ab
SRF3	156.96bAB	20.01aA	58.22aA	34.74	0.67ab
OF1	155.95bAB	11.37dC	38.93bcB	29.23	0.65ab
OF2	141.4bBC	11.96dC	37.50cB	31.94	0.67ab
OF3	124.88cC	11.31dC	34.44cB	32.86	0.69a
CK	88.91dD	—	—	—	0.66ab

处理	总吸磷量/（kg/hm^2）	磷素农学利用率/%	磷素表观利用率/%	磷素生理利用率/%	磷素收获指数
SRF1	36.34aA	42.43bB	35.06aA	121.03bcB	0.54ab
SRF2	32.43abAB	44.42bAB	33.27abAB	133.49bAB	0.51b
SRF3	31.04bcABC	48.86aA	31.74bB	153.95aA	0.52b
OF1	28.94bcBC	27.36cC	23.33cC	117.28cB	0.68ab
OF2	26.48cdBC	28.39cC	21.07dC	134.72bAB	0.70a
OF3	24.20dC	26.36cC	21.19dC	124.39bcB	0.62ab
CK	14.27eD	—	—	—	0.61ab
处理	总吸钾量/（kg/hm^2）	钾素农学利用率/%	钾素表观利用率/%	钾素生理利用率/%	钾素收获指数
SRF1	76.04aA	46.85eE	51.73bB	90.57dD	0.67abcAB
SRF2	69.69aAB	53.3dDE	51.49bB	103.51cC	0.69abAB
SRF3	60.54cBC	65.66cBC	45.31bB	144.92aA	0.72aA
OF1	69.06abAB	58.83dCD	67.26aA	87.47dD	0.63cB
OF2	61.26bcBC	71.91bB	66.55aA	108.05cC	0.65bcAB
OF3	53.47cC	87.00aA	65.20aA	133.43bB	0.69abAB
CK	38.80dD	—	—	—	0.71aA

2. 黑龙江白浆土、砂浆土、碱化草甸土

在白浆化黑土上，按照有机替代化肥减量方式，即参照化学肥料总养分减量 10%使用炭基肥（总养分含量 45%），用蚯蚓有机肥（养分含量≤4.5%）补充等量养分时，可实现与常规施肥相当的玉米产量（表 11-10）。在同类型但有一定程度酸化的黑土上，也可以观察到类似的效果，但难以达到常规施肥条件下的产量水平。

表 11-10 黑龙江省 850 农场科技园区示范

处理	肥料投入	白浆化黑土产量/（kg/hm^2）	酸化土产量/（kg/hm^2）
B 空白	—	6 750.10b	1 889.20e
BCK	化肥 525 kg/hm^2（尿素 270 kg/hm^2、磷酸二铵 180 kg/hm^2、氯化钾 75 kg/hm^2）	8 604.06ab	9 735.63a
B1	化肥减 10%（尿素、磷酸二铵、氯化钾均减 10%）+生物炭等量养分	8 121.15ab	8 056.54e
B2	化肥减 15%（尿素、磷酸二铵、氯化钾均减 15%）+生物炭等量养分	8 280.20ab	8 691.27bcd
B3	化肥减 10%（尿素、磷酸二铵、氯化钾均减 10%）+蚯蚓有机肥等量养分	9 762.10ab	8 190.42cd
B4	化肥减 15%（尿素、磷酸二铵、氯化钾均减 15%）+蚯蚓有机肥等量养分	8 934.15a	9 124.01ab
B5	炭基肥减 10%+蚯蚓有机肥等量养分	8 601.05ab	8 855.61bc
B6	炭基肥减 15%+蚯蚓有机肥等量养分	8 590.50ab	8 249.99cd

以基追配套施肥为对照，测试了单纯的炭基肥养分减量对玉米产量的影响（表 11-11），结果发现玉米实测产量降低了 10.17%。虽然未达差异显著水平，但也再次说明在肥沃的东北黑土地上，在已经很低的化肥用量背景下，炭基肥的减肥空间较为有限。

表 11-11 黑龙江省 850 农场管理区示范

处理	基肥	追肥（追施氮素）/（kg/hm^2）	产量/（kg/hm^2）
CK	435 kg/hm^2（尿素 105 kg/hm^2、磷酸二铵 225 kg/hm^2、氯化钾 105 kg/hm^2）	150	8 044.35a
BBF	炭基肥较 CK 总养分含量减少 10%（444 kg/hm^2）	150	7 226.07a

在砂浆土上，生物炭基肥实测产量为 11 269.48 kg/hm^2，较 CK 的 12 624.66 kg/hm^2 增长了 12.02%（表 11-12），说明生物炭基肥作为基肥施用、等质量替代化肥可起到明显的增产效果。

表 11-12 黑龙江省绿色草原牧场示范区

处理	基肥投入	追肥投入（追施氮素）/（kg/hm^2）	产量/（kg/hm^2）
CK	常规化肥 525 kg/hm^2（尿素 270 kg/hm^2、磷酸二铵 180 kg/hm^2、硫酸钾 75 kg/hm^2）	150	11 269.48a
T	炭基肥 525 kg/hm^2	150	12 624.66a

在碱化草甸土（pH 8.87，有机质 25.92 g/kg、全氮 1.35 g/kg、速效磷 15.59 g/kg、速效钾 127.25 g/kg）上，生物炭替代单质肥料都获得了很好的产量（表 11-13、图 11-24）。究其原因，主要是由于生物炭不仅额外提供了养分，还可能由于生物炭改善了土壤结构，促进了土壤养分转化，进而提高了玉米产量。与常规化学肥料相比，生物炭基肥料（24-10-10）处理的产量水平也得到显著提高。

表 11-13 生物炭与化肥减量配施及炭基肥对碱性土壤玉米种植的影响

处理代号	施肥量
CK	常规尿素+磷酸二铵+硫酸钾
A	生物炭+ 80%尿素+80%磷酸二铵+80%硫酸钾
B	生物炭+ 80%尿素+磷酸二铵+硫酸钾
C	生物炭+尿素+80%磷酸二铵+硫酸钾
D	生物炭+尿素+磷酸二铵+80%硫酸钾
F1	生物炭基肥——商品肥 1
F2	生物炭基肥——商品肥 2

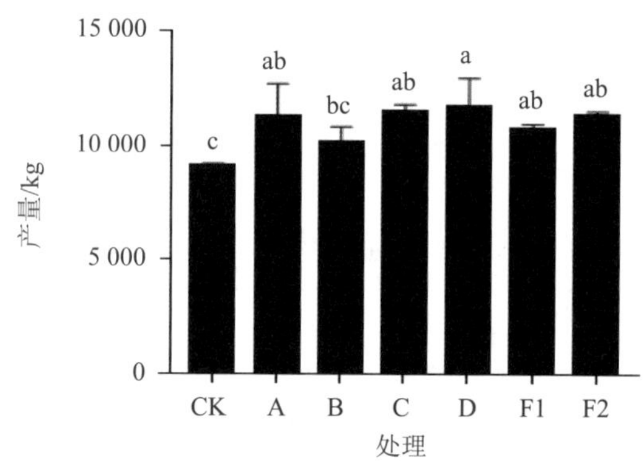

图 11-24 生物炭与化肥减量配施及炭基肥对玉米产量的影响

【研究案例：花生炭基肥多点评价】

2009—2019 年，在全国范围内开展了不同区域、不同土壤类型、不同气候带花生炭基肥田间效果验证，累计布置了 153 个试验点和示范点（表 11-14）。在辽宁主要花生产区，炭基花生专用肥田间试验效果差异较大，平均增产率达 20.3%，在农牧交错区沙壤土、黏重土壤，土壤肥力水平中下、有机质含量偏低（有机质含量低于 15 g/kg）的土壤上可以预期良好效果。

表 11-14 辽宁多点试验产量结果

单位：kg/hm^2

地点	阜新	兴城	锦州	黑山	昌图老城
土壤类型	风沙土	风沙土	褐土	风沙土	棕壤
不施肥	3 900	1 437	3 372	2 492	3 302
常规施肥	4 467	2 225	3 440	2 936	3 503
配方施肥	5 168	2 430	3 225	3 275	3 602
炭基肥料	4 868	2 595	3 141	3 305	4 103

在棕壤土上，与配方施肥相比，炭基花生专用肥改善了花生的农艺性状，株高、第一对侧枝长度、主茎节数有所降低，抗倒伏性增强。总分枝数、有效分枝数增加，二粒果荚较多，秕果、虫果数减少，为产量增加奠定了基础。炭基花生专用肥有效延长了肥效期，进而延长了叶片功能期，提高了荚果饱满率，饱果数增长 14.2%、百仁重增长 10.1%、百果重增长 8.4%，产量增长 13.9%。

炭基花生专用肥的养分比例可根据不同地区和土壤肥力状况适当调整，作基肥用量 600～750 kg/hm^2，播种时机械施入种下 10～15 cm 或在整地前撒施，一般情况下免追肥。在肥力较低的地块可适当增加种肥（如磷酸二铵），用量为 75 kg/hm^2。

当配施不同用量有机肥料时，在减氮 15%条件下，仍可实现增产；但当减氮量达到30%时，花生产量会明显降低（图 11-25）。

图 11-25　生物炭基花生专用肥料肥效验证

1. 山东棕壤

采用不同比例炭基肥配施有机肥可以有效缓解土壤酸化，对提高土壤有机碳、全氮、碱解氮、全磷、有效磷、全钾、速效钾含量有正效应。与习惯施肥相比，当化学肥料养分减量 20%～40%时，采用 600 kg/hm^2 炭基肥配施有机肥、450 kg/hm^2 炭基肥配施有机肥，产量均未降低（表 11-15）。

表 11-15　试验方案

处理	肥料品种	施肥量/（kg/hm^2）	产量/（kg/hm^2）
CK	—	—	3 510
C40	花生炭基肥（10-13-13）	600	4 185
C50	花生炭基肥	750	3 735
C40+M	花生炭基肥+有机肥（炭基肥 10-13-13，有机肥 N+P_2O_5+K_2O=5%）	600+1 080	3 975
C30+M	花生炭基肥+有机肥	450+2 160	4 560
C20+M	花生炭基肥+有机肥	300+3 240	4 845
CF	复合肥（15-10-18）	750	4 650

2. 辽宁风沙土

以复合肥（12-18-15）750 kg/hm^2 为对照，采用 600 kg/hm^2 炭基肥和 1 200 kg/hm^2 有机肥替代化肥，即减少化肥施入量 20%，进行对比试验。供试花生品种为冀花 16 号，大垄双行、膜下滴灌栽培。测产结果表明，炭基肥和有机肥配合使用，可在化学肥料减施 10%的基础上实现产量 5 636 kg/hm^2，较对照（5 123 kg/hm^2）增产 10.1%（表 11-16）。

表 11-16 生物炭基肥料替代技术及产品互配应用效果

处理	根瘤菌数/个（开花下针期）	产量/（kg/hm^2）	增产/%
习惯施肥（12-18-15）	26±3.2b	5 123±240b	—
炭基替代（10-13-13）	36±5.5a	5 636±86a	10.1
产品互配（炭基肥+根瘤菌剂）	35±2.0a	5 806±80a	13.3

【研究案例：马铃薯炭基肥评价】

与应用常规化学肥料相比，炭基马铃薯专用肥料（N∶P_2O_5∶K_2O=8∶12∶12）可以在多个方面提升马铃薯的植株形态指标和生理性状。在生育期内，炭基肥处理的马铃薯植株地上部干重均高于对照。测产结果显示，马铃薯产量达到 35 942 kg/hm^2，高于对照 8.12%。同时，炭基专用肥料明显提高了结薯商品性，中薯（≥75 g，＜150 g）、大薯（≥150 g）比例分别达到 47.38%、11.46%，分别高于对照 32.24%和 56.99%。炭基专用肥对马铃薯品质也有积极作用：块茎干物质、淀粉、可溶性糖、维生素 C 含量分别为 21.09%、15.31%、0.31%和 32.06 mg/100 g，均高于对照；可溶性蛋白含量则达到 4.27 mg/g，显著高于对照 11.20%。

【研究案例：棉花炭基肥评价】

以棉花秸秆为试材制备棉花炭基专用肥，总养分含量大于或等于 28%（N∶P = 12∶16），供试棉花品种为新陆早 24。结果表明，炭基肥料配施黄腐酸能够有效提高棉花产量，减少化学肥料投入。其中，单株结铃数增加 23.7%，较常规施肥处理增长了 3.1%；理论产量较常规施肥处理提高了 7.4%（表 11-17）。

表 11-17 棉花炭基肥田间肥效验证

序号	处理	结铃数/个	单铃重/g	理论产量/（$kg/667\ m^2$）
T1	CK（不施肥）	5.69±0.21c	4.92±0.01c	338.2±14.3d
T2	常规施肥（N 23.9 $kg/667\ m^2$、P_2O_5 8 $kg/667\ m^2$、K_2O 6 $kg/667\ m^2$）钾肥滴施	6.83±0.64a	5.39±0.26ab	439.1±10.3b
T3	炭基肥（基施，氮肥用量是常规基肥用量的 85%）+木醋液（滴施）	6.49±0.19b	5.35±0.08b	420.4±11.1c
T4	炭基肥（基施，氮肥用量是常规基肥用量的 85%）+氨基酸（滴施）	6.47±0.02b	5.38±0.08b	415.8±6.2c
T5	炭基肥（基施，氮肥用量是常规基肥用量的 85%）+黄腐酸（滴施）	7.04±0.37a	5.54±0.12a	471.4±8.5a

二、生物炭基有机肥料

生物炭还田在改良土壤理化性质、改善微生物菌落结构、提高土壤肥力、减少温室气体排放等方面的积极作用已经得到了学界的普遍认可。但是，上述功能的发挥必须以相当的用量为基础。前述生物炭基复混/复合肥料的技术关键在于延缓化学肥料养分的释放，一般在长期使用后才能观察到对土壤理化性质的影响。所以，欲求立竿见影的效果，必须加大生物炭还田量。事实上，目前相当多的研究也都集中在生物炭大剂量使用上。为此，也为了贴近农业生产习惯，生物炭基有机肥料逐渐兴起，将生物炭或其类似物（褐煤、生物质灰等）用于有机肥生产的例子也越来越多。

生物炭基有机肥料是将生物炭与来源于植物和（或）动物的有机物料共同发酵腐熟，或与经过发酵腐熟的有机物料配合，采用物理方法混合制成的肥料。与我国现行的《有机肥料》（NY 525—2012）区别较大。第一，该标准将有机肥料定义为“主要来源于植物和（或）动物，经过发酵腐熟的含碳有机物料”，而生物炭虽来源于作物秸秆等有机物料，但却是经过热解炭化后得到含碳物料，生产工艺有本质上的不同，其理化性质与传统有机物料差异显著。第二，传统有机肥是由易分解的有机物构成，分解速度较快。而生物炭基有机肥中的稳定性碳元素含量高，在土壤中不易分解，能够长期、显著地提高土壤碳库储量，因此二者实现的功能以及作用机制也不同。

现阶段，关于生物炭基有机肥料的理论与技术研究主要集中在添加生物炭对畜禽粪便发酵过程的影响，以及采用生物炭与发酵好的有机肥配施对作物生长及品质的影响等方面。

（一）提质增效原理

微生物是堆肥过程的主要参与者，生物炭对土壤微生物的作用也将在堆肥微生物中得到不同程度的体现。在堆肥过程中，生物炭的添加将影响物料碳氮比、微生物数量和种群结构、堆体水分、气体排放等方面，有助于通过加速堆肥进程、减少液体渗漏、降低氨气排放等方式保留更多养分，提升堆肥质量，并改善堆肥场地环境。

1. 改善水分条件

水分含量直接影响堆肥过程中物料的理化性质和生物学特性、反应速率、堆肥最终的腐熟度和产品质量。堆肥原料和工艺多种多样，最适水分含量也存在一定差异。目前，普遍认为最佳的堆肥水分含量范围为 50%～60%。若物料含水率过高，则会造成堆肥物料的压缩或使其内部空隙被水膜阻挡，降低堆体孔隙率，从而影响氧气在堆体内的扩散，导致堆体供氧不足；若含水率低于 40%，则会限制微生物的生长繁殖及自身代谢过程，影响堆肥效率。在堆肥的后熟阶段，堆体也应该有一定的含水率，以便细菌和放线菌等生长，促进堆肥物料后熟，同时减少粉尘污染。

生物炭的微孔结构有利于吸收堆肥中多余的水分，从而防止渗滤液形成（Godlewska et al.，2017），还可以防止嗜热阶段水分蒸发导致的堆肥过度干燥（Li et al.，2015）。因此，堆肥过程中加入生物炭可以提高堆肥的保水能力，从而平滑堆肥含水率变化曲线，为微生物生长创造良好环境，进而加速堆肥进程（图 11-26）。

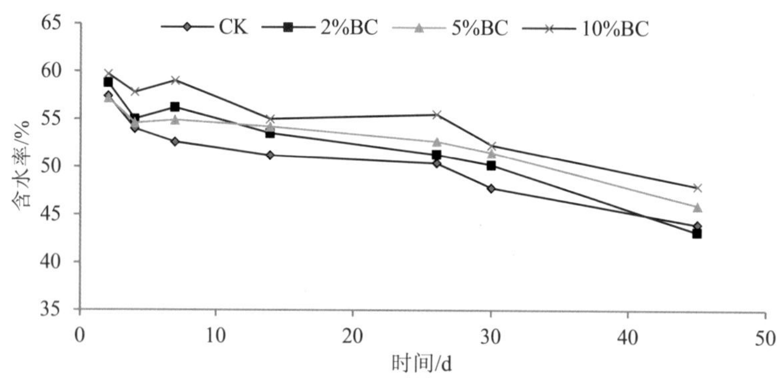

图 11-26 堆肥过程中水分的变化

2. 调整 pH

pH 是影响堆肥过程中微生物活性的关键因素，当 pH 为 5.5～8.5 时，微生物对物料的分解作用最强，碱性过强不利于堆体保氮。生物炭虽然自身大多表现为碱性，但在堆肥中添加生物炭有助于吸附氨气，抑制氨气在堆肥溶液中溶解释放 OH^-，因此反而可以在一定程度上降低堆体 pH。例如，Zhang 等（2015）研究表明，在猪粪堆肥中添加秸秆生物炭可以显著降低氨气排放量和 pH，并提高电导率。Mao 等（2018）发现，与对照（不添加生物炭，pH 为 8.1）相比，在堆肥过程结束时，含有生物炭的堆肥的 pH 为 7.5～7.8。Chen 等（2017a；2017b）则进一步研究了不同类型生物炭对 pH 和其他参数的影响，发现堆肥期间不同生物炭处理的堆肥 pH 无显著差异，但均低于对照，堆肥结束时的 pH 为 7.5～8.5。

3. 减少氮损失

堆肥过程中形成及逸散的氨气不仅是一种污染，更是堆肥氮损失的重要途径之一。生物炭具有较大的比表面积和很强的吸附能力，能吸收堆肥过程中释放的氨气。例如，Janczak 等（2017）发现，在堆肥过程中添加实验室制备的柳木屑生物炭可减少氨气排放。吴晓东等（2019）研究表明，添加 30%生物炭对于猪粪堆肥过程中的氮损失有很好的控制作用，在鸡粪麦秆堆肥中添加柠条生物炭可以使全氮质量分数提高 5.59%～27.38%。同时，堆肥进程的加快也缩短了暴露于空气中的时间，有助于减少养分损失。

堆肥的电导率（EC）与堆肥内可溶性盐含量相关，电导率的变化在一定程度上反映了堆肥中 NH_4^+-N 和 NO_3^--N 的总量及其相互转化程度，从而与堆肥氨挥发强度相关

（图 11-27）。在堆肥启动阶段，物料被微生物剧烈分解而产生较多的小分子有机酸、HCO_3^-、HSO_4^-、NH_4^+和磷酸盐等，导致 EC 上升，生物炭的加入则通过促进微生物活动而更显著地提高堆体 EC。在中后期，生物炭处理的 EC 显著低于对照，从另一个角度说明生物炭对养分的吸附与固持作用。此外，EC 还可指示堆肥施用于土壤后对植物生长可能造成的毒害或抑制效应。生物炭降低 EC 的作用也为提高堆肥质量提供了帮助。

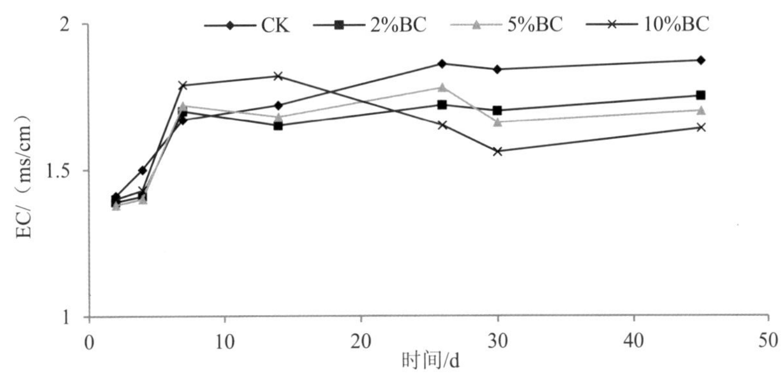

图 11-27 堆肥过程中 EC 的变化

4．加快堆肥进程

生物炭对堆肥条件的积极影响显著加快了堆肥进程。张海滨等（2019）以沼渣为主要原料，添加猪粪、玉米秸秆，在 C/N 为 25∶1 的条件下堆肥，发现添加生物炭能够延长堆肥的高温期，改变堆体理化性质，促进堆肥腐熟，提高总养分含量，在添加量为 2%时生物炭对堆肥微生物生长的促进作用最大。付嘉英（2013）研究表明，在猪粪堆肥中添加 10%或 30%生物炭都能较快达到堆肥期的最高温度，而不添加生物炭的处理的最高温度则在一周之后才能出现。Li 等（2015）、López-Cano 等（2016）和 Mao 等（2018）的研究也取得了类似结果，发现在堆肥中添加生物炭可以加速升温（提前 6～7 d）。类似地，Wei 等（2014）也发现生物炭的添加缩短了堆体进入嗜热阶段的时间。一方面，提前进入高温期；另一方面，添加生物炭可以将嗜热期延长 1～6 d（Zhang et al.，2015）。吴晓东等（2019）以鸡粪和小麦秸秆粉为主要原料，添加柠条生物炭进行好氧堆肥，证明升温期缩短 1～2 d，高温期的停留时间延长 2～4 d。郭炜等（2016）以城市污泥和稻壳为原料进行高温好氧堆肥，发现生物炭的添加可提高堆肥过程中氮的利用率，促进堆肥进程，使高温期延长 6 d。Czekała 等（2016）的研究结果则表明，当生物炭添加量达到 10%时，堆肥在第 2 天就达到了最高温度 72℃，但与此同时，由于有机物的加速降解，堆体保持高温（＞40℃）的时间相对较短。

5．提高堆肥品质

温度影响也反映了堆肥过程中微生物的生长，可以用来判定堆肥能否达到无害化要求。温度低，微生物的反应速率慢，发酵时间长，易产生臭气，且不能杀灭致病菌。一般认为，在堆肥初期，堆体温度一般与环境温度相近，经过中温菌 1～2 d 的作用后，有机物质大量分解并释放热量，堆体温度逐渐升高；当温度达到 55～65℃时，嗜热微生物被激活，大量降解有机质，纤维素迅速分解，腐殖质形成。高温能促进农作物茎秆、人畜粪尿、杂草、垃圾、污泥等堆积物腐熟，杀灭其中的病菌、虫卵和杂草种子等。最高堆温达到 50℃以上持续 10 d，或者在 60℃以上维持 5 d 即可使堆肥达到无害化标准。生物炭对堆体升温与高温持续时间的促进和延长作用有利于使堆肥达到更高的无害化水平。

堆肥过程对生物炭和其他物料自身的性质也都具有有益影响。其中，在堆肥有机质的降解过程中，含—OH、$—CH_3$ 和 $—CH_2$ 基团的化合物的质量分数逐渐减少，含—C=O、C—O—C、—COO 基团和芳香环类物质的质量分数逐渐增加，添加生物炭有助于促进堆肥有机物料的降解，加快腐熟脱毒。同时，由于生物炭本身比表面积大、吸附能力强，一方面，可增强堆体透气性，激发微生物和酶的活性；另一方面，还可吸附影响降解的化合物，促进有机物质分解，提升有机肥品质（Godlewska et al.，2017；Vandecasteele et al.，2016；Li et al.，2015）。

6. 改善堆肥场地环境

生物炭对堆肥水气条件的影响促进了微生物活动，必然导致二氧化碳（CO_2）排放速率和排放量的增加，但由于这是短期碳循环的一部分，因此总体上不会认为显著影响温室气体（GHG）排放。相对而言，甲烷（CH_4）和一氧化二氮（N_2O）更值得关注（Brown et al.，2008）。厌氧环境有利于 CH_4 排放，在堆肥中添加生物炭将改变厌氧环境，从而减少 CH_4 的产生（Chen et al.，2017a；2017b）。付嘉英（2013）开展的工作证明，当在堆肥中添加 30%的生物炭时，CO_2 排放增加而 CH_4 排放减少。N_2O 是一系列氮转化过程的产物，在堆肥过程中有机氮被降解为铵态氮和硝态氮，而硝酸盐的反硝化作用则导致 N_2O 的产生（Maeda et al.，2010；Johnson et al.，2005）。堆肥中添加生物炭可降低 N_2O 排放量，这可能与反硝化所需的氮减少有关，因为生物炭可以有效地吸附和保留 NH_3、NH_4^+ 和 NO_3^-（Wang et al.，2013）。总体上，生物炭的添加可减少温室气体和 NH_3 排放、减少液体渗漏、缩短暴露时间，对改善堆肥场地环境具有积极作用。

7. 还田后促进有机物料矿化

大量研究结果表明，生物炭还田后整体上减少了土壤 CO_2 等温室气体的排放，但对土壤有机质的短期激发效应是客观存在的。当有机物料与生物炭同时进入土壤后，激发效应将有助于其加速矿化，在一定程度上弥补有机肥料肥效慢的短板。郑钰铟等（2019）的研究结果表明，生物炭和有机肥施入红壤后，前期易分解组分在土壤中快速分解，土壤中的有机碳矿化速度和矿化量增加，后期土壤中的易分解组分被微生物消耗殆尽，开始转向难分解组分，CO_2 释放量降低。生物炭和有机肥配施时，土壤有机碳矿化强度显著高于单施生物炭或有机肥料。

（二）生产技术

堆肥技术历史悠久，但由于可用于堆肥的有机物料种类繁多，所以仍需在实践中摸索总结具体的生产技术。

当使用生物炭与有机物料共同堆肥制备生物炭基有机肥料时，以下几点需要关注。

1．生物炭添加量

在一定用量范围内，生物炭一方面可通过多孔表面增加曝气和微生物活性进而促进产热；另一方面可填补堆肥物料颗粒之间的空隙以减少热量损失，从而使堆体迅速升温进入高温期。当生物炭用量过大（如 40% *w/w*）时，可能会降低易降解化合物的利用率，并可能导致较低的温度（Tsapekos et al.，2018）。在实际堆肥过程中，生物炭建议的施用量（以质量计算）为 5%～10%：一方面，这是因为添加过量的生物炭会导致严重的水分流失和热量散失，可能会对堆肥过程产生不利影响（Liu et al.，2017；Ishizaki et al.，2004）；另一方面，生物炭的成本也是限制因素之一（Sanchez-Monedero et al.，2018）。

2．生物炭的粒度

粒径不足（粉末）的生物炭可能会堵塞空隙并导致堆体局部区域形成厌氧袋（He et al.，2019）。在土壤中施入生物炭粉末就经常会观察到水分入渗率下降的现象。

3．翻堆

与常规堆肥相比，合理使用生物炭将促进堆体迅速升温，及早进入高温期，因此需要更频繁地翻堆。这主要是因为生物炭的添加导致曝气增加，微生物数量和活性的提高有可能暂时导致局部氧水平降低，延缓降解过程（Godlewska et al.，2017）。

4．温度监测

温度决定了堆肥的分解程度和病菌体的灭活程度。堆肥暴露在平均温度为 55～60℃的环境中 1～2 d，一般足以消除几乎所有的致病病毒、细菌、真菌和原生动物（Kalbasi et al.，2005；Haug，1993）。一般建议将最佳含水量设为 50%～60%（Bernal et al.，2009），因为水分含量太低会抑制微生物活性，而水分含量过高则会影响堆肥曝气。它们作为堆肥生产最重要的两项指标，在生物炭参与堆肥时需要更频繁地监测。

当采用物理方法将生物炭与有机肥混合生产生物炭基有机肥时，其生产工艺与常规商品有机肥基本一致，全流程包括固液分离—物料预处理—发酵—翻堆—腐熟—粉碎—搅拌—造粒—烘干—冷却—筛分—包装。将堆制好的有机肥料进行粉碎时，按一定比例加入生物炭，同时在搅拌机中进行粉碎混合，混合后的物料输送至造粒机造粒，最后采用高效率滚筒式烘干机进行烘干，烘干后的热颗粒炭基有机肥进入逆流冷却器冷却，继而通过筛网进行筛分，合格的生物炭基有机肥成品进行计量包装、入库。

在《生物炭基有机肥料》（NY/T 3618—2020）标准中，产品的养分含量、水分含量、生态指标等与《有机肥料》(NY/T 525—2021)一致，有机质含量相关要求被替换为生物炭的质量分数（以固定碳含量计，%）以及碳的质量分数（以烘干基计，%），以反映生物炭与有机质在有机碳层面的联系。

（三）应用效果

很多应用型研究结果都表明，生物炭与有机肥配施对作物生长及产质量形成有良好的促进和提升作用。例如，生物炭与有机肥配施能显著提高土壤有机碳各组分的质量分数，有助于苹果植株生长及产量提高（李喜凤等，2017），增加土壤养分含量、增加红心火龙果总产量（陈丽美等，2019），提高城市底土肥力、使生菜植株生物量增加 4.27 倍（贺丽群等，2019）；与有机肥、无机肥配施能增加玉米产量（梁利宝等，2017），有效提高土壤养分含量、促进小白菜地上部分氮磷养分累积、改善品质（赵易艺等，2016），促进烟株生长发育和提高烤后烟叶产质量（吕大树等，2019）。

有学者认为，生物炭和有机肥料等养分配施的积极作用源于对土壤含水率、有机质含量、土壤养分含量的提升（张瑞等，2014；梁利宝等，2017；应金耀等，2019；贺丽群等，2019）以及对土壤团聚体稳定性的促进作用。王彤等（2019）的研究结果表明，生物炭与常规有机肥料及厨余发酵物配合施用可降低小于 0.53 mm 团聚体质量分数的 4.0%～8.5%，而大于 0.5 mm 团聚体则可增加 2.0%～6.0%，使各级团聚体有机碳含量大幅提高 167%以上。施入的有机物质将更多地进入大团聚体，进而在调节土壤结构、降低土壤容重、提高土壤培肥效果等方面发挥基础性作用。

受试验条件影响，有学者观察到生物炭配施有机肥时土壤细菌、真菌、放线菌数量的增幅不明显，对土壤 pH 的影响也不显著（梁利宝等，2017）；也有报道称其可改善土壤微生物区系与土壤酶活性（应金耀等，2019），尤其是碳、磷、氮循环相关的酶活性（贺丽群等，2019），促进养分释放与植物吸收利用。由于生物炭配施有机肥时，其碳源组成与单施有机肥差异显著，因此土壤酶活性的变化也将向不同方向发展，例如，土壤过氧化氢酶和蔗糖酶活性增加，而脲酶活性降低（陈丽美等，2019）。

相对于生物炭与有机肥配合施用而言，生物炭基有机肥料的相关报道较少。王海候等（2016）的研究结果表明，生物炭基有机肥能提升土壤有机质含量，增强土壤氮、磷等养分的有效性，提高水稻抽穗期至成熟期的干物质积累量、氮素积累量及氮素的籽粒生产效率，对水稻具有增产作用。应用生物炭基有机肥也有增加小麦产量的趋势，且单位产量的全球增温潜势可下降 37.3%（冯瑞兴等，2017）。在烟草上应用，生物炭基有机肥施入土壤后可以调节土壤结构、降低土壤容重、促进根系对养分的吸收，降低烤烟的发病率，提高烟叶的糖含量及香气物质，有效提高烟叶产量、产值及中上等烟比例（路丹等，2019）。

三、生物炭基土壤调理剂/土壤改良技术

（一）苏打盐碱土改良

松嫩平原西部是我国土壤盐碱化最严重的地区之一，同时也是世界三大苏打盐碱土集中分布区之一（姚荣江等，2006）。该区土壤以 Na_2CO_3 和 $NaHCO_3$ 为主要盐类，具有总盐量高、碱性强、容重大、黏重、结构性差等化学和物理上的缺点（赵兰坡等，2000）；同时，由于植物凋落物量低、有机物来源少、淋洗作用强等，导致肥力水平较低。

由于生物炭大多呈碱性，尤其是秸秆类生物炭的灰分含量较高，因此经常会直观地认为其不利于降低盐碱土 pH 和盐离子浓度，所以利用生物炭改良盐碱土尚存在一些争议。但是，松嫩平原盐碱土盐碱程度高，其碱性甚至高于生物炭；而且，即便生物炭不能直接降低土壤 pH，但其优良的结构特征、高有机碳含量、较高的 CEC 及吸附能力均可在改善盐碱土物理结构、提高有机质含量和有效养分含量以及降低作物根系受 Na^+盐害（Edith et al.，2015）等方面发挥作用。

盐碱土黏重、结构性差，施入生物炭可以有效降低其容重（鲁新蕊等，2017），为作物根系发展创造良好条件。从工程措施的角度看，生物炭丰富的孔隙及其与土壤颗粒之间的空隙也有利于提高洗盐效率；同时，生物炭比表面积大、含有丰富的官能团，保肥持肥能力强，可以减少养分损失（Ding et al.，2010；Laird et al.，2010）。杨放等（2014）通过淋溶试验发现，在土壤中 5%和 10%（*w/w*）生物炭可分别降低铵态氮损失 31%和 52%。在大田试验中，添加生物炭连续种植两年的水稻土壤中全氮、速效磷和速效钾含量均显著高于不施炭处理（冉成等，2019）。

有机质是土壤质量的核心。在盐碱土中，有机质在降解过程中产生的有机酸可以降低土壤 pH，是缓解土壤碱化和离子毒害的基础（Wu et al.，2017；石元亮等，1989）。同时，丰富的有机质不仅可以提高盐碱土养分含量、减少养分流失，还可以提升土壤微生物的活性和数量。Wu 等（2017）研究证明，在经过有机物改良的盐碱土中，土壤微生物量碳和丰度均得到了显著提高。生物炭虽然不同于天然有机质，但具有相似的功能。例如，鲁鑫蕊等（2017）研究显示，与对照相比，施加 1%、2%和 5%的生物炭可分别提高土壤有机碳含量的 8%、10%和 17%左右。黄哲等（2017）的研究结果也表明，生物炭不仅可以提高盐碱土微生物量碳，土壤酶活性也得到了提高。Edith 等（2015）在对菌根真菌的观察中也发现了生物炭的促生作用，认为其有助于改善盐碱土的养分状况，促进作物生长。

上述研究结果说明了生物炭在盐碱土改良中的积极作用。其中，有机质是保证土壤良好物理化学特性的核心，是土壤肥力的重要来源，影响土壤的供肥、保肥、保水、耕

性和生物活性等方面，决定了土壤是否适合植物生长发育。生物炭虽然大多呈碱性，盐基离子含量也较高，还田后可能不利于降碱降盐。但是，生物炭同时也具有很高的有机碳含量、丰富的孔隙和官能团，进而有可能通过提高土壤有机碳含量而丰富有机质，通过增加土壤孔隙促进水气连通和排盐。因此，生物炭在盐碱土改良中有可能存在一定的应用空间，其对土壤有机质的影响是重中之重。随着定制或改性技术的发展，生物炭中的盐分和碱性有望得到控制，其在盐碱土改良中的应用前景将进一步拓展。

【研究案例：内陆苏打盐碱土改良】

根据土壤本底值，以提高有机质含量至3%（折算为有机碳含量）为目标，根据生物炭（BC）、有机肥（OM）、腐殖酸（HA）和菌渣（FR）等有机材料的碳元素含量，配合脱硫石膏（DG），配置了不同改良剂组合应用于盐碱土稻田，以期通过提高有机碳含量改良土壤物理、化学特性，实现盐碱土肥力提升与性状改良（表11-18）。

表 11-18　试验处理编号及各类型物料添加量

处理编号	有机肥	腐殖酸	菌渣	生物炭	脱硫石膏/（t/亩）
CK					
DG					0.5
OM1	√			√	0.5
OM2	√			√	0.5
OM3	√				0.5
HA1		√		√	0.5
HA2		√			0.5
FR1			√	√	0.5
FR2			√		0.5
BC				√	0.5

1. 土壤主要指标

研究结果如图11-28所示，有机肥、腐殖酸、菌渣和生物炭等不同有机物料均可提高0～20 cm土层中土壤的全碳含量，但只有生物炭+腐殖酸处理（HA1）显著高于对照和脱硫石膏处理；20～40 cm土层中只有高量有机肥处理（OM3）的全碳含量高于对照以及其他处理。生物炭体小质轻，试验区春耕季节的狂风和土壤洗盐后大量排水可能导致相当数量的生物炭没有真正进入土壤，生物炭与腐殖酸混合使用可能会缓解上述影响。进一步使用重铬酸钾氧化法检测了土壤有机质含量，结果发现，生物炭对土壤有机质含量提高效果不显著，而单施有机肥或单施腐殖酸的效果则相对较好。除了田间作业时的生物炭损失，生物炭中碳元素特殊的稳定性也决定了其难以在常规有机质检测方法中得到充分体现。

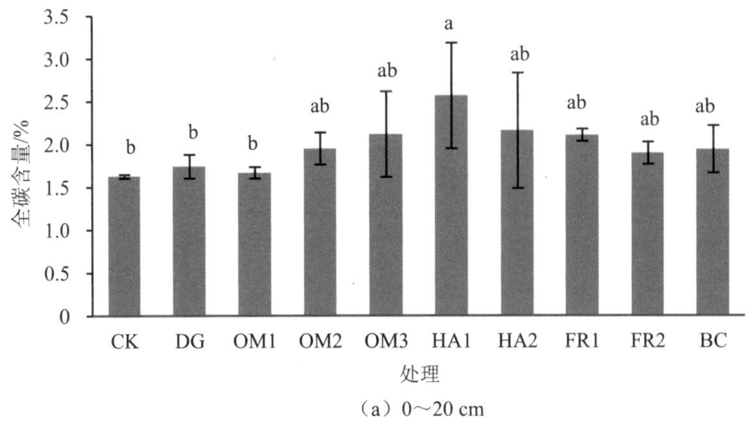

（a）0～20 cm

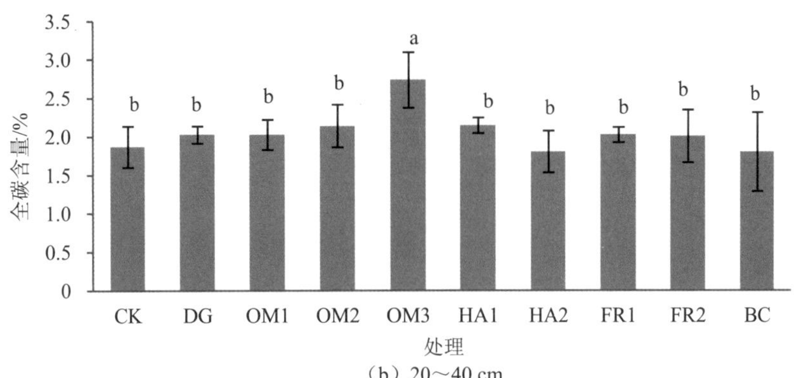

（b）20～40 cm

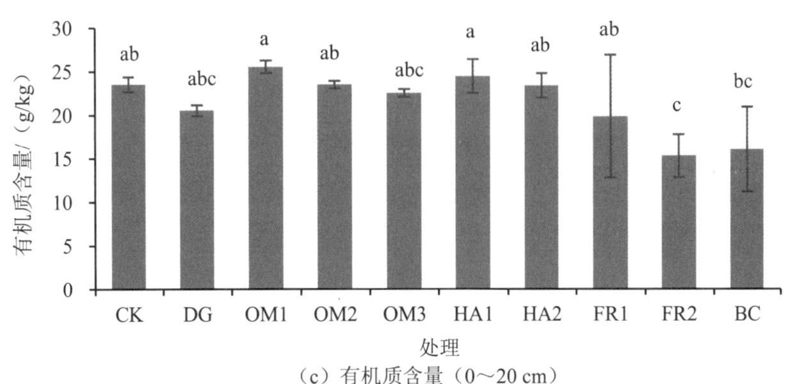

（c）有机质含量（0～20 cm）

图 11-28　各处理土壤全碳含量与有机质含量

虽然生物炭呈碱性，但在碱性更强的盐碱土中仍可发挥降低 pH 的作用（图 11-29）。当有机物料与生物炭配合施入时，土壤 pH 的下降趋势更明显。但有机肥例外，在有机肥处理中，随着施用量的增加及所配施的生物炭从有到无，土壤 pH 逐渐升高，不利于降低土壤碱性。同时，有机物料施入大幅提高了土壤电导率 24.5%～114%，尤以有机肥和生物炭处理为最。

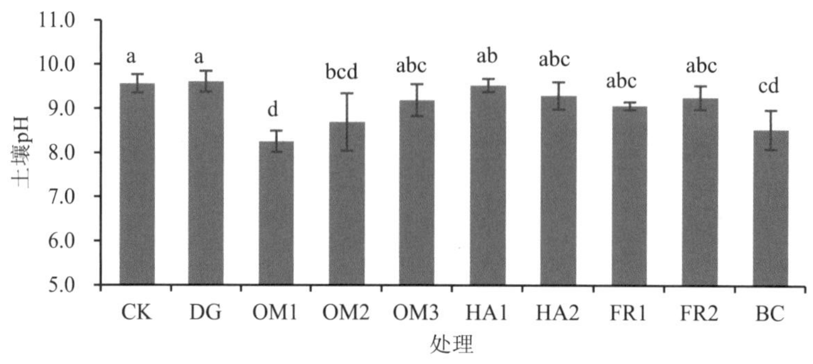

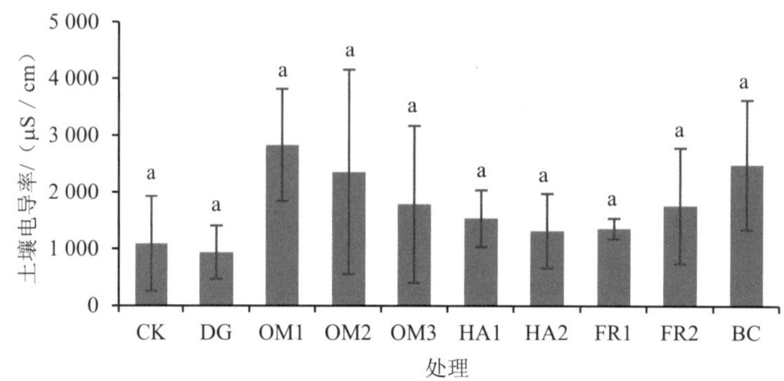

图 11-29 不同有机物料处理对土壤 pH 和电导率的影响

钠离子是盐碱土的主要障碍因素。除单独施用生物炭（BC）以外，其他处理同 CK 相比均无显著差异（图 11-30）。与 BC 相比，有机肥+生物炭组配+脱硫石膏（OM1）和腐殖酸+脱硫石膏（HA2）处理中，土壤交换性钠分别下降了 45.5%、35.9%。相应地，DG、OM1、OM2、HA2 处理的土壤碱化度（ESP）降到了 20%以下（ESP＞20%定为碱土），单施生物炭反而因钠离子含量的增加而提高了土壤碱化度。

阳离子交换量（CEC）是土壤的基本特征和重要肥力影响因素之一，直接反映土壤保蓄、供应和缓冲阳离子养分（K^+、NH_4^+）的能力，同时影响多种土壤理化性质。如图 11-31 所示，菌渣+脱硫石膏混施将降低土壤 CEC，单独使用生物炭或有机肥对 CEC 的效果也不理想。除大量施用有机物料（OM2）以外，单独施用脱硫石膏（DG）对土壤 CEC 的提升效果最佳，其次是腐殖酸+脱硫石膏（HA2）或腐殖酸+生物炭+脱硫石膏（HA1），再次是有机肥+生物炭+脱硫石膏（OM1）。

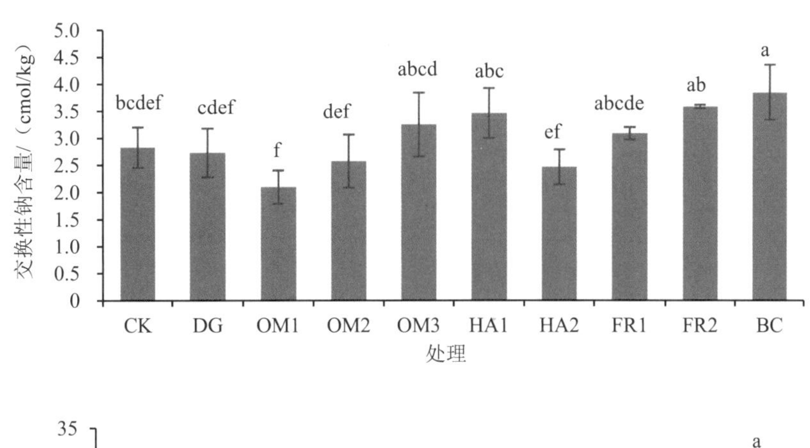

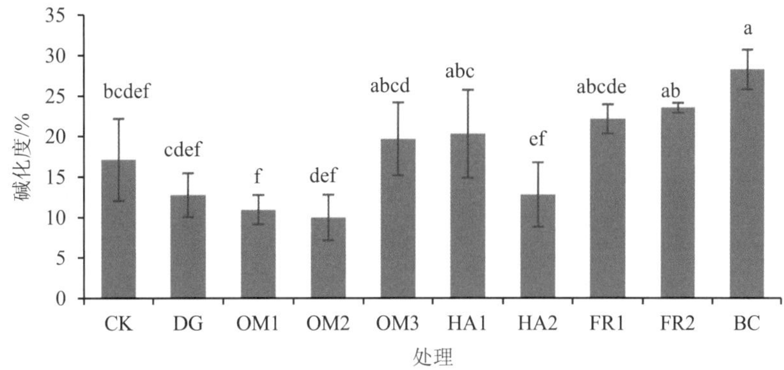

图 11-30　生物炭及不同有机物料处理对土壤交换性钠含量和碱化度（ESP）的影响

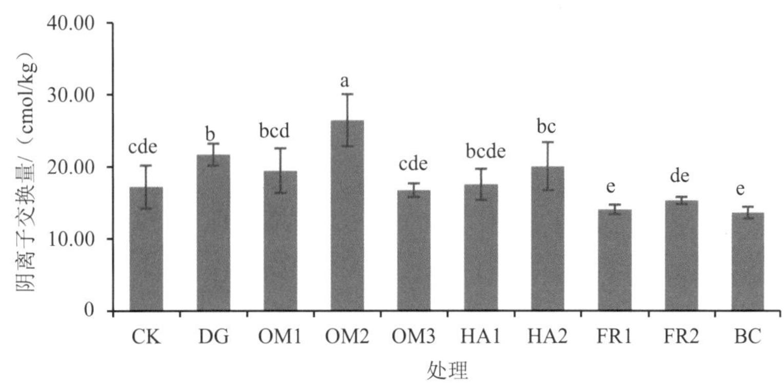

图 11-31　生物炭及不同有机物料处理对土壤阳离子交换量（CEC）的影响

如图 11-32、图 11-33 所示，在 0～20 cm 表层土壤中，施入有机肥显著提高了土壤中全氮含量和铵态氮含量，有机肥+生物炭配施时效果尤其突出。一般认为生物炭中的速效氮含量较低，因此推测这种作用源于生物炭对有机肥中铵态氮的固持，但在提高硝态氮含量方面的作用不大。

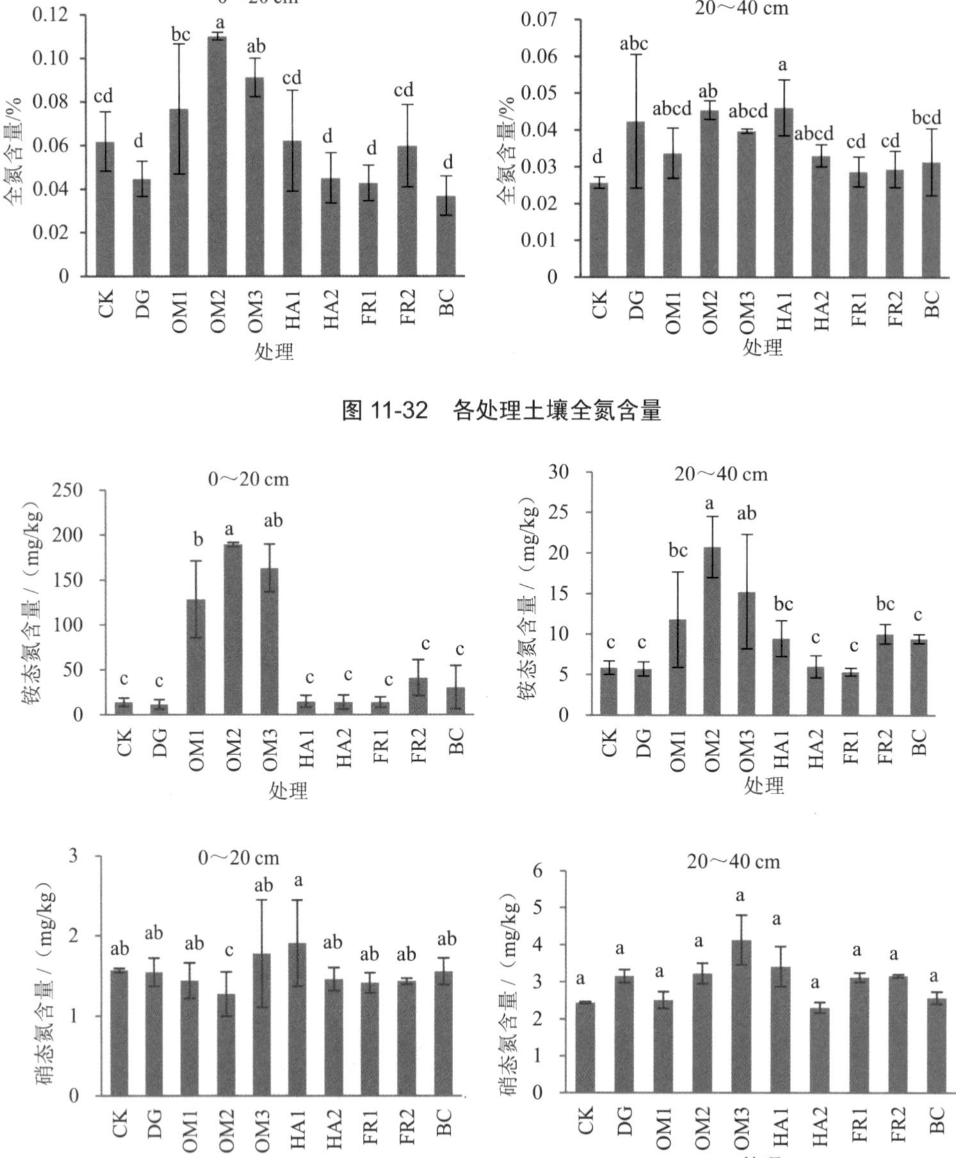

图 11-32 各处理土壤全氮含量

图 11-33 各处理土壤铵态氮和硝态氮含量

总体而言，生物炭对盐碱土常见指标的影响并非全部正面。但是，其对田间水稻长势的作用却十分积极。

2. 水稻生长

在生长发育动态方面，在盐碱土对照中，水稻生长受到严重抑制，虽然在分蘖期和拔节期有少量分蘖，但很快萎蔫。从分蘖数来看，在施加的 3 种有机物料中，效果由好到差排序为腐殖酸＞生物炭＞菌渣，且腐殖酸+生物炭的组合效果好于菌渣+生物炭（图 11-34）。

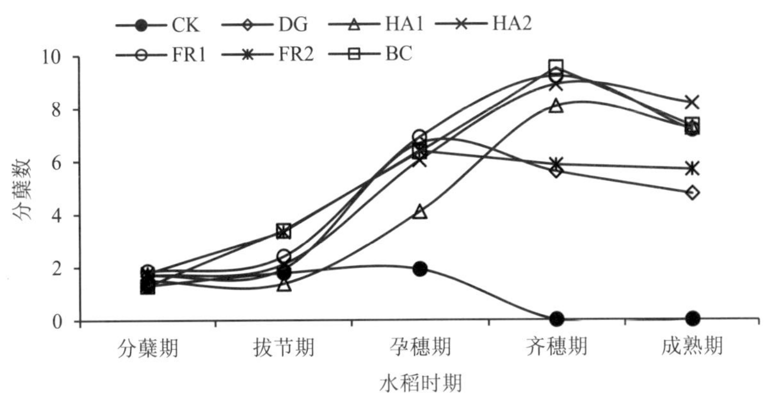

图 11-34　各处理水稻分蘖与干物质积累动态

注：OM 处理水稻插秧后未正常返青生长。

在干物质积累方面，在 CK 处理中，水稻分蘖期和拔节期的干物质积累情况与有机物改良各处理差异不大，但在孕穗期后植株迅速衰亡。单施石膏（DG）表现出一定的改良作用，但效果有限，成熟期的分蘖数最少（CK 除外）。各有机改良处理均有效缓解了盐害，虽然前期缓苗较慢，但是后期干物质积累情况均优于单施脱硫石膏处理。其中，生物炭对水稻株高和叶面积增长的促进效果明显，优于其他处理。同时，在腐殖酸处理中，腐殖酸+生物炭配施的效果好于单施腐殖酸；菌渣+生物炭配施的效果好于单施菌渣（图 11-35）。

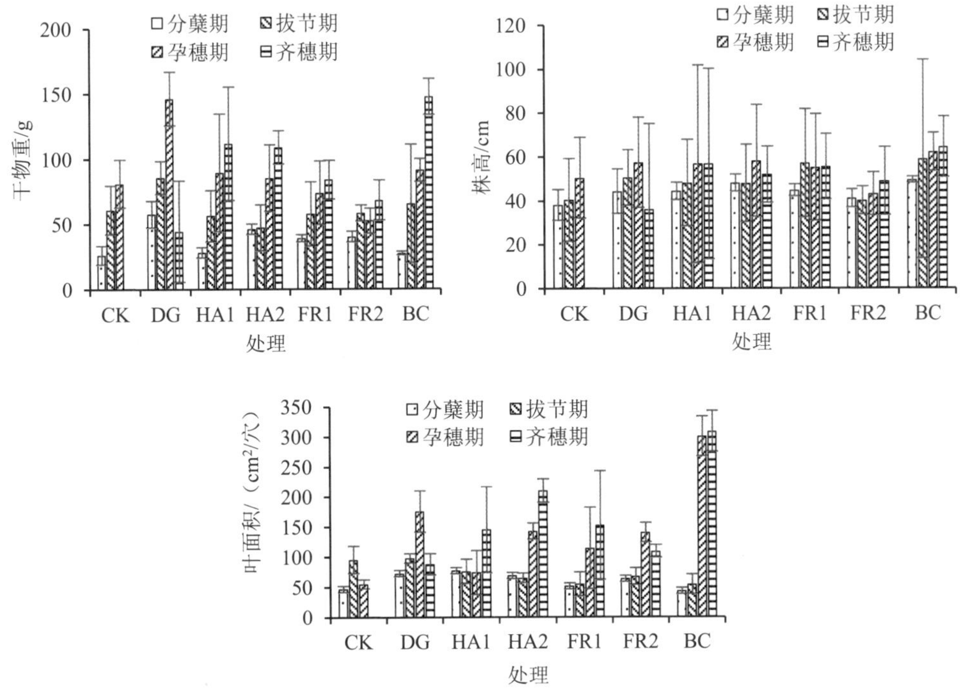

图 11-35　各处理水稻干物质积累动态、株高、叶面积变化

在根系方面，孕穗期有机肥+生物炭的处理中，水稻根系干重显著降低，与其相比，生物炭+腐殖酸处理的水稻根重高 2.78 倍。单施生物炭处理对水稻根系的生长有较为积极的作用，干重比对照高 43.6%。HA1 和 BC 处理水稻根系活跃吸收面积和总吸收面积均高于其他处理。其中，BC 处理的根系活跃吸收面积高于对照 37%，总吸收面积高 34.7%。相反，施加有机肥的处理水稻根系活力最低，根系重量也最轻，说明有机肥的施入严重抑制了根系发展（图 11-36）。

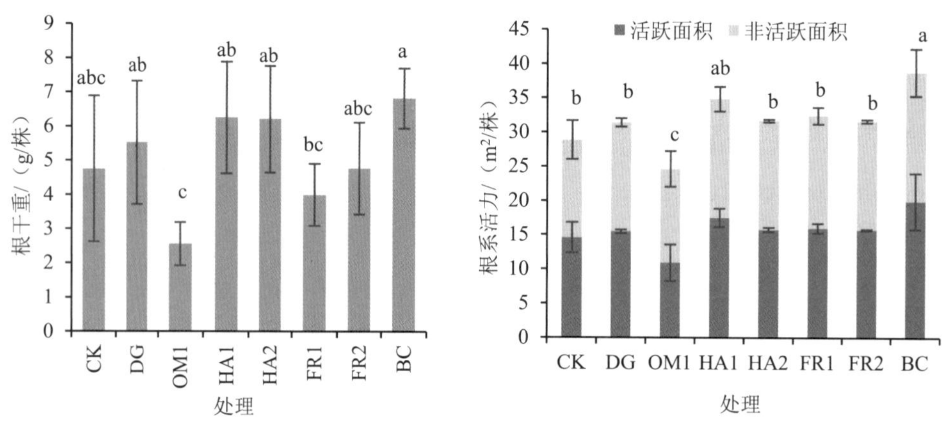

图 11-36 各处理水稻根系干重、活跃吸收面积与总吸收面积

综上所述，从水稻生长发育的角度进行比较，生物炭还田的效果优于腐殖酸、菌渣、有机肥。生物炭与各有机物料配合后，有助于提升原有机物料的改良作用，腐殖酸+生物炭配施优于生物炭+菌渣配施。单独施加生物炭处理由于碱金属含量较高，导致交换性钠含量和碱化度显著提高，但是最终产量却较好。总体上，生物炭+腐殖酸配施对苏打盐碱土的改良效果最好，铵态氮含量没有显著提高，并且碱化度有降低趋势，水稻生长显著优于其他处理。上述研究结果还说明，该研究中采用的土壤理化指标难以全面或客观反映有机物料添加对盐碱土的改良作用，生物炭所携带的有机小分子物质的潜在植物生长调节功能可能发挥了重要作用。

（二）盐渍化土壤改良

我国西南地区光热资源充沛，设施农业发达。高强度的耕作导致长年大量使用化肥，造成了严重的土壤次生盐渍化问题。有机肥、生物有机肥、生物菌剂是当地经常使用的土壤改良产品，生物炭与之配合，可获得理想的改土培肥效果和显著的经济效益。

【研究案例：生物炭改良次生盐渍化土壤】

棚龄 10 年的花卉大棚，土壤 pH 6.36，有机质 30.25 g/kg，碱解氮 96.25 mg/kg，有效

磷 145.72 mg/kg，速效钾 576 mg/kg，电导率（EC）2 210 μS/cm，全盐含量 2.49 g/kg。设 CK（对照，不施基肥）、SYF（生物有机肥 7 500 kg/hm²）、ST（生物炭 7 500 kg/hm²）、SJ（生物菌剂 7 500 kg/hm²）等 4 个处理，水溶肥滴送施肥（表 11-19）。玫瑰苗移栽种植，试验期间共采收两茬鲜切玫瑰。

表 11-19　试验材料基本理化性状

材料	所含物质	基本理化性状
生物有机肥	有效活菌	有效活菌数大于或等于 1.0 亿/g
	海藻	有机质大于或等于 45%、$N+P_2O_5+K_2O \geqslant 12\%$
生物炭	水稻生物炭	在 600℃的高温下采用炭化工艺制作，pH8.46、全碳 35.85%、全氮 0.67%、全磷 1.23%、有机质 40.18 g/kg、有效磷 125.21 mg/kg
生物菌剂	有效活菌	有效活菌数可达 109 CFU/mL
	麦麸	pH 为 6.59、全碳 45.09%、全氮 0.23%、全磷 0.74%
	锯末	pH 为 5.25、全碳 39.65%、全氮 2.65%、全磷 0.11%

结果表明，生物有机肥、生物炭、生物菌剂的使用均降低了土壤容重，增加了总孔隙度，生物有机肥和生物炭的效果最显著。对土壤全盐含量和电导率的影响存在显著的处理间差异。其中，Ca^{2+}和 K^+为主要阳离子，施用生物炭和生物菌剂显著降低了其含量，对 Na^+、Mg^{2+}含量的降低作用也达到显著水平；SO_4^{2-}和 NO_3^-为主要阴离子，生物有机肥和生物炭可以显著降低土壤中 SO_4^{2-}含量，对 NO_3^-的影响不显著。在该土壤条件下，全盐含量与微生物量负相关。因此，上述 3 种改良剂均增加了土壤细菌、真菌、放线菌的数量。

土壤盐渍化水平的下降促进了鲜切玫瑰产量和品质的提升。与对照相比，各处理两茬鲜切玫瑰的产量都显著提高，生物炭处理的作用效果最显著（图 11-37）。

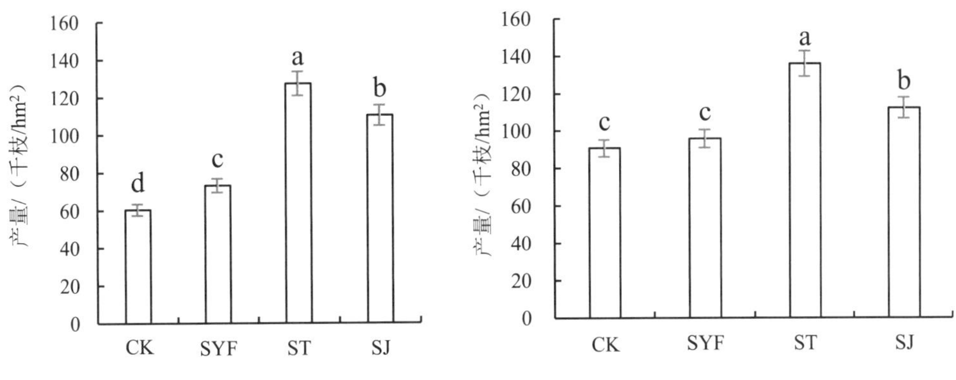

图 11-37　第一茬不同处理鲜切玫瑰产量

综合分析认为，生物炭和生物菌剂均有利于改善土壤透气性、透水性，增强保肥能力，降低土壤全盐含量和电导率，显著提高鲜切玫瑰产量和品质。其中，生物炭还田是经济性最优的次生盐渍化土壤改良措施（表 11-20）。

表 11-20 土壤次生盐渍化改土效益分析

处理	成本					产值/（元/hm²）	效益/（元/hm²）
	改良材料/（元/hm²）	水溶肥/（元/hm²）	农药/（元/hm²）	人工/（元/hm²）	总计/（元/hm²）		
CK	0	11 361	24 600	14 000	49 961	243 009.01	193 048
SYF	30 000				79 961	271 896.85	191 935.9
ST	18 750				68 711	461 036.74	392 325.7
SJ	75 000				139 961	374 521.05	234 560.1

【研究案例：生物炭配伍有机肥改良次生盐渍化土壤】

棚龄 10 年的花卉大棚，中度盐渍化，pH 为 6.48，有机质为 27.47 g/kg，碱解氮为 32.38 mg/kg，有效磷为 172.73 mg/kg，速效钾为 566.93 mg/kg，全氮为 1.25 g/kg，全磷为 1.04 g/kg，全钾为 10.37 g/kg，EC 为 2.7 μS/cm，全盐含量为 2.76 g/kg。供试作物为玫瑰。

各试验处理具体措施如表 11-21 所示。

表 11-21 各试验处理具体措施

施肥量	改土措施	编号	具体措施
常量施肥（A1）	常规（B1）	A1B1	正常施肥+甘蔗渣（4 t/亩）+尿素（10 kg/亩）+普钙（100 kg/亩）
	炭基有机肥（B2）	A1B2	正常施肥+生物炭（1.5 t/亩）+有机肥（6 t/亩）
减量施肥40%（A2）	常规（B1）	A2B1	减量施肥 40%+甘蔗渣（4 t/亩）+尿素（10 kg/亩）+普钙（100 kg/亩）
	炭基有机肥（B2）	A2B2	减量施肥 40%+生物炭（1.5 t/亩）+有机肥（6 t/亩）

如表 11-22 所示，炭基有机肥（生物炭配伍有机肥）能显著提高土壤有机质含量，对除全钾以外的各主要养分指标的提升作用极其显著。当总养分投入减少 40%时，未影响土壤养分，可能是因为试验区当地常规施肥方式的养分投入量远远高于作物需求，土壤养分大量累积。炭基有机肥对盐渍化土壤的改良效果明显，全盐含量、EC 等都显著降低，鲜切玫瑰花产量和品质大幅提升。当总养分减少 40%时，产质量仍大幅优于常量施肥，产值显著提高。

表 11-22 移栽后 560 d 土壤改良效果

处理	土壤有机质/（g/kg）	碱解氮/（mg/kg）	速效磷/（mg/kg）	速效钾/（mg/kg）	全氮/（g/kg）	全磷/（g/kg）	全钾/（g/kg）	EC/（mS/cm）	全盐/（g/kg）	产量/枝	A 级花比例/%	产值/元
A1B1	31.21	41.39	153.31	655.00	1.00	1.00	10.17	1 232.33	1.98	9 656	24.34	13 197.11
A1B2	48.91	56.56	179.98	1 000.33	1.19	1.07	10.77	1 031.00	1.56	10 124	35.28	14 977.42
A2B1	31.01	43.42	153.99	671.00	1.14	1.01	10.45	1 050.00	1.89	9 852	26.64	13 352.49
A2B2	48.54	57.78	171.30	1 141.67	1.51	1.19	11.16	926.67	1.51	12 124	40.31	17 969.75

四、生物炭-微生物肥料联合应用

生物炭与土壤微生物间存在复杂的交互作用。生物炭还田后，不仅通过其丰富的孔隙为微生物提供“庇护所”，更通过对土壤 pH、碳源、养分等理化性质对微生物群系结构产生宏观影响。虽然土壤微生物对生物炭的响应受生物质原料、炭化条件、用量、用法等因素的综合影响，但长期看，其作用一般都是正向的，且往往伴随着土壤生物活力的增强（Gluszek et al.，2017）。

因此，可以预期生物炭与微生物之间是可以相互支撑、相辅相成的，将生物炭与微生物联合应用有可能形成增益效应，既改善土壤微生物群系结构，又提高生物炭中养分资源的利用效率。

【研究案例：生物炭-菌剂配合施用】

针对日光温室生产中畜禽粪便有机肥大量使用可能导致的土壤障碍问题和化学肥料用量过大问题，使用稻壳生物炭和微生物菌剂（微生物肥 2012 准字 0959 号，有效活菌数大于或等于 1.0 亿/g）配合替代传统有机肥（鸡粪干），化肥减量施用 15%～25%，观察对樱桃番茄和薄皮甜瓜产质量的影响（表 11-23～表 11-25）。

表 11-23 供试土壤和生物炭的化学性质

	有机碳/%	全氮/%	全磷/（g/kg）	全钾/（g/kg）	碱解氮/（mg/kg）	有效磷/（mg/kg）	速效钾/（mg/kg）	pH
棕壤	1.91	0.15	0.223	2.05	79.33	7.79	123.00	7.94
生物炭	36.06	0.49	0.380	3.23	136.45	287.12	830.00	7.86

表 11-24 田间试验底肥施用量

处理	三元复合肥/（kg/亩）	生物炭/（kg/亩）	微生物菌剂/（亿/亩）	鸡粪肥/（kg/亩）
CK1	35	0	0	1500
B1	30	1 200	150 000	0
B2	26.5	1 000	125 000	0

表 11-25 追施方案

作物	处理	催果肥		初果肥		盛果肥	
		三元复合肥/（kg/亩）	微生物菌剂/（亿/亩）	三元复合肥/（kg/亩）	微生物菌剂/（亿/亩）	三元复合肥/（kg/亩）	微生物菌剂/（亿/亩）
樱桃番茄	CK1	20	0	12	0	12	0
	B1	18	75 000	12	75 000	12	75 000
	B2	15	62 500	12	62 500	12	62 500
薄皮甜瓜	CK1	16	0	0	0	16	0
	B1	15	75 000	0	0	15	75 000
	B2	12	62 500	—	0	12	62 500

连续 3 年的跟踪监测结果表明，与常规养分管理措施相比，两种替代减肥措施均表现出提高土壤 pH 和有机质含量的作用，进而对作物产量和品质产生影响（图 11-38）。

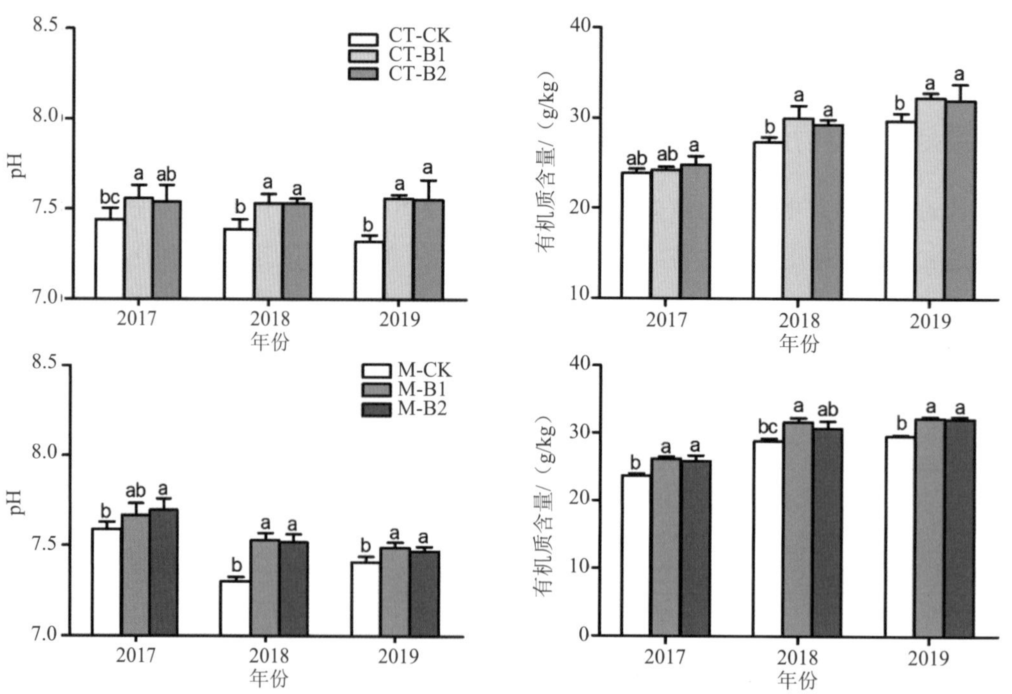

图 11-38 生物炭复合微生物菌剂对樱桃番茄（CT）和薄皮甜瓜（M）土壤性质的影响

1．产量效应

如表 11-26 所示，生物炭复合微生物菌剂对樱桃番茄产量及其构成因素的影响表现为单果质量显著下降，而单株果实数却显著高于对照处理，即便在减少化学肥料投入、生物炭替代有机肥的情况下，亩产量也显著高于对照，且效果持续。对薄皮甜瓜而言，生物炭复合微生物菌剂在前两年有显著的增产作用，突出表现在对单果质量提高方面，但该效果在第三年有所减弱。可以看到，在大量减施化肥的情况下各处理对产量的提升作用有限。

表 11-26　樱桃番茄田间试验产量情况

作物	处理	第一年		第二年		第三年	
		亩产量/kg	产量增加幅度/%	亩产量/kg	产量增加幅度/%	亩产量/kg	产量增加幅度/%
樱桃番茄	CK1	3 385.91c	—	2 447.25b	—	2 926.41c	—
	B1	4 075.29a	20.36	2 788.21a	13.93	3 528.31a	20.57
	B2	3 730.85b	10.19	2 481.54b	1.40	3 068.21b	4.84
薄皮甜瓜	CK	1 096.84c	—	775.20c	—	814.06b	—
	B1	1 336.59a	21.86	950.60a	22.62	884.60a	8.67
	B2	1 146.50b	4.53	809.54b	4.43	885.32a	8.75

2．品质效应

生物炭复合微生物菌剂各处理均能够显著提高樱桃番茄果实的可溶性蛋白含量，但在大量减施化肥同时使用生物炭，该指标在试验开始的第一年低于对照，表现出年际差异（图 11-39）。番茄果实的 Vc 含量、可溶性固形物含量普遍高于常规养分管理措施，但大量减施化肥也表现出一定的负面影响。此外，对有机酸含量和糖酸比的影响不显著。

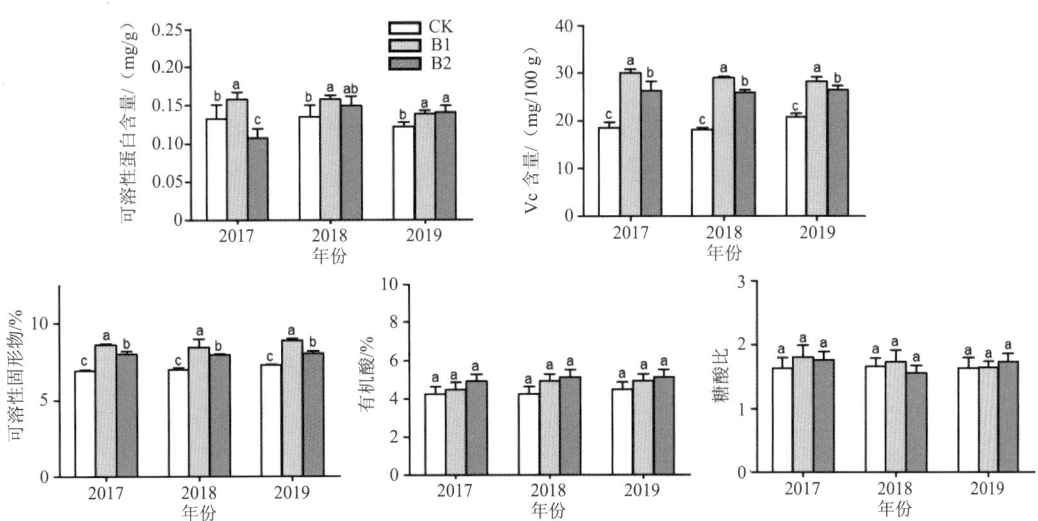

图 11-39　生物炭复合微生物菌剂对樱桃番茄果实品质的影响

对薄皮甜瓜而言，生物炭复合微生物菌剂各处理均能够显著提高果实中可溶性固形物和蔗糖的含量（图 11-40）。除第一年各处理与对照的可溶性蛋白含量无显著差异以外，后续两年间均可观察到生物炭复合微生物菌剂对可溶性蛋白含量的提升作用。

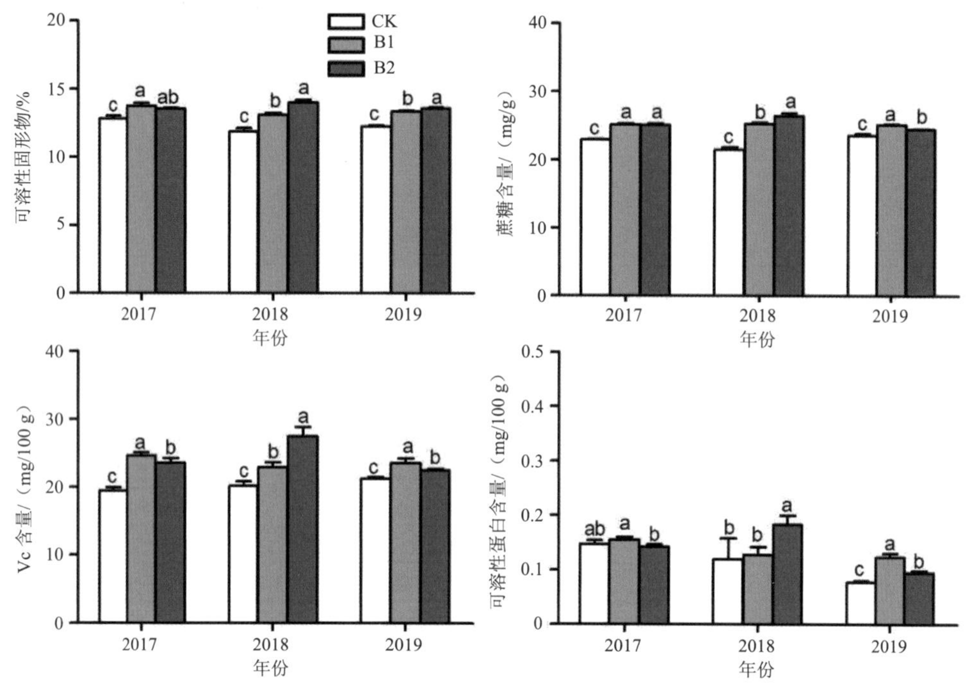

图 11-40 生物炭复合微生物菌剂对薄皮甜瓜果实品质的影响

五、生物炭基质

随着工厂化农业的快速发展，育苗移栽、基质栽培已经成为很多农作物生产的重要方式，在提高生产效率、克服土传病害等方面具有积极作用。按照成分划分，基质主要有无机基质、有机基质和有机、无机混合基质三种类型。无机基质包括蛭石、珍珠岩、炉渣、农用岩棉和塑料颗粒物等，理化性质稳定，但缓冲性能差；有机基质主要是椰糠、芦苇末、蚯蚓粪、泥炭、秸秆、树皮、锯末和堆肥等，常存在理化性质缺陷，稳定性差；有机、无机混合基质由结构性质不同的有机、无机材料混合而成，可在一定程度上实现性状互补、扬长避短。目前，草炭是得到普遍认可的优良基质材料，理论上，它是可以再生的，但过程极为缓慢，因此经常被视为不可再生资源，其大规模开采将导致严重的生态环境问题。

从基质研究和生产实践现状来看，混合基质将是今后的主要发展方向。生物炭孔隙丰富、吸附能力强、环境相容性好，是理想的基质原料。周劲松（2016）研究表明，生物炭作为水稻育苗基质，有利于促进种子萌发，加速根系生长发育及地上部植株生长，比营养土培育的幼苗提早 0.4～0.8 个叶龄期，且水稻基部节间缩短，茎秆基部干物质积累量多，节间增粗，较易形成壮秧。李志刚等（2012）发现，向基质中加入生物炭后，番茄幼苗的叶面积、株高、茎粗和地上生物量等指标均有所提高，壮秧指数显著提升。夏亚真等（2018）研究表明，在番茄育苗基质中添加生物炭（小麦秸秆和花生壳 1∶1 混合物经高温炭化形成的炭粉），有助于改善基质的通气性、降低容重、提高 pH 和 EC 值，且显著增加番茄幼苗对氮、磷、钾养分的吸收和积累，有利于番茄幼苗生长。

生物炭的种类和添加量是经常被关注的问题。例如，在常规基质中添加花生壳生物炭对大白菜幼苗生长的促进作用优于玉米秸秆生物炭（赵倩雯等，2015）。在泥炭中添加25%针叶林木材生物炭的基质对两种熏衣草（香樱花和齿形花）的生长和观赏品质没有负面影响（Fascella et al.，2020），含有 40%褐泥炭和 60%针叶木生物炭的基质更适合于生产高质量的大戟属多肉盆栽植物（Dispenza et al.，2016）。对铁皮石斛而言，在泥炭中添加 3%与 6%的生物炭对石斛产量或植株形态没有显著影响，但在 6%的添加量条件下移栽成活率低，当添加量进一步提高到 10%时对石斛生长不利（陈庆飞，2015）。

不同的作物有不同的生长习性，其种子萌发和生长对环境的要求也存在显著差异，对生物炭的响应也必将有所区别。椰壳生物炭可以成功地用于金鸡菊、龙须草和银花种子的萌发，对种子萌发没有影响或影响很小，对幼苗生长没有影响或略有促进作用（Hoover et al.，2018）。但生物炭抑制了三叶草的生长，对绿豆根系生长的影响大于萌发，对于小麦早期生长的影响则与生物炭的类型有关（Solaiman et al.，2012）。因此，无论从基础研究还是产品开发的角度，都有必要针对性地开展工作。

【研究案例：水稻育苗生物炭基质】

为应对我国北方稻区生育期积温不足及延迟性冷害等问题，水稻旱育苗技术在东北地区得到了快速发展与普遍应用。但是，随着工厂化育苗规模的不断扩大，苗床土的需求也越来越多，“取土难、难取土”日趋成为北方粳稻生产面临的现实问题。近年来，生产者开始使用珍珠岩、蛭石、草炭等替代苗床土进行水稻育苗。然而，这些基质或为养分贫乏的矿物或为不可再生资源，或难以保障秧苗素质或难以为水稻生产提供可持续的物质保障。生物炭拥有丰富的多微孔碳架结构、巨大的比表面积和孔隙度，使其具备了极强的吸附能力，为水分和养分的固持能力提供了理想载体，是理想的基质材料之一。

在常见的矿物或有机物料基质中添加不同比例的生物炭对水稻苗期生长呈现出不同效果。例如，配方 A（生物炭∶珍珠岩=2∶1）可显著增加株高和茎基宽；配方 B（生物炭∶草炭=2∶1）可显著增加秧苗叶龄、株高、茎基宽；配方 C（生物炭∶珍珠岩∶稻田土=3∶1∶1）可显著增加秧苗叶龄、株高、茎基宽、根数；配方 D（生物炭∶珍珠岩∶有机肥=2∶1∶1）可显著增加茎基宽；配方 E（全量生物炭）可显著增加茎基宽和根数。

这些配方可在生产实践中根据原料情况、气候条件和品种特性择优使用，逐步替代不可再生的草炭、减少使用矿物基质。生物炭基质见图 11-41。

图 11-41 生物炭基质

在辽宁省典型稻区，在适宜的播种期（中部、东部稻区在 4 月中上旬；南部稻区在 4 月中下旬）、适宜播种量（80～100 g/盘）、覆盖厚度（0.4～0.7 cm）情况下，选择适宜的基质类型可使水稻秧龄在第 30 天左右达到 3.5 叶，生长加速 0.2～1.3 叶龄。这种“早生快发”的效果可能源于两方面的积极作用：一是生物炭表面小分子可促进根系伸长；二是生物炭黑色的表面可使基质在无空气流动（风）的情况下，无论升温过程还是降温过程，均保持比土壤高约 1℃。

由于生物炭基质孔隙丰富、质量轻（1.2～1.5 kg/盘，仅为等体积土壤的 1/3～1/2），因而插秧机负荷小、机械磨损轻、移栽植伤轻，不仅可显著提高移栽效率，而且更可明显缩短缓苗期。一方面，生物炭基质促进秧苗“早生快发”；另一方面，移栽植伤轻，返青快，二者共同作用，可将有效生育期延长 5～10 d。相应地采取“晚育早插”模式，每万盘秧苗可节省管理用工 1.5～2.5 人/d。

【研究案例：大白菜育苗生物炭基质】

根肿病是由芸薹根肿菌侵染十字花科植物而引发的危害严重的土传病害之一。当土壤 pH 为 5.4～6.5 时极易发病，当 pH＞7.2 时发病程度会显著降低，这是众多根肿病防治方法的重要依据。因此，水稻育苗基质须调酸以缓解立枯病的威胁，而大白菜基质则须提高土壤 pH 以降低根肿病危害。添加石灰是通过提高土壤酸碱度来控制根肿病的有效方法，碱性的生物炭是非常适合的替代物。

在常规基质（pH 为 6.40）或园田土（pH 为 6.61）中添加 20%～50%（体积比）的花生壳生物炭或玉米秸秆生物炭可以将土壤 pH 提高到 7.37～7.75。与常规育苗基质相比，添加生物炭对基质容重和孔隙度的影响不大，但有助于提升通气性，显著提高 C/N 比和速效钾含量，有利于培育壮苗。然而，生物炭也会降低基质碱解氮与有效磷含量，降低基质毛管孔隙度，而且对出苗率产生一定的负面影响。从苗期株高的变化情况看，在添加了生物炭的基质中，幼苗在中后期表现出优势，尤其以 50%的生物炭添加量最优。

不同基质处理白菜根肿病抗性评价见表 11-27。

表 11-27 不同基质处理白菜根肿病抗性评价

处理	病株率/%	病情指数/%	相对防效（CK1）/%	相对防效（CK2）/%
CK1	100	69.52a		
CK2	100	79.05a		
H1	93.33	41.90b	39.72	46.99
H2	80.00	26.67bc	61.64	66.27
H3	73.33	18.10cd	73.79	77.11
H4	66.67	13.33cd	80.82	83.13
H5	40.00	5.71d	91.78	92.77
S1	93.33	41.90b	39.27	46.99
S2	86.67	25.71bc	63.01	67.47
S3	80.00	20.95cd	69.86	73.49
S4	66.67	19.05cd	72.60	75.90
S5	46.67	6.67d	90.41	91.57

当常规基质（pH 为 5.85）或园田土（pH 为 6.23）的 pH 进一步降低时，生物炭可提升 pH 至 6.79～8.82。但是，最优的生物炭添加比例有所变化，当花生壳生物炭与常规育苗基质按照体积比 3∶7 混合时，大白菜幼苗株高、茎粗、根长、植株鲜干重及壮苗指数等最高。添加生物炭后，发病植株数量减少，病株率有效降低，最大降幅可达 60%，病情指数最大降幅为 91.29%，且生物炭的添加比例越大效果越好。

六、小结

基于国情差异，国内外生物炭技术的发展方向有所不同。其中，发达国家农业综合生产水平高、耕地质量好、秸秆问题不突出，因此，其关注点主要集中在农田固碳减排、污染场地和水体修复等生态环境领域，侧重于生物炭直接还田，在生物炭基肥料开发方面鲜有报道。相对而言，人多地少是我国的基本国情，支撑农业可持续发展、保障国家粮食安全、不断提升农业绿色化水平是我国生物炭技术的出发点。在生产端聚焦秸秆、在应用端聚焦生物炭基肥料，“秸秆炭化还田”是当前我国生物炭产业技术研究的主线。

在国际上，生物炭在提高作物养分利用效率、减少化学肥料投入、提高作物产量方面的积极作用也已得到普遍认可，不乏将生物炭作为土壤调理剂大面积直接还田应用的报道。在肥料化应用方面，欧美等发达国家和地区将生物炭作为堆肥填料、与有益功能微生物共发酵的相关研究较多，涉及的相关产品以高附加值有机类肥料为主，主要面向小规模庭院有机栽培，明确以生物炭基肥料形式大规模应用的报道较为匮乏。非洲、南美洲、南亚等欠发达地区对生物炭技术表现出浓厚兴趣，从现有报道来看，侧重小型生物质炭化设备应用、生物炭对农田土壤质量、对特色农作物产质量的影响等研究，在炭化工艺与装备、生物炭基肥料等农业投入品研发方向未见显著进展。

我国在生物炭基肥料研发与应用方面具有比较优势。2006—2018 年，生物炭基肥料领域共发表 CNKI 检索论文 576 篇，涉及 12 种生物质原料、20 余种粮经作物、5 种养分复合工艺、四大肥种。同期，生物炭土壤应用相关国内专利公开 1 200 件，生物炭基肥料相关专利公开 368 件，以“生物炭”为关键词公开的专利申请总数达 3 399 件，产业技术已具备初步支撑能力。

然而，我国生物炭基肥料的发展十分艰难。目前尚难以确切统计生物炭及生物炭基肥料的市场规模，保守估计国内相关产能为 30 万～50 万 t，实际产销量难以估测。相对于每年数千万吨的化学肥料而言，生物炭基肥料的市场很小，如果以万亿级的土壤修复市场为参照，生物炭技术还远未入门。其中的原因是多方面的、复杂的，较为常见的有代表性的问题或异议如下。

1．碳不是营养元素，炭基肥站不住脚

碳是植物必需的大量元素之一，但主要来自大气中的二氧化碳，少量源于土壤中提供的水溶性有机碳，并非由肥料提供。上述常识经常会造成人们对炭基肥的误解，主要原因在于混淆了“炭（基）肥”与“碳肥”。“生物炭基肥料”经常被简略地称为“炭肥”，为作物提供其承载的养分，是一种含有以生物炭形式存在的碳元素的肥料，并非以提供碳元素为主要功能。正如尿素含有碳元素，但它是氮肥。近年来，市场上关于“碳肥”的宣传越来越多，其科学性暂且不论，但张冠李戴的事不绝于耳，以至于权威专家疾呼“腐殖酸含碳不是‘碳肥’”。同样，此“炭肥”非彼“碳肥”。

我国《肥料登记管理办法》规定，肥料“是指用于提供、保持或改善植物营养和土壤物理、化学性能以及生物活性，能提高农产品产量，或改善农产品品质，或增强植物抗逆性的有机、无机、微生物及其混合物料”。生物炭的改土、增产作用已经得到普遍认可，生物炭基肥料可以为作物提供营养。可见，生物炭基肥料原理清晰，符合概念要求。

2．“炭基肥”中生物炭用量低，还不如称为“肥基炭”

在已经发布的《生物炭基肥料》（NY/T 3041—2016）标准中，将以碳计量的生物炭的添加量下限设为 6%，参照标准生物炭的总碳含量 30%计，则以生物炭质量计算的添加量约为 20%。有专家据此认为，生物炭的用量过少，在产品中不是主体，所以应该叫“肥基炭”。但是，以生物炭的含量来确定相关产品的命名方式可能并不合适。例如，人体元素构成中排在第一位的是氧元素，但这并不妨碍我们自称为“碳基生命”。生物炭基肥料的命名旨在突出生物炭的载体功能，是一种特征性表述，与其含量没有必然联系。

3. 生物炭应向土壤调理剂方向发展，而非肥料

虽然生物炭能够提供少量养分，但更主要的是通过对土壤理化性质的影响发挥改土培肥作用，促进作物产量提升。从这个意义上讲，生物炭确实应当以土壤调理剂为主要应用方向。但是，有效的技术不一定是市场可以接受的技术。当前，传统种植业的经济效益和生物炭的生产成本决定了在相当一段时间内生物炭无法以土壤调理剂的形式迅速为广大农户所接受。研发生物炭基肥料的初衷就是为了在不大幅改变农户耕作习惯、不增加经济或劳动力投入的情况下实现生物炭还田，也只有大农业才有消纳年复一年产出的海量秸秆的体量。多年实践证明，生物炭基肥料可以实现化学肥料减施 10%左右，契合减肥增效的国家政策导向，是现阶段生物炭应用技术的重点方向。

当前，以生物炭和无机养分复配制备的生物炭基复合肥料已经在我国得到初步应用。但是，受限于用户对该肥种养分含量的传统认知和过高的心理预期，生物炭在肥料配方中所占比重难以大幅提升，导致生物炭的保供肥能力、自身所含养分对化学养分的替代能力、与有益功能微生物的协同增效能力、生物炭表面活性小分子的植物生长调节能力等多种积极作用远未充分挖掘和利用。随着生产成本的降低，生物炭在终端产品中的用量必将不断提高，生物炭基有机肥料、微生物肥料、土壤调理剂等产品类型将持续丰富，与现有生物炭基复合肥一起组成完整的生物炭基肥料体系。

随着绿色发展理念日益深入人心，生物炭减肥、改土、固碳的技术优势将被越来越多的消费者接受。随着“秸秆炭基肥利用增效技术”列入 2020 年农业农村部十大引领性技术，预期生物炭基肥料及相关产品产能将在 5 年内达到百万吨级。尤其在“三农”领域，生物炭不仅可用于制备生物炭基肥料提高化学养分利用效率，还可用于污水处理、土壤改良、农田面源污染治理，甚至直接用作能源；生物质炭化过程中产生的混合可燃气可并网发电，直燃供暖，为冷库供能服务于果蔬保鲜，为有机废弃物厌氧或好氧发酵、粮食烘干、各类村镇工业企业提供热源。随着技术的不断进步，生物炭将显著促进农工结合、三产融合。可以认为，以生物炭基肥料等农业投入品为终端产品出口的生物炭技术在绿色农业宏观技术体系中将占据重要位置。

2019 年，联合国政府间气候变化专门委员会（IPCC）将生物炭部分纳入《IPCC 2006 年国家温室气体清单指南》（2019 年修订版），标志着生物炭技术已被正式认定为有效的固碳减排技术，为生态效益转化为经济效益提供了契机，提高了企业积极性。国内外宏观趋势都预示着以“取之于田、用之于田”为主要特征的生物炭技术已迎来重大发展机遇，生物炭基肥料及其衍生产品的市场规模必将不断扩大，并越来越多地参与到国民生活的方方面面。

参考文献

常栋，马文辉，张凯，等. 2018. 生物炭基肥对植烟土壤微生物功能多样性的影响[J]. 中国烟草学报，24（6）：58-66.

陈坤，徐晓楠，彭靖，等. 2018. 生物炭及炭基肥对土壤微生物群落结构的影响[J]. 中国农业科学，51（10）：1920-1930.

陈丽美，李小英，岳学文，等. 2019. 竹炭与有机肥混施对火龙果产量和品质影响及其改土作用[J].生态环境学报，28（11）：2231-2238.

陈庆飞. 2015. 基质添加生物炭对铁皮石斛生长及品质的影响[D]. 杭州：浙江师范大学.

陈松岭，蒋一飞，巴闯，等. 2017. 生物改性聚乙烯醇可降解包膜材料的特征及其光谱特性[J]. 中国土壤与肥料，（4）：154-160.

邓松华，何守学，梁富忠，等. 2019. 生物炭基肥在玉米上的应用效果[J]. 磷肥与复肥，34（5）：39-40，7.

冯瑞兴，何胥，施洁君，等. 2017. 炭基有机肥对小麦产量及麦季农田温室气体排放的影响[J]. 大麦与谷类科学，34（3）：6-11.

付嘉英. 2013. 生物质炭基肥料的试制及其在蔬菜地的应用探讨[D]. 南京：南京农业大学.

高梦雨，江彤，韩晓日，等. 2018. 施用炭基肥及生物炭对棕壤有机碳组分的影响[J]. 中国农业科学，51（11）：2126-2135.

郭炜，于洪久，于春生，等. 2016. 生物质炭对城市污泥堆肥过程中氮素转化的影响[J]. 黑龙江农业科学，（11）：41-44.

贺丽群，张庆金，吴培栋，等. 2019. 有机肥与生物炭互作对城市底土肥力及生菜生长的影响[J].南方农业学报，50（8）：1701-1708.

黄文城，王光辉，王德成. 2012. 秸秆二次压缩中的比能耗试验[J]. 江苏大学学报（自然科学版），33（2）：125-129.

黄哲，曲世华，白岚，等. 2017. 不同秸秆混合生物炭对盐碱土壤养分及酶活性的影响[J]. 水土保持研究，24（4）：290-295.

蒋恩臣，王秋静，秦丽元，等. 2015. 柱状生物质炭基尿素的成型及性能研究[J]. 东北农业大学学报，46（7）：83-89.

焦瑞枣，任少勇，王姣，等. 2015. 炭基肥对马铃薯田土壤容重、孔隙度和养分的影响[J]. 华北农学报，30（4）：231-238.

李大伟，周加顺，潘根兴，等. 2016. 生物质炭基肥施用对蔬菜产量和品质以及氮素农学利用率的影响[J]. 南京农业大学学报，39（3）：433-440.

李菊梅，王朝辉，李生秀. 2003. 有机质、全氮和可矿化氮在反映土壤供氮能力方面的意义[J]. 土壤学报，40（2）：232-238.

李喜凤，杨小妮，罗艳君，等. 2017. 生物炭及有机肥对苹果园土壤有机碳组分及果树生长的影响[J]. 西北农业学报，26（4）：617-624.

李艳梅，张兴昌，廖上强，等. 2017. 生物炭基肥增效技术与制备工艺研究进展分析[J]. 农业机械学报，48（10）：1-14.

李志刚，刘晓刚，李健. 2012. 硫酸铵与鸡粪配比在含生物质炭育苗基质中的应用效果[J]. 中国土壤与肥料，（1）：83-88.

梁利宝，冯鹏艳. 2017. 生物炭与有机肥、无机肥配施对采煤塌陷区复垦土壤理化性状的影响[J]. 水土保持学报，31（5）：305-308.

廖娜，韩鲁佳，黄光群，等. 2011. 含水率和压缩频率对秸秆开式压缩能耗的影响[J]. 农业工程学报，27（S1）：318-322.

廖上强，陈延华，李艳梅，等. 2015. 生物炭基尿素对芹菜产量、品质及土壤硝态氮含量的影响[J]. 农业资源与环境学报，32（5）：443-448.

刘长涛，侯建伟，索全义，等. 2019. 玉米秸秆生物质炭基肥的结构与性质表征[J]. 土壤，51（3）：465-469.

刘冲，刘晓文，吴文成，等. 2016. 生物炭及炭基肥对油麦菜生长及吸收重金属的影响[J]. 中国环境科学，36（10）：3064-3070.

刘明，来永才，李炜，等. 2015. 生物炭对玉米物质生产及产量的影响[J]. 作物杂志，（3）：133-138.

刘善良，常春丽，蒲加军，等. 2019. 生物炭基肥料在水稻上的应用效果研究[J]. 现代农业科技，（15）：5-6.

鲁新蕊，陈国双，李秀军. 2017. 酸化生物炭改良苏打盐碱土的效应[J]. 沈阳农业大学学报，48（4）：462-466.

路丹，张得平，梁永进，等. 2019. 不同用量高碳基有机肥对烤烟生长及产质量的影响[J]. 贵州农业科学，47（10）：23-28.

吕大树，李子绅，郭泽，等. 2019. 添加有机肥与生物炭对烤烟生长发育及其产质量的影响[J].山东农业科学，51（11）：103-108.

马谦，蒋恩臣，王明峰，等. 2015. 生物质炭基缓释肥的成型特性研究[J]. 农机化研究，37（4）：242-246.

毛娟，何晓冰，许跃奇，等. 2019. 生物炭基肥对豫中烤烟产质量的影响[J]. 河南农业科学，48（2）：48-53.

彭令发，郝明德，来璐. 2003. 土壤有机氮组分及其矿化模型研究[J]. 水土保持研究，（1）：46-49，70.

冉成，邵玺文，朱晶，等. 2019. 生物炭对苏打盐碱稻田土壤养分及产量的影响[J]. 灌溉排水学报，38（5）：46-51.

石元亮. 1989. 有机物料对苏打盐渍土物理特性及盐分迁移的影响[J]. 吉林农业科学，（2）：47-53.

宋琦. 1988. 我国几种土壤的有机氮组成和性质的研究[J]. 土壤学报，（1）：95-100.

苏瑜，王为东. 2017. 我国北方四类土壤中氨氧化古菌和氨氧化细菌的活性及对氨氧化的贡献[J]. 环境科学学报，37（9）：3519-3527.

王常慧，邢雪荣，韩兴国. 2004. 草地生态系统中土壤氮素矿化影响因素的研究进展[J]. 应用生态学报，(11)：2184-2188.

王海候，陆长婴，沈明星，等. 2016. 炭基有机肥对水稻产量及土壤养分的影响[J]. 江苏农业科学，44(7)：104-107.

王家宝. 2016. 生物质炭基肥料试制与效果评价[D]. 海口：海南大学.

王剑，张砚铭，邹洪涛，等. 2013. 生物质炭包裹缓释肥料的制备及养分释放特性[J]. 土壤，45(1)：186-189.

王丽. 2017. 生物炭基肥料在水稻上施用效果研究[J]. 农业科技与装备，(2)：14-15，8.

王彤，雍继芳，林启美，等. 2019. 生物质炭与有机肥料配施可以促进设施菜地土壤水稳性团聚体形成[J]. 华北农学报，34(S1)：176-182.

王晓强，许跃奇，何晓冰，等. 2019. 减氮配施生物炭基肥对豫中烤烟产质量的影响[J]. 贵州农业科学，47(2)：32-36.

王月，刘兴斌，蔡芳芳，等. 2017. 生物炭及炭基肥对花生生理特性和产量的影响[J]. 花生学报，46(4)：36-41.

魏春辉，任奕林，等. 2017. 柱状竹炭基肥挤压造粒成型工艺的研究[J]. 安徽农业大学学报，44(5)：947-952.

魏春辉，任奕林，刘峰，等. 2016. 生物炭及生物炭基肥在农业中的应用研究进展[J]. 河南农业科学，45(3)：14-19.

吴晓东，邢泽炳，何远灵，等. 2019. 添加生物炭对鸡粪好氧堆肥过程中养分转化的研究[J]. 中国土壤与肥料，(5)：141-146.

夏亚真，田利英，李胜利，等. 2018. 生物炭对番茄幼苗生长及养分吸收的影响[J]. 中国蔬菜，(5)：32-35.

杨放，李心清，刑英，等. 2014. 生物炭对盐碱土氮淋溶的影响[J]. 农业环境科学学报，(5)：972-977.

杨劲峰，江彤，韩晓日，等. 2015. 连续施用炭基肥对花生土壤性质和产量的影响[J]. 中国土壤与肥料，(3)：68-73.

姚荣江，杨劲松，刘广明. 2006. 东北地区盐碱土特征及其农业生物治理[J]. 土壤，38(3)：256-262.

殷大伟，金梁，郭晓红，等. 2019. 生物炭基肥替代化肥对砂壤土养分含量及青贮玉米产量的影响[J]. 东北农业科学，(4)：19-24，88.

应金耀，阮弋飞，邬奇峰，等. 2019. 有机肥配施生物质炭对土壤肥力与蔬菜生长的影响[J]. 中国农学通报，35(16)：82-87.

原鲁明，赵立欣，沈玉君，等. 2015. 我国生物炭基肥生产工艺与设备研究进展[J]. 中国农业科技导报，17(4)：107-113.

张阿凤，潘根兴，李恋卿. 2009. 生物黑炭及其增汇减排与改良土壤意义[J]. 农业环境科学学报，28(12)：2459-2463.

张海滨，孟海波，沈玉君，等. 2019. 生物炭对沼渣堆肥理化性状及微生物种群变化的影响[J]. 植物营养与肥料学报，25(2)：245-253.

张瑞，杨昊，张芙蓉，等. 2014. 生物竹炭改良崇明滩涂盐渍化土壤的试验研究[J]. 农业环境科学学报，33（12）：2404-2411.

张伟. 2014. 水稻秸秆炭基缓释肥的制备及性能研究[D]. 哈尔滨：东北农业大学.

张雯. 2014. 新型生物炭基氮肥的研制及田间应用研究[D]. 杨凌：西北农林科技大学.

赵兰坡，尚庆昌，李春林. 2000. 松辽平原苏打盐碱土改良利用研究现状及问题[J]. 吉林农业大学学报，（S1）：79-83，85.

赵倩雯，孟军，陈温福. 2015. 生物炭对大白菜幼苗生长的影响[J]. 农业环境科学学报，34（12）：2394-2401.

赵易艺，张玉平，刘强，等. 2016. 有机肥和生物炭对旱地土壤养分累积利用及小白菜生产的影响[J]. 中国农学通报，32（14）：119-125.

郑钰钿，李颖林，郑芳奕，等. 2019. 油茶饼粕生物炭和有机肥对红壤矿化的影响[J].江西农业大学学报，41（3）：541-550.

钟雪梅，朱义年，刘杰，等. 2006. 竹炭包膜对肥料氮淋溶和有效性的影响[J]. 农业环境科学学报，（S1）：154-157.

周劲松. 2016.生物炭对东北冷凉区水稻育苗基质理化特性及水稻生长发育的影响[D]. 沈阳：沈阳农业大学.

卓苏能，文启孝. 1992. 土壤未知态氮[J]. 土壤学进展，（2）：11-19，33.

Bernal M P，Alburquerque J A，Moral R. 2009. Composting of animal manures and chemical criteria for compost maturity assessment. a review[J]. Bioresource Technology，100：5444-5453.

Bird M I，Ascough P L，Young I M，et al. 2008. X-ray microtomographic imaging of charcoal[J]. Journal of Archaeological Science，35（10）：2698-2706.

Brown S，Kruger C，Subler S. 2008. Greenhouse gas balance for composting operations[J]. Journal of Environmental Quality，37（4）：1396-1410.

Chen W，Liao X，Wu Y，et al. 2017a. Effects of different types of biochar on methane and ammoniamitigation during layer manure composting[J]. Waste Management，61：506-515.

Chen Y，Liu Y，Li Y，et al. 2017b. Influence of biochar on heavy metals and microbial community during composting of river sediment with agricultural wastes[J]. Bioresource Technology，243：347-355.

Czekała W，Malińska K，Cáceres R，et al. 2016. Co-composting of poultry manure mixtures amended with biochar-The effect of biochar on temperature and C-CO_2 emission[J]. Bioresource Technology，200：921-927.

Ding Y，Liu Y X，Wu W X，et al. 2010. Evaluation of biochar effects on nitrogen retention and leaching in multi-layered soil columns[J]. Water Air & Soil Pollution，213（1-4）：47-55.

Dispenza V，De Pasquale C，Fascella G，et al. 2016. Use of biochar as peat substitute for growing substrates of Euphorbia × lomi potted plants[J]. Spanish Journal of Agricultural Research，14（4）.

Edith C H，Manfred F，Matthias C R，et al. 2015. Biochar increases arbuscular mycorrhizal plant growth enhancement and ameliorates salinity stress[J]. Applied Soil Ecology，96：114-121.

Farrell M，Hill P W，Farrar J，et al. 2011. Seasonal variation in soluble soil carbon and nitrogen across a grassland productivity gradient[J]. Soil Biology and Biochemistry，43（4）：835-844.

Fascella G，Mammano M M，D'Angiolillo F，et al. 2020. Coniferous wood biochar as substrate component of two containerized Lavender species：effects on morpho-physiological traits and nutrients partitioning[J]. Scientia Horticulturae，267：1-10.

Geisseler D，Horwath W R，Joergensen R G，et al. 2010. Pathways of nitrogen utilization by soil microorganisms - a review[J]. Soil Biology and Biochemistry，42（12）：2058-2067.

Ghadernejad K，Kianmehr M H，Arabhosseini A. 2012. Effect of moisture content and particle size on energy consumption for dairy cattle manure pellets[J]. Agricultural Engineering International：CIGR Journal，14（3）：125-130.

Gluszek S，Paszt L S，Sumorok B，et al. 2017. Biochar-rhizosphere interactions-a review[J]. Polish Journal of Microbiology，66（2）：151-161.

Godlewska P，Schmidt H P，Yong S O，et al. 2017. Biochar for composting improvement and contaminants reduction a review[J]. Bioresource Technology，246：193-202.

Gul S，Whalen J K. 2016. Biochemical cycling of nitrogen and phosphorus in biochar-amended soils[J]. Soil Biology and Biochemistry，103：1-15.

Gundale M J，Nilsson M C，Pluchon N，et al. 2016. The effect of biochar management on soil and plant community properties in a boreal forest[J]. Global Change Biology Bioenergy，8（4）：777-789.

Hammer E C，Forstreuter M，Rillig M C，et al. 2015. Biochar increases arbuscular mycorrhizal plant growth enhancement and ameliorates salinity stress[J]. Applied Soil Ecology，96：114-121.

Haug R T. 1993. The Practical Handbook of Compost Engineering[M]. Boca Raton：CRC Press，717.

He X，Yin H，Han L，et al. 2019. Effects of biochar size and type on gaseous emissions during pig manure/wheat straw aerobic composting：insights into multivariate-microscale characterization and microbial mechanism[J]. Bioresource Technology，271：375-382.

Hoover B K. 2018. Herbaceous perennial seed germination and seedling growth in biochar-amended propagation substrates[J]. HortScience，53（2）：236-241.

Ishizaki S，Okazaki Y. 2004. Usage of charcoal made from dairy farming waste as bedding material of cattle，and composting and recycle use as fertilizer[J]. Bulletin of the Chiba Prefectural Livestock Research Center，4：25-28.

Janczak D，Malińska K，Czekała W，et al. 2017. Biochar to reduce ammonia emissions in gaseous and liquid phase during composting of poultry manure with wheat straw[J]. Waste Management，66：36-45.

Jia Z J，Conrad R. 2009. Bacteria rather than archaea dominate microbial ammonia oxidation in an agricultural soil[J]. Environ Microbiol，11（7）：1658-1671.

Johnson C，Albrecht G，Ketterings Q，et al. 2005. Fact sheet 2-nitrogen basics - the nitrogen cycle.（2005-06-03）[2021-04-23]. http：//nmsp.cals.cornell.edu/guidelines/factsheets.html.

Kalbasi A，Mukhtar S，Hawkins S E，et al. 2005. Carcass composting for management of farm mortalities：a review[J]. Compost Science & Utilization，13：180-193.

Laird D，Fleming P，Wang B，et al. 2010. Biochar impact on nutrient leaching from a Midwestern agricultural soil[J]. Geoderma，158（3-4）：436-442.

Leininger S，Urich T，Schloter M，et al. 2006. Archaea predominate among ammonia-oxidizing prokaryotes in soils[J]. Nature，442（7104）：806-809.

Li R，Wang Q，Zhang Z，et al. 2015. Nutrient transformation during aerobic composting of pig manure with biochar prepared at different temperatures[J]. Environmental Technology，36（5-8）：815-826.

Liu N，Zhou J，Han L，et al. 2017. Role and multi-scale characterization of bamboo biochar during poultry manure aerobic composting[J]. Bioresource Technology，241：190-199.

López-Cano I，Roig A，Cayuela M L，et al. 2016. Biochar improves N cycling during composting of olive mill wastes and sheep manure[J]. Waste Management，49：553-559.

Lu D H，Tabil L G，Wang D C，et al. 2014. Optimization of binder addition and compression load for pelletization of wheat straw using response surface methodology[J]. International Journal of Agricultural and Biological Engineering，7（6）：67-78.

Maeda K，Morioka R，Da I H，et al. 2010. The impact of using mature compost on nitrous oxide emission and the denitrifier community in the cattle manure composting process[J]. Microbial Ecology，59（1）：25-36.

Mao H，Lv Z，Sun H，et al. 2018. Improvement of biochar and bacterial powder addition on gaseous emission and bacterial community in pig manure compost[J]. Bioresource Technology，258：195-202.

Ouyang Y，Norton J M，Stark J M，et al. 2016. Ammonia-oxidizing bacteria are more responsive than archaea to nitrogen source in an agricultural soil[J]. Soil Biology and Biochemistry，96：4-15.

Sanchez-Monedero M A，Cayuela M L，Roig A，et al. 2018. Role of biochar as an additive in organic waste composting[J]. Bioresource Technology，247：1155-1164.

Solaiman Z M，Murphy D V，Abbott L K. 2012. Biochars influence seed germination and early growth of seedlings[J]. Plant and Soil，353（1-2）：273-287.

Spokas K A，Cantrell K B，Novak J M，et al. 2012. Biochar：a synthesis of its agronomic impact beyond carbon sequestration[J]. Journal of Environmental Quality，41（4）：973-989.

Spokas K A，Koskinen W C，Baker J M，et al. 2009. Impacts of woodchip biochar additions on greenhouse gas production and sorption/degradation of two herbicides in a Minnesota soil[J]. Chemosphere，77（4）：574-581.

Stahl M，Berghel J，Frodeson S，et al. 2012. Effects on pellet properties and energy use when starch is added in the wood-fuel pelletizing process[J]. Energy & Fuels，26（3）：1937-1945.

Taylor A E，Zeglin L H，Dooley S，et al. 2010. Evidence for different contributions of archaea and bacteria to the ammonia-oxidizing potential of diverse oregon soils[J]. Applied Environment Microbiology，76（23）：7691-7698.

Tsapekos P，Kougias P G，Angelidaki I. 2018. Mechanical pretreatment for increased biogas production from lignocellulosic biomass ; predicting the methane yield from structural plant components[J]. Waste Management，78：903-910.

Vandecasteele B，Sinicco T，D'Hose，et al. 2016. Biochar amendment before or after composting affects compost quality and N losses，but not P plant uptake[J]. Journal of Environmental Management，168：200-209.

Wang C，Lu H，Dong D，et al. 2013. Insight into the Effects of Biochar on Manure Composting：Evidence Supporting the Relationship between N_2O Emission and Denitrifying Community[J]. Environmental Science & Technology，47（13）：7341-7349.

Wei L，Shutao W，Jin Z，et al. 2014. Biochar influences the microbial community structure during tomato stalk composting with chicken manure[J]. Bioresource Technology，154：148-154.

Wu Y，Li Y，Zhang Yi，et al. 2017. Response of Saline Soil Properties and Cotton Growth to Different Organic Amendments[J]. Pedosphere，28（3）：521-529.

Zhang J，Chen G，Sun H，et al. 2015. Straw biochar hastens organic matter degradation and produces nutrient-rich compost[J]. Bioresource Technology，200：876-883.

Zhu L，Xiao Q，Shen Y，et al. 2017. Effects of biochar and maize straw on the short-term carbon and nitrogen dynamics in a cultivated silty loam in China[J]. Environmental Science and Pollution Research，24（1）：1019-1029.

第十二章　生物炭的安全性

当前，绝大多数生物炭产品都用于农业，以返还农田为主。尽管生物炭被普遍认为具有良好的环境相容性，但“秸秆炭化还田”是一个不可逆的作业过程，生物炭一旦进入土壤，就不可能取出或去除，所以生物炭还田的安全性是业内的敏感议题。

在实践应用中，受土壤本底、生物质原料种类、炭化工艺类型等因素的影响，生物炭不可避免地含有一些有机、无机污染物；受土壤类型、区域、成土母质等影响，土壤环境背景不尽相同，对应的能够接纳的生物炭输入量也应存在差异；不同作物具有不同类型的土壤偏好，安全的应用剂量需要分别考量。尤其在大用量集中施用时，生物炭对土壤环境质量的影响需要审慎对待。

生物炭还田的安全性涉及很多方面，相关内容在其他章节有所涉及，本章主要从土壤环境质量、生物指示指标、作物产量安全的角度做有限探讨。

一、土壤环境质量

（一）无机污染物（重金属、类金属）

生物炭孔隙结构丰富、比表面积大、吸附能力强，可通过吸附、络合、螯合、沉淀及氧化-还原等作用方式降低土壤中重金属的迁移能力和活性，因此其在重金属污染土壤修复方面的应用得到了广泛关注。与此同时，生物炭也不可避免地含有一些重金属或类金属等无机污染物，还田后必然影响土壤无机污染物的含量和有效性。

显然，生物炭中的重金属源于生物质原料。Devi 等（2014）研究显示，在造纸厂污泥转化为生物炭的过程中，重金属将大量富集，并有可能超过相关标准限值，但其环境毒性是很低的，因为热解过程促进了可移动的或生物有效性重金属转化为相对稳定的形式。生物炭中虽然含有重金属，但生物炭还田对土壤重金属的负面影响有限，尚且不讨论其所含重金属的有效性、不考虑生物炭自身对土壤重金属的钝化作用。例如，Freddo 等（2012）分析了在 300℃和 600℃温度条件下制备的红木、竹子、水稻秸秆、玉米秸秆生物炭和一种气化发电站获取的炭材料中重金属等无机污染物和 PAHs 的含量，结果表明，锌和镉等个别指标超过有机肥料相关标准限值，但平均而言，生物炭的上述风险物质含量均低于环境背景，也就是说生物炭还田对土壤中上述污染物几乎不存在实际影响。

（二）有机污染物（PAHs、PCBBs、二噁英）

多环芳烃、农药残留是农田土壤主要的有机污染类型，大气沉降、施用污泥等过程或作业均是土壤环境 PAHs 的来源。

在生物炭制备过程中，生物质中的有机化合物分解为小而不稳定的片段，带有高反应活性的自由基，进而结合形成稳定性高的 PAHs。二噁英则在 200～400℃的快速热解（秒）条件下易形成于固体表面。受传质过程影响，液态热解产物难以完全挥发，也有可能在冷却过程中凝结于生物炭的孔隙或表面。因此，生物炭中确有可能含有上述有机污染物。

1. 有机污染物的含量与有效性

大量研究表明，生物炭中含有 PAHs、PCBBs、二噁英等有机污染物，但总体上含量不高、有效性不高。Freddo 等（2012）检测发现，在 300℃、12 h 和 600℃、2.5 h 等两种炭化条件下，在以玉米和水稻秸秆、竹子、红木为原料制备的生物炭中，16 种 USEPA-PAHs 的总含量为 0.08～8.7 μg/g，其中低分子量多环芳烃的含量要高于高分子量，尤其以萘的含量最高。除在部分材料中分别检测出芴、苊、苊烯、苯并[*a*]蒽、䓛、苯并[*b*]荧蒽等以外，其余 PAHs 的含量均低于检测限。萘和芴的含量则受到原料种类和热解条件的显著影响。Fabbri 等（2013）对一系列生物炭材料进行了检测，结果表明 16 种 USEPA-PAHs 和 15 种 EU-PAHs 的总量分别为 1.2～19 μg/g 和 0.2～5 μg/g，苯并[*a*]芘的含量为 0.01～0.67 μg/g。

生物炭中的有机污染物含量和有效性受生物质原料、炭化工艺等的显著影响。Keiluweit 等（2012）检测了木本和草本植物生物炭（100～700℃）中 11 种非取代 3～5 环 PAHs 和烷基化的菲与蒽的含量，结果表明，其在 400℃和 500℃条件下制备的生物炭中含量最高，而且草本植物源的生物炭（22 μg/g）高于木本植物源生物炭（5.9 μg/g）。这一指标已经大幅超过 USEPA（6 μg/g）和欧洲国家（3～6 μg/g）关于生物固体颗粒农业应用的相关限值，更超过了木本灰烬中 2 μg/g 的限值。但是，当温度高于 600℃时，可提取态 PAHs 的含量就大幅降低了，可能是因为其进入了生物炭稳定的内部结构，也可能是生物炭的吸附性能更强了。Hale 等（2012）使用奶牛场沼渣、餐厨垃圾、废纸浆以及多种植物生物质为原料，在 250～900℃温度条件下，使用慢速热解工艺制备了 50 种生物炭，发现总 PAHs 含量为 0.07～3.27 μg/g，并随着热解时间的延长和最高热解温度的升高呈下降趋势。在快速热解或气化条件下，总 PAHs 含量为 0.3～45 μg/g，而且气化工艺制备的生物炭的 PAHs 生物有效性最高，达到（162±71）ng/L。相对而言，二噁英的含量极低，最高仅为 92 pg/g。Wang 等（2018）研究发现，在 35 种市售和实验室制备的生物炭中总 PAHs 为 638～12 374 μg/kg、具有生物有效性的 PAHs 含量低于检测限到

2 792 μg/kg，且在 350～650℃范围内，炭化温度越高，含量越低。

一般情况下，在 350～550℃范围内热解获得的生物炭的溶剂可提取态 PAHs 浓度最高，当热解温度高于 600℃时，PAHs 的含量逐步降低。同时，随着反应停留时间的延长，PAHs 的含量也将逐步减少（Hale et al.，2012）。相对于慢速热解过程而言，快速热解或气化工艺制备的生物炭 PAHs 的含量往往更高，这可能是慢速热解条件下 PAHs 有更充分的条件逸散在气相中，而在快速热解条件下则更倾向于沉积在生物炭表面，或者 PAHs 合成反应发生得更频繁。

此外，生物炭中 PAHs 的含量水平还受到粒径等多种因素的影响。例如，Li 等（2016）分析了不同粒径（9.31 μm、20.26 μm、60.77 μm、71.07 μm、101.9 μm）玉米秸秆生物炭的 PAHs 含量，发现 60.77 μm 粒径下的生物炭 PAHs 含量最高，达到 166.52 ng/g，而 101.90 μm 粒径下的含量最低，仅为 14.63 ng/g，分子量越低的 PAHs 含量变幅越大。

当前，我国的生物炭生产企业大多使用立窑或回转窑，相对而言，对控制有机污染物含量水平较为有利。但也有相反的报道，例如，De la Rosa 等（2016）使用在 620℃条件下由木片、纸浆、污泥制备的生物炭，外加一种用传统炭窑生产的葡萄藤生物炭，研究了其还田后对土壤 PAHs 的影响。结果表明，生物炭中的 PAHs 总量（USEPA）介于（959±62）μg/kg（污泥生物炭）至（2 613±1 380）μg/kg（松木炭），传统炭窑生产的炭的 PAHs 含量要比快速热解炭高 6 倍。这些生物炭还田后都增加了土壤 PAHs 含量，尤其是高分子量 PAHs。

在秸秆生物炭中，有机污染物的含量并不高。以实验室条件下制备的玉米秸秆生物炭为例，其总 PAHs 含量最高为（1.05±0.18）mg/kg；糠醛渣炭总 PAHs 含量稍高，为（1.88±0.43）mg/kg。在收集的企业生产的 5 种生物炭材料中，总 PAHs 含量差异较大，且有一种玉米秸秆炭的含量超过《农用污泥污染物控制标准》(GB 4284—2018)（表 12-1）。

表 12-1　生物炭样品中的 PAHs 含量　　单位：mg/kg

含量＼编号	1	2	3	4	5	6	7	8	9	10	11	12	13	14
萘	0.11	0.37	0.68	1.03	0.13	0.61	0.33	0.35	0.14	1.01	1	0.84	2.26	0.96
苊烯	—	—	—	—	—	—	—	—	—	—	—	—	—	0.74
苊	—	—	—	—	—	—	—	—	—	—	—	—	—	0.19
芴	—	—	—	—	—	—	—	—	—	0.15	—	—	—	0.61
菲	0.12	0.11	0.15	0.22	—	0.17	0.14	0.17	0.1	0.24	0.23	0.13	0.73	2.62
蒽	—	—	—	—	—	—	—	—	—	—	—	—	0.17	1.04
荧蒽	—	—	—	—	—	—	—	—	—	—	—	—	0.18	1.25
芘	—	—	—	—	—	—	—	—	—	—	0.1	—	0.25	1.32
䓛	—	—	—	—	—	—	—	—	—	—	—	—	0.32	0.9
苯并[*a*]蒽	—	—	—	—	—	—	—	—	—	—	—	—	—	0.51
苯并[*b*]荧蒽	—	—	—	—	—	—	—	—	—	—	—	—	—	0.17

含量＼编号	1	2	3	4	5	6	7	8	9	10	11	12	13	14
苯并[k]荧蒽	—	—	—	—	—	—	—	—	—	—	—	—	—	—
苯并[a]芘	—	—	—	—	—	—	—	—	—	—	—	—	—	0.32
茚并[1,2,3-cd]芘	—	—	—	—	—	—	—	—	—	—	—	—	—	0.13
二苯并[a,h]蒽	—	—	—	—	—	—	—	—	—	—	—	—	—	—
苯并[g,h,i]二萘嵌苯	—	—	—	—	—	—	—	—	—	—	—	—	—	0.14
总 PAHs	0.22	0.51	0.88	1.05	0.15	0.64	0.56	0.48	0.3	1.88	1.25	0.96	3.97	9.98

注：编号 1～9 样品为自制，材料为玉米秸秆，制备条件为 300℃-30 min、400℃-30 min、500℃-30 min、600℃-30 min、700℃-30 min、500℃-1 min、500℃-60 min、500℃-120 min、500℃-240 min；编号 10 样品为自制，材料为糠醛渣，制备条件为 500℃-30 min；编号 11～14 样品为收集，材料为烟秆、稻壳、污泥、玉米秸秆，制备工艺不详。
参照《土壤质量 多相芳烃碳氢化合物（PAH）的测定》（ISO 18287—2006）核实。

在收集的另一批次 5 种生物炭材料中，包括麻秆炭、稻壳炭、玉米秸秆炭、竹炭、果木炭，参照《固体废物 多环芳烃的测定 高效液相色谱法》（HJ 892—2017）在 16 种 PAHs 中仅有部分样品检出微量萘；参照《危险废物鉴别标准 浸出毒性鉴别》（GB 5085.3—2007）均未检出多氯联苯；参照《固体废物 二噁英类的测定 同位素稀释高分辨气相色谱-高分辨质谱法》（HJ 77.3—2008）测定二噁英类 I-TEF（ng TEQ/kg）为 0.4～3.63。

2．有机污染物对土壤的影响

生物炭所携带的 PAHs 等有机污染物有可能在土壤中释放。Oleszczuk 等（2018）使用 650℃温度条件下制备的小麦秸秆炭和芒草炭，在−20℃、4℃、20℃、70℃以及−20/20℃变温条件下，加入养分或（和）微生物，开展了为期 420 d 的陈化试验，结果表明，在大多数试验处理中，PAHs 含量（总量、游离态）都呈下降趋势，尤其在添加了养分或养分加微生物的情况下，下降趋势更明显，与未陈化生物炭相比，降幅分别达到 30%～100%（总含量）、12%～100%（游离态）。这一方面说明生物炭中的 PAHs 会随着陈化过程而逐渐减少，另一方面也说明了这些 PAHs 具备生物有效性。

因此，如果生物炭中的有机污染含量高于土壤背景值，必然导致其还田后土壤有机污染物含量的增加，尤其是当生物炭大用量集中使用时，有可能导致土壤 PAHs 含量在短期内的上升。

Rombola 等（2019）在一处葡萄园中添加了 16.5 t/hm^2 生物炭，2 年后土壤 PAHs 含量（56 ng/g、153 ng/g）明显高于对照（24 ng/g），但随后呈现下降趋势，并在 5 年后达到初始水平。de Resende 等（2018）在巴西热带地区也开展了类似的工作，将 16 t/hm^2 的生物炭加入土壤后，发现其总 PAHs、苯并[a]芘含量都高于对照，但含量水平（PAHs 15.8～39.4 ng/g）要比巴西（8 100 ng/g）和欧洲（3 000 ng/g）的相关规定低 2 个数量级，而且这些风险以及影响随着还田年限的延长而逐渐降低，在高土壤有机碳含量（11.2 g/kg）

和低有机碳含量(6.8 g/kg)条件下，分别在 3 年和 6 年后达到对照水平。Kusmierz 等(2016)将生物炭按照 30 t/hm^2 和 45 t/hm^2 的用量使用到酸性土壤中，观察到 PAHs 含量从 0.239 μg/g 分别上升到 0.526 μg/g 和 1.310 μg/g，但在 851 d 后，生物炭处理的 PAHs 含量就下降到与对照相同的水平。Oleszczuk 等（2016）进一步以该试验为基础，细化研究了溶解态 PAHs 的变化，发现当生物炭施入时，13 种溶解态 PAHs 含量即分别迅速下降 25%和 22%，在 851 d 后总降幅分别达到 29%和 35%，相比同期对照而言，降幅分别达到 40%和 42%。上述研究者都认为，在其试验条件下，就 PAHs 而言，生物炭还田是安全的。

如果土壤 PAHs 含量背景值较高，则生物炭还田将更显著地表现出降低 PAHs 有效性的作用。Oleszczuk 等（2017）研究表明，向土壤中加入 2.5%wt 的生物炭（柳树枝条、小麦秸秆，600～700℃）后，采用浸提方法测得的可接触性 16 种 PAHs 含量分别下降了 38%和 29.3%，其中五环和六环 PAH 降幅最明显（54.4%～100%），而对二环 PAH 的作用效果较为有限（8.0%～25.4%）。这种效果降低了柳树中菲的积累，对土壤 DOC 没有显著影响。Stefaniuk 等（2017）向土壤中加入了 11 t/hm^2 的污泥，并按照污泥用量的 2.5%、5%和 10%加入生物炭（柳树枝条，350～700℃），开展了为期 18 个月的田间试验。结果表明，单独使用污泥并未对土壤 PAHs（USEPA）产生显著影响，但当配施生物炭时，即便生物炭中含有 PAHs，但仍表现出对土壤总 PAHs 的显著降低作用。在经过了 18 个月后，单独使用污泥的处理 PAHs 含量下降 19%，而另外三个处理分别降低了 45%、35%和 28%。

即便生物炭中含有 PAHs 或二噁英，但并不是都能够被植物接触或吸收，其生物有效性及其对土壤中固有的有机污染物的生物有效性的影响更值得关注。Hale 等（2012）通过计算分配系数发现，生物炭中 PAHs 的生物有效性极低，甚至不会对环境背景值产生影响。Oleszczuk 等（2014）调查了一处生物炭厂周边的土壤，发现其 PAHs 含量很高，为 1 796.8～101 282.7 μg/kg，尤以荧蒽和苯并[*a*]芘为主。但是，在多数情况下，这些土壤中的生物过程（微生物活性、土壤酶活性、植物毒性）是正常的，只在少数土壤样点中可以观测到 PAHs 含量与植物毒性的相关关系。结合前面的分析可以认为，高浓度的 PAHs 含量并不必然意味着高的植物毒性，PAHs 的生物有效性，而非其总含量，更适合于评价其对土壤环境的风险。

生物炭与 PAHs 等有机污染物之间并非简单线性的源或库的关系，而是与土壤环境和植物发生交互。根系分泌物有可能促进生物炭中 PAHs 的释放，并在植物中积累（Wang et al.，2018）。但反过来，生物炭也经常被用作治理土壤有机污染的材料，PAHs 可能会吸附于生物炭表面并在没有光的情况下分解（Garcia-Delgado et al.，2015）。此外，为了更完全地提取生物炭中的 PAHs，诸多学者开展了提取方法研究，这一方面说明人们对 PAHs 的重视；另一方面也说明生物炭中的 PAHs 是可以被稳定吸附或有限释放的。

二、生物指示指标

生物炭对土壤动物区系、酶活性、微生物种群的影响日趋得到关注。其中，酶活性或微生物种群被认为是敏感且有效的生物指示指标，在评价生物炭还田的潜在风险时已有应用。

Mierzwa-Hersztek 等（2016）的研究结果表明，鸡粪生物炭对土壤酶活性没有显著影响，对费氏弧菌呈低毒，对介形虫无毒，对植物生长表现出明显的促进作用（2.25 t/hm^2 和 5 t/hm^2，分别增产 32%和 30%）。相对而言，鸡粪对作物的增产效果更明显，但其对介形虫和费氏弧菌的毒性也更强。当使用小麦秸秆和巨芒草制备的生物炭时，同样按照 2.25 t/hm^2 和 5 t/hm^2 的用量，以 5 t/hm^2 的生物质原料还田为对照，发现生物炭还田促进植物生物量增加 2%～14%的同时，对土壤酶活力没有显著影响，但对费氏弧菌呈现毒性，对介形虫低毒（Mierzwa-Hersztek et al.，2017）。

生物炭对费氏弧菌、介形虫和水芹等生物指示指标的影响随着生物炭的陈化而逐渐弱化。Oleszczuk 等（2018）研究了多种陈化条件下生物炭的 PAHs 含量及其环境毒性，发现与未陈化生物炭相比，陈化生物炭对根系生长的抑制、荧光抑制分别降低 73%～90%和 24%～100%，但对费氏弧菌而言，有些处理反而增加了对其的毒性。整体上，越接近自然陈化条件的生物炭，PAHs 含量越低、毒性越弱。

不同种类生物炭的环境效应差别很大，机制也可能是多样的。例如，鸡粪生物炭对水芥种子萌发表现出明显的抑制作用，而玉米秸秆生物炭则与清水对照没有显著差异，其原因可能在于鸡粪生物炭含有更多的挥发性脂肪酸（VFAs）和含氮有机化合物（NCCs）（Rombola et al.，2015）。Liao 等（2014）研究表明，生物质在炭化过程中会形成大量自由基并存留在生物炭上，在水培条件下抑制种子萌发，自由基对质膜的破坏可能是原因之一。需要说明的是，生物炭所含有的持久性自由基在污染物（对硝基酚）降解上同样具有很好的促进作用（Yang et al.，2016）。因此，持久性自由基对于生物炭农业应用的影响也是两方面的。

与种子萌发试验类似，蚯蚓趋避试验也经常被用于生物炭的土壤环境相容性研究，在 IBI 的生物炭认证中即有此项目。当生物炭（水稻秸秆炭）投入量在 0.56%以内时，对蚯蚓（赤子爱胜蚓）无驱离作用，当投入量达到 0.7%时，蚯蚓在培养 144 h 后表现出一定的趋避性（图 12-1）。但在生物炭处理条件下，蚯蚓体重损失率低于对照，在低投入量条件下表现得尤为明显（图 12-2）。

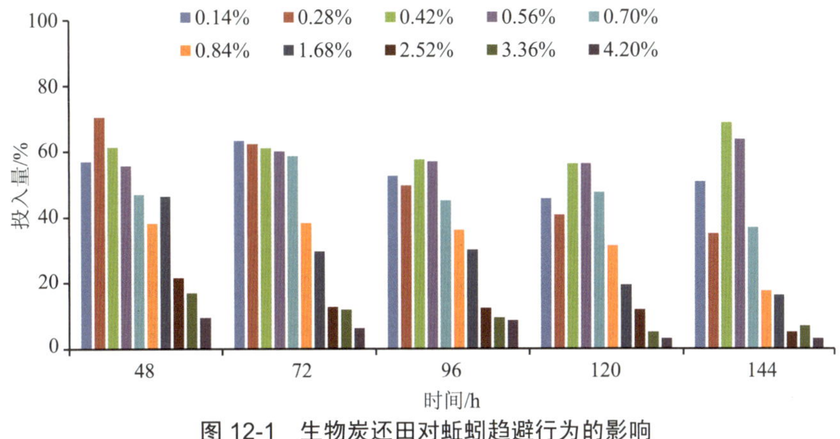

图 12-1　生物炭还田对蚯蚓趋避行为的影响

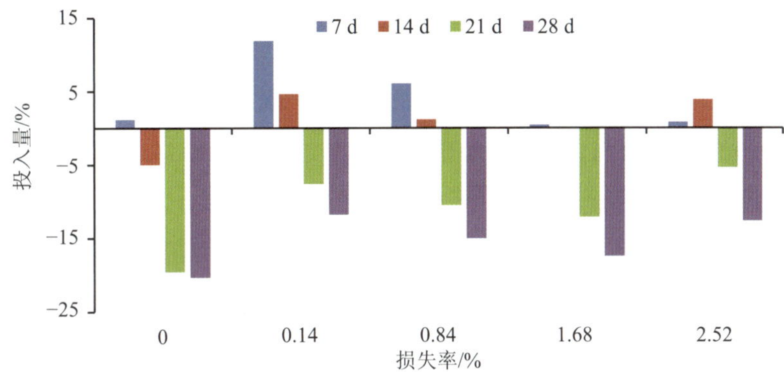

图 12-2　生物炭还田对蚯蚓体重损失率的影响

三、作物产量安全

在农业范畴内，生物炭还田对作物产量的影响是评价其安全性最直接也可能是最重要的方面。自生物炭研究兴起以来，研究者使用不同类型生物炭、不同还田量，面向不同土壤、作物、气候区，采用盆栽、大田、长期定位试验等不同方式，针对生物炭还田对作物生长发育、产量形成的影响开展了大量研究。

总体上，生物炭对作物生长和产量形成发挥着积极作用。平均而言，不论土壤、气候条件如何，生物炭还田都可以增加作物地上部分的生物量和产量（Biederman et al.，2013），平均增产幅度可以达到约 10%（Jeffery et al.，2011）或 11%（Liu et al.，2013）。Crane-Droesch 等（2013）在大量数据分析基础上进行的全球范围模拟预测显示，在具有高度风化土壤的地区，例如，那些具有大部分湿润热带特征的地区，潜在的作物增产空间最大，而对于世界上许多重要农业区的肥沃土壤，则似乎不太可能从生物炭中获益。Jeffery 等（2017）对大量文献数据进行了荟萃分析，发现在温带地区，生物炭还田对作物产量没有影响，但热带地区的产量平均可增加 25%，基本上与前述预测结果匹配。

可以认为，生物炭还田对作物产量的提升效果在整体上是积极的、确定的，但其中也不乏一些负向效果的报道。在 Jeffery 等（2011）进行荟萃分析所使用的文献数据中可以看到，生物炭对作物产量的影响差异很显著，从增产 39%到减产 28%均有报道。一项用厨余废弃物制备生物炭开展的盆栽试验表明，7%的添加量抑制了玉米在淋溶土（Alfisol）上的生长（Rajkovich et al.，2012）。类似地，4.5%的橡木生物炭添加抑制了典型土壤类型中小麦的生长（Aguilar-Chavez et al.，2012）。这些负面效果可能是因为生物炭还田量太大而导致养分的生物有效性降低、高盐浓度，或者是释放出了具有植物毒性的化合物。因此，从作物产量的角度来看，生物炭还田的安全性很高，但也不能完全排除不合理、不恰当使用时可能存在的风险。

四、安全性评价的基准

综上所述，就作物产量而言，生物炭还田整体上表现出正效应。即便在高于 100 t/hm^2 的极端用量条件下，仍可见促进作物增产的报道（Jeffery et al.，2011）。作为一项源于千百年来农耕实践的技术，生物炭暨秸秆炭化还田的安全性已经得到实证检验。但是，生物炭中无机污染物和有机污染物的存在，以及生物指示指标的变化仍然警示着可能的风险。科学、审慎、务实地评价生物炭暨秸秆炭化还田的安全性，对于指导生物炭产业发展具有非常重要的意义。

生物炭的安全性评价要结合其用法、用量、应用背景等因素综合判断，更重要的是需要明确评价的基准。污染物的环境背景浓度和农业投入品或土壤环境质量相关标准是重要的依据。

1. 环境背景浓度

2005 年，国际标准化联盟（International Organization for Standardization，ISO）提出了环境背景浓度（Ambient Background Concentration，ABC）的概念。但是，受土壤质地、区域生态环境等因素的影响，环境背景浓度的变化甚大。

Jones 等（1989）研究表明，在英国农村和城市地区，14 种 PAHs 浓度为 0.1～54.5 mg/kg。Cousins 等（1997）分析了分布于英国各地偏远、半农村和农村地区的地表土壤，这些地区的多环芳烃排放量可能应该是较为有限的，在这种情况下，12 种 PAHs 浓度为 0.02～7.4 mg/kg。中国、日本、韩国、印度和越南等亚洲五国土壤的 PAHs 浓度要低于欧洲和北美洲，与亚洲其他国家污染水平相当，但是高于非洲、南美洲和大洋洲地区。47 种 PAHs 在土壤样品中均有检出，其中以苯并[*b*]荧蒽含量最高，其次为荧蒽、菲和芘，总 PAHs 浓度范围为 13.1～7 310 ng/g dw，平均值为（762±1 160）ng/g dw。农村地区土壤中 PAHs 的平均浓度［（590±1 100）ng/g dw］要低于城市地区［（1 070±1 310）ng/g dw］

（洪文俊，2016）。

因此，从生物炭中污染物的绝对含量看，如果以环境背景浓度为参照，某种生物炭可能在高背景值地区应用是安全的，在低背景值地区则可能不安全。

2. 农业投入品和土壤环境质量生态指标

我国现行肥料类农业投入品相关标准的生态指标主要包括粪大肠菌群数、蛔虫卵死亡率、砷及其化合物、镉及其化合物、铅及其化合物、铬及其化合物、汞及其化合物等指标；农用地土壤环境质量标准涉及镉、汞、砷、铅、铬、铜、镍、锌、六六六、滴滴涕、苯并[*a*]芘等。原则上，符合上述生态指标要求的生物炭是具备安全应用条件的。

五、小结

综上所述，生物炭中的重金属、PAHs 等有机污染物是客观存在的，但即使存在却不一定净释放，即使释放也不一定会提高生物有效性。加之 PAHs 多为疏水化合物且与有机质结合紧密，而生物炭又会在土壤中长期存在，因此生物炭中的 PAHs 生物有效性应该非常低，对土壤环境背景的影响微乎其微。

生物炭还田对土壤生态环境的影响是多方面的，并将随着科技能力的提高而不断拓展和深入。其中，生物炭所含的有机或无机污染物质的归趋与效应是一个重要方面，对某一具体环节或过程的负面影响难以否定系统性的正向作用。反之，良好的整体效果也不应掩盖局部的风险。正如化肥使用不当就会烧苗，如何趋利避害、更加充分地发挥生物炭技术优势，更值得人们关注。

随着科学技术的快速发展，对生物炭技术优势的认知将与对其弊端的了解一样不断丰富，生物炭的安全性将是一个长期讨论的话题。当前，在严格控制生物炭有机污染物含量的前提下，控制生物炭用量，以相关标准或规范指导具体应用，可以在保证风险可控的情况下稳步推进秸秆炭化还田。

参考文献

洪文俊. 2016. 亚洲五国大气土壤中 PAHs 分布特征及健康风险评价[D]. 大连：大连海事大学.

Aguilar-Chavez A，Diaz-Rojas M，Cardenas-Aquino M D，et al. 2012. Greenhouse gas emissions from a wastewater sludge-amended soil cultivated with wheat（Triticum spp. L.） as affected by different application rates of charcoal[J]. Soil Biology and Biochemistry，52：90-95.

Biederman L A，Harpole W S. 2013. Biochar and its effects on plant productivity and nutrient cycling：a meta-analysis[J]. Global Change Biology Bioenergy，5（2）：202-214.

Cousins，T I，Kreibich H，Hudson L E，et al. 1997. PAHs in soils：contemporary UK data and evidence for potential contamination problems caused by exposure of samples to laboratory air[J]. Science of the Total Environment，203（2）：141-156.

Crane-Droesch A，Abiven S，Jeffery S，et al. 2013. Heterogeneous global crop yield response to biochar：a meta-regression analysis[J]. Environmental Research Letters，8（4）.

De la Rosa J M，Paneque M，Hilber I，et al. 2016. Assessment of polycyclic aromatic hydrocarbons in biochar and biochar-amended agricultural soil from Southern Spain[J]. Journal of Soils and Sediments，16（2）：557-565.

de Resende M F，Brasil T F，Madari B E，et al. 2018. Polycyclic aromatic hydrocarbons in biochar amended soils：Long-term experiments in Brazilian tropical areas[J]. Chemosphere，200：641-648.

Devi P，Saroha A K. 2014. Risk analysis of pyrolyzed biochar made from paper mill effluent treatment plant sludge for bioavailability and eco-toxicity of heavy metals[J]. Bioresource Technology，162：308-315.

Fabbri D，Rombola A G，Torri C，et al. 2013. Determination of polycyclic aromatic hydrocarbons in biochar and biochar amended soil[J]. Journal of Analytical and Applied Pyrolysis，103：60-67.

Freddo A，Cai C，Reid B J. 2012. Environmental contextualisation of potential toxic elements and polycyclic aromatic hydrocarbons in biochar[J]. Environmental Pollution，171：18-24.

Garcia-Delgado C，Alfaro-Barta I，Eymar E. 2015. Combination of biochar amendment and mycoremediation for polycyclic aromatic hydrocarbons immobilization and biodegradation in creosote-contaminated soil[J]. Journal of Hazardous Materials，285：259-266.

Hale S E，Lehmann J，Rutherford D，et al. 2012. Cornelissen. Quantifying the total and bioavailable polycyclic aromatic hydrocarbons and dioxins in biochars[J]. Environmental Science & Technology，46（5）：2830-2 838.

Jeffery S，Abalos D，Prodana M，et al. 2017. Biochar boosts tropical but not temperate crop yields[J]. Environmental Research Letters，12（5）.

Jeffery S，Verheijen F G A，van der Velde M，et al. 2011. A quantitative review of the effects of biochar application to soils on crop productivity using meta-analysis[J]. Agriculture Ecosystems & Environment，144（1）：175-187.

Jones，Kevin C，Jennifer A，et al. 1989. Organic contaminants in Welsh soils：polynuclear aromatic hydrocarbons[J]. Environmental Technology，23（5）：540-550.

Keiluweit M，Kleber M，Sparrow M A，et al. 2012. Solvent-extractable polycyclic aromatic hydrocarbons in biochar：influence of pyrolysis temperature and feedstock[J]. Environmental Science & Technology，46（17）：9333-9341.

Kusmierz M，Oleszczuk P，Kraska P，et al. 2016. Persistence of polycyclic aromatic hydrocarbons（PAHs）in biochar-amended soil[J]. Chemosphere，146：272-279.

Li Y G，Liao Y，He Y，et al. 2016. Polycyclic aromatic hydrocarbons concentration in straw biochar with different particle size[J]. Selected Proceedings of the Tenth International Conference on Waste Management and Technology，31：91-97.

Liao S H，Pan B，Li H，et al. 2014. Detecting free radicals in biochars and determining their ability to inhibit the germination and growth of corn，wheat and rice seedlings[J]. Environmental Science & Technology，48（15）：8581-8587.

Liu X Y，Zhang A F，Ji C Y，et al. 2013. Biochar's effect on crop productivity and the dependence on experimental conditions-a meta-analysis of literature data[J]. Plant and Soil，373（1-2）：583-594.

Mierzwa-Hersztek M，Gondek K，Baran A. 2016. Effect of poultry litter biochar on soil enzymatic activity，ecotoxicity and plant growth[J]. Applied Soil Ecology，105：144-150.

Mierzwa-Hersztek M，Gondek K，Klimkowicz-Pawlas A，et al. 2017. Effect of wheat and Miscanthus straw biochars on soil enzymatic activity，ecotoxicity，and plant yield[J]. International Agrophysics，31（3）：367-375.

Oleszczuk P，Godlewska P，Reible D D，et al. 2017. Bioaccessibility of polycyclic aromatic hydrocarbons in activated carbon or biochar amended vegetated（Salix viminalis） soil[J]. Environmental Pollution，227：406-413.

Oleszczuk P，Jośko I，Kusmierz M，et al. 2014. Microbiological，biochemical and ecotoxicological evaluation of soils in the area of biochar production in relation to polycyclic aromatic hydrocarbon content[J]. Geoderma，（213）：502-511.

Oleszczuk P，Koltowski M. 2018. Changes of total and freely dissolved polycyclic aromatic hydrocarbons and toxicity of biochars treated with various aging processes[J]. Environmental Pollution，（237）：65-73.

Oleszczuk P，Kusmierz M，Godlewska P，et al. 2016. The concentration and changes in freely dissolved polycyclic aromatic hydrocarbons in biochar-amended soil[J]. Environmental Pollution，（214）：748-755.

Rajkovich S，Enders A，Hanley K，et al. 2012. Corn growth and nitrogen nutrition after additions of biochars with varying properties to a temperate soil[J]. Biology and Fertility of Soils，48（3）：271-284.

Rombola A G，Fabbri D，Baronti S，et al. 2019. Changes in the pattern of polycyclic aromatic hydrocarbons in soil treated with biochar from a multiyear field experiment[J]. Chemosphere. 219：662-670.

Rombola A G，Marisi G，Torri C，et al. 2015. Relationships between chemical characteristics and phytotoxicity of biochar from poultry litter pyrolysis[J]. Journal of Agricultural and Food Chemistry，63（30）：6660-6667.

Stefaniuk M，Oleszczuk P，Rozylo K. 2017. Co-application of sewage sludge with biochar increases disappearance of polycyclic aromatic hydrocarbons from fertilized soil in long term field experiment[J]. Science of the Total Environment，599：854-862.

Wang J，Xia K，Waigi M G，et al. 2018. Application of biochar to soils may result in plant contamination and human cancer risk due to exposure of polycyclic aromatic hydrocarbons[J]. Environment International，121：169-177.

Yang J，Pan B，Li H，et al. 2016. Degradation of p-Nitrophenol on biochars：role of persistent free radicals[J]. Environmental Science & Technology，50（2）：694-700.

第十三章　生物炭标准化

近年来，在陈温福院士等的倡导下，在业界的共同努力下，“秸秆炭化还田”理论快速发展，生物炭应用技术体系已经建立并日趋完善，一批从事生物炭产销的先锋企业逐渐涌现。但到目前为止，我国生物炭标准体系尚不健全，从业企业无章可循，产品质量参差不齐。另外，生物炭种类众多、理化性质各异，如何确保质量安全、分类应用、优质优价？产业发展，标准先行。标准化是解决上述问题、促进产业健康发展的必由之路。

生物质原料种类是影响生物炭理化性质的决定性因素之一，而现有工作还难以覆盖全部产品类型。为此，本章主要围绕“秸秆炭化还田”理论与生物炭农业应用，以第二章述及的生物炭理化性质为基础（以下简称样品库），从秸秆生物炭及相关农业投入品的概念范畴、指标筛选与限值等方面展开讨论。

一、秸秆生物炭的范畴

《现代汉语词典》将秸秆定义为：“农作物脱粒后剩下的茎”。《辞海》从生产的不同环节，将秸秆定义为农作物主产品收获后残留在田间的茎叶等，以及农作物粗加工后形成的玉米芯、稻米壳等加工副产物。农业部在 2010 年《全国农作物秸秆资源调查与评价报告》中对农作物秸秆进行了限定，是指在农业生产过程中，收获了小麦、水稻、玉米、薯类、油料、棉花和其他农作物的籽粒后残留的不能食用的茎、叶、穗等副产品。在我国的秸秆综合利用工作中，“秸秆”是“农作物秸秆”的简称（“‘十二五’农作物秸秆综合利用实施方案”），包括稻草、麦秆、玉米秆、棉秆、油料作物秸秆（主要为油菜和花生）、豆类秸秆、薯类秸秆等类型，其中，稻草、麦秆、玉米秆占比超过 80%。

因此，秸秆可视为一个较为宽泛的概念，可以具体地理解为收获农作物主产品之后所留下的农作物副产品。包括收获了小麦、水稻、玉米、薯类、油料、棉花和其他农作物的籽粒或经济产品后，残留的茎叶穗等副产品，以及农产品加工剩余物。其中，稻壳、花生壳等农产品加工剩余物经常因易于收集而被用作制炭原料。

当前，生物炭的定义比较宽泛。在国际生物炭倡导组织（International Biochar Initiative，IBI）于 2014 年推出的 *Standardized Product Definition and Product Testing Guidelines for Biochar That Is Used in Soil*（以下简称 IBI 认证）中，将生物炭定义为“生

物质在缺氧条件下通过热化学转化后获得的固体物质”。在该定义下，市政污泥也是生物炭的原料来源之一，生物质直燃发电残余的底灰与飞灰也可纳入生物炭标准体系。在欧洲生物炭认证（European Biochar Certificate，EBC）推荐的生物质原料中，不仅包括秸秆等农林业废弃物，也包括渔业废弃物、畜禽粪便等。

源于木质原料的生物炭往往具有较高的碳元素含量和较大的比表面积，灰分含量低，有利于提高养分持留能力。为避免破坏林木资源，用木材做生物炭不可取，但利用“林业三剩物”做生物炭则是其综合利用的有效方式之一。就木质生物炭而言，已有现行国家标准《木炭和木炭试验方法》（GB/T 17664—1999），但在实际操作中，难以从生物炭产品本身判断其源于木材还是“林业三剩物”。从目前的市场情况看，源于木质原料的生物炭往往具有更高的热值和其他高附加值利用途径，企业主也不倾向于将其用做生物炭基肥料的原料或其他农业用途。因此，在实践中，“秸秆炭化还田”也包括使用“林业三剩物”制备的生物炭。

生物质直燃发电产生的飞灰和底灰也在一定程度上具有生物炭的特质，因为即使是在直燃条件下，也可能在生物质颗粒内部出现同时具备高温和缺氧条件的区域，符合生物炭的一般性制备条件要求。本质上，这些生物质灰属于工业固体废物。但是，只要其符合生物炭概念述及的生物质原料范畴且符合安全标准，也不排斥其用于农业。在堆肥时，生物质灰也常被用做填料之一。目前，使用畜禽粪便和市政污泥制备生物炭的报道越来越多。此类生物炭往往含有较高的灰分，在肥料化应用时可提供更多养分。受研究范围所限，本章暂不讨论。

综上所述，“秸秆生物炭”可定义为：以农作物秸秆为原料，在绝氧或有限氧气供应和相对较低温度下（≤700℃）热解得到的，以返还农田提升耕地质量、实现碳封存为主要应用方向的富碳固体产物。“林业三剩物”、动物源生物质、畜禽粪便、市政污泥等虽不在秸秆范畴内，但在具体工作中也可以此为参考。

二、主要技术指标

生物炭的理化性质十分复杂，这也是其在很多领域都有应用的重要原因之一。在秸秆炭化还田框架下，秸秆生物炭主要用于碳封存和土壤改良，可据此筛选其主要指标。

（一）总碳

无论是提升耕地质量还是实现碳封存，碳元素含量都是衡量生物炭品质的最重要的技术指标之一。生物炭中的碳元素绝大部分以具有特殊稳定性的有机碳形式存在于结构主体中，性质稳定，在实现碳封存中起到关键作用；还有少部分有机碳存在于生物炭结构内部或表面，也包含在官能团中，在修复污染土壤、改良土壤、提高土壤肥力等方面起着重要作用。另外，生物炭中还有部分无机碳，通常以碳酸盐为主存在于灰分中，虽然秸秆生物炭的有机成分如羧基、酚羟基等含碳官能团影响其 pH，但碳酸盐等强碱弱酸盐等在其 pH 形成中也具有显著影响，也是生物炭改良酸性土壤的核心。

IBI 和 EBC 在生物炭认证中都将碳含量作为衡量生物炭品质的重要标准，均未直接采用总碳含量指标。其中，EBC 以总碳含量（C%）大于或等于 50%、热解碳质（PCM）小于 50%作为生物炭的门槛；IBI 则是以总碳减去无机碳计算得到的有机碳含量（C_{org}%）作为衡量生物炭品质的指标之一，进一步根据有机碳含量（C_{org}）设置了 10%～30%、30%～60%和大于或等于 60%三个分类等级。IBI 和 EBC 均未严格限定生物炭的生物质原料种类，无机物含量较高的污泥、畜禽粪便和动物骨头等生物质均可作为制备生物炭的原料，因此部分生物炭中无机碳含量较高。可能是为了避免较高的无机碳含量对衡量生物质炭化程度的影响，IBI 和 EBC 选择将有机碳含量视为核心指标之一。

在秸秆炭化还田技术框架内，植物源生物质原料中无机碳含量仅占总碳含量的 1.64%，对应的生物炭中无机碳含量仅占总碳含量的 4%左右。以总碳含量为指标，样品库中的生物炭可聚类为两类：40%≤C%＜63%，C%≥63%，将后者折算为有机碳含量后恰与 IBI 的有机碳含量分类上限相近，即 C_{org}≥60%。

在生产实践中，干馏釜、半封闭式立窑、滚筒式回转窑等制炭设备较为常见，也有很多采用气化炉制炭。理论上，干馏釜炭化的方式能够有效控制氧气进入，从而提高生物炭中的碳元素含量。在实验室条件下，将装有生物质原料的瓷坩埚放入马弗炉制备生物炭，在形式上近似于干馏釜，因此碳元素含量的测试结果将高于半封闭式立窑制备的生物炭，更将显著高于气化炉制炭法。在所检测过的工厂化生产的秸秆生物炭中，总碳含量最低的仅为 20%左右。

综合考虑实验室制备的生物炭和工厂化生产的生物炭的总碳含量，在 20%～40%选择一个折中的数字即 30%可视为生物炭总碳含量的低限分类指标，这也便于与 IBI 的分类方法保持基本一致。

综上所述，有机碳和无机碳均是生物炭的重要组成部分，都直接影响生物炭的理化性质，均在提升耕地质量和实现碳封存中起到重要作用。因此，以总碳含量（C%）表征生物炭的质量可能是较为简单又不失严谨的做法。从贴近生产实际、保护企业积极性、适当提高要求的思路出发，可根据碳元素的总含量将生物炭分为Ⅰ级和Ⅱ级。其中，Ⅰ级生物炭中的碳元素含量为 C%≥60%，Ⅱ级生物炭中的碳元素含量为 30%≤C%＜60%。

这一分级方法与 IBI 有一定区别。一是使用总碳含量替代了总有机碳含量，二是对 C%＜30%的情况不予考虑。同时，为了便于生物炭衍生产品中生物炭含量的定量分析，可假设存在生物炭标准物质，其碳含量（烘干基）为 $C_{标准生物炭}$%=30%。在检测方法方面，元素分析仪是目前最常用的设备，在 EBC 和 IBI 的认证中均有使用。

生物炭及其类似物的总碳含量见表 13-1。

表 13-1　生物炭及其类似物的总碳含量

生物炭来源	种类	总碳含量/%	标准差/%
秸秆生物炭	秸秆炭	27.93	0.18
	烟秆生物炭-1	54.11	1.12
	烟秆生物炭-2	60.18	0.79
	生物炭	20.20	0.01
	平均值	42.11	16.51
加工剩余物生物炭	花生壳炭	65.38	1.45
	稻壳炭-1	32.82	3.16
	稻壳炭-2	49.48	1.98
	稻壳炭-3	53.25	1.43
	平均值	50.23	17.49
竹木生物炭	活性炭	74.19	—
	竹块炭	71.34	0.83
	成型颗粒炭	52.25	1.14
	平均值	63.57	9.89

注：生物炭种类名称后数字代表不同生产厂家，下同。

生物炭碳元素含量见图 13-1。

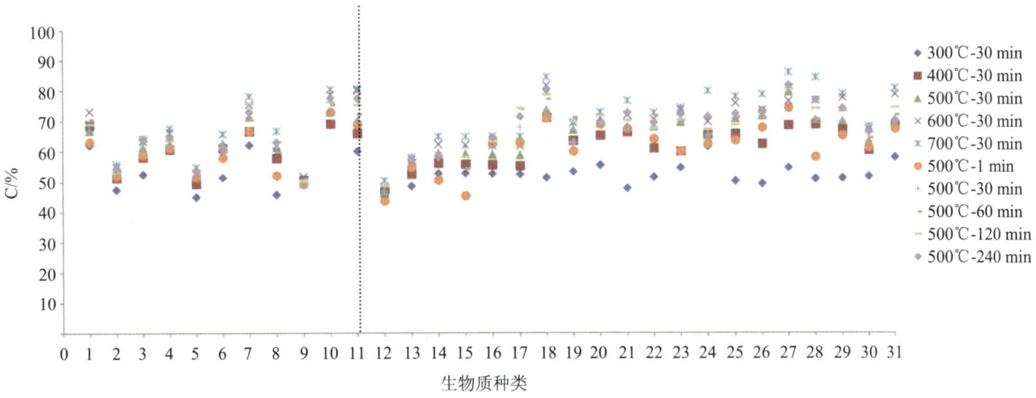

图 13-1　生物炭碳元素含量

注：①横坐标 1～31 分别表示生物质种类为：1—玉米秸秆表皮；2—水稻秸秆；3—小麦秸秆；4—高粱秸秆；5—谷子秸秆；6—花生秸秆；7—大豆秸秆；8—棉花秸秆；9—烟梗；10—玉米芯；11—甘蔗渣；12—稻壳；13—小麦壳；14—谷子壳；15—花生壳；16—豆荚皮；17—荞麦壳；18—竹子；19—苹果枝条；20—杨树枝条；21—葡萄枝条；22—松木屑；23—松针；24—松塔；25—苘麻；26—线麻；27—核桃壳；28—榛子壳；29—瓜子皮；30—豆角秸秆；31—糠醛渣。

②该试验结果重复性好，且由于数据点过于密集，故未标注误差线，下同。

（二）氧碳摩尔比、氢碳摩尔比

氧碳摩尔比（O/C_{org}≤0.4）是 EBC 生物炭认证的指标之一，氢碳摩尔比（H/C_{org}≤0.7）在 IBI 和 EBC 的认证中均有使用。

在样品库中，生物炭的氧碳摩尔比（O/C）为 0.06～0.62，平均为 0.21。除烟梗、稻壳、松木屑、松针等油脂含量较高或碳元素含量较低的材料外，其他类型的生物炭在炭化温度高于 300℃、反应停留时间长于 30 min 时 O/C 均小于 0.4。通过聚类分析可将生物炭的 O/C 分为两类：0.2＜O/C≤0.4，O/C≤0.2。秸秆生物炭和非秸秆生物炭的氢碳摩尔比无明显区别，平均值分别为 0.67 和 0.78，多数样品 H/C≤0.7。需要说明的是，此处述及的碳含量为总碳含量，将导致以有机碳为计算基础的氧碳摩尔比和氢碳摩尔比的低估。同样，根据 H/C_{org} 聚类分析结果，可将生物炭分为Ⅰ级和Ⅱ级，其中Ⅰ级生物炭为 H/C≤0.4，Ⅱ级生物炭为 0.4＜H/C≤0.7。

（三）灰分、挥发分、固定碳

灰分含量表征生物炭中无机物组分含量，与生物炭 pH 的形成和矿物质含量有关。在大多数情况下，样品库中秸秆生物炭的灰分含量普遍高于 13%，而非秸秆生物炭则普遍低于这一数值。因此，灰分含量指标有助于区分秸秆生物炭与典型的木质生物炭。挥发分含量与生物炭的稳定性和生物质的炭化程度有关。通常，生物炭的挥发分含量越高，其稳定性和炭化程度越低。因此，可用挥发分含量来界定生物质的炭化程度。去掉灰分和挥发分后，余下的就是固定碳，其含量同样也可作为衡量生物质炭化程度的技术指标。在样品库中，生物炭的固定碳含量为 15.77%～80.96%，平均值为 54.24%。当炭化温度大于或等于 400℃、停留时间大于或等于 30 min 时，固定碳含量最低为 27.86%（图 13-2）。

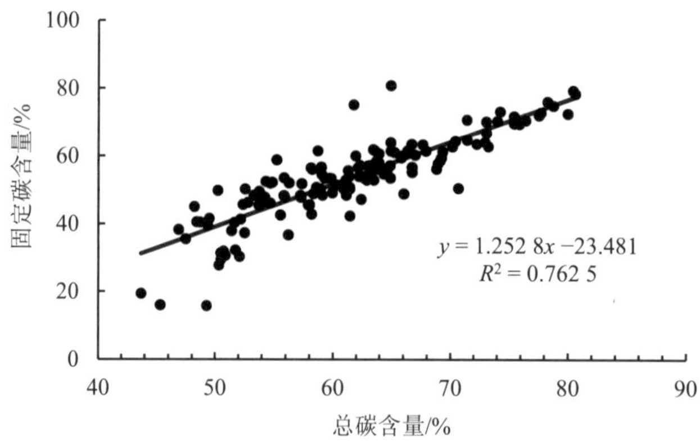

图 13-2 生物炭的固定碳含量与总碳含量的关系

对碳封存而言，碳元素的含量与稳定性同样重要，这两个指标决定了在同等生物炭用量条件下可以实现的碳元素封存的数量和长期性。在样品库中，生物炭的碳元素含量和固定碳含量之间存在极显著（$P<0.01$）的正相关。根据这种关系，可以折算出Ⅰ级生物炭的固定碳含量为 FC%≥51%；Ⅱ级生物炭的固定碳含量为 14%≤FC%<51%。

当前，在生产实践中元素分析仪还不够普及，可尝试通过固定碳含量大体推算碳元素的含量。基于生物炭碳元素含量与固定碳含量的关系、样品库中 400℃以上生物炭中固定碳含量的测定值（固定碳含量最低为 27.86%），可以根据固定碳含量将生物炭分为Ⅰ级生物炭和Ⅱ级生物炭，Ⅰ级生物炭的固定碳含量为 FC%≥50%；Ⅱ级生物炭的固定碳含量为 25%≤FC%<50%。

IBI 和 EBC 生物炭认证中虽未将灰分含量设定为技术指标，但都要求标明含量。其主要原因可能是 IBI 和 EBC 均未限定制备生物炭的生物质原料种类，草本植物、木本植物、畜禽粪便、污泥和餐厨垃圾等均认为是可作为制备生物炭的生物质原料，导致生物炭的灰分含量差异较大，其中，畜禽粪便、污泥和餐厨垃圾制备的生物炭的灰分含量可达 60%，显著高于草本植物和木本植物。即便仅仅针对秸秆类生物炭，其灰分含量变幅依然很大，难以设定量化指标。

IBI 和 EBC 也未将挥发分设置成衡量生物炭品质的技术指标，但 EBC 认证中需要标明值。究其原因，可能是因为 H/C_{org} 和挥发分含量两者均与生物炭的稳定性有关，而 H/C_{org} 可以更直观地量化生物炭稳定性；另外，生物炭的挥发分含量与碳含量均可用于衡量生物质的炭化程度，但后者除了衡量碳化程度外还可评价和估算生物炭的固碳潜力。在生产实践中，有的企业用木醋等液态热解产物来给生物炭降温、扑灭明火，使生物炭的挥发分含量显著提高。在确保安全的前提下，配合有木醋的生物炭可发挥更积极的土壤改良培肥作用。因此，挥发分含量并不适合作为生物炭的产品质量指标。

（四）养分（$N+P_2O_5+K_2O$）含量

生物炭中的养分，尤其是可利用养分含量十分有限。在 IBI 和 EBC 的生物炭认证中，虽未将其作为衡量生物炭品质的技术指标，但均认为需要标明生物炭的养分含量。

样品库中不同原料制备的生物炭的养分含量差异较大，可被作物吸收利用的有效态养分较少，生物质原料种类的影响大于炭化工艺的影响。虽然有效养分含量不高，但是，无论用于提升耕地质量还是用于碳封存，往往都需要生物炭大用量集中还田。在这种情况下，其养分含量不可忽略，需要在使用其他肥料时统筹考虑，尤其是钾。因此，生物炭不适合设定养分含量指标，但生物炭产品有必要标明具体含量。

（五）pH

IBI 和 EBC 均未将 pH 设为生物炭的指标要求，这与其生物炭来源宽泛有关。秸秆生物炭大多呈碱性，有利于改良酸性土壤，但是否适合在碱性土壤中应用尚难以定论。目前，已有行业专家提出了酸性生物炭的构想，专门用于盐碱地改良。此外，在用于生物炭基肥料、土壤改良剂等产品时，生物炭的酸碱性也是需要注意的方面。因此，不宜设定 pH 指标，但在秸秆生物炭产品上有必要标明 pH。

（六）重金属、类金属

重金属和类金属等无机污染物普遍存在于土壤中，并将不可避免地转移到植物体内，最终残留于生物炭中。虽然热解过程促进了可移动的或具有生物有效性的重金属转化为相对稳定的形式，环境毒性很低（Devi et al.，2014），但其长时间尺度的变化和风险难以判断，因此生物炭中重金属与类金属污染物含量仍是评价其质量的重要依据。

对于砷、镉、铅、铬、汞等污染物，我国现有农业投入品相关标准的限定值依据肥料种类尤其是施用量而变化。有机肥料、生物有机肥和城镇垃圾的用量往往较大，因此其重金属含量限定值较低。有机-无机复混肥用量次之，对铅和铬及其化合物的限定范围也相应扩大。

IBI 和 EBC 也根据其区域性相关标准、法律、法规，分别给出了生物炭的污染指标限值。相对而言，我国的肥料等农业投入品生态指标是十分严格的。以镉为例，IBI 的最低取值为 1.4 mg/kg，参考的是有机废弃物农业应用标准，基本可对照我国的有机肥标准，二者取值相似。我国《农用污泥污染物控制标准》（GB 4284—2018）对镉含量提出了更为严格的要求，其含量小于或等于 0.3 mg/kg。钴、钼、硒等元素在我国相关土壤环境和肥料标准中未述及。本章着重讨论秸秆生物炭，其原料来源不包含污泥、畜禽粪便等 IBI 和 EBC 允许使用的原料，基本排除了上述元素大量存在的可能。

样品库中生物炭的无机污染物含量符合绝大多数我国农业投入品相关标准的生态指标要求，均符合 IBI 和 EBC 的相关标准要求，均显著低于农用地土壤环境质量标准相关指标筛选值（表 13-2）。因此，生物炭的大量应用对土壤重金属或类金属污染物环境背景产生实质负面影响的可能性极低。其中，只有汞（Hg）含量有部分样品超出了《农用污泥污染物控制标准》（GB 4284—2018）、《有机肥料》（NY/T 525—2021）和《生物有机肥》（NY 884—2012）相关要求。

表 13-2 生物炭无机污染物含量及其与相关标准的比较 单位：mg/kg

标准名称	砷	镉	铅	铬	汞	铜	镍	锌	钴	钼	硒
NY/T 4159—2022《生物炭》	0.000 8～0.08	0.000 2～0.013	0.004～0.87	0.12～4.17	0.4～2.81	0.05～2.28	0.03～0.89	0.12～5.39	0.003～0.11		
GB/T 23349—2020《肥料中砷、镉、铬、铅、汞含量的测定》	50	10	200	500	5						

标准名称	砷	镉	铅	铬	汞	铜	镍	锌	钴	钼	硒
GB/T 18877—2020《有机无机复混肥料》	50	10	150	500	5						
NY/T 798—2015《复合微生物肥料》	15	3	50	150	2						
NY/T 525—2021《有机肥料》	15	3	50	150	2						
GB 4284—2018《农用污泥污染物控制标准》	30	3	300	500	3	500	100	1 200			
GB 15618—2018《土壤环境质量　农用地土壤污染风险管控标准》	25～40	0.3～0.8	70～240	150～350	0.5～3.4	50～200	60～190	200～300			
	100～200	1.5～4.0	400～1 000	800～1 300	2.0～6.0						
EBC-agro V9.0	13	1.5	150	90	1	100	50	400			
IBI V2.0	12～100	1.4～39	121～300	93～1 200	1～17	63～1 500	47～600	200～7 000	40～100	5～75	2～200

在生产实践中，生物炭往往与肥料或土壤调理剂等农业投入品对标，但在面向特定的土壤改良或污染治理需求时，或非粮作物生产需求时，生物炭的大剂量应用并不少见。在我国，《土壤环境质量　农用地土壤污染风险管控标准》（GB 15618—2018）规定了农用地土壤污染风险筛选值，包括镉、汞、砷、铅、铬、铜、镍、锌 8 项必测项目，即基本项目。当农用地土壤中污染物含量小于或等于该值的，对农产品质量安全、农作物生长或土壤生态环境的风险低，一般情况下可以忽略；超过该值的，则可能存在风险，原则上应采取安全利用措施。同时，该标准还规定了污染风险管制值，包括镉、汞、砷、铅、铬，当农用地土壤污染物含量超过限值时，食用农产品不符合质量安全标准，农用地土壤污染高，原则上应采取严格管控措施。

因此，结合农业投入品相关标准和土壤环境质量标准，建议将生物炭的无机污染物含量指标分为三级，即大于或等于农业投入品最低限制（Ⅰ级）、大于或等于土壤污染风险筛选值（Ⅱ级）、大于或等于土壤污染风险管控值（Ⅲ级）（表 13-3）。在实践中分别可放心使用、根据耕地类型对应的风险筛选值选择使用于食用农产品生产、根据耕地类型对应的风险管控值审慎使用于非食用农产品生产。对于现有国标或行标没有明确提出的重金属或其他污染物如钴、钼、硒等暂未考虑。

表 13-3　生物炭无机污染物含量指标限值　　单位：mg/kg

项目	指标		
	Ⅰ级	Ⅱ级	Ⅲ级
砷（As）	≤13	≤40	≤200
镉（Cd）	≤0.3	≤0.8	≤4.0

项目	指标		
	Ⅰ级	Ⅱ级	Ⅲ级
铅（Pb）	≤50	≤240	≤1 000
铬（Cr）	≤90	≤350	≤1 300
汞（Hg）	≤0.5	≤2.0	≤6.0
铜（Cu）	≤50	≤200	—
镍（Ni）	≤50	≤190	—
锌（Zn）	≤200	≤300	—

（七）PAHs、PCBs、二噁英

IBI 和 EBC 都在其生物炭认证中给出了 PAHs、PCBs 和二噁英（PCDD/Fs）的含量限值。在《土壤环境质量　农用地土壤污染风险管控标准》（GB 15618—2018）中则规定了六六六、滴滴涕和苯并[*a*]芘的土壤污染风险筛选值（表 13-4）。

表 13-4　有机污染物含量及限值　　单位：mg/kg

标准名称	六六六	滴滴涕	苯并[*a*]芘	PAHs	PCBs	PCDD/Fs
GB 4284—2018《农用污泥污染物控制标准》			2	5	—	—
GB 15618—2018《土壤环境质量　农用地土壤污染风险管控标准》	0.1	0.1	0.55	—	—	—
EBC-agro V9.0			—	6	—	—
IBI V2.0			—	6～300	0.2～0.5	0.017
生物炭样品含量范围	—	—	ND～0.51	ND～3.03	ND	0.4～3.63

其中，六六六（六氯环己烷）有 8 种同分异构体，分别称为α、β、γ、δ、ε、η、θ 和 ξ。*α* 异构体为单斜棱晶，熔点 159～160℃，沸点 288℃；*β* 异构体为晶体，熔点 314～315℃；γ 异构体为针状晶体，熔点 112～113℃，沸点 323.4℃；对酸稳定但极易被碱破坏。滴滴涕（双对氯苯基三氯乙烷），沸点 260℃，对酸稳定，强碱及含铁溶液易促进其分解。可见，在生物炭的制备温度下，即便生物质中含有六六六或滴滴涕，也将逸散或分解；又因为生物炭呈碱性，所以即便生物炭中含有残留的六六六或滴滴涕，也是极易被破坏的。因此，在秸秆生物炭安全应用中，原则上无须考虑六六六和滴滴涕含量。

苯并[*a*]芘（3,4-苯并芘）（BaP），沸点 496℃，属于多环芳烃中毒性最大的一种强烈致癌物。主要来源于生物合成、自然起火和火山活动，但人类活动才是造成 BaP 污染的主要原因。温度和缺氧是影响 BaP 生成的重要因素，而这也正是生物质炭化的典型条件。检测结果表明，生物炭的苯并[*a*]芘含量为 ND～0.51 mg/kg，与农用地土壤污染风险管控标准的筛选值十分接近。因此，生物炭中的苯并[*a*]芘确需认真对待。

生物炭中含有一定数量的 PAHs。我们检测了不同原料来源、不同热解温度、不同反应停留时间条件下制备的部分生物炭样品的 PAHs，均未超过 5 mg/kg。作为一项整体指标，PAHs 并未包含在我国农用地土壤污染风险管控标准和肥料类标准之列。值得注意的是，在企业生产的生物炭中，有一份样品的 PAHs 含量达到 9.98 mg/kg。

PCBs（多氯联苯），沸点 340～375℃。根据《含多氯联苯废物污染控制标准》（GB 13015—2017），填埋废物中多氯联苯的含量应小于或等于 10 mg/kg。在本研究所使用的生物炭中，均未检出多氯联苯。

PCDD/Fs（二噁英）通常指具有相似结构和理化特性的一组多氯取代的平面芳烃类化合物，属氯代含氧三环芳烃类化合物，包括 75 种多氯代二苯并-对-二噁英和 135 种多氯代二苯并呋喃。其中，2,3,7,8-四氯二苯并-对-二噁英（2,3,7,8-TCDD）是目前所有已知化合物中毒性最强的二噁英单体，有极强的致癌性（致大鼠肝癌剂量按体重计 10 μg/g）。在本研究所使用的生物炭中，检出了一定数量的 PCDD/Fs，但是 I-TEF（ngTEQ/kg）为 0.4～3.63，远低于 IBI 和 EBC 提出的限值。秸秆中混杂的或表面携带的有机氯化物（例如，聚氯乙烯、五氯酚）可能是 PCDD/Fs 的主要来源。目前，二噁英并未包含在我国农用地土壤污染风险管控标准和肥料类标准之列。

综上所述，以农用地土壤污染风险管控标准、农用污泥污染物控制标准和 IBI、EBC 认证中关于苯并[*a*]芘、PAHs、PCBs、PCDD/Fs 的最低值作为秸秆生物炭有机污染物指标限值（表 13-5），六六六、滴滴涕暂不予考虑。在生产实践中，有机污染物检测成本高、设备不普及，建议作为型式检验指标。

表 13-5 生物炭有机污染物含量指标限值 单位：mg/kg

指标	苯并[*a*]芘	PAHs	PCBs	PCDD/Fs
限值	0.55	6	0.2	0.017

（八）含水量

在生产实践中，很多企业用水（或液态热解产物等）淬灭生物炭的明火以防自燃，因此刚刚制备出的生物炭含水量很高，且在储存过程中不易散失。另外，秸秆生物炭强度低、质量轻、易飘散，也需要较高的含水量以减少储运过程中的粉尘污染。

虽然 IBI 和 EBC 标准中都明确给出了生物炭水分含量的标准测定方法，但均未设定生物炭含水量限值。参照煤炭的相关研究结果，低阶煤易氧化自燃，但当煤的水分含量大于 12%时，由于水分的大量蒸发移走了热量，所以自燃趋势反而下降（Ogunsola et al., 1991）。对生物炭而言，其源于疏松多孔的生物质，更易于与氧气接触，也可能更易于发生低温氧化而集聚热量。因此，生物炭产品的含水量指标应该适度提高。

在现行的农业行业标准中，有机-无机复混肥设定的含水量标准为小于 12%，有机肥料含水量小于或等于 30%。鉴于生物炭与有机肥在应用方向、产品外观等方面的类似，秸秆生物炭含水量标准以小于或等于 30%为宜。

在样品库中，工厂化生产的生物炭样含水量为 6.21%～11.20%。考虑到所有样品均为企业通过邮寄方式提供的小样，其含水量会低于正常水平，因此认为小于或等于 30%的含水量指标要求是较为合理的。

（九）其他

1. 电导率

电导率常用来表征生物炭中所含盐类的总量。但是，生物炭的电导率因生物质原料不同和炭化工艺不同而表现出较大差异，但在秸秆生物炭与非秸秆类生物炭中难以观察到显著差异。

2. 比表面积和吸附性能

生物炭孔隙结构丰富，具有较高的比表面积，经验上往往认为吸附能力强的炭质量更好。但是，在大量应用于土壤时，生物炭的吸附性能对应用效果有多大影响尚难以确认，吸附性能过高有可能导致与植物竞争养分，吸附性能过低则持肥增效的作用可能难以显现。因此，基于当前的研究进展，还难以设定比表面积、吸附性能、孔径分布等相关指标，无法评价优劣。

3. 粒度

当前，秸秆生物炭的农业应用主要有两大方向，一是用于生产生物炭基肥料，经验上要求过 60 目筛；二是直接还田或接种微生物后还田，对粒度的要求不一而足。同时，由于秸秆生物炭硬度低，在储运过程中极易破碎，粒度难以维持。

4. 氯离子含量

虽然在农业生产实践中需要针对忌氯作物筛选投入品，但样品库中述及的秸秆生物炭的氯含量很低。

因此，上述指标虽然重要，但暂时未列入生物炭标准化的考虑范围。

三、秸秆生物炭

（一）分级指标

依据不同指标可将秸秆生物炭分为Ⅰ级、Ⅱ级、Ⅲ级 3 个等级。当生物炭（生物炭粉或成型生物炭颗粒）直接还田时，推荐优先选用Ⅰ级生物炭，符合当前最严格的农业投入品生态指标要求和农田土壤环境质量要求。选用Ⅱ级生物炭时，须根据农田水旱条件、作物种类、土壤 pH 选择使用，生物炭的技术指标应同时符合《土壤环境质量 农用地土壤污染风险管控标准》（GB 15618—2018）中农用地土壤污染风险筛选值要求。选用Ⅲ级生物炭时，技术指标应同时符合《土壤环境质量 农用地土壤污染风险管控标准》（GB 15618—2018）中农用地土壤污染风险管制值要求（表 13-6）。

表 13-6 秸秆生物炭产品分级技术指标要求

项目	指标		
	Ⅰ级	Ⅱ级	Ⅲ级
总碳（C）/%	≥60	≥30	
固定碳（FC）/%	≥50	≥25	
氢碳摩尔比（H/C）	≤0.4	≤0.75	
氧碳摩尔比（O/C）	≤0.2	≤0.4	
砷（As）/（mg/kg）	≤13	≤40	≤200
镉（Cd）/（mg/kg）	≤0.3	≤0.8	≤4.0
铅（Pb）/（mg/kg）	≤50	≤240	≤1 000
铬（Cr）/（mg/kg）	≤90	≤350	≤1 300
汞（Hg）/（mg/kg）	≤0.5	≤2.0	≤6.0
铜（Cu）/（mg/kg）	≤50	≤200	—
镍（Ni）/（mg/kg）	≤50	≤190	—
锌（Zn）/（mg/kg）	≤200	≤300	—
PAHs/（mg/kg）	≤6		
苯并[*a*]芘/（mg/kg）	≤0.55		
PCBs/（mg/kg）	≤0.2		
PCDD/Fs/（mg/kg）	≤17		
以烘干基计			

（二）标识

标识是使用者了解生物炭产品质量最直观的途径，除应包括生物炭的名称、商标、净含量、生产经营信息以外，还应包括生物炭的等级、含碳量、固定碳含量等重要信息。此外，生物质原料种类、pH、养分等虽未在生物炭产品质量指标中体现，但却是实践中使用者经常问到的问题，尤其在生物炭大量集中应用时，pH 和养分对土壤的影响不容忽视。因此，这些信息也应在标识中直观体现。此外，需要在警示说明中标明，参照《土壤环境质量 农用地土壤污染风险管控标准》（GB 15618—2018）选择使用（表 13-7）。

表 13-7 生物炭标识内容

序号	标识标注主要内容	外包装标识	标签
1	生物炭名称及商标	●	●
2	规格、等级及净含量	●	●
3	原料名称	●	●

序号	标识标注主要内容		外包装标识	标签
4	组成	总碳含量		●
		酸碱度		●
		产品标准规定应单独标注的项目		●
		作为附加标识内容的元素、养分等		●
5	产品标准编号		●	●
6	生产许可证编号（适用于实施生产许可证管理的情况）		●	●
7	生产或经销单位名称		●	●
8	生产或经销单位地址		●	●
9	其他		●	●

（三）指标对比

IBI 于 2012 年出台了第一版生物炭标准，目前已修订为 Version 2.1，并命名为“面向土壤应用的生物炭标准产品定义和产品测试导则”。UKBRC 主导推出的生物炭认证 EBC（European Biochar Certificate）逐年更新，最新版本已达到 Version 8.2。

以 IBI 的标准为例，各指标的简单对比如下（表 13-8）。

表 13-8 与 IBI 生物炭标准的对比说明

指标	IBI 生物炭标准	本章建议	说明
含水量	无要求，仅标注 %质量百分比，干基	≤30%	降低自燃风险，减少粉尘污染，与有机肥料标准保持一致
碳含量	有机碳含量（C_{org}%） Ⅰ级 C_{org}≥60% Ⅱ级 30%≤C_{org}<60% Ⅲ级 10%≤C_{org}<30% % 质量百分比，干基	碳元素含量（C%） Ⅰ级 C%≥60% Ⅱ级和Ⅲ级 30%≤C%<60%	秸秆生物炭中超过 98%的碳元素是具有特殊稳定性的有机碳；无机碳对土壤的影响也不宜忽略。故使用总碳指标
氢碳摩尔比	H：C_{org}≤0.7 摩尔比	氢碳比（H/C） Ⅰ级 H/C≤0.4 Ⅱ级和Ⅲ级 0.4<H/C≤0.75	无机碳含量低，以总碳含量为参数便于检测
灰分	无要求，仅标注 % 质量百分比，干基	无要求	重要性及关联程度弱于固定碳，标明值意义不大
挥发分	无要求，自愿标注 % 质量百分比，干基	无要求	
固定碳	无要求	≥25%	基于研究结果，表征生物炭化水平和碳元素稳定性
总氮	无要求，仅标注 % 质量百分比，干基	无要求，仅标注于总养分中	含量有限，有效性低，仅标注
pH	无要求，仅标注	无要求，仅标注	应用场景多样，难以量化要求，仅标注
电导率	无要求，仅标注 dS/m	无要求	以 pH 为主要参考指标
碱化度	无要求，仅标注% $CaCO_3$	无要求	

指标	IBI 生物炭标准	本章建议	说明
粒度分布	无要求，仅标注 %＜0.5 mm；% 0.5～1 mm； % 1～2 mm；%2～4 mm； % 4～8 mm；% 8～16 mm； % 16～25 mm；% 25～50 mm； % ＞50 mm	无要求	应用场景多样，指标稳定性差，无要求
发芽试验	通过/失败	无要求	应用场景多样，土壤差异大，无要求
污染物	PAHs、PCDD/Fs、PCB、砷、镉、铬、钴、铜、铅、汞、钼、镍、硒、锌、硼、钠	砷、镉、铅、铬、汞	参照《有机肥料》(NY/T 525—2021)标准
氯离子	无要求，仅标注 mg/kg 干基	无要求	生物质氯含量极低
铵态氮和硝态氮	无要求，自愿标注 mg/kg	无要求	虽然生物炭中的可利用氮磷钾含量较低，但在大剂量应用时，其养分效应不能忽略，因此有必要标注其可利用养分含量
总磷钾	无要求，自愿标注 % 质量百分比，干基	无要求，仅标注	
可利用磷	无要求，自愿标注 mg/kg	无要求，仅标注	
总表面积	无要求，自愿标注 m^2/g	无要求	生物炭有较好的吸附性能，但这种吸附性能在土壤中可能固持养分，也可能与作物竞争养分，而这种作用效果尚未能建立相对明晰的关联关系
内表面积	无要求，自愿标注 m^2/g	无要求	

四、直接还田

1. 生物炭用量

以提升土壤有机碳含量为例，首先，可根据农田土壤本底有机碳含量与目标土壤有机碳含量的差值、土壤容重、耕层厚度和生物炭总碳含量，计算生物炭还田量。

生物炭还田量 A，以 t/hm^2 表示，按式（13-1）计算：

$$A = \frac{D \times H \times M}{C} \times 100 \tag{13-1}$$

式中：A——生物炭还田量，t/hm^2；

H——土壤耕层厚度，cm；

D——土壤容重，g/cm^3；

M——目标土壤有机碳含量与土壤本底有机碳含量的差值，g/kg；

C——生物炭中总碳含量，g/kg；

100——单位换算系数。

中国陆地生态系统土壤容重的中位数为 1.35 g/cm^3（柴华等，2016），按照土壤耕层厚度 15 cm、生物炭含碳量为对应等级的下限计算，可得出在农田土壤有机碳含量提升目标为 1～5 g/kg 时Ⅰ级、Ⅱ级和Ⅲ级生物炭还田量参考值的上限，如表 13-9 所示。

表 13-9 生物炭还田量参考值的上限

有机碳含量差值/（g/kg） 生物炭等级/（t/hm^2）	1	2	3	4	5
Ⅰ级生物炭	3	7	10	14	17
Ⅱ级生物炭	7	14	20	27	34
Ⅲ级生物炭	7	14	20	27	34
土壤耕层厚度参考值，H =15 cm 土壤容重参考值，D =1.35 g/cm^3					

2. 地块选择

生物炭通常呈碱性，可改良酸性或中性土壤 pH，但当土壤本底 pH＞7.5 且缺乏其他水肥管理措施时，生物炭大量直接还田有可能会导致作物明显减产。因此，为稳妥起见，建议耕层土壤 pH＜7.5。同时，种植食用农产品的地块应符合《土壤环境质量 农用地土壤污染风险管控标准》（GB 15618—2018）中农用地土壤污染风险筛选值要求。种植非食用农产品的地块应符合《土壤环境质量 农用地土壤污染风险管控标准》（GB 15618—2018）中农用地土壤污染风险管制值要求。

3. 还田方式

许多生物炭还田相关研究都采用了一次性大量施用的方法，用量在 30 t/hm^2 左右（Liu et al.，2013）。在具体实践中，为避免生物炭大量集中施用可能对土壤环境造成的冲击，建议根据生物炭还田量选择还田方式。当还田量小于或等于 15 t/hm^2 时，采取一次性还田方式；当还田量大于 15 t/hm^2 时，采取逐年还田方式，每年还田量应小于或等于 15 t/hm^2，且每年作业前应测定土壤 pH，当土壤 pH≥7.5 时，停止生物炭直接还田作业。

生物炭在非农用地、场地污染治理方面也有着广泛的应用，相应的产品质量要求可能有所变化，抑或超出秸秆生物炭指标上限。当面临这类需求时，秸秆生物炭的指标限值可提供参考。

4. 其他

大田作物应结合秋整地或春耕进行生物炭直接还田作业，优先推荐与秋整地结合进行。保护地作业应在上茬收获后及早进行生物炭直接还田作业。生物炭直接还田地块，根据土壤肥力状况及生物炭养分含量、还田量，酌情减施磷肥和钾肥，其他作业同常规田间管理措施。

五、生物炭基肥料

广义上，生物炭基肥料泛指以生物炭为养分载体的肥料。狭义上，在目前阶段，生物炭基肥料主要是指以生物炭为原料，添加氮、磷、钾等养分中的一种或几种，采用化学方法和（或）物理方法混合制成的肥料，即生物炭基复混/复合肥料。生物炭的加入是其与常规复混/复合肥料的主要区别。因此，生物炭和养分的含量，尤其是生物炭的定量检测就成为生物炭基肥料标准化工作的核心。生态指标与现行肥料标准基本保持一致，含水量、粒度和 pH 则根据产品特性微调。

（一）养分

生物炭基肥料对标常规复混/复合肥，主要原理之一就是充分发挥生物炭的持肥缓释功能，提高养分利用效率，降低化学肥料施用量。因此，从鼓励使用生物炭的角度出发，相对于常规复混肥或复合肥而言，生物炭基肥料的总养分含量应该是较低的。为此，可根据总养分含量将生物炭基肥料分为Ⅰ型和Ⅱ型。其中，Ⅰ型的总养分含量大于 20%，低于低浓度复混肥；Ⅱ型的总养分含量大于 30%，与中浓度复混肥对应。意在贴近生产实际的同时引导生物炭基肥料向减少化学养分施用、提高养分利用效率的方向发展。

（二）水分

在实践中，有的厂家会用水淬灭生物炭的明火或降温，所以生物炭本身的含水量较高。当与化学养分混合造粒后，非常容易吸湿受潮。因此，从节能降耗的角度出发，可允许其含水量高于复混肥。但是，如果含水量过高，则生物炭基肥料的颗粒硬度难以保证。

市场上部分生物炭基肥料产品的含水量可根据其养分含量分为三档：总养分含量大于40%，则水分含量3.08%～5.71%；总养分含量20%～40%，则水分含量10.24%～12.40%；总养分含量小于 5%，则水分含量 6.46%～10.62%。

结合生产实际，可将生物炭基肥料的水分含量限定在复混肥（复合肥）与有机-无机复混肥之间。根据适用性原则并略有提高，建议将生物炭基肥料的水分含量设定为Ⅰ型（总养分含量大于或等于 20%）水分（H_2O）的质量分数小于或等于 10.0%；Ⅱ型（总养分含量大于或等于 30%）水分（H_2O）的质量分数小于或等于 5.0%是较为合理的。

（三）生物炭含量

生物炭基肥料中常用的大量养分来源一般为尿素（含氮量 46%）、硫酸钾（氧化钾含量 50%）、磷酸二铵（五氧化二磷含量 46%、含氮量 18%）等。根据生物炭基肥料配方原理（第十一章），以某玉米专用复混肥为参照（N∶P_2O_5∶K_2O=28∶5∶9），等比例折减养分，则总养分含量为30%时，生物炭基肥料中的生物炭理论最大添加比例为38.94%（以生物炭计）；若总养分含量为20%，则为59.29%（以生物炭计）。

受生物质原料、生产工艺等的影响，不同生产者所使用的生物炭可能存在显著差异。为便于横向评价生物炭在生物炭基肥料中的含量，可尝试“以碳计炭”。即假设存在生物炭标准物质，其碳含量（风干基）为 $C_{标准生物炭}$%=30%，则Ⅰ型生物炭基肥料的生物炭理论最大添加量将小于17.79%（以碳计），Ⅱ型生物炭基肥料的生物炭理论最大添加量将小于11.55%（以碳计）。

考虑到氮磷钾养分配比的变化、化肥原料的纯度、混合造粒中所需的黏结剂、水分含量等影响，综合当前炭基肥产品与市场情况，可根据生物炭的理论最大添加量取整后减半，建议将Ⅰ型生物炭基肥料的生物炭含量标准设为不低于 9%（以碳计）、Ⅱ型生物炭基肥料的生物炭含量标准设为不低于 6%（以碳计），以期为生物炭基肥料产品的总养分含量设计提供更大空间。生物炭的碳元素含量有高有低，“以碳计炭”不可避免地会造成生物炭含量计算偏差。

（四）生物炭基肥料指标

建议参照《有机无机复混肥料》（GB/T 18877—2020）规定确定生态指标，形成的生物炭基肥料产品技术指标要求如表13-10所示。

表13-10 生物炭基肥料产品技术指标要求

项目		指标	
		Ⅰ型	Ⅱ型
总养分（$N+P_2O_5+K_2O$）的质量分数[a]/%	≥	20.0	30.0
水分（H_2O）的质量分数[b]/%	≤	10.0	5.0
生物炭（以碳计）/%	≥	9.0	6.0
粒度（1.00～4.75 mm 或 3.35～5.60 mm）[c]/%	≥	80.0	
氯离子（Cl^-）的质量分数[d]/%	≤	3.0	
酸碱度（pH）	≥	6.0～8.5	
砷及其化合物的质量分数（以As计）/%	≤	0.005 0	
镉及其化合物的质量分数（以Cd计）/%	≤	0.001 0	
铅及其化合物的质量分数（以Pb计）/%	≤	0.015 0	
铬及其化合物的质量分数（以Cr计）/%	≤	0.050 0	
汞及其化合物的质量分数（以Hg计）/%	≤	0.000 5	

注：[a]标明的单一养分含量不应小于4.0%，且单一养分测定值与标明值负偏差的绝对值不应大于1.5%。

[b]水分以出厂检验数据为准。

[c]特殊形状或更大颗粒产品的粒度可由供需双方协议商定。

[d]氯离子的质量分数大于3.0%的产品，应在包装容器上标明“含氯”，该项目可不做要求。

（五）生物炭含量测定

生物炭的理化性质变化幅度很大，特征性指标较少。更重要的是，生物炭基肥料中不仅有生物炭，还含有尿素、碳酸盐等其他含碳物质，影响生物炭基肥料中碳、氢、氧等元素的含量和比例关系。因此，如何排除其他物质的干扰，量化评价生物炭的含量，应当是生物炭基肥料检测所须关注的核心问题。

原则上，生物炭基肥料是生物炭和化学肥料混合制备的产品，因此用水即可在很大程度上去除化学肥料中的碳元素的影响。虽然在生产过程中添加的黏土等黏结剂可能含有碳酸盐杂质，但总量很小。所以，可尝试以单位质量生物炭基肥料的水不溶残渣总碳量作为评价其生物炭含量的指标，“以碳计炭”。

生物炭中的碳元素绝大部分以不溶于水的形式存在，但也有一少部分以水可溶性盐或有机物形式存在，可能在水洗过程中损失。水洗后，生物炭样品的残留率平均值可达到 94.13%，相对而言较为稳定，但能够观察到不同生物质原料种类对测试结果的影响。水洗生物炭残渣的碳元素含量普遍高于原始样品，但差异不大。根据水洗残渣的碳元素含量和水洗残留率计算得到的原始样品碳元素含量可达到其测定值的 96.60%，说明水洗过程对生物炭碳元素含量测定结果无显著影响（表 13-11）。

表 13-11 生物炭含碳量

种类	原始样品 C% 测定值	标准差/%	水洗残渣/C%	标准差/%	水洗残留率/%	标准差/%	原始样品 C% 计算值
秸秆炭	27.93	0.18	28.59	2.54	97.75	1.89	27.95
花生壳炭	65.38	1.45	69.81	0.73	91.63	0.66	63.97
稻壳炭-1	32.82	3.16	34.14	0.90	95.66	1.79	32.66
稻壳炭-2	49.48	1.98	56.26	0.61	95.63	0.89	53.80
稻壳炭-3	53.25	1.43	55.81	1.70	96.58	1.63	53.90
烟秆生物炭-1	54.11	1.12	65.33	0.72	88.38	1.43	57.74
烟秆生物炭-2	60.18	0.79	71.26	0.23	89.95	1.87	64.10
生物炭	20.20	0.01	22.15	2.01	95.70	1.15	21.20
活性炭	74.19	—	83.36	0.19	96.20	—	80.19
竹块炭	71.34	0.83	74.61	1.49	97.72	1.24	72.91
成型颗粒炭	52.25	1.14	60.32	0.76	90.25	2.82	54.44
平均值	50.95	15.40	56.51	19.99	94.13	3.64	52.99

生物炭基肥料的水洗残留率变化幅度很大，大幅低于生物炭的水洗残留率，且水洗残渣的碳元素含量与原始样品碳元素含量测定值差异显著。根据水洗残渣的碳元素含量和水洗残留率计算得到的生物炭基肥料样品碳元素含量与其测定值之间存在一定差异，

说明生物炭基肥料样品中存在相当一部分非生物炭类含碳物质，也说明水洗法对排除其对生物炭含量测定的干扰是有效的。

生物炭基肥料含碳量见表 13-12。

表 13-12 生物炭基肥料含碳量

生物炭种类	原始样品 C% 测定值	标准差/%	水洗残渣 C%	标准差/%	水洗残留率/%	标准差/%	原始样品 C% 计算值
水稻炭基肥	10.99	0.03	16.32	0.68	17.08	—	2.79
花生炭基肥	7.65	0.05	13.74	0.11	25.86	8.55	3.55
果树炭基肥	10.78	0.12	15.45	0.45	16.98	1.56	2.62
炭基肥-1	17.91	0.16	23.71	0.89	66.73	4.46	15.82
炭基肥-2	22.02	0.43	34.41	0.99	53.79	0.96	18.51
炭基肥-3	16.05	0.46	57.66	0.36	28.09	1.27	16.20
壤医生-1	25.16	0.83	27.02	1.52	79.19	1.07	21.40
壤医生-2	31.30	0.80	31.59	1.64	97.33	1.34	30.75
壤医生-3	25.41	0.33	26.00	0.36	96.00	1.76	24.96

将生物炭基肥料的水不溶残渣进一步碱洗、酸洗，有助于排除腐殖酸、草炭、碳酸盐等物质的影响。但是，这一过程同样会对生物炭本身造成显著影响。理论上，酸洗后残渣中的总碳含量代表了该残渣的总有机碳含量。根据水洗、碱洗和酸洗各步骤的样品残留率和酸洗残渣总有机碳含量，可推算得到生物炭的总有机碳含量（表 13-13）。但事实上，酸洗后生物炭残渣含碳量大幅变化，虽与原始生物炭样品的总碳含量测定值之间存在显著相关性（R=0.956），但具体数值差异显著，无法用于生物炭含量推算。

表 13-13 总有机碳含量（元素分析法）

生物炭种类	酸洗残渣 C_{org}%	标准差/%	原始生物炭样品 C_{org}% 推算值（元素分析仪法）	原始生物炭样品 C% 测定值
秸秆炭	26.55	1.08	22.51	27.04
花生壳炭	76.13	0.57	63.38	65.31
稻壳炭-1	39.68	1.70	29.48	34.80
稻壳炭-2	74.37	0.72	50.71	54.86
稻壳炭-3	73.87	0.18	52.47	55.70
烟秆生物炭-1	71.72	2.05	53.63	62.62
烟秆生物炭-2	75.91	0.52	44.83	67.56
生物炭	19.76	0.91	15.12	21.94
活性炭	87.44	0.46	75.74	80.83
竹块炭	81.25	0.25	68.06	74.48
成型颗粒炭	69.52	0.40	47.71	56.97
平均值	63.29	0.80	47.60	54.74

因此，总体看来，生物炭难溶于水，水洗损失小，将单位质量生物炭基肥料的水不溶残渣总碳量作为评价其生物炭含量的指标具有一定的可操作性。酸洗、碱洗具有理论可行性，但实际效果欠佳，不适用于生物炭基肥料中生物炭含量的检测。原因如下：

①流程长，步骤多，人为误差增大；

②碱洗在去除腐殖酸类物质的同时，也可能将部分属于生物炭的类似物质去除；

③酸洗在去除碳酸钙等无机碳的同时，也会去除生物炭固有的碳酸盐；

④测得的有机碳含量与总碳含量无明确的比例对应关系。

生物炭基肥料中生物炭含量测定方法研究流程如图 13-3 所示。

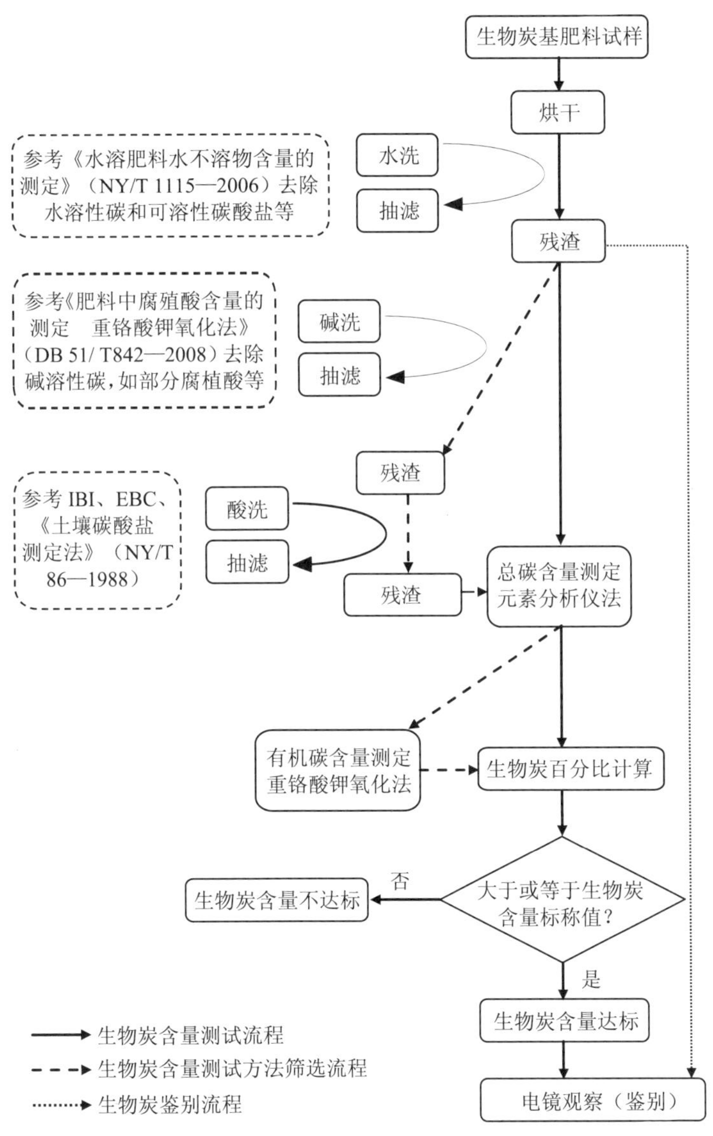

图 13-3 生物炭基肥料中生物炭含量测定方法研究流程

六、生物炭基有机肥料

随着生物炭产业的快速发展，诸多以生物炭基有机肥为名的产品已经进入市场，相关的标准化工作也随即提上了日程。生物炭基有机肥料定义为：生物炭与来源于植物和（或）动物的有机物料混合发酵腐熟，或与来源于植物和（或）动物的经过发酵腐熟的含碳有机物料混合制成的肥料。有机肥料是主要来源于植物和（或）动物，经过发酵腐熟的含碳有机物料，其功能是改善土壤肥力，提供植物营养，提高作物品质。二者的主要区别在于含碳物料的稳定性，即碳元素存在形式的差别。

（一）总碳含量

按照现行标准，有机肥料中有机质含量应高于 45%，根据有机质测定方法中的氧化系数，其对应的总有机碳含量应为 26.1%，考虑到含碳无机盐的存在，有机肥料的总碳含量约为 27.0%。但是，不同的有机物料的抗氧化能力不同，氧化系数可能存在很大差异。采用元素分析仪法测定的部分市售有机肥料的总碳含量为 13.9%～24.6%，去掉最大值和最小值后平均为 20.8%。为贴近生产实际，可以常规有机肥料总碳含量 20%作为进一步计算生物炭基有机肥料中碳相关指标取值的基础数据。

调研发现，当前生物炭基有机肥料中生物炭的添加量一般不超过 20%。为了更加贴近产业发展现状，结合专家意见，建议生物炭基有机肥料中生物炭的最低添加量按照 10%（以烘干基计）考虑。按照标准生物炭（总碳含量 30%）计算，则生物炭基有机肥料的总碳含量最低应为：

$$（20\%\times90\%+30\%\times10\%）\times100\%=21\%$$

上述指标的计算是以最低标准（Ⅱ级）的生物炭产品质量计算的，目的在于贴近生产实际，降低行业门槛。同时，为了鼓励企业提高产品质量，提高生物炭添加量，形成优质优价的市场氛围，可按照Ⅰ级生物炭产品质量标准（总碳含量大于或等于 60%）设置Ⅰ型生物炭基有机肥料中总碳含量：

$$（20\%\times90\%+60\%\times10\%）\times100\%=24.0\%$$

根据上述指标计算值，可形成生物炭基有机肥料分级指标，Ⅰ型生物炭总碳含量大于或等于 25%，Ⅱ型生物炭基有机肥料总碳含量大于或等于 20%。

（二）生物炭含量表征

与有机肥料相比，生物炭基有机肥料的区别在于含有 10%以上的生物炭。而生物炭与有机肥料中的含碳有机物的主要区别在于碳元素的稳定性。因此，区别生物炭基有机肥料和有机肥料的核心在于稳定性碳元素的含量。

1. 氧化稳定性

有机肥料是以畜禽粪便、动植物残体等富含有机质的副产品资源为主要原料，经发酵腐熟后制成的，施于土壤以提供植物营养为主要功能的含碳物料。根据现行标准《有机肥料》（NY/T 525—2021）中的有机碳氧化系数（约等于 1.5）估算，其中应有约 67%的有机碳会被重铬酸钾氧化（表 13-14）。

表 13-14 重铬酸钾氧化法生物炭氧化系数

名称	重铬酸钾氧化 TOC/%	元素分析法 TOC/%	氧化系数/%	固定碳含量/（C%）
玉米秸秆炭	11.27	61.68	18.27	60.31
烟柄炭	14.73	37.76	39.00	41.57
花生壳炭	12.69	57.49	22.07	48.45
稻壳炭	18.87	39.25	48.07	38.32
水稻秸秆炭	29.45	52.52	56.07	45.53
棉花秸秆炭	11.77	59.28	19.85	50.81
小麦壳炭	5.75	53.96	10.65	52.08
小麦秸秆炭	14.71	59.92	24.56	55.68
高粱秸秆炭	17.82	59.88	29.77	53.97
荞麦壳炭	22.02	67.32	32.70	61.49

注：TOC 为总有机碳含量的英文缩写。

普遍认为，生物炭具有很高的稳定性。现行标准《有机肥料》（NY/T 525—2021）中检测有机质的重铬酸钾氧化法可将生物炭中 10%～60%的碳氧化，显著低于有机肥料中有机碳的氧化系数，但变幅巨大，因此该方法可能不适用于生物炭稳定性的表征。

2. 酸稳定性

堆肥过程中主要发生生物降解，易被生物降解的碳（糖、淀粉、糖原）完全水解代谢，70%～80%的果胶、脂肪酸、甘油、酯类、脂肪、氨基酸、核酸、蛋白质被降解，33%～80%的纤维素、半纤维素、几丁质、低分子量有机物被降解，而木质素难以被生物降解而很少发生变化。参照美国可再生能源实验室（NREL）提出的“Determination of structural carbohydrates and lignin in biomass”方法检测了部分市售有机肥料试样中去除纤维素、半纤维素和酸溶木质素后的稳定碳含量，即酸不溶木质素和残渣中的碳元素之和，发现有机肥料中的稳定碳含量占试样烘干重的 13.45%，占总碳含量的 66.79%。

在秸秆炭化还田概念范畴中，生物炭是农林植物生物质在有限氧气供应条件下热解得到的稳定的富碳产物。半纤维素在 220～315℃分解，纤维素在 315～400℃分解，木质素在 160～900℃分解。在生物炭中，综纤维素和酸溶木质素含量极低，木质素（酸不溶木质素）含量随着炭化温度的升高而显著降低，而与此同时总碳含量显著增加。因此可以认为，生物炭中碳元素的主要存在形态应包括木质素碳和热化学转化得到的稳定碳，该稳定碳可占试样烘干重的61.26%，占总碳含量的98.86%，易分解碳（溶解性有机碳和部分酸水解有机碳）的含量极低（表13-15）。

表13-15 有机肥及生物炭中稳定碳含量

编号		原始含碳量/（C%）	综纤维素+酸溶木质素/（C%）	酸不溶木质素/（C%）		残渣/（C%）		稳定碳含量/（C%）	
1号有机肥		17.86	3.87	5.87	32.87	8.12	45.48	13.99	78.35
2号有机肥		22.55	9.85	9.66	42.84	3.04	13.46	12.69	56.30
3号有机肥		24.55	8.77	13.89	56.56	1.90	7.73	15.79	64.29
4号有机肥		13.87	5.14	7.33	52.87	1.39	10.03	8.72	62.90
5号有机肥		21.89	5.81	13.33	60.91	2.74	12.54	16.07	73.45
有机肥平均值		20.14	6.69	10.02	49.21	3.44	17.85	13.45	67.06
稻秆炭	400℃	55.04	1.04	50.59	91.91	3.41	6.20	54.00	98.11
	500℃	55.90	1.23	30.87	55.22	23.80	42.58	54.67	97.80
	600℃	58.42	1.15	17.37	29.73	39.91	68.31	57.27	98.04
	700℃	57.52	0.14	9.17	15.94	48.21	83.83	57.38	99.76
稻壳炭	400℃	51.30	0.51	48.08	93.73	2.70	5.27	50.79	99.00
	500℃	50.24	0.59	38.32	76.28	11.33	22.55	49.65	98.83
	600℃	51.38	1.42	13.69	26.64	36.27	70.60	49.96	97.24
	700℃	52.03	2.12	9.05	17.39	40.86	78.54	49.91	95.93
玉米秆炭	400℃	73.36	0.21	34.45	46.97	38.69	52.74	73.15	99.71
	500℃	75.49	0.60	20.08	26.60	54.81	72.60	74.89	99.20
	600℃	80.37	0.51	16.73	20.81	63.14	78.56	79.86	99.37
	700℃	82.55	−1.02	11.29	13.68	72.28	87.56	83.57	101.24
生物炭平均值		61.97	0.71	24.97	42.91	36.28	55.78	61.26	98.69

当生物炭（固定碳含量38.33%）与有机肥混合后，稳定碳含量随着生物炭添加量的提高而线性增加（R^2=0.995，P<0.01）。就生物炭而言，酸稳定碳含量的测定值在同一生物质种类范围内较为稳定。从原理上看，酸稳定碳检测法是去除纤维素、半纤维素、酸溶木质素以及该条件下的其他溶解性有机碳，测定试样中包括木质素在内的其他具有一定稳定性的碳元素。该方法不存在热化学转化等过程的干扰，对炭化温度条件的响应相对较弱。因此，此类稳定碳可能比较适用于作区分生物炭与含碳生物质的指标。但是，该方法操作过程比较烦琐。

3. 热稳定性

在生物质能源和生物炭领域，经常套用“固定碳”指标来表征碳元素的稳定性，意为试样烘干重与灰分和挥发分质量的差值。其中，挥发分的测定条件是在（900±10）℃隔绝空气的条件下加热 7 min，而木质素的分解温度上限正是 900℃，因此理论上生物质的挥发分应包括综纤维素碳、木质素碳等绝大部分碳。理论上，有机肥料中的有机碳均以有机物的形式存在，但是在工业三相分析时不可避免地发生热化学转化，本质上也就制备了生物炭，因此有机肥料中也可测出固定碳含量。同时，可能是由于有机肥料的肥源或填料复杂，有机肥料产品的固定碳含量变幅很大。有机肥中水分、灰分、挥发分和固定碳含量见表 13-16。

表 13-16 有机肥中水分、灰分、挥发分和固定碳含量

编号	水分/%	灰分/%	挥发分/%	固定碳/%
1 号有机肥	0.67	69.40±0.20	26.54±0.26	3.39±0.17
2 号有机肥	7.57	47.08±1.31	41.72±0.38	3.63±1.06
3 号有机肥	4.44	32.20±0.38	60.38±0.20	2.98±0.31
4 号有机肥	2.74	71.27±0.37	24.93±0.20	1.05±0.51
5 号有机肥	5.60	59.42±0.09	34.27±0.19	0.71±0.23
6 号有机肥	0.27	76.25±0.13	16.42±0.23	7.05±0.22
7 号有机肥	10.75	47.36±0.28	40.21±0.49	1.68±0.75
8 号有机肥	6.44	57.64±0.56	32.29±0.71	3.63±0.63
9 号有机肥	0.51	54.87±0.24	29.51±0.30	15.11±0.26
10 号有机肥	0.26	62.57±0.48	35.19±0.69	1.98±0.27
有机肥	3.93	57.81	34.15	4.12

生物炭中的固定碳含量显著高于有机肥且存在显著差异。当生物炭（固定碳含量 38.33%）与有机肥混合后，固定碳含量随着生物炭添加量的提高而提高并呈显著正相关，（R^2=0.885，P<0.01），与试样总碳含量也呈显著正相关（R^2=0.813，P<0.01）。因此，以生物炭基有机肥料中的固定碳含量作为评估生物炭含量的方法具有一定的可操作性，即“以固定碳含量计炭”。

对生物炭而言，固定碳含量随着炭化温度条件的改变而剧烈变化，难以有效区分较低温条件下制备的生物炭和木质素含量高的有机物料，难以克服堆肥过程中木质素不分解且堆重下降造成的木质素含量相对提高，而可能导致的计算结果偏差。而且，固定碳含量的测定方法将不可避免地发生生物质热化学反应，测定结果也是间接指标。但是，该方法的优点在于测试方法简便，所需的硬件条件比较简单。

综上所述，从应用的角度出发，固定碳含量可暂时用作衡量生物炭基有机肥料中生物炭添加量的指标。

（三）固定碳含量

市售部分有机肥料的固定碳含量变幅大。去掉一个最大值和一个最小值后，有机肥料的固定碳含量平均值为 3.2%，向下取整为 3%。

对生物炭而言，根据其固定碳与总碳含量的关系可计算得出Ⅰ级生物炭中固定碳含量大于或等于 50%、Ⅱ级生物炭中固定碳含量大于或等于 25%，且小于 50%。

按照Ⅰ型生物炭基有机肥料添加Ⅰ型生物炭、Ⅱ型生物炭基有机肥料添加Ⅱ型生物炭，生物炭添加量按最低限值 10%计，则：

Ⅰ型生物炭基有机肥料的固定碳含量下限应为

$$(3.00\%\times90\%+50\%\times10\%)\times100\%=7.7\%$$

Ⅱ型生物炭基有机肥料的固定碳含量下限应为

$$(3.00\%\times90\%+25\%\times10\%)\times100\%=5.2\%$$

根据上述指标计算值，也为了鼓励提高生物炭用量，建议Ⅰ型生物炭基有机肥料固定碳含量大于或等于 10%，Ⅱ型生物炭基有机肥料固定碳含量大于或等于 5%。

（四）生物炭基有机肥料指标

在生产实践中，生物炭基有机肥料对标常规有机肥料，因此其养分含量、水分含量、生态指标等均与《有机肥料》（NY/T 525—2021）保持一致（表 13-17）。

表 13-17 生物炭基有机肥料产品技术指标要求

项 目	指 标	
	Ⅰ型	Ⅱ型
生物炭的质量分数（以固定碳含量计）/%	≥10.0	≥5.0
碳的质量分数（以烘干基计）/%	≥25.0	≥20.0
总养分（$N+P_2O_5+K_2O$）的质量分数（以烘干基计）/%	≥5.0	
水分（鲜样）的质量分数/%	≤30.0	
酸碱度（pH）	6.0～10.0	
粪大肠菌群数/（个/g）	≤100	
蛔虫卵死亡率/%	≥95	
总砷（As）（以烘干基计）/（mg/kg）	≤15	
总汞（Hg）（以烘干基计）/（mg/kg）	≤2	
总铅（Pb）（以烘干基计）/（mg/kg）	≤50	
总镉（Cd）（以烘干基计）/（mg/kg）	≤3	
总铬（Cr）（以烘干基计）/（mg/kg）	≤150	

七、生物炭的鉴别

（一）生物炭类似物

生物炭在外观、形态、理化性质方面存在一些类似物（如草炭、泥炭、腐殖酸、褐煤、煤粉等）。其中，草炭、泥炭价格低廉，但其大规模利用会破坏生态环境；腐殖酸已大量应用于肥料生产，且已有相应的标准出台，并在功能机制上与生物炭截然不同；褐煤和煤粉均源于生物残体，但也都是化石资源，与生物炭所属的生物质资源不能归为一类。因此，有必要甄别生物炭基肥料中可能出现的上述几种类似物。

一般而言，生物炭的基础理化特性包括：①碳元素含量高且稳定；②多孔结构，比表面积相对较大；③大多呈碱性；④具有丰富的表面官能团和较高的阳离子交换量，等等。但生物质原料的多样性导致生物炭的理化性质变化较大，难以完全依靠量化指标将其区别于其他类似物。另外，生物炭的制备工艺多种多样，也经常借鉴其他行业的生产工艺，使得生物炭与一些现有产品存在相似性或关联。有学者认为，除了用途差异外，木炭的碳与生物炭的碳之间没有任何区别；也有人认为，生物炭就是活性炭的前体材料。更为复杂的是，生物炭基肥料中可能含有黏土矿物。黏土矿物的吸附能力强，且难以从生物炭基肥料中分离，因此难以从吸附能力上区分生物炭的种类。上述种种原因使依靠量化指标鉴定生物炭基肥料中生物炭种类或区别其类似物变得十分困难，无论是元素含量、比表面积、吸附能力、孔径分布，还是灰分含量、固定碳含量等其他指标。

（二）微观结构鉴定

根据显微结构定性鉴别可能是目前阶段最具可行性的方法。

植物生物质来源的生物炭都具有明显的细胞分室结构特征，规律性明显。在草炭中，虽然也可以看到少量导管细胞，但不聚集，不以组织形式存在，说明胞间层被水解或以其他形式破坏而导致细胞分散，并非受到热解过程的影响。同时，草炭切面不平整、不平滑，在一定程度上说明其纤维素分子未转化为类石墨结构，不符合生物炭的特征。在褐煤或煤渣中无细胞分室结构，取而代之的是烧结过程中气体逸散后留下的大小不均、内壁光滑的空腔，显著区别于生物炭。污泥生物炭微结构更是显著区别于上述植物生物质来源的生物炭（见附录　图版三～四）。

（三）生物炭基肥料中生物炭的鉴别

生物炭基肥料原则上不添加草炭、腐殖酸、煤、煤渣等生物炭类似物。因此，电镜观察生物炭基肥料水洗后残渣即可判定其中的生物炭是否源于植物生物质。

基于诚信原则，且因所需的电子显微镜不够普及，生物炭基肥料中生物炭的判定可列为仲裁内容，在生产企业监控产品质量时不必检测该项目。如果出现关于生物炭定性的争议，则需要仲裁。

（四）生物炭基有机肥料中生物炭的鉴别

在生物炭基有机肥料中，虽不建议采用草炭、腐殖酸、煤、煤渣等含碳有机物料，但由于上述物料价格低廉，在生产实践中难免会有所掺杂。腐熟秸秆等植物源有机物更是生物炭基有机肥的重要组成部分，给生物炭的定性鉴别造成了不小的困难。

对比生物炭及其类似物中总碳含量和固定碳含量见表 13-18。

表 13-18 对比生物炭及其类似物中总碳含量和固定碳含量

碳含量	生物炭	腐殖酸	草炭	煤	煤渣
总碳含量/%	≥30.00	40.18	51.72	73.46	10.78
固定碳含量/%	≥27.86	33.42	8.75	47.80	2.81

通过扫描电子显微镜观察法可以将生物炭与腐殖酸或煤区别开来。对于腐熟秸秆等植物源有机物料，可参考《有机肥料》（NY/T 525—2021）中的硫酸-过氧化氢消煮法溶解生物炭基有机肥料中的秸秆以排除干扰，以便观察消煮后残渣的显微结构，进而鉴别生物炭及其类似物。

根据试验结果，玉米秸秆、水稻秸秆、稻壳和鸡粪干 4 种有机物料均可在 4 h 内完全消解；不同炭化温度制备的玉米秸秆生物炭、水稻秸秆生物炭和稻壳生物炭完全溶解到酸溶液中大多需要 4 h 以上；草炭、腐殖酸、煤和煤渣 4 种生物炭类似物完全消解所需最短时间为 4.5 h。因此，可将经过 4 h 消煮后得到的生物炭基有机肥料残渣作为镜检样品。

在满足生物炭基有机肥料的各项技术指标的前提下，若经过 4 h 消煮后仍有残渣，可过滤、烘干后经扫描电镜观察法判断其中是否有生物炭，是否存在草炭、腐殖酸、煤和煤渣等生物炭类物质（表 13-19）。

表 13-19 对比生物炭及其类似物的消煮时间

材料名称		消煮时间/h
玉米秸秆炭	400℃	4.5
	500℃	8
	600℃	—
	700℃	—
水稻秸秆炭	400℃	5.5
	500℃	9
	600℃	—
	700℃	—

材料名称		消煮时间/h
稻壳炭	400℃	4.5
	500℃	7.5
	600℃	—
	700℃	—
玉米秸秆		4
水稻秸秆		3.5
稻壳		4
鸡粪干		3.5
草炭		4.5
腐殖酸		—
煤		—
煤渣		—

注："—"表示经过 12 h 消煮后，消煮液中仍存在无法消煮干净的样品残渣。

同样地，生物炭基有机肥料中生物炭类似物的判定可列为仲裁内容。在生产企业监控产品质量时不必检测该项目。如果出现关于产品质量争议或国家质量监督机构提出要求时，则使用扫描电子显微镜观察法进行仲裁（见附录　图版五～六）。

八、小结

IBI 和 UKBRC 是当前国外最有影响的两大生物炭研发组织。其中，IBI 是由康奈尔大学发起组建的全球性组织，高校、科研院所、企业百余家，旨在以美国为主推进建立产业政策。继生物炭标准后，正在进一步细化可持续生物炭生产认证和可持续生物炭应用认证。UKBRC 建于爱丁堡大学，并主导推出了生物炭认证 EBC（European Biochar Certificate），旨在形成欧洲生物炭工业标准。EBC 逐年更新，最新版本已达到 Version 8.2。上述两个标准或认证都是从生物炭产品质量出发，逐步向生物质原料、生物炭应用与生物炭基产品领域延伸，对生产企业和终端用户的黏性不断加强，行业影响力显著且仍在不断提升。

在我国，生物炭暨秸秆炭化还田理论与技术的发展不仅得到了学术与产业群体的高度关注，也得到了行业主管部门的高度重视。目前，《生物炭基肥料》（NY/T 3041—2016）、《生物炭基有机肥料》（NY/T 3618—2020）农业行业标准已正式发布实施，为依法依规进行产业建设提供了标准指引，其重要意义更在于突破现行肥料分类系统框架，有利于改变生物炭基系列肥料与传统肥料简单对标导致的竞争劣势，更加充分地发挥生物炭技术特点，为生物炭基肥料多元化发展打开更广阔的空间。

生物炭种类多、应用领域多、学科交叉多，生物炭相关标准化工作即便已有所进展，但仍不可避免地存在局限性，未来的工作仍是任重而道远。

1. 涉及的生物质原料种类少

秸秆是植物源生物质的一小部分，还有大量的厨余、藻类（林奈分类系统）等；跳出植物界，还有动物残骸；另外，还有大量的畜禽粪便、污泥等有机废弃物。从宽泛的概念看，这些生物质都可用作生物炭的原料，而且有的更适合开发肥料类产品，例如，畜禽粪便炭含有大量的磷。在生物炭基肥料和生物炭基有机肥料标准中，明确界定了适用于“作物秸秆等农林植物废弃生物质”来源的生物炭，这是因为单一标准难以包罗万象，并不代表其他种类的生物质不能做炭肥。恰恰相反，还需要群策群力，制定更多具体、细化、能够体现产品特征的标准。

2. 涉及的技术与产品少

生物炭技术的发展日新月异，热解炭化、水热炭化等制炭技术各具特色，生物炭与微生物菌剂、生物有机肥、土壤调理剂等肥料类产品的交叉越来越多，在重金属钝化、石油烃污染修复、水体污染治理、土壤碳封存等环境领域的应用报道与日俱增，其中不乏成型的技术与产品。理论上，技术发展应先于标准，但当下的情况是标准制定工作过于滞后，难以满足应用需求。当前，在秸秆炭化还田框架下，面向不同土壤环境的应用技术规程等是生产实践中最迫切的需要，包括固碳减排计量核算规程等。

3. 检验检测技术少

无论是生物炭基产品还是生物炭还田后的碳封存计量，都涉及复杂样品或混合样品中生物炭的定性和定量检测。生物炭基肥料标准中采用的微观结构观察法可以定性判别有无生物炭，其科学基础是明确的，但经验性也很强，也难以和定量检测方法融合。虽然目前有高精尖的技术能够提供帮助，例如，使用同位素质谱判断碳元素来源、使用核磁共振确定物质结构，但难以写入标准。真正能够为生产者、监管者所用的简便、易行、高效的检验检测技术还十分匮乏。

参考文献

柴华，何念鹏，2016. 中国土壤容重特征及其对区域碳贮量估算的意义[J]. 生态学报，36（13）：3903-3910.

Devi Parmila，Anil K，Saroha. 2014. Risk analysis of pyrolyzed biochar made from paper mill effluent treatment plant sludge for bioavailability and eco-toxicity of heavy metals[J]. Bioresource Technology，162：308-315.

Liu X Y，Zhang A F，Ji C Y，et al. 2013. Biochar's effect on crop productivity and the dependence on experimental conditions-a meta-analysis of literature data[J]. Plant and Soil，373（1-2）：583-594.

Ogunsola O I，Mikula R J. 1991. A study of spontaneous combustion characteristics of nigerian coals[J]. Fuel，70（2）：258-261.

第十四章　前景与展望

我国是一个传统农业大国。近年来，随着农村经济的快速发展，农民生活水平不断提高，一些新问题随之出现并日趋严重。例如，在现代农业集约化和规模化发展进程中，大量化肥替代了原有农家有机肥、人工饲料替代了农业废弃物饲料，传统农业中生产残余物循环利用的格局被逐渐打破，加之农村能源结构升级、劳动力价格持续走高，造成了农业废弃物与日俱增的大量积累。这些宝贵的可再生资源由于得不到及时有效的处理利用，已成为制约经济社会和谐发展的严重障碍。

经过多年努力，我国在农林废弃生物质利用领域已形成原料化、肥料化、饲料化、基料化、能源化等技术解决方案。但由于农业结构复杂、自然条件差异较大、耕作制度迥异，再加上综合利用技术发展滞后、产业化基础薄弱等种种原因，我国尚未能从根本上实现农林废弃物资源化高效利用，以秸秆为代表的废弃物区域性、结构性、季节性过剩情况仍普遍存在，粗放处理导致的生态、环境问题屡屡见诸报端。尤其是在经济利益驱动下，以农业尤其是种植业为主要应用方向的综合利用技术发展举步维艰。

一、生物炭产业的定位与价值取向

“秸秆炭化还田”（图 14-1）是在我国现行土地制度下将庞大的废弃物资源化整为零，实现其大规模高效转化利用的有效方式，是改良土壤、提高粮食安全保障能力的重要途径，是将植物同化的二氧化碳长期稳定封存在土壤中的有效“负碳”技术。发展生物炭产业是突破资源环境约束、提升农业生产能力、削减面源污染、促进节能减排、支撑低碳循环可持续经济发展的重要举措。

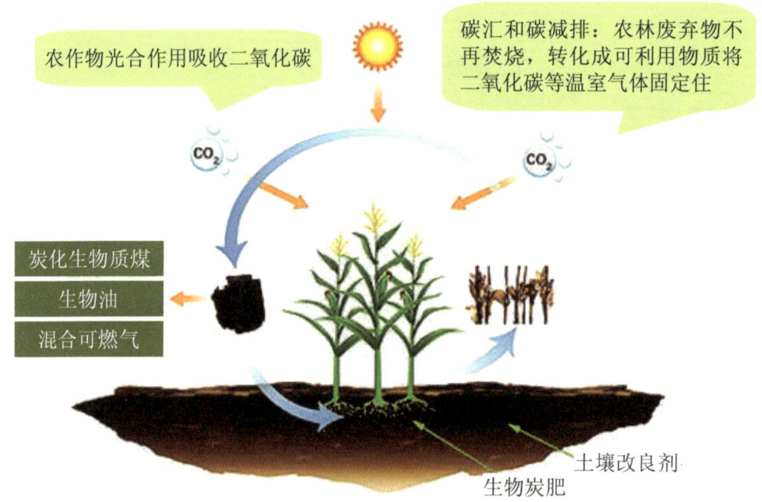

图 14-1 “秸秆炭化还田”理论示意图

（一）土壤改良是我国生物炭产业建立和发展的立足点

《全国农业可持续发展规划（2015—2030 年）》指出，在我国农业农村经济取得巨大成就的同时，农业资源过度开发、农业投入品过量使用、地下水超采以及农业内外源污染相互叠加等带来的一系列问题日益凸显，农业可持续发展面临重大挑战。我国粮食等主要农产品需求刚性增长，水土资源越绷越紧，确保国家粮食安全和主要农产品有效供给与资源约束的矛盾日益尖锐。对此，“规划”明确指出要提升耕地质量，增加土壤有机质，提升土壤肥力。其中，要加强东北黑土地保护、减缓黑土层流失，开展土地整治、中低产田改造，到 2030 年全国耕地基础地力提升 1 个等级以上。

2015 年 11 月 4 日出版的由联合国粮农组织政府间土壤技术小组编写的《世界土壤资源状况》指出，世界上大多数土地资源状况仅为一般、较差或很差，土壤条件恶化的情况超过其改善的情况，并面临包括土壤侵蚀、土壤有机碳丧失、养分不平衡、土壤酸化、土壤污染、水涝、土壤板结、地表硬化、土壤盐渍化和土壤生物多样性丧失等在内的十大威胁。该报告确定了四项行动重点，其中之一便是稳定全球土壤有机质储量，包括土壤有机碳和土壤生物。

土壤有机碳是土壤功能的核心，生物炭正是由大量的稳定性有机碳构成，秸秆炭化还田是最直接、高效地提高农田土壤碳含量的技术措施，是“取之于田、用之于田”的循环农业技术。因此，土壤改良是国家重大战略需求，也是“秸秆炭化还田”的立足点。

（二）固碳减排是生物炭产业对碳中和的贡献

农业是我国加强减排工作的重点领域之一。根据“中华人民共和国气候变化第三次国家信息通报”，2010 年中国温室气体排放总量约为 95.51 亿 t 二氧化碳当量，若不包括土地利用、土地利用变化和林业，排放总量则约为 105.44 亿 t 二氧化碳当量，二氧化碳、甲烷、氧化亚氮和含氟气体所占的比重分别为 82.6%、10.7%、5.2%和 1.5%。其中，农业活动的温室气体排放量为 8.28 亿 t 二氧化碳当量，在排放总量中占比 7.9%。进一步细化到农业领域内，水稻种植排放量为 1.83 亿 t 二氧化碳当量，占 22.1%；农用地排放量为 2.83 亿 t 二氧化碳当量，占 34.1%；农业废弃物田间燃烧排放量为 0.09 亿 t 二氧化碳当量，占 1.0%。换言之，直接源于农田的温室气体排放总量为 4.75 亿 t 二氧化碳当量。在全国乃至全球，中国农业在减缓气候变化行动中都举足轻重。

第二次全国土壤普查数据显示，中国农田有机碳储量远远低于欧洲国家和美国（Pan et al.，2009）。在实践中，可以通过一系列良好的农田管理措施将有机碳固定在土壤中，在提升耕地质量的同时减少温室气体排放。“秸秆炭化还田”正是这样一项兼顾改土与固碳的技术。

在自然状态下，植物通过光合作用吸收大气中的二氧化碳，除了部分通过呼吸作用返回到大气中（约占 50%），剩余 50%的碳可通过植物体的形式进入土壤，成为土壤碳的主要来源。但是，这些以生物质形式进入土壤的碳会在较短时间内被分解释放，重新回到大气中，因此整个过程是碳平衡的。而将生物质转换为生物炭后还田，可大幅提高碳的稳定性，延缓碳的分解与释放，进而有效实现土壤碳封存。另外，生物炭在降低水田甲烷排放、减少旱田氧化亚氮排放中的作用也十分明显。相对于其他秸秆综合利用方式，生物炭可能是最被低估、最具有固碳减排潜力的技术途径。

（三）能源替代是生物炭产业技术不可或缺的重要部分

生物质热解产生大量混合可燃气，如果不能妥善处理，会造成环境污染，但如果能够加以利用，则是理想的清洁可再生的能源。在实践中，炭化联产联用，在生产生物炭的同时产出可燃气并转化为热、电，或净化后直接供气，不仅能够提高整体经济效益，系统性降低生物炭成本，还可以部分替代化石能源，实现替代减排。事实上，国内生物炭产业的成功案例都是如此，在建厂选址时，是否有长期稳定的能源需求方是必要条件。如果仅仅从能源替代的角度考虑，直燃或气化显然更高效，但从固碳减排的角度考虑，炭化则更具优势。因此，能源替代是生物炭产业技术不可或缺的重要部分，但却不是最核心的目标。

（四）削减秸秆焚烧压力是生物炭产业发展的必然结果

秸秆禁烧可能是目前阶段推动生物炭产业发展的直接动力。《全国农业可持续发展规划（2015—2030 年）》明确指出：“禁止秸秆露天焚烧，推进秸秆全量化利用，到 2030 年农业主产区农作物秸秆得到全面利用”。从远期来看，随着“秸秆炭化还田”以及其他秸秆综合利用技术的发展和成熟，随着生物炭等产业的建立和规模化水平不断提升，秸秆将逐步实现由废弃物向资源的华丽转身，焚烧现象不禁即止。

综上所述，建设和发展生物炭产业的出发点是服务土壤改良，为国家粮食安全提供必要的地力保障，实现“藏粮于地”。其中，中低产田改造、污染土壤修复治理是主要方向。在生物炭还田的同时实现土壤碳封存是我们应对减排压力的重要措施，其所能体现的商业价值是推进生物炭产业发展的重要外部力量。土壤修复是一个正在培育的市场，而碳市场已经试点，有了雏形。因此，在短中期内尽快体现出生物炭的碳汇价值，无论对缓解减排压力还是对促进生物炭产业自身的发展都具有非常重要的作用。

二、生物炭产业发展现状与问题

（一）国外生物炭产业发展情况简述

在国际上，生物炭在提高作物养分利用效率、减少化学肥料投入、提高作物产量方面的积极作用已得到普遍认可，不乏将生物炭作为土壤调理剂大面积直接还田应用的报道。在肥料化应用方面，欧美等发达国家和地区将生物炭作为堆肥填料、与有益功能微生物共发酵的相关研究较多，涉及的相关产品以高附加值有机类肥料为主，主要面向小规模庭院有机栽培，明确以生物炭基肥料形式大规模应用的报道比较少。

例如，美国 Wakefield BioChar 公司（www.wakefieldbiochar.com）出售两种生物炭，一种是由生物质颗粒生产的入门级产品，含碳量约 30%；另一种是由松木生产的优质生物炭，含碳量约 88%（表 14-1）。但后者的价格低于前者，这种价格倒挂现象可能更多地体现了原料成本，而非质量。该公司以生物炭为基础开发了土壤调理剂、生物炭（20%）掺混堆肥等，建议用量较大，为 5%～10%（*v/v*）。

英国 Carbon Gold 公司（www.carbongold.com）围绕生物炭开发了多款农业投入品（表 14-1）。包括全目标生物炭堆肥、土壤调理剂、种苗专用生物炭堆肥、树木专用生物炭堆肥、草皮专用增效剂等。其价格最高的产品是一种添加了类似菌剂的产品，售价折合人民币 119 850 元/t。

近年来，也出现了一些新型产品。例如，American Biochar Company 出品的 VITAL Blend 5M，将 5 μm 大小的生物炭与液态腐殖酸盐混合制成混合液体，适合在草坪、大型种植床、树木养护以及农业施肥中应用。这种 5 μm 大小的生物炭不会损坏喷头，是为那些喜欢液体喷雾而不是颗粒的公司设计的，11.5 L 浓缩液可以很容易地覆盖 1 英亩草皮。

表 14-1 美国 Wakefield BioChar 公司和英国 Carbon Gold 公司生物炭相关产品

产品名称		计量	售价	折合人民币/（元/t）
Wakefield BioChar 公司	Biochar Soil Conditioner	1 cu ft Bag	$29.99	18 512
	Compost HERO Biochar Blend	1 cubic foot bag	$12.99	5 568
	Biochar Soil Conditioner	1 gallon	$7.99	41 101
	Compost HERO Biochar Blend	1 gallon	$4.99	19 251
	Biochar Soil Conditioner	1 lb	$3.99	61 575
	Compost HERO Biochar Blend	1.5 lb	$2.99	13 183
	Bulk Biochar - Premium Biochar	2 cu/yd Supersack	$375.00	3 616
	HERO - Premium Biochar Blend	2 cu/yd Supersack	$250.00	2 085
	KickStart BioChar From Biosolids	1 cu/yd	$300.00	4 629
Carbon Gold 公司	Organic Biochar all purpose compost	60 L / 20 kg	£18.99	8 545
	All Purpose Compost Bundle	3×20 L	£26.97	12 136
	Organic Biochar Seed Compost	20 kg	£18.99	8 545
	Seed Compost Bundle 3×8L Bags	12 kg	£17.96	13 470
	Biochar Biology Blend	0.6 kg	£7.99	119 850
	Organic Biochar Tree Fertiliser	5 kg	£31.99	57 582
	Organic Biochar fertilise	2.5 kg	£14.99	53 964
	Organic Biochar Tree Soil Improver	12 kg	£32.99	24 742
	Organic Biochar Soil Improver	4.5 kg	£19.99	39 980
	Organic Biochar Soil Improver Bundle	3×4.5 kg	£39.98	26 653
	Organic Biochar Turf Improver	20 kg	£44.99	20 245

根据 IBI 的调研，国外的生物炭企业数量在 2013—2015 年几乎成倍增长，其中北美洲的企业最多，欧洲其次，亚洲排在第三位。不同企业的生物质原料来源不同，包含了木材、畜禽粪便、秸秆、竹材、餐厨垃圾、动物残体、蔗渣等，木质原料的使用最为广泛。应用领域以土壤改良修复为主，也用于栽培基质、水处理、养殖业和空气净化。生物炭总产量由 2014 年的 7 457 t 增加到 2015 年的 85 000 t。据 2016 年 10 月在南京召开的国际生物质炭协会董事局会议预测，至 2050 年，全球生物质废弃物炭化处理规模可达 40 亿 t，生物质炭生产将达 10 亿 t 规模，产值 2 000 多亿美元。一个以生物质能源和生物质材料偶联生产的生物质产业将成为全球新兴制造业（刘晓雨等，2016）。

（二）国内情况简述

与欧美国家迥然不同，我国的生物炭产业建立在农林废弃资源循环利用的基础之上，以削减秸秆焚烧导致的面源污染、提高粮食安全保障能力、加强新农村建设为重要目标，通过生物炭还田实现土壤改良与固碳减排，进而获得经济效益、社会效益和生态效益。

目前，虽然相关技术与产品还不十分丰富，但研究群体已迅速壮大、企业与资本的关注度不断提高，在全行业的共同努力下，生物炭技术与产业逐步进入决策层视野。

- 2014 年 6 月，“生物炭暨农林废弃物综合利用技术”入选《辽宁省重点节能减排技术目录（第二批）》；
- 2014 年 8 月，生物质热解炭气油联产技术、秸秆生物质炭农业应用技术列入《国家重点推广的低碳技术目录》；
- 2015 年 1 月，《生物炭基肥料》（DB21/T 2398—2015）辽宁省地方标准正式发布实施；
- 2015 年 5 月，《全国农业可持续发展规划（2015—2030 年）》首次将“生物炭改良土壤”明确写入扶持政策范畴，与秸秆还田、深耕深松、积造施用有机肥和种植绿肥同列；
- 2017 年 4 月，《生物炭基肥料》（NY/T 3041—2016）农业行业标准正式发布实施；农业部将秸秆炭化还田列为全国秸秆资源化综合利用的十大模式之一；
- 2017 年 6 月，“中国生物炭产业技术创新战略联盟”在沈阳成立；
- 2017 年 12 月，国家发展改革委办公厅、农业部办公厅、国家能源局综合司联合印发《关于开展秸秆气化清洁能源利用工程建设的指导意见》，明确支持生物质炭化和炭基肥生产作为煤电生物质能源耦合联产的新模式；
- 2019 年 4 月，英文季刊 *BIOCHAR* 创刊号在线出版；
- 2019 年 9 月，“中国生物炭产业技术创新战略联盟”加入国家农业科技创新联盟，更名为“国家生物炭科技创新联盟”；
- 2020 年 7 月，《生物炭基有机肥料》（NY/T 3618—2020）农业行业标准正式发布实施；“秸秆炭基肥利用增效技术”列入农业农村部 2020 年十大引领性技术；
- 2020 年 8 月，沈阳农业大学国家生物炭研究院成立；
- 2020 年 11 月，《生物炭检测方法通则》（NY/T 3672—2020）农业行业标准正式发布实施。

当前，国内生物炭及生物炭基肥料相关产能为 30 万～50 万 t，随着绿色发展理念日益深入人心，预期生物炭基肥料及相关产品产能将在 5 年内达到百万吨级。虽然相对于肥料和土壤调理剂市场而言，上述产能仍非常小，但随着绿色发展理念日益深入人心，有理由相信生物炭产业将很快进入加速发展的良好局面。

（三）主要问题

虽然我国生物炭产业化进程已走在国际前列，但总体规模仍然很小，对国家宏观战略支撑能力不足，还面临以下几方面突出问题。

1. 创新意愿强烈，科技支撑不畅

生物炭是一项新兴产业，行业内的先锋企业大多规模偏小、资金匮乏。即便有一些规模企业参与，也只是部分介入。整体看来，从业企业管理水平低下，随意性较强，虽

具有明确的创新意愿，但创新能力不足。与之相对，我国生物炭相关研究十分活跃，国际上近半数的SCI论文出自国人或华裔，但相关研究成果转化的并不多见。

2. 标准体系缺失，企业无章可循

生物炭行业的广阔发展前景吸引了为数众多的小微企业参与其中。但是，由于行业标准体系不健全，导致出现产品概念模糊、技术工艺不达标等问题，严重扰乱了市场秩序，损害了行业形象。截至2019年年底，在秸秆综合利用主要方向上，肥料化相关国家和行业标准6项、饲料化8项、燃料化51项、原料化16项，而目前生物炭相关行业标准只有3项。

3. 科普宣传不足，市场拓展乏力

受限于自身知识基础、经济实力，生物炭行业企业难以客观、准确地向受众讲解生物炭的概念、生物炭基产品的优势。致使生物炭技术与产品虽高度契合政策导向却鲜为人知。更有甚者，一些有意或无意为之的错误，甚至虚假的宣传不仅有可能误导消费者，更可能会损害全行业的共同利益。

4. 种养结合不紧，有机替代不力

目前，为贴近市场，我国生物炭产业的主要终端产品是生物炭基复合/复混肥料，有望在化肥减量增效中发挥重要作用。少数企业开发了生物炭基有机肥、高碳基土壤修复肥等产品，但除了生物炭外，多使用酒糟、豆粕等植物源有机物，与畜禽粪便配合开发的产品尚不多见，在有机替代方面的作用还没有充分发挥。

5. 计量方法缺位，生态效益难估

生物炭在农田固碳减排中的积极作用已经是国际共识。2019年，联合国政府间气候变化专门委员会（IPCC）已将生物炭部分纳入《IPCC 2006年国家温室气体清单指南》（2019年修订版），在能源卷和农林卷分别新增了生物炭生产过程温室气体逃逸排放核算方法和排放因子、生物炭添加到草地和农田矿质土壤有机碳储量年变化量的核算方法。但截至目前，我国仍没有生物炭固碳减排计量方法的相关标准。因此，即便在低碳经济浪潮的推动下我国的碳汇市场已经建立，但生物炭从业企业贡献着碳汇，却无法通过计量认证，难以得到应有的回报，这不仅挫伤了企业的积极性和投资愿望，更从根本上制约了产业发展。

三、建议

以“秸秆炭化还田”为核心的生物炭技术体系全面适应我国生态环境建设、循环经济建设和农业可持续发展战略需求，是应当悉心培育、大力支持的新兴产业。建设生物炭产业既是践行“秸秆炭化还田”理念的体现，也是推动“秸秆炭化还田”的必由之路。当前，我国生物炭产业技术普及率低、市场占有率低，远未发挥其应有的对国家农业、生态、环境宏观战略的支撑作用。在产业化实践中，以下几方面问题值得关注。

1. 理性看待生物炭技术

生物炭技术的提出源于对亚马孙流域先民无意间留下的“Terra Preta”具有增产作用的观察，放眼全球，有意或无意识的生物炭应用历史在很多地方都相当久远。当代科技深化了人们对生物炭生态环境效应的认知，也在正反两方面引发了更多思考。

一方面，生物炭被誉为“黑色黄金”，在农业、工业、生态环境等很多领域都吸引了研究者的关注。作为一种生物基材料，生物炭在很多行业确实具有应用的可能性。但学术探索不代表具有市场价值，热点纷呈的学术研究也不应被视为“万能生物炭”的佐证。

另一方面，生物炭对土壤、作物的影响是多方面的，既有利也有弊。生物炭被普遍认为具有良好的环境相容性，但“秸秆炭化还田”是一个不可逆的作业过程，生物炭一旦进入土壤，就不可能取出或去除，所以生物炭还田的安全性是业内的敏感议题。事实上，生物炭技术源于对千百年来古老农业实践的重新认知，其安全性已经得到了历史检验。随着现代科学技术的快速发展，对生物炭技术优势的认知将与对其弊端的了解一样不断丰富。在严格控制生物炭污染物含量的前提下控制生物炭用量，以相关标准或规范指导具体应用，其安全性是有保障的。正如化肥施用不当就会烧苗，如何趋利避害、更加充分地发挥生物炭技术优势，更值得人们关注。作为一项源于生产实践的技术，生物炭安全性需要评价，但这不应成为限制甚至否定其发展的因素。

2. 坚持农业应用优先、其他利用方式为补充的多元化利用格局

生物炭具有多种功能，除了改良土壤、固碳减排，还可以用作吸附剂、燃料或其他工业原料等。但是，在我国，耕地是第一稀缺资源，粮食安全是重中之重，生物炭在农业领域的应用必然成为优先发展方向。基于生物炭产业的定位与价值取向，生物炭技术首先应当定位为一项用于土壤改良的循环农业技术，是农业可持续发展的支撑性技术之一。目前，“秸秆炭化还田”的生态效益和环境效益尚无法转化为经济效益，无论是企业还是农户，在农业上应用生物炭的动力不足。为此，可在短期内从秸秆综合利用的角度适度支持其他利用方式的发展，建立生物炭多元化利用格局。但必须明确的是，其他利用方式是补充，它可能在局部区域内成为主流，但在全国范围内，仍应处于次要位置。

3. 围绕秸秆生物炭全产业链布局技术研发

以生物炭为核心的“秸秆炭化还田”技术链条长，涉及秸秆收储运、预处理、炭化多联产、生物炭深加工、生物炭基农业投入品创制及配套轻简化农业实用技术、混合可燃气净化提质、液态热解副产物深加工等多个环节，任何一个环节的缺失都会导致整个产业链条难以运转。因此，必须站在产业发展的高度，面向全产业链条关键环节统一部署，兼顾经济效益与生态效益、环境效益，围绕秸秆生物炭全产业链布局技术研发，通过跨学科技术集成创新实现产业技术整体突破。率先突破生物炭理化性能调控、改性及高附加值农业投入品；生物炭还田改土轻简化实用技术；适度规模先进炭化多联产设备；

秸秆炭化还田固碳减排计量方法学；生物炭产业技术、质量标准体系五大关键技术。

按照适度规模“种养加一体化”的思路，以秸秆炭化综合利用技术为基础，集成养殖污废处理工程、厌氧或好氧发酵工程、肥料化深加工工程、农产品储藏或深加工工程以及绿色栽培技术等，以村落或园区为单位整建制综合示范是生物炭产业技术研究与熟化的理想模式。

4．以生物炭基肥料开拓市场、以高附加值生物炭农业投入品引领市场

当前，我国的生物炭产业已经拥有了一批较为稳定的企业群体，具备了一定规模的生物炭产能，但人们对生物炭的认识还非常有限。为促进“秸秆炭化还田”理念更加迅速地被大众尤其是农户接受，需要依托现有成熟产品扩大推广面积。但众所周知，我国化肥行业产能过剩，尤其在《到2020年化肥使用量零增长行动方案》和《关于对化肥恢复征收增值税政策的通知》出台后，短期内产能过剩的情况将更为突出，不排除价格战或非理性竞争的可能。生物炭企业规模普遍偏小，面临的挑战十分严峻。在这种情况下，推广生物炭基肥料会变得越来越困难。

因此，短期内的研发重点要以高附加值经济作物为主，尽快形成利润点，及早形成产业造血功能。从中长期看，应争取率先在高附加值生物炭农业投入品上取得突破。其中，要进一步强化循环农业理念、强化技术链条的衔接，注重和畜禽粪便等其他类型农业废弃物资源的整合以降低成本。这不仅有助于防止污染在技术链条内部的转移，更可防止污染向产业链条外部扩散。

针对土壤养分活化与高效利用、设施农业土壤连作障碍削减、中低产田培肥提等、污染农田修复治理等不同需求，以生物炭为主体，集成厌氧和好氧发酵等有机废弃物生物转化技术，研究生物炭-有机碳-有益微生物复合增效的机制与调控技术，开发绿色农业投入品；以生物质炭化过程中形成的醋液、焦油等液态副产物的农业综合利用为重点，探讨其在杀（抑）菌剂、杀（驱）虫剂、液体肥料、蒸腾抑制剂等领域的应用前景，着重阐明其对主要作物害虫、致病菌及生防菌的效应与作用机制，开发无毒、无污染的环境友好型植保产品。同时，要改变单项技术推广的现行模式，转变为以系统技术集成推广的方式。

5．以中低产田改造和土壤修复为主要方向，因地制宜建立区域产业技术模式

我国幅员辽阔、区划复杂、地形多变、土壤类型多样、中低产田面积巨大。同时，秸秆是分散的，存在明显的地域性，其综合利用不能脱离区域经济发展状态和农业经济水平。因此，必须坚持因地制宜原则，充分考虑秸秆的自然属性和区域经济发展需求，根据作物种类、秸秆特点、土壤障碍因子等形成差异化的炭化还田改土技术模式和产业模式。结合我国生态区划，应在北方地区的盐碱地和风沙土等典型障碍性土壤上、在南方地区的酸性红壤和污染土上优先开展秸秆炭化还田改土工作。生物炭的原料可以是各种废弃生物质，也可以是粮食加工剩余物；工艺路线可以是炭化多联产、气化多联产、甚至液化。产业模式可不拘一格，能让企业有利润的模式就是好模式。

在能源结构不合理、提升空间大、需求迫切的地区，根据资源分布情况，可根据当地生物质资源特点、自然条件和农村生产生活方式等，全面分析全县各乡村的实际情况，包括乡村分布、人口数量、用能状况等，侧重清洁能源，结合县城经济社会发展规划确立炭化多联产的模式和项目布局。

6. 进行碳税试点，将生物炭碳汇纳入碳交易配额管理，在生物炭改造中低产田的项目区率先示范

固碳减排是“秸秆炭化还田”改良土壤的同时获得的额外效益，是产业发展的重要外部动力，是当前缓解我国减排压力的重要支撑点。我国的碳排放交易所应考虑生物炭在碳汇中的作用，在制订出台碳排放权交易试点实施方案等相关制度安排中，应明确一定份额，允许排放企业通过购买生物炭碳汇抵扣减排任务，积极推进生物炭碳汇试点项目。在生物炭改造中低产田的项目区，生物炭的用量大于常规农田施用生物炭基肥料的用量，土壤碳库、作物碳库的变化更为明显，容易核查。因此，应首先在此类区域率先开展试验示范。

在碳汇审核环节，积极推荐农业系统符合条件的技术支撑单位向国家发改委申报作为审定与核证机构的资格。此外，要加快推进全国农业碳汇标准化技术委员会筹建，以加强农业碳汇相关技术标准规范的审核立项、组织研究和制（修）订工作。经过一段时间的积累，把实践过程中出现的问题和解决途径进行归纳总结，推广项目经验，并建立相关项目资料库。

7. 组建国家级产业技术创新平台

我国的生物炭产业虽然还处于培育阶段，但从产业体量上看已经走在国际前列。与此同时，我们也面临国外同行的激烈竞争。例如，由美国主导的国际生物炭倡导组织和英国主导的欧洲生物炭中心已经面向全球推出了各自的生物炭认证服务，虽然这两家机构均为非政府组织，但他们都在积极抢占行业制高点。基于国情差异，我国拥有巨大的生物炭市场，绝非其他发达国家可比。因此，我们完全有理由、有能力掌握生物炭行业的话语权。建设国家生物炭工程技术中心、建设秸秆生物炭产业技术创新战略联盟将有助于汇聚国内各方面力量，迅速形成显著的竞争优势。

四、展望：炭基农业

碳元素是地球上所有已知生命形式的有机物质基础，在精密配合的生态系统中循环往复，并随着地球文明的发展以日趋复杂的形式与人类命运交织在一起。从钻石到富勒烯，从纤维素到二噁英，从陆地植被到海洋沉积物，从土壤碳库到温室气体，碳的转换与平衡影响这个星球上的所有事物，决定我们能否实现可持续发展。人类活动对碳循环的影响已在全球性粮食、能源、环境危机中充分体现，恢复碳平衡或适应并建立一个稳定的新平衡已经成为不可逆失衡前人类必须解决的重大问题。

在此宏观背景下，生物炭科学与技术作为对策之一在全世界范围内得到了空前关注。我们不仅可以通过生物炭实现土壤碳封存、减少温室气体排放、缓解温室效应，进而冷却地球，帮助恢复碳平衡；也可以用生物炭降低污染物的生物有效性，进而净化地球，加速建立一个新平衡。近年来，生物炭理论、技术、产业的蓬勃发展注释了“变碳为炭、冷净地球”的广阔前景。

农业是生物炭技术最主要的应用领域。当前，我国农业正处于转型升级关键期，面临发展方式相对粗放、资源环境约束趋紧、主体素质总体偏低、结构性矛盾比较突出等主要问题，必须“牢牢把握推进农业供给侧结构性改革，从生产端发力，增加绿色优质农产品供给，从整体上提高农业供给体系的质量和效益，使农业供需关系在更高水平上实现新的平衡”。发展绿色农业需要绿色的产地环境、农业投入品、耕作栽培技术，稳定和恢复农田生态系统，在稳产前提下不断提高农产品绿色化水平；在宏观与长期尺度上，更要系统构建绿色农业技术体系，充分发挥农业的生态功能、改善农村人均环境、促进乡村振兴。生物炭暨“秸秆炭化还田”技术在绿色农业宏观技术体系中占据重要位置，必将在农业供给侧结构性改革中发挥重要的支撑作用。

以生物炭暨“秸秆炭化还田技术”为核心构建的农业生产系统、农村生态系统和农民生活系统将具有明确的技术特征，可宏观地称之为“炭基农业”，即将生物质炭化综合利用全面融入区域农业、工业生产和农民生活，以优质农产品、绿色农业生态、良好农村环境为主要经济效益、生态效益和社会效益产出的，以低碳、循环、可持续为重要特征的，三产融合的农业农村整体发展类型。

“炭基农业”的发展需要更复杂的学科交叉融合、更密切的产学研协作、更缜密的区域发展布局，可能需要相当长的时间才能由设想变为实际，这将是我们未来持续努力的方向。

道阻且长，行则将至。

参考文献

刘晓雨，潘根兴，孟军. 2016. 生物质炭产业化应用及农业可持续管理[J]. 国际学术动态，（2）：17-19.

Pan G X，Smith P，Pan W N. 2009. The role of soil organic matter in maintaining the productivity and yield stability of cereals in China[J]. Agriculture Ecosystems & Environment，129（1-3）：344-348.

附录　图版

一、生物炭外观形貌随炭化温度的变化

生物炭外观形貌随炭化温度的变化

名称	原材料	300℃-30 min	400℃-30 min	500℃-30 min	600℃-30 min	700℃-30 min
苹果树枝	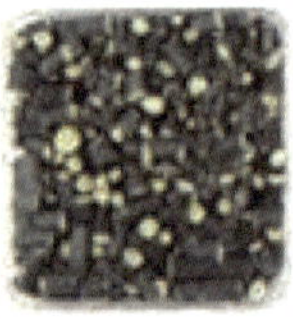					
大豆秸秆						
苘麻						
竹子						
松塔						

名称	原材料	300℃-30 min	400℃-30 min	500℃-30 min	600℃-30 min	700℃-30 min
小麦秸秆	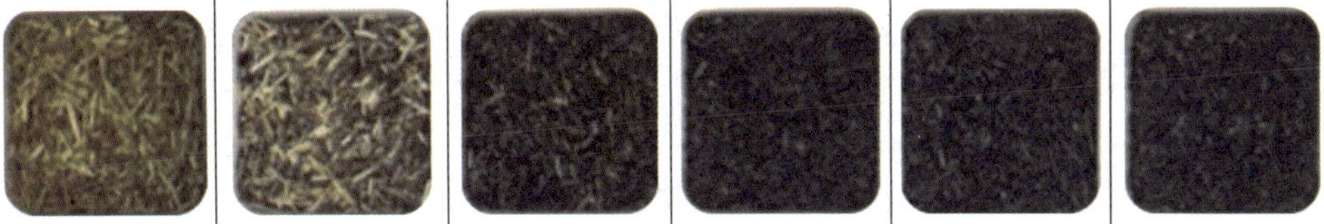					
糠醛渣						
谷子壳						
核桃壳	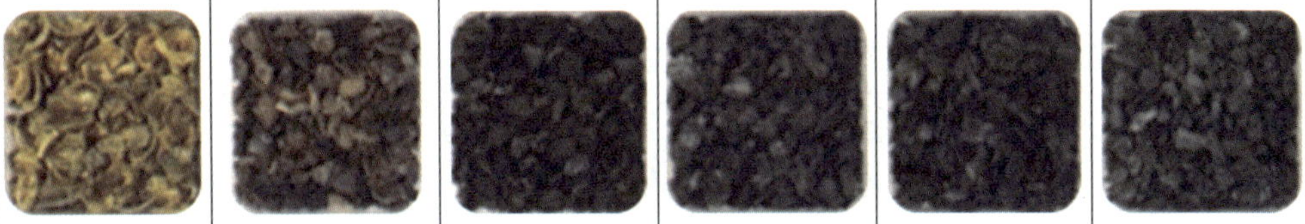					
榛子壳	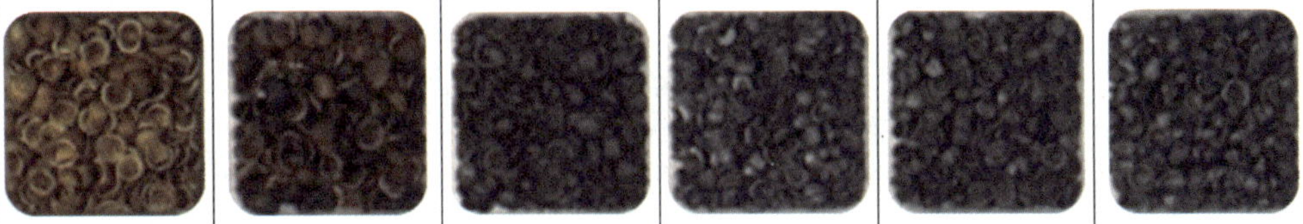					
花生秸秆	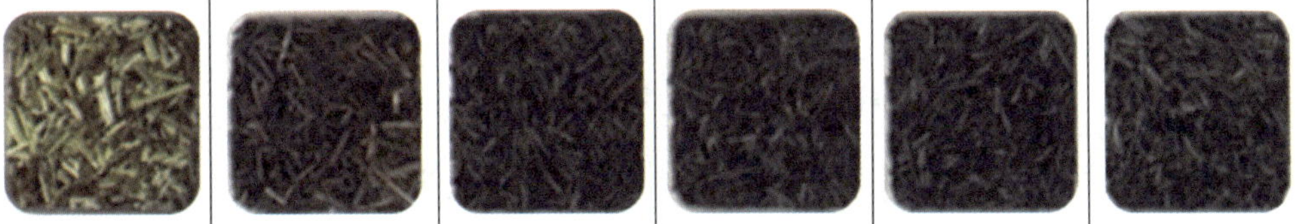					
豆角秸秆	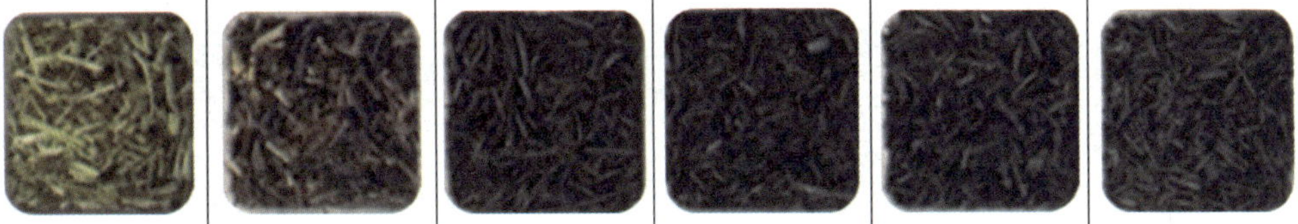					
水稻秸秆	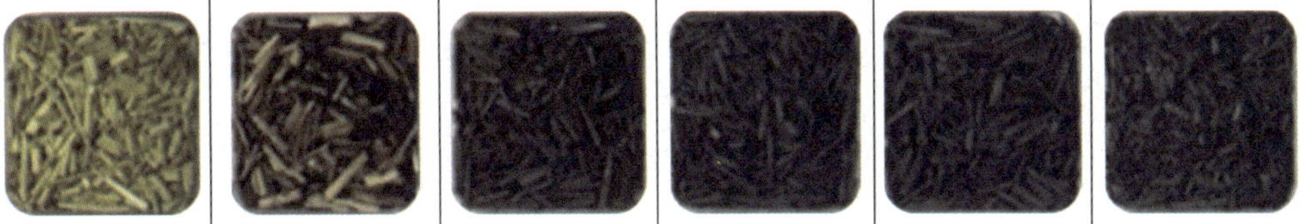					

名称	原材料	300℃-30 min	400℃-30 min	500℃-30 min	600℃-30 min	700℃-30 min
杨树枝	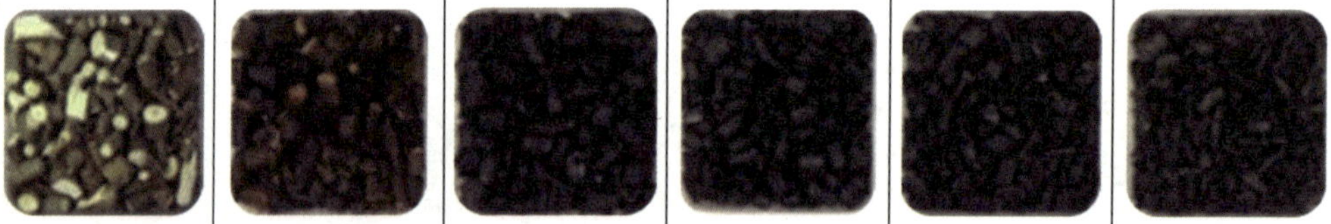					
荞麦壳	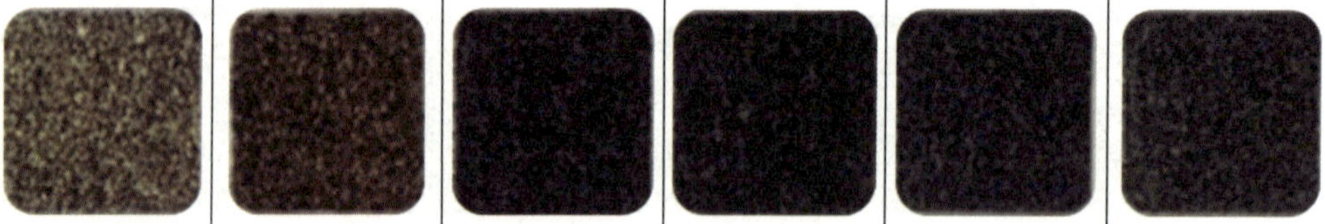					
松木屑						
高粱秸秆	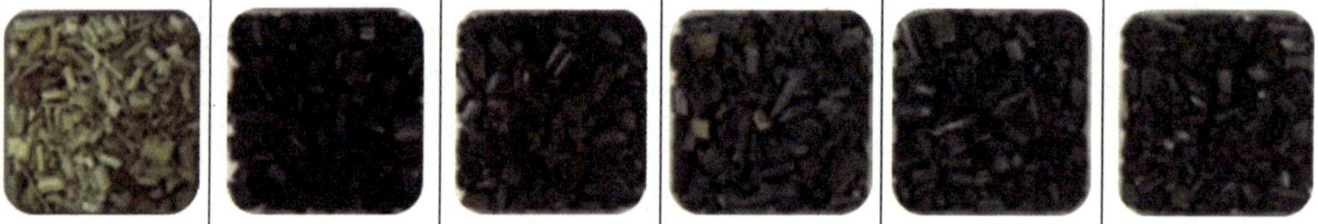					
豆荚皮	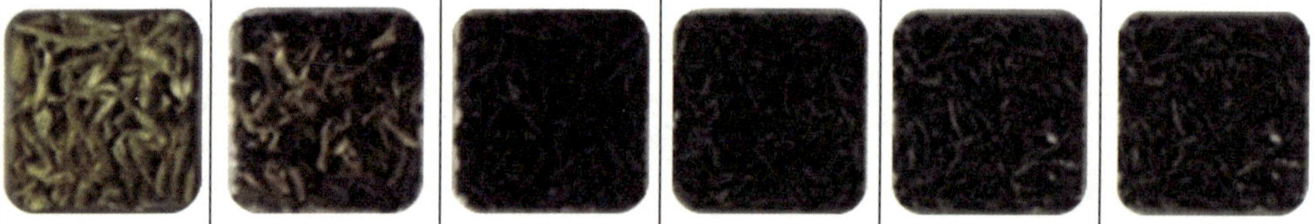					
线麻						
棉花秸秆	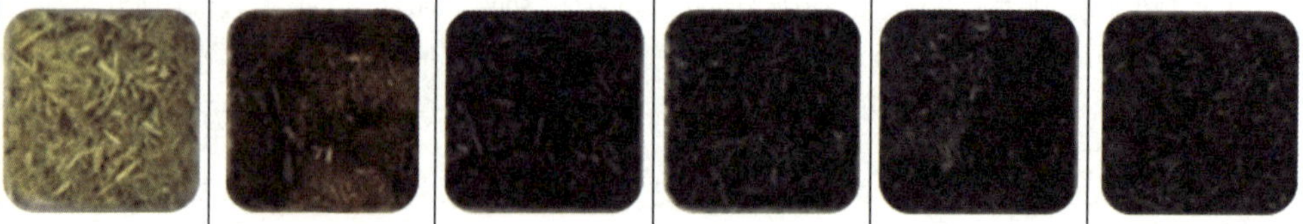					
葡萄树枝						

名称	原材料	300℃-30 min	400℃-30 min	500℃-30 min	600℃-30 min	700℃-30 min
瓜子壳						
玉米芯						
谷子秸秆	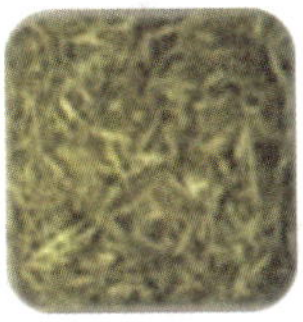					
甘蔗渣	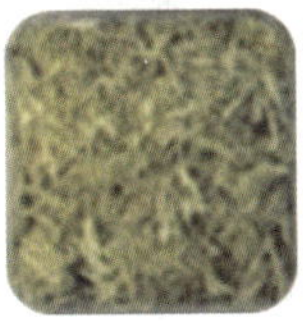					
小麦壳						
松针						

注：以 27 种生物质为原料，分别在炭化温度为 300℃、400℃、500℃、600℃、700℃，停留时间为 30 min 条件下使用马弗炉制备不同生物炭，采用数码相机定距拍摄方法表征生物炭外观形貌随炭化温度变化图。

二、生物炭外观形貌随停留时间的变化

生物炭外观形貌随停留时间的变化

名称	500℃-1 min	500℃-30 min	500℃-60 min	500℃-120 min	500℃-240 min
苹果树枝					
大豆秸秆					
苘麻			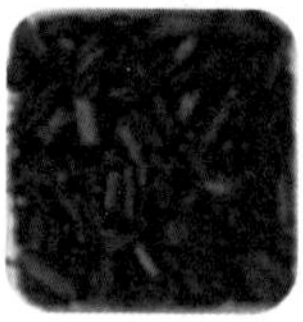		
竹子					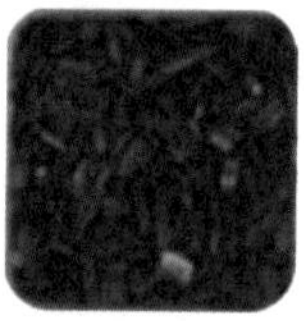
松塔					
小麦秸秆					

名称	500℃-1 min	500℃-30 min	500℃-60 min	500℃-120 min	500℃-240 min
糠醛渣					
谷子壳					
核桃壳			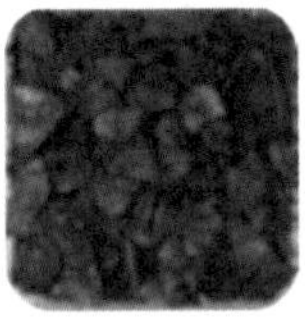		
花生秸秆					
豆角秸秆					
水稻秸秆					
杨树枝					
荞麦壳					

名称	500℃-1 min	500℃-30 min	500℃-60 min	500℃-120 min	500℃-240 min
松木屑					
高粱秸秆	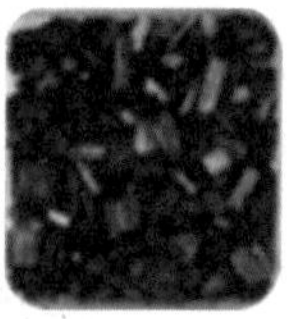			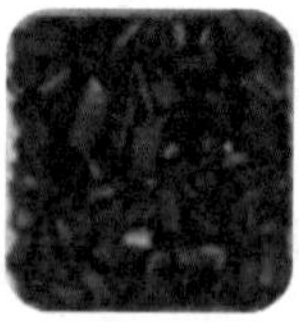	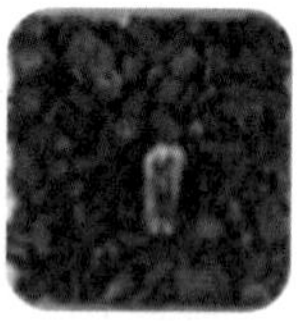
豆荚皮					
线麻			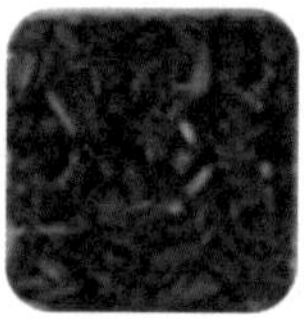		
葡萄树枝					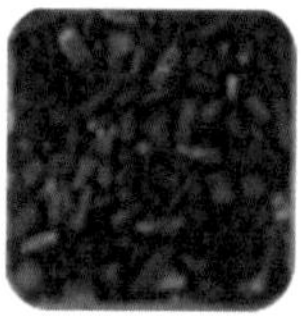
瓜子壳					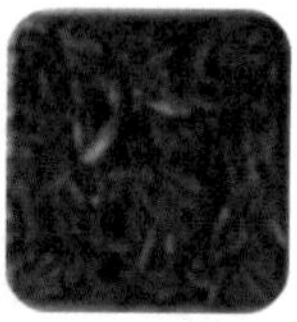
玉米芯					
谷子秸秆					

名称	500℃-1 min	500℃-30 min	500℃-60 min	500℃-120 min	500℃-240 min
甘蔗渣					
小麦壳					
松针					

注：以 25 种生物质为原料，分别在停留时间为 1 min、30 min、60 min、120 min、240 min，炭化温度为 500℃条件下使用马弗炉制备不同生物炭，采用数码相机定距拍摄方法表征生物炭外观形貌随停留时间变化图。

三、生物炭的微观结构

不同原料制备生物炭的微观结构

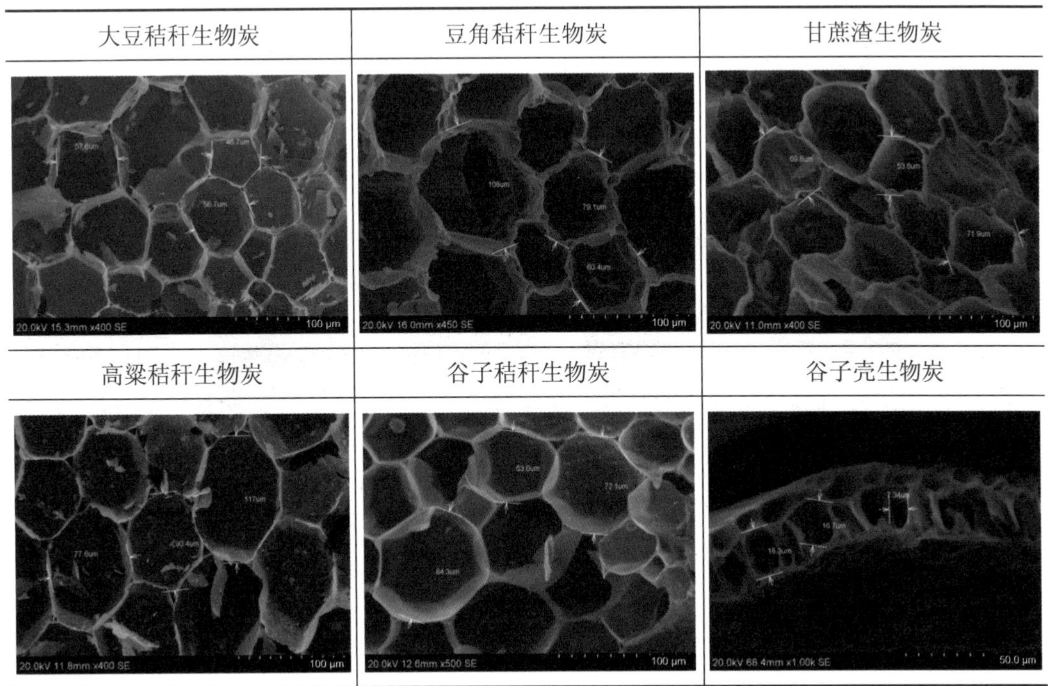

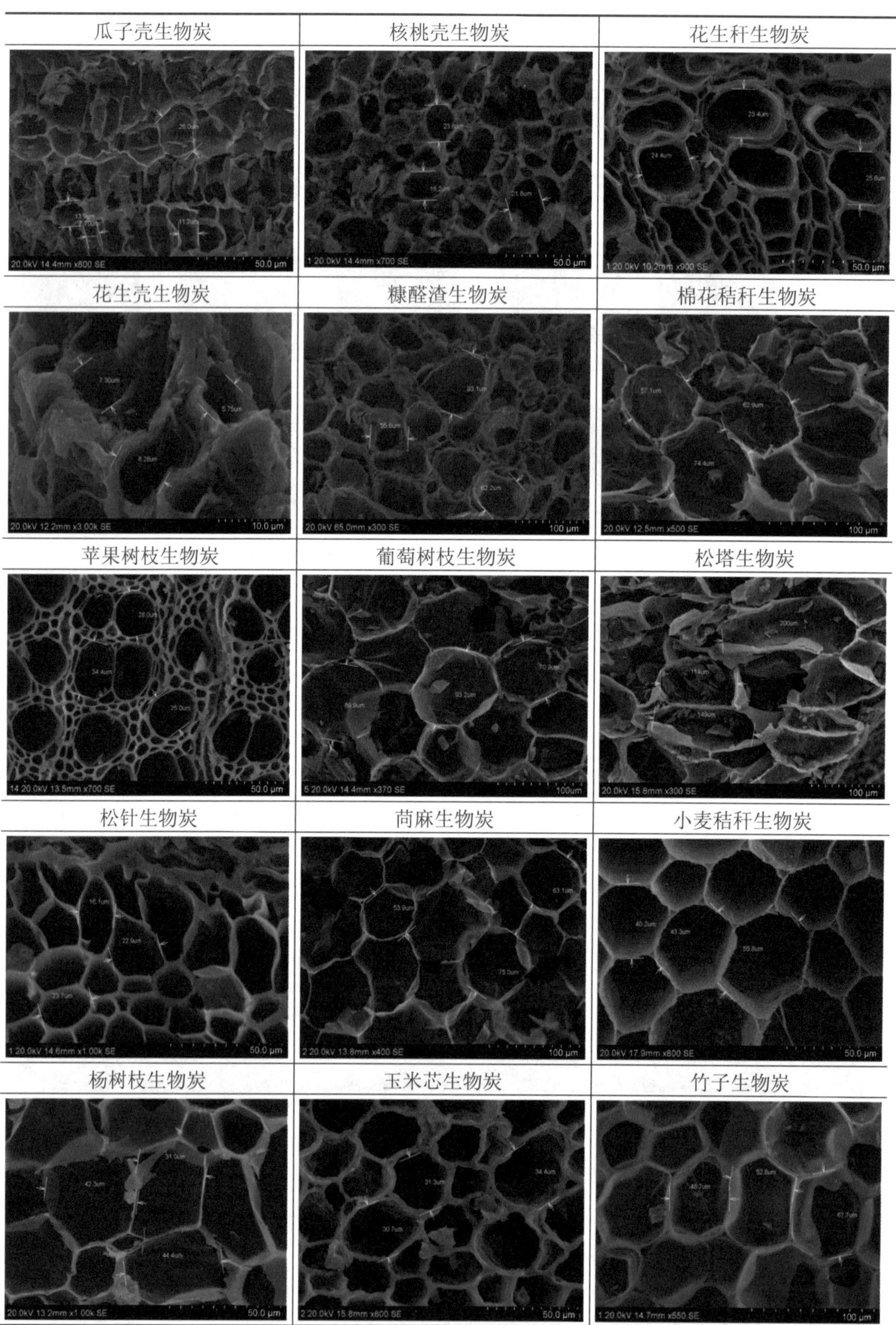

注：不同原料制备生物炭的扫描电镜图，孔隙尺寸标注采用 SEM 扫描电镜附带功能标注。

高粱秸秆生物炭的微观结构

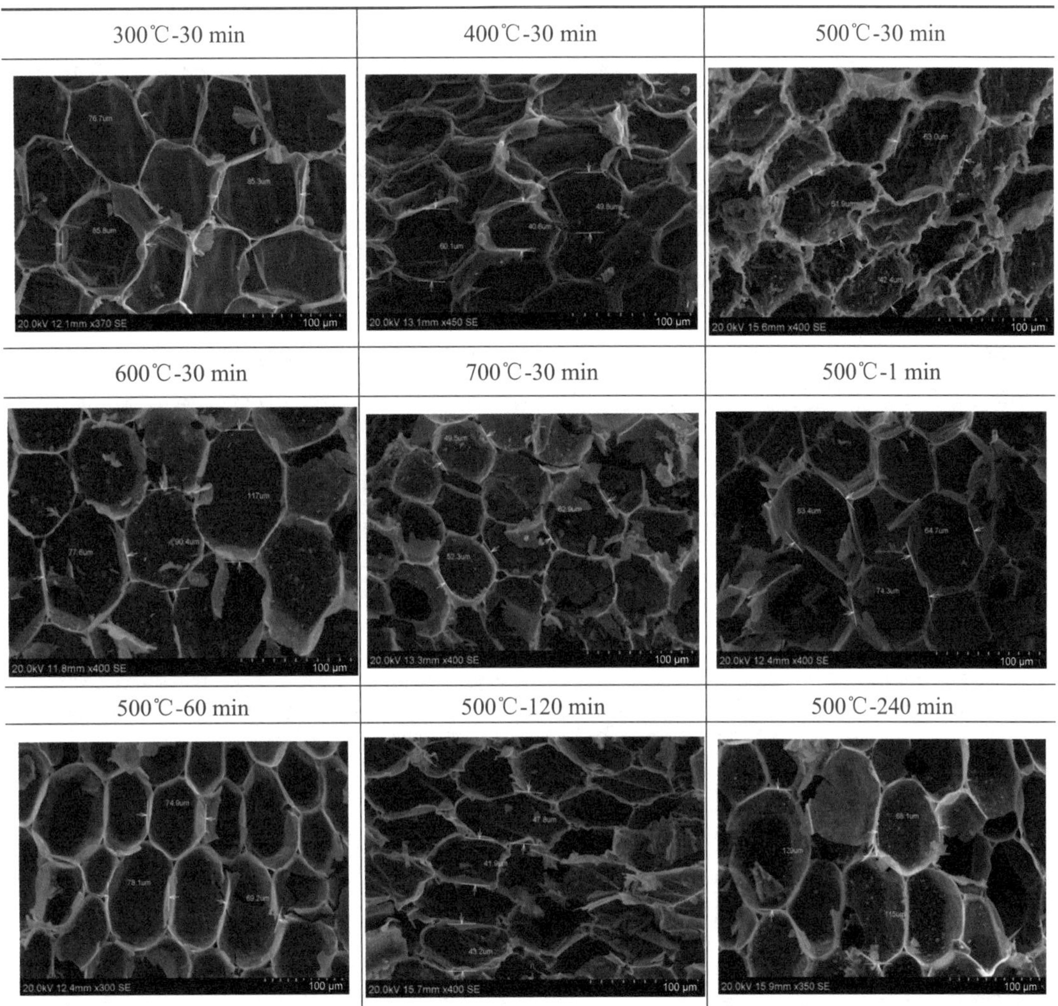

注：以高粱秸秆为原料，在炭化温度为 300～500℃和停留时间为 1～240 min 条件下热解制备生物炭的扫描电镜图，孔隙尺寸标注采用 SEM 扫描电镜附带功能标注。

生物炭不同组织部位的微观结构

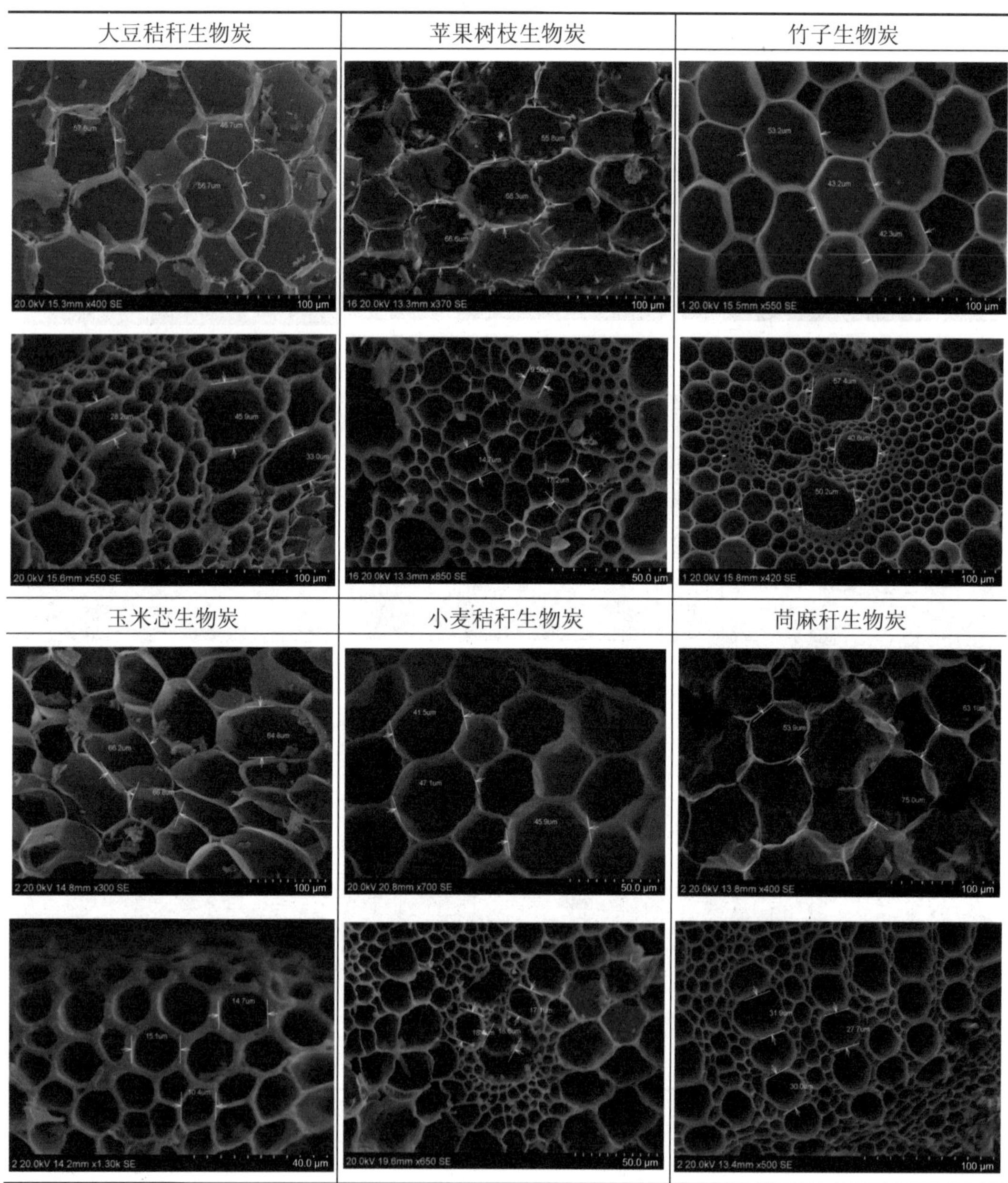

注：以大豆秸秆、苹果树枝、竹子、玉米芯、小麦秸秆、苘麻秆为原料生物炭的不同组织部位扫描电镜图，孔隙尺寸标注采用 SEM 扫描电镜附带功能标注。

四、代表性生物炭类似物图谱

代表性生物炭类似物图谱

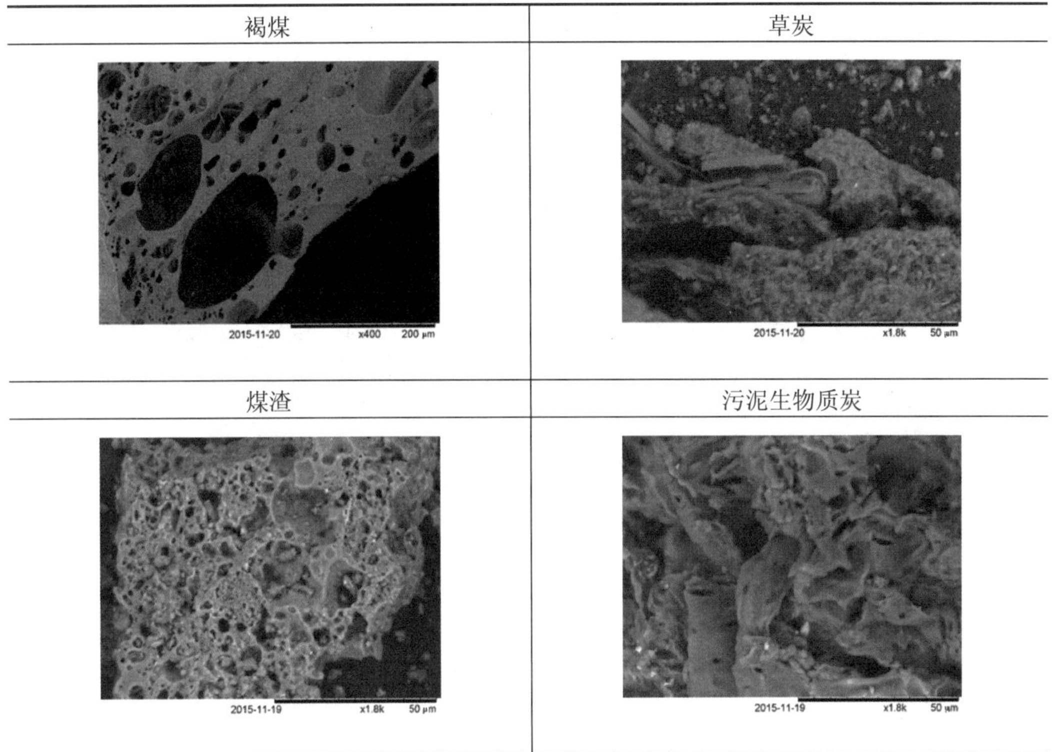

褐煤	草炭
2015-11-20 x400 200 μm	2015-11-20 x1.8k 50 μm
煤渣	污泥生物质炭
2015-11-19 x1.8k 50 μm	2015-11-19 x1.8k 50 μm

五、代表性生物炭残渣图谱

代表性生物炭残渣图谱

炭化温度	玉米秸秆炭残渣	水稻秸秆炭残渣	稻壳炭残渣
400℃	—	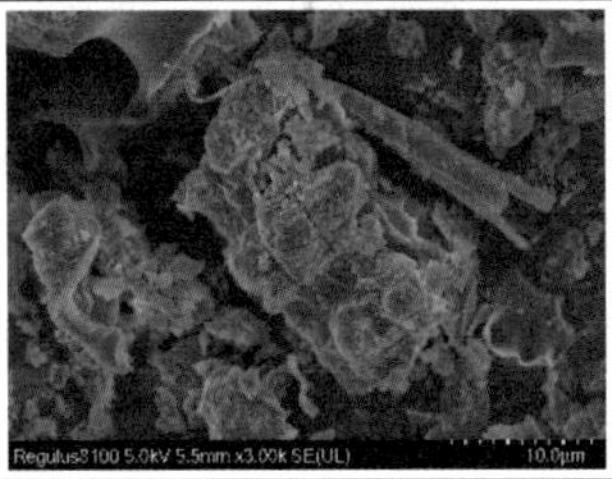	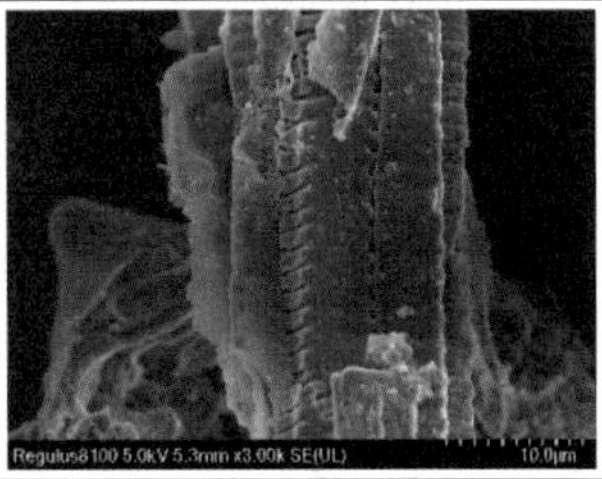

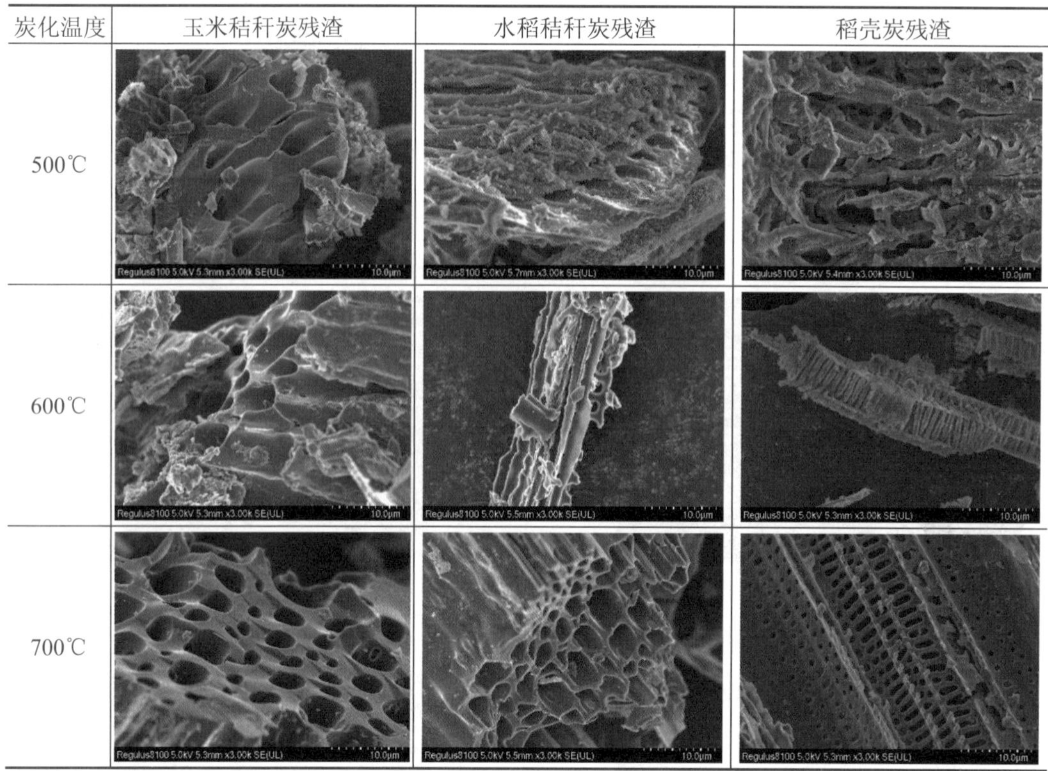

炭化温度	玉米秸秆炭残渣	水稻秸秆炭残渣	稻壳炭残渣
500℃			
600℃			
700℃			

注：“—”表示经过 4 h 消煮后，玉米秸秆炭溶解到消煮液中，但消煮液颜色较深，无残渣。

六、代表性生物炭类似物残渣图谱

代表性生物炭类似物残渣图谱

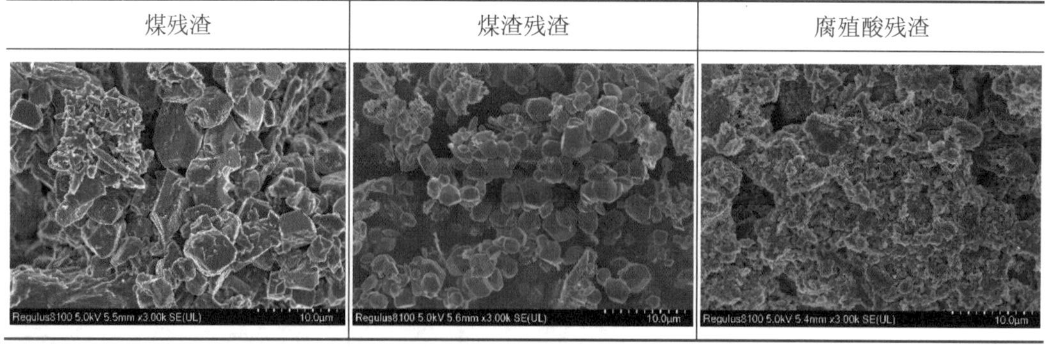

煤残渣	煤渣残渣	腐殖酸残渣